ISBN 978-1-291-33977-2

In copertina foto Nasa dell'asteroide 243 Ida e
del suo satellite ©
On the cover photo Nasa of the asteroid 243 Ida

INTRODUZIONE

Questo libro, il quinto di una serie di dieci, rappresenta una estesa trattazione di quanto presente sul mio sito riguardo gli asteroidi. Vengono qui esaminate tutte le congiunzioni, occultazioni tra di loro e con la luna, i massimi avvicinamenti con la Terra, i mancati impatti, tutto su di un arco temporale esteso, dal 2000 al 2100.

Si trovano anche nozioni sugli elementi orbitali, sugli asteroidi più anomali e tanto tanto altro in più.

Inoltre sono anche presenti simulazioni grafiche rappresentative di eventi particolarmente notevoli, e capitoli di "stranezze astronomiche" che tanto piacciono ai media per esaltare spettacoli che comunque si ripetono su scale temporali più o meno lunghe.

Questo non è un manuale tecnico e di difficile lettura, ma una descrizione completa e molto dettagliata su quello che il cielo ci offre durante la nostra vita, quindi ogni tabella è pronta all'uso ed ogni evento riportato sarà facilmente visibile ad occhio nudo od eventualmente con un modestissimo binocolo.

Un'opera per astrofili, per astronomi, per professionisti o semplici appassionati.

INTRODUCTION

This book, the fifth in a series of ten, is an extended discussion of that on my website about the asteroids. All types of conjunctions, occultations between asteroids and with the Moon, the closest approaches with the Earth, the missing impacts, on an extensive period of time, from 2000 to 2100, are examined here.

We find tables on orbital elements, on the anomalous asteroids and much, much more.

In addition there are also graphic simulations representing events particularly remarkable, and chapters of "astronomical oddities" that the media like to highlight. However, these events are repeated in time.

This is not a technical and difficult to read manual, but a complete and very detailed description of what the sky gives us throughout our lives, so each table is ready for use, and each reported event will be easily visible to the naked eye or possibly with a simple pair of binoculars.

The book is for stargazing astronomers and professionals.

EFFEMERIDI
EPHEMERIDES
2013-2014

Data : ore 00 TU
r = distanza dal Sole
R = distanza dalla Terra
RA app, Dec app = A.R. e Decl. Apparenti
Rise, set, trans = sorge, transita, tramonta
Elong = East (est), West (ovest)
Mag = magnitudine

Date : 00 UT
r = distanze from the Sun
R = distance from the Earth

000001 Ceres	r	R	RA app.	Dec. app.	Elong.		Mag
01/01/2013	2,6556	1,7004	5h32m10s	26°01'12''	162,8°	East	7,1
02/01/2013	2,6549	1,7038	5h31m13s	26°04'08''	161,6°	East	7,2
03/01/2013	2,6542	1,7075	5h30m18s	26°07'01''	160,4°	East	7,2
04/01/2013	2,6535	1,7114	5h29m23s	26°09'50''	159,1°	East	7,2
05/01/2013	2,6528	1,7157	5h28m29s	26°12'37''	157,9°	East	7,2
06/01/2013	2,6520	1,7202	5h27m36s	26°15'20''	156,7°	East	7,3
07/01/2013	2,6513	1,7249	5h26m45s	26°18'01''	155,5°	East	7,3
08/01/2013	2,6506	1,7299	5h25m55s	26°20'38''	154,3°	East	7,3
09/01/2013	2,6499	1,7352	5h25m06s	26°23'13''	153,1°	East	7,3
10/01/2013	2,6492	1,7407	5h24m19s	26°25'45''	151,9°	East	7,4
11/01/2013	2,6485	1,7465	5h23m33s	26°28'15''	150,7°	East	7,4
12/01/2013	2,6478	1,7525	5h22m49s	26°30'42''	149,6°	East	7,4
13/01/2013	2,6471	1,7588	5h22m06s	26°33'06''	148,4°	East	7,4
14/01/2013	2,6464	1,7653	5h21m25s	26°35'28''	147,2°	East	7,4
15/01/2013	2,6457	1,7720	5h20m46s	26°37'48''	146,1°	East	7,5
16/01/2013	2,6450	1,7789	5h20m08s	26°40'06''	144,9°	East	7,5
17/01/2013	2,6443	1,7861	5h19m32s	26°42'21''	143,8°	East	7,5
18/01/2013	2,6436	1,7934	5h18m58s	26°44'35''	142,6°	East	7,5
19/01/2013	2,6429	1,8010	5h18m26s	26°46'47''	141,5°	East	7,6
20/01/2013	2,6422	1,8088	5h17m55s	26°48'57''	140,4°	East	7,6
21/01/2013	2,6415	1,8168	5h17m26s	26°51'05''	139,2°	East	7,6
22/01/2013	2,6408	1,8250	5h16m59s	26°53'12''	138,1°	East	7,6
23/01/2013	2,6401	1,8334	5h16m34s	26°55'18''	137,0°	East	7,6
24/01/2013	2,6395	1,8419	5h16m11s	26°57'22''	135,9°	East	7,7
25/01/2013	2,6388	1,8507	5h15m49s	26°59'25''	134,8°	East	7,7
26/01/2013	2,6381	1,8596	5h15m30s	27°01'26''	133,8°	East	7,7
27/01/2013	2,6374	1,8687	5h15m12s	27°03'27''	132,7°	East	7,7
28/01/2013	2,6367	1,8779	5h14m57s	27°05'27''	131,6°	East	7,7
29/01/2013	2,6361	1,8874	5h14m43s	27°07'26''	130,5°	East	7,8
30/01/2013	2,6354	1,8970	5h14m31s	27°09'24''	129,5°	East	7,8
31/01/2013	2,6347	1,9067	5h14m21s	27°11'21''	128,4°	East	7,8
01/02/2013	2,6341	1,9166	5h14m13s	27°13'17''	127,4°	East	7,8
02/02/2013	2,6334	1,9266	5h14m07s	27°15'13''	126,4°	East	7,8
03/02/2013	2,6327	1,9368	5h14m02s	27°17'08''	125,3°	East	7,9
04/02/2013	2,6321	1,9471	5h14m00s	27°19'03''	124,3°	East	7,9
05/02/2013	2,6314	1,9575	5h14m00s	27°20'57''	123,3°	East	7,9
06/02/2013	2,6307	1,9681	5h14m01s	27°22'51''	122,3°	East	7,9
07/02/2013	2,6301	1,9788	5h14m04s	27°24'44''	121,3°	East	7,9
08/02/2013	2,6294	1,9896	5h14m10s	27°26'37''	120,3°	East	8,0
09/02/2013	2,6288	2,0006	5h14m17s	27°28'29''	119,3°	East	8,0
10/02/2013	2,6281	2,0116	5h14m26s	27°30'21''	118,4°	East	8,0
11/02/2013	2,6275	2,0228	5h14m37s	27°32'13''	117,4°	East	8,0
12/02/2013	2,6268	2,0340	5h14m49s	27°34'04''	116,4°	East	8,0
13/02/2013	2,6262	2,0454	5h15m04s	27°35'55''	115,5°	East	8,1
14/02/2013	2,6255	2,0568	5h15m20s	27°37'46''	114,5°	East	8,1
15/02/2013	2,6249	2,0683	5h15m38s	27°39'36''	113,6°	East	8,1
16/02/2013	2,6242	2,0800	5h15m58s	27°41'26''	112,7°	East	8,1
17/02/2013	2,6236	2,0917	5h16m20s	27°43'16''	111,8°	East	8,1
18/02/2013	2,6230	2,1034	5h16m43s	27°45'06''	110,8°	East	8,1
19/02/2013	2,6223	2,1153	5h17m08s	27°46'55''	109,9°	East	8,2
20/02/2013	2,6217	2,1272	5h17m35s	27°48'44''	109,0°	East	8,2
21/02/2013	2,6211	2,1392	5h18m04s	27°50'32''	108,1°	East	8,2
22/02/2013	2,6204	2,1512	5h18m34s	27°52'20''	107,2°	East	8,2
23/02/2013	2,6198	2,1633	5h19m06s	27°54'08''	106,3°	East	8,2
24/02/2013	2,6192	2,1754	5h19m39s	27°55'55''	105,5°	East	8,2
25/02/2013	2,6186	2,1876	5h20m14s	27°57'42''	104,6°	East	8,2
26/02/2013	2,6180	2,1999	5h20m51s	27°59'28''	103,7°	East	8,3
27/02/2013	2,6173	2,2122	5h21m29s	28°01'14''	102,9°	East	8,3
28/02/2013	2,6167	2,2245	5h22m08s	28°02'59''	102,0°	East	8,3
01/03/2013	2,6161	2,2369	5h22m50s	28°04'43''	101,2°	East	8,3
02/03/2013	2,6155	2,2493	5h23m32s	28°06'27''	100,3°	East	8,3

000001 Ceres	r	R	RA app.	Dec. app.	Elong.		Mag
03/03/2013	2,6149	2,2617	5h24m16s	28°08'09''	99,5°	East	8,3
04/03/2013	2,6143	2,2742	5h25m02s	28°09'51''	98,7°	East	8,3
05/03/2013	2,6137	2,2867	5h25m49s	28°11'32''	97,8°	East	8,4
06/03/2013	2,6131	2,2992	5h26m38s	28°13'12''	97,0°	East	8,4
07/03/2013	2,6125	2,3117	5h27m27s	28°14'52''	96,2°	East	8,4
08/03/2013	2,6119	2,3243	5h28m19s	28°16'30''	95,4°	East	8,4
09/03/2013	2,6113	2,3369	5h29m11s	28°18'07''	94,6°	East	8,4
10/03/2013	2,6107	2,3495	5h30m05s	28°19'42''	93,8°	East	8,4
11/03/2013	2,6101	2,3621	5h31m01s	28°21'17''	93,0°	East	8,4
12/03/2013	2,6095	2,3747	5h31m57s	28°22'50''	92,2°	East	8,4
13/03/2013	2,6090	2,3873	5h32m55s	28°24'21''	91,4°	East	8,5
14/03/2013	2,6084	2,3999	5h33m54s	28°25'52''	90,7°	East	8,5
15/03/2013	2,6078	2,4125	5h34m55s	28°27'21''	89,9°	East	8,5
16/03/2013	2,6072	2,4251	5h35m56s	28°28'48''	89,1°	East	8,5
17/03/2013	2,6066	2,4377	5h36m59s	28°30'14''	88,4°	East	8,5
18/03/2013	2,6061	2,4503	5h38m03s	28°31'37''	87,6°	East	8,5
19/03/2013	2,6055	2,4629	5h39m09s	28°33'00''	86,9°	East	8,5
20/03/2013	2,6049	2,4754	5h40m15s	28°34'20''	86,1°	East	8,5
21/03/2013	2,6044	2,4880	5h41m22s	28°35'39''	85,4°	East	8,5
22/03/2013	2,6038	2,5005	5h42m31s	28°36'55''	84,6°	East	8,6
23/03/2013	2,6032	2,5130	5h43m41s	28°38'10''	83,9°	East	8,6
24/03/2013	2,6027	2,5255	5h44m51s	28°39'22''	83,2°	East	8,6
25/03/2013	2,6021	2,5380	5h46m03s	28°40'32''	82,5°	East	8,6
26/03/2013	2,6016	2,5504	5h47m16s	28°41'40''	81,7°	East	8,6
27/03/2013	2,6010	2,5628	5h48m30s	28°42'46''	81,0°	East	8,6
28/03/2013	2,6005	2,5752	5h49m45s	28°43'49''	80,3°	East	8,6
29/03/2013	2,5999	2,5875	5h51m00s	28°44'50''	79,6°	East	8,6
30/03/2013	2,5994	2,5998	5h52m17s	28°45'48''	78,9°	East	8,6
31/03/2013	2,5988	2,6121	5h53m35s	28°46'44''	78,2°	East	8,6
01/04/2013	2,5983	2,6244	5h54m54s	28°47'37''	77,5°	East	8,6
02/04/2013	2,5978	2,6366	5h56m13s	28°48'27''	76,8°	East	8,7
03/04/2013	2,5972	2,6488	5h57m33s	28°49'15''	76,1°	East	8,7
04/04/2013	2,5967	2,6609	5h58m55s	28°49'59''	75,4°	East	8,7
05/04/2013	2,5962	2,6730	6h00m17s	28°50'41''	74,8°	East	8,7
06/04/2013	2,5957	2,6850	6h01m40s	28°51'20''	74,1°	East	8,7
07/04/2013	2,5951	2,6970	6h03m04s	28°51'55''	73,4°	East	8,7
08/04/2013	2,5946	2,7090	6h04m29s	28°52'28''	72,7°	East	8,7
09/04/2013	2,5941	2,7209	6h05m54s	28°52'57''	72,1°	East	8,7
10/04/2013	2,5936	2,7328	6h07m20s	28°53'23''	71,4°	East	8,7
11/04/2013	2,5931	2,7446	6h08m47s	28°53'46''	70,8°	East	8,7
12/04/2013	2,5926	2,7563	6h10m15s	28°54'05''	70,1°	East	8,7
13/04/2013	2,5921	2,7680	6h11m44s	28°54'21''	69,4°	East	8,7
14/04/2013	2,5915	2,7797	6h13m13s	28°54'34''	68,8°	East	8,7
15/04/2013	2,5910	2,7913	6h14m43s	28°54'43''	68,2°	East	8,7
16/04/2013	2,5906	2,8028	6h16m14s	28°54'48''	67,5°	East	8,7
17/04/2013	2,5901	2,8143	6h17m46s	28°54'50''	66,9°	East	8,7
18/04/2013	2,5896	2,8257	6h19m18s	28°54'48''	66,2°	East	8,8
19/04/2013	2,5891	2,8370	6h20m51s	28°54'42''	65,6°	East	8,8
20/04/2013	2,5886	2,8483	6h22m24s	28°54'33''	65,0°	East	8,8
21/04/2013	2,5881	2,8595	6h23m58s	28°54'20''	64,3°	East	8,8
22/04/2013	2,5876	2,8706	6h25m33s	28°54'03''	63,7°	East	8,8
23/04/2013	2,5871	2,8817	6h27m08s	28°53'42''	63,1°	East	8,8
24/04/2013	2,5867	2,8927	6h28m44s	28°53'17''	62,5°	East	8,8
25/04/2013	2,5862	2,9037	6h30m20s	28°52'47''	61,9°	East	8,8
26/04/2013	2,5857	2,9145	6h31m57s	28°52'14''	61,3°	East	8,8
27/04/2013	2,5853	2,9253	6h33m35s	28°51'37''	60,6°	East	8,8
28/04/2013	2,5848	2,9361	6h35m13s	28°50'56''	60,0°	East	8,8
29/04/2013	2,5843	2,9467	6h36m52s	28°50'10''	59,4°	East	8,8
30/04/2013	2,5839	2,9573	6h38m31s	28°49'20''	58,8°	East	8,8
01/05/2013	2,5834	2,9679	6h40m10s	28°48'26''	58,2°	East	8,8
02/05/2013	2,5830	2,9783	6h41m50s	28°47'27''	57,6°	East	8,8

9

000001 Ceres	r	R	RA app.	Dec. app.	Elong.		Mag
03/05/2013	2,5825	2,9887	6h43m31s	28°46'24''	57,0°	East	8,8
04/05/2013	2,5821	2,9990	6h45m12s	28°45'17''	56,4°	East	8,8
05/05/2013	2,5816	3,0092	6h46m54s	28°44'05''	55,8°	East	8,8
06/05/2013	2,5812	3,0193	6h48m36s	28°42'49''	55,3°	East	8,8
07/05/2013	2,5807	3,0294	6h50m18s	28°41'28''	54,7°	East	8,8
08/05/2013	2,5803	3,0394	6h52m01s	28°40'02''	54,1°	East	8,8
09/05/2013	2,5799	3,0493	6h53m44s	28°38'32''	53,5°	East	8,8
10/05/2013	2,5794	3,0591	6h55m28s	28°36'58''	52,9°	East	8,8
11/05/2013	2,5790	3,0689	6h57m12s	28°35'18''	52,3°	East	8,8
12/05/2013	2,5786	3,0785	6h58m57s	28°33'34''	51,8°	East	8,8
13/05/2013	2,5782	3,0881	7h00m42s	28°31'46''	51,2°	East	8,8
14/05/2013	2,5777	3,0976	7h02m27s	28°29'53''	50,6°	East	8,8
15/05/2013	2,5773	3,1070	7h04m13s	28°27'55''	50,1°	East	8,8
16/05/2013	2,5769	3,1163	7h05m59s	28°25'52''	49,5°	East	8,8
17/05/2013	2,5765	3,1255	7h07m45s	28°23'45''	48,9°	East	8,8
18/05/2013	2,5761	3,1347	7h09m32s	28°21'32''	48,4°	East	8,8
19/05/2013	2,5757	3,1437	7h11m19s	28°19'16''	47,8°	East	8,8
20/05/2013	2,5753	3,1527	7h13m06s	28°16'54''	47,2°	East	8,8
21/05/2013	2,5749	3,1616	7h14m54s	28°14'27''	46,7°	East	8,8
22/05/2013	2,5745	3,1704	7h16m41s	28°11'56''	46,1°	East	8,8
23/05/2013	2,5741	3,1791	7h18m30s	28°09'20''	45,6°	East	8,8
24/05/2013	2,5737	3,1877	7h20m18s	28°06'38''	45,0°	East	8,8
25/05/2013	2,5733	3,1962	7h22m07s	28°03'52''	44,5°	East	8,8
26/05/2013	2,5730	3,2046	7h23m55s	28°01'01''	43,9°	East	8,8
27/05/2013	2,5726	3,2129	7h25m45s	27°58'06''	43,4°	East	8,8
28/05/2013	2,5722	3,2212	7h27m34s	27°55'05''	42,8°	East	8,8
29/05/2013	2,5718	3,2293	7h29m24s	27°51'59''	42,3°	East	8,8
30/05/2013	2,5715	3,2374	7h31m13s	27°48'49''	41,8°	East	8,8
31/05/2013	2,5711	3,2454	7h33m03s	27°45'33''	41,2°	East	8,8
01/06/2013	2,5707	3,2533	7h34m54s	27°42'13''	40,7°	East	8,8
02/06/2013	2,5704	3,2611	7h36m44s	27°38'47''	40,1°	East	8,8
03/06/2013	2,5700	3,2688	7h38m35s	27°35'17''	39,6°	East	8,8
04/06/2013	2,5697	3,2764	7h40m25s	27°31'42''	39,1°	East	8,8
05/06/2013	2,5693	3,2839	7h42m16s	27°28'01''	38,5°	East	8,8
06/06/2013	2,5690	3,2913	7h44m08s	27°24'16''	38,0°	East	8,8
07/06/2013	2,5686	3,2986	7h45m59s	27°20'26''	37,5°	East	8,8
08/06/2013	2,5683	3,3058	7h47m50s	27°16'31''	37,0°	East	8,8
09/06/2013	2,5679	3,3129	7h49m42s	27°12'31''	36,4°	East	8,8
10/06/2013	2,5676	3,3199	7h51m34s	27°08'26''	35,9°	East	8,8
11/06/2013	2,5673	3,3268	7h53m26s	27°04'16''	35,4°	East	8,8
12/06/2013	2,5669	3,3337	7h55m18s	27°00'01''	34,9°	East	8,8
13/06/2013	2,5666	3,3404	7h57m10s	26°55'42''	34,3°	East	8,8
14/06/2013	2,5663	3,3470	7h59m02s	26°51'17''	33,8°	East	8,8
15/06/2013	2,5660	3,3535	8h00m54s	26°46'48''	33,3°	East	8,8
16/06/2013	2,5657	3,3599	8h02m47s	26°42'14''	32,8°	East	8,8
17/06/2013	2,5654	3,3663	8h04m39s	26°37'35''	32,3°	East	8,8
18/06/2013	2,5650	3,3725	8h06m32s	26°32'52''	31,8°	East	8,8
19/06/2013	2,5647	3,3786	8h08m24s	26°28'03''	31,2°	East	8,8
20/06/2013	2,5644	3,3846	8h10m17s	26°23'10''	30,7°	East	8,8
21/06/2013	2,5641	3,3905	8h12m10s	26°18'12''	30,2°	East	8,8
22/06/2013	2,5638	3,3964	8h14m03s	26°13'10''	29,7°	East	8,8
23/06/2013	2,5635	3,4021	8h15m56s	26°08'02''	29,2°	East	8,8
24/06/2013	2,5633	3,4077	8h17m48s	26°02'50''	28,7°	East	8,8
25/06/2013	2,5630	3,4132	8h19m42s	25°57'33''	28,2°	East	8,8
26/06/2013	2,5627	3,4186	8h21m35s	25°52'12''	27,7°	East	8,8
27/06/2013	2,5624	3,4239	8h23m28s	25°46'46''	27,2°	East	8,8
28/06/2013	2,5621	3,4291	8h25m21s	25°41'15''	26,7°	East	8,8
29/06/2013	2,5619	3,4343	8h27m14s	25°35'40''	26,2°	East	8,8
30/06/2013	2,5616	3,4393	8h29m07s	25°30'00''	25,7°	East	8,8
01/07/2013	2,5613	3,4442	8h31m00s	25°24'15''	25,2°	East	8,7
02/07/2013	2,5611	3,4490	8h32m53s	25°18'26''	24,7°	East	8,7

000001 Ceres	r	R	RA app.	Dec. app.	Elong.		Mag
03/07/2013	2,5608	3,4537	8h34m46s	25°12'33''	24,2°	East	8,7
04/07/2013	2,5605	3,4583	8h36m39s	25°06'35''	23,7°	East	8,7
05/07/2013	2,5603	3,4628	8h38m32s	25°00'32''	23,2°	East	8,7
06/07/2013	2,5600	3,4671	8h40m26s	24°54'25''	22,8°	East	8,7
07/07/2013	2,5598	3,4714	8h42m19s	24°48'14''	22,3°	East	8,7
08/07/2013	2,5596	3,4756	8h44m12s	24°41'59''	21,8°	East	8,7
09/07/2013	2,5593	3,4797	8h46m05s	24°35'39''	21,3°	East	8,7
10/07/2013	2,5591	3,4836	8h47m58s	24°29'15''	20,8°	East	8,7
11/07/2013	2,5588	3,4875	8h49m51s	24°22'46''	20,3°	East	8,7
12/07/2013	2,5586	3,4912	8h51m44s	24°16'14''	19,9°	East	8,7
13/07/2013	2,5584	3,4949	8h53m37s	24°09'37''	19,4°	East	8,7
14/07/2013	2,5582	3,4984	8h55m30s	24°02'56''	18,9°	East	8,7
15/07/2013	2,5580	3,5018	8h57m23s	23°56'12''	18,4°	East	8,7
16/07/2013	2,5577	3,5052	8h59m15s	23°49'23''	18,0°	East	8,7
17/07/2013	2,5575	3,5084	9h01m08s	23°42'30''	17,5°	East	8,7
18/07/2013	2,5573	3,5115	9h03m01s	23°35'33''	17,0°	East	8,6
19/07/2013	2,5571	3,5145	9h04m53s	23°28'32''	16,6°	East	8,6
20/07/2013	2,5569	3,5174	9h06m46s	23°21'28''	16,1°	East	8,6
21/07/2013	2,5567	3,5202	9h08m38s	23°14'19''	15,7°	East	8,6
22/07/2013	2,5565	3,5228	9h10m31s	23°07'07''	15,2°	East	8,6
23/07/2013	2,5563	3,5254	9h12m23s	22°59'51''	14,8°	East	8,6
24/07/2013	2,5561	3,5279	9h14m15s	22°52'32''	14,3°	East	8,6
25/07/2013	2,5560	3,5303	9h16m07s	22°45'08''	13,9°	East	8,6
26/07/2013	2,5558	3,5325	9h17m59s	22°37'41''	13,5°	East	8,6
27/07/2013	2,5556	3,5347	9h19m51s	22°30'10''	13,0°	East	8,6
28/07/2013	2,5554	3,5367	9h21m43s	22°22'36''	12,6°	East	8,6
29/07/2013	2,5552	3,5387	9h23m35s	22°14'58''	12,2°	East	8,6
30/07/2013	2,5551	3,5405	9h25m27s	22°07'17''	11,8°	East	8,6
31/07/2013	2,5549	3,5422	9h27m18s	21°59'32''	11,4°	East	8,5
01/08/2013	2,5548	3,5438	9h29m10s	21°51'44''	11,0°	East	8,5
02/08/2013	2,5546	3,5454	9h31m01s	21°43'52''	10,6°	East	8,5
03/08/2013	2,5544	3,5468	9h32m53s	21°35'57''	10,2°	East	8,5
04/08/2013	2,5543	3,5480	9h34m44s	21°27'59''	9,8°	East	8,5
05/08/2013	2,5541	3,5492	9h36m35s	21°19'58''	9,5°	East	8,5
06/08/2013	2,5540	3,5503	9h38m26s	21°11'54''	9,2°	East	8,5
07/08/2013	2,5539	3,5513	9h40m17s	21°03'46''	8,8°	East	8,5
08/08/2013	2,5537	3,5521	9h42m08s	20°55'36''	8,5°	East	8,5
09/08/2013	2,5536	3,5529	9h43m59s	20°47'22''	8,2°	East	8,5
10/08/2013	2,5535	3,5535	9h45m49s	20°39'06''	8,0°	East	8,5
11/08/2013	2,5533	3,5540	9h47m40s	20°30'47''	7,7°	East	8,5
12/08/2013	2,5532	3,5544	9h49m30s	20°22'25''	7,5°	East	8,5
13/08/2013	2,5531	3,5547	9h51m20s	20°14'00''	7,3°	East	8,4
14/08/2013	2,5530	3,5549	9h53m10s	20°05'33''	7,2°	East	8,4
15/08/2013	2,5529	3,5550	9h55m01s	19°57'02''	7,0°	East	8,4
16/08/2013	2,5528	3,5550	9h56m50s	19°48'30''	7,0°	East	8,4
17/08/2013	2,5527	3,5548	9h58m40s	19°39'54''	6,9°	East	8,4
18/08/2013	2,5526	3,5546	10h00m30s	19°31'16''	6,9°	East	8,4
19/08/2013	2,5525	3,5543	10h02m19s	19°22'36''	6,9°	West	8,4
20/08/2013	2,5524	3,5538	10h04m08s	19°13'54''	7,0°	West	8,4
21/08/2013	2,5523	3,5532	10h05m58s	19°05'09''	7,1°	West	8,4
22/08/2013	2,5522	3,5526	10h07m47s	18°56'22''	7,2°	West	8,4
23/08/2013	2,5521	3,5518	10h09m36s	18°47'32''	7,3°	West	8,4
24/08/2013	2,5520	3,5509	10h11m24s	18°38'40''	7,5°	West	8,4
25/08/2013	2,5520	3,5499	10h13m13s	18°29'46''	7,7°	West	8,5
26/08/2013	2,5519	3,5488	10h15m02s	18°20'50''	8,0°	West	8,5
27/08/2013	2,5518	3,5476	10h16m50s	18°11'52''	8,3°	West	8,5
28/08/2013	2,5517	3,5462	10h18m38s	18°02'52''	8,6°	West	8,5
29/08/2013	2,5517	3,5448	10h20m27s	17°53'50''	8,9°	West	8,5
30/08/2013	2,5516	3,5433	10h22m15s	17°44'46''	9,2°	West	8,5
31/08/2013	2,5516	3,5416	10h24m03s	17°35'41''	9,5°	West	8,5
01/09/2013	2,5515	3,5399	10h25m50s	17°26'33''	9,9°	West	8,5

11

000001 Ceres	r	R	RA app.	Dec. app.	Elong.	Mag
02/09/2013	2,5515	3,5380	10h27m38s	17°17'24''	10,3° West	8,5
03/09/2013	2,5514	3,5360	10h29m25s	17°08'14''	10,7° West	8,5
04/09/2013	2,5514	3,5339	10h31m13s	16°59'02''	11,0° West	8,5
05/09/2013	2,5514	3,5317	10h33m00s	16°49'48''	11,5° West	8,5
06/09/2013	2,5513	3,5294	10h34m47s	16°40'33''	11,9° West	8,5
07/09/2013	2,5513	3,5270	10h36m34s	16°31'16''	12,3° West	8,5
08/09/2013	2,5513	3,5244	10h38m20s	16°21'59''	12,7° West	8,6
09/09/2013	2,5512	3,5218	10h40m07s	16°12'40''	13,2° West	8,6
10/09/2013	2,5512	3,5190	10h41m53s	16°03'20''	13,6° West	8,6
11/09/2013	2,5512	3,5162	10h43m40s	15°53'59''	14,0° West	8,6
12/09/2013	2,5512	3,5132	10h45m26s	15°44'36''	14,5° West	8,6
13/09/2013	2,5512	3,5101	10h47m12s	15°35'13''	14,9° West	8,6
14/09/2013	2,5512	3,5069	10h48m57s	15°25'49''	15,4° West	8,6
15/09/2013	2,5512	3,5037	10h50m43s	15°16'24''	15,9° West	8,6
16/09/2013	2,5512	3,5003	10h52m28s	15°06'58''	16,3° West	8,6
17/09/2013	2,5512	3,4967	10h54m14s	14°57'32''	16,8° West	8,6
18/09/2013	2,5512	3,4931	10h55m59s	14°48'05''	17,3° West	8,6
19/09/2013	2,5512	3,4894	10h57m44s	14°38'37''	17,8° West	8,6
20/09/2013	2,5512	3,4856	10h59m29s	14°29'09''	18,2° West	8,6
21/09/2013	2,5512	3,4816	11h01m13s	14°19'40''	18,7° West	8,6
22/09/2013	2,5513	3,4776	11h02m58s	14°10'10''	19,2° West	8,7
23/09/2013	2,5513	3,4735	11h04m42s	14°00'41''	19,7° West	8,7
24/09/2013	2,5513	3,4692	11h06m26s	13°51'10''	20,2° West	8,7
25/09/2013	2,5514	3,4648	11h08m10s	13°41'40''	20,7° West	8,7
26/09/2013	2,5514	3,4604	11h09m54s	13°32'09''	21,2° West	8,7
27/09/2013	2,5514	3,4558	11h11m38s	13°22'39''	21,7° West	8,7
28/09/2013	2,5515	3,4511	11h13m22s	13°13'08''	22,2° West	8,7
29/09/2013	2,5515	3,4463	11h15m05s	13°03'37''	22,7° West	8,7
30/09/2013	2,5516	3,4414	11h16m48s	12°54'06''	23,2° West	8,7
01/10/2013	2,5516	3,4364	11h18m31s	12°44'36''	23,7° West	8,7
02/10/2013	2,5517	3,4313	11h20m14s	12°35'06''	24,2° West	8,7
03/10/2013	2,5518	3,4261	11h21m57s	12°25'36''	24,7° West	8,7
04/10/2013	2,5518	3,4208	11h23m39s	12°16'06''	25,2° West	8,7
05/10/2013	2,5519	3,4154	11h25m22s	12°06'37''	25,8° West	8,7
06/10/2013	2,5520	3,4098	11h27m04s	11°57'08''	26,3° West	8,7
07/10/2013	2,5520	3,4042	11h28m46s	11°47'40''	26,8° West	8,7
08/10/2013	2,5521	3,3985	11h30m28s	11°38'13''	27,3° West	8,7
09/10/2013	2,5522	3,3926	11h32m09s	11°28'46''	27,8° West	8,7
10/10/2013	2,5523	3,3867	11h33m51s	11°19'20''	28,4° West	8,7
11/10/2013	2,5524	3,3806	11h35m32s	11°09'55''	28,9° West	8,7
12/10/2013	2,5525	3,3744	11h37m13s	11°00'31''	29,4° West	8,8
13/10/2013	2,5526	3,3682	11h38m54s	10°51'08''	29,9° West	8,8
14/10/2013	2,5527	3,3618	11h40m35s	10°41'46''	30,5° West	8,8
15/10/2013	2,5528	3,3553	11h42m15s	10°32'25''	31,0° West	8,8
16/10/2013	2,5529	3,3488	11h43m55s	10°23'05''	31,5° West	8,8
17/10/2013	2,5530	3,3421	11h45m36s	10°13'47''	32,1° West	8,8
18/10/2013	2,5531	3,3354	11h47m16s	10°04'29''	32,6° West	8,8
19/10/2013	2,5532	3,3285	11h48m55s	9°55'13''	33,1° West	8,8
20/10/2013	2,5534	3,3215	11h50m35s	9°45'59''	33,7° West	8,8
21/10/2013	2,5535	3,3145	11h52m14s	9°36'46''	34,2° West	8,8
22/09/2013	2,5536	3,3073	11h53m53s	9°27'34''	34,8° West	8,8
23/10/2013	2,5537	3,3000	11h55m32s	9°18'25''	35,3° West	8,8
24/10/2013	2,5539	3,2927	11h57m11s	9°09'16''	35,9° West	8,8
25/10/2013	2,5540	3,2852	11h58m49s	9°00'10''	36,4° West	8,8
26/10/2013	2,5542	3,2777	12h00m28s	8°51'06''	37,0° West	8,8
27/10/2013	2,5543	3,2700	12h02m06s	8°42'03''	37,5° West	8,8
28/10/2013	2,5545	3,2623	12h03m44s	8°33'02''	38,1° West	8,8
29/10/2013	2,5546	3,2544	12h05m21s	8°24'04''	38,6° West	8,8
30/10/2013	2,5548	3,2465	12h06m59s	8°15'08''	39,2° West	8,8
31/10/2013	2,5549	3,2384	12h08m36s	8°06'14''	39,7° West	8,8
01/11/2013	2,5551	3,2303	12h10m13s	7°57'22''	40,3° West	8,8

000001 Ceres	r	R	RA app.	Dec. app.	Elong.	Mag
02/11/2013	2,5553	3,2221	12h11m50s	7°48'32''	40,9° West	8,8
03/11/2013	2,5554	3,2137	12h13m26s	7°39'45''	41,4° West	8,8
04/11/2013	2,5556	3,2053	12h15m03s	7°31'01''	42,0° West	8,8
05/11/2013	2,5558	3,1968	12h16m39s	7°22'19''	42,5° West	8,8
06/11/2013	2,5560	3,1882	12h18m14s	7°13'40''	43,1° West	8,8
07/11/2013	2,5561	3,1795	12h19m50s	7°05'04''	43,7° West	8,8
08/11/2013	2,5563	3,1707	12h21m25s	6°56'30''	44,3° West	8,8
09/11/2013	2,5565	3,1618	12h23m00s	6°48'00''	44,8° West	8,8
10/11/2013	2,5567	3,1528	12h24m35s	6°39'32''	45,4° West	8,8
11/11/2013	2,5569	3,1438	12h26m09s	6°31'07''	46,0° West	8,8
12/11/2013	2,5571	3,1346	12h27m43s	6°22'46''	46,6° West	8,8
13/11/2013	2,5573	3,1254	12h29m17s	6°14'28''	47,1° West	8,8
14/11/2013	2,5575	3,1160	12h30m51s	6°06'13''	47,7° West	8,8
15/11/2013	2,5578	3,1066	12h32m24s	5°58'01''	48,3° West	8,8
16/11/2013	2,5580	3,0971	12h33m57s	5°49'52''	48,9° West	8,8
17/11/2013	2,5582	3,0876	12h35m30s	5°41'47''	49,5° West	8,8
18/11/2013	2,5584	3,0779	12h37m02s	5°33'46''	50,1° West	8,8
19/11/2013	2,5586	3,0682	12h38m35s	5°25'48''	50,7° West	8,8
20/11/2013	2,5589	3,0583	12h40m07s	5°17'53''	51,3° West	8,8
21/11/2013	2,5591	3,0484	12h41m38s	5°10'03''	51,9° West	8,8
22/11/2013	2,5593	3,0385	12h43m09s	5°02'16''	52,5° West	8,8
23/11/2013	2,5596	3,0284	12h44m40s	4°54'33''	53,1° West	8,8
24/11/2013	2,5598	3,0182	12h46m11s	4°46'54''	53,7° West	8,8
25/11/2013	2,5601	3,0080	12h47m41s	4°39'18''	54,3° West	8,8
26/11/2013	2,5603	2,9977	12h49m11s	4°31'47''	54,9° West	8,8
27/11/2013	2,5606	2,9873	12h50m41s	4°24'21''	55,5° West	8,8
28/11/2013	2,5608	2,9769	12h52m10s	4°16'58''	56,1° West	8,8
29/11/2013	2,5611	2,9663	12h53m39s	4°09'40''	56,7° West	8,8
30/11/2013	2,5613	2,9557	12h55m07s	4°02'26''	57,3° West	8,8
01/12/2013	2,5616	2,9450	12h56m35s	3°55'17''	57,9° West	8,8
02/12/2013	2,5619	2,9343	12h58m03s	3°48'12''	58,6° West	8,8
03/12/2013	2,5622	2,9235	12h59m30s	3°41'11''	59,2° West	8,8
04/12/2013	2,5624	2,9126	13h00m57s	3°34'16''	59,8° West	8,8
05/12/2013	2,5627	2,9016	13h02m24s	3°27'25''	60,4° West	8,7
06/12/2013	2,5630	2,8906	13h03m50s	3°20'39''	61,1° West	8,7
07/12/2013	2,5633	2,8794	13h05m16s	3°13'58''	61,7° West	8,7
08/12/2013	2,5636	2,8683	13h06m41s	3°07'22''	62,3° West	8,7
09/12/2013	2,5639	2,8570	13h08m06s	3°00'51''	63,0° West	8,7
10/12/2013	2,5642	2,8458	13h09m30s	2°54'26''	63,6° West	8,7
11/12/2013	2,5645	2,8344	13h10m54s	2°48'05''	64,2° West	8,7
12/12/2013	2,5648	2,8230	13h12m17s	2°41'50''	64,9° West	8,7
13/12/2013	2,5651	2,8115	13h13m40s	2°35'39''	65,5° West	8,7
14/12/2013	2,5654	2,8000	13h15m03s	2°29'35''	66,2° West	8,7
15/12/2013	2,5657	2,7884	13h16m25s	2°23'35''	66,8° West	8,7
16/12/2013	2,5660	2,7768	13h17m46s	2°17'41''	67,5° West	8,7
17/12/2013	2,5663	2,7651	13h19m07s	2°11'53''	68,1° West	8,7
18/12/2013	2,5666	2,7533	13h20m28s	2°06'10''	68,8° West	8,7
19/12/2013	2,5670	2,7415	13h21m48s	2°00'32''	69,4° West	8,7
20/12/2013	2,5673	2,7297	13h23m07s	1°55'01''	70,1° West	8,7
21/12/2013	2,5676	2,7178	13h24m26s	1°49'35''	70,8° West	8,7
22/12/2013	2,5680	2,7059	13h25m45s	1°44'16''	71,4° West	8,7
23/12/2013	2,5683	2,6939	13h27m02s	1°39'02''	72,1° West	8,7
24/12/2013	2,5686	2,6818	13h28m19s	1°33'54''	72,8° West	8,6
25/12/2013	2,5690	2,6698	13h29m36s	1°28'52''	73,5° West	8,6
26/12/2013	2,5693	2,6576	13h30m52s	1°23'57''	74,1° West	8,6
27/12/2013	2,5697	2,6455	13h32m07s	1°19'07''	74,8° West	8,6
28/12/2013	2,5700	2,6333	13h33m22s	1°14'24''	75,5° West	8,6
29/12/2013	2,5704	2,6210	13h34m36s	1°09'48''	76,2° West	8,6
30/12/2013	2,5708	2,6088	13h35m50s	1°05'18''	76,9° West	8,6
31/12/2013	2,5711	2,5965	13h37m02s	1°00'54''	77,6° West	8,6

```
000003 Juno      r        R        RA app.      Dec. app.     Elong.           Mag

29/07/2013    2,7165    1,7232    20h48m15s    -4°06'54''    164,9° West      9,0
30/07/2013    2,7139    1,7191    20h47m24s    -4°12'55''    165,5° West      9,0
31/07/2013    2,7112    1,7152    20h46m34s    -4°19'06''    166,0° West      9,0
01/08/2013    2,7086    1,7115    20h45m42s    -4°25'26''    166,4° West      9,0
02/08/2013    2,7059    1,7082    20h44m51s    -4°31'56''    166,7° West      9,0
03/08/2013    2,7033    1,7051    20h44m00s    -4°38'34''    166,9° West      9,0
04/08/2013    2,7006    1,7022    20h43m08s    -4°45'21''    167,1° West      9,0
05/08/2013    2,6980    1,6997    20h42m16s    -4°52'16''    167,1° East      9,0
06/08/2013    2,6953    1,6974    20h41m25s    -4°59'19''    167,0° East      9,0
07/08/2013    2,6927    1,6954    20h40m33s    -5°06'30''    166,8° East      9,0
08/08/2013    2,6900    1,6937    20h39m41s    -5°13'48''    166,5° East      9,0
09/08/2013    2,6873    1,6922    20h38m50s    -5°21'12''    166,1° East      9,0
10/08/2013    2,6847    1,6910    20h37m59s    -5°28'44''    165,6° East      9,0
11/08/2013    2,6820    1,6901    20h37m08s    -5°36'21''    165,0° East      9,0
12/08/2013    2,6793    1,6894    20h36m18s    -5°44'04''    164,4° East      9,0
13/08/2013    2,6766    1,6891    20h35m28s    -5°51'53''    163,7° East      9,0
14/08/2013    2,6739    1,6889    20h34m39s    -5°59'47''    163,0° East      9,0
15/08/2013    2,6713    1,6891    20h33m50s    -6°07'45''    162,2° East      9,0
16/08/2013    2,6686    1,6895    20h33m01s    -6°15'47''    161,3° East      9,0
17/08/2013    2,6659    1,6902    20h32m14s    -6°23'54''    160,5° East      9,0
18/08/2013    2,6632    1,6911    20h31m27s    -6°32'04''    159,6° East      9,0


000004 Vesta     r        R        RA app.      Dec. app.     Elong.           Mag

01/01/2013    2,5671    1,6608    4h45m28s    18°16'44''    151,3° East      6,9
02/01/2013    2,5670    1,6672    4h44m40s    18°18'42''    150,1° East      6,9
03/01/2013    2,5668    1,6739    4h43m54s    18°20'42''    148,9° East      6,9
04/01/2013    2,5666    1,6808    4h43m10s    18°22'46''    147,8° East      7,0
05/01/2013    2,5665    1,6879    4h42m27s    18°24'52''    146,6° East      7,0
06/01/2013    2,5663    1,6952    4h41m46s    18°27'01''    145,4° East      7,0
07/01/2013    2,5661    1,7028    4h41m06s    18°29'13''    144,3° East      7,0
08/01/2013    2,5660    1,7105    4h40m29s    18°31'28''    143,1° East      7,0
09/01/2013    2,5658    1,7185    4h39m53s    18°33'45''    142,0° East      7,1
10/01/2013    2,5656    1,7267    4h39m19s    18°36'06''    140,9° East      7,1
11/01/2013    2,5654    1,7351    4h38m46s    18°38'30''    139,7° East      7,1
12/01/2013    2,5652    1,7437    4h38m16s    18°40'56''    138,6° East      7,1
13/01/2013    2,5650    1,7526    4h37m47s    18°43'25''    137,5° East      7,1
14/01/2013    2,5648    1,7615    4h37m20s    18°45'57''    136,4° East      7,2
15/01/2013    2,5646    1,7707    4h36m55s    18°48'32''    135,3° East      7,2
16/01/2013    2,5644    1,7801    4h36m32s    18°51'10''    134,2° East      7,2
17/01/2013    2,5642    1,7896    4h36m11s    18°53'51''    133,1° East      7,2
18/01/2013    2,5640    1,7993    4h35m52s    18°56'34''    132,0° East      7,2
19/01/2013    2,5638    1,8092    4h35m34s    18°59'20''    130,9° East      7,3
20/01/2013    2,5636    1,8192    4h35m19s    19°02'10''    129,9° East      7,3
21/01/2013    2,5634    1,8294    4h35m05s    19°05'01''    128,8° East      7,3
22/01/2013    2,5631    1,8397    4h34m54s    19°07'56''    127,7° East      7,3
23/01/2013    2,5629    1,8502    4h34m44s    19°10'53''    126,7° East      7,3
24/01/2013    2,5627    1,8608    4h34m36s    19°13'52''    125,7° East      7,4
25/01/2013    2,5624    1,8716    4h34m30s    19°16'54''    124,6° East      7,4
26/01/2013    2,5622    1,8825    4h34m26s    19°19'59''    123,6° East      7,4
27/01/2013    2,5619    1,8935    4h34m23s    19°23'06''    122,6° East      7,4
28/01/2013    2,5617    1,9046    4h34m23s    19°26'15''    121,6° East      7,4
29/01/2013    2,5614    1,9158    4h34m24s    19°29'27''    120,6° East      7,5
30/01/2013    2,5612    1,9272    4h34m27s    19°32'41''    119,6° East      7,5
31/01/2013    2,5609    1,9387    4h34m32s    19°35'57''    118,6° East      7,5
01/02/2013    2,5606    1,9503    4h34m39s    19°39'15''    117,6° East      7,5
02/02/2013    2,5604    1,9619    4h34m48s    19°42'36''    116,7° East      7,5
03/02/2013    2,5601    1,9737    4h34m58s    19°45'58''    115,7° East      7,5
```

14

000004 Vesta	r	R	RA app.	Dec. app.	Elong.		Mag
04/02/2013	2,5598	1,9856	4h35m10s	19°49'22''	114,7°	East	7,6
05/02/2013	2,5595	1,9976	4h35m24s	19°52'48''	113,8°	East	7,6
06/02/2013	2,5592	2,0096	4h35m39s	19°56'16''	112,8°	East	7,6
07/02/2013	2,5589	2,0217	4h35m57s	19°59'46''	111,9°	East	7,6
08/02/2013	2,5587	2,0340	4h36m16s	20°03'17''	111,0°	East	7,6
09/02/2013	2,5584	2,0462	4h36m36s	20°06'49''	110,1°	East	7,6
10/02/2013	2,5581	2,0586	4h36m59s	20°10'24''	109,1°	East	7,7
11/02/2013	2,5577	2,0710	4h37m23s	20°13'59''	108,2°	East	7,7
12/02/2013	2,5574	2,0835	4h37m48s	20°17'36''	107,3°	East	7,7
13/02/2013	2,5571	2,0960	4h38m16s	20°21'14''	106,4°	East	7,7
14/02/2013	2,5568	2,1086	4h38m44s	20°24'53''	105,5°	East	7,7
15/02/2013	2,5565	2,1213	4h39m15s	20°28'33''	104,7°	East	7,7
16/02/2013	2,5562	2,1340	4h39m47s	20°32'14''	103,8°	East	7,8
17/02/2013	2,5558	2,1467	4h40m20s	20°35'56''	102,9°	East	7,8
18/02/2013	2,5555	2,1595	4h40m55s	20°39'38''	102,0°	East	7,8
19/02/2013	2,5552	2,1723	4h41m32s	20°43'21''	101,2°	East	7,8
20/02/2013	2,5548	2,1851	4h42m10s	20°47'05''	100,3°	East	7,8
21/02/2013	2,5545	2,1980	4h42m49s	20°50'49''	99,5°	East	7,8
22/02/2013	2,5541	2,2109	4h43m30s	20°54'34''	98,6°	East	7,8
23/02/2013	2,5538	2,2238	4h44m12s	20°58'18''	97,8°	East	7,9
24/02/2013	2,5534	2,2367	4h44m56s	21°02'03''	97,0°	East	7,9
25/02/2013	2,5531	2,2497	4h45m41s	21°05'49''	96,2°	East	7,9
26/02/2013	2,5527	2,2626	4h46m27s	21°09'34''	95,3°	East	7,9
27/02/2013	2,5524	2,2756	4h47m15s	21°13'18''	94,5°	East	7,9
28/02/2013	2,5520	2,2886	4h48m04s	21°17'03''	93,7°	East	7,9
01/03/2013	2,5516	2,3016	4h48m54s	21°20'48''	92,9°	East	7,9
02/03/2013	2,5512	2,3146	4h49m45s	21°24'31''	92,1°	East	8,0
03/03/2013	2,5509	2,3276	4h50m38s	21°28'15''	91,3°	East	8,0
04/03/2013	2,5505	2,3406	4h51m32s	21°31'58''	90,5°	East	8,0
05/03/2013	2,5501	2,3536	4h52m27s	21°35'40''	89,8°	East	8,0
06/03/2013	2,5497	2,3666	4h53m24s	21°39'22''	89,0°	East	8,0
07/03/2013	2,5493	2,3795	4h54m21s	21°43'03''	88,2°	East	8,0
08/03/2013	2,5489	2,3925	4h55m20s	21°46'42''	87,4°	East	8,0
09/03/2013	2,5485	2,4055	4h56m20s	21°50'21''	86,7°	East	8,0
10/03/2013	2,5481	2,4184	4h57m21s	21°53'59''	85,9°	East	8,0
11/03/2013	2,5477	2,4313	4h58m23s	21°57'35''	85,2°	East	8,1
12/03/2013	2,5473	2,4442	4h59m26s	22°01'11''	84,4°	East	8,1
13/03/2013	2,5468	2,4571	5h00m30s	22°04'44''	83,7°	East	8,1
14/03/2013	2,5464	2,4700	5h01m36s	22°08'17''	82,9°	East	8,1
15/03/2013	2,5460	2,4828	5h02m42s	22°11'47''	82,2°	East	8,1
16/03/2013	2,5456	2,4956	5h03m50s	22°15'17''	81,5°	East	8,1
17/03/2013	2,5451	2,5084	5h04m58s	22°18'44''	80,7°	East	8,1
18/03/2013	2,5447	2,5211	5h06m08s	22°22'10''	80,0°	East	8,1
19/03/2013	2,5443	2,5338	5h07m18s	22°25'34''	79,3°	East	8,1
20/03/2013	2,5438	2,5464	5h08m30s	22°28'55''	78,6°	East	8,1
21/03/2013	2,5434	2,5590	5h09m42s	22°32'15''	77,9°	East	8,2
22/03/2013	2,5429	2,5716	5h10m55s	22°35'33''	77,2°	East	8,2
23/03/2013	2,5425	2,5841	5h12m09s	22°38'48''	76,5°	East	8,2
24/03/2013	2,5420	2,5966	5h13m24s	22°42'02''	75,8°	East	8,2
25/03/2013	2,5416	2,6090	5h14m40s	22°45'13''	75,1°	East	8,2
26/03/2013	2,5411	2,6214	5h15m57s	22°48'21''	74,4°	East	8,2
27/03/2013	2,5406	2,6337	5h17m15s	22°51'27''	73,7°	East	8,2
28/03/2013	2,5402	2,6460	5h18m33s	22°54'30''	73,0°	East	8,2
29/03/2013	2,5397	2,6582	5h19m53s	22°57'31''	72,3°	East	8,2
30/03/2013	2,5392	2,6704	5h21m13s	23°00'29''	71,6°	East	8,2
31/03/2013	2,5387	2,6825	5h22m34s	23°03'24''	71,0°	East	8,2
01/04/2013	2,5382	2,6946	5h23m55s	23°06'16''	70,3°	East	8,2
02/04/2013	2,5377	2,7066	5h25m18s	23°09'05''	69,6°	East	8,3
03/04/2013	2,5373	2,7185	5h26m41s	23°11'52''	69,0°	East	8,3
04/04/2013	2,5368	2,7304	5h28m05s	23°14'35''	68,3°	East	8,3
05/04/2013	2,5363	2,7422	5h29m30s	23°17'15''	67,6°	East	8,3

000004 Vesta	r	R	RA app.	Dec. app.	Elong.	Mag
06/04/2013	2,5358	2,7540	5h30m55s	23°19'52''	67,0° East	8,3
07/04/2013	2,5352	2,7657	5h32m22s	23°22'26''	66,3° East	8,3
08/04/2013	2,5347	2,7773	5h33m49s	23°24'56''	65,7° East	8,3
09/04/2013	2,5342	2,7889	5h35m16s	23°27'23''	65,0° East	8,3
10/04/2013	2,5337	2,8003	5h36m44s	23°29'46''	64,4° East	8,3
11/04/2013	2,5332	2,8118	5h38m13s	23°32'06''	63,7° East	8,3
12/04/2013	2,5327	2,8231	5h39m43s	23°34'22''	63,1° East	8,3
13/04/2013	2,5321	2,8344	5h41m13s	23°36'35''	62,5° East	8,3
14/04/2013	2,5316	2,8455	5h42m44s	23°38'44''	61,8° East	8,3
15/04/2013	2,5311	2,8567	5h44m16s	23°40'49''	61,2° East	8,3
16/04/2013	2,5305	2,8677	5h45m48s	23°42'50''	60,6° East	8,3
17/04/2013	2,5300	2,8786	5h47m20s	23°44'48''	60,0° East	8,3
18/04/2013	2,5294	2,8895	5h48m54s	23°46'41''	59,3° East	8,3
19/04/2013	2,5289	2,9003	5h50m28s	23°48'31''	58,7° East	8,3
20/04/2013	2,5283	2,9110	5h52m02s	23°50'17''	58,1° East	8,3
21/04/2013	2,5278	2,9216	5h53m37s	23°51'58''	57,5° East	8,4
22/04/2013	2,5272	2,9322	5h55m12s	23°53'36''	56,9° East	8,4
23/04/2013	2,5267	2,9426	5h56m49s	23°55'09''	56,3° East	8,4
24/04/2013	2,5261	2,9530	5h58m25s	23°56'38''	55,7° East	8,4
25/04/2013	2,5255	2,9633	6h00m02s	23°58'03''	55,1° East	8,4
26/04/2013	2,5250	2,9735	6h01m40s	23°59'23''	54,5° East	8,4
27/04/2013	2,5244	2,9836	6h03m18s	24°00'39''	53,9° East	8,4
28/04/2013	2,5238	2,9936	6h04m56s	24°01'51''	53,3° East	8,4
29/04/2013	2,5232	3,0036	6h06m35s	24°02'58''	52,7° East	8,4
30/04/2013	2,5226	3,0134	6h08m15s	24°04'01''	52,1° East	8,4
01/05/2013	2,5221	3,0232	6h09m54s	24°05'00''	51,5° East	8,4
02/05/2013	2,5215	3,0328	6h11m35s	24°05'54''	50,9° East	8,4
03/05/2013	2,5209	3,0424	6h13m16s	24°06'43''	50,3° East	8,4
04/05/2013	2,5203	3,0519	6h14m57s	24°07'27''	49,7° East	8,4
05/05/2013	2,5197	3,0613	6h16m38s	24°08'07''	49,1° East	8,4
06/05/2013	2,5191	3,0706	6h18m21s	24°08'42''	48,6° East	8,4
07/05/2013	2,5185	3,0798	6h20m03s	24°09'13''	48,0° East	8,4
08/05/2013	2,5178	3,0889	6h21m46s	24°09'38''	47,4° East	8,4
09/05/2013	2,5172	3,0979	6h23m29s	24°09'59''	46,8° East	8,4
10/05/2013	2,5166	3,1068	6h25m13s	24°10'15''	46,3° East	8,4
11/05/2013	2,5160	3,1156	6h26m57s	24°10'26''	45,7° East	8,4
12/05/2013	2,5154	3,1243	6h28m41s	24°10'33''	45,1° East	8,4
13/05/2013	2,5147	3,1330	6h30m26s	24°10'34''	44,5° East	8,4
14/05/2013	2,5141	3,1415	6h32m11s	24°10'31''	44,0° East	8,4
15/05/2013	2,5135	3,1499	6h33m56s	24°10'22''	43,4° East	8,4
16/05/2013	2,5128	3,1582	6h35m42s	24°10'09''	42,8° East	8,4
17/05/2013	2,5122	3,1664	6h37m28s	24°09'50''	42,3° East	8,4
18/05/2013	2,5116	3,1745	6h39m14s	24°09'27''	41,7° East	8,4
19/05/2013	2,5109	3,1825	6h41m01s	24°08'58''	41,2° East	8,4
20/05/2013	2,5103	3,1904	6h42m48s	24°08'25''	40,6° East	8,4
21/05/2013	2,5096	3,1982	6h44m35s	24°07'46''	40,1° East	8,4
22/05/2013	2,5090	3,2058	6h46m22s	24°07'03''	39,5° East	8,4
23/05/2013	2,5083	3,2134	6h48m10s	24°06'14''	39,0° East	8,4
24/05/2013	2,5076	3,2209	6h49m58s	24°05'20''	38,4° East	8,4
25/05/2013	2,5070	3,2283	6h51m46s	24°04'21''	37,9° East	8,4
26/05/2013	2,5063	3,2355	6h53m35s	24°03'17''	37,3° East	8,4
27/05/2013	2,5056	3,2427	6h55m23s	24°02'07''	36,8° East	8,4
28/05/2013	2,5050	3,2498	6h57m13s	24°00'53''	36,2° East	8,4
29/05/2013	2,5043	3,2567	6h59m02s	23°59'33''	35,7° East	8,4
30/05/2013	2,5036	3,2636	7h00m51s	23°58'08''	35,1° East	8,4
31/05/2013	2,5029	3,2703	7h02m41s	23°56'38''	34,6° East	8,4
01/06/2013	2,5022	3,2769	7h04m31s	23°55'03''	34,1° East	8,4
02/06/2013	2,5015	3,2834	7h06m21s	23°53'22''	33,5° East	8,4
03/06/2013	2,5008	3,2899	7h08m11s	23°51'36''	33,0° East	8,4
04/06/2013	2,5002	3,2962	7h10m01s	23°49'45''	32,5° East	8,4
05/06/2013	2,4995	3,3024	7h11m52s	23°47'48''	31,9° East	8,4

000004 Vesta	r	R	RA app.	Dec. app.	Elong.		Mag
06/06/2013	2,4988	3,3085	7h13m43s	23°45'47''	31,4°	East	8,4
07/06/2013	2,4980	3,3144	7h15m34s	23°43'40''	30,9°	East	8,4
08/06/2013	2,4973	3,3203	7h17m25s	23°41'28''	30,3°	East	8,4
09/06/2013	2,4966	3,3260	7h19m16s	23°39'10''	29,8°	East	8,4
10/06/2013	2,4959	3,3317	7h21m08s	23°36'48''	29,3°	East	8,4
11/06/2013	2,4952	3,3372	7h22m59s	23°34'20''	28,7°	East	8,4
12/06/2013	2,4945	3,3426	7h24m51s	23°31'46''	28,2°	East	8,4
13/06/2013	2,4938	3,3479	7h26m43s	23°29'08''	27,7°	East	8,4
14/06/2013	2,4930	3,3531	7h28m35s	23°26'25''	27,2°	East	8,4
15/06/2013	2,4923	3,3582	7h30m27s	23°23'36''	26,6°	East	8,4
16/06/2013	2,4916	3,3631	7h32m19s	23°20'42''	26,1°	East	8,4
17/06/2013	2,4908	3,3680	7h34m12s	23°17'43''	25,6°	East	8,4
18/06/2013	2,4901	3,3727	7h36m04s	23°14'39''	25,1°	East	8,3
19/06/2013	2,4894	3,3773	7h37m57s	23°11'29''	24,6°	East	8,3
20/06/2013	2,4886	3,3818	7h39m49s	23°08'14''	24,0°	East	8,3
21/06/2013	2,4879	3,3862	7h41m42s	23°04'54''	23,5°	East	8,3
22/06/2013	2,4871	3,3905	7h43m35s	23°01'29''	23,0°	East	8,3
23/06/2013	2,4864	3,3947	7h45m28s	22°57'59''	22,5°	East	8,3
24/06/2013	2,4856	3,3987	7h47m21s	22°54'24''	22,0°	East	8,3
25/06/2013	2,4849	3,4027	7h49m14s	22°50'44''	21,5°	East	8,3
26/06/2013	2,4841	3,4065	7h51m07s	22°46'58''	21,0°	East	8,3
27/06/2013	2,4834	3,4102	7h53m00s	22°43'08''	20,5°	East	8,3
28/06/2013	2,4826	3,4138	7h54m53s	22°39'12''	19,9°	East	8,3
29/06/2013	2,4818	3,4173	7h56m46s	22°35'11''	19,4°	East	8,3
30/06/2013	2,4811	3,4207	7h58m40s	22°31'05''	18,9°	East	8,3
01/07/2013	2,4803	3,4239	8h00m33s	22°26'55''	18,4°	East	8,3
02/07/2013	2,4795	3,4271	8h02m26s	22°22'39''	17,9°	East	8,3
03/07/2013	2,4787	3,4301	8h04m20s	22°18'18''	17,4°	East	8,3
04/07/2013	2,4780	3,4330	8h06m13s	22°13'52''	16,9°	East	8,3
05/07/2013	2,4772	3,4358	8h08m07s	22°09'21''	16,4°	East	8,3
06/07/2013	2,4764	3,4385	8h10m00s	22°04'45''	15,9°	East	8,3
07/07/2013	2,4756	3,4411	8h11m54s	22°00'05''	15,4°	East	8,2
08/07/2013	2,4748	3,4435	8h13m47s	21°55'19''	14,9°	East	8,2
09/07/2013	2,4740	3,4458	8h15m41s	21°50'29''	14,4°	East	8,2
10/07/2013	2,4732	3,4480	8h17m34s	21°45'33''	13,9°	East	8,2
11/07/2013	2,4724	3,4501	8h19m28s	21°40'34''	13,4°	East	8,2
12/07/2013	2,4716	3,4521	8h21m22s	21°35'29''	12,9°	East	8,2
13/07/2013	2,4708	3,4540	8h23m15s	21°30'20''	12,4°	East	8,2
14/07/2013	2,4700	3,4557	8h25m09s	21°25'06''	11,9°	East	8,2
15/07/2013	2,4692	3,4573	8h27m02s	21°19'47''	11,4°	East	8,2
16/07/2013	2,4684	3,4588	8h28m56s	21°14'24''	10,9°	East	8,2
17/07/2013	2,4676	3,4602	8h30m49s	21°08'56''	10,4°	East	8,2
18/07/2013	2,4668	3,4615	8h32m43s	21°03'23''	9,9°	East	8,2
19/07/2013	2,4660	3,4627	8h34m36s	20°57'46''	9,5°	East	8,2
20/07/2013	2,4651	3,4637	8h36m29s	20°52'04''	9,0°	East	8,1
21/07/2013	2,4643	3,4646	8h38m23s	20°46'18''	8,5°	East	8,1
22/07/2013	2,4635	3,4654	8h40m16s	20°40'28''	8,0°	East	8,1
23/07/2013	2,4627	3,4661	8h42m09s	20°34'33''	7,5°	East	8,1
24/07/2013	2,4618	3,4667	8h44m02s	20°28'34''	7,1°	East	8,1
25/07/2013	2,4610	3,4672	8h45m56s	20°22'30''	6,6°	East	8,1
26/07/2013	2,4602	3,4675	8h47m49s	20°16'22''	6,1°	East	8,1
27/07/2013	2,4593	3,4678	8h49m42s	20°10'10''	5,7°	East	8,1
28/07/2013	2,4585	3,4679	8h51m35s	20°03'53''	5,2°	East	8,1
29/07/2013	2,4576	3,4679	8h53m28s	19°57'32''	4,8°	East	8,0
30/07/2013	2,4568	3,4678	8h55m21s	19°51'07''	4,4°	East	8,0
31/07/2013	2,4560	3,4676	8h57m14s	19°44'38''	4,0°	East	8,0
01/08/2013	2,4551	3,4672	8h59m07s	19°38'05''	3,6°	East	8,0
02/08/2013	2,4543	3,4668	9h00m59s	19°31'28''	3,3°	East	8,0
03/08/2013	2,4534	3,4662	9h02m52s	19°24'46''	3,0°	East	8,0
04/08/2013	2,4526	3,4655	9h04m45s	19°18'01''	2,8°	East	8,0
05/08/2013	2,4517	3,4647	9h06m37s	19°11'12''	2,6°	East	8,0

000004 Vesta	r	R	RA app.	Dec. app.	Elong.		Mag
06/08/2013	2,4508	3,4638	9h08m30s	19°04'18''	2,5°	East	8,0
07/08/2013	2,4500	3,4627	9h10m22s	18°57'22''	2,6°	West	8,0
08/08/2013	2,4491	3,4616	9h12m15s	18°50'21''	2,7°	West	8,0
09/08/2013	2,4482	3,4603	9h14m07s	18°43'16''	2,9°	West	8,0
10/08/2013	2,4474	3,4589	9h15m59s	18°36'08''	3,2°	West	8,0
11/08/2013	2,4465	3,4574	9h17m51s	18°28'56''	3,5°	West	8,0
12/08/2013	2,4456	3,4557	9h19m43s	18°21'41''	3,9°	West	8,0
13/08/2013	2,4448	3,4540	9h21m35s	18°14'22''	4,3°	West	8,0
14/08/2013	2,4439	3,4521	9h23m27s	18°06'59''	4,7°	West	8,0
15/08/2013	2,4430	3,4502	9h25m19s	17°59'33''	5,1°	West	8,0
16/08/2013	2,4421	3,4481	9h27m11s	17°52'04''	5,5°	West	8,0
17/08/2013	2,4412	3,4459	9h29m02s	17°44'31''	6,0°	West	8,0
18/08/2013	2,4404	3,4436	9h30m54s	17°36'55''	6,4°	West	8,1
19/08/2013	2,4395	3,4411	9h32m45s	17°29'16''	6,9°	West	8,1
20/08/2013	2,4386	3,4386	9h34m36s	17°21'33''	7,4°	West	8,1
21/08/2013	2,4377	3,4359	9h36m27s	17°13'48''	7,8°	West	8,1
22/08/2013	2,4368	3,4332	9h38m19s	17°05'59''	8,3°	West	8,1
23/08/2013	2,4359	3,4303	9h40m09s	16°58'07''	8,8°	West	8,1
24/08/2013	2,4350	3,4273	9h42m00s	16°50'12''	9,3°	West	8,1
25/08/2013	2,4341	3,4242	9h43m51s	16°42'14''	9,8°	West	8,1
26/08/2013	2,4332	3,4210	9h45m42s	16°34'13''	10,3°	West	8,1
27/08/2013	2,4323	3,4177	9h47m32s	16°26'09''	10,7°	West	8,1
28/08/2013	2,4314	3,4142	9h49m23s	16°18'02''	11,2°	West	8,1
29/08/2013	2,4305	3,4107	9h51m13s	16°09'52''	11,7°	West	8,1
30/08/2013	2,4296	3,4070	9h53m03s	16°01'39''	12,2°	West	8,1
31/08/2013	2,4287	3,4033	9h54m53s	15°53'24''	12,7°	West	8,1
01/09/2013	2,4278	3,3994	9h56m44s	15°45'07''	13,2°	West	8,1
02/09/2013	2,4269	3,3954	9h58m34s	15°36'46''	13,7°	West	8,2
03/09/2013	2,4260	3,3912	10h00m23s	15°28'23''	14,2°	West	8,2
04/09/2013	2,4250	3,3870	10h02m13s	15°19'58''	14,7°	West	8,2
05/09/2013	2,4241	3,3827	10h04m03s	15°11'30''	15,2°	West	8,2
06/09/2013	2,4232	3,3782	10h05m52s	15°03'00''	15,7°	West	8,2
07/09/2013	2,4223	3,3737	10h07m42s	14°54'28''	16,2°	West	8,2
08/09/2013	2,4214	3,3690	10h09m31s	14°45'54''	16,7°	West	8,2
09/09/2013	2,4204	3,3642	10h11m20s	14°37'17''	17,2°	West	8,2
10/09/2013	2,4195	3,3593	10h13m09s	14°28'38''	17,7°	West	8,2
11/09/2013	2,4186	3,3543	10h14m58s	14°19'58''	18,2°	West	8,2
12/09/2013	2,4177	3,3492	10h16m47s	14°11'15''	18,7°	West	8,2
13/09/2013	2,4167	3,3440	10h18m35s	14°02'30''	19,2°	West	8,2
14/09/2013	2,4158	3,3387	10h20m24s	13°53'44''	19,7°	West	8,2
15/09/2013	2,4149	3,3332	10h22m12s	13°44'55''	20,2°	West	8,2
16/09/2013	2,4139	3,3277	10h24m00s	13°36'05''	20,8°	West	8,2
17/09/2013	2,4130	3,3220	10h25m48s	13°27'14''	21,3°	West	8,2
18/09/2013	2,4121	3,3163	10h27m37s	13°18'20''	21,8°	West	8,2
19/09/2013	2,4111	3,3104	10h29m24s	13°09'25''	22,3°	West	8,2
20/09/2013	2,4102	3,3045	10h31m12s	13°00'29''	22,8°	West	8,2
21/09/2013	2,4092	3,2984	10h33m00s	12°51'31''	23,3°	West	8,2
22/09/2013	2,4083	3,2922	10h34m47s	12°42'32''	23,8°	West	8,2
23/09/2013	2,4073	3,2859	10h36m35s	12°33'31''	24,3°	West	8,2
24/09/2013	2,4064	3,2796	10h38m22s	12°24'29''	24,8°	West	8,2
25/09/2013	2,4055	3,2731	10h40m09s	12°15'25''	25,4°	East	8,2
26/09/2013	2,4045	3,2665	10h41m56s	12°06'21''	25,9°	West	8,2
27/09/2013	2,4036	3,2598	10h43m43s	11°57'15''	26,4°	West	8,2
28/09/2013	2,4026	3,2530	10h45m30s	11°48'09''	26,9°	West	8,2
29/09/2013	2,4016	3,2461	10h47m16s	11°39'01''	27,4°	West	8,2
30/09/2013	2,4007	3,2391	10h49m03s	11°29'53''	27,9°	West	8,2
01/10/2013	2,3997	3,2320	10h50m49s	11°20'43''	28,5°	West	8,2
02/10/2013	2,3988	3,2248	10h52m35s	11°11'33''	29,0°	West	8,2
03/10/2013	2,3978	3,2175	10h54m21s	11°02'23''	29,5°	West	8,2
04/10/2013	2,3969	3,2101	10h56m07s	10°53'12''	30,0°	West	8,2
05/10/2013	2,3959	3,2025	10h57m53s	10°44'00''	30,6°	West	8,2

18

000004 Vesta	r	R	RA app.	Dec. app.	Elong.	Mag
06/10/2013	2,3949	3,1949	10h59m39s	10°34'48''	31,1° West	8,2
07/10/2013	2,3940	3,1872	11h01m24s	10°25'35''	31,6° West	8,2
08/10/2013	2,3930	3,1794	11h03m09s	10°16'22''	32,1° West	8,2
09/10/2013	2,3921	3,1715	11h04m55s	10°07'09''	32,7° West	8,2
10/10/2013	2,3911	3,1635	11h06m40s	9°57'56''	33,2° West	8,2
11/10/2013	2,3901	3,1554	11h08m25s	9°48'42''	33,7° West	8,2
12/10/2013	2,3892	3,1471	11h10m09s	9°39'29''	34,3° West	8,2
13/10/2013	2,3882	3,1388	11h11m54s	9°30'15''	34,8° West	8,2
14/10/2013	2,3872	3,1305	11h13m38s	9°21'02''	35,3° West	8,2
15/10/2013	2,3862	3,1220	11h15m23s	9°11'49''	35,9° West	8,2
16/10/2013	2,3853	3,1134	11h17m07s	9°02'36''	36,4° West	8,2
17/10/2013	2,3843	3,1047	11h18m51s	8°53'23''	36,9° West	8,2
18/10/2013	2,3833	3,0959	11h20m34s	8°44'11''	37,5° West	8,2
19/10/2013	2,3824	3,0871	11h22m18s	8°34'59''	38,0° West	8,2
20/10/2013	2,3814	3,0781	11h24m02s	8°25'48''	38,5° West	8,2
21/10/2013	2,3804	3,0691	11h25m45s	8°16'37''	39,1° West	8,2
22/10/2013	2,3794	3,0600	11h27m28s	8°07'27''	39,6° West	8,2
23/10/2013	2,3784	3,0508	11h29m11s	7°58'17''	40,2° West	8,2
24/10/2013	2,3775	3,0414	11h30m54s	7°49'09''	40,7° West	8,2
25/10/2013	2,3765	3,0321	11h32m37s	7°40'01''	41,2° West	8,2
26/10/2013	2,3755	3,0226	11h34m19s	7°30'54''	41,8° West	8,2
27/10/2013	2,3745	3,0130	11h36m02s	7°21'48''	42,3° West	8,2
28/10/2013	2,3735	3,0033	11h37m44s	7°12'43''	42,9° West	8,2
29/10/2013	2,3726	2,9936	11h39m26s	7°03'39''	43,4° West	8,2
30/10/2013	2,3716	2,9837	11h41m08s	6°54'37''	44,0° West	8,2
31/10/2013	2,3706	2,9738	11h42m49s	6°45'36''	44,5° West	8,2
01/11/2013	2,3696	2,9638	11h44m31s	6°36'36''	45,1° West	8,2
02/11/2013	2,3686	2,9537	11h46m12s	6°27'38''	45,6° West	8,2
03/11/2013	2,3676	2,9436	11h47m53s	6°18'42''	46,2° West	8,2
04/11/2013	2,3667	2,9333	11h49m34s	6°09'47''	46,8° West	8,2
05/11/2013	2,3657	2,9229	11h51m15s	6°00'54''	47,3° West	8,2
06/11/2013	2,3647	2,9125	11h52m55s	5°52'03''	47,9° West	8,2
07/11/2013	2,3637	2,9020	11h54m36s	5°43'14''	48,4° West	8,2
08/11/2013	2,3627	2,8914	11h56m16s	5°34'27''	49,0° West	8,2
09/11/2013	2,3617	2,8808	11h57m56s	5°25'42''	49,6° West	8,1
10/11/2013	2,3607	2,8701	11h59m35s	5°16'59''	50,1° West	8,1
11/11/2013	2,3598	2,8592	12h01m15s	5°08'18''	50,7° West	8,1
12/11/2013	2,3588	2,8484	12h02m54s	4°59'39''	51,3° West	8,1
13/11/2013	2,3578	2,8374	12h04m33s	4°51'04''	51,8° West	8,1
14/11/2013	2,3568	2,8264	12h06m12s	4°42'30''	52,4° West	8,1
15/11/2013	2,3558	2,8153	12h07m50s	4°33'59''	53,0° West	8,1
16/11/2013	2,3548	2,8041	12h09m29s	4°25'31''	53,5° West	8,1
17/11/2013	2,3538	2,7929	12h11m07s	4°17'05''	54,1° West	8,1
18/11/2013	2,3528	2,7816	12h12m44s	4°08'42''	54,7° West	8,1
19/11/2013	2,3518	2,7702	12h14m22s	4°00'22''	55,3° West	8,1
20/11/2013	2,3508	2,7587	12h15m59s	3°52'05''	55,8° West	8,1
21/11/2013	2,3498	2,7472	12h17m36s	3°43'51''	56,4° West	8,1
22/11/2013	2,3489	2,7356	12h19m13s	3°35'40''	57,0° West	8,1
23/11/2013	2,3479	2,7240	12h20m50s	3°27'33''	57,6° West	8,1
24/11/2013	2,3469	2,7123	12h22m26s	3°19'27''	58,2° West	8,1
25/11/2013	2,3459	2,7005	12h24m02s	3°11'26''	58,8° West	8,1
26/11/2013	2,3449	2,6887	12h25m38s	3°03'28''	59,4° West	8,1
27/11/2013	2,3439	2,6768	12h27m13s	2°55'34''	60,0° West	8,0
28/11/2013	2,3429	2,6648	12h28m49s	2°47'44''	60,5° West	8,0
29/11/2013	2,3419	2,6528	12h30m24s	2°39'57''	61,1° West	8,0
30/11/2013	2,3409	2,6407	12h31m58s	2°32'14''	61,7° West	8,0
01/12/2013	2,3399	2,6286	12h33m32s	2°24'35''	62,3° West	8,0
02/12/2013	2,3389	2,6164	12h35m06s	2°17'00''	62,9° West	8,0
03/12/2013	2,3379	2,6041	12h36m40s	2°09'30''	63,5° West	8,0
04/12/2013	2,3370	2,5918	12h38m13s	2°02'03''	64,1° West	8,0
05/12/2013	2,3360	2,5795	12h39m46s	1°54'41''	64,8° West	8,0

19

```
000004 Vesta      r         R        RA app.       Dec. app.       Elong.        Mag

06/12/2013    2,3350    2,5671    12h41m19s    1°47'23''     65,4° West    8,0
07/12/2013    2,3340    2,5546    12h42m51s    1°40'10''     66,0° West    8,0
08/12/2013    2,3330    2,5421    12h44m23s    1°33'01''     66,6° West    8,0
09/12/2013    2,3320    2,5296    12h45m54s    1°25'57''     67,2° West    8,0
10/12/2013    2,3310    2,5170    12h47m25s    1°18'58''     67,8° West    7,9
11/12/2013    2,3300    2,5043    12h48m56s    1°12'03''     68,4° West    7,9
12/12/2013    2,3290    2,4916    12h50m26s    1°05'13''     69,1° West    7,9
13/12/2013    2,3280    2,4789    12h51m56s    0°58'29''     69,7° West    7,9
14/12/2013    2,3270    2,4661    12h53m26s    0°51'49''     70,3° West    7,9
15/12/2013    2,3261    2,4533    12h54m55s    0°45'15''     70,9° West    7,9
16/12/2013    2,3251    2,4405    12h56m23s    0°38'45''     71,6° West    7,9
17/12/2013    2,3241    2,4276    12h57m52s    0°32'21''     72,2° West    7,9
18/12/2013    2,3231    2,4147    12h59m19s    0°26'03''     72,8° West    7,9
19/12/2013    2,3221    2,4018    13h00m47s    0°19'50''     73,5° West    7,9
20/12/2013    2,3211    2,3888    13h02m14s    0°13'42''     74,1° West    7,8
21/12/2013    2,3201    2,3758    13h03m40s    0°07'40''     74,8° West    7,8
22/12/2013    2,3191    2,3627    13h05m06s    0°01'44''     75,4° West    7,8
23/12/2013    2,3182    2,3497    13h06m31s    -0°04'06''    76,0° West    7,8
24/12/2013    2,3172    2,3366    13h07m56s    -0°09'50''    76,7° West    7,8
25/12/2013    2,3162    2,3234    13h09m21s    -0°15'28''    77,3° West    7,8
26/12/2013    2,3152    2,3103    13h10m44s    -0°21'00''    78,0° West    7,8
27/12/2013    2,3142    2,2971    13h12m08s    -0°26'25''    78,7° West    7,8
28/12/2013    2,3132    2,2839    13h13m30s    -0°31'44''    79,3° West    7,8
29/12/2013    2,3123    2,2707    13h14m52s    -0°36'57''    80,0° West    7,7
30/12/2013    2,3113    2,2574    13h16m14s    -0°42'03''    80,7° West    7,7
31/12/2013    2,3103    2,2442    13h17m35s    -0°47'03''    81,3° West    7,7

000007 Iris       r         R        RA app.       Dec. app.       Elong.        Mag

12/07/2013    2,2748    1,4070    21h59m06s    -4°38'41''    139,1° West   9,0
13/07/2013    2,2721    1,3970    21h58m47s    -4°35'54''    140,0° West   9,0
14/07/2013    2,2695    1,3872    21h58m27s    -4°33'16''    141,0° West   8,9
15/07/2013    2,2668    1,3776    21h58m06s    -4°30'49''    142,0° West   8,9
16/07/2013    2,2642    1,3681    21h57m42s    -4°28'31''    143,0° West   8,9
17/07/2013    2,2616    1,3588    21h57m17s    -4°26'23''    144,0° West   8,8
18/07/2013    2,2589    1,3497    21h56m50s    -4°24'25''    145,0° West   8,8
19/07/2013    2,2563    1,3408    21h56m21s    -4°22'37''    146,0° West   8,8
20/07/2013    2,2536    1,3320    21h55m51s    -4°21'00''    147,1° West   8,8
21/07/2013    2,2510    1,3235    21h55m20s    -4°19'33''    148,1° West   8,7
22/07/2013    2,2484    1,3152    21h54m46s    -4°18'16''    149,1° West   8,7
23/07/2013    2,2457    1,3070    21h54m11s    -4°17'10''    150,1° West   8,7
24/07/2013    2,2431    1,2990    21h53m35s    -4°16'14''    151,2° West   8,6
25/07/2013    2,2405    1,2913    21h52m57s    -4°15'29''    152,2° West   8,6
26/07/2013    2,2378    1,2837    21h52m17s    -4°14'55''    153,2° West   8,6
27/07/2013    2,2352    1,2764    21h51m36s    -4°14'31''    154,3° West   8,5
28/07/2013    2,2326    1,2693    21h50m53s    -4°14'18''    155,3° West   8,5
29/07/2013    2,2299    1,2623    21h50m09s    -4°14'16''    156,4° West   8,5
30/07/2013    2,2273    1,2556    21h49m24s    -4°14'25''    157,4° West   8,4
31/07/2013    2,2247    1,2492    21h48m37s    -4°14'44''    158,4° West   8,4
01/08/2013    2,2220    1,2429    21h47m49s    -4°15'14''    159,4° West   8,4
02/08/2013    2,2194    1,2369    21h47m00s    -4°15'55''    160,5° West   8,3
03/08/2013    2,2168    1,2311    21h46m10s    -4°16'46''    161,5° West   8,3
04/08/2013    2,2141    1,2255    21h45m18s    -4°17'48''    162,5° West   8,3
05/08/2013    2,2115    1,2201    21h44m26s    -4°19'00''    163,4° West   8,2
06/08/2013    2,2089    1,2150    21h43m32s    -4°20'22''    164,4° West   8,2
07/08/2013    2,2063    1,2102    21h42m38s    -4°21'54''    165,3° West   8,2
08/08/2013    2,2036    1,2055    21h41m42s    -4°23'36''    166,2° West   8,1
09/08/2013    2,2010    1,2011    21h40m46s    -4°25'27''    167,1° West   8,1
10/08/2013    2,1984    1,1970    21h39m49s    -4°27'29''    167,9° West   8,1
11/08/2013    2,1958    1,1931    21h38m52s    -4°29'39''    168,6° West   8,1
12/08/2013    2,1932    1,1894    21h37m54s    -4°31'58''    169,2° West   8,0
```

000007 Iris	r	R	RA app.	Dec. app.	Elong.		Mag
13/08/2013	2,1905	1,1860	21h36m56s	-4°34'26''	169,8°	West	8,0
14/08/2013	2,1879	1,1828	21h35m57s	-4°37'02''	170,2°	West	8,0
15/08/2013	2,1853	1,1799	21h34m57s	-4°39'46''	170,6°	West	8,0
16/08/2013	2,1827	1,1772	21h33m58s	-4°42'38''	170,7°	West	8,0
17/08/2013	2,1801	1,1748	21h32m59s	-4°45'38''	170,7°	East	8,0
18/08/2013	2,1775	1,1726	21h31m59s	-4°48'45''	170,6°	East	8,0
19/08/2013	2,1749	1,1707	21h30m59s	-4°51'58''	170,3°	East	8,0
20/08/2013	2,1723	1,1690	21h30m00s	-4°55'19''	169,9°	East	8,0
21/08/2013	2,1697	1,1675	21h29m01s	-4°58'45''	169,3°	East	8,0
22/08/2013	2,1671	1,1663	21h28m02s	-5°02'18''	168,7°	East	8,0
23/08/2013	2,1645	1,1653	21h27m03s	-5°05'56''	167,9°	East	8,0
24/08/2013	2,1619	1,1646	21h26m05s	-5°09'39''	167,1°	East	8,0
25/08/2013	2,1594	1,1641	21h25m07s	-5°13'27''	166,3°	East	8,0
26/08/2013	2,1568	1,1638	21h24m10s	-5°17'19''	165,4°	East	8,1
27/08/2013	2,1542	1,1638	21h23m14s	-5°21'15''	164,4°	East	8,1
28/08/2013	2,1516	1,1640	21h22m18s	-5°25'15''	163,4°	East	8,1
29/08/2013	2,1490	1,1645	21h21m23s	-5°29'19''	162,4°	East	8,1
30/08/2013	2,1465	1,1651	21h20m29s	-5°33'25''	161,4°	East	8,1
31/08/2013	2,1439	1,1661	21h19m37s	-5°37'34''	160,4°	East	8,1
01/09/2013	2,1413	1,1672	21h18m45s	-5°41'44''	159,3°	East	8,2
02/09/2013	2,1388	1,1686	21h17m54s	-5°45'56''	158,3°	East	8,2
03/09/2013	2,1362	1,1702	21h17m05s	-5°50'10''	157,2°	East	8,2
04/09/2013	2,1337	1,1720	21h16m17s	-5°54'24''	156,1°	East	8,2
05/09/2013	2,1311	1,1740	21h15m30s	-5°58'39''	155,1°	East	8,3
06/09/2013	2,1286	1,1763	21h14m45s	-6°02'53''	154,0°	East	8,3
07/09/2013	2,1260	1,1788	21h14m01s	-6°07'07''	152,9°	East	8,3
08/09/2013	2,1235	1,1814	21h13m19s	-6°11'21''	151,8°	East	8,3
09/09/2013	2,1210	1,1843	21h12m38s	-6°15'33''	150,7°	East	8,3
10/09/2013	2,1184	1,1874	21h12m00s	-6°19'43''	149,7°	East	8,4
11/09/2013	2,1159	1,1907	21h11m23s	-6°23'51''	148,6°	East	8,4
12/09/2013	2,1134	1,1942	21h10m47s	-6°27'57''	147,5°	East	8,4
13/09/2013	2,1109	1,1979	21h10m14s	-6°32'01''	146,4°	East	8,4
14/09/2013	2,1084	1,2017	21h09m42s	-6°36'01''	145,4°	East	8,4
15/09/2013	2,1059	1,2058	21h09m13s	-6°39'58''	144,3°	East	8,5
16/09/2013	2,1034	1,2100	21h08m45s	-6°43'51''	143,3°	East	8,5
17/09/2013	2,1009	1,2144	21h08m19s	-6°47'41''	142,2°	East	8,5
18/09/2013	2,0984	1,2189	21h07m56s	-6°51'26''	141,2°	East	8,5
19/09/2013	2,0959	1,2237	21h07m34s	-6°55'07''	140,1°	East	8,5
20/09/2013	2,0934	1,2286	21h07m14s	-6°58'43''	139,1°	East	8,6
21/09/2013	2,0909	1,2336	21h06m57s	-7°02'15''	138,1°	East	8,6
22/09/2013	2,0885	1,2388	21h06m41s	-7°05'41''	137,0°	East	8,6
23/09/2013	2,0860	1,2442	21h06m27s	-7°09'01''	136,0°	East	8,6
24/09/2013	2,0836	1,2497	21h06m16s	-7°12'16''	135,0°	East	8,7
25/09/2013	2,0811	1,2554	21h06m07s	-7°15'26''	134,0°	East	8,7
26/09/2013	2,0787	1,2612	21h06m00s	-7°18'29''	133,0°	East	8,7
27/09/2013	2,0762	1,2671	21h05m54s	-7°21'26''	132,0°	East	8,7
28/09/2013	2,0738	1,2732	21h05m51s	-7°24'16''	131,0°	East	8,7
29/09/2013	2,0714	1,2794	21h05m51s	-7°27'00''	130,1°	East	8,7
30/09/2013	2,0689	1,2857	21h05m52s	-7°29'37''	129,1°	East	8,8
01/10/2013	2,0665	1,2922	21h05m55s	-7°32'07''	128,2°	East	8,8
02/10/2013	2,0641	1,2988	21h06m01s	-7°34'29''	127,2°	East	8,8
03/10/2013	2,0617	1,3055	21h06m09s	-7°36'45''	126,3°	East	8,8
04/10/2013	2,0593	1,3123	21h06m18s	-7°38'52''	125,3°	East	8,8
05/10/2013	2,0569	1,3192	21h06m30s	-7°40'53''	124,4°	East	8,9
06/10/2013	2,0545	1,3262	21h06m44s	-7°42'45''	123,5°	East	8,9
07/10/2013	2,0522	1,3334	21h07m01s	-7°44'29''	122,6°	East	8,9
08/10/2013	2,0498	1,3406	21h07m19s	-7°46'05''	121,7°	East	8,9
09/10/2013	2,0474	1,3479	21h07m39s	-7°47'33''	120,8°	East	8,9
10/10/2013	2,0451	1,3553	21h08m01s	-7°48'53''	119,9°	East	9,0
11/10/2013	2,0427	1,3628	21h08m26s	-7°50'05''	119,0°	East	9,0
12/10/2013	2,0404	1,3704	21h08m52s	-7°51'08''	118,1°	East	9,0

21

```
000008 Flora   r        R       RA app.      Dec. app.      Elong.        Mag

13/07/2013   2,2126   1,2023   20h06m57s   -21°04'40''   171,3° West   9,0
14/07/2013   2,2108   1,1989   20h05m56s   -21°11'13''   172,5° West   8,9
15/07/2013   2,2090   1,1958   20h04m54s   -21°17'47''   173,7° West   8,9
16/07/2013   2,2071   1,1929   20h03m52s   -21°24'22''   174,9° West   8,8
17/07/2013   2,2053   1,1903   20h02m49s   -21°30'57''   176,1° West   8,8
18/07/2013   2,2035   1,1879   20h01m45s   -21°37'32''   177,2° West   8,7
19/07/2013   2,2017   1,1858   20h00m41s   -21°44'06''   178,2° West   8,7
20/07/2013   2,1999   1,1839   19h59m36s   -21°50'40''   178,8° West   8,7
21/07/2013   2,1981   1,1823   19h58m31s   -21°57'12''   178,3° East   8,7
22/07/2013   2,1963   1,1809   19h57m26s   -22°03'42''   177,3° East   8,7
23/07/2013   2,1944   1,1798   19h56m21s   -22°10'11''   176,2° East   8,8
24/07/2013   2,1926   1,1789   19h55m16s   -22°16'36''   175,0° East   8,8
25/07/2013   2,1908   1,1783   19h54m11s   -22°22'59''   173,8° East   8,8
26/07/2013   2,1890   1,1779   19h53m06s   -22°29'19''   172,6° East   8,9
27/07/2013   2,1872   1,1778   19h52m01s   -22°35'35''   171,4° East   8,9
28/07/2013   2,1853   1,1779   19h50m56s   -22°41'46''   170,2° East   8,9
29/07/2013   2,1835   1,1783   19h49m52s   -22°47'54''   169,0° East   8,9
30/07/2013   2,1817   1,1789   19h48m49s   -22°53'56''   167,8° East   9,0
31/07/2013   2,1799   1,1797   19h47m46s   -22°59'54''   166,6° East   9,0


000009 Metis   r        R       RA app.      Dec. app.      Elong.        Mag

01/01/2013   2,1162   1,1355   6h53m16s   28°26'38''   174,4° West   8,5
02/01/2013   2,1168   1,1361   6h52m07s   28°31'03''   174,4° East   8,5
03/01/2013   2,1175   1,1369   6h50m59s   28°35'20''   174,1° East   8,5
04/01/2013   2,1181   1,1380   6h49m51s   28°39'31''   173,6° East   8,5
05/01/2013   2,1187   1,1394   6h48m43s   28°43'33''   173,0° East   8,5
06/01/2013   2,1193   1,1410   6h47m35s   28°47'27''   172,1° East   8,6
07/01/2013   2,1200   1,1429   6h46m28s   28°51'14''   171,2° East   8,6
08/01/2013   2,1206   1,1451   6h45m21s   28°54'52''   170,2° East   8,6
09/01/2013   2,1213   1,1475   6h44m15s   28°58'21''   169,1° East   8,7
10/01/2013   2,1220   1,1501   6h43m09s   29°01'42''   168,0° East   8,7
11/01/2013   2,1226   1,1531   6h42m05s   29°04'55''   166,9° East   8,7
12/01/2013   2,1233   1,1562   6h41m02s   29°07'58''   165,7° East   8,8
13/01/2013   2,1240   1,1597   6h39m59s   29°10'53''   164,6° East   8,8
14/01/2013   2,1247   1,1633   6h38m58s   29°13'40''   163,4° East   8,8
15/01/2013   2,1254   1,1673   6h37m58s   29°16'17''   162,3° East   8,9
16/01/2013   2,1261   1,1714   6h37m00s   29°18'46''   161,1° East   8,9
17/01/2013   2,1268   1,1758   6h36m03s   29°21'07''   159,9° East   8,9
18/01/2013   2,1276   1,1805   6h35m08s   29°23'19''   158,8° East   9,0
19/01/2013   2,1283   1,1854   6h34m14s   29°25'23''   157,6° East   9,0


000014 Irene   r        R       RA app.      Dec. app.      Elong.        Mag

14/03/2013   2,1617   1,1947   12h30m21s   14°53'34''   161,9° West   9,0
15/03/2013   2,1615   1,1929   12h29m34s   15°00'06''   162,3° West   9,0
16/03/2013   2,1613   1,1914   12h28m46s   15°06'28''   162,6° West   8,9
17/03/2013   2,1612   1,1902   12h27m57s   15°12'39''   162,9° West   8,9
18/03/2013   2,1610   1,1892   12h27m08s   15°18'39''   163,1° West   8,9
19/03/2013   2,1608   1,1884   12h26m18s   15°24'28''   163,2° West   8,9
20/03/2013   2,1607   1,1879   12h25m27s   15°30'04''   163,3° East   8,9
21/03/2013   2,1606   1,1876   12h24m36s   15°35'28''   163,2° East   8,9
22/03/2013   2,1604   1,1876   12h23m45s   15°40'38''   163,1° East   8,9
23/03/2013   2,1603   1,1878   12h22m53s   15°45'34''   162,9° East   8,9
24/03/2013   2,1602   1,1882   12h22m01s   15°50'16''   162,6° East   8,9
25/03/2013   2,1601   1,1889   12h21m09s   15°54'43''   162,3° East   9,0
26/03/2013   2,1601   1,1898   12h20m17s   15°58'55''   161,8° East   9,0
27/03/2013   2,1600   1,1909   12h19m25s   16°02'51''   161,3° East   9,0
```

```
000020 Massalia r        R        RA app.      Dec. app.      Elong.        Mag

27/10/2013    2,2314    1,2408    2h30m26s    14°34'03''    173,8° West    9,0
28/10/2013    2,2300    1,2384    2h29m28s    14°28'58''    175,0° West    8,9
29/10/2013    2,2285    1,2363    2h28m30s    14°23'51''    176,3° West    8,9
30/10/2013    2,2271    1,2345    2h27m32s    14°18'40''    177,5° West    8,9
31/10/2013    2,2256    1,2329    2h26m33s    14°13'27''    178,8° West    8,8
01/11/2013    2,2242    1,2316    2h25m34s    14°08'13''    179,7° East    8,7
02/11/2013    2,2228    1,2306    2h24m35s    14°02'57''    178,7° East    8,8
03/11/2013    2,2213    1,2298    2h23m36s    13°57'40''    177,4° East    8,8
04/11/2013    2,2199    1,2293    2h22m37s    13°52'23''    176,2° East    8,9
05/11/2013    2,2185    1,2290    2h21m38s    13°47'06''    174,9° East    8,9
06/11/2013    2,2171    1,2291    2h20m40s    13°41'50''    173,7° East    9,0
07/11/2013    2,2156    1,2294    2h19m42s    13°36'35''    172,4° East    9,0
```

Ephemeris of 1 Ceres at 0 hrs UTC   (J2000)

```
y    m    d    h    m    s      o    '    "    delta   RSun   Elong   Phase   Mag

2014 01  1   13 36 10.0    1 11 49    2.582   2.576   78.7    22.0    8.6
2014 01  2   13 37 20.8    1  7 42    2.570   2.577   79.4    22.0    8.6
2014 01  3   13 38 30.8    1  3 43    2.558   2.577   80.1    22.1    8.5
2014 01  4   13 39 40.2    0 59 50    2.545   2.578   80.8    22.1    8.5
2014 01  5   13 40 48.7    0 56  3    2.533   2.578   81.5    22.2    8.5
2014 01  6   13 41 56.5    0 52 24    2.520   2.578   82.2    22.2    8.5
2014 01  7   13 43  3.6    0 48 52    2.508   2.579   82.9    22.2    8.5
2014 01  8   13 44  9.8    0 45 26    2.495   2.579   83.7    22.3    8.5
2014 01  9   13 45 15.2    0 42  8    2.483   2.579   84.4    22.3    8.5
2014 01 10   13 46 19.8    0 38 56    2.470   2.580   85.1    22.3    8.5
2014 01 11   13 47 23.6    0 35 52    2.457   2.580   85.9    22.3    8.5
2014 01 12   13 48 26.6    0 32 55    2.445   2.581   86.6    22.4    8.5
```

y	m	d	h	m	s	o	'	"	delta	RSun	Elong	Phase	Mag
2014	01	13	13	49	28.6	0	30	4	2.432	2.581	87.3	22.4	8.4
2014	01	14	13	50	29.8	0	27	22	2.420	2.581	88.1	22.4	8.4
2014	01	15	13	51	30.2	0	24	46	2.407	2.582	88.8	22.4	8.4
2014	01	16	13	52	29.6	0	22	18	2.394	2.582	89.6	22.4	8.4
2014	01	17	13	53	28.1	0	19	57	2.382	2.582	90.3	22.4	8.4
2014	01	18	13	54	25.6	0	17	43	2.369	2.583	91.1	22.4	8.4
2014	01	19	13	55	22.2	0	15	37	2.357	2.583	91.9	22.4	8.4
2014	01	20	13	56	17.8	0	13	38	2.344	2.584	92.6	22.4	8.4
2014	01	21	13	57	12.5	0	11	47	2.331	2.584	93.4	22.3	8.4
2014	01	22	13	58	6.1	0	10	3	2.319	2.585	94.2	22.3	8.3
2014	01	23	13	58	58.7	0	8	27	2.306	2.585	95.0	22.3	8.3
2014	01	24	13	59	50.3	0	6	59	2.294	2.585	95.8	22.3	8.3
2014	01	25	14	0	40.7	0	5	38	2.281	2.586	96.6	22.2	8.3
2014	01	26	14	1	30.1	0	4	25	2.269	2.586	97.3	22.2	8.3
2014	01	27	14	2	18.4	0	3	20	2.256	2.587	98.1	22.1	8.3
2014	01	28	14	3	5.6	0	2	23	2.244	2.587	98.9	22.1	8.3
2014	01	29	14	3	51.6	0	1	33	2.232	2.587	99.8	22.0	8.3
2014	01	30	14	4	36.5	0	0	51	2.219	2.588	100.6	22.0	8.2
2014	01	31	14	5	20.1	0	0	17	2.207	2.588	101.4	21.9	8.2
2014	02	1	14	6	2.6	- 0	0	9	2.195	2.589	102.2	21.8	8.2
2014	02	2	14	6	43.8	- 0	0	27	2.182	2.589	103.0	21.8	8.2
2014	02	3	14	7	23.8	- 0	0	38	2.170	2.590	103.9	21.7	8.2
2014	02	4	14	8	2.6	- 0	0	41	2.158	2.590	104.7	21.6	8.2
2014	02	5	14	8	40.0	- 0	0	36	2.146	2.591	105.5	21.5	8.2
2014	02	6	14	9	16.2	- 0	0	23	2.134	2.591	106.4	21.4	8.1
2014	02	7	14	9	51.1	- 0	0	3	2.122	2.591	107.2	21.3	8.1
2014	02	8	14	10	24.6	0	0	25	2.110	2.592	108.1	21.2	8.1
2014	02	9	14	10	56.8	0	1	1	2.098	2.592	109.0	21.1	8.1
2014	02	10	14	11	27.7	0	1	44	2.087	2.593	109.8	21.0	8.1
2014	02	11	14	11	57.2	0	2	35	2.075	2.593	110.7	20.9	8.1
2014	02	12	14	12	25.3	0	3	33	2.063	2.594	111.6	20.7	8.0
2014	02	13	14	12	52.0	0	4	39	2.052	2.594	112.4	20.6	8.0
2014	02	14	14	13	17.3	0	5	52	2.040	2.595	113.3	20.5	8.0
2014	02	15	14	13	41.1	0	7	13	2.029	2.595	114.2	20.3	8.0
2014	02	16	14	14	3.5	0	8	41	2.018	2.596	115.1	20.2	8.0
2014	02	17	14	14	24.5	0	10	17	2.006	2.596	116.0	20.0	8.0
2014	02	18	14	14	43.9	0	11	59	1.995	2.597	116.9	19.8	7.9
2014	02	19	14	15	1.8	0	13	49	1.984	2.597	117.8	19.7	7.9
2014	02	20	14	15	18.3	0	15	46	1.973	2.598	118.7	19.5	7.9
2014	02	21	14	15	33.2	0	17	51	1.963	2.598	119.7	19.3	7.9
2014	02	22	14	15	46.5	0	20	2	1.952	2.599	120.6	19.1	7.9
2014	02	23	14	15	58.3	0	22	19	1.941	2.599	121.5	18.9	7.9
2014	02	24	14	16	8.5	0	24	44	1.931	2.600	122.4	18.7	7.8
2014	02	25	14	16	17.1	0	27	15	1.921	2.600	123.4	18.5	7.8
2014	02	26	14	16	24.1	0	29	53	1.910	2.601	124.3	18.3	7.8
2014	02	27	14	16	29.5	0	32	38	1.900	2.601	125.3	18.1	7.8
2014	02	28	14	16	33.3	0	35	28	1.890	2.602	126.2	17.9	7.8
2014	03	1	14	16	35.5	0	38	24	1.881	2.602	127.2	17.7	7.7
2014	03	2	14	16	36.0	0	41	27	1.871	2.603	128.2	17.4	7.7
2014	03	3	14	16	34.9	0	44	35	1.861	2.603	129.1	17.2	7.7
2014	03	4	14	16	32.1	0	47	49	1.852	2.604	130.1	16.9	7.7
2014	03	5	14	16	27.7	0	51	7	1.843	2.604	131.1	16.7	7.7
2014	03	6	14	16	21.6	0	54	31	1.834	2.605	132.1	16.4	7.7
2014	03	7	14	16	14.0	0	58	0	1.825	2.605	133.1	16.2	7.6
2014	03	8	14	16	4.7	1	1	34	1.816	2.606	134.0	15.9	7.6
2014	03	9	14	15	53.7	1	5	12	1.808	2.606	135.0	15.6	7.6
2014	03	10	14	15	41.2	1	8	54	1.799	2.607	136.0	15.3	7.6
2014	03	11	14	15	27.0	1	12	40	1.791	2.607	137.0	15.0	7.6
2014	03	12	14	15	11.2	1	16	30	1.783	2.608	138.0	14.8	7.5
2014	03	13	14	14	53.9	1	20	24	1.775	2.609	139.0	14.5	7.5
2014	03	14	14	14	34.9	1	24	20	1.768	2.609	140.1	14.2	7.5

y	m	d	h	m	s	o	'	"	delta	RSun	Elong	Phase	Mag
2014	03	15	14	14	14.4	1	28	20	1.760	2.610	141.1	13.9	7.5
2014	03	16	14	13	52.4	1	32	22	1.753	2.610	142.1	13.5	7.5
2014	03	17	14	13	28.7	1	36	26	1.746	2.611	143.1	13.2	7.4
2014	03	18	14	13	3.6	1	40	33	1.739	2.611	144.1	12.9	7.4
2014	03	19	14	12	37.0	1	44	42	1.733	2.612	145.1	12.6	7.4
2014	03	20	14	12	8.8	1	48	52	1.726	2.612	146.1	12.3	7.4
2014	03	21	14	11	39.2	1	53	3	1.720	2.613	147.1	11.9	7.4
2014	03	22	14	11	8.2	1	57	15	1.714	2.614	148.1	11.6	7.3
2014	03	23	14	10	35.7	2	1	27	1.708	2.614	149.1	11.3	7.3
2014	03	24	14	10	1.9	2	5	40	1.703	2.615	150.1	10.9	7.3
2014	03	25	14	9	26.7	2	9	52	1.697	2.615	151.1	10.6	7.3
2014	03	26	14	8	50.2	2	14	4	1.692	2.616	152.1	10.3	7.3
2014	03	27	14	8	12.3	2	18	15	1.687	2.616	153.1	9.9	7.2
2014	03	28	14	7	33.3	2	22	25	1.683	2.617	154.1	9.6	7.2
2014	03	29	14	6	53.0	2	26	33	1.679	2.618	155.0	9.3	7.2
2014	03	30	14	6	11.5	2	30	39	1.674	2.618	156.0	8.9	7.2
2014	03	31	14	5	28.9	2	34	43	1.671	2.619	156.9	8.6	7.2
2014	04	1	14	4	45.3	2	38	44	1.667	2.619	157.8	8.3	7.1
2014	04	2	14	4	0.6	2	42	41	1.664	2.620	158.7	8.0	7.1
2014	04	3	14	3	14.9	2	46	35	1.660	2.621	159.5	7.7	7.1
2014	04	4	14	2	28.4	2	50	25	1.658	2.621	160.4	7.4	7.1
2014	04	5	14	1	41.0	2	54	10	1.655	2.622	161.2	7.1	7.1
2014	04	6	14	0	52.8	2	57	51	1.653	2.622	161.9	6.8	7.1
2014	04	7	14	0	3.8	3	1	26	1.651	2.623	162.6	6.5	7.0
2014	04	8	13	59	14.1	3	4	56	1.649	2.624	163.3	6.3	7.0
2014	04	9	13	58	23.9	3	8	20	1.647	2.624	163.9	6.1	7.0
2014	04	10	13	57	33.0	3	11	38	1.646	2.625	164.5	5.9	7.0
2014	04	11	13	56	41.7	3	14	50	1.645	2.625	164.9	5.7	7.0
2014	04	12	13	55	49.9	3	17	54	1.644	2.626	165.3	5.6	7.0
2014	04	13	13	54	57.7	3	20	52	1.644	2.627	165.6	5.4	7.0
2014	04	14	13	54	5.2	3	23	42	1.643	2.627	165.8	5.4	7.0
2014	04	15	13	53	12.4	3	26	24	1.643	2.628	165.9	5.3	7.0
2014	04	16	13	52	19.4	3	28	58	1.644	2.628	165.9	5.3	7.0
2014	04	17	13	51	26.3	3	31	24	1.644	2.629	165.8	5.4	7.0
2014	04	18	13	50	33.0	3	33	42	1.645	2.630	165.7	5.4	7.0
2014	04	19	13	49	39.8	3	35	50	1.646	2.630	165.4	5.5	7.0
2014	04	20	13	48	46.6	3	37	50	1.648	2.631	165.0	5.7	7.0
2014	04	21	13	47	53.5	3	39	40	1.649	2.632	164.6	5.8	7.0
2014	04	22	13	47	0.5	3	41	21	1.651	2.632	164.1	6.0	7.0
2014	04	23	13	46	7.8	3	42	52	1.653	2.633	163.5	6.2	7.0
2014	04	24	13	45	15.3	3	44	13	1.656	2.633	162.8	6.5	7.1
2014	04	25	13	44	23.2	3	45	24	1.659	2.634	162.1	6.7	7.1
2014	04	26	13	43	31.5	3	46	24	1.661	2.635	161.4	7.0	7.1
2014	04	27	13	42	40.2	3	47	15	1.665	2.635	160.6	7.3	7.1
2014	04	28	13	41	49.5	3	47	54	1.668	2.636	159.8	7.6	7.1
2014	04	29	13	40	59.4	3	48	23	1.672	2.637	159.0	7.9	7.1
2014	04	30	13	40	9.9	3	48	41	1.676	2.637	158.1	8.2	7.2
2014	05	1	13	39	21.1	3	48	48	1.680	2.638	157.2	8.5	7.2
2014	05	2	13	38	33.1	3	48	44	1.685	2.639	156.3	8.8	7.2
2014	05	3	13	37	45.8	3	48	28	1.689	2.639	155.4	9.2	7.2
2014	05	4	13	36	59.4	3	48	2	1.694	2.640	154.4	9.5	7.2
2014	05	5	13	36	13.9	3	47	25	1.699	2.641	153.5	9.8	7.3
2014	05	6	13	35	29.4	3	46	36	1.705	2.641	152.5	10.1	7.3
2014	05	7	13	34	45.9	3	45	36	1.711	2.642	151.6	10.5	7.3
2014	05	8	13	34	3.3	3	44	25	1.717	2.642	150.6	10.8	7.3
2014	05	9	13	33	21.9	3	43	3	1.723	2.643	149.6	11.1	7.4
2014	05	10	13	32	41.5	3	41	30	1.729	2.644	148.6	11.5	7.4
2014	05	11	13	32	2.3	3	39	45	1.736	2.644	147.6	11.8	7.4
2014	05	12	13	31	24.3	3	37	50	1.742	2.645	146.7	12.1	7.4
2014	05	13	13	30	47.4	3	35	44	1.749	2.646	145.7	12.4	7.4
2014	05	14	13	30	11.8	3	33	27	1.757	2.646	144.7	12.7	7.5

y	m	d	h	m	s	o	'	"	delta	RSun	Elong	Phase	Mag
2014	05	15	13	29	37.4	3	31	0	1.764	2.647	143.7	13.1	7.5
2014	05	16	13	29	4.3	3	28	22	1.772	2.648	142.7	13.4	7.5
2014	05	17	13	28	32.5	3	25	33	1.779	2.649	141.7	13.7	7.5
2014	05	18	13	28	2.0	3	22	34	1.788	2.649	140.8	14.0	7.5
2014	05	19	13	27	32.8	3	19	25	1.796	2.650	139.8	14.3	7.6
2014	05	20	13	27	4.9	3	16	6	1.804	2.651	138.8	14.6	7.6
2014	05	21	13	26	38.4	3	12	36	1.813	2.651	137.8	14.9	7.6
2014	05	22	13	26	13.3	3	8	57	1.821	2.652	136.9	15.1	7.6
2014	05	23	13	25	49.6	3	5	8	1.830	2.653	135.9	15.4	7.7
2014	05	24	13	25	27.3	3	1	9	1.840	2.653	134.9	15.7	7.7
2014	05	25	13	25	6.4	2	57	1	1.849	2.654	134.0	15.9	7.7
2014	05	26	13	24	47.0	2	52	43	1.858	2.655	133.0	16.2	7.7
2014	05	27	13	24	29.0	2	48	16	1.868	2.655	132.0	16.5	7.7
2014	05	28	13	24	12.4	2	43	40	1.878	2.656	131.1	16.7	7.8
2014	05	29	13	23	57.3	2	38	54	1.888	2.657	130.2	17.0	7.8
2014	05	30	13	23	43.7	2	34	0	1.898	2.657	129.2	17.2	7.8
2014	05	31	13	23	31.5	2	28	58	1.908	2.658	128.3	17.4	7.8
2014	06	1	13	23	20.7	2	23	47	1.918	2.659	127.4	17.6	7.8
2014	06	2	13	23	11.5	2	18	27	1.929	2.660	126.4	17.9	7.9
2014	06	3	13	23	3.6	2	13	0	1.940	2.660	125.5	18.1	7.9
2014	06	4	13	22	57.3	2	7	25	1.950	2.661	124.6	18.3	7.9
2014	06	5	13	22	52.4	2	1	41	1.961	2.662	123.7	18.5	7.9
2014	06	6	13	22	48.9	1	55	50	1.972	2.662	122.8	18.7	7.9
2014	06	7	13	22	46.9	1	49	52	1.984	2.663	121.9	18.9	8.0
2014	06	8	13	22	46.3	1	43	47	1.995	2.664	121.0	19.1	8.0
2014	06	9	13	22	47.1	1	37	34	2.006	2.664	120.1	19.2	8.0
2014	06	10	13	22	49.3	1	31	14	2.018	2.665	119.2	19.4	8.0
2014	06	11	13	22	52.9	1	24	48	2.029	2.666	118.4	19.6	8.0
2014	06	12	13	22	57.9	1	18	15	2.041	2.667	117.5	19.7	8.0
2014	06	13	13	23	4.2	1	11	36	2.053	2.667	116.6	19.9	8.1
2014	06	14	13	23	12.0	1	4	50	2.065	2.668	115.8	20.0	8.1
2014	06	15	13	23	21.0	0	57	58	2.077	2.669	114.9	20.2	8.1
2014	06	16	13	23	31.4	0	51	1	2.089	2.669	114.1	20.3	8.1
2014	06	17	13	23	43.1	0	43	57	2.101	2.670	113.2	20.5	8.1
2014	06	18	13	23	56.2	0	36	48	2.114	2.671	112.4	20.6	8.2
2014	06	19	13	24	10.5	0	29	33	2.126	2.672	111.5	20.7	8.2
2014	06	20	13	24	26.1	0	22	13	2.138	2.672	110.7	20.8	8.2
2014	06	21	13	24	43.0	0	14	48	2.151	2.673	109.9	20.9	8.2
2014	06	22	13	25	1.2	0	7	17	2.163	2.674	109.1	21.1	8.2
2014	06	23	13	25	20.6	- 0	0	18	2.176	2.675	108.2	21.2	8.2
2014	06	24	13	25	41.2	- 0	7	59	2.189	2.675	107.4	21.3	8.3
2014	06	25	13	26	3.1	- 0	15	44	2.202	2.676	106.6	21.3	8.3
2014	06	26	13	26	26.3	- 0	23	34	2.215	2.677	105.8	21.4	8.3
2014	06	27	13	26	50.6	- 0	31	29	2.227	2.677	105.0	21.5	8.3
2014	06	28	13	27	16.1	- 0	39	27	2.240	2.678	104.2	21.6	8.3
2014	06	29	13	27	42.8	- 0	47	30	2.253	2.679	103.4	21.7	8.3
2014	06	30	13	28	10.7	- 0	55	37	2.267	2.680	102.7	21.7	8.4
2014	07	1	13	28	39.7	- 1	3	49	2.280	2.680	101.9	21.8	8.4
2014	07	2	13	29	9.8	- 1	12	3	2.293	2.681	101.1	21.8	8.4
2014	07	3	13	29	41.1	- 1	20	22	2.306	2.682	100.3	21.9	8.4
2014	07	4	13	30	13.5	- 1	28	44	2.319	2.683	99.6	21.9	8.4
2014	07	5	13	30	46.9	- 1	37	10	2.333	2.683	98.8	22.0	8.4
2014	07	6	13	31	21.5	- 1	45	39	2.346	2.684	98.0	22.0	8.4
2014	07	7	13	31	57.1	- 1	54	12	2.359	2.685	97.3	22.1	8.5
2014	07	8	13	32	33.7	- 2	2	47	2.373	2.686	96.5	22.1	8.5
2014	07	9	13	33	11.4	- 2	11	26	2.386	2.686	95.8	22.1	8.5
2014	07	10	13	33	50.0	- 2	20	7	2.399	2.687	95.1	22.1	8.5
2014	07	11	13	34	29.7	- 2	28	51	2.413	2.688	94.3	22.2	8.5
2014	07	12	13	35	10.3	- 2	37	38	2.426	2.689	93.6	22.2	8.5
2014	07	13	13	35	51.9	- 2	46	27	2.440	2.689	92.8	22.2	8.5
2014	07	14	13	36	34.5	- 2	55	19	2.453	2.690	92.1	22.2	8.5

y	m	d	h	m	s	o	'	"	delta	RSun	Elong	Phase	Mag
2014	07	15	13	37	18.0	- 3	4	14	2.467	2.691	91.4	22.2	8.6
2014	07	16	13	38	2.5	- 3	13	10	2.480	2.692	90.7	22.2	8.6
2014	07	17	13	38	47.8	- 3	22	9	2.494	2.692	90.0	22.2	8.6
2014	07	18	13	39	34.1	- 3	31	10	2.507	2.693	89.2	22.2	8.6
2014	07	19	13	40	21.2	- 3	40	13	2.521	2.694	88.5	22.2	8.6
2014	07	20	13	41	9.3	- 3	49	18	2.535	2.695	87.8	22.1	8.6
2014	07	21	13	41	58.2	- 3	58	26	2.548	2.695	87.1	22.1	8.6
2014	07	22	13	42	48.0	- 4	7	34	2.562	2.696	86.4	22.1	8.6
2014	07	23	13	43	38.6	- 4	16	45	2.575	2.697	85.7	22.1	8.7
2014	07	24	13	44	30.1	- 4	25	57	2.589	2.698	85.0	22.0	8.7
2014	07	25	13	45	22.4	- 4	35	11	2.602	2.698	84.3	22.0	8.7
2014	07	26	13	46	15.5	- 4	44	26	2.616	2.699	83.6	22.0	8.7
2014	07	27	13	47	9.5	- 4	53	43	2.629	2.700	83.0	21.9	8.7
2014	07	28	13	48	4.3	- 5	3	1	2.643	2.701	82.3	21.9	8.7
2014	07	29	13	48	59.8	- 5	12	20	2.656	2.701	81.6	21.8	8.7
2014	07	30	13	49	56.1	- 5	21	41	2.670	2.702	80.9	21.8	8.7
2014	07	31	13	50	53.2	- 5	31	2	2.683	2.703	80.2	21.7	8.7
2014	08	1	13	51	51.1	- 5	40	25	2.697	2.704	79.6	21.7	8.7
2014	08	2	13	52	49.7	- 5	49	48	2.710	2.704	78.9	21.6	8.8
2014	08	3	13	53	49.0	- 5	59	12	2.723	2.705	78.2	21.5	8.8
2014	08	4	13	54	49.1	- 6	8	37	2.737	2.706	77.6	21.5	8.8
2014	08	5	13	55	49.9	- 6	18	3	2.750	2.707	76.9	21.4	8.8
2014	08	6	13	56	51.3	- 6	27	30	2.763	2.708	76.2	21.3	8.8
2014	08	7	13	57	53.5	- 6	36	56	2.777	2.708	75.6	21.3	8.8
2014	08	8	13	58	56.4	- 6	46	24	2.790	2.709	74.9	21.2	8.8
2014	08	9	13	59	59.9	- 6	55	51	2.803	2.710	74.3	21.1	8.8
2014	08	10	14	1	4.1	- 7	5	20	2.816	2.711	73.6	21.0	8.8
2014	08	11	14	2	8.9	- 7	14	48	2.829	2.711	73.0	20.9	8.8
2014	08	12	14	3	14.4	- 7	24	16	2.842	2.712	72.3	20.9	8.8
2014	08	13	14	4	20.5	- 7	33	45	2.856	2.713	71.7	20.8	8.8
2014	08	14	14	5	27.2	- 7	43	14	2.869	2.714	71.0	20.7	8.9
2014	08	15	14	6	34.6	- 7	52	42	2.882	2.714	70.4	20.6	8.9
2014	08	16	14	7	42.6	- 8	2	11	2.894	2.715	69.7	20.5	8.9
2014	08	17	14	8	51.2	- 8	11	40	2.907	2.716	69.1	20.4	8.9
2014	08	18	14	10	0.4	- 8	21	8	2.920	2.717	68.5	20.3	8.9
2014	08	19	14	11	10.2	- 8	30	37	2.933	2.718	67.8	20.2	8.9
2014	08	20	14	12	20.7	- 8	40	5	2.946	2.718	67.2	20.1	8.9
2014	08	21	14	13	31.7	- 8	49	32	2.958	2.719	66.5	20.0	8.9
2014	08	22	14	14	43.3	- 8	59	0	2.971	2.720	65.9	19.8	8.9
2014	08	23	14	15	55.4	- 9	8	26	2.984	2.721	65.3	19.7	8.9
2014	08	24	14	17	8.2	- 9	17	53	2.996	2.721	64.7	19.6	8.9
2014	08	25	14	18	21.5	- 9	27	19	3.009	2.722	64.0	19.5	8.9
2014	08	26	14	19	35.3	- 9	36	44	3.021	2.723	63.4	19.4	8.9
2014	08	27	14	20	49.8	- 9	46	8	3.033	2.724	62.8	19.3	8.9
2014	08	28	14	22	4.7	- 9	55	32	3.046	2.725	62.2	19.1	8.9
2014	08	29	14	23	20.2	-10	4	55	3.058	2.725	61.5	19.0	9.0
2014	08	30	14	24	36.2	-10	14	17	3.070	2.726	60.9	18.9	9.0
2014	08	31	14	25	52.8	-10	23	38	3.082	2.727	60.3	18.8	9.0
2014	09	1	14	27	9.9	-10	32	58	3.094	2.728	59.7	18.6	9.0
2014	09	2	14	28	27.4	-10	42	18	3.106	2.728	59.1	18.5	9.0
2014	09	3	14	29	45.5	-10	51	36	3.118	2.729	58.5	18.4	9.0
2014	09	4	14	31	4.1	-11	0	53	3.130	2.730	57.8	18.2	9.0
2014	09	5	14	32	23.2	-11	10	8	3.142	2.731	57.2	18.1	9.0
2014	09	6	14	33	42.7	-11	19	23	3.153	2.732	56.6	17.9	9.0
2014	09	7	14	35	2.7	-11	28	36	3.165	2.732	56.0	17.8	9.0
2014	09	8	14	36	23.2	-11	37	47	3.177	2.733	55.4	17.7	9.0
2014	09	9	14	37	44.2	-11	46	57	3.188	2.734	54.8	17.5	9.0
2014	09	10	14	39	5.6	-11	56	6	3.199	2.735	54.2	17.4	9.0
2014	09	11	14	40	27.5	-12	5	13	3.211	2.735	53.6	17.2	9.0
2014	09	12	14	41	49.8	-12	14	19	3.222	2.736	53.0	17.1	9.0
2014	09	13	14	43	12.6	-12	23	23	3.233	2.737	52.4	16.9	9.0

y	m	d	h	m	s	o	'	"	delta	RSun	Elong	Phase	Mag
2014	09	14	14	44	35.8	-12	32	25	3.244	2.738	51.8	16.8	9.0
2014	09	15	14	45	59.5	-12	41	26	3.255	2.739	51.1	16.6	9.0
2014	09	16	14	47	23.7	-12	50	25	3.266	2.739	50.5	16.5	9.0
2014	09	17	14	48	48.2	-12	59	22	3.277	2.740	49.9	16.3	9.0
2014	09	18	14	50	13.3	-13	8	17	3.288	2.741	49.3	16.1	9.0
2014	09	19	14	51	38.7	-13	17	10	3.298	2.742	48.7	16.0	9.0
2014	09	20	14	53	4.6	-13	26	2	3.309	2.743	48.1	15.8	9.0
2014	09	21	14	54	30.9	-13	34	51	3.319	2.743	47.5	15.7	9.0
2014	09	22	14	55	57.6	-13	43	38	3.330	2.744	46.9	15.5	9.0
2014	09	23	14	57	24.7	-13	52	23	3.340	2.745	46.3	15.3	9.0
2014	09	24	14	58	52.3	-14	1	6	3.350	2.746	45.7	15.2	9.0
2014	09	25	15	0	20.2	-14	9	47	3.360	2.746	45.1	15.0	9.0
2014	09	26	15	1	48.6	-14	18	25	3.370	2.747	44.5	14.8	9.0
2014	09	27	15	3	17.3	-14	27	2	3.380	2.748	44.0	14.7	9.0
2014	09	28	15	4	46.4	-14	35	36	3.390	2.749	43.4	14.5	9.0
2014	09	29	15	6	16.0	-14	44	7	3.400	2.750	42.8	14.3	9.0
2014	09	30	15	7	45.9	-14	52	36	3.409	2.750	42.2	14.1	9.0
2014	10	1	15	9	16.2	-15	1	2	3.419	2.751	41.6	14.0	9.0
2014	10	2	15	10	46.8	-15	9	26	3.428	2.752	41.0	13.8	9.0
2014	10	3	15	12	17.8	-15	17	48	3.438	2.753	40.4	13.6	9.0
2014	10	4	15	13	49.2	-15	26	6	3.447	2.754	39.8	13.4	9.0
2014	10	5	15	15	21.0	-15	34	22	3.456	2.754	39.2	13.3	9.0
2014	10	6	15	16	53.0	-15	42	35	3.465	2.755	38.6	13.1	9.0
2014	10	7	15	18	25.5	-15	50	46	3.474	2.756	38.0	12.9	9.0
2014	10	8	15	19	58.3	-15	58	53	3.483	2.757	37.4	12.7	9.0
2014	10	9	15	21	31.4	-16	6	58	3.491	2.757	36.8	12.5	9.0
2014	10	10	15	23	4.9	-16	15	0	3.500	2.758	36.2	12.4	9.0
2014	10	11	15	24	38.7	-16	22	59	3.508	2.759	35.6	12.2	9.0
2014	10	12	15	26	12.8	-16	30	55	3.517	2.760	35.0	12.0	9.0
2014	10	13	15	27	47.3	-16	38	47	3.525	2.761	34.5	11.8	9.0
2014	10	14	15	29	22.1	-16	46	37	3.533	2.761	33.9	11.6	9.0
2014	10	15	15	30	57.2	-16	54	24	3.541	2.762	33.3	11.4	9.0
2014	10	16	15	32	32.7	-17	2	7	3.549	2.763	32.7	11.2	9.0
2014	10	17	15	34	8.5	-17	9	48	3.557	2.764	32.1	11.0	9.0
2014	10	18	15	35	44.6	-17	17	25	3.565	2.765	31.5	10.9	9.0
2014	10	19	15	37	21.0	-17	24	59	3.572	2.765	30.9	10.7	9.0
2014	10	20	15	38	57.7	-17	32	29	3.580	2.766	30.3	10.5	9.0
2014	10	21	15	40	34.8	-17	39	56	3.587	2.767	29.7	10.3	9.0
2014	10	22	15	42	12.1	-17	47	20	3.594	2.768	29.1	10.1	9.0
2014	10	23	15	43	49.7	-17	54	40	3.601	2.768	28.5	9.9	9.0
2014	10	24	15	45	27.7	-18	1	57	3.608	2.769	28.0	9.7	9.0
2014	10	25	15	47	5.9	-18	9	11	3.615	2.770	27.4	9.5	9.0
2014	10	26	15	48	44.4	-18	16	20	3.622	2.771	26.8	9.3	9.0
2014	10	27	15	50	23.2	-18	23	27	3.629	2.772	26.2	9.1	9.0
2014	10	28	15	52	2.2	-18	30	29	3.635	2.772	25.6	8.9	9.0
2014	10	29	15	53	41.6	-18	37	28	3.642	2.773	25.0	8.7	9.0
2014	10	30	15	55	21.2	-18	44	24	3.648	2.774	24.4	8.5	9.0
2014	10	31	15	57	1.0	-18	51	15	3.654	2.775	23.8	8.3	9.0
2014	11	1	15	58	41.1	-18	58	3	3.660	2.776	23.2	8.1	9.0
2014	11	2	16	0	21.4	-19	4	47	3.666	2.776	22.6	7.9	9.0
2014	11	3	16	2	2.0	-19	11	27	3.672	2.777	22.0	7.7	9.0
2014	11	4	16	3	42.9	-19	18	3	3.677	2.778	21.5	7.5	8.9
2014	11	5	16	5	23.9	-19	24	36	3.683	2.779	20.9	7.3	8.9
2014	11	6	16	7	5.2	-19	31	4	3.688	2.779	20.3	7.1	8.9
2014	11	7	16	8	46.8	-19	37	29	3.693	2.780	19.7	6.9	8.9
2014	11	8	16	10	28.5	-19	43	49	3.698	2.781	19.1	6.7	8.9
2014	11	9	16	12	10.5	-19	50	6	3.703	2.782	18.5	6.5	8.9
2014	11	10	16	13	52.7	-19	56	18	3.708	2.783	17.9	6.3	8.9
2014	11	11	16	15	35.1	-20	2	26	3.713	2.783	17.3	6.1	8.9
2014	11	12	16	17	17.8	-20	8	31	3.718	2.784	16.7	5.9	8.9
2014	11	13	16	19	0.6	-20	14	31	3.722	2.785	16.1	5.7	8.9

28

y	m	d	h	m	s	o	'	"	delta	RSun	Elong	Phase	Mag
2014	11	14	16	20	43.7	-20	20	27	3.726	2.786	15.5	5.5	8.9
2014	11	15	16	22	27.0	-20	26	19	3.731	2.786	14.9	5.3	8.9
2014	11	16	16	24	10.4	-20	32	6	3.735	2.787	14.3	5.0	8.9
2014	11	17	16	25	54.1	-20	37	50	3.739	2.788	13.8	4.8	8.9
2014	11	18	16	27	37.9	-20	43	29	3.742	2.789	13.2	4.6	8.8
2014	11	19	16	29	22.0	-20	49	4	3.746	2.790	12.6	4.4	8.8
2014	11	20	16	31	6.2	-20	54	34	3.749	2.790	12.0	4.2	8.8
2014	11	21	16	32	50.6	-21	0	1	3.753	2.791	11.4	4.0	8.8
2014	11	22	16	34	35.1	-21	5	23	3.756	2.792	10.8	3.8	8.8
2014	11	23	16	36	19.8	-21	10	40	3.759	2.793	10.2	3.6	8.8
2014	11	24	16	38	4.7	-21	15	54	3.762	2.793	9.6	3.4	8.8
2014	11	25	16	39	49.7	-21	21	2	3.765	2.794	9.0	3.2	8.8
2014	11	26	16	41	34.9	-21	26	7	3.768	2.795	8.4	3.0	8.8
2014	11	27	16	43	20.2	-21	31	7	3.770	2.796	7.8	2.7	8.8
2014	11	28	16	45	5.7	-21	36	2	3.773	2.796	7.2	2.5	8.7
2014	11	29	16	46	51.2	-21	40	54	3.775	2.797	6.6	2.3	8.7
2014	11	30	16	48	36.9	-21	45	40	3.777	2.798	6.0	2.1	8.7
2014	12	1	16	50	22.7	-21	50	22	3.779	2.799	5.4	1.9	8.7
2014	12	2	16	52	8.6	-21	55	0	3.781	2.800	4.8	1.7	8.7
2014	12	3	16	53	54.6	-21	59	33	3.782	2.800	4.2	1.5	8.7
2014	12	4	16	55	40.7	-22	4	2	3.784	2.801	3.6	1.3	8.7
2014	12	5	16	57	26.9	-22	8	26	3.785	2.802	3.0	1.1	8.6
2014	12	6	16	59	13.2	-22	12	45	3.787	2.803	2.4	0.9	8.6
2014	12	7	17	0	59.6	-22	17	0	3.788	2.803	1.8	0.6	8.6
2014	12	8	17	2	46.1	-22	21	11	3.789	2.804	1.3	0.4	8.6
2014	12	9	17	4	32.6	-22	25	16	3.790	2.805	0.7	0.3	8.5
2014	12	10	17	6	19.3	-22	29	18	3.790	2.806	0.4	0.1	8.5
2014	12	11	17	8	6.0	-22	33	14	3.791	2.806	0.7	0.2	8.5
2014	12	12	17	9	52.7	-22	37	7	3.791	2.807	1.3	0.4	8.6
2014	12	13	17	11	39.6	-22	40	54	3.792	2.808	1.8	0.6	8.6
2014	12	14	17	13	26.4	-22	44	37	3.792	2.809	2.4	0.9	8.6
2014	12	15	17	15	13.4	-22	48	15	3.792	2.809	3.0	1.1	8.6
2014	12	16	17	17	0.3	-22	51	49	3.792	2.810	3.6	1.3	8.7
2014	12	17	17	18	47.3	-22	55	18	3.791	2.811	4.2	1.5	8.7
2014	12	18	17	20	34.4	-22	58	43	3.791	2.812	4.8	1.7	8.7
2014	12	19	17	22	21.5	-23	2	3	3.790	2.812	5.4	1.9	8.7
2014	12	20	17	24	8.5	-23	5	19	3.790	2.813	6.0	2.1	8.7
2014	12	21	17	25	55.6	-23	8	30	3.789	2.814	6.6	2.3	8.7
2014	12	22	17	27	42.7	-23	11	36	3.788	2.815	7.3	2.5	8.8
2014	12	23	17	29	29.8	-23	14	38	3.787	2.815	7.9	2.7	8.8
2014	12	24	17	31	16.9	-23	17	35	3.785	2.816	8.5	2.9	8.8
2014	12	25	17	33	4.0	-23	20	28	3.784	2.817	9.1	3.2	8.8
2014	12	26	17	34	51.0	-23	23	17	3.782	2.818	9.7	3.4	8.8
2014	12	27	17	36	38.1	-23	26	0	3.781	2.818	10.3	3.6	8.8
2014	12	28	17	38	25.0	-23	28	40	3.779	2.819	10.9	3.8	8.8
2014	12	29	17	40	12.0	-23	31	15	3.777	2.820	11.5	4.0	8.9
2014	12	30	17	41	58.8	-23	33	45	3.775	2.821	12.1	4.2	8.9
2014	12	31	17	43	45.7	-23	36	11	3.772	2.821	12.7	4.4	8.9

y	m	d	h	m	s	o	'	"	delta	RSun	Elong	Phase	Mag
2014	01	1	10	8	52.1	-22	24	9	1.553	2.135	112.7	25.1	8.0
2014	01	2	10	9	4.1	-22	24	19	1.543	2.135	113.5	25.0	7.9
2014	01	3	10	9	14.3	-22	24	6	1.534	2.136	114.3	24.8	7.9
2014	01	4	10	9	22.8	-22	23	31	1.524	2.136	115.1	24.6	7.9
2014	01	5	10	9	29.6	-22	22	33	1.514	2.136	116.0	24.4	7.9
2014	01	6	10	9	34.5	-22	21	12	1.505	2.137	116.8	24.3	7.9
2014	01	7	10	9	37.8	-22	19	27	1.496	2.137	117.6	24.1	7.8
2014	01	8	10	9	39.2	-22	17	17	1.486	2.138	118.5	23.9	7.8
2014	01	9	10	9	39.0	-22	14	42	1.477	2.138	119.3	23.6	7.8
2014	01	10	10	9	37.0	-22	11	42	1.468	2.139	120.2	23.4	7.8
2014	01	11	10	9	33.3	-22	8	15	1.459	2.139	121.0	23.2	7.8
2014	01	12	10	9	27.8	-22	4	22	1.450	2.140	121.9	23.0	7.7
2014	01	13	10	9	20.7	-22	0	2	1.441	2.140	122.8	22.7	7.7
2014	01	14	10	9	11.8	-21	55	15	1.433	2.141	123.7	22.5	7.7
2014	01	15	10	9	1.2	-21	49	59	1.424	2.141	124.6	22.2	7.7
2014	01	16	10	8	49.0	-21	44	15	1.416	2.142	125.5	22.0	7.7
2014	01	17	10	8	35.1	-21	38	2	1.407	2.143	126.4	21.7	7.6
2014	01	18	10	8	19.6	-21	31	19	1.399	2.143	127.3	21.4	7.6
2014	01	19	10	8	2.4	-21	24	6	1.391	2.144	128.2	21.1	7.6
2014	01	20	10	7	43.7	-21	16	23	1.383	2.144	129.1	20.9	7.6
2014	01	21	10	7	23.3	-21	8	9	1.375	2.145	130.0	20.6	7.6
2014	01	22	10	7	1.4	-20	59	23	1.368	2.146	131.0	20.3	7.5
2014	01	23	10	6	38.0	-20	50	6	1.360	2.146	131.9	20.0	7.5
2014	01	24	10	6	13.1	-20	40	17	1.353	2.147	132.8	19.6	7.5
2014	01	25	10	5	46.8	-20	29	55	1.346	2.148	133.8	19.3	7.5
2014	01	26	10	5	19.0	-20	19	1	1.339	2.149	134.7	19.0	7.4
2014	01	27	10	4	49.9	-20	7	34	1.332	2.149	135.7	18.7	7.4
2014	01	28	10	4	19.4	-19	55	33	1.325	2.150	136.6	18.3	7.4
2014	01	29	10	3	47.7	-19	42	59	1.319	2.151	137.6	18.0	7.4
2014	01	30	10	3	14.7	-19	29	52	1.312	2.152	138.5	17.7	7.4
2014	01	31	10	2	40.6	-19	16	10	1.306	2.152	139.4	17.3	7.3
2014	02	1	10	2	5.4	-19	1	55	1.300	2.153	140.4	17.0	7.3
2014	02	2	10	1	29.2	-18	47	7	1.295	2.154	141.3	16.6	7.3
2014	02	3	10	0	51.9	-18	31	45	1.289	2.155	142.3	16.3	7.3
2014	02	4	10	0	13.8	-18	15	49	1.284	2.156	143.2	15.9	7.3
2014	02	5	9	59	34.8	-17	59	21	1.279	2.156	144.1	15.6	7.2
2014	02	6	9	58	55.1	-17	42	19	1.274	2.157	145.0	15.2	7.2
2014	02	7	9	58	14.7	-17	24	45	1.270	2.158	145.9	14.8	7.2
2014	02	8	9	57	33.7	-17	6	39	1.265	2.159	146.8	14.5	7.2
2014	02	9	9	56	52.1	-16	48	2	1.261	2.160	147.7	14.1	7.2
2014	02	10	9	56	10.0	-16	28	53	1.257	2.161	148.5	13.8	7.1
2014	02	11	9	55	27.6	-16	9	14	1.254	2.162	149.3	13.5	7.1
2014	02	12	9	54	44.8	-15	49	5	1.250	2.163	150.1	13.1	7.1
2014	02	13	9	54	1.8	-15	28	26	1.247	2.164	150.9	12.8	7.1
2014	02	14	9	53	18.6	-15	7	20	1.244	2.165	151.7	12.5	7.1
2014	02	15	9	52	35.3	-14	45	46	1.242	2.166	152.4	12.2	7.0
2014	02	16	9	51	52.0	-14	23	45	1.239	2.167	153.1	11.9	7.0
2014	02	17	9	51	8.8	-14	1	18	1.237	2.168	153.7	11.6	7.0
2014	02	18	9	50	25.7	-13	38	27	1.236	2.169	154.3	11.4	7.0
2014	02	19	9	49	42.8	-13	15	12	1.234	2.170	154.9	11.2	7.0
2014	02	20	9	49	0.1	-12	51	34	1.233	2.171	155.4	10.9	7.0
2014	02	21	9	48	17.9	-12	27	35	1.232	2.172	155.8	10.8	7.0
2014	02	22	9	47	36.1	-12	3	15	1.231	2.173	156.2	10.6	7.0
2014	02	23	9	46	54.7	-11	38	36	1.231	2.174	156.5	10.5	7.0
2014	02	24	9	46	14.0	-11	13	40	1.231	2.175	156.7	10.4	7.0
2014	02	25	9	45	33.9	-10	48	27	1.231	2.177	156.9	10.3	7.0
2014	02	26	9	44	54.6	-10	22	59	1.232	2.178	157.0	10.2	7.0
2014	02	27	9	44	16.0	- 9	57	18	1.232	2.179	157.0	10.2	7.0
2014	02	28	9	43	38.4	- 9	31	24	1.234	2.180	157.0	10.2	7.0

30

y	m	d	h	m	s	o	'	"	delta	RSun	Elong	Phase	Mag
2014	03	1	9	43	1.7	- 9	5	19	1.235	2.181	156.9	10.3	7.0
2014	03	2	9	42	26.0	- 8	39	5	1.237	2.182	156.7	10.4	7.0
2014	03	3	9	41	51.4	- 8	12	44	1.239	2.184	156.4	10.5	7.0
2014	03	4	9	41	17.9	- 7	46	16	1.241	2.185	156.1	10.6	7.0
2014	03	5	9	40	45.7	- 7	19	43	1.244	2.186	155.7	10.8	7.0
2014	03	6	9	40	14.7	- 6	53	7	1.247	2.187	155.3	10.9	7.0
2014	03	7	9	39	45.0	- 6	26	29	1.250	2.188	154.8	11.2	7.0
2014	03	8	9	39	16.7	- 5	59	50	1.253	2.190	154.2	11.4	7.1
2014	03	9	9	38	49.8	- 5	33	13	1.257	2.191	153.6	11.6	7.1
2014	03	10	9	38	24.3	- 5	6	38	1.261	2.192	152.9	11.9	7.1
2014	03	11	9	38	0.3	- 4	40	7	1.265	2.194	152.2	12.2	7.1
2014	03	12	9	37	37.9	- 4	13	40	1.270	2.195	151.5	12.5	7.1
2014	03	13	9	37	17.0	- 3	47	21	1.275	2.196	150.7	12.8	7.2
2014	03	14	9	36	57.6	- 3	21	8	1.280	2.198	149.9	13.1	7.2
2014	03	15	9	36	39.9	- 2	55	5	1.286	2.199	149.1	13.4	7.2
2014	03	16	9	36	23.8	- 2	29	11	1.291	2.200	148.3	13.8	7.2
2014	03	17	9	36	9.4	- 2	3	29	1.297	2.202	147.4	14.1	7.3
2014	03	18	9	35	56.6	- 1	37	58	1.304	2.203	146.5	14.4	7.3
2014	03	19	9	35	45.5	- 1	12	41	1.310	2.204	145.6	14.8	7.3
2014	03	20	9	35	36.2	- 0	47	37	1.317	2.206	144.7	15.1	7.3
2014	03	21	9	35	28.5	- 0	22	48	1.324	2.207	143.8	15.5	7.4
2014	03	22	9	35	22.5	0	1	44	1.331	2.209	142.8	15.8	7.4
2014	03	23	9	35	18.3	0	26	1	1.339	2.210	141.9	16.2	7.4
2014	03	24	9	35	15.8	0	50	0	1.346	2.212	140.9	16.5	7.4
2014	03	25	9	35	15.1	1	13	41	1.354	2.213	140.0	16.8	7.5
2014	03	26	9	35	16.1	1	37	3	1.363	2.215	139.0	17.2	7.5
2014	03	27	9	35	18.8	2	0	6	1.371	2.216	138.1	17.5	7.5
2014	03	28	9	35	23.3	2	22	49	1.380	2.218	137.1	17.8	7.5
2014	03	29	9	35	29.6	2	45	12	1.389	2.219	136.1	18.2	7.6
2014	03	30	9	35	37.6	3	7	13	1.398	2.221	135.1	18.5	7.6
2014	03	31	9	35	47.4	3	28	53	1.407	2.222	134.2	18.8	7.6
2014	04	1	9	35	58.9	3	50	12	1.417	2.224	133.2	19.1	7.6
2014	04	2	9	36	12.2	4	11	8	1.427	2.225	132.2	19.4	7.7
2014	04	3	9	36	27.2	4	31	42	1.437	2.227	131.3	19.7	7.7
2014	04	4	9	36	43.9	4	51	53	1.447	2.228	130.3	20.0	7.7
2014	04	5	9	37	2.3	5	11	41	1.457	2.230	129.4	20.3	7.8
2014	04	6	9	37	22.4	5	31	7	1.468	2.232	128.4	20.6	7.8
2014	04	7	9	37	44.1	5	50	9	1.478	2.233	127.5	20.8	7.8
2014	04	8	9	38	7.5	6	8	47	1.489	2.235	126.5	21.1	7.8
2014	04	9	9	38	32.6	6	27	3	1.500	2.236	125.6	21.4	7.9
2014	04	10	9	38	59.2	6	44	55	1.511	2.238	124.6	21.6	7.9
2014	04	11	9	39	27.4	7	2	23	1.523	2.240	123.7	21.9	7.9
2014	04	12	9	39	57.2	7	19	29	1.534	2.241	122.8	22.1	7.9
2014	04	13	9	40	28.6	7	36	11	1.546	2.243	121.9	22.3	8.0
2014	04	14	9	41	1.4	7	52	29	1.558	2.245	120.9	22.5	8.0
2014	04	15	9	41	35.8	8	8	25	1.570	2.246	120.0	22.7	8.0
2014	04	16	9	42	11.6	8	23	58	1.582	2.248	119.1	22.9	8.0
2014	04	17	9	42	48.9	8	39	7	1.594	2.250	118.2	23.1	8.1
2014	04	18	9	43	27.5	8	53	54	1.606	2.251	117.3	23.3	8.1
2014	04	19	9	44	7.6	9	8	19	1.619	2.253	116.4	23.5	8.1
2014	04	20	9	44	49.1	9	22	20	1.631	2.255	115.6	23.7	8.1
2014	04	21	9	45	31.9	9	36	0	1.644	2.257	114.7	23.9	8.2
2014	04	22	9	46	16.1	9	49	18	1.657	2.258	113.8	24.0	8.2
2014	04	23	9	47	1.5	10	2	13	1.670	2.260	113.0	24.2	8.2
2014	04	24	9	47	48.3	10	14	47	1.683	2.262	112.1	24.3	8.2
2014	04	25	9	48	36.4	10	27	0	1.696	2.264	111.3	24.5	8.2
2014	04	26	9	49	25.7	10	38	51	1.709	2.266	110.4	24.6	8.3
2014	04	27	9	50	16.2	10	50	21	1.722	2.267	109.6	24.7	8.3
2014	04	28	9	51	7.9	11	1	30	1.736	2.269	108.7	24.8	8.3
2014	04	29	9	52	0.9	11	12	19	1.749	2.271	107.9	25.0	8.3
2014	04	30	9	52	55.0	11	22	47	1.763	2.273	107.1	25.1	8.4

2014	05	1	9	53	50.2	11	32	55	1.776	2.275	106.3	25.2	8.4
2014	05	2	9	54	46.6	11	42	43	1.790	2.276	105.5	25.3	8.4
2014	05	3	9	55	44.1	11	52	12	1.804	2.278	104.7	25.3	8.4
2014	05	4	9	56	42.6	12	1	22	1.818	2.280	103.9	25.4	8.4
2014	05	5	9	57	42.2	12	10	12	1.832	2.282	103.1	25.5	8.5
2014	05	6	9	58	42.8	12	18	44	1.846	2.284	102.3	25.6	8.5
2014	05	7	9	59	44.4	12	26	57	1.860	2.286	101.5	25.6	8.5
2014	05	8	10	0	47.1	12	34	53	1.874	2.288	100.7	25.7	8.5
2014	05	9	10	1	50.6	12	42	30	1.888	2.290	100.0	25.7	8.5
2014	05	10	10	2	55.1	12	49	50	1.902	2.291	99.2	25.8	8.6
2014	05	11	10	4	0.5	12	56	52	1.916	2.293	98.4	25.8	8.6
2014	05	12	10	5	6.8	13	3	38	1.930	2.295	97.7	25.9	8.6
2014	05	13	10	6	14.0	13	10	6	1.945	2.297	96.9	25.9	8.6
2014	05	14	10	7	22.0	13	16	18	1.959	2.299	96.2	25.9	8.6
2014	05	15	10	8	30.8	13	22	14	1.973	2.301	95.5	25.9	8.7
2014	05	16	10	9	40.4	13	27	54	1.988	2.303	94.7	25.9	8.7
2014	05	17	10	10	50.8	13	33	18	2.002	2.305	94.0	26.0	8.7
2014	05	18	10	12	2.0	13	38	27	2.017	2.307	93.3	26.0	8.7
2014	05	19	10	13	13.9	13	43	21	2.031	2.309	92.6	26.0	8.7
2014	05	20	10	14	26.6	13	47	59	2.046	2.311	91.8	25.9	8.7
2014	05	21	10	15	40.0	13	52	23	2.060	2.313	91.1	25.9	8.8
2014	05	22	10	16	54.1	13	56	32	2.075	2.315	90.4	25.9	8.8
2014	05	23	10	18	8.8	14	0	27	2.089	2.317	89.7	25.9	8.8
2014	05	24	10	19	24.3	14	4	8	2.104	2.319	89.0	25.9	8.8
2014	05	25	10	20	40.4	14	7	36	2.118	2.321	88.3	25.9	8.8
2014	05	26	10	21	57.1	14	10	49	2.133	2.323	87.6	25.8	8.8
2014	05	27	10	23	14.5	14	13	49	2.147	2.325	87.0	25.8	8.9
2014	05	28	10	24	32.5	14	16	36	2.162	2.327	86.3	25.8	8.9
2014	05	29	10	25	51.1	14	19	11	2.176	2.329	85.6	25.7	8.9
2014	05	30	10	27	10.3	14	21	32	2.191	2.331	84.9	25.7	8.9
2014	05	31	10	28	30.1	14	23	41	2.206	2.333	84.3	25.6	8.9
2014	06	1	10	29	50.4	14	25	38	2.220	2.336	83.6	25.6	8.9
2014	06	2	10	31	11.2	14	27	23	2.235	2.338	82.9	25.5	8.9
2014	06	3	10	32	32.6	14	28	57	2.249	2.340	82.3	25.4	9.0
2014	06	4	10	33	54.5	14	30	18	2.264	2.342	81.6	25.4	9.0

Ephemeris of 4 Vesta at 0 hrs UTC   (J2000)

y	m	d	h	m	s	o	'	"	delta	RSun	Elong	Phase	Mag
2014	01	1	13	16	59.3	- 0	39	22	2.230	2.314	82.3	24.9	7.7
2014	01	2	13	18	18.3	- 0	44	4	2.217	2.313	83.0	25.0	7.7
2014	01	3	13	19	36.6	- 0	48	39	2.204	2.312	83.7	25.0	7.7
2014	01	4	13	20	54.3	- 0	53	7	2.190	2.311	84.4	25.0	7.7
2014	01	5	13	22	11.2	- 0	57	27	2.177	2.310	85.1	25.1	7.6
2014	01	6	13	23	27.5	- 1	1	41	2.164	2.309	85.8	25.1	7.6
2014	01	7	13	24	43.0	- 1	5	47	2.150	2.308	86.4	25.2	7.6
2014	01	8	13	25	57.8	- 1	9	46	2.137	2.307	87.1	25.2	7.6
2014	01	9	13	27	11.8	- 1	13	37	2.124	2.306	87.8	25.2	7.6
2014	01	10	13	28	25.1	- 1	17	21	2.110	2.305	88.6	25.2	7.6
2014	01	11	13	29	37.6	- 1	20	57	2.097	2.305	89.3	25.3	7.6
2014	01	12	13	30	49.3	- 1	24	26	2.084	2.304	90.0	25.3	7.5
2014	01	13	13	32	0.2	- 1	27	46	2.070	2.303	90.7	25.3	7.5
2014	01	14	13	33	10.3	- 1	30	59	2.057	2.302	91.4	25.3	7.5
2014	01	15	13	34	19.6	- 1	34	4	2.044	2.301	92.1	25.3	7.5
2014	01	16	13	35	27.9	- 1	37	0	2.030	2.300	92.8	25.3	7.5
2014	01	17	13	36	35.5	- 1	39	49	2.017	2.299	93.6	25.3	7.5
2014	01	18	13	37	42.1	- 1	42	29	2.004	2.298	94.3	25.3	7.5
2014	01	19	13	38	47.8	- 1	45	1	1.991	2.297	95.0	25.3	7.4
2014	01	20	13	39	52.5	- 1	47	25	1.977	2.296	95.8	25.2	7.4
2014	01	21	13	40	56.3	- 1	49	40	1.964	2.295	96.5	25.2	7.4
2014	01	22	13	41	59.2	- 1	51	46	1.951	2.294	97.3	25.2	7.4
2014	01	23	13	43	1.0	- 1	53	44	1.938	2.293	98.0	25.2	7.4
2014	01	24	13	44	1.8	- 1	55	32	1.925	2.292	98.8	25.1	7.4
2014	01	25	13	45	1.6	- 1	57	12	1.912	2.291	99.6	25.1	7.3
2014	01	26	13	46	0.3	- 1	58	44	1.899	2.290	100.3	25.0	7.3
2014	01	27	13	46	57.8	- 2	0	6	1.885	2.289	101.1	25.0	7.3
2014	01	28	13	47	54.3	- 2	1	18	1.873	2.288	101.9	24.9	7.3
2014	01	29	13	48	49.7	- 2	2	22	1.860	2.287	102.7	24.8	7.3
2014	01	30	13	49	43.8	- 2	3	17	1.847	2.286	103.4	24.8	7.3
2014	01	31	13	50	36.8	- 2	4	2	1.834	2.285	104.2	24.7	7.2
2014	02	1	13	51	28.6	- 2	4	37	1.821	2.284	105.0	24.6	7.2
2014	02	2	13	52	19.1	- 2	5	4	1.808	2.283	105.8	24.5	7.2
2014	02	3	13	53	8.4	- 2	5	21	1.796	2.282	106.6	24.4	7.2
2014	02	4	13	53	56.4	- 2	5	28	1.783	2.281	107.4	24.3	7.2
2014	02	5	13	54	43.1	- 2	5	26	1.770	2.280	108.3	24.2	7.1
2014	02	6	13	55	28.5	- 2	5	14	1.758	2.279	109.1	24.1	7.1
2014	02	7	13	56	12.5	- 2	4	53	1.746	2.279	109.9	24.0	7.1
2014	02	8	13	56	55.2	- 2	4	22	1.733	2.278	110.7	23.9	7.1
2014	02	9	13	57	36.5	- 2	3	41	1.721	2.277	111.6	23.8	7.1
2014	02	10	13	58	16.4	- 2	2	51	1.709	2.276	112.4	23.6	7.0
2014	02	11	13	58	54.9	- 2	1	51	1.697	2.275	113.3	23.5	7.0
2014	02	12	13	59	31.9	- 2	0	42	1.684	2.274	114.1	23.3	7.0
2014	02	13	14	0	7.5	- 1	59	22	1.673	2.273	115.0	23.2	7.0
2014	02	14	14	0	41.6	- 1	57	53	1.661	2.272	115.8	23.0	7.0
2014	02	15	14	1	14.1	- 1	56	14	1.649	2.271	116.7	22.9	6.9
2014	02	16	14	1	45.1	- 1	54	26	1.637	2.270	117.6	22.7	6.9
2014	02	17	14	2	14.6	- 1	52	27	1.626	2.269	118.5	22.5	6.9
2014	02	18	14	2	42.5	- 1	50	19	1.614	2.268	119.3	22.3	6.9
2014	02	19	14	3	8.7	- 1	48	1	1.603	2.267	120.2	22.1	6.9
2014	02	20	14	3	33.4	- 1	45	34	1.591	2.266	121.1	21.9	6.8
2014	02	21	14	3	56.4	- 1	42	56	1.580	2.265	122.0	21.7	6.8
2014	02	22	14	4	17.7	- 1	40	9	1.569	2.265	122.9	21.5	6.8
2014	02	23	14	4	37.3	- 1	37	13	1.558	2.264	123.9	21.3	6.8
2014	02	24	14	4	55.1	- 1	34	6	1.547	2.263	124.8	21.1	6.7
2014	02	25	14	5	11.2	- 1	30	51	1.536	2.262	125.7	20.8	6.7
2014	02	26	14	5	25.6	- 1	27	26	1.526	2.261	126.6	20.6	6.7
2014	02	27	14	5	38.2	- 1	23	51	1.515	2.260	127.6	20.3	6.7
2014	02	28	14	5	49.0	- 1	20	7	1.505	2.259	128.5	20.1	6.7

33

y	m	d	h	m	s	o	'	"	delta	RSun	Elong	Phase	Mag
2014	03	1	14	5	57.9	- 1	16	15	1.495	2.258	129.5	19.8	6.6
2014	03	2	14	6	5.0	- 1	12	13	1.485	2.257	130.4	19.5	6.6
2014	03	3	14	6	10.3	- 1	8	2	1.475	2.256	131.4	19.2	6.6
2014	03	4	14	6	13.8	- 1	3	43	1.465	2.255	132.4	19.0	6.6
2014	03	5	14	6	15.4	- 0	59	16	1.455	2.255	133.3	18.7	6.5
2014	03	6	14	6	15.1	- 0	54	40	1.446	2.254	134.3	18.4	6.5
2014	03	7	14	6	13.0	- 0	49	56	1.437	2.253	135.3	18.0	6.5
2014	03	8	14	6	9.0	- 0	45	5	1.428	2.252	136.3	17.7	6.5
2014	03	9	14	6	3.1	- 0	40	6	1.419	2.251	137.3	17.4	6.5
2014	03	10	14	5	55.4	- 0	34	59	1.410	2.250	138.3	17.1	6.4
2014	03	11	14	5	45.8	- 0	29	46	1.401	2.249	139.3	16.7	6.4
2014	03	12	14	5	34.4	- 0	24	25	1.393	2.248	140.3	16.4	6.4
2014	03	13	14	5	21.1	- 0	18	58	1.384	2.248	141.3	16.0	6.4
2014	03	14	14	5	6.0	- 0	13	25	1.376	2.247	142.3	15.7	6.3
2014	03	15	14	4	49.0	- 0	7	46	1.368	2.246	143.3	15.3	6.3
2014	03	16	14	4	30.2	- 0	2	1	1.361	2.245	144.4	15.0	6.3
2014	03	17	14	4	9.6	0	3	49	1.353	2.244	145.4	14.6	6.3
2014	03	18	14	3	47.2	0	9	44	1.346	2.243	146.4	14.2	6.2
2014	03	19	14	3	23.0	0	15	43	1.339	2.242	147.4	13.8	6.2
2014	03	20	14	2	57.0	0	21	47	1.332	2.241	148.4	13.4	6.2
2014	03	21	14	2	29.3	0	27	55	1.325	2.241	149.5	13.1	6.2
2014	03	22	14	1	59.8	0	34	6	1.318	2.240	150.5	12.7	6.1
2014	03	23	14	1	28.7	0	40	20	1.312	2.239	151.5	12.3	6.1
2014	03	24	14	0	55.9	0	46	37	1.306	2.238	152.5	11.9	6.1
2014	03	25	14	0	21.4	0	52	56	1.300	2.237	153.5	11.5	6.1
2014	03	26	13	59	45.3	0	59	16	1.294	2.236	154.5	11.1	6.1
2014	03	27	13	59	7.7	1	5	38	1.289	2.236	155.5	10.7	6.0
2014	03	28	13	58	28.5	1	12	0	1.284	2.235	156.5	10.3	6.0
2014	03	29	13	57	47.9	1	18	22	1.279	2.234	157.5	9.9	6.0
2014	03	30	13	57	5.8	1	24	44	1.274	2.233	158.4	9.5	6.0
2014	03	31	13	56	22.4	1	31	5	1.269	2.232	159.4	9.1	5.9
2014	04	1	13	55	37.6	1	37	24	1.265	2.231	160.3	8.7	5.9
2014	04	2	13	54	51.6	1	43	42	1.261	2.231	161.2	8.3	5.9
2014	04	3	13	54	4.5	1	49	56	1.257	2.230	162.0	8.0	5.9
2014	04	4	13	53	16.2	1	56	7	1.254	2.229	162.8	7.6	5.9
2014	04	5	13	52	26.9	2	2	14	1.251	2.228	163.6	7.3	5.8
2014	04	6	13	51	36.5	2	8	17	1.247	2.227	164.3	7.0	5.8
2014	04	7	13	50	45.3	2	14	15	1.245	2.227	165.0	6.7	5.8
2014	04	8	13	49	53.3	2	20	8	1.242	2.226	165.6	6.4	5.8
2014	04	9	13	49	0.5	2	25	54	1.240	2.225	166.1	6.2	5.8
2014	04	10	13	48	7.0	2	31	34	1.238	2.224	166.5	6.0	5.8
2014	04	11	13	47	12.9	2	37	7	1.236	2.223	166.9	5.9	5.8
2014	04	12	13	46	18.2	2	42	32	1.234	2.223	167.1	5.8	5.8
2014	04	13	13	45	23.1	2	47	49	1.233	2.222	167.2	5.7	5.8
2014	04	14	13	44	27.7	2	52	58	1.232	2.221	167.2	5.7	5.7
2014	04	15	13	43	31.9	2	57	57	1.231	2.220	167.1	5.8	5.7
2014	04	16	13	42	35.9	3	2	48	1.230	2.219	166.9	5.9	5.8
2014	04	17	13	41	39.8	3	7	28	1.230	2.219	166.6	6.0	5.8
2014	04	18	13	40	43.6	3	11	57	1.230	2.218	166.1	6.2	5.8
2014	04	19	13	39	47.4	3	16	16	1.230	2.217	165.6	6.5	5.8
2014	04	20	13	38	51.3	3	20	24	1.231	2.216	165.0	6.7	5.8
2014	04	21	13	37	55.4	3	24	20	1.231	2.216	164.4	7.0	5.8
2014	04	22	13	36	59.7	3	28	4	1.232	2.215	163.7	7.3	5.8
2014	04	23	13	36	4.3	3	31	36	1.233	2.214	162.9	7.7	5.8
2014	04	24	13	35	9.4	3	34	55	1.235	2.213	162.1	8.0	5.8
2014	04	25	13	34	14.9	3	38	1	1.236	2.213	161.2	8.4	5.8
2014	04	26	13	33	21.1	3	40	54	1.238	2.212	160.4	8.8	5.9
2014	04	27	13	32	27.8	3	43	33	1.240	2.211	159.4	9.2	5.9
2014	04	28	13	31	35.3	3	45	58	1.243	2.210	158.5	9.6	5.9
2014	04	29	13	30	43.6	3	48	9	1.245	2.210	157.6	10.0	5.9
2014	04	30	13	29	52.7	3	50	6	1.248	2.209	156.6	10.4	5.9

y	m	d	h	m	s	o	'	"	delta	RSun	Elong	Phase	Mag
2014	05	1	13	29	2.8	3	51	48	1.251	2.208	155.6	10.9	5.9
2014	05	2	13	28	14.0	3	53	16	1.254	2.207	154.6	11.3	6.0
2014	05	3	13	27	26.2	3	54	29	1.258	2.207	153.6	11.7	6.0
2014	05	4	13	26	39.5	3	55	27	1.261	2.206	152.6	12.1	6.0
2014	05	5	13	25	54.0	3	56	10	1.265	2.205	151.6	12.6	6.0
2014	05	6	13	25	9.8	3	56	38	1.269	2.205	150.6	13.0	6.0
2014	05	7	13	24	26.9	3	56	51	1.274	2.204	149.6	13.4	6.1
2014	05	8	13	23	45.4	3	56	49	1.278	2.203	148.6	13.8	6.1
2014	05	9	13	23	5.2	3	56	32	1.283	2.203	147.6	14.2	6.1
2014	05	10	13	22	26.5	3	56	0	1.288	2.202	146.6	14.6	6.1
2014	05	11	13	21	49.2	3	55	14	1.293	2.201	145.6	15.0	6.1
2014	05	12	13	21	13.5	3	54	12	1.298	2.200	144.5	15.4	6.2
2014	05	13	13	20	39.3	3	52	56	1.304	2.200	143.5	15.8	6.2
2014	05	14	13	20	6.7	3	51	25	1.309	2.199	142.5	16.2	6.2
2014	05	15	13	19	35.7	3	49	40	1.315	2.198	141.5	16.6	6.2
2014	05	16	13	19	6.4	3	47	41	1.321	2.198	140.5	17.0	6.2
2014	05	17	13	18	38.6	3	45	27	1.327	2.197	139.6	17.4	6.3
2014	05	18	13	18	12.6	3	42	59	1.334	2.196	138.6	17.7	6.3
2014	05	19	13	17	48.2	3	40	18	1.340	2.196	137.6	18.1	6.3
2014	05	20	13	17	25.5	3	37	23	1.347	2.195	136.6	18.5	6.3
2014	05	21	13	17	4.5	3	34	14	1.354	2.195	135.6	18.8	6.3
2014	05	22	13	16	45.3	3	30	51	1.361	2.194	134.7	19.1	6.4
2014	05	23	13	16	27.8	3	27	16	1.368	2.193	133.7	19.5	6.4
2014	05	24	13	16	12.1	3	23	27	1.375	2.193	132.8	19.8	6.4
2014	05	25	13	15	58.2	3	19	26	1.382	2.192	131.8	20.1	6.4
2014	05	26	13	15	46.0	3	15	11	1.390	2.191	130.9	20.5	6.4
2014	05	27	13	15	35.6	3	10	44	1.398	2.191	130.0	20.8	6.5
2014	05	28	13	15	27.0	3	6	5	1.406	2.190	129.0	21.1	6.5
2014	05	29	13	15	20.2	3	1	14	1.413	2.189	128.1	21.4	6.5
2014	05	30	13	15	15.2	2	56	11	1.422	2.189	127.2	21.6	6.5
2014	05	31	13	15	11.9	2	50	56	1.430	2.188	126.3	21.9	6.5
2014	06	1	13	15	10.5	2	45	30	1.438	2.188	125.4	22.2	6.5
2014	06	2	13	15	10.8	2	39	53	1.447	2.187	124.5	22.5	6.6
2014	06	3	13	15	12.9	2	34	5	1.455	2.186	123.6	22.7	6.6
2014	06	4	13	15	16.8	2	28	6	1.464	2.186	122.8	23.0	6.6
2014	06	5	13	15	22.4	2	21	56	1.472	2.185	121.9	23.2	6.6
2014	06	6	13	15	29.8	2	15	37	1.481	2.185	121.0	23.5	6.6
2014	06	7	13	15	38.8	2	9	7	1.490	2.184	120.2	23.7	6.7
2014	06	8	13	15	49.6	2	2	28	1.499	2.184	119.3	23.9	6.7
2014	06	9	13	16	2.1	1	55	39	1.508	2.183	118.5	24.1	6.7
2014	06	10	13	16	16.2	1	48	41	1.518	2.182	117.6	24.3	6.7
2014	06	11	13	16	32.0	1	41	34	1.527	2.182	116.8	24.5	6.7
2014	06	12	13	16	49.5	1	34	18	1.536	2.181	116.0	24.7	6.7
2014	06	13	13	17	8.5	1	26	54	1.546	2.181	115.2	24.9	6.8
2014	06	14	13	17	29.2	1	19	21	1.555	2.180	114.4	25.1	6.8
2014	06	15	13	17	51.4	1	11	40	1.565	2.180	113.6	25.3	6.8
2014	06	16	13	18	15.2	1	3	52	1.574	2.179	112.8	25.5	6.8
2014	06	17	13	18	40.5	0	55	55	1.584	2.179	112.0	25.6	6.8
2014	06	18	13	19	7.4	0	47	51	1.594	2.178	111.2	25.8	6.9
2014	06	19	13	19	35.8	0	39	39	1.604	2.178	110.4	25.9	6.9
2014	06	20	13	20	5.7	0	31	21	1.614	2.177	109.7	26.1	6.9
2014	06	21	13	20	37.1	0	22	55	1.624	2.177	108.9	26.2	6.9
2014	06	22	13	21	9.9	0	14	22	1.634	2.176	108.1	26.3	6.9
2014	06	23	13	21	44.2	0	5	43	1.644	2.176	107.4	26.5	6.9
2014	06	24	13	22	20.0	- 0	3	2	1.654	2.175	106.6	26.6	6.9
2014	06	25	13	22	57.1	- 0	11	54	1.664	2.175	105.9	26.7	7.0
2014	06	26	13	23	35.7	- 0	20	52	1.675	2.174	105.2	26.8	7.0
2014	06	27	13	24	15.7	- 0	29	56	1.685	2.174	104.4	26.9	7.0
2014	06	28	13	24	57.0	- 0	39	6	1.695	2.173	103.7	27.0	7.0
2014	06	29	13	25	39.7	- 0	48	21	1.706	2.173	103.0	27.1	7.0
2014	06	30	13	26	23.7	- 0	57	42	1.716	2.172	102.3	27.2	7.0

y	m	d	h	m	s	o	'	"	delta	RSun	Elong	Phase	Mag
2014	07	1	13	27	9.0	- 1	7	8	1.726	2.172	101.6	27.3	7.1
2014	07	2	13	27	55.7	- 1	16	39	1.737	2.171	100.8	27.4	7.1
2014	07	3	13	28	43.6	- 1	26	14	1.747	2.171	100.1	27.5	7.1
2014	07	4	13	29	32.8	- 1	35	55	1.758	2.171	99.5	27.5	7.1
2014	07	5	13	30	23.2	- 1	45	40	1.769	2.170	98.8	27.6	7.1
2014	07	6	13	31	14.8	- 1	55	29	1.779	2.170	98.1	27.6	7.1
2014	07	7	13	32	7.6	- 2	5	23	1.790	2.169	97.4	27.7	7.1
2014	07	8	13	33	1.7	- 2	15	21	1.800	2.169	96.7	27.7	7.2
2014	07	9	13	33	56.9	- 2	25	22	1.811	2.168	96.1	27.8	7.2
2014	07	10	13	34	53.2	- 2	35	27	1.822	2.168	95.4	27.8	7.2
2014	07	11	13	35	50.6	- 2	45	36	1.832	2.168	94.7	27.9	7.2
2014	07	12	13	36	49.2	- 2	55	48	1.843	2.167	94.1	27.9	7.2
2014	07	13	13	37	48.9	- 3	6	4	1.854	2.167	93.4	27.9	7.2
2014	07	14	13	38	49.6	- 3	16	23	1.865	2.166	92.8	27.9	7.2
2014	07	15	13	39	51.4	- 3	26	44	1.875	2.166	92.1	28.0	7.2
2014	07	16	13	40	54.3	- 3	37	9	1.886	2.166	91.5	28.0	7.3
2014	07	17	13	41	58.1	- 3	47	36	1.897	2.165	90.8	28.0	7.3
2014	07	18	13	43	3.1	- 3	58	7	1.908	2.165	90.2	28.0	7.3
2014	07	19	13	44	9.0	- 4	8	39	1.918	2.164	89.6	28.0	7.3
2014	07	20	13	45	15.9	- 4	19	14	1.929	2.164	89.0	28.0	7.3
2014	07	21	13	46	23.9	- 4	29	52	1.940	2.164	88.3	28.0	7.3
2014	07	22	13	47	32.8	- 4	40	31	1.951	2.163	87.7	28.0	7.3
2014	07	23	13	48	42.7	- 4	51	13	1.962	2.163	87.1	28.0	7.3
2014	07	24	13	49	53.5	- 5	1	57	1.972	2.163	86.5	28.0	7.4
2014	07	25	13	51	5.3	- 5	12	43	1.983	2.162	85.9	27.9	7.4
2014	07	26	13	52	18.0	- 5	23	30	1.994	2.162	85.3	27.9	7.4
2014	07	27	13	53	31.7	- 5	34	19	2.005	2.162	84.7	27.9	7.4
2014	07	28	13	54	46.3	- 5	45	9	2.016	2.161	84.1	27.9	7.4
2014	07	29	13	56	1.7	- 5	56	1	2.026	2.161	83.5	27.8	7.4
2014	07	30	13	57	18.1	- 6	6	54	2.037	2.161	82.9	27.8	7.4
2014	07	31	13	58	35.3	- 6	17	48	2.048	2.160	82.3	27.8	7.4
2014	08	1	13	59	53.4	- 6	28	43	2.059	2.160	81.7	27.7	7.4
2014	08	2	14	1	12.4	- 6	39	40	2.070	2.160	81.1	27.7	7.4
2014	08	3	14	2	32.2	- 6	50	36	2.080	2.160	80.5	27.6	7.5
2014	08	4	14	3	52.9	- 7	1	34	2.091	2.159	80.0	27.6	7.5
2014	08	5	14	5	14.3	- 7	12	32	2.102	2.159	79.4	27.5	7.5
2014	08	6	14	6	36.6	- 7	23	31	2.112	2.159	78.8	27.4	7.5
2014	08	7	14	7	59.7	- 7	34	30	2.123	2.158	78.3	27.4	7.5
2014	08	8	14	9	23.5	- 7	45	29	2.134	2.158	77.7	27.3	7.5
2014	08	9	14	10	48.1	- 7	56	28	2.144	2.158	77.1	27.3	7.5
2014	08	10	14	12	13.5	- 8	7	27	2.155	2.158	76.6	27.2	7.5
2014	08	11	14	13	39.7	- 8	18	27	2.166	2.157	76.0	27.1	7.5
2014	08	12	14	15	6.6	- 8	29	26	2.176	2.157	75.4	27.0	7.5
2014	08	13	14	16	34.2	- 8	40	24	2.187	2.157	74.9	27.0	7.5
2014	08	14	14	18	2.6	- 8	51	23	2.197	2.157	74.3	26.9	7.6
2014	08	15	14	19	31.7	- 9	2	21	2.208	2.157	73.8	26.8	7.6
2014	08	16	14	21	1.5	- 9	13	18	2.218	2.156	73.2	26.7	7.6
2014	08	17	14	22	32.1	- 9	24	15	2.229	2.156	72.7	26.6	7.6
2014	08	18	14	24	3.4	- 9	35	11	2.239	2.156	72.1	26.5	7.6
2014	08	19	14	25	35.4	- 9	46	6	2.250	2.156	71.6	26.5	7.6
2014	08	20	14	27	8.1	- 9	57	0	2.260	2.156	71.0	26.4	7.6
2014	08	21	14	28	41.5	-10	7	53	2.270	2.155	70.5	26.3	7.6
2014	08	22	14	30	15.6	-10	18	46	2.281	2.155	70.0	26.2	7.6
2014	08	23	14	31	50.4	-10	29	37	2.291	2.155	69.4	26.1	7.6
2014	08	24	14	33	25.8	-10	40	26	2.301	2.155	68.9	26.0	7.6
2014	08	25	14	35	2.0	-10	51	15	2.312	2.155	68.4	25.9	7.6
2014	08	26	14	36	38.8	-11	2	2	2.322	2.154	67.8	25.8	7.6
2014	08	27	14	38	16.3	-11	12	47	2.332	2.154	67.3	25.6	7.7
2014	08	28	14	39	54.4	-11	23	30	2.342	2.154	66.8	25.5	7.7
2014	08	29	14	41	33.2	-11	34	12	2.352	2.154	66.2	25.4	7.7
2014	08	30	14	43	12.6	-11	44	52	2.362	2.154	65.7	25.3	7.7

y	m	d	h	m	s	o	'	"	delta	RSun	Elong	Phase	Mag
2014	08	31	14	44	52.7	-11	55	30	2.372	2.154	65.2	25.2	7.7
2014	09	1	14	46	33.4	-12	6	6	2.382	2.154	64.7	25.1	7.7
2014	09	2	14	48	14.8	-12	16	40	2.392	2.153	64.2	24.9	7.7
2014	09	3	14	49	56.7	-12	27	12	2.402	2.153	63.6	24.8	7.7
2014	09	4	14	51	39.3	-12	37	41	2.412	2.153	63.1	24.7	7.7
2014	09	5	14	53	22.4	-12	48	8	2.422	2.153	62.6	24.6	7.7
2014	09	6	14	55	6.2	-12	58	32	2.432	2.153	62.1	24.4	7.7
2014	09	7	14	56	50.5	-13	8	53	2.442	2.153	61.6	24.3	7.7
2014	09	8	14	58	35.5	-13	19	12	2.451	2.153	61.1	24.2	7.7
2014	09	9	15	0	21.0	-13	29	28	2.461	2.153	60.6	24.0	7.7
2014	09	10	15	2	7.1	-13	39	42	2.471	2.153	60.0	23.9	7.7
2014	09	11	15	3	53.8	-13	49	52	2.480	2.153	59.5	23.8	7.7
2014	09	12	15	5	41.0	-13	59	59	2.490	2.153	59.0	23.6	7.7
2014	09	13	15	7	28.8	-14	10	3	2.500	2.153	58.5	23.5	7.7
2014	09	14	15	9	17.2	-14	20	4	2.509	2.152	58.0	23.4	7.7
2014	09	15	15	11	6.2	-14	30	2	2.518	2.152	57.5	23.2	7.8
2014	09	16	15	12	55.7	-14	39	56	2.528	2.152	57.0	23.1	7.8
2014	09	17	15	14	45.8	-14	49	47	2.537	2.152	56.5	22.9	7.8
2014	09	18	15	16	36.4	-14	59	34	2.547	2.152	56.0	22.8	7.8
2014	09	19	15	18	27.6	-15	9	18	2.556	2.152	55.5	22.6	7.8
2014	09	20	15	20	19.4	-15	18	58	2.565	2.152	55.0	22.5	7.8
2014	09	21	15	22	11.7	-15	28	34	2.574	2.152	54.5	22.3	7.8
2014	09	22	15	24	4.5	-15	38	6	2.583	2.152	54.0	22.2	7.8
2014	09	23	15	25	57.9	-15	47	34	2.592	2.152	53.5	22.0	7.8
2014	09	24	15	27	51.8	-15	56	59	2.601	2.152	53.0	21.9	7.8
2014	09	25	15	29	46.2	-16	6	19	2.610	2.152	52.5	21.7	7.8
2014	09	26	15	31	41.2	-16	15	35	2.619	2.152	52.0	21.5	7.8
2014	09	27	15	33	36.7	-16	24	47	2.628	2.152	51.5	21.4	7.8
2014	09	28	15	35	32.7	-16	33	54	2.637	2.152	51.0	21.2	7.8
2014	09	29	15	37	29.2	-16	42	57	2.646	2.152	50.5	21.1	7.8
2014	09	30	15	39	26.2	-16	51	55	2.654	2.152	50.0	20.9	7.8
2014	10	1	15	41	23.7	-17	0	49	2.663	2.152	49.5	20.7	7.8
2014	10	2	15	43	21.7	-17	9	38	2.672	2.152	49.0	20.6	7.8
2014	10	3	15	45	20.2	-17	18	22	2.680	2.152	48.5	20.4	7.8
2014	10	4	15	47	19.1	-17	27	1	2.688	2.153	48.1	20.2	7.8
2014	10	5	15	49	18.6	-17	35	35	2.697	2.153	47.6	20.1	7.8
2014	10	6	15	51	18.5	-17	44	5	2.705	2.153	47.1	19.9	7.8
2014	10	7	15	53	18.8	-17	52	29	2.714	2.153	46.6	19.7	7.8
2014	10	8	15	55	19.7	-18	0	48	2.722	2.153	46.1	19.5	7.8
2014	10	9	15	57	21.0	-18	9	1	2.730	2.153	45.6	19.4	7.8
2014	10	10	15	59	22.7	-18	17	10	2.738	2.153	45.1	19.2	7.8
2014	10	11	16	1	24.9	-18	25	13	2.746	2.153	44.6	19.0	7.8
2014	10	12	16	3	27.6	-18	33	10	2.754	2.153	44.1	18.8	7.8
2014	10	13	16	5	30.7	-18	41	2	2.762	2.153	43.7	18.7	7.8
2014	10	14	16	7	34.2	-18	48	49	2.770	2.153	43.2	18.5	7.8
2014	10	15	16	9	38.2	-18	56	29	2.778	2.154	42.7	18.3	7.8
2014	10	16	16	11	42.6	-19	4	4	2.786	2.154	42.2	18.1	7.8
2014	10	17	16	13	47.5	-19	11	33	2.793	2.154	41.7	17.9	7.8
2014	10	18	16	15	52.7	-19	18	56	2.801	2.154	41.2	17.8	7.8
2014	10	19	16	17	58.5	-19	26	14	2.808	2.154	40.7	17.6	7.8
2014	10	20	16	20	4.6	-19	33	25	2.816	2.154	40.3	17.4	7.8
2014	10	21	16	22	11.1	-19	40	30	2.823	2.154	39.8	17.2	7.8
2014	10	22	16	24	18.1	-19	47	29	2.831	2.155	39.3	17.0	7.8
2014	10	23	16	26	25.5	-19	54	22	2.838	2.155	38.8	16.8	7.8
2014	10	24	16	28	33.2	-20	1	8	2.845	2.155	38.3	16.6	7.8
2014	10	25	16	30	41.4	-20	7	48	2.852	2.155	37.8	16.4	7.8
2014	10	26	16	32	50.0	-20	14	22	2.860	2.155	37.3	16.3	7.8
2014	10	27	16	34	58.9	-20	20	49	2.867	2.155	36.9	16.1	7.8
2014	10	28	16	37	8.2	-20	27	9	2.874	2.156	36.4	15.9	7.8
2014	10	29	16	39	17.8	-20	33	23	2.880	2.156	35.9	15.7	7.8
2014	10	30	16	41	27.9	-20	39	31	2.887	2.156	35.4	15.5	7.8

y	m	d	h	m	s	o	'	"	delta	RSun	Elong	Phase	Mag
2014	10	31	16	43	38.2	-20	45	31	2.894	2.156	34.9	15.3	7.8
2014	11	1	16	45	49.0	-20	51	25	2.901	2.156	34.4	15.1	7.8
2014	11	2	16	48	0.0	-20	57	12	2.907	2.157	34.0	14.9	7.8
2014	11	3	16	50	11.4	-21	2	52	2.914	2.157	33.5	14.7	7.8
2014	11	4	16	52	23.1	-21	8	25	2.920	2.157	33.0	14.5	7.8
2014	11	5	16	54	35.1	-21	13	51	2.927	2.157	32.5	14.3	7.8
2014	11	6	16	56	47.5	-21	19	10	2.933	2.158	32.0	14.1	7.8
2014	11	7	16	59	0.1	-21	24	21	2.939	2.158	31.6	13.9	7.8
2014	11	8	17	1	13.1	-21	29	26	2.945	2.158	31.1	13.7	7.8
2014	11	9	17	3	26.3	-21	34	23	2.951	2.158	30.6	13.5	7.8
2014	11	10	17	5	39.9	-21	39	14	2.957	2.159	30.1	13.3	7.8
2014	11	11	17	7	53.7	-21	43	57	2.963	2.159	29.6	13.1	7.8
2014	11	12	17	10	7.9	-21	48	32	2.969	2.159	29.1	12.9	7.8
2014	11	13	17	12	22.3	-21	53	0	2.975	2.159	28.7	12.7	7.8
2014	11	14	17	14	36.9	-21	57	21	2.981	2.160	28.2	12.5	7.8
2014	11	15	17	16	51.9	-22	1	34	2.986	2.160	27.7	12.3	7.8
2014	11	16	17	19	7.1	-22	5	40	2.992	2.160	27.2	12.1	7.8
2014	11	17	17	21	22.6	-22	9	38	2.997	2.161	26.7	11.9	7.8
2014	11	18	17	23	38.3	-22	13	29	3.003	2.161	26.3	11.7	7.8
2014	11	19	17	25	54.3	-22	17	12	3.008	2.161	25.8	11.5	7.8
2014	11	20	17	28	10.5	-22	20	47	3.013	2.162	25.3	11.3	7.8
2014	11	21	17	30	26.9	-22	24	15	3.019	2.162	24.8	11.1	7.8
2014	11	22	17	32	43.5	-22	27	35	3.024	2.162	24.3	10.8	7.8
2014	11	23	17	35	0.4	-22	30	47	3.029	2.163	23.8	10.6	7.8
2014	11	24	17	37	17.4	-22	33	51	3.034	2.163	23.4	10.4	7.8
2014	11	25	17	39	34.7	-22	36	48	3.039	2.163	22.9	10.2	7.8
2014	11	26	17	41	52.1	-22	39	37	3.043	2.164	22.4	10.0	7.8
2014	11	27	17	44	9.7	-22	42	18	3.048	2.164	21.9	9.8	7.8
2014	11	28	17	46	27.5	-22	44	51	3.053	2.164	21.4	9.6	7.8
2014	11	29	17	48	45.4	-22	47	17	3.057	2.165	20.9	9.4	7.8
2014	11	30	17	51	3.5	-22	49	34	3.061	2.165	20.5	9.2	7.8
2014	12	1	17	53	21.7	-22	51	44	3.066	2.165	20.0	9.0	7.8
2014	12	2	17	55	40.1	-22	53	45	3.070	2.166	19.5	8.7	7.8
2014	12	3	17	57	58.5	-22	55	39	3.074	2.166	19.0	8.5	7.8
2014	12	4	18	0	17.1	-22	57	25	3.078	2.167	18.5	8.3	7.8
2014	12	5	18	2	35.8	-22	59	3	3.082	2.167	18.1	8.1	7.8
2014	12	6	18	4	54.7	-23	0	33	3.086	2.167	17.6	7.9	7.8
2014	12	7	18	7	13.6	-23	1	55	3.090	2.168	17.1	7.7	7.8
2014	12	8	18	9	32.6	-23	3	9	3.094	2.168	16.6	7.5	7.8
2014	12	9	18	11	51.7	-23	4	14	3.098	2.169	16.1	7.2	7.8
2014	12	10	18	14	10.8	-23	5	12	3.101	2.169	15.6	7.0	7.8
2014	12	11	18	16	30.1	-23	6	2	3.105	2.169	15.2	6.8	7.7
2014	12	12	18	18	49.4	-23	6	44	3.108	2.170	14.7	6.6	7.7
2014	12	13	18	21	8.8	-23	7	19	3.111	2.170	14.2	6.4	7.7
2014	12	14	18	23	28.2	-23	7	45	3.115	2.171	13.7	6.2	7.7
2014	12	15	18	25	47.7	-23	8	3	3.118	2.171	13.2	6.0	7.7
2014	12	16	18	28	7.3	-23	8	13	3.121	2.172	12.7	5.7	7.7
2014	12	17	18	30	26.8	-23	8	15	3.124	2.172	12.3	5.5	7.7
2014	12	18	18	32	46.4	-23	8	10	3.127	2.173	11.8	5.3	7.7
2014	12	19	18	35	6.0	-23	7	56	3.129	2.173	11.3	5.1	7.7
2014	12	20	18	37	25.6	-23	7	35	3.132	2.173	10.8	4.9	7.7
2014	12	21	18	39	45.2	-23	7	5	3.135	2.174	10.3	4.6	7.7
2014	12	22	18	42	4.9	-23	6	28	3.137	2.174	9.8	4.4	7.7
2014	12	23	18	44	24.4	-23	5	43	3.140	2.175	9.3	4.2	7.7
2014	12	24	18	46	44.0	-23	4	50	3.142	2.175	8.9	4.0	7.7
2014	12	25	18	49	3.5	-23	3	50	3.144	2.176	8.4	3.8	7.7
2014	12	26	18	51	23.0	-23	2	41	3.146	2.176	7.9	3.6	7.6
2014	12	27	18	53	42.4	-23	1	25	3.148	2.177	7.4	3.3	7.6
2014	12	28	18	56	1.8	-23	0	2	3.150	2.177	6.9	3.1	7.6
2014	12	29	18	58	21.1	-22	58	30	3.152	2.178	6.4	2.9	7.6
2014	12	30	19	0	40.3	-22	56	52	3.154	2.178	6.0	2.7	7.6

y	m	d	h	m	s	o	'	"	delta	RSun	Elong	Phase	Mag
2014	09	9	3	52	33.7	0	9	19	1.364	1.940	108.9	29.4	9.0
2014	09	10	3	53	37.1	0	1	35	1.355	1.941	109.6	29.3	9.0
2014	09	11	3	54	38.9	- 0	6	18	1.347	1.941	110.2	29.1	8.9
2014	09	12	3	55	39.0	- 0	14	20	1.339	1.941	110.9	29.0	8.9
2014	09	13	3	56	37.4	- 0	22	30	1.331	1.942	111.6	28.8	8.9
2014	09	14	3	57	34.1	- 0	30	49	1.323	1.942	112.2	28.6	8.9
2014	09	15	3	58	29.0	- 0	39	17	1.316	1.943	112.9	28.5	8.9
2014	09	16	3	59	22.2	- 0	47	52	1.308	1.943	113.6	28.3	8.9
2014	09	17	4	0	13.6	- 0	56	36	1.300	1.943	114.3	28.1	8.8
2014	09	18	4	1	3.1	- 1	5	27	1.293	1.944	115.0	27.9	8.8
2014	09	19	4	1	50.7	- 1	14	25	1.285	1.944	115.7	27.8	8.8
2014	09	20	4	2	36.4	- 1	23	31	1.278	1.945	116.4	27.6	8.8
2014	09	21	4	3	20.3	- 1	32	43	1.270	1.945	117.1	27.4	8.8
2014	09	22	4	4	2.1	- 1	42	2	1.263	1.946	117.8	27.1	8.7
2014	09	23	4	4	42.0	- 1	51	27	1.256	1.946	118.5	26.9	8.7
2014	09	24	4	5	19.9	- 2	0	58	1.249	1.947	119.3	26.7	8.7
2014	09	25	4	5	55.7	- 2	10	35	1.242	1.948	120.0	26.5	8.7
2014	09	26	4	6	29.5	- 2	20	17	1.235	1.948	120.7	26.3	8.7
2014	09	27	4	7	1.2	- 2	30	3	1.228	1.949	121.4	26.0	8.7
2014	09	28	4	7	30.8	- 2	39	54	1.221	1.949	122.2	25.8	8.6
2014	09	29	4	7	58.3	- 2	49	48	1.215	1.950	122.9	25.5	8.6
2014	09	30	4	8	23.7	- 2	59	46	1.208	1.951	123.7	25.3	8.6
2014	10	1	4	8	47.0	- 3	9	48	1.202	1.951	124.4	25.0	8.6
2014	10	2	4	9	8.1	- 3	19	51	1.196	1.952	125.2	24.8	8.6
2014	10	3	4	9	27.0	- 3	29	57	1.189	1.953	125.9	24.5	8.6
2014	10	4	4	9	43.7	- 3	40	4	1.183	1.953	126.7	24.3	8.5
2014	10	5	4	9	58.3	- 3	50	13	1.177	1.954	127.4	24.0	8.5
2014	10	6	4	10	10.7	- 4	0	22	1.172	1.955	128.2	23.7	8.5
2014	10	7	4	10	20.9	- 4	10	31	1.166	1.956	129.0	23.4	8.5
2014	10	8	4	10	28.9	- 4	20	39	1.160	1.956	129.7	23.1	8.5
2014	10	9	4	10	34.6	- 4	30	47	1.155	1.957	130.5	22.8	8.5
2014	10	10	4	10	38.1	- 4	40	53	1.150	1.958	131.3	22.5	8.4
2014	10	11	4	10	39.4	- 4	50	57	1.145	1.959	132.0	22.3	8.4
2014	10	12	4	10	38.5	- 5	0	59	1.139	1.960	132.8	22.0	8.4
2014	10	13	4	10	35.3	- 5	10	57	1.135	1.960	133.6	21.6	8.4
2014	10	14	4	10	29.9	- 5	20	51	1.130	1.961	134.3	21.3	8.4
2014	10	15	4	10	22.3	- 5	30	41	1.125	1.962	135.1	21.0	8.3
2014	10	16	4	10	12.4	- 5	40	25	1.121	1.963	135.8	20.7	8.3
2014	10	17	4	10	0.4	- 5	50	3	1.116	1.964	136.6	20.4	8.3
2014	10	18	4	9	46.1	- 5	59	35	1.112	1.965	137.3	20.1	8.3
2014	10	19	4	9	29.7	- 6	8	59	1.108	1.966	138.1	19.8	8.3
2014	10	20	4	9	11.1	- 6	18	15	1.104	1.967	138.8	19.5	8.3
2014	10	21	4	8	50.3	- 6	27	22	1.101	1.968	139.6	19.2	8.3
2014	10	22	4	8	27.5	- 6	36	19	1.097	1.969	140.3	18.8	8.2
2014	10	23	4	8	2.6	- 6	45	6	1.094	1.970	141.0	18.5	8.2
2014	10	24	4	7	35.7	- 6	53	41	1.091	1.971	141.7	18.2	8.2
2014	10	25	4	7	6.8	- 7	2	5	1.088	1.972	142.4	17.9	8.2
2014	10	26	4	6	36.0	- 7	10	16	1.085	1.973	143.1	17.6	8.2
2014	10	27	4	6	3.2	- 7	18	14	1.082	1.974	143.8	17.3	8.2
2014	10	28	4	5	28.7	- 7	25	58	1.080	1.975	144.4	17.0	8.2
2014	10	29	4	4	52.4	- 7	33	26	1.078	1.976	145.1	16.7	8.1
2014	10	30	4	4	14.3	- 7	40	39	1.076	1.977	145.7	16.5	8.1
2014	10	31	4	3	34.6	- 7	47	36	1.074	1.978	146.3	16.2	8.1
2014	11	1	4	2	53.4	- 7	54	15	1.072	1.979	146.9	15.9	8.1
2014	11	2	4	2	10.6	- 8	0	38	1.070	1.980	147.4	15.7	8.1
2014	11	3	4	1	26.4	- 8	6	42	1.069	1.981	148.0	15.4	8.1
2014	11	4	4	0	40.9	- 8	12	27	1.068	1.982	148.5	15.2	8.1
2014	11	5	3	59	54.0	- 8	17	52	1.067	1.984	148.9	15.0	8.1
2014	11	6	3	59	5.9	- 8	22	58	1.066	1.985	149.4	14.7	8.1

y	m	d	h	m	s	o	'	"	delta	RSun	Elong	Phase	Mag
2014	11	7	3	58	16.7	− 8	27	44	1.066	1.986	149.8	14.5	8.1
2014	11	8	3	57	26.5	− 8	32	8	1.065	1.987	150.2	14.4	8.1
2014	11	9	3	56	35.2	− 8	36	11	1.065	1.988	150.5	14.2	8.1
2014	11	10	3	55	43.1	− 8	39	52	1.065	1.990	150.8	14.1	8.1
2014	11	11	3	54	50.1	− 8	43	11	1.066	1.991	151.1	13.9	8.1
2014	11	12	3	53	56.4	− 8	46	7	1.066	1.992	151.3	13.8	8.0
2014	11	13	3	53	2.1	− 8	48	40	1.067	1.993	151.5	13.7	8.0
2014	11	14	3	52	7.3	− 8	50	50	1.068	1.995	151.6	13.7	8.1
2014	11	15	3	51	12.0	− 8	52	35	1.069	1.996	151.7	13.6	8.1
2014	11	16	3	50	16.3	− 8	53	57	1.070	1.997	151.7	13.6	8.1
2014	11	17	3	49	20.4	− 8	54	55	1.072	1.998	151.7	13.6	8.1
2014	11	18	3	48	24.4	− 8	55	27	1.074	2.000	151.7	13.6	8.1
2014	11	19	3	47	28.3	− 8	55	36	1.076	2.001	151.6	13.6	8.1
2014	11	20	3	46	32.2	− 8	55	19	1.078	2.002	151.5	13.6	8.1
2014	11	21	3	45	36.3	− 8	54	38	1.080	2.004	151.3	13.7	8.1
2014	11	22	3	44	40.6	− 8	53	32	1.083	2.005	151.1	13.8	8.1
2014	11	23	3	43	45.3	− 8	52	1	1.086	2.007	150.8	13.9	8.1
2014	11	24	3	42	50.4	− 8	50	5	1.089	2.008	150.5	14.0	8.1
2014	11	25	3	41	56.0	− 8	47	45	1.092	2.009	150.2	14.1	8.1
2014	11	26	3	41	2.3	− 8	45	0	1.095	2.011	149.8	14.3	8.1
2014	11	27	3	40	9.3	− 8	41	50	1.099	2.012	149.4	14.5	8.2
2014	11	28	3	39	17.0	− 8	38	17	1.103	2.014	148.9	14.6	8.2
2014	11	29	3	38	25.7	− 8	34	20	1.107	2.015	148.5	14.8	8.2
2014	11	30	3	37	35.4	− 8	30	0	1.111	2.017	148.0	15.0	8.2
2014	12	1	3	36	46.1	− 8	25	16	1.116	2.018	147.4	15.3	8.2
2014	12	2	3	35	57.9	− 8	20	10	1.121	2.019	146.9	15.5	8.2
2014	12	3	3	35	10.9	− 8	14	41	1.125	2.021	146.3	15.7	8.3
2014	12	4	3	34	25.1	− 8	8	51	1.130	2.022	145.7	15.9	8.3
2014	12	5	3	33	40.7	− 8	2	39	1.136	2.024	145.1	16.2	8.3
2014	12	6	3	32	57.6	− 7	56	6	1.141	2.026	144.4	16.4	8.3
2014	12	7	3	32	15.9	− 7	49	13	1.147	2.027	143.8	16.7	8.3
2014	12	8	3	31	35.7	− 7	42	0	1.153	2.029	143.1	17.0	8.4
2014	12	9	3	30	57.0	− 7	34	27	1.159	2.030	142.4	17.2	8.4
2014	12	10	3	30	19.9	− 7	26	35	1.165	2.032	141.7	17.5	8.4
2014	12	11	3	29	44.4	− 7	18	25	1.172	2.033	141.0	17.8	8.4
2014	12	12	3	29	10.5	− 7	9	57	1.178	2.035	140.2	18.0	8.4
2014	12	13	3	28	38.3	− 7	1	11	1.185	2.036	139.5	18.3	8.5
2014	12	14	3	28	7.9	− 6	52	8	1.192	2.038	138.7	18.6	8.5
2014	12	15	3	27	39.2	− 6	42	49	1.199	2.040	138.0	18.8	8.5
2014	12	16	3	27	12.2	− 6	33	13	1.206	2.041	137.2	19.1	8.5
2014	12	17	3	26	47.1	− 6	23	23	1.214	2.043	136.5	19.4	8.6
2014	12	18	3	26	23.8	− 6	13	18	1.222	2.045	135.7	19.6	8.6
2014	12	19	3	26	2.4	− 6	2	58	1.229	2.046	134.9	19.9	8.6
2014	12	20	3	25	42.9	− 5	52	25	1.237	2.048	134.1	20.2	8.6
2014	12	21	3	25	25.2	− 5	41	39	1.245	2.050	133.3	20.4	8.6
2014	12	22	3	25	9.5	− 5	30	40	1.254	2.051	132.5	20.7	8.7
2014	12	23	3	24	55.7	− 5	19	29	1.262	2.053	131.8	20.9	8.7
2014	12	24	3	24	43.9	− 5	8	7	1.271	2.055	131.0	21.2	8.7
2014	12	25	3	24	34.0	− 4	56	33	1.280	2.056	130.2	21.4	8.7
2014	12	26	3	24	26.0	− 4	44	49	1.289	2.058	129.4	21.7	8.8
2014	12	27	3	24	20.1	− 4	32	56	1.298	2.060	128.6	21.9	8.8
2014	12	28	3	24	16.0	− 4	20	53	1.307	2.062	127.8	22.1	8.8
2014	12	29	3	24	13.9	− 4	8	42	1.316	2.063	127.0	22.4	8.8
2014	12	30	3	24	13.7	− 3	56	22	1.326	2.065	126.2	22.6	8.9
2014	12	31	3	24	15.5	− 3	43	54	1.335	2.067	125.4	22.8	8.9

Ephemeris of 12 Victoria at 0 hrs UTC   (J2000)

y	m	d	h	m	s	o	'	"	delta	RSun	Elong	Phase	Mag
2014	08	28	22	49	58.0	10	57	57	0.905	1.881	158.3	11.5	9.0
2014	08	29	22	49	11.9	10	52	20	0.904	1.882	159.0	11.1	9.0
2014	08	30	22	48	25.4	10	46	24	0.904	1.884	159.7	10.7	9.0
2014	08	31	22	47	38.6	10	40	7	0.904	1.885	160.3	10.4	9.0
2014	09	1	22	46	51.7	10	33	32	0.904	1.887	160.9	10.1	9.0
2014	09	2	22	46	4.8	10	26	38	0.904	1.888	161.4	9.8	9.0
2014	09	3	22	45	18.0	10	19	26	0.905	1.890	161.9	9.5	9.0
2014	09	4	22	44	31.3	10	11	57	0.906	1.892	162.4	9.3	9.0
2014	09	5	22	43	44.8	10	4	12	0.907	1.893	162.7	9.1	9.0
2014	09	6	22	42	58.7	9	56	11	0.908	1.895	163.0	8.9	9.0
2014	09	7	22	42	13.0	9	47	55	0.909	1.896	163.2	8.8	9.0
2014	09	8	22	41	27.8	9	39	26	0.911	1.898	163.4	8.7	9.0

Data : ore 00 TU
A.R. e Decl. Apparenti
RSun = distanza dal Sole
delta = distanza dalla Terra
RA app, Dec app = A.R. e Decl. Apparenti
Elong = elongazione
Phase = fase
Mag = magnitudine

Date : 00 UT
delta = distanze from the Sun
RSun = distance from the Earth
Elong = elongation

41

CONGIUNZIONI
ASTEROIDI-PIANETI
CONJUNCTIONS
ASTEROIDS-PLANETS
2000-2100

GG MM AAAA : data nel formato giorno/mese/anno
HH MM : ore e minuti
DIST : distanza minima in gradi tra i corpi
ELONG : elongazione dal Sole dei corpi
MAG1 : magnitudine del pianeta
MAG2 : magnitudine dell'asteroide
OGGETTI : corpi coinvolti : MErcurio, VEnere, MArte, GIove,
                            SAturno, URano, NEttuno

Sono elencate tutte le congiunzioni in cui i corpi distano meno
di 5°,magnitudine minima dell'asteroide 9

GG MM AAAA : date in the format dd/mm/yyyy
HH MM : hours and minutes
DIST : minima distance in ° between the bodies
ELONG : elongation from the Sun of the bodies
MAG1 : magnitude of the planet
MAG2 : magnitude of the asteroid
OGGETTI : planets : MErcury, VEnus, MArs, GI (Jupiter),
                    SAturn, URanus, NEptune

All the conjunctions are listed if the bodies have distance less
then 5°, magnitude of the asteroid up to 9

GG	MM	AAAA	HH	MM	DIST	ELONG	MAG1	MAG2	OGGETTI	
7	1	2000	17	19	2.332	38	-3.9	7.7	VE	Vesta
8	8	2000	14	6	4.109	169	7.8	8.8	NE	Flora
30	9	2000	13	20	4.496	30	-3.8	8.7	VE	Ceres
7	12	2000	21	10	2.224	10	-0.8	8.8	ME	Ceres
12	12	2000	22	42	4.306	57	5.9	7.8	UR	Vesta
30	12	2000	14	58	3.382	47	-4.2	7.9	VE	Vesta
14	4	2001	9	25	3.380	11	-1.2	8.2	ME	Vesta
21	6	2001	16	42	2.776	45	-4.2	8.2	VE	Vesta
29	9	2001	1	51	4.767	96	-0.4	8.4	MA	Ceres
19	3	2002	16	36	0.029	71	0.3	8.0	SA	Vesta
23	5	2002	20	45	1.439	31	-3.8	8.3	VE	Vesta
24	6	2002	1	6	0.231	15	1.6	8.3	MA	Vesta
12	7	2002	5	23	0.910	6	-1.7	8.3	GI	Vesta
21	7	2002	18	9	0.223	2	-1.8	8.3	ME	Vesta
17	6	2003	0	31	1.684	17	-3.9	8.8	VE	Ceres
18	6	2003	16	0	0.936	18	-0.5	8.8	ME	Ceres
12	9	2003	7	39	0.858	68	0.3	8.4	SA	Ceres
9	11	2003	3	37	2.825	22	-3.9	7.7	VE	Vesta
21	11	2003	22	57	4.003	16	-0.5	7.7	ME	Vesta
27	12	2003	14	22	1.562	2	3.8	7.8	ME	Vesta
2	2	2004	22	10	0.792	20	-0.2	7.8	ME	Vesta
13	3	2004	21	9	1.251	39	8.0	7.7	NE	Vesta
29	4	2004	23	34	2.290	64	5.9	7.5	UR	Vesta
16	1	2005	18	35	0.829	177	0.0	8.7	SA	Flora
27	4	2005	12	37	3.743	8	-3.9	8.4	VE	Vesta
27	5	2005	3	16	3.355	9	-1.5	8.4	ME	Vesta
14	10	2005	13	28	2.604	46	-4.2	8.7	VE	Ceres
12	1	2006	6	20	1.308	9	-0.7	9.0	ME	Ceres
17	6	2006	13	13	2.949	43	0.5	8.0	SA	Vesta
18	6	2006	0	48	2.403	42	1.6	8.0	MA	Vesta
4	9	2006	10	32	2.845	5	-1.4	8.1	ME	Vesta
27	9	2006	7	55	3.225	9	-3.9	8.0	VE	Vesta
30	8	2007	17	0	0.373	94	-2.1	6.9	GI	Vesta
16	1	2008	18	15	1.862	18	-0.7	7.9	ME	Vesta
31	1	2008	14	4	3.049	11	8.0	7.9	NE	Vesta
27	3	2008	10	47	1.971	19	-0.4	8.0	ME	Vesta
28	3	2008	11	15	3.597	19	5.9	8.0	UR	Vesta
29	3	2008	0	8	2.917	19	-3.9	8.0	VE	Vesta
22	5	2008	11	16	0.612	20	0.8	8.7	ME	Ceres
22	6	2008	0	7	1.493	4	-3.9	8.7	VE	Ceres
20	7	2008	5	12	2.310	12	-1.4	8.6	ME	Ceres
7	7	2009	11	27	1.484	8	-1.6	8.4	ME	Vesta
25	8	2009	16	41	0.488	34	-3.8	8.3	VE	Vesta
23	9	2009	3	10	2.043	5	2.6	8.9	ME	Pallas
26	9	2009	9	18	1.858	7	0.7	8.9	SA	Pallas
13	10	2009	3	49	0.299	16	-0.9	8.9	ME	Pallas
21	10	2009	8	6	1.764	20	-3.9	9.0	VE	Pallas
2	11	2009	19	51	4.688	5	-1.0	8.7	ME	Ceres
22	11	2009	3	46	3.691	13	-3.9	8.7	VE	Ceres
8	7	2010	4	46	3.821	107	5.8	8.8	UR	Hebe
14	7	2010	14	11	4.808	112	-2.5	8.7	GI	Hebe
14	8	2010	1	55	3.279	41	0.7	7.8	SA	Vesta
26	10	2010	16	13	4.514	8	-0.8	7.8	ME	Vesta

GG	MM	AAAA	HH	MM	DIST	ELONG	MAG1	MAG2	OGGETTI	
9	2	2011	6	31	0.370	44	-4.1	7.6	VE	Vesta
31	10	2011	9	39	1.177	176	-2.8	8.6	GI	Ganymed
27	1	2012	22	12	4.336	40	-3.9	8.0	VE	Vesta
4	3	2012	3	1	4.497	20	5.9	8.2	UR	Vesta
11	5	2012	21	59	3.031	17	-0.6	8.3	ME	Vesta
17	5	2012	3	4	3.802	13	-1.1	8.9	ME	Ceres
12	7	2012	4	16	3.332	43	-2.0	8.7	GI	Ceres
11	8	2012	6	56	4.554	67	-2.1	8.0	GI	Vesta
17	6	2013	19	20	2.131	25	0.6	8.3	ME	Vesta
22	6	2013	18	19	0.221	23	-3.8	8.3	VE	Vesta
30	6	2013	14	52	4.672	25	-3.8	8.5	VE	Ceres
18	8	2013	19	56	1.143	7	-1.6	8.2	ME	Vesta
14	9	2014	2	17	1.173	58	0.8	7.5	SA	Vesta
5	10	2014	11	53	0.416	39	0.8	8.7	SA	Ceres
26	11	2014	12	29	0.919	8	-3.9	8.9	VE	Ceres
9	12	2014	3	43	1.522	1	-0.8	8.9	ME	Ceres
16	12	2014	0	8	1.046	13	-3.9	7.8	VE	Vesta
24	12	2014	1	25	2.032	9	-0.9	7.8	ME	Vesta
5	2	2015	12	3	4.730	12	1.0	7.8	ME	Vesta
4	3	2015	14	21	0.837	26	0.1	7.8	ME	Vesta
16	4	2015	7	0	2.606	47	7.9	7.8	NE	Vesta
28	5	2016	12	9	2.921	4	-3.9	8.4	VE	Vesta
22	6	2016	20	24	1.943	16	-0.7	8.4	ME	Vesta
11	4	2017	2	5	2.927	31	1.4	8.7	MA	Ceres
16	6	2017	20	8	0.709	6	-1.8	8.7	ME	Ceres
12	8	2017	7	49	2.428	36	-3.9	8.6	VE	Ceres
4	10	2017	9	43	3.429	6	-1.3	7.9	ME	Vesta
1	11	2017	8	2	3.560	17	-3.9	7.9	VE	Vesta
12	12	2017	3	31	4.243	37	-1.7	7.7	GI	Vesta
26	9	2018	12	19	2.824	89	0.7	7.1	SA	Vesta
27	12	2018	21	3	3.019	47	-4.5	8.5	VE	Ceres
13	2	2019	14	31	3.038	12	-1.2	8.0	ME	Vesta
5	3	2019	20	42	3.497	5	8.0	8.1	NE	Vesta
24	4	2019	12	45	2.338	25	0.1	8.1	ME	Vesta
1	5	2019	8	8	3.508	28	-3.8	8.1	VE	Vesta
23	10	2019	19	17	2.835	51	-1.9	8.8	GI	Ceres
30	11	2019	10	17	1.923	28	-3.8	8.9	VE	Ceres
12	1	2020	5	6	2.262	4	-1.0	9.0	ME	Ceres
12	1	2020	5	53	4.304	4	0.9	9.0	SA	Ceres
17	5	2020	14	31	4.999	26	-4.1	8.4	VE	Vesta
26	5	2020	6	35	3.140	21	-0.1	8.4	ME	Vesta
28	6	2020	6	9	3.874	4	3.4	8.4	ME	Vesta
3	8	2020	5	3	0.231	15	-0.9	8.3	ME	Vesta
22	9	2020	15	15	2.087	42	-4.0	8.2	VE	Vesta
28	11	2021	13	29	3.665	3	-0.9	7.7	ME	Vesta
26	2	2022	0	24	1.654	44	1.1	7.6	MA	Vesta
2	3	2022	12	57	3.423	46	-4.6	7.6	VE	Vesta
7	5	2022	2	37	0.706	82	0.7	7.2	SA	Vesta
18	7	2022	10	36	3.054	5	-1.8	8.6	ME	Ceres
22	8	2022	18	3	4.804	17	-3.9	8.5	VE	Ceres
24	1	2023	8	54	4.708	50	7.9	8.0	NE	Vesta
26	2	2023	23	46	4.600	31	-3.9	8.2	VE	Vesta
13	3	2023	12	58	4.094	23	-2.0	8.2	GI	Vesta

GG	MM	AAAA	HH	MM	DIST	ELONG	MAG1	MAG2	OGGETTI	
6	5	2023	19	5	4.198	8	2.8	8.3	ME	Vesta
30	5	2023	22	6	4.271	20	5.8	8.3	UR	Vesta
6	6	2023	16	39	1.747	23	0.1	8.3	ME	Vesta
12	7	2023	12	25	4.584	41	-4.5	8.7	VE	Pallas
23	7	2023	9	6	2.839	36	1.6	8.8	MA	Pallas
7	8	2023	8	41	2.287	28	0.4	8.9	ME	Pallas
4	11	2023	4	21	4.338	10	-0.7	8.7	ME	Ceres
23	11	2023	21	13	3.096	3	1.4	8.8	MA	Ceres
16	1	2024	15	2	0.149	34	-3.9	8.7	VE	Ceres
6	7	2024	23	45	1.385	22	-0.1	8.2	ME	Vesta
24	7	2024	0	37	1.633	14	-3.9	8.2	VE	Vesta
15	9	2024	15	32	2.244	14	-1.1	8.1	ME	Vesta
7	12	2024	3	5	4.614	45	-4.1	8.9	VE	Ceres
21	1	2026	14	27	0.759	4	-3.9	7.9	VE	Vesta
24	1	2026	16	20	0.097	3	-1.1	7.9	ME	Vesta
14	2	2026	23	11	1.428	9	1.1	7.9	MA	Vesta
28	3	2026	23	12	3.698	30	0.4	7.9	ME	Vesta
6	4	2026	17	23	4.344	22	-3.9	8.9	VE	Ceres
14	5	2026	14	8	3.648	3	-1.9	8.9	ME	Ceres
21	5	2026	23	40	3.886	58	7.9	7.8	NE	Vesta
3	6	2026	22	10	2.818	11	5.8	8.8	UR	Ceres
15	6	2026	0	29	3.855	71	0.5	7.6	SA	Vesta
10	8	2026	0	27	1.419	48	1.2	8.6	MA	Ceres
10	5	2027	21	47	4.650	14	-1.1	8.4	ME	Vesta
13	5	2027	13	26	2.803	13	5.8	8.4	UR	Vesta
29	6	2027	4	31	1.845	12	-3.9	8.4	VE	Vesta
16	7	2027	2	46	0.892	21	0.2	8.4	ME	Vesta
17	3	2028	19	36	1.463	175	-2.4	6.9	GI	Pallas
7	9	2028	9	58	3.930	18	-1.6	7.9	GI	Vesta
25	10	2028	23	29	4.554	63	1.3	8.9	MA	1997XF11
4	11	2028	3	7	3.437	11	-1.0	7.8	ME	Vesta
7	12	2028	4	15	3.191	26	-3.9	7.8	VE	Vesta
9	12	2028	10	2	0.434	11	-0.7	8.9	ME	Ceres
20	1	2029	12	20	2.529	15	-3.9	9.0	VE	Ceres
29	1	2029	5	24	3.768	86	0.4	8.7	SA	Iris
7	2	2029	23	5	4.185	27	0.1	8.9	ME	Ceres
28	1	2030	20	1	3.810	28	1.0	8.0	MA	Vesta
14	3	2030	6	13	3.778	7	-1.6	8.1	ME	Vesta
10	4	2030	13	19	3.585	11	7.9	8.2	NE	Vesta
13	5	2030	16	47	3.616	27	0.6	8.2	ME	Vesta
31	5	2030	17	13	3.472	36	-3.8	8.2	VE	Vesta
5	3	2031	22	4	0.584	78	0.3	7.9	SA	Vesta
15	4	2031	6	57	1.999	40	-4.0	8.6	VE	Ceres
18	4	2031	13	30	1.487	38	0.4	8.6	SA	Ceres
25	4	2031	3	50	0.858	46	5.7	8.2	UR	Vesta
30	4	2031	7	6	3.073	43	-4.0	8.3	VE	Vesta
25	5	2031	19	40	0.956	17	5.7	8.7	UR	Ceres
14	6	2031	11	3	0.102	7	-1.6	8.7	ME	Ceres
21	6	2031	8	5	1.426	14	-0.9	8.3	ME	Vesta
28	8	2031	0	4	3.608	20	0.0	8.3	ME	Vesta
16	10	2031	0	23	4.195	47	-4.4	8.0	VE	Vesta
18	9	2032	17	0	2.040	85	5.6	8.7	UR	Iris
2	10	2032	2	9	2.787	92	0.2	8.6	SA	Iris

GG	MM	AAAA	HH	MM	DIST	ELONG	MAG1	MAG2	OGGETTI	
7	10	2032	8	18	4.127	34	-3.8	7.7	VE	Vesta
19	11	2032	6	53	3.147	13	0.6	8.7	ME	Ceres
2	12	2032	23	59	2.534	20	-0.4	8.7	ME	Ceres
31	12	2032	13	16	0.310	173	0.0	8.6	SA	Massalia
31	12	2032	21	3	2.298	7	-0.8	7.7	ME	Vesta
12	4	2033	16	19	2.065	111	-0.4	7.9	MA	Vesta
27	4	2033	17	55	1.816	66	-2.1	7.5	GI	Vesta
16	1	2034	7	58	0.228	157	5.5	8.9	UR	Euterpe
4	3	2034	9	14	3.654	35	7.9	8.2	NE	Vesta
29	3	2034	22	3	4.312	21	-3.9	8.3	VE	Vesta
26	4	2034	11	3	4.757	7	-1.8	8.4	ME	Vesta
19	9	2034	21	16	3.399	77	5.6	7.9	UR	Vesta
19	1	2035	0	2	0.015	159	5.5	6.7	UR	Vesta
18	3	2035	8	21	1.889	99	5.5	7.5	UR	Vesta
22	3	2035	8	16	4.761	21	7.9	8.9	NE	Ceres
29	5	2035	23	57	3.684	20	-3.8	8.9	VE	Ceres
8	6	2035	5	12	2.808	45	0.5	8.1	SA	Vesta
4	8	2035	3	11	2.556	16	-0.6	8.1	ME	Vesta
27	8	2035	0	55	2.759	6	-3.9	8.1	VE	Vesta
13	10	2035	3	10	3.055	19	-0.5	8.0	ME	Vesta
4	6	2036	14	57	4.538	37	1.6	8.5	MA	Ceres
16	7	2036	11	40	4.587	16	-0.7	8.5	ME	Ceres
24	2	2037	13	3	1.488	6	-1.1	8.0	ME	Vesta
26	2	2037	9	9	2.254	7	-3.9	8.0	VE	Vesta
28	5	2037	19	59	1.611	80	0.4	8.3	SA	Pallas
23	9	2037	10	36	4.857	45	-4.1	8.6	VE	Ceres
5	11	2037	19	54	3.702	19	-0.3	8.8	ME	Ceres
8	12	2037	23	41	1.025	1	5.0	8.9	ME	Ceres
9	1	2038	6	43	0.639	20	-0.3	8.9	ME	Ceres
6	6	2038	20	19	3.050	7	-1.7	8.4	ME	Vesta
29	7	2038	15	49	0.579	21	-3.8	8.4	VE	Vesta
25	8	2038	20	30	0.560	36	5.6	8.3	UR	Vesta
5	12	2038	8	51	2.715	103	-2.1	7.3	GI	Vesta
8	8	2039	17	39	3.389	41	0.6	7.8	SA	Vesta
8	11	2039	15	12	4.171	5	3.7	7.8	ME	Vesta
6	12	2039	15	15	2.791	16	-0.6	7.7	ME	Vesta
13	1	2040	7	28	2.004	34	-3.9	7.7	VE	Vesta
8	2	2040	20	44	3.426	72	7.9	9.0	NE	Iris
14	2	2040	22	52	3.218	66	7.9	8.5	NE	Ceres
11	5	2040	10	51	3.182	13	-1.2	8.8	ME	Ceres
2	6	2040	10	50	0.884	1	-3.9	8.8	VE	Ceres
15	7	2040	1	36	4.171	22	0.4	8.7	ME	Ceres
19	10	2040	22	17	3.972	80	5.5	8.1	UR	Ceres
7	1	2041	19	0	4.761	48	-4.4	7.9	VE	Vesta
27	1	2041	4	55	2.371	177	5.4	8.9	UR	Flora
11	4	2041	18	37	3.934	6	-1.6	8.2	ME	Vesta
19	5	2041	8	7	3.392	23	7.9	8.3	NE	Vesta
25	6	2041	20	41	4.649	43	1.0	8.2	MA	Vesta
27	6	2041	14	38	2.656	43	-4.0	8.2	VE	Vesta
30	10	2041	20	16	4.970	16	-0.9	8.6	ME	Ceres
15	11	2041	12	30	4.511	24	0.8	8.6	SA	Ceres
26	5	2042	21	56	0.963	35	-3.9	8.3	VE	Vesta
18	7	2042	19	47	0.141	7	-1.4	8.3	ME	Vesta

GG	MM	AAAA	HH	MM	DIST	ELONG	MAG1	MAG2	OGGETTI	
9	8	2042	6	56	1.730	4	5.6	8.3	UR	Vesta
11	12	2042	14	22	1.223	20	-0.4	9.0	ME	Ceres
18	12	2042	22	32	2.641	15	1.1	9.0	MA	Ceres
12	2	2043	21	44	3.619	20	-0.2	9.0	ME	Ceres
10	9	2043	9	45	1.494	57	0.8	7.5	SA	Vesta
14	11	2043	1	58	2.356	26	-3.8	7.7	VE	Vesta
24	11	2043	13	37	3.584	21	-0.3	7.7	ME	Vesta
13	12	2043	6	33	0.290	12	0.8	7.8	ME	Vesta
4	1	2044	21	54	0.016	1	-1.8	7.8	GI	Vesta
3	2	2044	14	48	0.679	14	-0.5	7.8	ME	Vesta
16	5	2044	2	46	3.876	24	0.1	9.0	ME	Ceres
15	6	2044	10	10	4.881	42	7.9	8.9	NE	Ceres
14	4	2045	3	50	2.470	20	7.9	8.4	NE	Vesta
29	4	2045	19	49	3.623	12	-3.9	8.4	VE	Vesta
24	5	2045	1	57	3.686	4	-1.9	8.4	ME	Vesta
4	6	2045	21	6	3.585	9	1.3	8.4	MA	Vesta
8	6	2045	15	33	2.343	21	-3.9	8.6	VE	Ceres
12	6	2045	16	31	1.634	19	-0.4	8.6	ME	Ceres
21	8	2045	22	23	4.996	18	-0.7	8.5	ME	Ceres
20	7	2046	15	15	4.766	34	5.5	8.7	UR	Pallas
22	7	2046	16	40	3.780	30	5.5	8.0	UR	Vesta
2	9	2046	11	47	3.502	11	-1.0	8.0	ME	Vesta
4	9	2046	4	56	1.057	11	-0.9	8.9	ME	Pallas
30	9	2046	20	1	3.463	6	-3.9	8.0	VE	Vesta
1	10	2046	14	42	3.941	6	-3.9	9.0	VE	Pallas
8	11	2046	0	12	3.082	7	-3.9	8.7	VE	Ceres
6	12	2046	22	58	2.345	11	-0.8	8.8	ME	Ceres
15	2	2047	21	7	0.205	55	0.8	8.6	SA	Ceres
23	9	2047	4	41	2.399	88	0.7	7.1	SA	Vesta
26	3	2048	4	0	2.467	13	-0.9	8.1	ME	Vesta
1	4	2048	10	6	3.211	16	-3.9	8.1	VE	Vesta
2	3	2049	13	26	1.793	69	7.9	8.0	NE	Vesta
5	5	2049	19	30	4.684	6	4.9	8.9	ME	Ceres
15	5	2049	4	36	1.919	4	7.9	8.9	NE	Ceres
17	5	2049	0	11	2.180	24	1.5	8.4	MA	Vesta
17	6	2049	3	29	0.951	19	-0.3	8.8	ME	Ceres
4	7	2049	10	9	1.504	1	-1.9	8.4	ME	Vesta
11	7	2049	0	24	0.198	5	-1.8	8.4	GI	Vesta
22	7	2049	2	51	0.076	39	-3.9	8.7	VE	Ceres
28	8	2049	21	5	0.810	30	-3.8	8.3	VE	Vesta
26	10	2050	12	25	4.904	13	-0.6	7.8	ME	Vesta
16	12	2050	13	24	0.160	11	0.8	7.7	ME	Vesta
6	1	2051	15	11	1.463	21	-0.2	7.7	ME	Vesta
16	2	2051	9	52	0.123	41	-4.0	7.6	VE	Vesta
3	5	2051	5	57	0.279	83	0.7	7.2	SA	Vesta
13	11	2051	3	17	0.286	26	-3.8	8.9	VE	Ceres
11	1	2052	9	9	1.125	11	-0.7	9.0	ME	Ceres
1	2	2052	14	6	4.998	43	-4.0	8.1	VE	Vesta
11	4	2052	15	6	4.354	69	0.7	8.7	MA	Ceres
9	5	2052	16	50	3.515	11	-1.2	8.3	ME	Vesta
21	6	2052	3	35	1.558	33	-4.5	8.3	VE	Vesta
30	6	2052	13	48	3.010	38	7.9	8.3	NE	Vesta
9	7	2052	2	27	0.488	43	-4.5	8.2	VE	Vesta

47

GG	MM	AAAA	HH	MM	DIST	ELONG	MAG1	MAG2	OGGETTI	
30	4	2053	14	1	0.103	57	1.4	8.1	MA	Vesta
25	6	2053	13	23	0.752	26	-3.8	8.2	VE	Vesta
16	8	2053	4	40	1.474	3	-1.7	8.2	ME	Vesta
18	11	2053	21	2	4.605	49	5.5	7.8	UR	Vesta
11	4	2054	19	13	1.110	41	7.9	8.6	NE	Ceres
16	5	2054	9	19	1.746	21	0.3	8.7	ME	Ceres
28	5	2054	15	0	0.900	15	1.4	8.7	ME	Ceres
19	7	2054	20	31	2.244	13	-1.2	8.6	ME	Ceres
1	8	2054	12	27	2.836	20	-3.9	8.6	VE	Ceres
25	9	2054	18	30	1.359	59	-1.8	7.5	GI	Vesta
20	12	2054	16	41	0.402	17	-3.9	7.8	VE	Vesta
24	12	2054	12	23	1.294	15	-0.7	7.8	ME	Vesta
20	1	2055	22	54	4.722	2	3.3	7.8	ME	Vesta
6	3	2055	9	33	0.796	21	-0.2	7.9	ME	Vesta
8	6	2055	2	53	3.571	70	0.6	7.6	SA	Vesta
30	9	2055	3	2	4.324	16	0.4	8.8	ME	Pallas
1	11	2055	17	32	4.778	6	-1.1	8.7	ME	Ceres
19	11	2055	20	1	0.345	43	-4.1	8.8	VE	Pallas
25	11	2055	20	1	2.610	47	5.5	8.8	UR	Pallas
28	12	2055	16	56	2.586	36	-3.9	8.6	VE	Ceres
26	5	2056	6	11	1.327	4	7.9	8.4	NE	Vesta
30	5	2056	14	51	2.660	3	-3.9	8.4	VE	Vesta
20	6	2056	10	9	2.343	10	-1.4	8.4	ME	Vesta
19	11	2056	21	35	2.442	43	-4.0	8.9	VE	Ceres
22	12	2056	4	46	0.959	136	-0.9	6.8	MA	Vesta
7	4	2057	3	2	3.142	104	0.3	7.2	MA	Vesta
3	10	2057	1	35	3.975	6	-1.1	7.9	ME	Vesta
24	10	2057	20	47	4.347	8	5.6	7.9	UR	Vesta
5	11	2057	15	37	3.565	13	-3.9	7.8	VE	Vesta
11	5	2058	23	17	3.252	12	0.6	8.9	SA	Ceres
16	5	2058	16	51	3.843	14	-0.9	8.9	ME	Ceres
17	6	2058	8	23	4.499	31	1.2	8.9	MA	Ceres
15	8	2058	4	7	2.468	67	7.9	8.5	NE	Ceres
17	1	2059	5	28	4.816	139	7.8	7.3	NE	Ceres
12	2	2059	16	51	4.557	18	-0.8	8.1	ME	Vesta
24	4	2059	5	45	2.741	19	-0.4	8.2	ME	Vesta
4	5	2059	14	48	3.597	25	-3.8	8.2	VE	Vesta
30	1	2060	23	29	3.682	102	-2.4	7.5	GI	Vesta
21	2	2060	9	23	1.188	85	0.3	7.8	SA	Vesta
19	4	2060	12	11	0.277	46	7.9	8.2	NE	Vesta
3	6	2060	12	29	1.558	21	0.8	8.3	ME	Vesta
31	7	2060	22	55	0.022	9	-1.6	8.3	ME	Vesta
31	8	2060	16	58	3.695	57	5.6	8.5	UR	Ceres
27	9	2060	0	50	2.228	39	-3.9	8.2	VE	Vesta
10	11	2060	10	39	2.341	65	1.2	7.8	MA	Vesta
7	12	2060	5	46	1.682	1	-0.8	8.8	ME	Ceres
3	1	2061	0	56	0.386	17	-3.9	8.8	VE	Ceres
29	9	2061	18	11	3.553	34	5.6	7.7	UR	Vesta
28	11	2061	12	30	3.705	7	-0.8	7.7	ME	Vesta
2	1	2062	20	30	3.016	11	-2.7	7.7	VE	Vesta
2	2	2062	16	44	1.034	26	0.1	7.7	ME	Vesta
17	3	2062	0	55	2.419	47	-4.3	7.6	VE	Vesta
2	3	2063	10	46	4.901	34	-3.9	8.2	VE	Vesta

GG	MM	AAAA	HH	MM	DIST	ELONG	MAG1	MAG2	OGGETTI	
26	3	2063	12	16	4.292	39	-3.9	8.7	VE	Ceres
6	6	2063	10	52	2.456	18	-0.5	8.4	ME	Vesta
16	6	2063	8	36	0.849	8	-1.6	8.8	ME	Ceres
5	7	2063	22	58	1.057	18	7.9	8.7	NE	Ceres
16	8	2063	16	27	2.403	57	7.9	8.2	NE	Vesta
25	9	2063	10	9	2.952	65	0.4	8.3	SA	Ceres
28	5	2064	15	8	2.649	48	0.4	8.1	SA	Vesta
8	7	2064	4	53	3.175	27	0.3	8.1	ME	Vesta
26	7	2064	23	24	2.136	18	-3.9	8.2	VE	Vesta
13	9	2064	22	1	2.470	8	-1.5	8.1	ME	Vesta
25	11	2064	20	1	4.459	44	1.5	7.8	MA	Vesta
24	7	2065	1	49	0.789	116	5.5	7.8	UR	Ceres
15	8	2065	10	28	2.556	95	5.5	6.9	UR	Vesta
5	1	2066	21	33	3.077	5	-3.9	9.0	VE	Ceres
10	1	2066	18	27	2.099	4	-1.0	9.0	ME	Ceres
23	1	2066	16	9	0.679	9	-1.1	7.9	ME	Vesta
25	1	2066	12	18	1.351	8	-3.9	7.9	VE	Vesta
3	4	2066	5	32	1.896	27	0.2	8.0	ME	Vesta
9	5	2067	15	41	4.811	20	-0.3	8.4	ME	Vesta
10	6	2067	12	2	0.924	3	4.3	8.4	ME	Vesta
1	7	2067	9	1	1.496	8	-3.9	8.4	VE	Vesta
8	7	2067	17	20	0.241	12	8.0	8.4	NE	Vesta
17	7	2067	15	11	0.546	17	-0.6	8.4	ME	Vesta
21	3	2068	0	48	0.129	66	1.1	8.3	MA	Ceres
31	5	2068	13	8	4.234	24	7.9	8.6	NE	Ceres
17	7	2068	0	29	2.848	4	-1.9	8.6	ME	Ceres
2	8	2068	8	50	3.474	41	0.6	7.8	SA	Vesta
3	11	2068	13	2	3.865	5	-1.0	7.8	ME	Vesta
11	12	2068	21	29	2.956	22	-3.9	7.7	VE	Vesta
24	12	2068	7	34	3.979	28	1.4	7.7	MA	Vesta
15	1	2069	10	2	3.757	39	5.7	7.6	UR	Vesta
2	9	2069	11	3	3.745	8	2.1	8.9	ME	Pallas
7	10	2069	6	7	1.712	10	-1.2	9.0	ME	Pallas
21	10	2069	4	2	3.226	18	0.7	9.0	SA	Pallas
2	11	2069	2	6	4.436	9	-0.7	8.7	ME	Ceres
21	1	2070	0	43	1.804	39	5.7	8.7	UR	Ceres
10	3	2070	7	50	3.985	13	-2.0	8.2	GI	Vesta
11	3	2070	21	58	4.683	12	-1.4	8.2	ME	Vesta
19	5	2070	7	25	2.134	25	0.2	8.2	ME	Vesta
4	6	2070	4	23	3.403	33	-3.8	8.2	VE	Vesta
5	5	2071	13	21	2.731	45	-4.2	8.2	VE	Vesta
26	5	2071	14	22	2.192	158	5.5	8.4	UR	1999KW4
3	6	2071	16	0	1.656	29	8.0	8.3	NE	Vesta
19	6	2071	15	25	0.824	20	-0.2	8.3	ME	Vesta
28	8	2071	16	14	1.589	16	-0.8	8.2	ME	Vesta
24	10	2071	7	40	3.616	46	-4.2	8.0	VE	Vesta
13	5	2072	13	22	3.692	4	-1.9	8.9	ME	Ceres
14	5	2072	19	9	3.057	4	-3.9	8.9	VE	Ceres
6	9	2072	16	22	0.329	68	-2.1	8.4	GI	Ceres
6	9	2072	23	15	1.797	55	0.8	7.5	SA	Vesta
13	10	2072	1	42	3.915	37	-3.9	7.6	VE	Vesta
15	10	2072	21	4	1.923	96	7.9	7.9	NE	Ceres
16	12	2072	9	56	1.017	7	5.8	7.7	UR	Vesta

GG	MM	AAAA	HH	MM	DIST	ELONG	MAG1	MAG2	OGGETTI	
31	12	2072	4	31	1.225	1	1.2	7.8	MA	Vesta
31	12	2072	18	10	2.065	1	-0.9	7.8	ME	Vesta
1	4	2074	14	38	4.344	25	-3.9	8.3	VE	Vesta
14	6	2074	14	7	0.832	15	1.4	8.4	ME	Vesta
27	6	2074	15	25	0.093	22	0.3	8.4	ME	Vesta
9	10	2074	7	14	1.246	84	7.9	7.8	NE	Vesta
14	10	2074	4	11	1.328	43	0.9	8.7	SA	Ceres
5	11	2074	1	9	0.503	30	1.2	8.8	MA	Ceres
8	12	2074	8	16	0.699	9	-0.8	8.9	ME	Ceres
10	1	2075	5	44	2.050	178	7.8	6.6	NE	Vesta
15	1	2075	15	0	1.943	14	5.8	8.9	UR	Ceres
5	2	2075	12	57	4.691	27	0.1	8.9	ME	Ceres
24	2	2075	3	4	4.195	39	-3.9	8.9	VE	Ceres
13	4	2075	21	31	4.306	85	7.9	7.6	NE	Vesta
3	8	2075	0	25	3.612	22	-0.1	8.1	ME	Vesta
30	8	2075	4	33	3.143	10	-3.9	8.0	VE	Vesta
18	9	2075	2	52	3.647	5	-1.6	8.0	GI	Vesta
13	10	2075	20	42	2.984	14	-1.1	8.0	ME	Vesta
21	9	2076	6	53	1.938	84	0.7	7.1	SA	Vesta
13	11	2076	13	52	1.943	54	5.8	7.6	UR	Vesta
22	12	2076	12	4	1.866	34	1.0	7.8	MA	Vesta
22	2	2077	16	57	2.181	4	-1.4	8.0	ME	Vesta
1	3	2077	15	41	2.684	4	-3.9	8.0	VE	Vesta
19	5	2077	15	13	0.128	18	-3.9	8.7	VE	Ceres
13	6	2077	3	45	0.104	5	-1.8	8.7	ME	Ceres
1	8	2077	3	10	1.977	21	1.5	8.6	MA	Ceres
20	8	2077	6	21	3.966	31	8.0	8.6	NE	Ceres
4	6	2078	0	2	2.989	13	-1.1	8.4	ME	Vesta
1	8	2078	1	58	0.197	18	-3.9	8.4	VE	Vesta
19	8	2078	15	8	0.852	28	8.0	8.3	NE	Vesta
18	10	2078	22	58	4.919	7	-3.9	8.6	VE	Ceres
28	11	2078	22	44	2.641	20	-0.3	8.6	ME	Ceres
2	7	2079	7	1	0.815	158	0.5	8.9	SA	Eunomia
11	7	2079	13	40	1.856	169	5.6	8.8	UR	Eunomia
7	12	2079	2	50	3.145	10	-0.8	7.7	ME	Vesta
21	12	2079	8	55	4.899	23	-1.8	9.0	GI	Ceres
10	1	2080	10	19	3.370	11	-1.0	9.0	ME	Ceres
12	1	2080	7	58	4.972	10	5.9	9.0	UR	Ceres
18	1	2080	12	20	1.607	30	-3.9	7.7	VE	Vesta
3	4	2080	11	43	1.109	69	5.8	7.3	UR	Vesta
28	4	2080	13	47	0.184	84	0.7	7.1	SA	Vesta
16	5	2080	17	40	0.738	96	-2.3	6.9	GI	Vesta
23	11	2080	5	8	2.654	118	7.9	8.2	NE	Iris
8	4	2081	23	21	4.545	6	-1.8	8.3	ME	Vesta
1	7	2081	19	39	2.494	41	-3.9	8.8	VE	Ceres
2	7	2081	5	58	2.533	41	-3.9	8.3	VE	Vesta
22	9	2081	5	30	2.668	170	-2.8	8.6	GI	Pallas
29	5	2082	2	36	3.188	38	-3.9	8.5	VE	Ceres
30	5	2082	7	17	0.441	38	-3.9	8.2	VE	Vesta
14	7	2082	4	55	2.604	15	8.0	8.2	NE	Vesta
15	7	2082	13	19	4.174	14	-0.9	8.5	ME	Ceres
16	7	2082	5	47	0.685	14	-0.9	8.2	ME	Vesta
23	9	2082	4	59	4.991	22	-0.2	8.1	ME	Vesta

GG	MM	AAAA	HH	MM	DIST	ELONG	MAG1	MAG2	OGGETTI	
25	10	2083	16	12	2.525	24	-3.8	8.7	VE	Ceres
4	11	2083	15	46	3.861	18	-0.3	8.8	ME	Ceres
19	11	2083	5	4	1.797	30	-3.8	7.7	VE	Vesta
11	12	2083	10	44	1.177	4	3.0	8.8	ME	Ceres
8	1	2084	5	8	0.601	20	-0.3	8.8	ME	Ceres
3	2	2084	7	16	0.309	8	-0.8	7.8	ME	Vesta
26	2	2084	13	28	1.603	19	5.9	7.8	UR	Vesta
29	2	2084	13	35	1.062	54	1.1	8.7	MA	Ceres
29	5	2084	22	5	3.231	68	0.6	7.6	SA	Vesta
24	6	2084	1	43	4.153	83	0.1	7.4	MA	Vesta
2	5	2085	2	59	3.458	15	-3.9	8.4	VE	Vesta
20	5	2085	21	50	3.949	5	-1.9	8.4	ME	Vesta
10	5	2086	22	25	3.350	11	-1.4	8.8	ME	Ceres
27	5	2086	1	3	4.270	66	-1.9	7.8	GI	Vesta
1	6	2086	7	54	4.958	63	7.9	7.8	NE	Vesta
11	7	2086	11	20	0.403	23	-3.8	8.7	VE	Ceres
1	9	2086	1	30	4.309	17	-0.5	8.0	ME	Vesta
4	10	2086	9	53	3.647	5	-3.9	7.9	VE	Vesta
29	10	2086	1	57	4.172	13	0.5	7.9	ME	Vesta
11	11	2086	9	35	2.797	19	-0.6	7.8	ME	Vesta
8	12	2087	11	35	4.793	39	-3.9	8.5	VE	Ceres
28	1	2088	12	32	3.577	89	0.3	8.7	SA	Iris
29	1	2088	19	33	3.659	23	5.9	8.0	UR	Vesta
24	3	2088	2	27	3.044	7	-1.3	8.1	ME	Vesta
4	4	2088	10	52	3.446	12	-3.9	8.1	VE	Vesta
27	5	2088	15	17	4.583	39	1.0	8.1	MA	Vesta
10	8	2088	12	44	4.838	83	0.3	7.7	SA	Vesta
2	11	2088	13	20	0.145	42	-4.0	8.8	VE	Ceres
9	12	2088	18	22	0.891	19	-0.5	9.0	ME	Ceres
4	2	2089	8	20	2.040	95	0.3	7.6	SA	Vesta
11	2	2089	7	47	3.571	21	-0.2	9.0	ME	Ceres
1	7	2089	6	54	1.358	5	-1.7	8.4	ME	Vesta
31	8	2089	19	32	1.151	27	-3.8	8.3	VE	Vesta
28	9	2089	19	26	2.023	42	8.0	8.1	NE	Vesta
15	5	2090	3	20	3.922	25	0.2	9.0	ME	Ceres
2	12	2090	7	57	1.581	3	4.6	7.7	ME	Vesta
9	1	2091	0	53	1.887	16	-0.4	7.7	ME	Vesta
15	1	2091	23	14	1.261	19	-1.8	7.7	GI	Vesta
22	2	2091	20	26	0.258	38	-3.9	7.7	VE	Vesta
5	5	2091	3	44	3.403	38	0.4	8.6	SA	Ceres
11	6	2091	23	5	1.258	18	-0.5	8.6	ME	Ceres
19	7	2091	0	45	3.461	5	-3.9	8.6	VE	Ceres
1	10	2091	18	37	2.413	89	0.3	8.6	SA	Iris
5	5	2092	11	36	4.362	6	1.2	8.4	MA	Vesta
6	5	2092	21	44	3.963	6	-1.7	8.4	ME	Vesta
23	7	2092	23	46	0.593	46	-4.3	8.3	VE	Vesta
1	11	2092	21	54	1.569	29	-3.9	8.9	VE	Pallas
5	12	2092	5	44	2.410	12	-0.7	8.7	ME	Ceres
16	12	2092	11	43	1.826	19	-3.9	8.7	VE	Ceres
17	5	2093	1	50	2.463	53	0.4	8.1	SA	Vesta
28	6	2093	14	6	1.317	30	-3.8	8.2	VE	Vesta
13	8	2093	15	27	1.990	8	-1.3	8.2	ME	Vesta
15	8	2093	20	39	0.545	147	5.7	8.9	UR	Nausikaa

51

GG	MM	AAAA	HH	MM	DIST	ELONG	MAG1	MAG2	OGGETTI	
20	8	2093	4	41	3.220	5	8.0	8.1	NE	Vesta
25	12	2094	6	40	0.269	21	-3.9	7.8	VE	Vesta
27	12	2094	10	6	0.364	20	-0.4	7.8	ME	Vesta
6	3	2095	5	4	1.148	15	-0.6	7.9	ME	Vesta
13	5	2095	22	36	4.373	50	5.9	7.9	UR	Vesta
24	5	2095	9	20	2.823	8	-1.9	8.9	GI	Ceres
16	6	2095	11	58	0.919	21	-0.2	8.8	ME	Ceres
14	4	2096	1	56	3.782	31	1.4	8.3	MA	Vesta
1	6	2096	19	10	2.355	5	-3.9	8.4	VE	Vesta
17	6	2096	10	4	2.542	4	-1.9	8.4	ME	Vesta
8	7	2096	6	1	1.309	14	-1.8	8.4	GI	Vesta
17	6	2097	6	47	4.143	70	7.9	8.6	NE	Pallas
1	7	2097	19	5	4.833	61	0.5	8.7	SA	Pallas
9	7	2097	20	46	4.842	51	8.0	7.8	NE	Vesta
26	7	2097	1	56	3.562	42	0.6	7.8	SA	Vesta
1	10	2097	22	0	4.570	11	-0.8	7.9	ME	Vesta
9	11	2097	17	51	3.495	10	-3.9	7.8	VE	Vesta
13	11	2097	14	59	3.245	23	0.0	8.8	ME	Ceres
8	12	2097	19	47	3.132	23	-0.2	7.8	ME	Vesta
19	12	2097	22	5	1.046	2	-3.9	8.9	VE	Ceres
9	1	2098	15	17	0.990	12	-0.6	8.9	ME	Ceres
29	12	2098	12	26	4.606	96	5.8	8.4	UR	Iris
18	4	2099	7	35	4.477	12	5.9	8.2	UR	Vesta
22	4	2099	13	29	3.235	14	-0.9	8.2	ME	Vesta
7	5	2099	16	10	3.644	21	-3.8	8.2	VE	Vesta

CONGIUNZIONI
ASTEROIDI-ASTEROIDI
CONJUNCTIONS
BETWEEN ASTEROIDS
2000-2100

GG MM AAAA : data nel formato giorno/mese/anno
HH MM : ore e minuti
DIST : distanza minima in gradi tra i corpi
ELONG : elongazione dal Sole dei corpi
MAG1 : magnitudine del primo asteroide
MAG2 : magnitudine del secondo asteroide

Sono elencate tutte le congiunzioni in cui i corpi distano meno di 5°

Magnitudine minima dell'asteroide 9

GG MM AAAA : date in the format dd/mm/yyyy
HH MM : hours and minutes
DIST : minima distance in ° between the bodies
ELONG : elongation from the Sun of the bodies
MAG1 : magnitude of the 1st asteroid
MAG2 : magnitude of the 2th asteroid
OGGETTI : asteroids

All the conjunctions are listed if the bodies have distance less then 5°.

Magnitude of the asteroid up to 9

53

GG	MM	AAAA	HH	MM	DIST	ELONG	MAG1	MAG2	OGGETTI	
1	12	2002	3	22	2.931	114	8.0	8.9	Ceres	Melpome
10	4	2014	0	58	2.448	167	6.9	5.8	Ceres	Vesta
5	7	2014	16	45	0.165	98	7.9	6.8	Ceres	Vesta
8	9	2016	14	28	0.782	130	7.8	8.4	Ceres	Melpom
26	5	2036	6	37	3.179	172	5.6	8.2	Vesta	1999KW
11	1	2037	23	51	3.477	132	8.9	8.8	Juno	Iris
1	10	2046	22	49	1.200	7	9.0	8.0	Pallas	Vesta
1	12	2047	17	11	3.852	48	8.9	7.7	Ceres	Vesta
15	2	2060	17	17	1.227	141	6.9	9.0	Pallas	Nereus
1	9	2063	9	42	1.317	124	8.5	8.2	Pallas	Hebe
7	9	2065	23	35	2.512	80	8.4	7.2	Ceres	Vesta
22	6	2081	16	37	0.106	36	8.8	8.3	Ceres	Vesta
23	7	2082	0	34	3.631	10	8.5	8.2	Ceres	Vesta
11	1	2099	6	46	3.597	41	9.0	7.9	Ceres	Vesta

CONGIUNZIONI ASTEROIDI-STELLE CONJUNCTIONS ASTEROIDS-STARS 2000-2100

GG MM AAAA : data nel formato giorno/mese/anno
HH MM : ore e minuti
DIST : distanza minima in gradi tra i corpi
ELONG : elongazione dal Sole dei corpi
MAG1 : magnitudine del primo asteroide
MAG2 : magnitudine del secondo asteroide

Sono elencate tutte le congiunzioni in cui i corpi distano meno di 5°,magnitudine minima dell'asteroide 9

Stelle fino alla mag 2

GG MM AAAA : date in the format dd/mm/yyyy
HH MM : hours and minutes
DIST : minima distance in ° between the bodies
ELONG : elongation from the Sun of the bodies
MAG1 : magnitude of the 1st asteroid
MAG2 : magnitude of the 2th asteroid
ASTEROIDE : asteroid
STELLA : star

All the conjunctions are listed if the bodies have distance less then 5°, magnitude of the asteroid up to 9

Stars up magnitude 2

GG	MM	AAAA	HH	MM	DIST	ELONG	MAG1	MAG2	ASTEROIDE	STELLA
26	6	2000	1	48	1.324	56	8.6	1.4	Pallas	Regulus
27	9	2000	13	47	3.152	149	8.6	2.0	Nausikaa	Hamal
27	8	2001	12	40	4.737	124	7.9	1.8	Ceres	Kaus Austr
5	9	2001	1	13	1.266	93	7.6	1.0	Vesta	Aldebaran
10	11	2001	22	12	2.160	158	6.7	1.0	Vesta	Aldebaran
9	1	2002	2	49	0.231	172	8.7	1.2	Metis	Pollux
22	1	2002	1	56	2.743	166	8.7	1.3	Metis	Castor
19	3	2002	11	3	3.961	71	8.0	1.0	Vesta	Aldebaran
26	9	2002	21	34	2.466	34	8.1	1.4	Vesta	Regulus
20	6	2003	1	37	3.052	19	8.8	1.0	Ceres	Aldebaran
19	12	2003	9	34	0.260	153	7.0	1.2	Ceres	Pollux
26	12	2003	23	46	3.013	155	8.7	0.5	Hebe	Procyon
5	1	2004	11	44	2.403	171	6.9	1.3	Ceres	Castor
19	4	2004	3	13	1.499	81	8.0	1.3	Ceres	Castor
29	4	2004	10	26	1.770	74	8.1	1.2	Ceres	Pollux
4	6	2004	7	4	0.356	26	8.7	1.7	Pallas	Alnilam
6	6	2004	6	1	1.206	26	8.7	1.9	Pallas	Alnitak
21	9	2004	9	36	3.891	36	8.6	2.0	Pallas	Alphard
29	9	2004	12	38	0.666	63	8.2	1.4	Toutatis	
29	9	2004	12	38	0.663	63	8.2	0.1	Toutatis	RigilKenta
29	9	2004	12	38	0.667	63	8.2	1.3	Toutatis	
29	9	2004	15	27	2.208	60	8.3	0.8	Toutatis	Hadar
24	6	2005	11	43	1.844	24	8.4	1.0	Vesta	Aldebaran
10	10	2005	5	41	0.673	115	8.1	1.7	Juno	Bellatrix
22	10	2005	7	19	4.118	41	8.8	1.1	Ceres	Antares
15	11	2005	0	43	3.184	143	7.5	1.9	Juno	Alnitak
15	11	2005	9	15	1.832	144	7.5	1.7	Juno	Alnilam
27	2	2006	22	59	2.682	100	8.8	1.7	Juno	Bellatrix
9	5	2006	17	56	3.325	64	7.9	1.2	Vesta	Pollux
29	7	2006	16	51	3.804	88	8.8	2.0	Iris	Hamal
3	8	2006	21	13	3.657	19	8.1	1.4	Vesta	Regulus
20	12	2007	18	23	3.961	154	8.5	1.2	Eunomia	Pollux
26	5	2008	4	19	4.145	18	8.7	1.7	Ceres	Elnath
5	8	2008	0	43	3.293	20	8.6	1.2	Ceres	Pollux
12	9	2008	23	8	3.935	96	8.3	0.3	Pallas	Rigel
15	3	2009	6	42	3.989	86	8.0	0.3	Pallas	Rigel
3	5	2009	13	53	3.271	27	8.4	1.0	Vesta	Aldebaran
28	5	2009	4	12	1.367	52	8.5	0.5	Pallas	Procyon
17	11	2009	22	15	2.416	86	7.6	1.4	Vesta	Regulus
21	10	2011	12	36	0.998	166	8.3	2.0	Ganymed	Hamal
2	12	2011	2	38	2.046	148	9.0	2.0	Amphitrit	Hamal
20	7	2012	7	42	1.524	48	8.7	1.0	Ceres	Aldebaran
5	8	2012	23	24	0.174	64	8.1	1.0	Vesta	Aldebaran
9	1	2013	7	9	2.280	153	7.1	1.7	Ceres	Elnath
10	1	2013	0	29	2.166	141	6.9	1.0	Vesta	Aldebaran
7	3	2013	1	42	0.377	96	7.8	1.7	Ceres	Elnath
31	5	2013	2	2	4.134	41	8.4	1.3	Ceres	Castor
7	6	2013	1	2	0.652	37	8.5	1.2	Ceres	Pollux
21	6	2013	21	36	4.998	23	8.3	1.2	Vesta	Pollux
10	7	2013	10	25	0.397	35	8.8	1.7	Pallas	Alnilam
12	7	2013	16	39	0.265	35	8.8	1.9	Pallas	Alnitak
9	9	2013	23	20	2.761	18	8.2	1.4	Vesta	Regulus
4	3	2014	6	20	3.504	156	6.7	2.0	Pallas	Alphard

GG	MM	AAAA	HH	MM	DIST	ELONG	MAG1	MAG2	ASTEROIDE	STELLA
13	5	2014	4	54	1.308	97	8.0	1.4	Pallas	Regulus
8	6	2016	13	26	2.338	9	8.4	1.0	Vesta	Aldebaran
8	2	2017	0	10	3.003	153	6.6	1.2	Vesta	Pollux
7	4	2017	18	12	2.155	95	7.4	1.2	Vesta	Pollux
23	5	2017	4	11	4.381	8	8.8	1.0	Ceres	Aldebaran
18	7	2017	1	41	4.213	35	8.0	1.4	Vesta	Regulus
27	8	2017	15	2	1.921	116	8.0	2.0	Iris	Hamal
7	9	2017	17	31	4.232	51	8.5	1.2	Ceres	Pollux
23	10	2017	4	49	1.407	168	6.9	2.0	Iris	Hamal
27	4	2018	15	2	4.906	46	8.6	0.3	Pallas	Rigel
11	5	2018	0	16	0.503	41	8.6	1.7	Pallas	Alnilam
12	5	2018	18	9	0.472	40	8.6	1.9	Pallas	Alnitak
6	7	2018	3	16	3.335	23	8.6	0.5	Pallas	Procyon
20	1	2019	12	38	2.356	148	8.7	0.6	Hebe	Betelgeuse
5	4	2019	18	5	4.626	152	7.6	0.2	Pallas	Arcturus
18	9	2019	8	38	2.835	75	8.5	1.1	Ceres	Antares
16	4	2020	5	20	3.629	43	8.3	1.0	Vesta	Aldebaran
22	10	2020	1	42	2.247	59	8.0	1.4	Vesta	Regulus
12	9	2021	23	31	0.881	100	8.1	1.0	Ceres	Aldebaran
3	11	2021	8	38	0.115	151	7.3	1.0	Ceres	Aldebaran
27	4	2022	20	42	2.654	46	8.5	1.7	Ceres	Elnath
9	7	2022	10	8	2.216	8	8.6	1.2	Ceres	Pollux
13	8	2022	2	45	3.384	65	8.7	0.3	Pallas	Rigel
19	8	2022	10	47	4.964	68	8.7	1.7	Pallas	Alnilam
22	8	2022	4	10	4.656	69	8.7	1.9	Pallas	Alnitak
30	9	2022	15	17	4.548	87	8.2	2.0	Pallas	Mirzam
9	10	2022	13	50	0.109	91	8.1	-0.8	Pallas	Sirius
14	11	2022	16	28	1.086	108	7.7	1.8	Pallas	Wezea
4	12	2022	17	45	3.398	116	7.4	1.5	Pallas	Adhara
4	1	2023	18	12	3.081	126	7.2	1.5	Pallas	Adhara
21	2	2023	11	44	2.300	117	7.3	2.0	Pallas	Mirzam
27	2	2023	10	36	2.647	115	7.3	-0.8	Pallas	Sirius
27	4	2023	3	5	2.666	82	8.0	0.5	Pallas	Procyon
12	7	2023	18	20	3.209	41	8.7	1.4	Pallas	Regulus
17	7	2023	14	22	1.040	45	8.2	1.0	Vesta	Aldebaran
23	3	2024	8	45	3.554	147	8.8	0.2	Herculina	Arcturus
5	6	2024	2	34	4.368	39	8.2	1.2	Vesta	Pollux
25	8	2024	2	29	3.106	4	8.2	1.4	Vesta	Regulus
25	8	2024	21	35	3.911	124	7.9	1.8	Ceres	Kaus Austr
22	12	2024	6	56	4.848	166	8.1	1.7	Eunomia	Elnath
3	1	2025	13	23	2.105	153	8.8	1.7	Alinda	Bellatrix
5	1	2025	11	41	2.568	157	8.7	0.6	Alinda	Betelgeuse
15	1	2025	23	39	4.107	169	8.8	1.2	Alinda	Pollux
16	1	2025	2	14	0.387	169	8.8	1.3	Alinda	Castor
22	6	2026	9	28	2.963	21	8.8	1.0	Ceres	Aldebaran
10	12	2026	14	25	1.472	145	7.1	1.2	Ceres	Pollux
28	12	2026	19	19	3.320	166	6.9	1.3	Ceres	Castor
24	4	2027	5	35	1.755	77	8.0	1.3	Ceres	Castor
3	5	2027	21	34	1.543	71	8.1	1.2	Ceres	Pollux
24	5	2027	23	28	2.776	7	8.4	1.0	Vesta	Aldebaran
6	6	2027	13	9	1.795	98	8.6	1.8	1990MU	Alkaid
7	6	2027	18	50	4.392	124	8.1	0.2	1990MU	Arcturus
17	6	2027	1	57	0.303	24	8.8	1.7	Pallas	Alnilam

GG	MM	AAAA	HH	MM	DIST	ELONG	MAG1	MAG2	ASTEROIDE	STELLA
19	6	2027	3	3	1.096	24	8.8	1.9	Pallas	Alnitak
5	10	2027	9	29	0.923	48	8.5	2.0	Pallas	Alphard
25	10	2027	9	50	0.404	95	8.7	0.5	Juno	Procyon
21	1	2028	14	18	2.685	161	7.9	0.5	Juno	Procyon
26	6	2028	3	17	2.854	111	6.2	2.7	2001WN5	
26	6	2028	5	6	3.517	98	6.4	0.5	2001WN5	Achernar
29	6	2028	15	47	4.961	52	7.8	1.4	Vesta	Regulus
24	10	2028	22	25	4.204	38	8.8	1.1	Ceres	Antares
27	10	2028	14	18	1.120	144	8.2	1.0	1997XF11	Aldebaran
24	9	2030	0	43	2.177	111	7.3	1.0	Vesta	Aldebaran
27	3	2031	17	10	3.935	63	8.1	1.0	Vesta	Aldebaran
29	5	2031	9	34	4.228	15	8.7	1.7	Ceres	Elnath
8	8	2031	6	45	3.347	22	8.6	1.2	Ceres	Pollux
3	10	2031	7	5	2.418	40	8.1	1.4	Vesta	Regulus
28	3	2032	0	14	0.047	72	8.2	0.3	Pallas	Rigel
12	4	2032	17	9	3.664	66	8.3	1.7	Pallas	Alnilam
14	4	2032	1	56	2.519	65	8.3	1.9	Pallas	Alnitak
9	6	2032	3	38	1.632	41	8.5	0.5	Pallas	Procyon
31	8	2032	2	43	2.664	75	8.9	1.7	Iris	Elnath
24	9	2033	22	16	2.769	101	8.8	1.7	Hebe	Bellatrix
8	11	2033	16	21	1.256	136	8.2	1.9	Hebe	Alnitak
12	11	2033	7	3	0.046	139	8.2	1.7	Hebe	Alnilam
30	6	2034	1	6	1.689	28	8.4	1.0	Vesta	Aldebaran
3	12	2034	6	53	4.118	169	8.6	1.7	Metis	Elnath
17	5	2035	15	33	3.598	57	8.0	1.2	Vesta	Pollux
24	7	2035	14	51	1.407	51	8.7	1.0	Ceres	Aldebaran
9	8	2035	20	22	3.518	14	8.1	1.4	Vesta	Regulus
29	12	2035	8	41	3.385	165	7.0	1.7	Ceres	Elnath
15	3	2036	9	33	0.572	88	8.0	1.7	Ceres	Elnath
25	5	2036	7	54	3.707	148	8.3	1.8	1999KW4	Kaus Austr
25	5	2036	12	2	3.759	156	8.1	1.6	1999KW4	Shaula
25	5	2036	21	35	3.603	173	8.0	1.1	1999KW4	Antares
3	6	2036	13	58	4.296	38	8.5	1.3	Ceres	Castor
10	6	2036	10	21	0.804	34	8.5	1.2	Ceres	Pollux
19	7	2036	23	30	1.129	42	8.8	1.7	Pallas	Alnilam
22	7	2036	8	10	0.529	43	8.8	1.9	Pallas	Alnitak
10	1	2037	21	58	2.466	171	8.9	1.2	Amphitrit	Pollux
21	1	2037	11	12	1.269	166	9.0	1.3	Amphitrit	Castor
27	1	2037	22	30	1.639	158	8.9	1.4	Massalia	Regulus
4	6	2037	9	36	0.951	76	8.4	1.4	Pallas	Regulus
27	12	2037	11	12	3.280	155	8.7	0.5	Hebe	Procyon
9	5	2038	0	24	3.180	22	8.4	1.0	Vesta	Aldebaran
16	11	2038	17	39	2.627	148	7.8	1.8	2004LJ1	Mirfak
18	11	2038	6	57	2.577	167	8.1	1.0	2004LJ1	Aldebaran
1	12	2038	18	12	2.857	100	7.4	1.4	Vesta	Regulus
25	5	2040	23	13	4.296	5	8.8	1.0	Ceres	Aldebaran
11	9	2040	19	56	4.251	55	8.4	1.2	Ceres	Pollux
15	9	2040	8	14	2.968	83	8.8	0.6	Juno	Betelgeuse
20	5	2041	7	25	0.048	34	8.7	1.7	Pallas	Alnilam
22	5	2041	3	17	0.879	34	8.7	1.9	Pallas	Alnitak
15	7	2041	2	4	4.150	21	8.6	0.5	Pallas	Procyon
13	8	2041	19	54	0.150	71	8.0	1.0	Vesta	Aldebaran
16	10	2041	14	52	0.852	162	8.5	2.0	Nausikaa	Hamal

GG	MM	AAAA	HH	MM	DIST	ELONG	MAG1	MAG2	ASTEROIDE	STELLA
21	12	2041	13	56	0.465	160	6.7	1.0	Vesta	Aldebaran
22	2	2042	9	21	3.877	96	7.6	1.0	Vesta	Aldebaran
15	9	2042	14	53	2.684	23	8.2	1.4	Vesta	Regulus
22	9	2042	18	22	2.893	71	8.5	1.1	Ceres	Antares
22	9	2043	6	33	1.872	96	8.4	1.7	Iris	Elnath
19	12	2043	19	29	0.894	161	8.3	1.0	Flora	Aldebaran
10	10	2044	0	53	1.577	114	9.0	1.7	Melpomene	Bellatrix
19	10	2044	10	17	0.827	136	7.5	1.0	Ceres	Aldebaran
17	11	2044	19	44	2.652	148	8.4	1.7	Melpomene	Bellatrix
30	4	2045	20	8	2.759	43	8.5	1.7	Ceres	Elnath
13	6	2045	18	53	2.216	13	8.4	1.0	Vesta	Aldebaran
12	7	2045	1	21	2.286	6	8.6	1.2	Ceres	Pollux
23	8	2045	18	45	1.581	75	8.6	0.3	Pallas	Rigel
11	10	2045	19	40	0.353	99	8.0	2.0	Pallas	Mirzam
15	11	2045	12	59	4.559	162	8.6	1.0	Metis	Aldebaran
19	11	2045	2	16	4.416	115	7.6	1.5	Pallas	Adhara
20	1	2046	1	55	4.369	173	6.5	1.2	Vesta	Pollux
20	4	2046	23	22	2.543	83	7.6	1.2	Vesta	Pollux
8	5	2046	11	2	1.584	70	8.2	0.5	Pallas	Procyon
21	7	2046	7	0	4.344	33	8.7	1.4	Pallas	Regulus
23	7	2046	18	26	4.038	30	8.0	1.4	Vesta	Regulus
25	8	2047	18	17	3.615	123	7.9	1.8	Ceres	Kaus Austr
22	4	2049	0	40	3.555	38	8.3	1.0	Vesta	Aldebaran
24	6	2049	19	11	2.886	24	8.8	1.0	Ceres	Aldebaran
29	10	2049	10	10	2.270	66	7.9	1.4	Vesta	Regulus
2	12	2049	2	12	3.051	138	7.2	1.2	Ceres	Pollux
20	12	2049	2	24	4.445	159	7.0	1.3	Ceres	Castor
28	4	2050	18	30	2.028	72	8.1	1.3	Ceres	Castor
7	5	2050	21	6	1.298	67	8.2	1.2	Ceres	Pollux
24	6	2050	12	30	0.164	26	8.8	1.7	Pallas	Alnilam
26	6	2050	14	57	0.920	26	8.8	1.9	Pallas	Alnitak
13	10	2050	21	27	1.266	56	8.4	2.0	Pallas	Alphard
25	12	2050	20	32	4.904	158	8.5	1.2	Eunomia	Pollux
29	10	2051	9	35	4.309	35	8.8	1.1	Ceres	Antares
9	12	2051	12	33	2.096	158	8.5	0.6	Melpomene	Betelgeuse
5	1	2052	1	56	1.245	153	8.8	1.7	Melpomene	Bellatrix
22	7	2052	15	19	0.830	50	8.2	1.0	Vesta	Aldebaran
22	1	2053	5	24	3.289	147	8.7	0.6	Hebe	Betelgeuse
10	6	2053	13	28	4.544	34	8.2	1.2	Vesta	Pollux
30	8	2053	1	21	3.012	8	8.2	1.4	Vesta	Regulus
2	10	2053	12	47	0.967	107	8.3	1.7	Juno	Bellatrix
19	10	2053	23	11	4.416	119	8.0	0.6	Juno	Betelgeuse
27	11	2053	19	34	1.019	149	7.5	1.9	Juno	Alnitak
1	12	2053	12	26	0.098	152	7.4	1.7	Juno	Alnilam
20	2	2054	7	33	1.645	108	8.6	1.7	Juno	Bellatrix
1	6	2054	0	54	4.317	13	8.7	1.7	Ceres	Elnath
11	8	2054	4	42	3.398	25	8.6	1.2	Ceres	Pollux
27	10	2054	10	10	4.828	135	7.4	1.7	Iris	Elnath
5	2	2055	12	59	2.966	114	8.3	1.0	Iris	Aldebaran
6	4	2055	20	47	1.971	64	8.3	0.3	Pallas	Rigel
21	4	2055	20	11	2.368	58	8.4	1.7	Pallas	Alnilam
23	4	2055	8	21	1.277	57	8.4	1.9	Pallas	Alnitak
17	6	2055	20	41	1.942	35	8.6	0.5	Pallas	Procyon

GG	MM	AAAA	HH	MM	DIST	ELONG	MAG1	MAG2	ASTEROIDE	STELLA
20	1	2056	23	40	3.463	173	7.8	1.2	Eros	Pollux
8	2	2056	17	26	2.355	154	8.2	0.5	Eros	Procyon
29	5	2056	3	26	2.667	3	8.4	1.0	Vesta	Aldebaran
5	7	2057	15	28	4.722	47	7.9	1.4	Vesta	Regulus
4	6	2058	14	21	3.987	94	8.2	1.3	1990MU	Deneb
28	7	2058	23	10	1.246	56	8.6	1.0	Ceres	Aldebaran
16	12	2058	15	19	4.727	177	7.0	1.7	Ceres	Elnath
11	1	2059	22	28	2.271	155	8.9	0.6	Melpomene	Betelgeuse
24	3	2059	8	54	0.828	80	8.1	1.7	Ceres	Elnath
8	6	2059	14	41	4.487	34	8.5	1.3	Ceres	Castor
15	6	2059	8	4	0.984	30	8.5	1.2	Ceres	Pollux
28	7	2059	16	44	1.881	48	8.8	1.7	Pallas	Alnilam
31	7	2059	3	44	1.338	49	8.8	1.9	Pallas	Alnitak
30	9	2059	7	32	4.688	120	7.2	1.0	Vesta	Aldebaran
14	2	2060	17	57	0.488	126	9.0	-0.8	Nereus	Sirius
2	4	2060	20	53	3.884	56	8.2	1.0	Vesta	Aldebaran
17	6	2060	9	57	0.070	64	8.6	1.4	Pallas	Regulus
8	10	2060	9	59	2.379	45	8.1	1.4	Vesta	Regulus
28	11	2060	16	34	2.004	150	8.9	2.0	Amphitrit	Hamal
15	1	2061	15	49	0.675	172	8.7	1.2	Metis	Pollux
28	1	2061	22	19	2.440	160	8.8	1.3	Metis	Castor
30	5	2063	5	24	4.192	2	8.8	1.0	Ceres	Aldebaran
5	7	2063	13	5	1.522	33	8.3	1.0	Vesta	Aldebaran
17	9	2063	14	55	4.273	60	8.4	1.2	Ceres	Pollux
23	5	2064	4	50	3.826	51	8.1	1.2	Vesta	Pollux
28	5	2064	13	39	0.205	29	8.7	1.7	Pallas	Alnilam
30	5	2064	11	13	1.092	29	8.7	1.9	Pallas	Alnitak
23	7	2064	4	21	4.989	21	8.7	0.5	Pallas	Procyon
14	8	2064	4	12	3.401	9	8.1	1.4	Vesta	Regulus
23	7	2065	16	31	4.194	83	8.9	2.0	Iris	Hamal
26	9	2065	12	38	2.948	67	8.6	1.1	Ceres	Antares
4	3	2066	2	39	3.248	87	9.0	1.0	Iris	Aldebaran
14	5	2067	9	59	3.079	17	8.4	1.0	Vesta	Aldebaran
24	9	2067	8	43	2.474	100	8.9	1.7	Hebe	Bellatrix
6	10	2067	22	8	2.122	124	7.7	1.0	Ceres	Aldebaran
12	11	2067	23	40	1.119	139	8.2	1.9	Hebe	Alnitak
17	11	2067	14	7	0.048	143	8.2	1.7	Hebe	Alnilam
16	12	2067	1	21	4.179	116	7.1	1.4	Vesta	Regulus
27	12	2067	14	6	3.834	163	8.2	1.7	Eunomia	Elnath
4	5	2068	3	36	2.880	39	8.5	1.7	Ceres	Elnath
14	7	2068	23	33	2.371	4	8.6	1.2	Ceres	Pollux
4	9	2068	5	17	1.108	86	8.5	0.3	Pallas	Rigel
20	5	2069	1	42	1.166	59	8.4	0.5	Pallas	Procyon
7	8	2070	16	15	3.985	139	7.7	1.8	Ceres	Kaus Austr
23	8	2070	4	8	0.566	80	7.8	1.0	Vesta	Aldebaran
12	9	2070	8	48	3.870	106	8.2	1.8	Ceres	Kaus Austr
3	12	2070	23	55	0.864	174	6.7	1.0	Vesta	Aldebaran
8	3	2071	22	6	4.046	82	7.8	1.0	Vesta	Aldebaran
21	9	2071	17	16	2.617	28	8.2	1.4	Vesta	Regulus
30	11	2071	14	22	4.852	138	9.0	1.2	Metis	Pollux
30	12	2071	19	29	3.921	158	8.7	0.5	Hebe	Procyon
27	6	2072	7	19	2.818	26	8.8	1.0	Ceres	Aldebaran
26	11	2072	0	43	4.934	134	7.3	1.2	Ceres	Pollux

GG	MM	AAAA	HH	MM	DIST	ELONG	MAG1	MAG2	ASTEROIDE	STELLA
29	4	2073	14	23	4.978	106	8.5	1.4	2003YT1	Regulus
30	4	2073	2	21	3.699	110	9.0	2.0	2003YT1	Alphard
3	5	2073	7	45	2.307	68	8.2	1.3	Ceres	Castor
11	5	2073	23	19	1.044	63	8.2	1.2	Ceres	Pollux
3	7	2073	16	49	0.153	30	8.8	1.7	Pallas	Alnilam
5	7	2073	21	19	0.554	31	8.8	1.9	Pallas	Alnitak
25	10	2073	11	1	4.652	67	8.2	2.0	Pallas	Alphard
11	12	2073	3	37	4.461	171	8.8	1.0	Massalia	Aldebaran
20	4	2074	9	45	0.871	121	7.5	1.4	Pallas	Regulus
19	6	2074	2	36	2.080	18	8.4	1.0	Vesta	Aldebaran
1	11	2074	10	54	4.389	32	8.8	1.1	Ceres	Antares
1	5	2075	7	49	2.895	73	7.8	1.2	Vesta	Pollux
29	7	2075	20	39	3.872	24	8.1	1.4	Vesta	Regulus
18	10	2075	7	20	1.549	88	8.8	0.5	Juno	Procyon
4	2	2076	17	3	0.157	156	8.1	0.5	Juno	Procyon
15	8	2076	14	8	2.724	105	8.4	2.0	Iris	Hamal
13	11	2076	1	49	3.731	167	6.9	2.0	Iris	Hamal
3	6	2077	17	23	4.401	10	8.7	1.7	Ceres	Elnath
14	8	2077	6	19	3.447	28	8.6	1.2	Ceres	Pollux
19	4	2078	4	31	3.909	53	8.5	0.3	Pallas	Rigel
27	4	2078	21	28	3.469	33	8.3	1.0	Vesta	Aldebaran
3	5	2078	5	33	1.100	48	8.5	1.7	Pallas	Alnilam
4	5	2078	21	21	0.078	47	8.5	1.9	Pallas	Alnitak
28	6	2078	19	50	2.616	27	8.6	0.5	Pallas	Procyon
7	11	2078	11	44	2.356	75	7.8	1.4	Vesta	Regulus
12	4	2079	23	52	1.262	148	7.8	0.2	Pallas	Arcturus
4	8	2079	11	38	4.992	123	7.8	1.1	Ceres	Antares
12	11	2080	10	21	4.800	124	8.7	1.3	Eunomia	Castor
29	7	2081	6	26	0.587	56	8.1	1.0	Vesta	Aldebaran
1	8	2081	21	33	1.086	60	8.6	1.0	Ceres	Aldebaran
29	3	2082	19	40	1.033	74	8.2	1.7	Ceres	Elnath
11	6	2082	15	16	4.633	31	8.5	1.3	Ceres	Castor
16	6	2082	13	47	4.724	29	8.2	1.2	Vesta	Pollux
18	6	2082	6	24	1.122	27	8.5	1.2	Ceres	Pollux
3	8	2082	2	19	4.467	56	8.8	0.3	Pallas	Rigel
10	8	2082	18	36	3.606	60	8.8	1.7	Pallas	Alnilam
13	8	2082	9	45	3.187	61	8.7	1.9	Pallas	Alnitak
4	9	2082	20	7	2.922	12	8.2	1.4	Vesta	Regulus
28	9	2082	15	36	4.221	81	8.3	-0.8	Pallas	Sirius
26	1	2083	21	27	4.629	131	7.0	1.5	Pallas	Adhara
30	1	2083	7	18	1.537	131	7.0	1.8	Pallas	Wezea
16	4	2083	5	6	4.328	94	7.8	0.5	Pallas	Procyon
5	7	2083	9	52	1.976	48	8.7	1.4	Pallas	Regulus
18	3	2084	20	30	4.275	145	8.8	0.2	Herculina	Arcturus
3	6	2085	6	21	2.558	4	8.4	1.0	Vesta	Aldebaran
16	1	2086	3	36	2.263	171	8.9	1.2	Amphitrit	Pollux
26	1	2086	6	35	1.557	163	9.0	1.3	Amphitrit	Castor
13	3	2086	12	43	2.125	122	6.9	1.2	Vesta	Pollux
1	6	2086	21	40	4.098	2	8.8	1.0	Ceres	Aldebaran
12	7	2086	1	11	4.492	41	7.9	1.4	Vesta	Regulus
21	9	2086	11	38	4.291	64	8.3	1.2	Ceres	Pollux
23	1	2087	14	21	3.887	147	8.7	0.6	Hebe	Betelgeuse
10	6	2087	20	43	0.279	25	8.8	1.7	Pallas	Alnilam

GG	MM	AAAA	HH	MM	DIST	ELONG	MAG1	MAG2	ASTEROIDE	STELLA
12	6	2087	20	46	1.106	24	8.8	1.9	Pallas	Alnitak
29	9	2087	8	10	2.625	42	8.5	2.0	Pallas	Alphard
10	9	2088	20	13	3.460	79	8.9	0.6	Juno	Betelgeuse
29	9	2088	11	20	3.015	64	8.6	1.1	Ceres	Antares
9	4	2089	12	5	3.822	50	8.2	1.0	Vesta	Aldebaran
14	10	2089	19	9	2.351	51	8.0	1.4	Vesta	Regulus
4	10	2090	9	38	3.768	124	7.7	1.0	Ceres	Aldebaran
7	5	2091	19	1	2.985	37	8.6	1.7	Ceres	Elnath
18	7	2091	5	53	2.445	4	8.6	1.2	Ceres	Pollux
28	8	2091	18	16	2.867	72	9.0	1.7	Iris	Elnath
21	3	2092	20	42	1.645	79	8.1	0.3	Pallas	Rigel
7	4	2092	3	51	4.754	71	8.2	1.7	Pallas	Alnilam
8	4	2092	9	28	3.565	71	8.2	1.9	Pallas	Alnitak
4	6	2092	4	49	1.322	46	8.5	0.5	Pallas	Procyon
10	7	2092	5	0	1.352	38	8.3	1.0	Vesta	Aldebaran
21	12	2092	19	55	0.517	159	8.3	1.0	Flora	Aldebaran
29	5	2093	11	8	4.036	46	8.1	1.2	Vesta	Pollux
27	7	2093	9	46	4.446	150	7.6	1.8	Ceres	Kaus Austr
19	8	2093	7	55	3.291	5	8.1	1.4	Vesta	Regulus
21	9	2093	1	40	4.109	97	8.3	1.8	Ceres	Kaus Austr
9	12	2093	12	51	3.418	175	8.5	1.7	Metis	Elnath
14	12	2093	8	57	1.427	63	9.0	0.2	Phaethon	Arcturus
13	11	2094	17	55	3.766	160	9.0	1.0	Euterpe	Aldebaran
30	6	2095	16	28	2.747	28	8.8	1.0	Ceres	Aldebaran
7	5	2096	8	2	2.550	64	8.2	1.3	Ceres	Castor
15	5	2096	15	20	0.821	59	8.3	1.2	Ceres	Pollux
18	5	2096	12	53	2.985	13	8.4	1.0	Vesta	Aldebaran
16	7	2096	1	59	0.927	38	8.8	1.7	Pallas	Alnilam
18	7	2096	9	40	0.295	39	8.8	1.9	Pallas	Alnitak
1	3	2097	8	15	4.726	150	6.8	2.0	Pallas	Alphard
29	5	2097	12	32	1.569	81	8.3	1.4	Pallas	Regulus
4	11	2097	1	25	4.460	29	8.8	1.1	Ceres	Antares
24	11	2097	19	24	4.629	156	8.9	1.7	Amphitrit	Elnath
2	9	2099	23	39	1.055	90	7.7	1.0	Vesta	Aldebaran
17	11	2099	4	4	1.829	163	6.7	1.0	Vesta	Aldebaran

OCCULTAZIONI
ASTEROIDI-STELLE
OCCULTATIONS
ASTEROIDS-STARS
2000-3000

GG MM AAAA : data nel formato giorno/mese/anno
HH MM : ore e minuti
ELONG : elongazione dal Sole dei corpi
MAGA : magnitudine dell'asteroide
MAGS : magnitudine della stella
T : durata in secondi
PIANETI : corpi coinvolti : MErcurio, VEnere, MArte, GIove,
                            SAturno, URano, NEttuno

Magnitudine minima dell'asteroide 9

Stelle fino alla mag 2

GG MM AAAA : date in the format dd/mm/yyyy
HH MM : hours and minutes
ELONG : elongation from the Sun of the bodies
MAGA : magnitude of the asteroid
MAGS : magnitude of the star
T : duration in seconds
PIANETI : planets : MErcury, VEnus, MArs, GI (Jupiter),
                    SAturn, URanus, Neptune
ASTEROIDE : asteroid
STELLA : star

Magnitude of the asteroid up to 9

Stars up magnitude 2

GG	MM	AAAA	HH	MM	ELONG	MAGA	MAGS	T	ASTEROIDE	STELLA
5	7	2036	4	16	21	13.8	1.7	0	Eros	Elnath
9	10	2250	9	44	79	10.9	1.2	4	Nausikaa	Pollux
16	3	2294	8	56	77	13.7	1.8	1	Eros	KausAust
4	12	2306	20	8	151	7.4	1.7	26	Juno	Alnilam
9	12	2384	11	58	141	9.8	1.3	19	Nausikaa	Castor
7	9	2697	21	34	136	8.6	0.9	0	Florence	Altair
6	8	2727	3	32	27	10.9	1.4	4	Amphitrit	Regulus

NB : dato che i moti degli asteroidi sono fortemente perturbati
queste previsioni sono approssimate

Approximative datas

OCCULTAZIONI
ASTEROIDI-STELLE
OCCULTATIONS
ASTEROIDS-STARS
2000-2100

```
GG MM AAAA : data nel formato giorno/mese/anno
HH MM : ore e minuti
ELONG : elongazione dal Sole dei corpi
MAGA : magnitudine dell'asteroide
MAGS : magnitudine della stella
T : durata in secondi
PIANETI : corpi coinvolti : MErcurio, VEnere, MArte, GIove,
                            SAturno, URano, NEttuno
```

Stelle fino alla mag 6

```
GG MM AAAA : date in the format dd/mm/yyyy
HH MM : hours and minutes
ELONG : elongation from the Sun of the bodies
MAGA : magnitude of the asteroid
MAGS : magnitude of the star
T : duration in seconds
PIANETI : planets : MErcury, VEnus, MArs, GI (Jupiter),
                    SAturn, URanus, Neptune
ASTEROIDE : asteroid
STELLA : star
```

Stars up magnitude 6

GG	MM	AAAA	HH	MM	ELONG	MAGA	MAGS	T	ASTEROIDE STELLA	
2	2	2003	14	39	57	9.2	5.7	4	Iris	
18	9	2004	3	54	146	10.5	4.7	2	Toutatis	
22	9	2004	15	18	72	11.4	5.8	4	Desiderat	
5	5	2006	9	4	49	9.8	5.7	2	Iris	
27	7	2008	8	32	119	11.0	5.1	33	Bamberga	
12	9	2008	6	41	121	9.5	6.0	45	Metis	
10	6	2011	20	53	56	10.6	5.2	5	Amphitrit	
14	10	2012	18	24	4	12.1	4.4	6	Psyche	
12	11	2012	11	27	20	12.3	5.8	4	Bamberga	
30	3	2013	18	34	85	10.8	4.8	7	Daphne	
27	12	2013	18	0	14	10.4	3.9	4	Hebe	
9	1	2016	18	56	121	17.1	5.0	1	Florence	
13	6	2016	16	44	59	12.4	5.4	1	Thyra	
14	8	2017	12	22	48	10.7	5.9	6	Irene	
28	4	2023	5	42	53	10.5	6.0	3	Melpomene	
14	11	2023	6	51	51	10.9	5.0	4	Parthenop	
6	1	2025	11	56	159	8.7	5.9	1	Alinda	
7	11	2025	14	23	62	10.6	6.0	4	Massalia	
17	4	2026	10	34	65	11.3	5.8	15	Hygiea	
25	6	2026	15	2	28	11.3	4.9	4	Euterpe	
13	8	2027	22	53	13	12.1	4.7	2	Nausikaa	Asellus
28	5	2028	14	49	74	11.4	5.8	6	Melpomene	
7	8	2030	8	49	173	12.3	5.2	2	Eros	
1	12	2031	5	25	161	10.0	3.7	10	Astraea	
11	6	2034	3	20	177	9.7	5.8	11	Harmonia	
26	6	2035	17	3	142	11.1	5.9	9	Nysa	
10	3	2036	21	12	55	11.1	4.9	3	Flora	
30	6	2037	12	13	65	11.0	5.0	5	Massalia	
10	9	2037	1	15	3	11.6	4.6	1	Nysa	
19	10	2037	12	32	111	9.7	5.3	10	Nausikaa	
15	2	2040	21	36	121	12.8	5.4	1	Toro	
10	5	2040	16	28	32	9.7	4.9	4	Iris	
15	7	2040	3	42	19	11.7	3.4	3	Fortuna	Propus
16	8	2041	8	12	31	10.9	5.3	1	Melpomene	
14	12	2042	21	55	107	17.4	6.0	1	Ivar	
21	12	2043	6	25	19	11.6	4.5	5	Metis	
12	2	2046	4	43	9	11.6	5.4	2	Lutetia	
13	7	2046	5	1	123	11.2	5.8	2	Ivar	
6	9	2046	15	53	162	11.9	3.4	3	Eros	Homam
21	7	2050	22	4	8	12.9	5.3	1	Sappho	
24	2	2052	15	30	179	8.9	5.6	16	Massalia	
17	6	2052	16	10	78	10.8	5.0	2	Massalia	
29	6	2056	11	16	64	10.7	4.3	8	Metis	
29	9	2056	0	24	161	9.5	5.9	13	Sappho	
28	3	2057	18	15	49	13.2	5.9	5	Daphne	
19	8	2057	9	21	132	10.6	2.9	1	Florence	
22	8	2057	7	1	81	11.4	3.9	12	Irene	
16	1	2066	9	42	48	12.9	4.5	2	Sappho	
12	7	2068	6	7	57	13.0	5.9	7	Bamberga	
31	8	2068	6	14	47	12.9	5.3	1	Ariadne	
24	10	2069	10	13	158	13.6	5.6	1	Ivar	
10	11	2069	6	21	117	9.7	5.3	26	Euterpe	
12	6	2073	16	43	14	12.2	6.0	2	Lutetia	

GG	MM	AAAA	HH	MM	ELONG	MAG	MAGS	T	PIANETA STELLA
31	8	2073	0	32	105	10.1	5.8	12	Parthenop
16	7	2076	9	11	3	11.7	5.3	8	Hygiea
15	12	2078	14	55	22	11.9	5.4	1	Astraea
25	4	2080	15	24	138	10.3	4.8	22	Parthenop
21	2	2082	9	5	24	11.6	5.9	2	Nausikaa
8	4	2083	18	22	14	11.1	6.0	3	Julia
29	10	2084	9	39	63	12.8	5.4	1	Sisyphus
6	5	2087	5	16	14	11.1	4.8	2	Julia
2	7	2090	12	55	7	10.8	5.9	4	Metis
23	5	2094	16	38	8	11.2	5.9	1	Laetitia
18	6	2094	9	43	14	11.2	5.8	3	Laetitia
9	3	2097	7	31	11	10.8	5.8	3	Amphitrit

NB : dato che i moti degli asteroidi sono fortemente perturbati
queste previsioni sono approssimate

Approximative datas

CONGIUNZIONI
ASTEROIDI-AMMASSI
CONJUNCTIONS
ASTEROIDS-MESSIERS
2000-2100

GG MM AAAA : data nel formato giorno/mese/anno
HH MM : ore e minuti
DIST : distanza minima in gradi tra i corpi
ELONG : elongazione dal Sole dei corpi
MAG1 : magnitudine dell'asteroide
MAG2 : magnitudine dell'ammasso

Sono elencate tutte le congiunzioni in cui i corpi distano meno
di 5°,magnitudine minima dell'asteroide 9

Oggetti fino alla mag 2

GG MM AAAA : date in the format dd/mm/yyyy
HH MM : hours and minutes
DIST : minima distance in ° between the bodies
ELONG : elongation from the Sun of the bodies
MAG1 : magnitude of the asteroid
MAG2 : magnitude of the object
ASTEROIDE : asteroid
AMMASSO : Messier object

All the conjunctions are listed if the bodies have distance less
then 5°, magnitude of the asteroid up to 9

Objects up magnitude 2

GG	MM	AAAA	HH	MM	DIST	ELONG	MAG1	MAG2	ASTEROIDE	AMMASSO
7	8	2002	17	36	0.189	8	8.3	3.7	Vesta	M44
2	6	2004	22	23	4.492	26	8.8	4.0	Pallas	M42
24	11	2005	16	30	4.882	150	7.4	4.0	Juno	M42
14	6	2006	7	9	2.118	44	8.0	3.7	Vesta	M44
12	10	2006	2	54	4.025	141	7.3	1.6	Iris	M45
7	2	2007	10	29	2.835	169	8.8	3.7	Massalia	M44
30	3	2008	15	53	4.664	50	8.5	1.6	Ceres	M45
5	9	2008	10	51	2.985	36	8.5	3.7	Ceres	M44
26	3	2009	18	24	3.087	80	8.0	4.0	Pallas	M42
15	9	2009	13	28	0.876	45	8.2	3.7	Vesta	M44
7	11	2010	0	37	3.667	98	8.7	3.7	Iris	M44
31	1	2012	10	22	3.814	111	8.9	1.6	Eunomia	M45
9	7	2013	2	27	4.812	21	8.5	3.7	Ceres	M44
10	7	2013	9	28	3.802	35	8.8	4.0	Pallas	M42
22	7	2013	19	59	0.693	8	8.3	3.7	Vesta	M44
4	12	2016	19	5	1.997	127	7.0	3.7	Vesta	M44
24	5	2017	20	59	3.035	64	7.8	3.7	Vesta	M44
14	10	2017	23	28	2.834	75	8.2	3.7	Ceres	M44
8	5	2018	16	7	3.508	42	8.6	4.0	Pallas	M42
28	8	2020	17	48	0.411	28	8.3	3.7	Vesta	M44
20	12	2020	22	2	2.218	141	8.8	3.7	Eunomia	M44
15	2	2022	6	25	3.768	95	8.0	1.6	Ceres	M45
9	8	2022	0	37	3.691	11	8.6	3.7	Ceres	M44
21	8	2022	21	51	0.929	69	8.7	4.0	Pallas	M42
7	7	2024	0	6	1.241	22	8.2	3.7	Vesta	M44
16	6	2027	3	10	4.471	24	8.8	4.0	Pallas	M42
16	10	2027	1	59	1.401	75	7.9	3.7	Vesta	M44
11	2	2028	15	13	4.350	165	6.4	3.7	Vesta	M44
25	4	2028	13	26	4.470	92	7.4	3.7	Vesta	M44
26	10	2028	7	20	0.988	86	8.1	3.7	1997XF11	M44
3	4	2031	8	58	4.727	47	8.6	1.6	Ceres	M45
13	8	2031	8	59	0.062	13	8.3	3.7	Vesta	M44
8	9	2031	21	10	2.967	39	8.5	3.7	Ceres	M44
8	4	2032	18	22	0.003	67	8.3	4.0	Pallas	M42
18	11	2033	16	0	3.994	145	8.1	4.0	Hebe	M42
20	6	2035	20	29	1.892	38	8.1	3.7	Vesta	M44
25	5	2036	10	49	0.361	153	8.2	3.3	1999KW4	M7
12	7	2036	6	17	4.705	18	8.5	3.7	Ceres	M44
20	7	2036	8	50	3.065	42	8.8	4.0	Pallas	M42
22	9	2038	6	32	0.985	52	8.1	3.7	Vesta	M44
20	10	2040	15	48	3.010	81	8.1	3.7	Ceres	M44
21	1	2041	21	4	1.108	174	8.9	3.7	Flora	M44
18	5	2041	8	32	4.019	35	8.7	4.0	Pallas	AM42
28	7	2042	6	15	0.554	3	8.3	3.7	Vesta	M44
4	8	2043	20	26	0.105	72	9.0	1.6	Iris	M45
21	2	2045	7	53	3.698	88	8.1	1.6	Ceres	M45
11	8	2045	16	56	3.653	13	8.6	3.7	Ceres	M44
31	8	2045	14	42	3.144	79	8.5	4.0	Pallas	M42
1	6	2046	2	55	2.736	57	7.9	3.7	Vesta	M44
3	9	2049	7	28	0.524	33	8.3	3.7	Vesta	M44
23	6	2050	20	2	4.348	26	8.8	4.0	Pallas	M42
12	7	2053	1	47	1.088	18	8.2	3.7	Vesta	M44
6	12	2053	11	24	3.910	154	7.4	4.0	Juno	M42

GG	MM	AAAA	HH	MM	DIST	ELONG	MAG1	MAG2	ASTEROIDE	AMMASSO
6	4	2054	8	38	4.792	44	8.6	1.6	Ceres	M45
22	8	2054	4	41	1.078	89	8.6	1.6	Iris	M45
12	9	2054	3	26	2.966	42	8.5	3.7	Ceres	M44
29	1	2055	4	31	4.035	114	8.9	1.6	Eunomia	M45
18	4	2055	10	41	1.435	59	8.4	4.0	Pallas	M42
24	10	2056	21	16	1.449	84	7.8	3.7	Vesta	M44
23	1	2057	14	24	3.037	174	6.5	3.7	Vesta	M44
6	5	2057	12	39	3.970	82	7.5	3.7	Vesta	M44
12	12	2058	21	49	4.986	160	8.9	1.6	Massalia	M45
16	7	2059	21	2	4.577	15	8.5	3.7	Ceres	M44
29	7	2059	11	53	2.300	48	8.8	4.0	Pallas	M42
17	8	2060	16	20	0.059	10	8.3	3.7	Vesta	M44
28	10	2063	12	37	3.272	88	8.0	3.7	Ceres	M44
30	12	2063	19	4	3.475	149	8.8	3.7	Eunomia	M44
26	5	2064	22	15	4.312	29	8.7	4.0	Pallas	M42
25	6	2064	12	46	1.700	33	8.1	3.7	Vesta	M44
20	9	2065	22	5	2.523	118	7.8	1.6	Iris	M45
10	11	2065	4	6	1.177	167	6.9	1.6	Iris	M45
29	9	2067	3	45	1.094	58	8.1	3.7	Vesta	M44
21	11	2067	18	17	4.129	146	8.1	4.0	Hebe	M42
28	2	2068	9	29	3.680	82	8.2	1.6	Ceres	M45
14	8	2068	15	52	3.602	16	8.6	3.7	Ceres	M44
31	10	2069	6	52	3.569	91	8.9	3.7	Iris	M44
2	8	2071	21	53	0.416	3	8.3	3.7	Vesta	M44
3	7	2073	8	31	4.042	30	8.8	4.0	Pallas	M42
8	6	2075	6	33	2.458	51	8.0	3.7	Vesta	M44
9	4	2077	6	34	4.853	41	8.6	1.6	Ceres	M45
15	9	2077	14	50	2.972	46	8.5	3.7	Ceres	M44
2	1	2078	21	43	2.872	154	8.8	3.7	Massalia	M44
30	4	2078	11	25	2.839	49	8.5	4.0	Pallas	M42
9	9	2078	12	29	0.639	39	8.2	3.7	Vesta	M44
17	7	2082	19	34	0.932	13	8.2	3.7	Vesta	M44
19	7	2082	13	45	4.478	12	8.5	3.7	Ceres	M44
12	8	2082	10	55	0.515	60	8.7	4.0	Pallas	M42
8	11	2085	10	33	1.359	98	7.5	3.7	Vesta	M44
3	1	2086	4	4	1.370	154	6.6	3.7	Vesta	M44
16	5	2086	6	48	3.533	73	7.7	3.7	Vesta	M44
3	11	2086	5	37	3.549	94	7.9	3.7	Ceres	M44
9	6	2087	15	47	4.429	25	8.8	4.0	Pallas	M42
23	8	2089	2	14	0.179	22	8.3	3.7	Vesta	M44
23	1	2090	21	44	1.329	175	8.9	3.7	Flora	M44
5	3	2091	0	33	3.702	77	8.2	1.6	Ceres	M45
17	8	2091	22	8	3.555	18	8.5	3.7	Ceres	M44
2	4	2092	16	50	1.241	73	8.2	4.0	Pallas	M42
11	2	2093	12	52	2.830	165	8.8	3.7	Massalia	M44
1	7	2093	1	19	1.522	29	8.2	3.7	Vesta	M44
16	7	2096	6	8	3.271	39	8.8	4.0	Pallas	M42
5	10	2096	7	35	1.187	64	8.0	3.7	Vesta	M44
25	1	2098	23	34	4.763	118	8.8	1.6	Eunomia	M45

CONGIUNZIONI
LUNA-ASTEROIDI
CONJUNCTIONS
MOON-ASTEROIDS
2000-2100

GG MM AAAA : data nel formato giorno/mese/anno
HH MM : ore e minuti
DIST° : distanza minima in gradi tra i corpi
ELONG° : elongazione dal Sole dei corpi
MAGL : magnitudine della Luna
MAGA : magnitudine dell'asteroide

Sono elencate tutte le congiunzioni in cui i corpi distano meno
di 5°,magnitudine minima dell'asteroide 9

La luna non è indicata in quanto è presente in tutte le
congiunzioni di questa tabella

GG MM AAAA : date in the format dd/mm/yyyy
HH MM : hours and minutes
DIST° : minima distance in ° between the bodies
ELONG° : elongation from the Sun of the bodies
MAGL : magnitude of the Moon
MAGA : magnitude of the asteroid
ASTEROIDE : asteroid

All the conjunctions are listed if the bodies have distance less
then 5°, magnitude of the asteroid up to 9

The Moon isn't indicated in the table because it is always
present

GG	MM	AAAA	HH	MM	DIST°	ELONG°	MAGL	MAGA	ASTEROIDE
25	4	2000	20	59	2.147	100	-11.0	6.7	Vesta
23	5	2000	14	20	1.662	122	-11.5	6.3	Vesta
19	6	2000	19	34	0.035	149	-12.1	5.8	Vesta
16	7	2000	14	46	2.431	180	-12.5	5.7	Vesta
12	8	2000	10	27	4.463	150	-12.2	5.9	Vesta
6	10	2000	9	55	4.785	100	-11.0	7.0	Vesta
30	11	2001	12	59	5.080	175	-12.7	6.7	Vesta
27	12	2001	12	29	3.124	143	-12.2	6.9	Vesta
23	1	2003	15	53	4.198	112	-11.5	6.9	Vesta
8	6	2003	21	59	4.354	104	-11.3	6.8	Vesta
7	1	2004	20	36	3.550	175	-12.6	6.9	Ceres
3	2	2004	17	1	4.925	149	-12.2	7.0	Ceres
7	7	2004	16	52	3.556	109	-11.3	6.9	Vesta
13	1	2006	13	6	4.322	169	-12.6	6.6	Vesta
9	2	2006	8	46	3.364	138	-12.0	6.8	Vesta
6	11	2006	7	23	1.756	169	-12.7	6.9	Iris
2	11	2012	22	7	3.358	136	-11.9	7.0	Vesta
29	11	2012	18	30	3.334	167	-12.5	6.7	Vesta
26	12	2012	11	3	2.725	158	-12.4	6.7	Vesta
27	12	2012	8	40	4.963	168	-12.5	7.0	Ceres
16	12	2016	21	56	3.812	140	-12.2	6.8	Vesta
9	3	2018	19	12	1.755	86	-10.7	7.0	Vesta
6	4	2018	19	59	2.558	106	-11.2	6.6	Vesta
4	5	2018	11	27	2.835	129	-11.7	6.1	Vesta
31	5	2018	14	40	1.943	157	-12.3	5.7	Vesta
27	6	2018	9	19	0.251	170	-12.5	5.6	Vesta
24	7	2018	6	53	2.687	141	-12.0	5.9	Vesta
20	8	2018	15	38	4.273	116	-11.4	6.5	Vesta
17	9	2018	11	26	4.822	95	-10.9	6.9	Vesta
9	12	2019	9	37	3.826	146	-12.2	6.8	Vesta
4	1	2021	13	22	1.339	114	-11.5	7.0	Vesta
31	1	2021	19	43	3.631	141	-12.2	6.5	Vesta
23	4	2021	0	59	4.797	124	-11.7	6.6	Vesta
20	5	2021	15	7	3.353	100	-11.1	7.0	Vesta
22	5	2022	15	2	2.686	92	-11.0	7.0	Vesta
19	6	2022	8	35	0.674	112	-11.4	6.6	Vesta
16	7	2022	19	7	1.725	137	-12.1	6.2	Vesta
12	8	2022	22	1	3.790	167	-12.7	5.9	Vesta
8	9	2022	21	35	4.520	159	-12.6	6.1	Vesta
6	10	2022	0	53	3.938	130	-11.9	6.5	Vesta
25	12	2026	5	18	4.008	163	-12.7	6.9	Ceres
17	12	2027	13	38	4.189	127	-11.9	7.0	Vesta
11	3	2028	7	22	4.424	175	-12.8	6.9	Pallas
5	4	2029	18	35	3.048	91	-10.9	6.9	Vesta
3	5	2029	15	30	1.477	111	-11.4	6.5	Vesta
31	5	2029	4	32	0.034	135	-12.0	6.0	Vesta
27	6	2029	7	38	1.514	165	-12.6	5.7	Vesta
24	7	2029	4	57	2.882	163	-12.5	5.7	Vesta
20	8	2029	5	46	4.077	134	-11.9	6.2	Vesta
28	11	2034	22	28	2.573	138	-12.2	6.9	Vesta
26	12	2034	1	18	3.714	170	-12.8	6.6	Vesta
18	2	2036	22	25	2.353	91	-10.9	7.0	Vesta
17	3	2036	20	46	3.486	111	-11.3	6.6	Vesta

GG	MM	AAAA	HH	MM	DIST°	ELONG°	MAGL	MAGA	ASTEROIDE
14	4	2036	10	2	4.524	136	-11.9	6.0	Vesta
11	5	2036	11	53	4.554	166	-12.5	5.6	Vesta
7	6	2036	7	21	2.899	161	-12.4	5.6	Vesta
4	7	2036	7	32	0.295	133	-11.8	6.0	Vesta
31	7	2036	18	35	2.036	110	-11.3	6.5	Vesta
28	8	2036	15	41	3.583	91	-10.8	7.0	Vesta
20	11	2037	5	16	4.975	150	-12.2	6.7	Vesta
13	1	2039	16	57	1.413	141	-12.2	6.6	Vesta
9	2	2039	14	47	3.472	173	-12.7	6.3	Vesta
8	3	2039	12	29	4.515	152	-12.4	6.4	Vesta
4	4	2039	17	45	4.166	123	-11.7	6.8	Vesta
31	5	2040	1	5	4.106	117	-11.6	6.4	Vesta
27	6	2040	10	19	2.109	143	-12.3	6.0	Vesta
24	7	2040	12	55	0.200	172	-12.7	5.7	Vesta
20	8	2040	14	4	1.731	154	-12.5	5.9	Vesta
16	9	2040	20	3	1.987	126	-11.9	6.5	Vesta
14	10	2040	8	44	1.493	103	-11.3	7.0	Vesta
25	12	2045	21	10	0.186	155	-12.6	6.7	Vesta
21	1	2046	20	37	0.567	170	-12.8	6.5	Vesta
17	2	2046	22	56	1.072	138	-12.2	6.8	Vesta
1	8	2047	18	43	3.568	128	-11.8	6.2	Vesta
29	8	2047	6	51	1.529	105	-11.3	6.7	Vesta
25	3	2051	10	57	3.283	159	-12.4	6.9	Pallas
10	11	2052	2	43	0.569	134	-12.1	7.0	Vesta
7	12	2052	5	44	1.068	166	-12.8	6.7	Vesta
3	1	2053	6	27	2.254	159	-12.7	6.7	Vesta
27	2	2054	2	22	5.052	116	-11.5	6.6	Vesta
15	6	2054	15	2	4.190	126	-11.7	6.2	Vesta
13	7	2054	3	26	1.472	103	-11.2	6.7	Vesta
10	8	2054	0	37	0.827	85	-10.8	7.0	Vesta
13	8	2055	4	28	4.388	117	-11.4	6.9	Vesta
29	11	2055	0	52	4.776	122	-11.6	7.0	Vesta
25	12	2056	14	47	0.077	140	-12.1	6.8	Vesta
21	1	2057	11	23	2.066	172	-12.6	6.5	Vesta
17	2	2057	7	2	3.645	153	-12.4	6.5	Vesta
16	3	2057	10	42	4.022	124	-11.6	6.9	Vesta
8	6	2058	21	53	5.000	151	-12.4	5.8	Vesta
5	7	2058	23	14	2.650	177	-12.8	5.6	Vesta
2	8	2058	1	50	0.424	147	-12.4	5.9	Vesta
29	8	2058	11	1	0.668	121	-11.7	6.4	Vesta
26	9	2058	2	51	0.743	99	-11.2	6.9	Vesta
28	6	2062	6	24	5.081	110	-11.2	6.8	Vesta
3	1	2064	23	16	4.754	173	-12.7	6.6	Vesta
31	1	2064	0	9	3.898	141	-12.2	6.8	Vesta
13	11	2065	17	41	1.056	171	-12.5	6.9	Iris
14	4	2069	21	15	3.079	88	-10.8	7.0	Vesta
12	5	2069	17	31	4.323	107	-11.3	6.6	Vesta
23	10	2070	8	13	2.243	131	-12.0	7.0	Vesta
19	11	2070	10	41	2.364	162	-12.7	6.7	Vesta
16	12	2070	11	13	1.659	162	-12.7	6.7	Vesta
24	7	2073	16	19	4.773	117	-11.4	6.8	Vesta
10	5	2074	10	48	4.989	169	-12.7	7.0	Ceres
7	12	2074	11	21	0.596	138	-12.0	6.9	Vesta

GG	MM	AAAA	HH	MM	DIST°	ELONG°	MAGL	MAGA	ASTEROIDE
3	1	2075	7	35	1.052	170	-12.5	6.6	Vesta
30	1	2075	1	25	2.882	156	-12.4	6.6	Vesta
26	2	2075	3	2	3.903	126	-11.7	7.0	Vesta
27	2	2076	19	43	4.920	88	-10.9	7.0	Vesta
16	6	2076	5	6	4.441	168	-12.7	5.6	Vesta
13	7	2076	9	6	1.801	138	-12.1	5.9	Vesta
9	8	2076	21	36	0.042	114	-11.5	6.5	Vesta
6	9	2076	17	1	0.621	94	-11.0	6.9	Vesta
20	1	2079	15	52	3.247	139	-12.1	6.6	Vesta
16	2	2079	16	54	4.990	170	-12.7	6.3	Vesta
11	4	2079	13	44	4.611	126	-11.7	6.6	Vesta
17	4	2079	1	6	0.832	170	-12.5	6.7	1998OR2
9	5	2079	0	7	3.721	102	-11.2	7.0	Vesta
11	5	2080	19	54	3.010	92	-10.8	7.0	Vesta
8	6	2080	15	40	0.753	113	-11.3	6.6	Vesta
6	7	2080	0	1	1.639	138	-11.9	6.1	Vesta
1	8	2080	20	53	3.564	168	-12.4	5.8	Vesta
28	8	2080	14	24	4.318	159	-12.3	6.0	Vesta
24	9	2080	16	0	4.081	130	-11.7	6.4	Vesta
22	10	2080	5	32	3.689	106	-11.2	7.0	Vesta
27	3	2087	6	31	1.817	92	-10.9	6.9	Vesta
24	4	2087	2	37	0.904	113	-11.4	6.5	Vesta
21	5	2087	11	55	0.023	137	-11.9	6.0	Vesta
17	6	2087	10	19	1.150	167	-12.5	5.6	Vesta
14	7	2087	5	18	2.737	161	-12.4	5.7	Vesta
10	8	2087	7	54	4.461	132	-11.8	6.1	Vesta
24	12	2088	19	5	4.636	135	-12.1	7.0	Vesta
8	6	2091	7	53	3.801	98	-11.0	7.0	Vesta
18	11	2092	7	58	1.013	134	-11.9	7.0	Vesta
15	12	2092	5	2	0.076	166	-12.5	6.7	Vesta
10	1	2093	21	46	1.844	160	-12.4	6.7	Vesta
6	2	2093	21	6	3.352	129	-11.7	7.0	Vesta
24	6	2094	14	30	2.940	131	-11.8	6.1	Vesta
22	7	2094	5	28	0.749	108	-11.2	6.6	Vesta
19	8	2094	3	53	0.501	89	-10.8	7.0	Vesta
9	1	2096	4	7	4.020	171	-12.7	6.9	Ceres
1	1	2097	11	19	0.690	137	-12.1	6.8	Vesta
28	1	2097	13	52	1.129	169	-12.7	6.4	Vesta
24	2	2097	11	59	2.117	155	-12.5	6.4	Vesta
23	3	2097	13	21	2.054	126	-11.8	6.8	Vesta
17	6	2098	1	35	4.529	144	-12.0	5.9	Vesta
13	7	2098	21	53	2.520	173	-12.5	5.7	Vesta
9	8	2098	16	5	0.987	153	-12.2	5.9	Vesta
5	9	2098	19	17	0.281	126	-11.6	6.4	Vesta
3	10	2098	10	25	0.046	103	-11.1	6.9	Vesta

OCCULTAZIONI
LUNA-ASTEROIDI
OCCULTATIONS
MOON-ASTEROIDS
2000-2100

GG MM AAAA : data nel formato giorno/mese/anno
HH MM : ore e minuti
ELONG : elongazione dal Sole dei corpi
MAGL : magnitudine della Luna
MAGA : magnitudine dell'asteroide
T : durata in secondi
PIANETI : corpi coinvolti : MErcurio, VEnere, MArte, GIove,
                            SAturno, URano, NEttuno

Magnitudine minima dell'asteroide 9

La luna non è indicata in quanto è presente in tutte le
occultazioni di questa tabella

GG MM AAAA : date in the format dd/mm/yyyy
HH MM : hours and minutes
ELONG : elongation from the Sun of the bodies
MAGL : magnitude of the Moon
MAGA : magnitude of the asteroid
T : duration in seconds
PIANETI : planets : MErcury, VEnus, MArs, GI (Jupiter),
                    SAturn, URanus, NEptune
ASTEROIDE : asteroid

Magnitude of the asteroid up to 9

The Moon isn't indicated in the table because it is always
present

GG	MM	AAAA	HH	MM	ELONG	MAGL	MAGA	T	ASTEROIDE
3	1	2000	11	45	36	-8.9	7.7	3712	Vesta
31	1	2000	23	48	50	-9.6	7.5	3510	Vesta
29	2	2000	10	40	65	-10.2	7.4	451	Vesta
19	6	2000	19	34	149	-12.1	5.8	3539	Vesta
27	1	2001	10	12	31	-8.7	8.0	2859	Vesta
20	2	2002	12	49	90	-10.9	7.7	3016	Vesta
20	3	2002	9	58	70	-10.3	8.0	3283	Vesta
1	11	2002	0	51	54	-10.0	7.9	1103	Vesta
29	11	2002	3	6	71	-10.5	7.7	3358	Vesta
12	12	2003	0	29	145	-12.2	7.1	841	Ceres
12	5	2004	22	59	71	-10.4	7.5	2048	Vesta
9	6	2004	22	22	89	-10.8	7.2	1402	Vesta
31	5	2006	12	3	52	-9.7	8.0	2574	Vesta
3	12	2006	8	11	157	-12.6	7.0	3046	Iris
12	12	2007	21	30	36	-9.0	7.8	3428	Vesta
29	5	2010	22	3	157	-12.4	7.4	3402	Ceres
25	6	2010	18	43	172	-12.5	7.3	1934	Ceres
28	2	2011	0	10	54	-9.8	7.5	2472	Vesta
28	3	2011	6	33	70	-10.3	7.3	375	Vesta
7	10	2012	4	24	102	-11.1	7.9	2336	Ceres
18	2	2013	21	31	101	-11.1	7.5	3475	Vesta
28	9	2014	15	33	51	-9.7	7.5	3183	Vesta
18	10	2017	22	28	11	-6.4	7.9	2233	Vesta
16	11	2017	8	32	25	-8.2	7.8	3424	Vesta
14	12	2017	18	29	39	-9.1	7.7	3640	Vesta
12	1	2018	4	11	54	-9.8	7.6	3522	Vesta
9	2	2018	12	58	69	-10.3	7.4	2199	Vesta
27	6	2018	9	19	170	-12.5	5.6	3403	Vesta
6	2	2019	7	6	16	-7.2	8.0	1103	Vesta
19	5	2019	17	53	169	-12.6	7.2	1024	Ceres
15	6	2019	15	41	159	-12.4	7.3	2191	Ceres
2	2	2020	8	9	93	-10.9	7.7	3234	Vesta
1	3	2020	6	13	72	-10.4	8.0	3631	Vesta
7	12	2020	22	53	91	-11.0	7.5	3118	Vesta
12	1	2022	22	51	125	-11.7	7.5	1050	Ceres
9	2	2022	10	34	99	-11.0	7.9	3633	Ceres
19	6	2022	8	35	112	-11.4	6.6	2810	Vesta
27	5	2024	5	12	135	-12.0	7.7	2177	Ceres
23	6	2024	5	12	164	-12.6	7.4	2105	Ceres
19	1	2026	5	55	6	-5.0	7.8	911	Vesta
16	2	2026	17	20	10	-6.2	7.9	2849	Vesta
31	10	2026	15	32	106	-11.4	7.7	3054	Ceres
23	10	2027	11	52	80	-10.7	7.8	2961	Vesta
27	11	2028	15	57	130	-11.8	7.5	1371	Iris
31	5	2029	4	32	135	-12.0	6.0	3359	Vesta
4	11	2032	22	23	20	-7.8	7.7	3510	Vesta
14	1	2033	3	39	163	-12.5	7.6	3363	Iris
4	7	2036	7	32	133	-11.8	6.0	3369	Vesta
15	3	2037	16	6	15	-7.0	8.0	1415	Vesta
13	4	2037	2	24	29	-8.4	8.0	3048	Vesta
11	5	2037	11	41	43	-9.3	8.0	3213	Vesta
8	6	2037	19	11	59	-9.9	7.9	2393	Vesta
14	1	2038	1	1	96	-11.0	7.6	404	Vesta

GG	MM	AAAA	HH	MM	ELONG	MAGL	MAGA	T	ASTEROIDE
10	2	2038	23	37	75	-10.4	7.9	3685	Vesta
17	12	2038	11	34	114	-11.5	7.1	3128	Vesta
27	6	2039	6	6	63	-10.1	7.6	1458	Vesta
25	7	2039	9	47	48	-9.6	7.8	3114	Vesta
22	8	2039	15	33	35	-8.9	7.8	3260	Vesta
19	9	2039	23	17	21	-8.0	7.8	2925	Vesta
18	10	2039	8	52	8	-6.0	7.8	1281	Vesta
24	7	2040	12	55	172	-12.7	5.7	3072	Vesta
28	10	2040	8	32	86	-10.7	8.0	3671	Ceres
11	11	2040	3	17	83	-10.8	7.4	2413	Vesta
9	12	2040	2	47	66	-10.4	7.7	3093	Vesta
6	1	2041	6	27	49	-9.8	7.9	3088	Vesta
26	3	2044	5	8	39	-9.2	7.8	3422	Vesta
25	12	2045	21	10	155	-12.6	6.7	3141	Vesta
21	1	2046	20	37	170	-12.8	6.5	2819	Vesta
17	2	2046	22	56	138	-12.2	6.8	1713	Vesta
26	9	2047	2	16	86	-10.9	7.1	3146	Vesta
13	12	2050	10	27	10	-6.3	7.7	3422	Vesta
19	8	2052	8	56	67	-10.3	8.0	3229	Vesta
16	9	2052	4	1	86	-10.8	7.8	3032	Vesta
13	10	2052	18	12	108	-11.4	7.4	2990	Vesta
10	11	2052	2	43	134	-12.1	7.0	2861	Vesta
7	12	2052	5	44	166	-12.8	6.7	1770	Vesta
17	1	2054	23	23	101	-11.2	8.0	3428	Ceres
10	8	2054	0	37	85	-10.8	7.0	2557	Vesta
23	1	2056	14	12	76	-10.5	7.9	1630	Vesta
5	4	2056	17	54	107	-11.3	7.9	3340	Ceres
3	5	2056	4	11	132	-12.0	7.6	2702	Ceres
25	12	2056	14	47	140	-12.1	6.8	3439	Vesta
6	7	2057	3	28	46	-9.5	7.9	2854	Vesta
3	8	2057	9	25	33	-8.7	7.9	3532	Vesta
31	8	2057	16	56	19	-7.7	7.9	3520	Vesta
29	9	2057	2	1	7	-5.6	7.9	3448	Vesta
27	10	2057	12	31	9	-6.2	7.9	3096	Vesta
24	11	2057	23	54	22	-8.1	7.8	96	Vesta
2	8	2058	1	50	147	-12.4	5.9	2995	Vesta
29	8	2058	11	1	121	-11.7	6.4	2782	Vesta
26	9	2058	2	51	99	-11.2	6.9	2700	Vesta
23	10	2058	23	34	80	-10.7	7.3	3275	Vesta
21	11	2058	0	3	63	-10.3	7.6	3332	Vesta
19	12	2058	3	52	48	-9.8	7.8	3032	Vesta
28	12	2058	7	59	163	-12.5	7.1	3276	Ceres
16	1	2059	10	31	32	-9.0	8.0	2956	Vesta
19	10	2060	16	14	52	-9.7	8.0	1286	Vesta
16	11	2060	19	24	69	-10.3	7.8	2991	Vesta
3	5	2062	8	48	72	-10.4	7.4	3616	Vesta
22	4	2064	20	14	70	-10.4	7.9	2842	Vesta
20	5	2064	19	39	53	-9.8	8.0	2933	Vesta
2	11	2065	1	53	50	-9.9	7.6	1793	Vesta
13	11	2065	17	41	171	-12.5	6.9	1336	Iris
30	11	2065	10	32	36	-9.2	7.7	1823	Vesta
17	2	2069	9	19	56	-9.9	7.5	3349	Vesta
12	1	2071	15	6	131	-12.0	7.1	3199	Vesta

77

GG	MM	AAAA	HH	MM	ELONG	MAGL	MAGA	T	ASTEROIDE
18	8	2072	17	9	65	-10.3	7.4	2864	Vesta
16	9	2072	0	16	50	-9.8	7.5	1521	Vesta
3	7	2074	22	10	114	-11.5	7.7	3201	Ceres
15	9	2074	12	21	68	-10.2	8.0	2524	Vesta
7	12	2074	11	21	138	-12.0	6.9	3018	Vesta
3	1	2075	7	35	170	-12.5	6.6	1438	Vesta
27	8	2075	12	36	160	-12.5	8.0	3242	Melpomene
10	9	2075	17	35	6	-5.0	8.0	3566	Vesta
9	10	2075	3	30	12	-6.6	8.0	3496	Vesta
6	11	2075	14	23	25	-8.3	7.9	3430	Vesta
5	12	2075	1	25	39	-9.3	7.8	2510	Vesta
9	8	2076	21	36	114	-11.5	6.5	3368	Vesta
6	9	2076	17	1	94	-11.0	6.9	2964	Vesta
4	10	2076	16	44	76	-10.6	7.3	3121	Vesta
1	11	2076	19	13	61	-10.2	7.5	3435	Vesta
30	11	2076	0	2	45	-9.6	7.7	3123	Vesta
28	12	2076	7	5	31	-8.8	7.8	2334	Vesta
25	1	2077	15	58	17	-7.6	7.9	1780	Vesta
23	2	2077	1	42	5	-5.0	8.0	2186	Vesta
23	3	2077	10	59	14	-7.1	8.0	2985	Vesta
26	11	2078	11	20	88	-10.8	7.6	1623	Vesta
24	12	2078	5	24	111	-11.4	7.1	1999	Vesta
7	8	2079	9	30	120	-11.5	7.9	2634	Ceres
8	6	2080	15	40	113	-11.3	6.6	2740	Vesta
8	1	2084	2	26	5	-5.1	7.8	3132	Vesta
24	4	2087	2	37	113	-11.3	6.5	2273	Vesta
21	5	2087	11	55	137	-11.9	6.0	3488	Vesta
17	6	2087	10	19	167	-12.5	5.6	669	Vesta
30	6	2088	1	39	137	-11.9	7.5	3051	Ceres
17	2	2089	20	37	84	-10.8	7.8	3107	Vesta
26	9	2090	2	8	34	-9.0	7.7	3167	Vesta
24	10	2090	13	2	21	-8.0	7.7	1777	Vesta
5	12	2090	15	54	163	-12.5	7.2	3402	Ceres
30	11	2091	1	43	136	-12.0	7.7	1969	Iris
26	12	2091	22	54	168	-12.6	7.5	2247	Iris
24	9	2092	5	52	85	-10.7	7.8	2789	Vesta
18	11	2092	7	58	134	-11.9	7.0	1662	Vesta
15	12	2092	5	2	166	-12.5	6.7	3495	Vesta
8	8	2093	17	1	156	-12.5	7.9	548	Hebe
18	10	2093	4	33	26	-8.3	8.0	3577	Vesta
15	11	2093	15	2	41	-9.3	7.9	3486	Vesta
14	12	2093	0	42	56	-10.0	7.7	2559	Vesta
22	7	2094	5	28	108	-11.3	6.6	2730	Vesta
19	8	2094	3	53	89	-10.8	7.0	3219	Vesta
16	9	2094	6	31	72	-10.4	7.3	2288	Vesta
14	10	2094	11	26	57	-10.0	7.5	2769	Vesta
11	11	2094	17	53	43	-9.4	7.7	3410	Vesta
10	12	2094	1	52	29	-8.6	7.8	3293	Vesta
7	1	2095	11	20	15	-7.2	7.8	2445	Vesta
4	2	2095	21	48	4	-4.4	7.9	1083	Vesta
2	4	2095	17	22	29	-8.7	7.9	1923	Vesta
1	5	2095	0	5	43	-9.5	7.9	3133	Vesta
29	5	2095	3	30	58	-10.1	7.8	2865	Vesta

```
GG MM AAAA    HH MM   ELONG    MAGL    MAGA     T      ASTEROIDE

15 11 2095    21 34    125    -11.8    7.5    2898     Ceres
 1  1 2097    11 19    137    -12.1    6.8    2731     Vesta
28  1 2097    13 52    169    -12.7    6.4    1404     Vesta
17  5 2097    16 31     81    -10.7    7.5    1557     Vesta
14  6 2097    16 46     64    -10.2    7.7    2062     Vesta
 9  8 2098    16  5    153    -12.2    5.9    1794     Vesta
 5  9 2098    19 17    126    -11.6    6.4    3487     Vesta
 3 10 2098    10 25    103    -11.1    6.9    3648     Vesta
31 10 2098    10 43     84    -10.7    7.3    3635     Vesta
28 11 2098    16 36     66    -10.2    7.6    2991     Vesta
```

Ceres

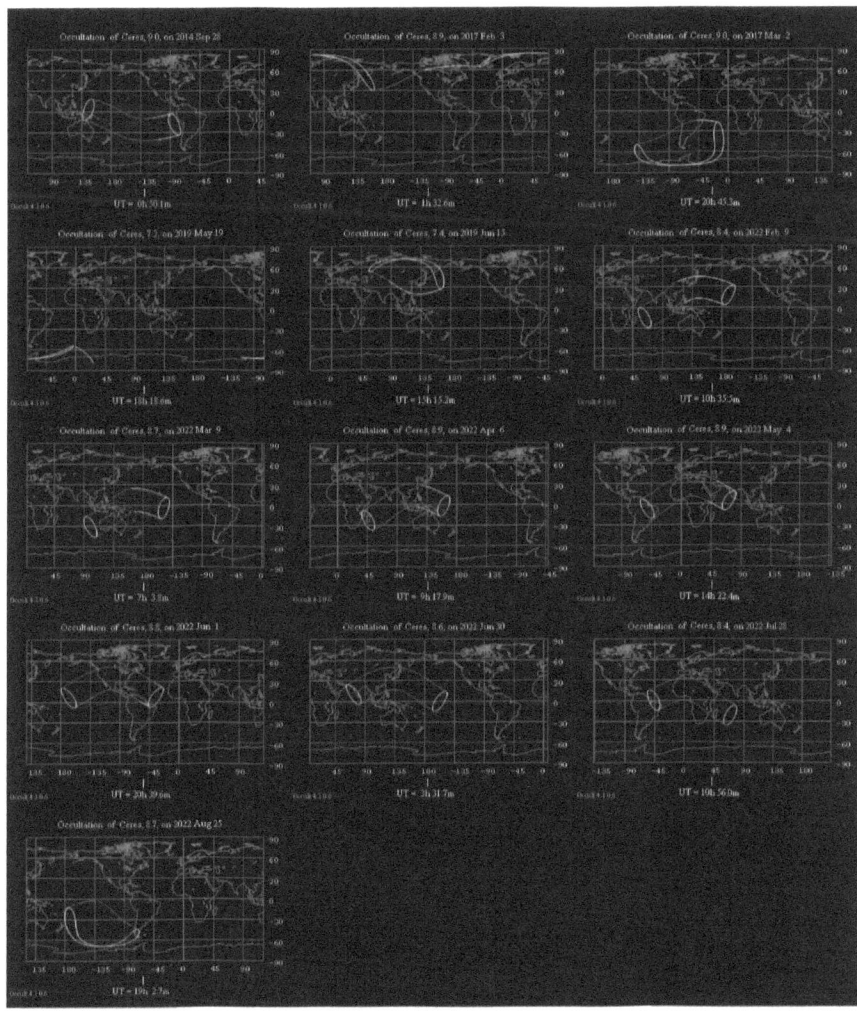

79

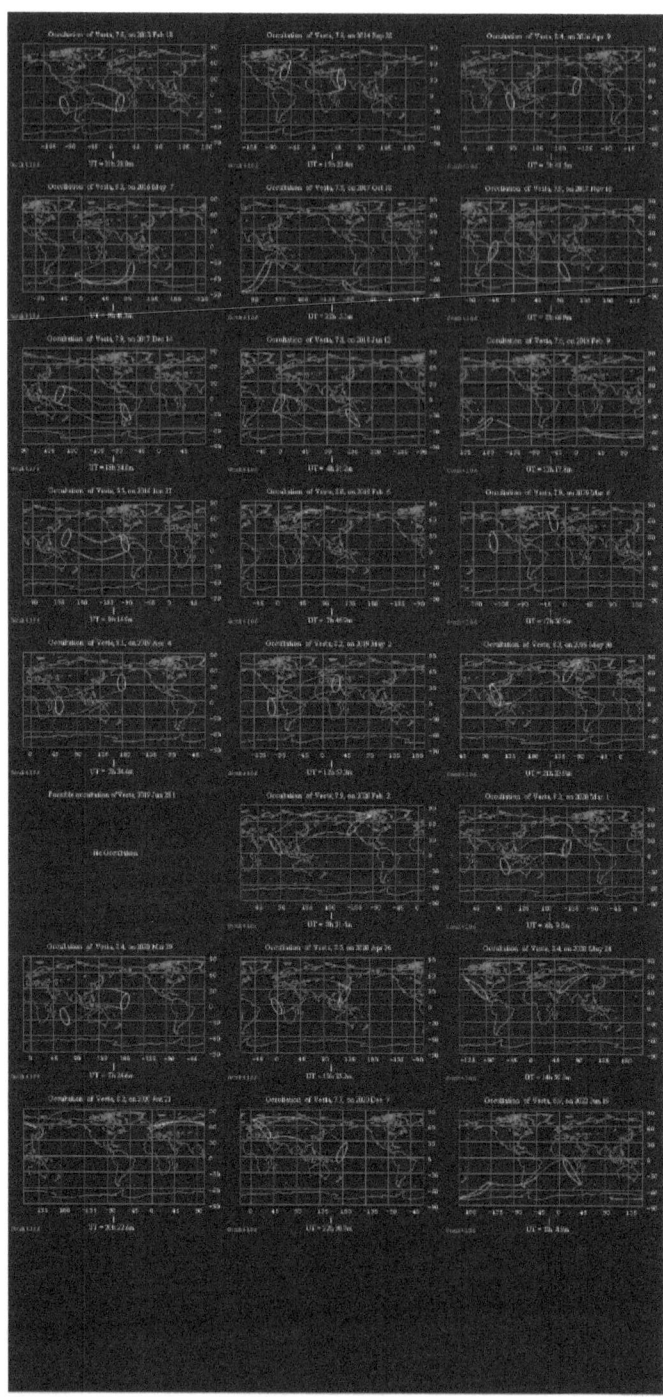

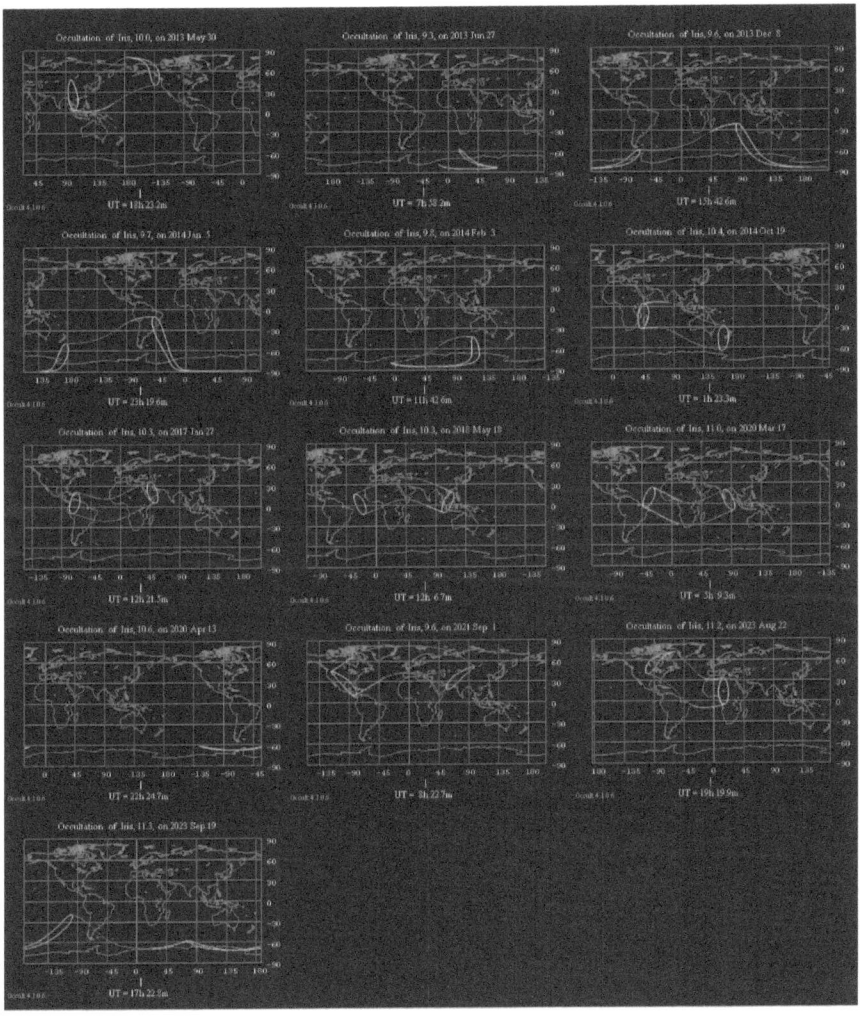

AVVICINAMENTI TRA ASTEROIDI
APPROACHES BETWEEN ASTEROIDS
2000-2100

GG MM AAAA : data nel formato giorno/mese/anno
HH MM : ore, minuti
DIST : distanza reciproca in km

GG MM AAAA : date in the format dd/mm/yyyy
HH MM: hours, minutes
DIST : distance in kms between asteroids
ASTEROIDE : asteroids

```
GG MM AAAA   HH MM    DIST      ASTEROIDE    ASTEROIDE

11  6 2000   22 55   889563    Chloe        Xenia
 8  7 2000   13 52   994335    Vindobona    Polyxo
19  8 2000   12 32   264794    2000ET70     2000DP107
 1 10 2000   19 23   777374    Siegena      Emita
20 11 2000    8 36   725484    Toutatis     2000WO107
26 12 2000   17  5   787920    Stephania    Aristaeus
 4  1 2001    1 37   924875    Lacadiera    Lampetia
 5  2 2001    5 50   569289    Sophrosyn    Geometria
10  4 2001   17  6   799140    Tyche        Illapa
26  9 2001   17 39   976094    Gersuind     Heracles
 7 11 2001   17 28   949478    Apophis      2000JG5
24  5 2002    6 59   319059    Cuyo         1999RR28
23  7 2002   16 23   952469    Hera         1999CF9
16  8 2002    6 37   146881    1998UT18     2002YP2
 6  7 2003   16 12   891208    2000FL10     2000LB16
 1 10 2003    2 28   720385    Nora         2004HK33
10  2 2004    7 41   903351    2000SU180    2002PZ39
25  1 2005    0 21   355335    2000WO107    2004WS2
 3  8 2005   23 10   787883    Oze          2002XR14
 4 10 2005    4  5   412805    Tukmit       2002GT
13 12 2005   23  9   793620    2000HA24     1999VO6
20  1 2006    7 23   649348    1998TU3      2002QF15
 6  5 2006   15  2   802374    1999GJ4      2005JS108
24  6 2006    8 18   866829    2001CB21     2000JG5
11 10 2008   16 46   942563    Desiderat    Peleus
13 10 2008   16 21   704080    Brunsia      2001PM9
20  6 2009    7 45   928848    Ariadne      Angelina
22  6 2009   22 30   773310    Khufu        1992HE
 6  8 2011    6 29   457499    1993VW       1997XF11
17 10 2012    3 29   795910    Illapa       2004WS2
27  4 2013    1 15   231971    1991CS       2002CU11
21  5 2013    6 49   637768    2000EZ148    2001SN263
29  3 2014    3 17   644378    2000EE104    2002CU11
 2 12 2014    5 43   542666    Minos        2004QQ
12  2 2015   11 45   670544    Esther       2002TD66
31 10 2015    3 23   991840    1998TU3      2002QF15
19  4 2016    2 38   512984    Aline        Seleucus
27  9 2016    1 31   925897    2002NT7      1999AN10
12 10 2016   19 37   951576    2000EE14     2005YY128
 8  6 2017    6 13   999633    Chaka        Nereus
 1  9 2017   21 28   832466    Ella         1998SG36
 4 10 2017   16 50   962225    2004VD17     1998FW4
22  3 2018   23  7   887807    Apollo       1996FR3
 5  6 2018   22 15   434725    1997XF11     2002SY50
 6  9 2018   12 54   866233    2001SX169    2006AS2
 9  3 2019   12 18   436751    Europa       2004VW14
 8  4 2019   21 39   767364    1990TR       2003YK118
23  6 2019   15 53   586177    1992FE       2003YE45
10  1 2020    2 45   602246    2000UV13     1999AQ10
17  6 2020   13  8   596554    1998SS49     Apophis
14  8 2020   17 24   943038    2002FV5      2002FB3
17 12 2020   19 59   779426    1997XF11     2004AF
 7  6 2021   21  0   938106    1999KW4      2004GU9
```

83

GG	MM	AAAA	HH	MM	DIST	ASTEROIDE	ASTEROIDE
26	7	2021	4	52	937894	2000LB16	1991JW
1	10	2021	7	48	794797	2003YK118	1999AQ10
2	1	2023	13	15	721379	1999KW4	1996JG
16	8	2023	7	7	368563	1994PC1	1998CS1
30	7	2024	15	27	690622	Doris	2000GK137
14	5	2026	23	46	664248	Ara	Illapa
25	10	2026	7	51	821032	1991VK	Tomaiyowi
7	8	2027	6	47	763562	Moon	1999AN10
7	8	2027	7	10	390049	Earth	1999AN10
18	12	2027	4	4	725998	Tomaiyowi	2000DP107
24	3	2028	23	40	388901	Punkaharj	2001SK162
26	6	2028	7	40	503513	Moon	2001WN5
26	6	2028	5	21	249059	Earth	2001WN5
11	7	2028	21	57	545569	Oljato	1994LX
26	10	2028	6	43	928905	Earth	1997XF11
8	3	2029	7	18	301199	Echo	Alkeste
13	4	2029	21	41	30908	Earth	Apophis
14	4	2029	11	12	74209	Moon	Apophis
10	1	2030	22	20	483034	1998XB	2000EE104
18	7	2030	5	58	815514	2000OL8	2005WJ56
20	8	2030	22	7	972751	1998SH36	2002YP2
23	8	2030	1	47	501864	1993KH	2004GU9
3	1	2031	11	19	471680	Nereus	2003SD220
2	3	2031	10	50	679922	Bamberga	2003YK118
30	3	2031	7	48	442709	1999KW4	2003QO104
16	7	2031	13	38	526111	Vesta	2000WO67
1	6	2032	4	9	680109	1998WT24	2001QQ142
28	11	2032	6	0	963401	1998MZ	2000EV70
7	10	2033	19	47	733464	1990MU	2000RW37
12	2	2034	15	36	674032	1999SL5	2002OD20
17	9	2034	22	15	445147	1999JD6	2000EE104
5	11	2034	22	27	626571	Tiflis	2001UA5
26	11	2034	15	11	602699	Nereus	1999RQ36
26	1	2035	4	14	830943	Yrsa	2001BO61
7	7	2035	22	3	906478	2001SX169	2004HK33
9	9	2035	7	12	297548	Geographo	Hephaisto
4	1	2036	15	24	438768	2001SN263	1999AQ10
1	8	2036	7	20	999764	2000HA24	2001UY4
16	3	2037	20	24	333832	Themis	Sylvania
11	7	2037	16	4	721985	1999NC43	1999DB7
8	8	2037	6	55	901603	Amphitrit	Fides
9	5	2039	10	59	976901	1991RB	2004HE12
9	6	2039	0	49	836680	Brunhild	Pretoria
14	6	2039	4	39	253797	1999KW4	2004GU9
17	2	2040	2	43	496508	Asclepius	2005JS108
12	6	2040	14	58	901689	Psyche	Panopaea
7	2	2041	16	57	897918	Bathilde	Cuyo
3	5	2042	16	11	938315	Tantalus	2002QF15
18	1	2043	17	9	273272	Cuno	1999KW4
9	3	2043	21	34	790982	2002FG7	2001SG10
18	3	2043	10	40	729868	Kalypso	Prymno
27	7	2043	7	57	747045	Minos	2002TD66
11	9	2043	12	35	874185	1990MF	2001QP153

GG	MM	AAAA	HH	MM	DIST	ASTEROIDE	ASTEROIDE
15	10	2043	18	27	756335	2003SD220	1991JW
7	12	2043	20	21	514176	Isara	Hermes
30	5	2044	7	50	481897	YORP	2000WO107
24	4	2046	8	0	564405	Christine	Parysatis
27	7	2046	11	18	804697	Maria	Phyllis
21	10	2046	12	52	840215	Asia	Feronia
27	2	2048	12	44	795677	Moon	1999DB7
28	2	2048	1	15	976819	Earth	1999DB7
1	3	2048	17	51	446228	1992SK	1999KW4
14	1	2049	12	44	545108	Heracles	2002TW55
20	9	2049	6	55	169605	1999WC2	1991JW
12	10	2049	1	29	765805	Polyxena	Ganymed
12	8	2050	14	24	865482	Hermes	2001SG10
26	11	2050	8	6	950220	2000HA24	2001CB21
31	12	2050	20	20	94503	Toro	2002CU11
4	4	2051	12	8	901738	Thetis	Nina
24	5	2051	13	59	816722	Pandora	Phthia
10	7	2051	2	26	989871	1998EC3	2000CT101
7	2	2052	14	32	160751	Newtonia	1999BJ8
9	2	2053	22	27	947379	2000SY2	1999HF1
16	10	2053	0	14	959180	Eugenia	Hersilia
3	3	2055	19	58	433372	Bacchus	Hephaisto
13	2	2056	1	24	835411	1997GH3	2001SO73
14	11	2056	5	59	795734	Tiflis	2000XG47
24	9	2057	23	20	346410	2004DV24	2002NN4
6	11	2057	19	10	866340	Bacchus	Golevka
7	4	2058	0	0	532165	Tomaiyowi	2000DP107
13	11	2059	0	54	670672	Kenya	2000DK79
14	2	2060	11	43	999227	Moon	Nereus
23	9	2060	11	59	662918	Moon	1999RQ36
23	9	2060	0	34	751092	Earth	1999RQ36
7	3	2061	1	9	411190	2001TN41	2000GJ147
25	1	2062	5	39	432572	2001GN2	2003CR20
2	4	2062	19	8	479500	Minos	1999JM8
23	4	2062	5	24	954297	1998ML14	2003CR20
22	5	2064	14	0	819682	1999CV3	1998OR2
30	7	2064	2	36	983042	Melpomene	2002FG7
10	11	2064	11	57	873823	Zelia	1993VB
16	4	2065	0	19	379598	1992FE	2001FM129
30	11	2065	10	28	277146	Proserpin	2000UH1
7	11	2066	12	10	902126	Oljato	2004JA27
27	3	2067	23	3	820527	Klotho	2006AS2
13	10	2067	15	43	625911	Hephaisto	1999VO6
23	11	2067	20	6	793261	1999JD6	1999MM
20	4	2068	11	13	733948	1991BN	1999GS6
26	8	2068	21	23	619129	2000XK47	1999RQ36
17	10	2069	18	9	947932	1993OM7	2001QQ142
21	10	2069	8	25	982306	Earth	Hathor
13	4	2070	5	2	453369	Illapa	2000WO107
11	7	2070	0	38	983710	Helio	1993MF
4	10	2070	17	32	836375	Didymos	2001QQ142
27	3	2071	14	16	973001	Tea	1988XB
20	6	2071	3	4	941570	1997BR	1999JD6

GG	MM	AAAA	HH	MM	DIST	ASTEROIDE	ASTEROIDE
28	9	2071	21	11	706869	Ptah	2002QE15
12	10	2072	13	1	933795	1999GJ4	1993OM7
16	12	2072	15	15	674528	Ate	Vanadis
18	8	2073	4	57	372854	2000OL8	2006SK198
3	9	2073	15	42	983013	1999DB7	2000RW37
15	11	2073	12	42	777769	Ptah	2003SD220
20	4	2074	16	45	723910	1999MM	2001SX169
30	11	2074	1	30	250951	Belisana	Vera
11	5	2075	16	5	813209	Alphonsin	2004HK33
7	8	2076	1	6	746778	2000ED104	2002CE
12	5	2078	3	1	954707	Libussa	2003WM7
5	7	2078	16	22	322874	1993OM7	2002VX94
15	10	2078	14	21	624405	1996HW1	2001PJ9
8	12	2078	16	20	834314	Sigurd	2000GJ147
5	5	2080	2	27	402174	2001SX169	2001SG10
31	8	2080	0	30	635688	Earth	2002CU11
31	8	2080	1	55	638931	Moon	2002CU11
11	1	2081	22	54	319108	Aeternita	1998SS49
2	4	2081	4	32	994242	Kassandra	Klytaemne
28	3	2082	2	0	687061	Isis	1998QH2
6	1	2083	18	32	623940	2002NT7	2000CT101
16	1	2084	13	19	917367	Anteros	1997XF11
22	3	2085	19	13	530984	2001TN41	2002EZ11
12	3	2086	12	55	357226	1999MM	2000UH1
17	6	2086	16	36	560120	1994CN2	1999NB5
21	10	2086	16	6	826075	Earth	Hathor
21	10	2086	22	48	731132	Moon	Hathor
5	12	2086	10	31	625894	Vera	Hispania
23	11	2087	0	47	732797	Sadeya	1999US3
20	5	2088	18	52	894372	Peitho	Tjelvar
15	6	2088	22	20	260271	Kalliope	Galatea
17	6	2088	7	44	891857	2001XR31	2005WJ56
26	10	2088	23	36	636083	2003HM16	2000ET70
5	10	2089	2	34	734202	Brucia	Sarita
9	9	2090	1	5	787691	Venus	1999MM
6	4	2091	3	12	809663	YORP	1998FH12
4	5	2091	3	49	721544	1994CN2	2003QZ30
29	6	2091	4	6	553789	Ariadne	Kenya
9	11	2091	4	29	950351	Venus	1990BG
22	3	2092	8	26	693258	Antwerpia	2004WS2
19	10	2092	2	23	850761	Beatrix	1998KU2
18	2	2093	10	34	690312	Mabella	1999RR28
13	3	2093	11	43	903879	1998VD35	2000EE14
8	2	2094	22	25	883528	1998YN1	2000WO107
19	1	2095	17	59	110206	YORP	2001FM129
2	6	2095	23	58	503538	Psyche	Panopaea
10	6	2096	10	52	452812	2000GK137	Cacus
3	7	2096	16	22	680204	Ruperto-C	1998ML14
8	1	2098	19	3	637614	Pandora	Amundseni
0	0	0	0	0	0		

ASTEROIDI CHE HANNO RICEVUTO UN NOME
NAMED ASTEROIDS

(3192) A'Hearn
(3654) AAS
(8900) AAVSO
(8721) AMOS
(9996) ANS
(132524) APL
(13830) ARLT
(31531) ARRL
(3568) ASCII
(2848) ASP
(20813) Aakashshah
(26557) Aakritijain
(677) Aaltje
(2676) Aarhus
(22656) Aaronburrows
(25677) Aaronenten
(11451) Aarongolden
(23113) Aaronhakim
(12553) Aaronritter
(13928) Aaronrogers
(21933) Aaronrozon
(3277) Aaronson
(9836) Aarseth
(2366) Aaryn
(864) Aase
(2678) Aavasaksa
(4466) Abai
(2722) Abalakin
(1581) Abanderada
(3480) Abante
(4263) Abashiri
(1390) Abastumani
(5224) Abbe
(17023) Abbott
(249010) Abdel-Samad
(15262) Abderhalden
(22638) Abdulla
(21483) Abdulrasool
(5379) Abehiroshi
(25410) Abejar
(3449) Abell
(8926) Abemasanao
(13624) Abeosamu
(5677) Aberdonia
(12787) Abetadashi
(2646) Abetti
(9172) Abhramu
(21411) Abifraeman
(15559) Abigailhines
(25422) Abigreene
(24838) Abilunon
(2671) Abkhazia
(5175) Ables
(456) Abnoba
(19488) Abramcoley
(9532) Abramenko
(3409) Abramov
(24520) Abramson
(21850) Abshir
(6805) Abstracta
(9423) Abt
(23768) Abu-Rmaileh
(23587) Abukumado
(79152) Abukumagawa
(16413) Abulghazi
(151) Abundantia
(8652) Acacia
(19524) Acaciacoleman
(829) Academia
(5547) Acadiau
(2594) Acamas
(6349) Acapulco
(8833) Acer
(21501) Acevedo

(5126) Achaemenides
(1150) Achaia
(24121) Achandran
(5144) Achates
(588) Achilles
(117430) Achosyx
(9084) Achristou
(22191) Achucarro
(6522) Aci
(12628) Ackworthorr
(1821) Aconcagua
(18796) Acosta
(12238) Actor
(523) Ada
(7803) Adachi
(330) Adalberta
(172525) Adamblock
(26737) Adambradley
(4535) Adamcarolla
(13286) Adamchauvin
(10588) Adamcrandall
(11685) Adamcurry
(23306) Adamfields
(6146) Adamkrafft
(15421) Adammalin
(6537) Adamovich
(13434) Adamquade
(7655) Adamries
(1996) Adams
(18142) Adamsidman
(12838) Adamsmith
(22551) Adamsolomon
(18413) Adamspencer
(20503) Adamtazi
(18084) Adamwohl
(6757) Addibischoff
(19444) Addicott
(27286) Adedmondson
(525) Adelaide
(812) Adele
(647) Adelgunde
(276) Adelheid
(26386) Adelinacozma
(229) Adelinda
(60001) Adelka
(145) Adeona
(25642) Adiseshan
(4401) Aditi
(24238) Adkerson
(11519) Adler
(398) Admete
(85030) Admetos
(17806) Adolfborn
(608) Adolfine
(20256) Adolfneckar
(166570) Adolftrager
(2101) Adonis
(268) Adorea
(239) Adrastea
(143) Adria
(820) Adriana
(21758) Adrianveres
(6530) Adry
(3646) Aduatiques
(23017) Advincula
(1903) Adzhimushkaj
(10237) Adzic
(15420) Aedouglass
(91) Aegina
(96) Aegle
(2401) Aehlita
(159) Aemilia
(1155) Aenna
(10175) Aenona

(396) Aeolia
(369) Aeria
(2876) Aeschylus
(1027) Aesculapia
(12608) Aesop
(446) Aeternitas
(132) Aethra
(1064) Aethusa
(1142) Aetolia
(22993) Aferrari
(15467) Aflorsch
(1187) Afra
(1193) Africa
(6391) Africano
(3326) Agafonikov
(14042) Agafonov
(911) Agamemnon
(5023) Agapenor
(2267) Agassiz
(13185) Agasthenes
(221908) Agastrophus
(111570) Agasvar
(7366) Agata
(228) Agathe
(3862) Agekian
(4722) Agelaos
(2470) Agematsu
(1873) Agenor
(7137) Ageo
(27072) Aggarwal
(152533) Aggas
(4392) Agita
(47) Aglaja
(641) Agnes
(118214) Agnesediboemia
(16765) Agnesi
(49109) Agnesraab
(847) Agnia
(12848) Agostino
(9503) Agrawain
(3212) Agricola
(15372) Agrigento
(645) Agrippina
(8241) Agrius
(135978) Agueros
(1800) Aguilar
(744) Aguntina
(17984) Ahantonioli
(21435) Aharon
(24761) Ahau
(21400) Ahdout
(25638) Ahissar
(11305) Ahlqvist
(16113) Ahmed
(15155) Ahn
(3181) Ahnert
(2395) Aho
(950) Ahrensa
(2826) Ahti
(5908) Aichi
(861) Aida
(92097) Aidai
(978) Aidamina
(31192) Aigoual
(1918) Aiguillon
(19913) Aigyptios
(26199) Aileenperry
(24032) Aimeemcarthy
(10853) Aimoto
(4585) Ainonai
(11104) Airion
(17314) Aisakos
(3584) Aisha
(28484) Aishwarya

(1568) Aisleen
(28317) Aislinndeely
(231666) Aisymnos
(3070) Aitken
(3787) Aivazovskij
(83598) Aiweiwei
(5458) Aizman
(14701) Aizu
(14820) Aizuyaichi
(1404) Ajax
(19564) Ajburnetti
(8046) Ajiki
(26544) Ajjarapu
(249302) Ajoie
(22619) Ajscheetz
(16999) Ajstewart
(6422) Akagi
(53157) Akaishidake
(4584) Akan
(5741) Akanemaruta
(7418) Akasegawa
(5881) Akashi
(4949) Akasofu
(24965) Akayu
(11533) Akeback
(8686) Akenside
(11306) Akesson
(25966) Akhilmathew
(3067) Akhmatova
(5101) Akhmerov
(35093) Akicity
(13691) Akie
(23727) Akihasan
(16518) Akihikoito
(7830) Akihikotago
(5355) Akihiro
(8047) Akikinoshita
(9985) Akiko
(23895) Akikonakamura
(8321) Akim
(10633) Akimasa
(11928) Akimotohiro
(4521) Akimov
(6658) Akiraabe
(3872) Akirafujii
(5782) Akirafujiwara
(8187) Akiramisawa
(8232) Akiramizuno
(9865) Akiraohta
(87312) Akirasuzuki
(37729) Akiratakao
(8182) Akita
(10727) Akitsushima
(2153) Akiyama
(6792) Akiyamatakashi
(15868) Akiyoshidai
(8034) Akka
(5679) Akkado
(4797) Ako
(152217) Akosipov
(9549) Akplatonov
(23975) Akran
(26447) Akrishnan
(4777) Aksenov
(2067) Aksnes
(7385) Aktsynovia
(10164) Akusekijima
(9936) Al-Biruni
(11156) Al-Khwarismi
(738) Alagasta
(1969) Alain
(24988) Alainmilsztajn
(2927) Alamosa
(15131) Alanalda

(14158) Alananderson
(29137) Alanboss
(9291) Alanburdick
(4420) Alandreev
(4151) Alanhale
(20259) Alanhoffman
(24898) Alanholmes
(6227) Alanrubin
(25979) Alansage
(17225) Alanschorn
(20341) Alanstack
(2500) Alascattalo
(19148) Alaska
(200069) Alastor
(702) Alauda
(111468) Alba Regia
(5576) Albanese
(10051) Albee
(8439) Albellus
(10186) Albeniz
(719) Albert
(85168) Albertacentenary
(26462) Albertcui
(1290) Albertine
(10950) Albertjansen
(19718) Albertjarvis
(58373) Albertoalonso
(80652) Albertoangela
(21395) Albertofilho
(60406) Albertosuci
(21413) Albertsao
(21623) Albertshieh
(20006) Albertus Magnus
(15619) Albertwu
(8594) Albifrons
(2697) Albina
(8005) Albinadubois
(7903) Albinoni
(7671) Albis
(1783) Albitskij
(10656) Albrecht
(12607) Alcaeus
(2241) Alcathous
(8596) Alchata
(8549) Alcide
(11428) Alcinoos
(3174) Alcock
(16645) Aldalara
(44103) Aldana
(13004) Aldaz
(2941) Alden
(17921) Aldeobaldia
(17019) Aldo
(6470) Aldrin
(14832) Alechinsky
(15379) Alefranz
(23436) Alekfursenko
(1909) Alekhin
(7222) Alekperov
(2711) Aleksandrov
(9933) Alekseev
(9533) Aleksejleonov
(7910) Aleksola
(465) Alekto
(418) Alemannia
(12061) Alena
(22842) Alenashort
(58682) Alenasolcova
(16683) Alepieri
(5185) Alerossi
(70745) Aleserpieri
(243381) Alessio

(13704) Aletesi
(259) Aletheia
(1194) Aletta
(69231) Alettajacobs
(3367) Alex
(21422) Alexacarey
(22942) Alexacourtis
(25426) Alexanderkim
(25645) Alexanderyan
(54) Alexandra
(8969) Alexandrinus
(21986) Alexanduribe
(17073) Alexblank
(28453) Alexcecil
(21461) Alexchernyak
(23162) Alexcrook
(3771) Alexejtolstoj
(263516) Alexescu
(17193) Alexeybaran
(24130) Alexhuang
(17119) Alexisrodrz
(15021) Alexkardon
(25701) Alexkeeler
(9321) Alexkonopliv
(15032) Alexlevin
(14335) Alexosipov
(28444) Alexrabii
(23307) Alexramek
(11781) Alexroberts
(24608) Alexveselkov
(18935) Alfandmedina
(1191) Alfaterna
(230765) Alfbester
(3884) Alferov
(15258) Alfilipenko
(22577) Alfiuccio
(1375) Alfreda
(11765) Alfredfowler
(24907) Alfredhaar
(11769) Alfredjoy
(189000) Alfredkubin
(13058) Alfredstevens
(12057) Alfredsturm
(1778) Alfven
(1213) Algeria
(26368) Alghunaim
(1394) Algoa
(929) Algunde
(3851) Alhambra
(59239) Alhazen
(18812) Aliadler
(9426) Aliante
(291) Alice
(18825) Alicechai
(21497) Alicehine
(20109) Alicelandis
(14513) Alicelindner
(4751) Alicemanning
(5951) Alicemonet
(56678) Alicewessen
(26005) Alicezhao
(11123) Aliciaclaire
(13281) Aliciahall
(18737) Aliciaworley
(13046) Aliev
(1567) Alikoski
(11422) Alilienthal
(58097) Alimov
(21684) Alinafiocca
(887) Alinda
(266) Aline
(8651) Alineraynal
(214136) Alinghi
(108140) Alir

89

(14225) Alisahamilton
(2526) Alisary
(27091) Alisonbick
(21558) Alisonliu
(16023) Alisonyee
(15891) Alissazhang
(15819) Alisterling
(20017) Alixcatherine
(192686) Aljuroma
(124) Alkeste
(12714) Alkimos
(4592) Alkissia
(82) Alkmene
(11169) Alkon
(3037) Alku
(135979) Allam
(11414) Allanchu
(4419) Allancook
(171153) Allanrahill
(457) Alleghenia
(11348) Allegra
(19727) Allen
(48643) Allen-Beach
(22995) Allenjanes
(18983) Allentran
(28483) Allenyuan
(24680) Alleven
(14182) Alley
(20834) Allihewlett
(20852) Allilandstrom
(25364) Allisonbaas
(22174) Allisonmae
(19439) Allisontjong
(21694) Allisowilson
(24274) Alliswheeler
(13579) Allodd
(20271) Allygoldberg
(390) Alma
(4339) Almamater
(256796) Almanzor
(191856) Almarivan
(13446) Almarkim
(11606) Almary
(17040) Almeida
(5879) Almeria
(15676) Almoisheev
(3045) Alois
(15230) Alona
(73533) Alonso
(9995) Alouette
(11824) Alpaidze
(13217) Alpbach
(100122) Alpes
Maritimes
(925) Alphonsina
(23608) Alpiapuane
(25898) Alpoge
(7269) Alprokhorov
(10957) Alps
(10478) Alsabti
(971) Alsatia
(1617) Alschmitt
(955) Alstede
(12621) Alsufi
(2232) Altaj
(7742) Altamira
(8121) Altdorfer
(9336) Altenburg
(8832) Altenrath
(4857) Altgamia
(119) Althaea
(148780) Altjira
(850) Altona
(117156) Altschwendt

(4104) Alu
(2508) Alupka
(2353) Alva
(3581) Alvarez
(20657) Alvarez-Candal
(3567) Alvema
(6996) Alvensleben
(13677) Alvin
(7248) Alvsjo
(1169) Alwine
(80451) Alwoods
(75829) Alyea
(16114) Alyono
(7959) Alysecherri
(24331) Alyshaowen
(23783) Alyssachan
(23792) Alyssacook
(21924) Alyssaovaitt
(26332) Alyssehrlich
(233661) Alytus
(44821) Amadora
(11716) Amahartman
(650) Amalasuntha
(18169) Amaldi
(284) Amalia
(113) Amalthea
(725) Amanda
(19122) Amandabosh
(10607) Amandahatton
(19857) Amandajane
(26013) Amandalonzo
(20415) Amandalu
(19467) Amandanagy
(19465) Amandarusso
(12595) Amandashaw
(11688) Amandugan
(6247) Amanogawa
(14172) Amanolivere
(3762) Amaravella
(1085) Amaryllis
(4161) Amasis
(9667) Amastrinc
(1035) Amata
(10385) Amaterasu
(19183) Amati
(1042) Amazone
(1905) Ambartsumian
(2933) Amber
(21431) Amberhess
(3519) Ambiorix
(25301) Ambrofogar
(23858) Ambrosesoehn
(193) Ambrosia
(14012) Amedee
(986) Amelia
(23213) Ameliachang
(3471) Amelin
(18020) Amend
(5010) Amenemhet
(4847) Amenhotep
(10804) Amenouzume
(916) America
(6278) Ametkhan
(9509) Amfortas
(516) Amherstia
(18675) Amiamini
(3809) Amici
(367) Amicitia
(12100) Amiens
(39678) Ammannito
(871) Amneris
(2437) Amnestia
(1221) Amor
(58214) Amorim

(2948) Amosov
(198) Ampella
(10183) Ampere
(10247) Amphiaraos
(5244) Amphilochos
(5652) Amphimachus
(37519) Amphios
(29) Amphitrite
(181483) Ampleforth
(46513) Ampzing
(20644) Amritdas
(11945) Amsterdam
(3554) Amun
(1065) Amundsenia
(17452) Amurreka
(3375) Amy
(26414) Amychyao
(55576) Amycus
(22679) Amydavid
(9274) Amylovell
(234750) Amymainzer
(26653) Amymeyer
(10060) Amymilne
(22865) Amymoffett
(23904) Amytang
(5560) Amytis
(8289) An-Eefje
(16602) Anabuki
(8834) Anacardium
(980) Anacostia
(2339) Anacreon
(11441) Anadiego
(39677) Anagaribaldi
(270) Anahita
(19860) Anahtar
(3848) Analucia
(21560) Analyons
(181043) Anan
(23323) Anand
(24474) Ananthram
(15500) Anantpatel
(25721) Anartya
(824) Anastasia
(20477) Anastroda
(11166) Anatolefrance
(3286) Anatoliya
(19539) Anaverdu
(4180) Anaxagoras
(6006) Anaximandros
(6051) Anaximenes
(21801) Ancerl
(18263) Anchialos
(1173) Anchises
(14088) Ancus
(15735) Andakerkhoven
(10719) Andamar
(6013) Andanike
(27385) Andblonsky
(2788) Andenne
(4815) Anders
(2476) Andersen
(7813) Anderserikson
(26429) Andiwagner
(25093) Andmikhaylov
(6424) Ando
(13608) Andosatoru
(42403) Andraimon
(8151) Andranada
(2175) Andrea Doria
(21891) Andreabocelli
(96876) Andreamanna
(26575) Andreapugh
(8164) Andreasdoppler
(17459) Andreashofer

90

(145566) Andreasphilipp
(1296) Andree
(4199) Andreev
(20284) Andreilevin
(5761) Andreivanov
(14040) Andrejka
(8477) Andrejkiselev
(11244) Andrekuipers
(116166) Andremaeder
(2282) Andres Bello
(28525) Andrewabboud
(79353) Andrewalday
(21778) Andrewarren
(18159) Andrewcook
(6947) Andrewdavis
(229255) Andrewelliott
(28351) Andrewfeldman
(25679) Andrewguo
(15635) Andrewhager
(17962) Andrewherron
(28167) Andrewkim
(17956) Andrewlenoir
(27197) Andrewliu
(26266) Andrewmerrill
(23679) Andrewmoore
(23153) Andrewnowell
(78430) Andrewpearce
(19424) Andrewsong
(11001) Andrewulff
(3413) Andriana
(7721) Andrillat
(42748) Andrisani
(8048) Andrle
(5027) Androgeos
(175) Andromache
(2294) Andronikov
(11003) Andronov
(133293) Andrushivka
(8257) Andycheng
(25300) Andyromine
(17399) Andysanto
(1172) Aneas
(10456) Anechka
(20773) Aneeshvenkat
(320790) Anestin
(9991) Anezka
(7468) Anfimov
(3158) Anga
(1957) Angara
(30788) Angekauffmann
(11911) Angel
(274137) Angelaglinos
(16132) Angelakim
(22064) Angelalewis
(9428) Angelalouise
(25402) Angelanorse
(27580) Angelataylor
(26947) Angelawang
(23057) Angelawilson
(26002) Angelayeung
(28503) Angelazhang
(965) Angelica
(20643) Angelicaliu
(64) Angelina
(12617) Angelusilesius
(3160) Angerhofer
(64291) Anglee
(1712) Angola
(18102) Angrilli
(8420) Angrogna
(42487) Angstrom
(9560) Anguita
(8593) Angustirostris
(6120) Anhalt

(2162) Anhui
(791) Ani
(3358) Anikushin
(129078) Animoo
(27434) Anirudhjain
(25455) Anissamak
(1016) Anitra
(8060) Anius
(8820) Anjandersen
(26057) Ankaios
(1457) Ankara
(28428) Ankurvaishnav
(25799) Anmaschlegel
(265) Anna
(11299) Annafreud
(15014) Annagekker
(2519) Annagerman
(32731) Annaivanovna
(24930) Annajamison
(20180) Annakoleny
(7787) Annalaura
(27613) Annalou
(9823) Annantalova
(3055) Annapavlova
(27150) Annasante
(26948) Annasato
(18707) Annchi
(25512) Anncomins
(24316) Anncooper
(15042) Anndavgui
(3667) Anne-Marie
(178830) Anne-Veronique
(39429) Annebronte
(5535) Annefrank
(18244) Anneila
(21739) Annekeschwob
(17904) Annekoupal
(7330) Annelemaitre
(910) Anneliese
(26235) Annemaduggan
(3724) Annenskij
(12527) Anneraugh
(3664) Anneres
(2839) Annette
(22137) Annettelee
(48774) Anngower
(155290) Anniegrauer
(817) Annika
(137165) Annis
(9774) Annjudge
(25511) Annlipinsky
(23018) Annmoriarty
(8835) Annona
(2572) Annschnell
(17835) Anoelsuri
(4109) Anokhin
(8564) Anomalocaris
(9611) Anouck
(46737) Anpanman
(12033) Anselmo
(8435) Anser
(3136) Anshan
(107074) Ansonsylva
(6717) Antal
(2404) Antarctica
(17494) Antaviana
(198592) Antbernal
(2207) Antenor
(1943) Anteros
(22729) Anthennig
(249061) Anthonyberger
(24289) Anthonypalma
(7214) Anticlus
(129) Antigone

(651) Antikleia
(1583) Antilochus
(9828) Antimachos
(26232) Antink
(1863) Antinous
(90) Antiope
(8319) Antiphanes
(13463) Antiphos
(6614) Antisthenes
(3686) Antoku
(7957) Antonella
(27864) Antongraff
(11657) Antonhajduk
(272) Antonia
(12580) Antonini
(16744) Antonioleone
(19783) Antoniromanya
(65357) Antoniucci
(14317) Antonov
(20480) Antonschraut
(1294) Antwerpia
(12619) Anubelshunu
(1912) Anubis
(12072) Anupamakotha
(3575) Anyuta
(2061) Anza
(4292) Aoba
(200003) Aokeda
(5337) Aoki
(2341) Aoluta
(19701) Aomori
(3810) Aoraki
(4094) Aoshima
(3400) Aotearoa
(9886) Aoyagi
(11258) Aoyama
(18639)
Aoyunzhiyuanzhe
(90022) Apache Point
(134130) Apaczai
(159215) Apan
(4232) Aparicio
(8273) Apatheia
(5885) Apeldoorn
(1388) Aphrodite
(19139) Apian
(32811) Apisaon
(29214) Apitzsch
(10780) Apollinaire
(1862) Apollo
(12609) Apollodoros
(358) Apollonia
(99942) Apophis
(3190) Aposhanskij
(6710) Apostel
(988) Appella
(10959) Appennino
(1768) Appenzella
(25714) Aprillee
(9393) Apta
(12606) Apuleius
(11322) Aquamarine
(8836) Aquifolium
(1063) Aquilegia
(107052) Aquincum
(387) Aquitania
(849) Ara
(15144) Araas
(841) Arabella
(1157) Arabia
(1087) Arabis
(407) Arachne
(1005) Arago
(5070) Arai

(21082) Araimasaru
(4718) Araki
(8707) Arakihiroshi
(973) Aralia
(227962) Aramis
(9384) Aransio
(89973) Aranyjanos
(96205) Ararat
(12152) Aratus
(16077) Arayhamilton
(25412) Arbesfeld
(1020) Arcadia
(14622) Arcadiopoveda
(6645) Arcetri
(9860) Archaeopteryx
(4030) Archenhold
(65590) Archeptolemos
(5806) Archieroy
(5873) Archilochos
(3600) Archimedes
(11941) Archinal
(6535) Archipenko
(16986) Archivestef
(14995) Archytas
(6556) Arcimboldo
(1031) Arctica
(8769) Arctictern
(8540) Ardeberg
(4849) Ardenne
(23204) Arditkroni
(10501) Ardmacha
(10130) Ardre
(394) Arduina
(4337) Arecibo
(1502) Arenda
(737) Arequipa
(12052) Aretaon
(197) Arete
(95) Arethusa
(4759) Aretta
(1551) Argelander
(469) Argentina
(152227) Argoli
(13410) Arhale
(43) Ariadne
(1225) Ariane
(28460) Ariannepapa
(1395) Aribeda
(3496) Arieso
(20855) Arifawan
(9651) Arii-SooHoo
(23894) Arikahiguchi
(9226) Arimahiroshi
(3523) Arina
(2135) Aristaeus
(3999) Aristarchus
(2319) Aristides
(2934) Aristophanes
(6123) Aristoteles
(793) Arizona
(10702) Arizorcas
(28447) Arjunmathur
(20300) Arjunsuri
(23212) Arkajitdey
(20961) Arkesilaos
(4424) Arkhipova
(15112) Arlenewolfe
(164586) Arlette
(35978) Arlington
(1717) Arlon
(17893) Arlot
(10502) Armaghobs
(3376) Armandhammer
(14572) Armando

(10996) Armandspitz
(6855) Armellini
(780) Armenia
(514) Armida
(1464) Armisticia
(774) Armor
(6469) Armstrong
(28321) Arnabdey
(281272) Arnaudleroy
(16714) Arndt
(959) Arne
(3457) Arnenordheim
(13209) Arnhem
(1100) Arnica
(8055) Arnim
(1018) Arnolda
(12211) Arnoschmidt
(10745) Arnstadt
(1304) Arosa
(257005) Arpadpal
(2958) Arpetito
(4696) Arpigny
(2194) Arpola
(5697) Arrhenius
(5263) Arrius
(23325) Arroyo
(33179) Arsenewenger
(404) Arsinoe
(7212) Artaxerxes
(113951) Artdavidsen
(1956) Artek
(105) Artemis
(2597) Arthur
(5279) Arthuradel
(3961) Arthurcox
(18610) Arthurdent
(7171) Arthurkraus
(24347) Arthurkuan
(3769) Arthurmiller
(11516) Arthurpage
(19025) Arthurpetron
(15378) Artin
(4136) Artmane
(61384) Arturoromer
(26546) Arulmani
(2313) Aruna
(8600) Arundinaceus
(21582) Arunvenkataraman
(22827) Arvernia
(10121) Arzamas
(8233) Asada
(12364) Asadagouryu
(10157) Asagiri
(8747) Asahi
(5230) Asahina
(43751) Asam
(6986) Asamayama
(2023) Asaph
(4756) Asaramas
(4531) Asaro
(8405) Asbolus
(12649) Ascanios
(214) Aschera
(17972) Ascione
(4581) Asclepius
(28050) Asekomeh
(56280) Asemo
(21485) Ash
(2157) Ashbrook
(6564) Asher
(9227) Ashida
(20799) Ashishbakshi
(6961) Ashitaka

(4399) Ashizuri
(19952) Ashkinazi
(3460) Ashkova
(128297) Ashlevi
(6752) Ashley
(18672) Ashleyamini
(58196) Ashleyess
(25772) Ashpatra
(7208) Ashurbanipal
(67) Asia
(7679) Asiago
(25312) Asiapossenti
(5020) Asimov
(11554) Asios
(27375) Asirvatham
(4894) Ask
(24162) Askaci
(4946) Askalaphus
(1216) Askania
(962) Aslog
(13303) Asmitakumar
(2174) Asmodeus
(409) Aspasia
(7939) Asphaug
(958) Asplinda
(246) Asporina
(4191) Assesse
(8401) Assirelli
(15342) Assisi
(233383) Assisneto
(1041) Asta
(11027) Astaf'ev
(2408) Astapovich
(672) Astarte
(1218) Aster
(73883) Asteraude
(658) Asteria
(29401) Asterix
(4805) Asteropaios
(233) Asterope
(5) Astraea
(27789) Astrakhan
(27564) Astreichelt
(1128) Astrid
(29080) Astrocourier
(25000) Astrometria
(100000) Astronautica
(1154) Astronomia
(59800) Astropis
(24626) Astrowizard
(1871) Astyanax
(4077) Asuka
(18725) Atacama
(4721) Atahualpa
(152) Atala
(36) Atalante
(1139) Atami
(3546) Atanasoff
(27952) Atapuerca
(111) Ate
(2062) Aten
(7590) Aterui
(3307) Athabasca
(515) Athalia
(230) Athamantis
(730) Athanasia
(881) Athene
(17072) Athiviraham
(161) Athor
(227930) Athos
(18930) Athreya
(28376) Atifjaved
(163693) Atira
(1827) Atkinson

(1198) Atlantis
(21404) Atluri
(810) Atossa
(14791) Atreus
(273) Atropos
(18403) Atsuhirotaisei
(8414) Atsuko
(4842) Atsushi
(27982)
Atsushimiyazaki
(85308) Atsushimori
(20403) Attenborough
(8975) Atthis
(1138) Attica
(1489) Attila
(161693) Attilladanko
(260235) Attwood
(3920) Aubignan
(39543) Aubriet
(19620) Auckland
(15838) Auclair
(9117) Aude
(184535) Audouze
(4238) Audrey
(20004) Audrey-
Lucienne
(14252) Audreymeyer
(133007) Audreysimmons
(75564) Audubon
(9908) Aue
(13184) Augeias
(254) Augusta
(43806) Augustepiccard
(5171) Augustesen
(10825) Augusthermann
(62190) Augusthorch
(17496) Augustinus
(170306) Augustzatka
(1480) Aunus
(1488) Aura
(19912) Aurapenenta
(700) Auravictrix
(419) Aurelia
(22769) Aurelianora
(1231) Auricula
(6043) Aurochs
(94) Aurora
(63) Ausonia
(19861) Auster
(19602) Austinminor
(8088) Australia
(2236) Austrasia
(136) Austria
(2920) Automedon
(1465) Autonoma
(5461) Autumn
(11760) Auwers
(17445) Avatcha
(26356) Aventini
(8318) Averroes
(3580) Avery
(2755) Avicenna
(26503) Avicramer
(10011) Avidzba
(12161) Avienius
(9385) Avignon
(22627) Aviscardi
(12294) Avogadro
(8588) Avosetta
(19544) Avramkottke
(3324) Avsyuk
(5399) Awa
(3380) Awaji
(9967) Awanoyumi

(13039) Awashima
(19386) Axelcronstedt
(15924) Axelmartin
(12850) Axelmunthe
(5097) Axford
(4641) Ayako
(3994) Ayashi
(10895) Aynrand
(24154) Ayonsen
(25212) Ayushgupta
(18749) Ayyubguliev
(3290) Azabu
(1056) Azalea
(2698) Azerbajdzhan
(29362) Azumakofuzi
(8723) Azumayama
(6933) Azumayasan
(7851) Azumino
(8713) Azusa
(95593) Azusienis
(12358) Azzurra
(2031) BAM
(1501) Baade
(6524) Baalke
(7164) Babadzhanov
(9017) Babadzhanyan
(24118) Babazadeh
(11341) Babbage
(10795) Babben
(3167) Babcock
(5808) Babel'
(5820) Babelsberg
(8344) Babette
(7490) Babicka
(4316) Babinkova
(10684) Babkina
(2059) Baboquivari
(24948) Babote
(36060) Babuska
(15417) Babylon
(17967) Bacampbell
(2063) Bacchus
(108205) Baccipaolo
(1814) Bach
(856) Backlunda
(2940) Bacon
(340980) Bad Vilbel
(159974) Badacsony
(333) Badenia
(23164) Badger
(4866) Badillo
(13657) Badinter
(23578) Baedeker
(26821) Baehr
(12688) Baekeland
(4569) Baerbel
(2513) Baetsle
(172947) Baeyens
(10002) Bagdasarian
(2901) Bagehot
(5136) Baggaley
(4088) Baggesen
(7079) Baghdad
(25648) Baghel
(7808) Bagould
(3127) Bagration
(5533) Bagrov
(4400) Bagryana
(25807) Baharshah
(113949) Bahcall
(2358) Bahner
(19434) Bahuffman
(26640) Bahyl
(2776) Baikal

(2700) Baikonur
(1280) Baillauda
(3115) Baily
(25045) Baixuefei
(1591) Baize
(5386) Bajaja
(8315) Bajin
(2549) Baker
(30934) Bakerhansen
(4011) Bakharev
(3242) Bakhchisaraj
(11786) Bakhchivandji
(8782) Bakhrakh
(269567) Bakhtinov
(131245) Bakich
(160001) Bakonybel
(136473) Bakosgaspar
(5681) Bakulev
(8678) Bal
(5315) Bal'mont
(6777) Balakirev
(24649) Balaklava
(16116) Balakrishnan
(3749) Balam
(27381) Balasingam
(20821) Balasridhar
(26634)
Balasubramanian
(2242) Balaton
(9289) Balau
(214081) Balavoine
(114991) Balazs
(12895) Balbastre
(124104) Balcony
(4059) Balder
(274084) Baldone
(138221) Baldry
(1491) Balduinus
(4831) Baldwin
(19776) Balears
(770) Bali
(7331) Balindblad
(11668) Balios
(79647) Ballack
(4808) Ballaero
(11277) Ballard
(12755) Balmer
(4391) Balodis
(6109) Balseiro
(5610) Balster
(5870) Baltimore
(5701) Baltuck
(18430) Balzac
(324) Bamberga
(4490) Bambery
(15845) Bambi
(5804) Bambinidipraga
(16856) Banach
(1286) Banachiewicza
(21663) Banat
(8465) Bancelin
(1713) Bancilhon
(10091) Bandaisan
(79130) Bandanomori
(9780) Bandersnatch
(27997) Bandos
(597) Bandusia
(17784) Banerjee
(176710) Banff
(22440) Bangsgaard
(25864) Banic
(8905) Bankakuko
(13956) Banks
(155083) Banneker

(3394) Banno
(13198) Banpeiyu
(24265) Banthonytwarog
(43293) Banting
(10453) Banzan
(298) Baptistina
(2883) Barabashov
(8954) Baral
(214487) Baranivka
(93061) Barbagallo
(234) Barbara
(15056) Barbaradixon
(19982) Barbaradoore
(24069) Barbarapener
(27584) Barbaravelez
(24211) Barbarawood
(11473) Barbaresco
(1860) Barbarossa
(8978) Barbatus
(10978) Barbchen
(6816) Barbcohen
(180739) Barbet
(24065) Barbfriedman
(12433) Barbieri
(16251) Barbifrank
(23055) Barbjewett
(945) Barcelona
(17062) Bardot
(1615) Bardwell
(33330) Bareges
(7163) Barenboim
(14505) Barentine
(17803) Barish
(7868) Barker
(5781) Barkhatova
(4524) Barklajdetolli
(2730) Barks
(6428) Barlach
(15466) Barlow
(118173) Barmen
(819) Barnardiana
(5655) Barney
(8768) Barnowl
(6590) Barolo
(7196) Baroni
(5958) Barrande
(19395) Barrera
(111558) Barrett
(6695) Barrettduff
(3693) Barringer
(1703) Barry
(215886) Barryarnold
(20405) Barryburke
(25273) Barrycarole
(16076) Barryhaase
(9139) Barrylasker
(19980) Barrysimon
(16102) Barshannon
(4204) Barsig
(212587) Bartasiute
(128065) Bartbenjamin
(17823) Bartels
(16459) Barth
(6484) Barthibbs
(4982) Bartini
(141496) Bartkevicius
(2279) Barto
(4132) Bartok
(12399) Bartolini
(25519) Bartolomeo
(33480) Bartolucci
(3485) Barucci
(78429) Baschek
(6084) Bascom

(7573) Basfifty
(21937) Basheehan
(2657) Bashkiria
(30937) Bashkirtseff
(26795) Basilashvili
(2033) Basilea
(3991) Basilevsky
(25653) Baskaran
(4267) Basner
(3599) Basov
(6460) Bassano
(49501) Basso
(26757) Bastei
(2855) Bastian
(4318) Bata
(20309) Batalden
(4616) Batalov
(23248) Batchelor
(21399) Bateman
(10327) Batens
(2434) Bateson
(441) Bathilde
(20526) Bathompson
(592) Bathseba
(18581) Batllo
(11739) Baton Rouge
(2702) Batrakov
(8155) Battaglini
(12828) Batteas
(3931) Batten
(11176) Batth
(18556) Battiato
(9115) Battisti
(172) Baucis
(18611) Baudelaire
(14400) Baudot
(28482) Bauerle
(1553) Bauersfelda
(8502) Bauhaus
(151997) Bauhinia
(11787) Baumanka
(3683) Baumann
(17770) Baume
(813) Baumeia
(157640) Baumeler
(9699) Baumhauer
(25655) Baupeter
(11673) Baur
(2306) Bauschinger
(11580) Bautzen
(301) Bavaria
(28165) Bayanmashat
(23411) Bayanova
(22908) Bayefsky-Anand
(11946) Bayle
(95954) Bayzoltan
(5304) Bazhenov
(3161) Beadell
(656) Beagle
(3314) Beals
(55108) Beamueller
(13606) Bean
(1043) Beate
(8749) Beatles
(16226) Beaton
(3087) Beatrice
Tinsley
(83) Beatrix
(2925) Beatty
(9161) Beaufort
(17858) Beauge
(11385) Beauvoir
(7333) Bec-
Borsenberger

(8935) Beccaria
(21269) Bechini
(5024) Bechmann
(10856) Bechstein
(24922) Bechtel
(6074) Bechtereva
(1349) Bechuana
(21050) Beck
(3522) Becker
(3737) Beckman
(6914) Becquerel
(4567) Becvar
(231470) Bedding
(3691) Bede
(16672) Bedini
(15092) Beegees
(1896) Beer
(4026) Beet
(1815) Beethoven
(12149) Begas
(5665) Begemann
(943) Begonia
(68325) Begues
(8009) Beguin
(17102) Begzhigitova
(12145) Behaim
(3278) Behounek
(1651) Behrens
(65685) Behring
(23457) Beiderbecke
(6718) Beiglbock
(59000) Beiguan
(90830) Beihang
(23408) Beijingaoyun
(7072) Beijingdaxue
(1474) Beira
(26488) Beiser
(8050) Beishida
(31065) Beishizhang
(13258) Bej
(25656) Bejnood
(21503) Beksha
(19678) Belczyk
(11284) Belenus
(14669) Beletic
(14790) Beletskij
(1052) Belgica
(5110) Belgirate
(9612) Belgorod
(2808) Belgrano
(3747) Belinskij
(178) Belisana
(1074) Beljawskya
(22276) Belkin
(179595) Belkovich
(695) Bella
(79271) Bellagio
(1808) Bellerophon
(9604) Bellevanzuylen
(18148) Bellier
(3659) Bellingshausen
(18509) Bellini
(6445) Bellmore
(28) Bellona
(48844) Belloves
(11069) Bellqvist
(2626) Belnika
(10770) Belo Horizonte
(1004) Belopolskya
(8786) Belskaya
(3498) Belton
(12442) Beltramemass
(15620) Beltrami
(2368) Beltrovata

94

(2030) Belyaev
(8448) Belyakina
(2863) Ben Mayer
(15897) Benackova
(11764) Benbaillaud
(20532) Benbilby
(11219) Benbohn
(256797) Benbow
(21508) Benbrewer
(35229) Benckert
(14702) Benclark
(734) Benda
(4684) Bendjoya
(92578) Benecchi
(6579) Benedix
(5102) Benfranklin
(19416) Benglass
(1846) Bengt
(1784) Benguella
(23277) Benhughes
(21662) Benigni
(45737) Benita
(25992) Benjamensun
(976) Benjamina
(24138) Benjaminlu
(29463) Benjaminpeirce
(23861) Benjaminsong
(15565) Benjaminsteele
(24146) Benjamueller
(133892) Benkhaldoun
(13332) Benkhoff
(863) Benkoela
(28103) Benmcpheron
(9012) Benner
(4093) Bennett
(8467) Beno\itcarry
(12578) Bensaur
(16230) Benson
(5293) Bentengahama
(5419) Benua
(24985) Benuri
(25113) Benwasserman
(8069) Benweiss
(7967) Beny
(6734) Benzenberg
(1517) Beograd
(38086) Beowulf
(10387) Bepicolombo
(27967) Beppebianchi
(70179) Beppechiara
(6876) Beppeforti
(11197) Beranek
(776) Berbericia
(4184) Berdyayev
(159181) Berdychiv
(6319) Beregovoj
(2998) Berendeya
(653) Berenike
(5694) Berenyi
(5682) Beresford
(7950) Berezov
(4528) Berg
(12709) Bergen op Zoom
(221516) Bergen-Enkheim
(7280) Bergengruen
(12729) Berger
(3093) Bergholz
(14596) Bergstralh
(8695) Bergvall
(716) Berkeley
(27657) Berkhey
(3604) Berkhuijsen
(95179) Berko
(25657) Berkowitz

(4359) Berlage
(140602) Berlind
(69288) Berlioz
(114239) Bermarmi
(1313) Berna
(18236) Bernardburke
(27983) Bernardi
(629) Bernardina
(8079) Bernardlovell
(156880) Bernardtregon
(3266) Bernardus
(238129) Bernardwolfe
(7848) Bernasconi
(191494) Berndkoch
(16051) Bernero
(13926) Berners-Lee
(21505) Bernert
(3038) Bernes
(2643) Bernhard
(3467) Bernheim
(8437) Bernicla
(7149) Bernie
(14498) Bernini
(13916) Bernolak
(2034) Bernoulli
(25365) Bernreuter
(4476) Bernstein
(422) Berolina
(4702) Berounka
(25331) Berrevoets
(7918) Berrilli
(3684) Berry
(13416) Berryman
(4603) Bertaud
(8266) Bertelli
(154) Bertha
(15905) Berthier
(420) Bertholda
(12750) Berthollet
(8698)
Bertilpettersson
(16002) Bertin
(46392) Bertola
(11102) Bertorighini
(85320) Bertram
(161371) Bertrandou
(13053)
Bertrandrussell
(10067) Bertuch
(3179) Beruti
(10380) Berwald
(1729) Beryl
(13109) Berzelius
(196807) Beshore
(16953) Besicovitch
(46610) Besixdouze
(6374) Beslan
(1552) Bessel
(154938) Besserman
(150129) Besshi
(11446) Betankur
(23814) Bethanylynne
(19619) Bethbell
(222403) Bethchristie
(21513) Bethcochran
(30828) Bethe
(7994) Bethellen
(6856) Bethemmons
(937) Bethgea
(42924) Betlem
(21506) Betsill
(19787) Betsyglass
(18785) Betsywelsh
(7329) Bettadotto

(7141) Bettarini
(17076) Betti
(250) Bettina
(12159) Bettybiegel
(21679) Bettypalermiti
(84991) Bettyphilpotts
(8644) Betulapendula
(1580) Betulia
(8127) Beuf
(14953) Bevilacqua
(10325) Bexa
(1611) Beyer
(23199) Bezdek
(17285) Bezout
(1963) Bezovec
(3096) Bezruc
(12686) Bezuglyj
(21351) Bhagwat
(78118) Bharat
(21507) Bhasin
(13259) Bhat
(8348) Bhattacharyya
(26518) Bhuiyan
(19981) Bialystock
(218) Bianca
(42775) Bianchini
(55418) Bianciardi
(6742) Biandepei
(4821) Bianucci
(1146) Biarmia
(8771) Biarmicus
(11206) Bibee
(51895) Biblialexa
(30722) Biblioran
(205424) Bibracte
(18113) Bibring
(55844) Bicak
(250606) Bichat
(4837) Bickerton
(4620) Bickley
(9398) Bidelman
(3246) Bidstrup
(2281) Biela
(54598) Bienor
(73640) Biermann
(10218) Bierstadt
(10442) Biezenzo
(5683) Bifukumonin
(69263) Big Ben
(8850) Bignonia
(4460) Bihoro
(7928) Bijaoui
(20331) Bijemarks
(5372) Bikki
(185554) Bikushev
(23166) Bilal
(2991) Bilbo
(12162) Bilderdijk
(4425) Bilk
(585) Bilkis
(10967) Billallen
(228136) Billary
(4175) Billbaum
(11675) Billboyle
(9930) Billburrows
(21531) Billcollin
(15058) Billcooke
(27284) Billdunbar
(6007) Billevans
(15846) Billfyfe
(20234) Billgibson
(8457) Billgolisch
(15964) Billgray
(79896) Billhaley

(9116) Billhamilton	(22927) Blewett	(371) Bohemia
(15849) Billharper	(3263) Bligh	(292051) Bohlender
(11216) Billhubbard	(5572) Bliskunov	(720) Bohlinia
(73703) Billings	(3318) Blixen	(1141) Bohmia
(4322) Billjackson	(10447) Bloembergen	(15938) Bohnenblust
(4838) Billmclaughlin	(2540) Blok	(8010) Bohnhardt
(7607) Billmerline	(13231) Blondelet	(3948) Bohr
(8537) Billochbull	(16887) Blouke	(1635) Bohrmann
(6135) Billowen	(19582) Blow	(9008) Bohsternberk
(5738) Billpickering	(23061) Blueglass	(7897) Bohuska
(11017) Billputnam	(16197) Bluepeter	(34666) Bohyunsan
(21148) Billramsey	(18106) Blume	(330634) Boico
(21821) Billryan	(21414) Blumenthal	(27047) Boisvert
(5630) Billschaefer	(10857) Bluthner	(6685) Boitsov
(63032) Billschmitt	(55755) Blythe	(1654) Bojeva
(7812) Billward	(8925) Boattini	(1983) Bok
(85217) Bilzingsleben	(5871) Bobbell	(2338) Bokhan
(213629) Binford	(6708) Bobbievaile	(25658) Bokor
(28341) Bingaman	(24249) Bobbiolson	(3205) Boksenberg
(8291) Bingham	(19577) Bobbyfisher	(8367) Bokusui
(216390) Binnig	(5642) Bobbywilliams	(21852) Bolander
(19998) Binoche	(13562) Bobeggleton	(712) Boliviana
(2029) Binomi	(54411) Bobestelle	(7873) Boll
(2873) Binzel	(10498) Bobgent	(2601) Bologna
(3924) Birch	(12014) Bobhawkes	(7858) Bolotov
(960) Birgit	(147397) Bobhazel	(17821) Bolsche
(2744) Birgitta	(2829) Bobhope	(26793) Bolshoi
(16674) Birkeland	(7159) Bobjoseph	(8785) Boltwood
(15896) Birkhoff	(63305) Bobkepple	(24712) Boltzmann
(4803) Birkle	(37859) Bobkoff	(1441) Bolyai
(10034) Birlan	(43657) Bobmiller	(2622) Bolzano
(65100) Birtwhistle	(2507) Bobone	(23404) Bomans
(2477) Biryukov	(13413) Bobpeterson	(17696) Bombelli
(32808) Bischoff	(6641) Bobross	(12834) Bomben
(17286) Bisei	(18321) Bobrov	(17703) Bombieri
(2633) Bishop	(2637) Bobrovnikoff	(100519) Bombig
(269485) Bisikalo	(27571) Bobscott	(49987) Bonata
(7586) Bismarck	(159778) Bobshelton	(8742) Bonazzoli
(12934) Bisque	(5549) Bobstefanik	(12657) Bonch-Bruevich
(14492) Bistar	(39890) Bobstephens	(11981) Boncompagni
(2038) Bistro	(27279) Boburan	(13693) Bondar
(5120) Bitias	(6181) Bobweber	(767) Bondia
(5299) Bittesini	(13423) Bobwoolley	(3129) Bonestell
(6596) Bittner	(27098) Bocarsly	(20366) Bonev
(26969) Biver	(19149) Boccaccio	(20590) Bongiovanni
(5797) Bivoj	(31015) Boccardi	(13766) Bonham
(4289) Biwako	(141414) Bochanski	(7256) Bonhoeffer
(13241) Biyo	(19915) Bochkarev	(15346) Bonifatius
(9943) Bizan	(17653) Bochner	(16804) Bonini
(114022) Bizyaev	(15053) Bochnicek	(14965) Bonk
(2145) Blaauw	(15710) Bocklin	(5947) Bonnie
(11207) Black	(1487) Boda	(27126) Bonnielei
(10652) Blaeu	(998) Bodea	(361) Bononia
(4891) Blaga	(152559) Bodelschwingh	(9587) Bonpland
(22442) Blaha	(6528) Boden	(1477) Bonsdorffia
(4069) Blakee	(22322) Bodensee	(10654) Bontekoe
(28207) Blakesmith	(3459) Bodil	(36036) Bonucci
(20230) Blanchard	(210939) Bodok	(10028) Bonus
(4478) Blanco	(3458) Boduognat	(17734) Boole
(7498) Blanik	(29483) Boeker	(13825) Booth
(13841) Blankenship	(8175) Boerhaave	(7086) Bopp
(47294) Blansky les	(7804) Boesgaard	(88292) Bora-Bora
(140980) Blanton	(6617) Boethius	(66652) Borasisi
(2320) Blarney	(4269) Bogado	(178156) Borbala
(17637) Blaschke	(3839) Bogaevskij	(13684) Borbona
(126315) Blathy	(25609) Bogantes	(39540) Borchert
(2445) Blazhko	(4794) Bogard	(175726) Borda
(9693) Bleeker	(6784) Bogatikov	(11225) Borden
(15406) Bleibtreu	(12680) Bogdanovich	(9262) Bordovitsyna
(97637) Blennert	(15495) Bogie	(1916) Boreas
(11248) Bleriot	(22616) Bogolyubov	(16065) Borel
(92891) Bless	(3885) Bogorodskij	(11510) Borges
(11582) Bleuler	(3710) Bogoslovskij	(95219) Borgman
(99262) Bleustein	(4275) Bogustafson	(19855) Borisalexeev

96

(20840) Borishanin
(6284) Borisivanov
(11016) Borisov
(18295) Borispetrov
(9148) Boriszaitsev
(13085) Borlaug
(26197) Bormio
(13954) Born
(3859) Borngen
(4453) Bornholm
(264131) Bornim
(3075) Bornmann
(6780) Borodin
(3544) Borodino
(142752) Boroski
(38454) Boroson
(5858) Borovitskia
(2706) Borovsky
(1539) Borrelly
(4673) Bortle
(6923) Borzacchini
(7414) Bosch
(17056) Boschetti
(14361) Boscovich
(25358) Boskovice
(73520) Boslough
(3296) Bosque Alegre
(13583) Bosret
(16234) Bosse
(25108) Bostrom
(91213) Botchan
(1354) Botha
(11228) Botnick
(741) Botolphia
(82638) Bottariclaudio
(5194) Bottger
(29361) Botticelli
(7355) Bottke
(2337) Boubin
(4313) Bouchet
(11552) Boucolion
(23403) Boudewijnbuch
(7649) Bougainville
(12897) Bougeret
(8190) Bouguer
(8523) Bouillabaisse
(8521) Boulainvilliers
(7346) Boulanger
(8489) Boulder
(275786) Bouley
(23158) Bouligny
(9706) Bouma
(3264) Bounty
(13674) Bourge
(1543) Bourgeois
(6207) Bourvil
(3435) Boury
(13390) Bouska
(859) Bouzareah
(2246) Bowell
(3363) Bowen
(88878) Bowenyueli
(1639) Bower
(2996) Bowman
(3681) Boyan
(2563) Boyarchuk
(2611) Boyce
(4301) Boyden
(1215) Boyer
(11967) Boyle
(5345) Boynton
(12270) Bozar
(7699) Bozek

(20534) Bozeman
(7382) Bozhenkova
(3628) Boznemcova
(1342) Brabantia
(10645) Brac
(10392) Brace
(9954) Brachiosaurus
(8433) Brachyrhynchus
(11666) Bracker
(12775) Brackett
(9766) Bradbury
(3430) Bradfield
(2383) Bradley
(2472) Bradman
(8223) Bradshaw
(8553) Bradsmith
(5251) Bradwood
(7691) Brady
(27383) Braebenedict
(3877) Braes
(4884) Bragaria
(4572) Brage
(11150) Bragg
(3488) Brahic
(1818) Brahms
(9969) Braille
(99928) Brainard
(12147) Bramante
(640) Brambilla
(6429) Brancusi
(6068) Brandenburg
(1168) Brandia
(15020) Brandonimber
(26504) Brandonli
(23855) Brandonshih
(25783) Brandontyler
(23295) Brandoreavis
(8831) Brandstrom
(3503) Brandt
(606) Brangane
(4140) Branham
(115477) Brantanica
(31605) Braschi
(5502) Brashear
(15453) Brasileirinhos
(293) Brasilia
(6587) Brassens
(7887) Bratfest
(3372) Bratijchuk
(4018) Bratislava
(6748) Bratton
(18119) Braude
(25497) Brauerman
(1411) Brauna
(5583) Braunerova
(5182) Bray
(32571) Brayton
(11369) Brazelton
(63387) Brazos Bend
(4242) Brecher
(12298) Brecht
(12710) Breda
(18773) Bredehoft
(786) Bredichina
(16915) Bredthauer
(18398) Bregenz
(7054) Brehm
(10980) Breimer
(3918) Brel
(6320) Bremen
(1609) Brenda
(3824) Brendalee
(21854) Brendandwyer
(761) Brendelia

(58679) Brenig
(16053) Brennan
(8054) Brentano
(6837) Bressi
(14977) Bressler
(1211) Bressole
(3232) Brest
(3937) Bretagnon
(236463) Bretecher
(20839) Bretharrison
(6179) Brett
(11583) Breuer
(11678) Brevard
(9468) Brewer
(5799) Brewington
(10315) Brewster
(4192) Breysacher
(2683) Brian
(24344) Brianbarnett
(17885) Brianbeyt
(25515) Briancarey
(17211) Brianfisher
(12562) Briangrazer
(22057) Brianking
(12926) Brianmason
(52665) Brianmay
(24139) Brianmcarthy
(22869) Brianmcfar
(24927) Brianpalmer
(23296) Brianreavis
(19442) Brianrice
(20219) Brianstone
(11374) Briantaylor
(18125) Brianwilson
(7199) Brianza
(7714) Briccialdi
(4029) Bridges
(19029) Briede
(142753) Briegel
(21548) Briekugler
(4209) Briggs
(128895) Bright Spring
(8849) Brighton
(20584) Brigidsavage
(450) Brigitta
(22938) Brilawrence
(5277) Brisbane
(655) Briseis
(1071) Brita
(4522) Britastra
(17902) Britbaker
(1219) Britta
(20772) Brittajones
(51599) Brittany
(15126) Brittanyanderson
(4079) Britten
(22545) Brittrusso
(25333) Britwenger
(521) Brixia
(55874) Brlka
(152750) Brloh
(2889) Brno
(10128) Bro
(95793) Brock
(4724) Brocken
(27765) Brockhaus
(22913) Brockman
(25125) Brodallan
(236800) Broder
(18766) Broderick
(17965) Brodersen
(23401) Brodskaya
(9974) Brody

```
  (1879) Broederstroom      (133280) Bryleen          (23753) Busdicker
 (18542) Broglio             (19563) Brzezinska        (20658) Bushmarinov
  (6769) Brokoff             (25613) Bubenicek          (2490) Bussolini
 (27491) Broksas            (16355) Buber             (28474) Bustamante
  (4575) Broman            (243458) Bubulina            (5196) Bustelli
  (1315) Bronislawa        (235999) Bucciantini       (20524) Bustersikes
 (16119) Bronner             (3141) Buchar            (21418) Bustos
  (3385) Bronnina           (15465) Buchroeder         (4936) Butakov
  (7002) Bronshten           (3209) Buchwald         (125592) Buthiers
  (9949) Brontosaurus       (12583) Buckjean          (13543) Butler
 (11229) Brookebowers       (20084) Buckmaster        (13049) Butov
  (2773) Brooks              (8166) Buczynski          (9094) Butsuen
 (31122) Brooktaylor          (908) Buda              (18167) Buttani
  (3309) Brorfelde          (16155) Buddy              (4344) Buxtehude
  (3979) Brorsen            (15392) Budejicky          (8852) Buxus
  (3144) Brosche           (103740) Budinger          (10961) Buysballot
 (24105) Broughton           (2524) Budovicium        (14318) Buzinov
 (33027) Brouillac            (338) Budrosa           (16198) Buzios
  (1746) Brouwer            (10042) Budstewart         (6517) Buzzi
  (1643) Brown               (7850) Buenos Aires     (22724) Byatt
  (3259) Brownlee            (7420) Buffon              (199) Byblis
 (16244) Broz               (17983) Buhrmester        (16783) Bychkov
  (7295) Brozovic            (7553) Buie               (2661) Bydzovsky
  (5079) Brubeck             (6820) Buil               (2170) Byelorussia
 (21430) Brubrew            (13734) Buklad             (4682) Bykov
  (4203) Brucato            (12409) Bukovanska         (3505) Byrd
  (2430) Bruce Helin         (3469) Bulgakov           (3306) Byron
 (11679) Brucebaker          (2575) Bulgaria          (90226) Byronsmith
 (86279) Brucegary          (16062) Buncher            (6180) Bystritskaya
  (5262) Brucegoldberg      (31095) Buneiou           (15000) CCD
  (9127) Brucekoehn          (6722) Bunichi            (2252) CERGA
  (4957) Brucemurray         (3890) Bunin             (15332) CERN
 (90449)                    (11292) Bunjisuzuki        (9997) COBE
Brucestephenson             (2283) Bunke             (24044) Caballo
  (5004) Bruch              (10361) Bunsen            (31431) Cabibbo
   (455) Bruchsalia         (19243) Bunting            (7317) Cabot
   (323) Brucia             (73465) Buonanno           (2997) Cabrera
  (3955) Bruckner           (17891) Buraliforti       (39335) Caccin
  (9664) Brueghel           (90502) Buratti            (9934) Caccioppoli
  (9472) Bruges              (5490) Burbidge         (161989) Cacus
 (42492) Bruggenthies        (5159) Burbine          (200020) Cadi Ayyad
  (5127) Bruhns              (3447) Burckhalter        (7092) Cadmus
  (4916) Brumberg            (6754) Burdenko            (297) Caecilia
   (290) Bruna               (3583) Burdett           (57424) Caelumnoctu
  (6055) Brunelleschi         (384) Burdigala         (18458) Caesar
 (72819) Brunet             (12414) Bure               (6377) Cagney
  (8253) Brunetto           (10100) Burgel            (11112) Cagnoli
 (18974) Brungardt           (2481) Burgi             (21410) Cahill
   (123) Brunhild           (19543) Burgoyne            (952) Caia
 (11538) Brunico              (374) Burgundia         (13219) Cailletet
 (10943) Brunier             (7867) Burian           (207681) Caiqiao
  (5758) Brunini            (14570) Burkam            (25456) Caitlinmann
  (2499) Brunk               (4874) Burke             (12359) Cajigal
(142754) Brunner            (267003) Burkert           (8967) Calandra
  (6807) Brunnow             (4549) Burkhardt          (8269) Calandrelli
 (68947) Brunofunk           (9143) Burkhead         (189202) Calar Alto
(199900) Brunoganz           (4719) Burnaby            (2926) Caldeira
  (1570) Brunonia            (4427) Burnashev         (72804) Caldentey
 (17649) Brunorossi          (5798) Burnett            (9478) Caldeyro
 (16590) Brunowalter         (6235) Burney            (25024) Calebmcgraw
  (4687) Brunsandrej          (834) Burnhamia         (12341) Calevoet
   (901) Brunsia            (16120) Burnim            (10803) Caleyo
(159629) Brunszvik           (2708) Burns             (96192) Calgary
  (7396) Brusin              (8612) Burov               (341) California
  (1811) Bruwer             (16121) Burrell           (42365) Caligiuri
  (2689) Bruxelles          (21811) Burroughs          (3833) Calingasta
  (2488) Bryan               (8681) Burs              (19738) Calinger
 (27108) Bryanhe             (6078) Burt               (4742) Caliumi
 (22157) Bryanhoran          (5340) Burton            (19741) Callahan
  (4591) Bryantsev           (6610) Burwitz           (22613) Callander
 (49272) Bryce Canyon        (2593) Buryatia          (12154) Callimachus
 (19599) Brycemelton         (3254) Bus                (2542) Calpurnia
 (18704) Brychristian        (7121) Busch              (2906) Caltech
 (79117) Brydonejack        (23232) Buschur            (1245) Calvinia
```

(26740) Camacho
(5653) Camarillo
(23779) Cambier
(2531) Cambridge
(27465) Cambroziak
(21921) Camdenmiller
(11896) Camelbeeck
(957) Camelia
(9500) Camelot
(2980) Cameron
(21438) Camibarnett
(17959) Camierickson
(107) Camilla
(25593) Camillejordan
(28048) Camilleyoke
(3752) Camillo
(11371) Camley
(5160) Camoes
(16879) Campai
(377) Campania
(1077) Campanula
(2751) Campbell
(8776) Campestris
(3327) Campins
(13722) Campobagatin
(12696) Camus
(8123) Canaletto
(4899) Candace
(9010) Candelo
(3015) Candy
(17305) Caniff
(24409) Caninquinn
(176711) Canmore
(22512) Cannat
(1120) Cannonia
(22183) Canonlau
(6256) Canova
(740) Cantabia
(34718) Cantagalli
(3563) Canterbury
(16246) Cantor
(17836) Canup
(78249) Capaccioni
(14097) Capdepera
(231486) Capefearrock
(1931) Capek
(11696) Capen
(25907) Capodilupo
(55428) Cappellaro
(49777) Cappi
(10928) Caprara
(479) Caprera
(189004) Capys
(11083) Caracas
(15553) Carachang
(12557) Caracol
(14571) Caralexander
(11174) Carandrews
(12148) Caravaggio
(18505) Caravelli
(11373) Carbonaro
(8262) Carcich
(11437) Cardalda
(11421) Cardano
(325973) Cardinal
(180643) Cardoen
(1391) Carelia
(3578) Carestia
(22692) Carfrekahl
(27466) Cargibaysal
(7680) Cari
(491) Carina
(78816) Caripito
(1470) Carla

(25403) Carlapiazza
(132661) Carlbaeker
(5046) Carletonmoore
(4121) Carlin
(4362) Carlisle
(117715) Carlkirby
(39566) Carllewis
(10095) Carlloewe
(5598) Carlmurray
(78535) Carloconti
(12339) Carloo
(202819) Carlosanchez
(100050)
Carloshernandez
(2858) Carlosporter
(1769) Carlostorres
(360) Carlova
(7911) Carlpilcher
(17184) Carlrogers
(5890) Carlsberg
(12356) Carlscheele
(21647) Carlturner
(3294) Carlvesely
(26074) Carlwirtz
(20632) Carlyrosser
(16106) Carmagnola
(26255) Carmarques
(48416) Carmelita
(3929) Carmelmaria
(558) Carmen
(224592) Carnac
(671) Carnegia
(12289) Carnot
(11690) Carodulaney
(2214) Carol
(10974) Carolalbert
(8078) Carolejordan
(246345) Carolharris
(16078) Carolhersh
(5531) Carolientje
(235) Carolina
(12239) Carolinakou
(25822) Carolinejune
(21549) Carolinelang
(12074) Carolinelau
(157421) Carolpercy
(23013) Carolsmyth
(22947) Carolsuh
(19821) Caroltolin
(16951) Carolus
Quartus
(4446) Carolyn
(9171) Carolyndiane
(27438) Carolynjons
(26397) Carolynsinow
(21583) Caropietsch
(128166) Carora
(44711) Carp
(1852) Carpenter
(66207) Carpi
(8106) Carpino
(3837) Carr
(4171) Carrasco
(3050) Carrera
(7324) Carret
(28081) Carriehudson
(18788) Carriemiller
(21746) Carrieshaw
(175365) Carsac
(13333) Carsenty
(6572) Carson
(17917) Cartan
(10683) Carter
(4700) Carusi

(7042) Carver
(9342) Carygrant
(42776) Casablanca
(4814) Casacci
(7356) Casagrande
(39549) Casals
(7328) Casanova
(6364) Casarini
(168358) Casca
(21504) Caseyfreeman
(18681) Caseylipp
(12226) Caseylisse
(21700) Caseynicole
(18564) Caseyo
(16021) Caseyvaughn
(26986) Caslavska
(5387) Casleo
(3956) Caspar
(9474) Cassadrury
(6936) Cassatt
(3382) Cassidy
(24101) Cassini
(1683) Castafiore
(17041) Castagna
(4769) Castalia
(142755) Castander
(5802) Casteldelpiano
(283057) Casteldipiazza
(78661) Castelfranco
(9956) Castellaz
(72037) Castelldefels
(9630) Castellion
(88146) Castello
(210245) Castets
(15594) Castillo
(7132) Casulli
(13178) Catalan
(83360) Catalina
(13868) Catalonia
(11413) Catanach
(269245) Catastini
(9922) Catcheller
(28169) Cathconte
(215016)
Catherinegriffin
(23867) Cathsoto
(6493) Cathybennett
(22143) Cathyfowler
(1116) Catriona
(11965) Catullus
(1344) Caubeta
(16249) Cauchy
(1974) Caupolican
(8687) Caussols
(505) Cava
(9811) Cavadore
(10149) Cavagna
(5184) Cavaille-Coll
(9392) Cavaillon
(18059) Cavalieri
(8945) Cavaradossi
(11073) Cavell
(12727) Cavendish
(10591) Caverni
(13145) Cavezzo
(16755) Cayley
(23192) Caysvesterby
(24354) Caz
(3305) Ceadams
(2363) Cebriones
(10931) Ceccano
(13798) Cecchini
(27900) Cecconi
(7739) Cech

(4058) Cecilgreen
(8261) Ceciliejulie
(8657) Cedrus
(27618) Ceilierin
(25706) Cekoscielski
(8856) Celastrus
(20572) Celemorrow
(6697) Celentano
(17503) Celestechild
(1252) Celestia
(23284) Celik
(20479) Celisaucier
(12618) Cellarius
(3782) Celle
(117539) Celletti
(26578) Cellinekim
(3857) Cellino
(85511) Celnik
(4169) Celsius
(8411) Celso
(186) Celuta
(13223) Cenaceneri
(1240) Centenaria
(513) Centesima
(2198) Ceplecha
(133528) Ceragioli
(807) Ceraskia
(1865) Cerberus
(8857) Cercidiphyllum
(1) Ceres
(12790) Cernan
(138979) Cernice
(26195) Cernohlavek
(6802) Cernovice
(43881) Cerreto
(31028) Cerulli
(79144) Cervantes
(100049) Cesarann
(13992) Cesarebarbieri
(57879) Cesarechiosi
(304813) Cesarina
(161278) Cesarmendoza
(18498) Cesaro
(1571) Cesco
(8112) Cesi
(11101)
Ceskafilharmonie
(11134) Ceske
Budejovice
(2747) Cesky Krumlov
(28542) Cespedes-Nano
(2089) Cetacea
(65489) Ceto
(12579) Ceva
(86043) Cevennes
(1333) Cevenola
(6069) Cevolani
(6674) Cezanne
(12675) Chabot
(1622) Chacornac
(3984) Chacos
(27386) Chadcampbell
(28182) Chadharris
(2981) Chagall
(9483) Chagas
(4103) Chahine
(25560) Chaihaoxi
(1671) Chaika
(12539) Chaikin
(90713) Chajnantor
(1246) Chaka
(313) Chaldaea
(2562) Chaliapin
(3960) Chaliubieju

(2040) Chalonge
(9250) Chamberlin
(3035) Chambers
(24711) Chamisso
(18634) Champigneulles
(8732) Champion
(3414) Champollion
(5671) Chanal
(20476) Chanarich
(1958) Chandra
(2051) Chang
(4047) Chang'E
(7485) Changchun
(27966) Changguang
(5384) Changjiangcun
(172315)
Changqiaoxiaoxue
(3221) Changshi
(20760) Chanmatchun
(16107) Chanmugam
(3315) Chant
(1707) Chantal
(289587) Chantdugros
(8126) Chanwainam
(20780) Chanyikhei
(3906) Chao
(4566) Chaokuangpiu
(4630) Chaonis
(19521) Chaos
(21436) Chaoyichi
(5217) Chaozhou
(3623) Chaplin
(4032) Chaplygin
(2409) Chapman
(16238) Chappe
(3938) Chapront
(21128) Chapuis
(24268) Charconley
(11314) Charcot
(10199) Chariklo
(627) Charis
(207547) Charito
(5878) Charlene
(17428) Charleroi
(15969) Charlesgreen
(29613) Charlespicard
(32222) Charlesvest
(26412) Charlesyu
(13933) Charleville
(4479) Charlieparker
(8677) Charlier
(10426) Charlierouse
(24538) Charliexie
(1510) Charlois
(543) Charlotte
(39427)
Charlottebronte
(10642) Charmaine
(20335) Charmartell
(6829) Charmawidor
(9445) Charpentier
(19531) Charton
(388) Charybdis
(28136) Chasegross
(27602) Chaselewis
(18510) Chasles
(26194) Chasolivier
(15037) Chassagne
(13087) Chastellux
(28209) Chatterjee
(2984) Chaucer
(20264) Chauhan
(12281) Chaumont
(7048) Chaussidon

(1804) Chebotarev
(2010) Chebyshev
(22158) Chee
(2369) Chekhov
(8608) Chelomey
(21612) Chelsagloria
(25425) Chelsealynn
(27258) Chelseavoss
(3913) Chemin
(21510) Chemnitz
(2963) Chen Jiageng
(236851) Chenchikwan
(19872) Chendonghua
(10929) Chenfangyun
(168126) Chengbruce
(26559) Chengcheng
(2743) Chengdu
(28277) Chengherngyi
(26396) Chengjingjie
(47005) Chengmaolan
(20879) Chengyuhsuan
(28155) Chengzhendai
(23279) Chenhungjen
(12701) Chenier
(33000) Chenjiansheng
(7681) Chenjingrun
(151362) Chenkegong
(3560) Chenqian
(25039) Chensun
(19873) Chentao
(21645) Chentsaiwei
(21718) Cheonghapark
(4412) Chephren
(7727) Chepurova
(3966) Cherednichenko
(4307) Cherepashchuk
(5483) Cherkashin
(4053) Cherkasov
(25414) Cherkassky
(29552) Chern
(10005) Chernega
(30821) Chernetenko
(21454) Chernoby
(4207) Chernova
(24968) Chernyakhovsky
(2325) Chernykh
(2783) Chernyshevskij
(77185) Cherryh
(2701) Cherson
(6358) Chertok
(568) Cheruskia
(199986) Chervone
(8247) Cherylhall
(6042) Cheshirecat
(12104) Chesley
(24484) Chester
(15673) Chetaev
(21563) Chetgervais
(27387) Chhabra
(8397) Chiakitanaka
(25606) Chiangshenghao
(4398) Chiara
(29869) Chiarabarbara
(21511) Chiardola
(10376) Chiarini
(147918) Chiayi
(20613) Chibaken
(5917) Chibasai
(334) Chicago
(6991) Chichibu
(47162) Chicomendez
(114829) Chierchia
(7268) Chigorin
(16232) Chijagerbs

(4577) Chikako
(14004) Chikama
(23254) Chikatoshi
(9153) Chikurinji
(6237) Chikushi
(4580) Child
(4636) Chile
(3177) Chillicothe
(2221) Chilton
(623) Chimaera
(1633) Chimay
(5557) Chimikeppuko
(24939) Chiminello
(1125) China
(21464) Chinaroonchai
(9365) Chinesewilson
(3797) Ching-Sung Yu
(21827) Chingzhu
(4429) Chinmoy
(1787) Chiny
(6261) Chione
(19004) Chirayath
(13214) Chirikov
(6981) Chirman
(2060) Chiron
(9090) Chirotenmondai
(289314) Chisholm
(142756) Chiu
(2977) Chivilikhin
(5686) Chiyonoura
(3113) Chizhevskij
(2692) Chkalov
(5053) Chladni
(29750) Chleborad
(402) Chloe
(28457) Chloeanassis
(410) Chloris
(938) Chlosinde
(6474) Choate
(5553) Chodas
(63145) Choemuseon
(25104) Chohyunghoon
(22171) Choi
(26458) Choihyuna
(5389) Choikaiyau
(23732) Choiseungjae
(3011) Chongqing
(25662) Chonofsky
(3784) Chopin
(8577) Choseikomori
(257248) Chouchiehlun
(9110) Choukai
(4976) Choukyongchol
(7403) Choustnik
(71461) Chowmeeyee
(6014) Chribrenmark
(12093) Chrimatthews
(25793) Chrisanchez
(25309) Chrisauer
(214475) Chrisbayus
(8819) Chrisbondi
(6723) Chrisclark
(21528) Chrisfaust
(15851) Chrisfleming
(22848) Chrisharriot
(30767) Chriskraft
(17908) Chriskuyu
(21562) Chrismessick
(52649) Chrismith
(9709) Chrisnell
(28353) Chrisnielsen
(24219) Chrisodom
(4892) Chrispollas
(21459) Chrisrussell

(27353) Chrisspenner
(1015) Christa
(2695) Christabel
(18653) Christagunt
(11823) Christen
(192158) Christian
(231555) Christianeurda
(8313) Christiansen
(13280) Christihaas
(20379) Christijohns
(25376) Christikeen
(628) Christine
(21556) Christineli
(25014) Christinepalau
(18548) Christoffel
(25049) Christofnorn
(121016)
Christopharnold
(1698) Christophe
(211613)
Christophelovis
(21587) Christopynn
(129564) Christy
(2834) Christy Carol
(24259) Chriswalker
(32726) Chromios
(202) Chryseis
(637) Chrysothemis
(9222) Chubey
(18735) Chubko
(11356) Chuckjones
(169078) Chuckshaw
(241538) Chudniv
(3816) Chugainov
(11417) Chughtai
(129561) Chuhachi
(11793) Chujkovia
(3094) Chukokkala
(2509) Chukotka
(5465) Chumakov
(34779) Chungchiyung
(37687) Chunghikoh
(24133) Chunkaikao
(269550) Chur
(6646) Churanta
(10343) Church
(11626) Church
Stretton
(25095) Churinov
(3942) Churivannia
(2627) Churyumov
(12141) Chushayashi
(4988) Chushuho
(3429) Chuvaev
(2670) Chuvashia
(38962) Chuwinghung
(100675) Chuyanakahara
(60423) Chvojen
(22940) Chyan
(25416) Chyanwen
(7923) Chyba
(43954) Chynov
(29705) Cialucy
(24087) Ciambetti
(19464) Ciarabarr
(8193) Ciaurro
(14155) Cibronen
(25367) Cicek
(9446) Cicero
(18845) Cichocki
(8601) Ciconia
(7192) Cieletespace
(13777) Cielobuio
(192439) Cilek

(8744) Cilla
(43511) Cima Ekar
(221769) Cima Rest
(11578) Cimabue
(1275) Cimbria
(1307) Cimmeria
(1373) Cincinnati
(2298) Cindijon
(221149) Cindyfoote
(18947) Cindyfulton
(3138) Ciney
(36446) Cinodapistoia
(21799) Ciociaria
(13848) Cioffi
(12812) Cioni
(11600) Cipolla
(34) Circe
(11158) Cirou
(10861) Ciske
(4643) Cisneros
(6799) Citfiftythree
(8965) Citrinella
(16068) Citron
(16368) Citta di Alba
(2420) Ciurlionis
(156990) Claerbout
(9592) Clairaut
(15967)
Clairearmstrong
(8979) Clanga
(31110) Clapas
(59793) Clapies
(4305) Clapton
(642) Clara
(24923) Claralouisa
(302) Clarissa
(27105) Clarkben
(4923) Clarke
(5243) Clasien
(73984) Claudebernard
(91553) Claudedoom
(311) Claudia
(35325)
Claudiaguarnieri
(11264) Claudiomaccone
(7117) Claudius
(5658) Clausbaader
(12873) Clausewitz
(29246) Clausius
(91604) Clausmadsen
(2461) Clavel
(8452) Clay
(4564) Clayton
(3118) Claytonsmith
(1101) Clematis
(1919) Clemence
(13993) Clemenssimmer
(252) Clementina
(4503) Cleobulus
(14411) Clerambault
(6296) Cleveland
(43843) Cleynaerts
(4276) Clifford
(24134) Cliffordkim
(228883) Cliffsimak
(3034) Climenhaga
(16150) Clinch
(1982) Cline
(33747) Clingan
(3185) Clintford
(11592) Clintkelly
(935) Clivia
(5511) Cloanthus
(14539) Clocke Roeland

(661) Cloelia	(13700) Connors	(63129) Courtemanche
(282) Clorinde	(12153) Conon	(18101) Coustenis
(54902) Close	(1528) Conrada	(4909) Couteau
(200025) Cloud Gate	(13024)	(5439) Couturier
(48960) Clouet	Conradferdinand	(95959) Covadonga
(6081) Cloutis	(5032) Conradhirsh	(3009) Coventry
(15499) Cloyd	(7777) Consadole	(142759) Covey
(6523) Clube	(12524) Conscience	(185576) Covichi
(229631) Cluny	(4597) Consolmagno	(5424) Covington
(9364) Clusius	(8237) Constable	(1898) Cowell
(224888) Cochingchu	(315) Constantia	(13843) Cowenbrown
(4551) Cochran	(128925) Conwell	(24308) Cowenco
(6436) Coco	(3061) Cook	(1476) Cox
(2939) Coconino	(2618) Coonabarabran	(18560) Coxeter
(17179) Codina	(35365) Cooney	(14429) Coyne
(237) Coelestina	(19137) Copiapo	(1725) CrAO
(15388) Coelum	(95962) Copito	(9839) Crabbegat
(23788) Cofer	(4532) Copland	(7763) Crabeels
(6713) Coggie	(815) Coppelia	(4137) Crabtree
(1764) Cogshall	(172850) Coppens	(5068) Cragg
(23735) Cohen	(1322) Coppernicus	(23042) Craigpeters
(972) Cohnia	(25417) Coquillette	(18192) Craigwallace
(106545) Colanduno	(504) Cora	(18157) Craigwright
(9553) Colas	(4598) Coradini	(246238) Crampton
(9164) Colbert	(72632) Coralina	(8284) Cranach
(5569) Colby	(8964) Corax	(73517) Cranbrook
(3495) Colchagua	(2442) Corbett	(8761) Crane
(1135) Colchis	(4008) Corbin	(83982) Crantor
(5635) Cole	(2758) Cordelia	(7327) Crawford
(27440) Colekendrick	(92685) Cordellorenz	(207321) Crawshaw
(8147) Colemanhawkins	(2942) Cordie	(21423) Credo
(22065) Colgrove	(365) Corduba	(19398) Creedence
(19547) Collier	(21425) Cordwell	(10046) Creighton
(19411) Collinarnold	(6175) Cori	(14062) Cremaschini
(142757) Collinge	(16564) Coriolis	(486) Cremona
(6471) Collins	(8447) Cornejo	(660) Crescentia
(8963) Collurio	(425) Cornelia	(4373) Crespo
(1973) Colocolo	(8250) Cornell	(96747) Crespodasilva
(18149) Colombatti	(8826) Corneville	(8760) Crex
(7030) Colombini	(34419) Corning	(12845) Crick
(243440) Colonia	(8858) Cornus	(57567) Crikey
(5042) Colpa	(6672) Corot	(1140) Crimea
(5893) Coltrane	(175046) Corporon	(28443) Crisara
(170906) Coluche	(6206)	(9463) Criscione
(327) Columbia	Corradolamberti	(127545) Crisman
(8434) Columbianus	(13917) Correggia	(2757) Crisser
(489) Comacina	(91428) Cortesi	(8775) Cristata
(1655) Comas Sola	(50240) Cortina	(26478) Cristianrosu
(7636) Comba	(27776) Cortland	(8063) Cristinathomas
(3446) Combes	(1232) Cortusa	(29348) Criswick
(5791) Comello	(8515) Corvan	(20690) Crivello
(10207) Comeniana	(1442) Corvina	(589) Croatia
(13770) Commerson	(915) Cosette	(10606) Crocco
(8767) Commontern	(2129) Cosicosi	(1220) Crocus
(8990) Compassion	(644) Cosima	(12282) Crombecq
(52337) Compton	(45027) Cosquer	(10283) Cromer
(3521) Comrie	(4993) Cossard	(1899) Crommelin
(25919) Comuniello	(17024) Costello	(11423) Cronin
(7213) Conae	(10445) Coster	(6318) Cronkite
(7016) Conandoyle	(20140) Costitx	(2825) Crosby
(24334) Conard	(26027) Cotopaxi	(18973) Crouch
(6671) Concari	(2026) Cottrell	(4052) Crovisier
(58) Concordia	(9633) Cotur	(14282) Cruijff
(9389) Condillac	(2190) Coubertin	(3531) Cruikshank
(7960) Condorcet	(9071) Coudenberghe	(3753) Cruithne
(3679) Condruses	(27712) Coudray	(9679) Crutzen
(12932) Conedera	(12237) Coughlin	(21502) Cruz
(7853) Confucius	(30826) Coulomb	(27453) Crystalpoole
(14582) Conlin	(18776) Coulter	(142760) Csabai
(4816) Connelly	(3528) Counselman	(25778) Csere
(29292) Conniewalker	(6798) Couperin	(7644) Cslewis
(142758) Connolly	(18555) Courant	(75823) Csokonai
(23811) Connorivens	(8238) Courbet	(131762) Csonka
(15139) Connormcarty	(184508) Courroux	(11094) Cuba

(2731) Cucula
(16794) Cucullia
(19348) Cueca
(2334) Cuffey
(17029) Cuillandre
(20858) Cuirongfeng
(2275) Cuitlahuac
(26990) Culbertson
(35056) Cullers
(19573) Cummings
(11672) Cuney
(2226) Cunitza
(1754) Cunningham
(4183) Cuno
(763) Cupido
(15017) Cuppy
(8656) Cupressus
(7126) Cureau
(7000) Curie
(3898) Curlewis
(30441) Curly
(32897) Curtharris
(3621) Curtis
(48737) Cusinato
(9614) Cuvier
(1917) Cuyo
(8279) Cuzco
(403) Cyane
(8757) Cyaneus
(22701) Cyannaskye
(65) Cybele
(134329) Cycnos
(1106) Cydonia
(52975) Cyllarus
(15992) Cynthia
(14135) Cynthialang
(28128) Cynthrossman
(3582) Cyrano
(6762) Cyrenagoodrich
(133) Cyrene
(90450) Cyriltyson
(7209) Cyrus
(142822) Czarapata
(2315) Czechoslovakia
(6294) Czerny
(10523) D'Haveloose
(27397) D'Souza
(55555) DNA
(55720) Daandehoop
(16154) Dabramo
(3611) Dabu
(7217) Dacke
(1864) Daedalus
(11571) Daens
(18349) Dafydd
(2297) Daghestan
(1669) Dagmar
(3256) Daguerre
(13283) Dahart
(16996) Dahir
(6223) Dahl
(6945) Dahlgren
(13269) Dahlstrom
(11161) Daibosatsu
(52421) Daihoji
(9225) Daiki
(23888) Daikinoshita
(23897) Daikuroda
(308306) Dainere
(9758) Dainty
(35370) Daisakyu
(4839) Daisetsuzan
(21014) Daishi
(31152) Daishinsai

(16826) Daisuke
(8551) Daitarabochi
(16560) Daitor
(3405) Daiwensai
(10423) Dajcic
(20527) Dajowestrich
(148384) Dalcanton
(20358) Dalem
(1511) Dalera
(6941) Dalgarno
(2919) Dali
(3187) Dalian
(3384) Daliya
(6156) Dall
(6114) Dalla-Degregori
(15950) Dallago
(8084) Dallas
(90288) Dalleave
(15385) Dallolmo
(10421) Dalmatin
(12292) Dalton
(4226) Damiaan
(5717) Damir
(5335) Damocles
(61) Danae
(20312) Danahy
(7195) Danboice
(4395) Danbritt
(3415) Danby
(4021) Dancey
(37530) Dancingangel
(9812) Danco
(22612) Dandibner
(16529) Dangoldin
(3120) Dangrania
(2068) Dangreen
(10482) Dangrieser
(20618) Daniebutler
(2589) Daniel
(13250) Danieladucato
(13305) Danielang
(18708) Danielappel
(80008) Danielarhodes
(24236) Danielberger
(11203) Danielbetten
(20266) Danielchoi
(23197) Danielcook
(27405) Danielfeeny
(17907) Danielgude
(21557) Daniellitt
(119967) Daniellong
(23756) Daniellozano
(27615) Daniellu
(13346) Danielmiller
(25775) Danielpeng
(6132) Danielson
(19660) Danielsteck
(20600) Danieltse
(77318) Danieltsui
(18563) Danigoldman
(3964) Danilevskij
(59833) Danimatter
(1594) Danjon
(29562) Danmacdonald
(2117) Danmark
(13244) Dannymeyer
(13168) Danoconnell
(11507) Danpascu
(10487) Danpeterson
(22063) Dansealey
(13788) Dansolander
(2999) Dante
(1381) Danubia

(5463) Danwelcher
(21813) Danwinegar
(21488) Danyellelee
(1419) Danzig
(10720) Danzl
(41) Daphne
(2645) Daphne Plane
(18734) Darboux
(7272) Darbydyar
(23928) Darbywoodard
(19466) Darcydiegel
(22838) Darcyhampton
(18268) Dardanos
(4827) Dares
(100553) Dariofo
(20624) Dariozanetti
(7210) Darius
(21073) Darksky
(241418) Darmstadt
(13806) Darmstrong
(24546) Darnell
(152454) Darnyi
(24305) Darrellparnell
(1991) Darwin
(18019) Dascoli
(3321) Dasha
(4594) Dashkova
(28485) Dastidar
(6859) Datemasamune
(3146) Dato
(1270) Datura
(11484) Daudet
(12612) Daumier
(8665) Daun-Eifel
(11378) Dauria
(121865) Dauvergne
(30935) Davasobel
(22151) Davebracy
(5748) Davebrin
(15887) Daveclark
(123860) Davederrick
(8456) Davegriep
(50250) Daveharrington
(33750) Davehiggins
(39645) Davelharris
(21782) Davemcdonald
(6111) Davemckay
(5952) Davemonet
(6953) Davepierce
(90818) Daverichards
(6435) Daveross
(27810) Daveturner
(13808) Davewilliams
(2725) David Bender
(4205) David Hughes
(511) Davida
(10181) Davidacomba
(5332) Davidaguilar
(24153) Davidalex
(4499) Davidallen
(73079) Davidbaltimore
(21426) Davidbauer
(70401) Davidbishop
(27276) Davidblack
(34543) Davidbriggs
(51825) Davidbrown
(28324) Davidcampeau
(22675) Davidcohn
(316010) Daviddubey
(6608) Davidecrespi
(19574) Davidedwards
(19969) Davidfreedman
(111913) Davidgans
(15911) Davidgauthier

(7120) Davidgavine
(11761) Davidgill
(24278) Davidgreen
(199763) Davidgregory
(13329) Davidhardy
(11943) Davidhartley
(16064) Davidharvey
(100051) Davidhernandez
(14234) Davidhoover
(51741) Davidixon
(84095) Davidjohn
(21639) Davidkaufman
(24201) Davidkeith
(22531) Davidkelley
(25516) Davidknight
(20557) Davidkulka
(117032) Davidlane
(25517) Davidlau
(7037) Davidlean
(27606) Davidli
(23048) Davidnelson
(22603) Davidoconnor
(46053) Davidpatterson
(23751) Davidprice
(9097) Davidschlag
(15026) Davidscott
(26474) Davidsimon
(11798) Davidsson
(22819) Davidtao
(19393) Davidthompson
(154902) Davidtoth
(70207) Davidunlap
(27373) Davidvernon
(20345) Davidvito
(21653) Davidwang
(1037) Davidweilla
(21357) Davidying
(20623) Davidyoung
(3638) Davis
(28446) Davlantes
(3605) Davy
(3126) Davydov
(12071) Davykim
(4393) Dawe
(8331) Dawkins
(1618) Dawn
(25369) Dawndonovan
(1829) Dawson
(23102) Dayanli
(23949) Dazapata
(22996) De Boo
(4279) De Gasparis
(76272) De Jong
(190310) De Martin
(5589) De Meis
(5522) De Rop
(12150) De Ruyter
(3268) De Sanctis
(1686) De Sitter
(134244) De Young
(3893) DeLaeter
(8070) DeMeo
(15818) DeVeny
(4262) DeVorkin
(13408) Deadoklestic
(27343) Deannashea
(2359) Debehogne
(23131) Debenedictis
(17265) Debennett
(3411) Debetencourt
(541) Deborah
(27282) Deborahday
(20897) Deborahdomingue

(14174) Deborahsmall
(27470) Debrabeckett
(82071) Debrecen
(4492) Debussy
(25406) Debwysocki
(30852) Debye
(2551) Decabrina
(3610) Decampos
(5329) Decaro
(34351) Decatur
(15034) Decines
(13554) Decleir
(2852) Declercq
(45261) Decoen
(13395) Deconihout
(19293) Dedekind
(11898) Dedeyn
(8897) Defelice
(10332) Defi
(1295) Deflotte
(111818) Deforest
(14309) Defoy
(6673) Degas
(117711) Degenfeld
(5274) Degewij
(21822) Degiorgi
(10964) Degraaff
(11895) Dehant
(48415) Dehio
(165574) Deidre
(5638) Deikoon
(9514) Deineka
(1867) Deiphobus
(4060) Deipylos
(1244) Deira
(10785) Dejaiffe
(1555) Dejan
(157) Dejanira
(184) Dejopeja
(10310) Delacroix
(15008) Delahodde
(13962) Delambre
(16975) Delamere
(8745) Delaney
(3002) Delasalle
(8688) Delaunay
(35222) Delbarrio
(16250) Delbo
(15264) Delbruck
(3060) Delcano
(77755) Delemont
(17934) Deleon
(12716) Delft
(23221) Delgado
(12005) Delgiudice
(196938) Delgordon
(395) Delia
(23937) Delibes
(560) Delila
(12742) Delisle
(12910) Deliso
(8059) Deliyannis
(325455) Della Valle
(7704) Dellen
(78392) Dellinger
(19528) Delloro
(15631) Dellorusso
(3058) Delmary
(11147) Delmas
(1988) Delores
(8282) Delp
(3218) Delphine
(14104) Delpino
(1274) Delportia

(31458) Delrosso
(2954) Delsemme
(92525) Delucchi
(84012) Deluise
(1848) Delvaux
(6219) Demalia
(3390) Demanet
(11968) Demariotte
(9641) Demaziere
(349) Dembowska
(14141) Demeautis
(1108) Demeter
(1926) Demiddelaer
(5086) Demin
(32569) Deming
(240022) Demitra
(28390) Demjohopkins
(11429) Demodokus
(6129) Demokritos
(18493) Demoleon
(4057) Demophon
(4218) Demottoni
(1335) Demoulina
(23879) Demura
(6194) Denali
(4340) Dence
(19476) Denduluri
(255989) Dengyushian
(9140) Deni
(667) Denise
(33478) Deniselivon
(27576) Denisespirou
(5155) Denisyuk
(19349) Denjoy
(18162) Denlea
(12267) Denneau
(71885) Denning
(2134) Dennispalm
(4706) Dennisreuter
(294727) Dennisritchie
(23257) Denny
(4120) Denoyelle
(25670) Densley
(10850) Denso
(25823) Dentrujillo
(18127) Denversmith
(11296) Denzen
(5942) Denzilrobert
(19999) Depardieu
(9795) Deprez
(72042) Dequeiroz
(3685) Derdenye
(2400) Derevskaya
(8984) Derevyanko
(1806) Derice
(12566) Derichardson
(9589) Deridder
(27493) Derikesibill
(3647) Dermott
(25520) Deronchang
(201777) Deronda
(4142) Dersu-Uzala
(4314) Dervan
(23409) Derzhavin
(1339) Desagneauxa
(24526) Desai
(227151) Desargues
(1588) Descamisada
(17869) Descamps
(3587) Descartes
(8729) Descour
(666) Desdemona
(10830) Desforges
(25418) Deshmukh

104

(22924) Deshpande
(344) Desiderata
(11763) Deslandres
(12500) Desngai
(7718) Desnoux
(21530) Despiau
(6583) Destinn
(24103) Dethury
(1538) Detre
(53311) Deucalion
(236987) Deustua
(21380) Devanssay
(90279) Devetsil
(21419) Devience
(3561) Devine
(8243) Devonburr
(337) Devosa
(1328) Devota
(9420) Dewar
(3662) Dezhnev
(3892) Dezso
(12178) Dhani
(2109) Dhotel
(108201) Di Blasi
(3247) Di Martino
(25673) Di Mascio
(3767) DiMaggio
(22632) DiNovis
(78) Diana
(21520) Dianaeheart
(14153) Dianecaplain
(18077) Dianeingrao
(14275) Dianemurray
(18184) Dianepark
(33004) Dianesipiera
(28171) Diannahu
(2389) Dibaj
(14129) Dibucci
(3841) Dicicco
(17458) Dick
(13003) Dickbeasley
(4370) Dickens
(5272) Dickinson
(59804) Dickjoyce
(17269) Dicksmith
(10717) Dickwalker
(91214) Diclemente
(5351) Diderot
(4165) Didkovskij
(209) Dido
(65803) Didymos
(15276) Diebel
(1706) Dieckvoss
(269300) Diego
(90138) Diehl
(5318) Dientzenhofer
(10093) Diesel
(103460) Dieterherrmann
(24858) Diethelm
(210432) Dietmarhopp
(4666) Dietz
(10102) Digerhuvud
(10808) Digerrojr
(10088) Digne
(9379) Dijon
(2922) Dikan'ka
(99) Dike
(22631) Dillard
(78393) Dillon
(10579) Diluca
(25276) Dimai
(4590) Dimashchegolev
(2371) Dimitrov
(19119) Dimpna

(17472) Dinah
(2765) Dinant
(26498) Dinotina
(1437) Diomedes
(106) Dione
(3671) Dionysus
(20461) Dioretsa
(423) Diotima
(27130) Dipaola
(21887) Dipippo
(58671) Diplodocus
(5997) Dirac
(11665) Dirichlet
(1805) Dirikis
(1319) Disa
(15630) Disanti
(9770) Discovery
(4017) Disneya
(21999) Disora
(11037) Distler
(27977) Distratis
(3535) Ditte
(19188) Dittebesard
(4882) Divari
(5103) Divis
(25764) Divyanag
(6776) Dix
(11833) Dixon
(5831) Dizzy
(94291) Django
(24421) Djorgovski
(264077) Dluzhnevskaya
(13489) Dmitrienko
(27658) Dmitrijbagalej
(202778) Dmytria
(32853) Dobereiner
(3022) Dobermann
(21517) Dobi
(27960) Dobias
(30778) Doblin
(17600) Dobrichovice
(3119) Dobronravin
(3013) Dobrovoleva
(1789) Dobrovolsky
(40440) Dobrovsky
(4762) Dobrynya
(39880) Dobsinsky
(18024) Dobson
(27714) Dochu
(5050) Doctorwatson
(14313) Dodaira
(148707) Dodelson
(6336) Dodo
(10068) Dodoens
(382) Dodona
(10504) Doga
(11064) Dogen
(6363) Doggett
(7484) Dogo Onsen
(4975) Dohmoto
(4746) Doi
(10827) Doikazunori
(14223) Dolby
(11126) Dolecek
(26247) Doleonardi
(120103) Dolero
(5884) Dolezal
(7223) Dolgorukij
(10989) Dolios
(7449) Dollen
(2451) Dollfus
(3661) Dolmatovskij
(58191) Dolomiten
(7815) Dolon

(1277) Dolores
(164215) Doloreshill
(29193) Dolphyn
(19769) Dolyniuk
(19806) Domatthews
(18883) Domegge
(2784) Domeyko
(22685) Dominguez
(192293) Dominikbrunner
(8217) Dominikhasek
(24899) Dominiona
(4020) Dominique
(3450) Dommanget
(5187) Domon
(3552) Don Quixote
(12410) Donald Duck
(9448) Donaldavies
(18775) Donaldeng
(20553) Donaldhowk
(35364) Donaldpray
(9295) Donaldyoung
(5186) Donalu
(2176) Donar
(18075) Donasharma
(131763) Donatbanki
(6056) Donatello
(16682) Donati
(20200) Donbacky
(113950) Donbaldwin
(19916) Donbass
(4553) Doncampbell
(127689) Doncapone
(11876) Doncarpenter
(13330) Dondavis
(6628) Dondelia
(21965) Dones
(150520) Dong
(3476) Dongguan
(11075) Donhoff
(9494) Donici
(9912) Donizetti
(11419) Donjohnson
(6688) Donmccarthy
(4689) Donn
(3085) Donna
(22889) Donnablaney
(15321) Donnadean
(22855) Donnajones
(23062) Donnamooney
(16222) Donnanderson
(5649) Donnashirley
(1398) Donnera
(10455) Donnison
(78578) Donpettit
(5613) Donskoj
(25510) Donvincent
(99891) Donwells
(12622) Doppelmayr
(3905) Doppler
(668) Dora
(3858) Dorchester
(4888) Doreen
(7456) Doressoundiram
(4076) Dorffel
(173002) Dorfi
(48) Doris
(13405) Dorisbillings
(25413) Dorischen
(84884) Dorismcmillan
(23128) Dorminy
(3802) Dornburg
(7271) Doroguntsov
(19120) Doronina
(339) Dorothea

(149243) Dorothynorton
(13761) Dorristaylor
(3416) Dorrit
(73693) Dorschner
(3194) Dorsey
(5199) Dortmund
(7144) Dossobuono
(15902) Dostal
(3453) Dostoevsky
(9721) Doty
(280642) Doubs
(6786) Doudantsutsuji
(6060) Doudleby
(8595) Dougallii
(12494) Doughamilton
(2684) Douglas
(25924) Douglasadams
(29980) Dougsimons
(24270) Dougskinner
(17925) Dougweinberg
(28131) Dougwelch
(3881) Doumergua
(12189) Dovgyj
(4520) Dovzhenko
(40328) Dow
(16239) Dower
(3529) Dowling
(24027) Downs
(45073) Doyanrose
(90817) Doylehall
(24124) Dozier
(17602) Dr. G.
(22725) Drabble
(12498) Dragesco
(25115) Drago
(9022) Drake
(620) Drakonia
(13122) Drava
(6488) Drebach
(27974) Drejsl
(263) Dresda
(3053) Dresden
(23452) Drew
(25551) Drewhall
(4536) Drewpinsky
(6317) Dreyfus
(4009) Drobyshevskij
(5442) Drossart
(12240) Droste-
Hulshoff
(18334) Drozdov
(4671) Drtikol
(3273) Drukar
(9705) Drummen
(4693) Drummond
(3804) Drunina
(4970) Druyan
(1621) Druzhba
(18278) Drymas
(314082) Dryope
(5678) DuBridge
(16271) Duanenichols
(25689) Duannihuang
(1167) Dubiago
(6359) Dubinin
(9515) Dubner
(206241) Dubois
(2312) Duboshin
(11621) Duccio
(6221) Ducentesima
(400) Ducrosa
(13059) Ducuroir
(9737) Dudarova
(26119) Duden

(8470) Dudinskaya
(3270) Dudley
(20469) Dudleymoore
(564) Dudu
(9327) Duerbeck
(15338) Dufault
(3781) Dufek
(5169) Duffell
(1961) Dufour
(110289) Dufu
(2772) Dugan
(19617) Duhamel
(20037) Duke
(20218) Dukewriter
(571) Dulcinea
(10991) Dulov
(9059) Dumas
(43667) Dumlupinar
(9554) Dumont
(23617) Duna
(4306) Dunaevskij
(1962) Dunant
(3718) Dunbar
(2753) Duncan
(28493) Duncan-Lewis
(3368) Duncombe
(3123) Dunham
(4273) Dunhuang
(19694) Dunkelman
(6865) Dunkerley
(3291) Dunlap
(13849) Dunn
(13376) Dunphy
(26298) Dunweathers
(29825) Dunyazade
(18579) Duongtuyenvu
(1338) Duponta
(214485) Dupouy
(13031) Durance
(11499) Duras
(4389) Durbin
(6141) Durda
(21888) Durech
(3104) Durer
(157494) Durham
(5567) Durisen
(10330) Durkheim
(2231) Durrell
(14041) Durrenmatt
(14054) Dusek
(23944) Dusser
(20482) Dustinshea
(20272) Duyha
(23322) Duyingsewa
(2055) Dvorak
(22249) Dvorets
Pionerov
(16241) Dvorsky
(9497) Dwingeloo
(2591) Dworetsky
(2048) Dwornik
(4005) Dyagilev
(20207) Dyckovsky
(78434) Dyer
(13733) Dylanyoung
(200) Dynamene
(71489) Dynamocamp
(1241) Dysona
(7318) Dyukov
(3082) Dzhalil
(2756) Dzhangar
(3170) Dzhanibekov
(3687) Dzus
(5001) EMP

(229777) ENIAC
(9950) ESA
(6191) Eades
(114156) Eamonlittle
(3895) Earhart
(11691) Easterwood
(1205) Ebella
(8872) Ebenum
(7791) Ebicykl
(5134) Ebilson
(36472) Ebina
(6308) Ebisuzaki
(12383) Eboshi
(37391) Ebre
(28524) Ebright
(60558) Echeclus
(11887) Echemmon
(30708) Echepolos
(13229) Echion
(65894) Echizenmisaki
(4415) Echnaton
(60) Echo
(12131) Echternach
(1750) Eckert
(11241) Eckhout
(12391) Ecoadachi
(10792) Ecuador
(13448) Edbryce
(413) Edburga
(673) Edda
(24005) Eddieozawa
(2761) Eddington
(9205) Eddywally
(2541) Edebono
(14739) Edgarchavez
(11726) Edgerton
(3487) Edgeworth
(7692) Edhenderson
(742) Edisona
(517) Edith
(5967) Edithlevy
(7265) Edithmuller
(6029) Edithrand
(22723) Edlopez
(17032) Edlu
(1341) Edmee
(12533) Edmond
(1761) Edmondson
(96193) Edmonton
(445) Edna
(9782) Edo
(27917) Edoardo
(15007) Edoardopozio
(4966) Edolsen
(8494) Edpatvega
(13077) Edschneider
(4854) Edscott
(3932) Edshay
(7551) Edstolper
(340) Eduarda
(26532) Eduardoboff
(159776) Eduardorohl
(20292) Eduardreznik
(2440) Educatio
(9055) Edvardsson
(9260) Edwardolson
(16019) Edwardsu
(6282) Edwelda
(1046) Edwin
(15077) Edyalge
(2754) Efimov
(2269) Efremiana
(16516) Efremlevitan
(12975) Efremov

(301061) Egelsbach
(3103) Eger
(13) Egeria
(151659) Egerszegi
(22401) Egisto
(8632) Egleston
(8450) Egorov
(15231) Ehdita
(48736) Ehime
(2113) Ehrdni
(58579) Ehrenberg
(32796) Ehrenfest
(9826) Ehrenfreund
(65708) Ehrlich
(2274) Ehrsson
(9413) Eichendorff
(3617) Eicher
(4297) Eichhorn
(442) Eichsfeldia
(10094) Eijikato
(9676) Eijkman
(11836) Eileen
(25695) Eileenjang
(20339) Eileenreed
(11577) Einasto
(11728) Einer
(11148) Einhardress
(12144) Einhart
(2001) Einstein
(10774) Eisenach
(20136) Eisenhart
(20174) Eisenstein
(5530) Eisinga
(7125) Eitarodate
(189848) Eivissa
(5813) Eizaburo
(694) Ekard
(6955) Ekaterina
(27736) Ekaterinburg
(20212) Ekbaltouma
(18239) Ekers
(12496) Ekholm
(20371) Ekladyous
(9265) Ekman
(24713) Ekrutt
(858) El Djezair
(6224) El Goresy
(2311) El Leoncito
(4116) Elachi
(8886) Elaeagnus
(19808) Elainemccall
(20338) Elainepappas
(27263) Elainezhou
(18943) Elaisponton
(9810) Elanfiller
(31824) Elatus
(2567) Elba
(160013) Elbrus
(6828) Elbsteel
(26238) Elduval
(130) Elektra
(98722) Elenaumberto
(354) Eleonora
(23355) Elephenor
(567) Eleutheria
(4974) Elford
(618) Elfriede
(33863) Elfriederwin
(4818) Elgar
(1329) Eliane
(26970) Elias
(8804) Eliason
(43956) Elidoro
(24488) Eliebochner

(232763) Eliewiesel
(20441) Elijahmena
(9356) Elineke
(2650) Elinor
(17249) Eliotyoung
(956) Elisa
(412) Elisabetha
(25963) Elisalin
(11122) Eliscolombini
(20835) Eliseadcock
(4502) Elizabethann
(15566) Elizabethbaker
(25036) Elizabethof
(15118) Elizabethsears
(21440) Elizacollins
(20283) Elizaheller
(24432) Elizamcnitt
(15543) Elizateel
(16962) Elizawoolard
(20586) Elizkolod
(25257) Elizmakarron
(8252) Elkins-Tanton
(80180) Elko
(435) Ella
(2735) Ellen
(3775) Ellenbeth
(19768) Ellendoane
(20043) Ellenmacarthur
(22871) Ellenoei
(26686) Ellenprice
(3711) Ellensburg
(2196) Ellicott
(3156) Ellington
(3193) Elliot
(11980) Ellis
(10177) Ellison
(616) Elly
(5378) Ellyett
(2493) Elmer
(8377) Elmerreese
(5118) Elnapoul
(10726) Elodie
(156879) Elois
(13652) Elowitz
(59) Elpis
(182) Elsa
(4385) Elsasser
(6309) Elsschot
(3936) Elst
(7968) Elst-Pizarro
(2217) Eltigen
(15752) Eluard
(277) Elvira
(17059) Elvis
(1234) Elyna
(22528) Elysehope
(17795) Elysiasegal
(24701) Elyu-Ene
(23771) Emaitchar
(114026) Emalanushenko
(90441) Emans
(576) Emanuela
(11145) Emanuelli
(4895) Embla
(5087) Emel'yanov
(5617) Emelyanenko
(8225) Emerson
(10174) Emicka
(6729) Emiko
(240381) Emilchyne
(19400) Emileclaus
(27947) Emilemathieu
(15052) Emileschweitzer

(22080) Emilevasseur
(8096) Emilezola
(4912) Emilhaury
(14627) Emilkowalski
(39428) Emilybronte
(27102) Emilychen
(28075) Emilyhoffman
(18086) Emilykraft
(19463) Emilystoll
(7372) Emimar
(9495) Eminescu
(481) Emita
(283) Emma
(22982) Emmacall
(229900) Emmagreaves
(65698) Emmarochelle
(15513) Emmermann
(5391) Emmons
(6152) Empedocles
(157473) Emuno
(26223) Enari
(9134) Encke
(5443) Encrenaz
(4282) Endate
(9197) Endo
(7361) Endres
(342) Endymion
(5711) Eneev
(9493) Enescu
(4217) Engelhardt
(29829) Engels
(7548) Engstrom
(13436) Enid
(4404) Enirac
(227767) Enkibilal
(4709) Ennomos
(263613) Enol
(25216) Enricobernardi
(37573) Enricocaruso
(65848) Enricomari
(33010) Enricoprosperi
(20197) Enriques
(9070) Ensab
(2819) Ensor
(9777) Enterprise
(4272) Entsuji
(21522) Entwisle
(24641) Enver
(6433) Enya
(52480) Enzomora
(221) Eos
(12301) Eotvos
(5259) Epeigeus
(2148) Epeios
(129342) Ependes
(5350) Epetersen
(23549) Epicles
(5954) Epikouros
(1810) Epimetheus
(23382) Epistrophos
(198993) Epoigny
(3838) Epona
(8586) Epops
(21484) Eppard
(2928) Epstein
(802) Epyaxa
(128054) Eranyavneh
(7907) Erasmus
(62) Erato
(3251) Eratosthenes
(5621) Erb
(40106) Erben
(3674) Erbisbuhl
(3114) Ercilla

(7961) Ercolepoli
(894) Erda
(241363) Erdibalint
(55759) Erdmannsdorff
(5019) Erfjord
(1254) Erfordia
(1402) Eri
(4954) Eric
(26672) Ericabrooke
(18790) Ericaburden
(13272) Ericadavid
(23110) Ericberne
(25901) Ericbrooks
(28309) Ericfein
(25678) Ericfoss
(7940) Erichmeyer
(9430) Erichthonios
(9620) Ericidle
(14544) Ericjones
(25264) Erickeen
(25430) Ericlarson
(28449) Ericlau
(15929) Ericlinton
(121103) Ericneilsen
(17807) Ericpearce
(19813) Ericsands
(25479) Ericshyu
(5705) Ericsterken
(20491) Ericstrege
(9988) Erictemplebell
(28398) Ericthomas
(718) Erida
(3512) Eriepa
(163) Erigone
(636) Erika
(20367) Erikagibb
(33044) Erikdavy
(15170) Erikdeul
(23801) Erikgustafson
(4044) Erikhog
(15621) Erikhovland
(11307) Erikolsson
(11521) Erikson
(24066) Eriksorensen
(5331) Erimomisaki
(2167) Erin
(22705) Erinedwards
(19003) Erinfrey
(25378) Erinlambert
(12548) Erinriley
(27570) Erinschumacher
(18662) Erinwhite
(462) Eriphyla
(136199) Eris
(4681) Ermak
(21696) Ermalmquist
(13850) Erman
(705) Erminia
(3657) Ermolova
(406) Erna
(12878) Erneschiller
(698) Ernestina
(7349) Ernestmaes
(39699) Ernestocorte
(21581) Ernestoruiz
(15265) Ernsting
(11042) Ernstweber
(433) Eros
(15263) Erwingroten
(185638) Erwinschwab
(9542) Eryan
(889) Erynia
(8020) Erzgebirge
(6920) Esaki

(4195) Esambaev
(9368) Esashi
(5095) Escalante
(9909) Eschenbach
(4444) Escher
(1509) Esclangona
(20809) Eshinjolly
(10481) Esipov
(16247) Esner
(14120) Espenak
(1421) Esperanto
(2253) Espinette
(14026) Esquerdo
(7363) Esquibel
(133243) Essen
(16578) Essjayess
(16641) Esteban
(16998) Estelleweber
(4638) Estens
(11517) Esteracuna
(22744) Esterantonucci
(11694) Esterhuysen
(622) Esther
(1541) Estonia
(11697) Estrella
(5416) Estremadoyro
(10374) Etampes
(27074) Etatolia
(12916) Eteoneus
(27619) Ethanmessier
(19640) Ethanroth
(2032) Ethel
(331) Etheridgea
(1432) Ethiopia
(3456) Etiennemarey
(11249) Etna
(7647) Etrepigny
(174801) Etscorn
(8691) Etsuko
(20804) Etter
(34993) Euaimon
(6696) Eubanks
(1119) Euboea
(181) Eucharis
(99950) Euchenor
(4354) Euclides
(9019) Eucommia
(9020) Eucryphia
(217) Eudora
(228110) Eudorus
(11709) Eudoxos
(4063) Euforbo
(207319) Eugenemar
(45) Eugenia
(18861) Eugenishmidt
(743) Eugenisis
(5664) Eugster
(247) Eukrate
(495) Eulalia
(55749) Eulenspiegel
(2002) Euler
(12972) Eumaios
(5436) Eumelos
(23668) Eunbekim
(7152) Euneus
(185) Eunike
(15) Eunomia
(630) Euphemia
(13963) Euphrates
(31) Euphrosyne
(3655) Eupraksia
(5261) Eureka
(2930) Euripides
(52) Europa

(8968) Europaeus
(4007) Euryalos
(527) Euryanthe
(3548) Eurybates
(29314) Eurydamas
(75) Eurydike
(195) Eurykleia
(9818) Eurymachos
(5012) Eurymedon
(79) Eurynome
(4501) Eurypylos
(8317) Eurysaces
(27) Euterpe
(164) Eva
(29456) Evakrchova
(171465) Evamaria
(26340) Evamarkova
(17697) Evanchen
(26682) Evanfletcher
(20873) Evanfrank
(24369) Evanichols
(25722) Evanmarshall
(24140) Evanmirts
(21568) Evanmorikawa
(28168) Evanolin
(3032) Evans
(34892) Evapalisa
(2130) Evdokiya
(503) Evelyn
(2656) Evenkia
(14593) Everett
(2664) Everhart
(12979) Evgalvasil'ev
(7628) Evgenifedorov
(24609) Evgenij
(5675) Evgenilebedev
(17173) Evgenyamosov
(1569) Evita
(24648) Evpatoria
(4234) Evtushenko
(50412) Ewen
(12843) Ewers
(9499) Excalibur
(8591) Excubitor
(20252)
Eyjafjallajokull
(28396) Eymann
(9756) Ezaki
(24245) Ezratty
(204873) FAIR
(12044) Fabbri
(3645) Fabini
(26177) Fabiodolfi
(55810) Fabiofazio
(1576) Fabiola
(27341) Fabiomuzzi
(1649) Fabre
(18649) Fabrega
(5221) Fabribudweis
(212176)
Fabriziospaziani
(11142) Facchini
(27959) Fagioli
(1593) Fagnes
(9021) Fagus
(288478) Fahlman
(7536) Fahrenheit
(751) Faina
(67235) Fairbank
(18964) Fairhurst
(21424) Faithchang
(22898) Falce
(7963) Falcinelli
(60183) Falcone

(233943) Falera
(48480) Falk
(14025) Fallada
(10740) Fallersleben
(15617) Fallowfield
(6640) Falorni
(4663) Falta
(9838) Falz-Fein
(408) Fama
(151590) Fan
(3478) Fanale
(1589) Fanatica
(16435) Fandly
(185538) Fangcheng
(5306) Fangfen
(25043) Fangxing
(821) Fanny
(9331) Fannyhensel
(1224) Fantasia
(10311) Fantin-Latour
(21815) Fanyang
(4554) Fanynka
(37582) Faraday
(3248) Farinella
(240757) Farkasberci
(6271) Farmer
(16946) Farnham
(84100) Farnocchia
(9358) Faro
(23989) Farpoint
(5256) Farquhar
(7501) Farra
(16127) Farzan-Kashani
(11997) Fassel
(27719) Fast
(17712) Fatherwilliam
(866) Fatme
(20394) Fatou
(2583) Fatyanov
(47144) Faulkes
(8685) Faure
(243285) Fauvaud
(11849) Fauvel
(5077) Favaloro
(4820) Fay
(1418) Fayeta
(22633) Fazio
(21495) Feaga
(10985) Feast
(11041) Fechner
(2533) Fechtig
(3195) Fedchenko
(28509) Feddersen
(4726) Federer
(12817) Federica
(133296) Federicotosi
(25639) Fedina
(15695) Fedorshpig
(7741) Fedoseev
(11445) Fedotov
(1984) Fedynskij
(19575) Feeny
(3433) Fehrenbach
(58364) Feierberg
(7147) Feijth
(9512) Feijunlong
(15569) Feinberg
(19461) Feingold
(6653) Feininger
(21721) Feiniqu
(10988) Feinstein
(10666) Feldberg
(3658) Feldman
(7838) Feliceierman

(294) Felicia
(3927) Feliciaplatt
(20035) Feliciayen
(13520) Felicienrops
(109) Felicitas
(5940) Feliksobolev
(1664) Felix
(9757) Felixdejager
(10660) Felixhormuth
(21276) Feller
(5150) Fellini
(187709) Fengduan
(18561) Fengningding
(1453) Fennia
(7708) Fennimore
(17951) Fenska
(115254) Fenyi
(1048) Feodosia
(43790) Ferdinandbraun
(204370) Ferdinandvanek
(11584) Ferenczi
(1745) Ferguson
(32931) Ferioli
(12007) Fermat
(8103) Fermi
(11998) Fermilab
(26984) Fernand-Roland
(9346) Fernandel
(17121) Fernandonido
(2496) Fernandus
(18055) Fernhildebrandt
(8875) Fernie
(72) Feronia
(161545) Ferrando
(4122) Ferrari
(5201) Ferraz-Mello
(3308) Ferreri
(13326) Ferri
(10584) Ferrini
(10937) Ferris
(82927) Ferrucci
(157020) Fertoszentmiklos
(73442) Feruglio
(2286) Fesenkov
(15939) Fessenden
(7983) Festin
(4694) Festou
(8806) Fetisov
(12350) Feuchtwanger
(7099) Feuerbach
(10628) Feuerbacher
(191282) Feustel
(21457) Fevig
(7495) Feynman
(3695) Fiala
(6765) Fibonacci
(3475) Fichte
(29736) Fichtelberg
(10248) Fichtelgebirge
(11698) Fichtelman
(524) Fidelio
(10123) Fideoja
(37) Fides
(380) Fiducia
(2314) Field
(15986) Fienga
(48782) Fierz
(5365) Fievez
(1099) Figneria
(25488) Figueiredo
(5316) Filatov
(2892) Filipenko

(28276) Filipnaiser
(1616) Filipoff
(13088) Filipportera
(21687) Filopanti
(795) Fini
(10891) Fink
(151657) Finkbeiner
(5706) Finkelstein
(1794) Finsen
(25298) Fionapaine
(24351) Fionawood
(13638) Fiorenza
(4231) Fireman
(25492) Firnberg
(7722) Firneis
(42482) Fischer-Dieskau
(21451) Fisher
(21396) Fisher-Ives
(22623) Fisico
(3665) Fitzgerald
(8330) Fitzroy
(4985) Fitzsimmons
(3342) Fivesparks
(43955) Fixlmuller
(69870) Fizeau
(9040) Flacourtia
(2118) Flagstaff
(6582) Flagsymphony
(18099) Flamini
(1021) Flammario
(8752) Flammeus
(4987) Flamsteed
(18368) Flandrau
(11379) Flaubert
(2588) Flavia
(14065) Flegel
(12218) Fleischer
(91006) Fleming
(14632) Flensburg
(9359) Fleringe
(3265) Fletcher
(255019) Fleurmaxwell
(10203) Flinders
(1736) Floirac
(4220) Flood
(8) Flora
(189188) Floralien
(3518) Florena
(3122) Florence
(321) Florentina
(8430) Florey
(1689) Floris-Jan
(2302) Florya
(6689) Floss
(225254) Flury
(2994) Flynn
(11021) Fodera
(6771) Foerster
(2181) Fogelin
(8616) Fogelquist
(5323) Fogh
(9102) Foglar
(13147) Foglia
(28073) Fohner
(7006) Folco
(10129) Fole
(187679) Folinsbee
(10900) Folkner
(17952) Folsom
(5198) Fongyunwah
(8667) Fontane
(10069) Fontenelle
(4334) Foo

(21409) Forbes
(13852) Ford
(18122) Forestamartin
(11333) Forman
(11360) Formigine
(13248) Fornasier
(7629) Foros
(28397) Forrestbetton
(8025)
Forrestpeterson
(3223) Forsius
(1054) Forsytia
(41986) Fort Bend
(8780) Forte
(3813) Fortov
(9548) Fortran
(19) Fortuna
(24946) Foscolo
(2789) Foshan
(24654) Fossett
(23032) Fossey
(5668) Foucault
(11670) Fountain
(20898) Fountainhills
(13180) Fourcroy
(10101) Fourier
(2762) Fowler
(16248) Fox
(3625) Fracastoro
(6085) Fraethi
(1105) Fragaria
(8235) Fragonard
(4859) Fraknoi
(11625) Francelinda
(22598) Francespearl
(2133) Franceswright
(1212) Francette
(42929) Francini
(2050) Francis
(7115) Franciscuszeno
(61402) Franciseveritt
(22148) Francislee
(95802) Francismuir
(4546) Franck
(160512) Franck-Hertz
(230155) Francksallet
(7831) Francois-
Xavier
(7865) Francoisgros
(21685) Francomallia
(25601) Francopacini
(22860) Francylemp
(16252) Franfrost
(25371) Frangaley
(125476) Frangarcia
(18095) Frankblock
(21470) Frankchuang
(27264) Frankclayton
(43083) Frankconrad
(2824) Franke
(10246) Frankenwald
(204852) Frankfurt
(115561) Frankherbert
(31098) Frankhill
(9662) Frankhubbard
(13439) Frankiethomas
(40463) Frankkameny
(66846) Franklederer
(1925) Franklin-Adams
(982) Franklina
(2845) Franklinken
(90396) Franklopez
(12142) Franklow
(24671) Frankmartin

(18238) Frankshu
(21789) Frankwasser
(120038) Franlainsher
(21466) Franpelrine
(10981) Fransaris
(66939) Franscini
(11242) Franspost
(3917) Franz Schubert
(862) Franzia
(520) Franziska
(3183) Franzkaiser
(15282) Franzmarc
(65694)
Franzrosenzweig
(20246) Frappa
(13208) Fraschetti
(158092) Frasercain
(34138) Frasso Sabino
(309) Fraternitas
(13478) Fraunhofer
(10323) Frazer
(21537) Frechet
(1093) Freda
(23882) Fredcourant
(133527) Fredearly
(678) Fredegundis
(46095) Frederickoby
(4418) Fredfranklin
(6375) Fredharris
(21659) Fredholm
(19354) Fredkoehler
(20608) Fredmerlin
(152641) Fredreed
(41943) Fredrick
(11795) Fredrikbruhn
(20313) Fredrikson
(11766) Fredseares
(13859) Fredtreasure
(5691) Fredwatson
(22846) Fredwhitaker
(4159) Freeman
(21665) Frege
(76) Freia
(20593) Freilich
(14940) Freiligrath
(9555) Frejakocha
(3506) French
(4482) Frerebasile
(10303) Freret
(11289) Frescobaldi
(10111) Fresnel
(3369) Freuchen
(4342) Freud
(9689) Freudenthal
(5137) Frevert
(242648) Fribourg
(1561) Fricke
(27792) Fridakahlo
(3491) Fridolin
(722) Frieda
(26307) Friedafein
(3642) Frieden
(538) Friederike
(3651) Friedman
(5296) Friedrich
(153284) Frieman
(77) Frigga
(30306) Frigyesriesz
(5115) Frimout
(709) Fringilla
(13977) Frisch
(1253) Frisia
(21541) Friskop
(10979) Fristephenson

(210444) Frithjof
(4394) Fritzheide
(196772) Fritzleiber
(23111) Fritzperls
(6666) Fro
(10835) Frobel
(22474) Frobenius
(8583) Froberger
(10122) Froding
(4732) Froeschle
(10127) Frojel
(6165) Frolova
(11520) Fromm
(854) Frostia
(18635) Frouard
(25543) Fruen
(13869) Fruge
(15604) Fruits
(31650) Frydek-Mistek
(22495) Fubini
(7891) Fuchie
(11316) Fuchitatsuo
(9638) Fuchs
(2345) Fucik
(3996) Fugaku
(6770) Fugate
(11256) Fuglesang
(1584) Fuji
(2184) Fujian
(11255) Fujiiekio
(14425) Fujimimachi
(8387) Fujimori
(22385) Fujimoriboshi
(23245) Fujimura
(12408) Fujioka
(5352) Fujita
(6410) Fujiwara
(4873) Fukaya
(39809) Fukuchan
(8043) Fukuhara
(6924) Fukui
(11495) Fukunaga
(8159) Fukuoka
(3915) Fukushima
(3486) Fulchignoni
(12846) Fullerton
(20373) Fullmer
(5785) Fulton
(8224) Fultonwright
(609) Fulvia
(92585) Fumagalli
(23455) Fumi
(16723) Fumiofuke
(6869) Funada
(9842) Funakoshi
(210434) Fungyuancheng
(5712) Funke
(194982) Furia
(6511) Furmanov
(6753) Fursenko
(7505) Furusho
(13815) Furuya
(16759) Furuyama
(42747) Fuser
(4778) Fuss
(16507) Fuuren
(55892) Fuzhougezhi
(4371) Fyodorov
(14789) GAISH
(9965) GNU
(5839) GOI
(21523) GONG
(21701) Gabemendoza
(72071) Gabor

(8554) Gabreta	(3330) Gantrisch	(14413) Geiger
(355) Gabriella	(1036) Ganymed	(2571) Geisei
(33532) Gabriellacoli	(115885) Ganz	(1047) Geisha
(2206) Gabrova	(79419) Gaolu	(18032) Geiss
(1665) Gaby	(3704) Gaoshiqi	(4261) Gekko
(218900) Gabybuchholz	(38980) Gaoyaojie	(1199) Geldonia
(43971) Gabzdyl	(25542) Garabedian	(23625) Gelfond
(14071) Gadabird	(27287) Garbarino	(1073) Gellivara
(20539) Gadberry	(3076) Garber	(8222) Gellner
(57140) Gaddi	(4442) Garcia	(1385) Gelria
(2638) Gadolin	(212991) Garcialorca	(4782) Gembloux
(13551) Gadsden	(6380) Gardel	(11433) Gemmafrisius
(1184) Gaea	(2587) Gardner	(15957) Gemoore
(14224) Gaede	(13033) Gardon	(3143) Genecampbell
(132445) Gaertner	(147421) Gardonyi	(17250) Genelucas
(25421) Gafaran	(10257) Garecynthia	(11756) Geneparker
(3545) Gaffey	(4317) Garibaldi	(1237) Genevieve
(1772) Gagarin	(1435) Garlena	(21359) Geng
(20850) Gaglani	(31139) Garnavich	(2093) Genichesk
(135069) Gagnereau	(14094) Garneau	(12456) Genichiaraki
(10997) Gahm	(78394) Garossino	(26528) Genniferubin
(10176) Gaiavettori	(5066) Garradd	(13817) Genobechetti
(8451) Gaidai	(21990) Garretyazzie	(70444) Genovali
(1358) Gaika	(19533) Garrison	(680) Genoveva
(25368) Gailcolwell	(16997) Garrone	(8824) Genta
(10424) Gaillard	(9594) Garstang	(2872) Gentelec
(14092) Gaily	(2307) Garuda	(14831) Gentileschi
(9502) Gaimar	(180) Garumna	(485) Genua
(8236) Gainsborough	(4735) Gary	(18241) Genzel
(7259) Gaithersburg	(7273) Garyhuss	(11753) Geoffburbidge
(1835) Gajdariya	(54693) Garymyers	(129101) Geoffcollyer
(213636) Gajdos	(20573) Garynadler	(13018) Geoffjames
(3603) Gajdusek	(51569) Garywessen	(10289) Geoffperry
(9786) Gakutensoku	(12001) Gasbarini	(9193)
(2082) Galahad	(2388) Gase	Geoffreycopland
(132824) Galamb	(16073) Gaskin	(21714) Geoffreywoo
(6241) Galante	(16973) Gaspari	(12896) Geoffroy
(1250) Galanthus	(951) Gaspra	(1620) Geographos
(16809) Galapagos	(12185) Gasprinskij	(376) Geometria
(74) Galatea	(8937) Gassan	(7578) Georgbohm
(4089) Galbraith	(7179) Gassendi	(3854) George
(161962) Galchyn	(25552) Gaster	(6400)
(13914) Galegant	(10185) Gaudi	Georgealexander
(427) Galene	(8061) Gaudium	(16225) Georgebaldo
(19009) Galenmaly	(10136) Gauguin	(9704) Georgebeekman
(20451) Galeotti	(6478) Gault	(144633) Georgecarroll
(22611) Galerkin	(1001) Gaussia	(21437) Georgechen
(11958) Galiani	(28488) Gautam	(23151) Georgehotz
(7413) Galibina	(5444) Gautier	(16074) Georgekaplan
(697) Galilea	(21515) Gavini	(8458) Georgekoenig
(3576) Galina	(2504) Gaviola	(6202) Georgemiley
(17859) Galinaryabova	(22405) Gavioliremo	(10733) Georgesand
(21448) Galindo	(7369) Gavrilin	(11740) Georgesmith
(4080) Galinskij	(4658) Gavrilov	(225250) Georgfranziska
(3595) Gallagher	(2054) Gawain	(359) Georgia
(6719) Gallaj	(22527) Gawlik	(9119) Georgpeuerbach
(17897) Gallardo	(11969) Gay-Lussac	(3700) Geowilliams
(2097) Galle	(22120) Gaylefarrar	(300) Geraldina
(148) Gallia	(9556) Gaywray	(1433) Geramtina
(8764) Gallinago	(9298) Geake	(1227) Geranium
(9130) Galois	(4012) Geballe	(1337) Gerarda
(10184) Galvani	(26696) Gechenzhang	(8297) Gerardfaure
(1992) Galvarino	(764) Gedania	(189264) Gerardjeong
(2317) Galya	(26345) Gedankien	(22519) Gerardklein
(21514) Gamalski	(12272) Geddylee	(3945) Gerasimenko
(8538) Gammelmaja	(13027) Geeraerts	(2126) Gerasimovich
(8816) Gamow	(1267) Geertruida	(9718) Gerbefremov
(7509) Gamzatov	(17855) Geffert	(19494) Gerbs
(2415) Ganesa	(1272) Gefion	(122) Gerda
(185535) Gangda	(15389) Geflorsch	(10953) Gerdatschira
(17484) Ganghofer	(1777) Gehrels	(218901) Gerdbuchholz
(202784) Gangkeda	(5891) Gehrig	(8853) Gerdlehmann
(22706) Ganguly	(31086) Gehringer	(4102) Gergana
(2515) Gansu	(4304) Geichenko	(7215) Gerhard

111

(47494) Gerhardangl
(40764) Gerhardiser
(6164) Gerhardmuller
(3346) Gerla
(663) Gerlinde
(241) Germania
(10208) Germanicus
(13010) Germantitov
(6079) Gerokurat
(58608) Geroldrichter
(2327) Gershberg
(8249) Gershwin
(3887) Gerstner
(686) Gersuind
(21369) Gertfinger
(1382) Gerti
(710) Gertrud
(78433) Gertrudolf
(20883) Gervais
(9079) Gesner
(113355) Gessler
(8700) Gevaert
(21551) Geyang
(4380) Geyer
(1672) Gezelle
(23178) Ghaben
(9473) Ghent
(6054) Ghiberti
(7112) Ghislaine
(17927) Ghoshal
(21840) Ghoshchoudhury
(3371) Giacconi
(1756) Giacobini
(21289) Giacomel
(15567) Giacomelli
(11905) Giacometti
(6877) Giada
(39849) Giampieri
(21588) Gianelli
(8936) Gianni
(6515) Giannigalli
(64975) Gianrix
(172734) Giansimon
(10334) Gibbon
(2937) Gibbs
(7728) Giblin
(2742) Gibson
(1741) Giclas
(11298) Gide
(28427) Gidwani
(39557) Gielgud
(10529) Giessenburg
(4819) Gifford
(6720) Gifu
(10371) Gigli
(22189) Gijskatgert
(7459) Gilbertofranco
(6602) Gilclark
(1812) Gilgamesh
(4878) Gilhutton
(6339) Giliberti
(74509) Gillett
(2537) Gilmore
(11006) Gilson
(27512) Gilstrap
(3863) Gilyarovskij
(17066) Ginagallant
(8716) Ginestra
(613) Ginevra
(5474) Gingasen
(2658) Gingerich
(15019) Gingold
(85197) Ginkgo
(10526) Ginkogino

(27056) Ginoloria
(11098) Ginsberg
(11084) Gio
(59417) Giocasilli
(1599) Giomus
(6519) Giono
(5148) Giordano
(27855) Giorgilli
(6775) Giorgini
(7367) Giotto
(153078) Giovale
(15036)
Giovannianselmi
(16906) Giovannisilva
(29356) Giovarduino
(16130) Giovine
(10450) Girard
(27095) Girardiwanda
(91422) Giraudon
(15723) Girraween
(352) Gisela
(101902) Gisellaluccone
(49481) Gisellarubini
(492) Gismonda
(10984) Gispen
(9821) Gitakresakova
(17088) Giupalazzolo
(28159) Giuricich
(6533) Giuseppina
(27958) Giussano
(5249) Giza
(7638) Gladman
(3909) Gladys
(2914) Glarnisch
(1687) Glarona
(857) Glasenappia
(5805) Glasgow
(32564) Glass
(19719) Glasser
(11703) Glassman
(163626) Glatfelter
(288) Glauke
(1870) Glaukos
(10099) Glazebrook
(3616) Glazunov
(10639) Gleason
(6108) Glebov
(29197) Gleim
(3852) Glennford
(29565) Glenngould
(5062) Glennmiller
(17240) Gletorrence
(20334) Glewitsky
(4967) Glia
(1823) Gliese
(5551) Glikson
(2205) Glinka
(7124) Glinos
(3267) Glo
(25189) Glockner
(21608) Gloyna
(7624) Gluck
(25800) Glukhovsky
(6357) Glushko
(5861) Glynjones
(13350) Gmelin
(8165) Gnadig
(5084) Gnedin
(10814) Gnisvard
(29568) Gobbi-Belcredi
(316) Goberta
(7094) Godaisan
(7043) Godart
(9252) Goddard

(16444) Godefroy
(3366) Godel
(24935) Godfreyhardy
(12715) Godin
(3018) Godiva
(4252) Godwin
(8268) Goerdeler
(3047) Goethe
(1728) Goethe Link
(5074) Goetzoertel
(6740) Goff
(1722) Goffin
(2361) Gogol
(12291) Gohnaumann
(18027) Gokcay
(23817) Gokulk
(7564) Gokumenon
(5156) Golant
(3329) Golay
(4955) Gold
(3101) Goldberger
(4423) Golden
(16452) Goldfinger
(8610) Goldhaber
(20793) Goldinaaron
(10153) Goldman
(3805) Goldreich
(1614) Goldschmidt
(5393) Goldstein
(4433) Goldstone
(6489) Golevka
(1226) Golia
(7161) Golitsyn
(237265) Golobokov
(6456) Golombek
(15675) Goloseevo
(7729) Golovanov
(220418) Golovyno
(2466) Golson
(216897) Golubev
(17856) Gomes
(90140) Gomezdonet
(7035) Gomi
(5508) Gomyou
(5361) Goncharov
(7998) Gonczi
(1891) Gondola
(1562) Gondolatsch
(22909) Gongmyunglee
(19258) Gongyi
(1177) Gonnessia
(15628) Gonzales
(16857) Goodall
(11790) Goode
(12911) Goodhue
(4239) Goodman
(3116) Goodricke
(8202) Gooley
(7754) Gopalan
(8783) Gopasyuk
(4654) Gor'kavyj
(4509) Gorbatskij
(5014) Gorchakov
(305) Gordonia
(8013) Gordonmoore
(20298) Gordonsu
(114725) Gordonwalker
(7801) Goretti
(79086) Gorgasali
(681) Gorgo
(48373) Gorgythion
(11704) Gorin
(7675) Gorizia
(17198) Gorjup

112

(2768) Gorky
(3818) Gorlitsa
(5988) Gorodnitskij
(212465) Goroshky
(25373) Gorsch
(2723) Gorshkov
(5075) Goryachev
(21858) Gosal
(9490) Gosemeijer
(22402) Goshi
(3585) Goshirakawa
(23776) Gosset
(3640) Gostin
(10551) Goteborg
(10141) Gotenba
(1346) Gotha
(1710) Gothard
(1188) Gothlandia
(1049) Gotho
(184878) Gotlib
(2621) Goto
(9648) Gotouhideo
(13576) Gotoyoshi
(7618) Gotoyukichi
(18668) Gottesman
(9507) Gottfried
(11588)
Gottfriedkeller
(6841) Gottfriedkirch
(2278) Gotz
(9688) Goudsmit
(9708) Gouka
(6948) Gounelle
(23877) Gourmaud
(23777) Goursat
(8371) Goven
(10986) Govert
(4430) Govorukhin
(9677) Gowlandhopkins
(6592) Goya
(19428) Gracehsu
(9341) Gracekelly
(27253) Graceleanor
(3632) Grachevka
(4471) Graculus
(3253) Gradie
(142562) Graetz
(3202) Graff
(3541) Graham
(9617) Grahamchapman
(5479) Grahamryder
(4247) Grahamsmith
(43999) Gramigna
(2666) Gramme
(18728) Grammier
(10960) Gran Sasso
(1159) Granada
(8039) Grandprism
(4885) Grange
(1451) Grano
(3154) Grant
(11693) Grantelliott
(25183) Grantfisher
(13414) Grantham
(112797) Grantjudy
(19413) Grantlewis
(13752) Grantstokes
(1661) Granule
(11496) Grass
(34708) Grasset
(424) Gratia
(30798) Graubunden
(18871) Grauer
(9175) Graun

(21648) Gravanschaik
(18824) Graves
(9682) Gravesande
(12517) Grayzeck
(2806) Graz
(25541) Greathouse
(24749) Grebel
(4268) Grebenikov
(3148) Grechko
(30785) Greeley
(12016) Green
(11067) Greenancy
(3387) Greenberg
(187638) Greenewalt
(19631) Greensleeves
(4612) Greenstein
(2830) Greenwich
(8974) Gregaria
(9984) Gregbryant
(27291) Greghansen
(16046) Gregnorman
(224027) Gregoire
(14659) Gregoriana
(100019) Gregorianik
(34004) Gregorini
(2527) Gregory
(10114) Greifswald
(7462) Grenoble
(15523) Grenville
(4396) Gressmann
(19679) Gretabetteo
(10658) Gretadevries
(20336) Gretamills
(984) Gretia
(3280) Gretry
(92389) Gretskij
(2837) Griboedov
(25098) Gridnev
(4872) Grieg
(7807) Grier
(11547) Griesser
(2049) Grietje
(4451) Grieve
(4995) Griffin
(128177) Griffioen
(16253) Griffis
(11707) Grigery
(10305) Grignard
(12219) Grigor'ev
(30933) Grillparzer
(6912) Grimm
(27410) Grimmett
(2786) Grinevia
(11874) Gringauz
(207899) Grinmalia
(1362) Griqua
(493) Griseldis
(15203) Grishanin
(2161) Grissom
(21614) Grochowski
(1674) Groeneveld
(16908) Groeselenberg
(2565) Grogler
(4920) Gromov
(10048) Gronbech
(96217) Gronchi
(18016) Grondahl
(5129) Groom
(5657) Groombridge
(9577) Gropius
(33800) Gross
(36169) Grosseteste
(4565) Grossman
(6886) Grote

(13278) Grotecloss
(9994) Grotius
(10812) Grotlingbo
(16280) Groussin
(217603) Grove Creek
(17950) Grover
(19429) Grubaugh
(1058) Grubba
(26355) Grueber
(4571) Grumiaux
(4240) Grun
(13927) Grundy
(9645) Grunewald
(6561) Gruppetta
(6516) Gruss
(3336) Grygar
(24662) Gryll
(496) Gryphia
(6136) Gryphon
(1993) Guacolda
(7497) Guangcaishiye
(2185) Guangdong
(2655) Guangxi
(3048) Guangzhou
(21615) Guardamano
(8124) Guardi
(19185) Guarneri
(10797) Guatemala
(2544) Gubarev
(4860) Gubbio
(39748) Guccini
(171448) Guchaohao
(2595) Gudiachvili
(24126) Gudjonson
(328) Gudrun
(799) Gudula
(2105) Gudy
(19875) Guedes
(185216) Gueiren
(11537) Guericke
(2293) Guernica
(13412) Guerrieri
(15005) Guerriero
(4325) Guest
(11942) Guettard
(13328) Guetter
(38269) Gueymard
(21616) Guhagilford
(120361) Guido
(10605) Guidoni
(27270) Guidotti
(11353) Guillaume
(10354) Guillaumebude
(3649) Guillermina
(2483) Guinevere
(12064) Guiraudon
(1960) Guisan
(19410) Guisard
(27938) Guislain
(2632) Guizhou
(23722) Gulak
(21429) Gulati
(5276) Gulkis
(11532) Gullin
(6783) Gulyaev
(4556) Gumilyov
(25424) Gunasekaran
(73637) Guneus
(891) Gunhild
(983) Gunila
(657) Gunlod
(3829) Gunma
(18243) Gunn
(10265) Gunnarsson

(27515) Gunnels
(961) Gunnie
(1944) Gunter
(19993) Gunterseeber
(257234) Guntherkurtze
(4586) Gunvor
(28513) Guo
(2012) Guo Shou-Jing
(14814) Gurij
(9510) Gurnemanz
(65658) Gurnikovskaya
(73692) Gurtler
(6679) Gurzhij
(8248) Gurzuf
(32944) Gussalli
(11295) Gustaflarsson
(5498) Gustafsson
(14980) Gustavbrom
(85773) Gutbezahl
(777) Gutemberga
(3419) Guth
(13082) Gutierrez
(13279) Gutman
(325558) Guyane
(3697) Guyhurst
(73342) Guyunusa
(23758) Guyuzhou
(34716) Guzzo
(6574) Gvishiani
(12252) Gwangju
(10870) Gwendolen
(5637) Gyas
(806) Gyldenia
(5030) Gyldenkerne
(5138) Gyoda
(444) Gyptis
(13352) Gyssens
(15577) Gywilliams
(18110) HASI
(4066) Haapavesi
(3853) Haas
(23804) Haber
(59390) Habermas
(207666) Habibula
(5037) Habing
(85199) Habsburg
(10540) Hachigoroh
(11108) Hachimantai
(6200) Hachinohe
(6612) Hachioji
(34399)
Hachiojihigashi
(8558) Hack
(10382) Hadamard
(39799) Hadano
(14143) Hadfield
(24051) Hadinger
(7446) Hadrianus
(2151) Hadwiger
(193158) Haechan
(12323) Haeckel
(13064) Haemhouts
(12610) Hafez
(1894) Haffner
(682) Hagar
(7279) Hagfors
(11127) Hagi
(1971) Hagihara
(12802) Hagino
(8929) Haginoshinji
(55838) Hagongda
(3676) Hahn
(368) Haidea
(17746) Haigha

(135268) Haignere
(12477) Haiku
(3024) Hainan
(26879) Haines
(69869) Haining
(7316) Hajdu
(9822) Hajdukova
(1995) Hajek
(164268) Hajmasi
(151242) Hajos
(247652) Hajossy
(21403) Haken
(10400) Hakkaisan
(11107) Hakkoda
(18469) Hakodate
(1483) Hakoila
(1098) Hakone
(82346) Hakos
(4812) Hakuhou
(29337) Hakurojo
(46689) Hakuryuko
(9000) Hal
(5028) Halaesus
(518) Halawe
(7368) Haldancohn
(36061) Haldane
(1024) Hale
(171183) Haleakala
(23331) Halimzeidan
(12974) Halitherses
(3299) Hall
(1308) Halleria
(15071) Hallerstein
(2688) Halley
(3944) Halliday
(2640) Hallstrom
(29208) Halorentz
(20274) Halperin
(15146) Halpov
(15904) Halstead
(1460) Haltia
(24059) Halverson
(5720) Halweaver
(7486) Hamabe
(21966) Hamadori
(9053) Hamamelis
(29373) Hamanowa
(5468) Hamatonbetsu
(120460) Hambach
(449) Hamburga
(2535) Hameenlinna
(452) Hamiltonia
(2733) Hamina
(3530) Hammel
(6044) Hammer-
Purgstall
(7917) Hammergren
(723) Hammonia
(7207) Hammurabi
(18961) Hampfreeman
(16255) Hampton
(9373) Hamra
(24156) Hamsasridhar
(5838) Hamsun
(14226) Hamura
(109097) Hamuy
(20856) Hamzabari
(127196) Hanaceplechova
(5777) Hanaki
(11282) Hanakusa
(6418) Hanamigahara
(11878) Hanamiyama
(75058) Hanau
(3731) Hancock

(2166) Handahl
(3826) Handel
(2718) Handley
(22939) Handlin
(24210) Handsberry
(23504) Haneda
(7902) Hanff
(48700) Hanggao
(35313) Hangtianyuan
(24541) Hangzou
(15583) Hanick
(4582) Hank
(239792) Hankakovacova
(2299) Hanko
(1668) Hanna
(38020) Hannadam
(100027) Hannaharendt
(21695) Hannahwolf
(266051) Hannawieser
(4664) Hanner
(2152) Hannibal
(85119) Hannieschaft
(2573) Hannu Olavi
(7816) Hanoi
(480) Hansa
(11245) Hansderijk
(4775) Hansen
(12134) Hansfriedeman
(201308) Hansgrade
(95782) Hansgraf
(29328) Hanshintigers
(5475) Hanskennedy
(1118) Hanskya
(243109) Hansludwig
(11019) Hansrott
(13177) Hansschmidt
(4991) Hansuess
(2211) Hanuman
(27986) Hanus
(10173)
Hanzelkazikmund
(3257) Hanzlik
(25683) Haochenhong
(154004) Haolei
(28206) Haozhongning
(724) Hapag
(3549) Hapke
(578) Happelia
(7345) Happer
(27332) Happritchard
(4640) Hara
(6399) Harada
(17933) Haraguchi
(196035) Haraldbill
(35357) Haraldesch
(7143) Haramura
(2851) Harbin
(25374) Harbrucker
(9251) Harch
(8140) Hardersen
(2003) Harding
(24062) Hardister
(2866) Hardy
(20279) Harel
(1372) Haremari
(192155) Hargittai
(11777) Hargrave
(10955) Harig
(2582) Harimaya-Bashi
(24944) Harish-Chandra
(25836) Harishvemuri
(3842) Harlansmith
(22570) Harleyzhang
(47002) Harlingten

114

(40) Harmonia
(114096) Haroldbier
(6761) Haroldconnolly
(44117) Haroldlarson
(16254) Harper
(11715) Harperclark
(1744) Harriet
(3216) Harrington
(2929) Harris
(4149) Harrison
(5972) Harryatkinson
(6907) Harryford
(293926) Harrystine
(26586) Harshaw
(1914)
Hartbeespoortdam
(4768) Hartley
(3341) Hartmann
(1531) Hartmut
(81915) Hartwick
(28174) Harue
(10582) Harumi
(12734) Haruna
(18177) Harunaga
(6423) Harunasan
(24910) Haruoando
(5286) Haruomukai
(5848) Harutoriko
(114023) Harvanek
(736) Harvard
(4278) Harvey
(2853) Harvill
(12143) Harwit
(7040) Harwood
(90328) Haryou
(10249) Harz
(48631) Hasantufan
(9408) Haseakira
(7240) Hasebe
(8431) Haseda
(3227) Hasegawa
(32272) Hasegawayuya
(2734) Hasek
(8301) Haseyuji
(145062) Hashikami
(11545) Hashimoto
(7611) Hashitatsu
(37939) Hasler
(210213) Hasler-Gloor
(7478) Hasse
(13014) Hasslacher
(16589) Hastrup
(6887) Hasuo
(23809) Haswell
(9114) Hatakeyama
(4051) Hatanaka
(2340) Hathor
(2436) Hatshepsut
(9112) Hatsulars
(17759) Hatta
(7308) Hattori
(18779) Hattyhong
(2407) Haug
(136108) Haumea
(2870) Haupt
(8381) Hauptmann
(24947) Hausdorff
(14068) Hauserova
(16524) Hausmann
(7755) Haute-Provence
(15705) Hautot
(11095) Havana
(362) Havnia
(48575) Hawaii

(17945) Hawass
(3452) Hawke
(7672) Hawking
(8710) Hawley
(1824) Haworth
(3125) Hay
(17656) Hayabusa
(11129) Hayachine
(4773) Hayakawa
(6880) Hayamiyu
(11324) Hayamizu
(4771) Hayashi
(22874) Haydeephelps
(25462) Haydenmetsky
(3941) Haydn
(139028) Haynald
(8082) Haynes
(11718) Hayward
(10832)
Hazamashigetomi
(9305) Hazard
(3846) Hazel
(27480) Heablonsky
(66479) Healy
(3023) Heard
(5207) Hearnshaw
(14564) Heasley
(8110) Heath
(3922) Heather
(18679) Heatherenae
(27495) Heatherfennell
(22599) Heatherhall
(22873) Heatherholt
(25765) Heatherlynne
(21856) Heathermaria
(198110) Heathrhoades
(6) Hebe
(2505) Hebei
(271763) Hebrewu
(10484) Hecht
(1650) Heckmann
(19156) Heco
(108) Hecuba
(20282) Hedberg
(207) Hedda
(15050) Heddal
(1251) Hedera
(5837) Hedin
(476) Hedwig
(26842) Hefele
(19423) Hefter
(220229) Hegedus
(14845) Hegel
(325) Heidelberga
(218987) Heidenhain
(2521) Heidi
(10252) Heidigraf
(18152) Heidimanning
(1732) Heike
(2380) Heilongjiang
(3990) Heimdal
(10637) Heimlich
(17447) Heindl
(7109) Heine
(2016) Heinemann
(6371) Heinlein
(2943) Heinrich
(10509) Heinrichkayser
(4290) Heisei
(13149) Heisenberg
(5287) Heishu
(2379) Heiskanen
(22291) Heitifer
(4014) Heizman

(100) Hekate
(2245) Hekatostos
(80184) Hekigoto
(624) Hektor
(949) Hel
(699) Hela
(16969) Helamuda
(101) Helena
(6333) Helenejacq
(111696) Helenorman
(1872) Helenos
(78432) Helensailer
(9038) Helensteel
(24422) Helentressa
(28137) Helenyao
(123818) Helenzier
(1845) Helewalda
(8067) Helfenstein
(2290) Helffrich
(522) Helga
(6305) Helgoland
(8980) Heliaca
(21392) Helibrochier
(30942) Helicaon
(1075) Helina
(895) Helio
(967) Helionape
(1370) Hella
(10250) Hellahaasse
(26301) Hellawillis
(1273) Helma
(11573) Helmholtz
(29250) Helmutmoritz
(10549) Helsingborg
(1495) Helsinki
(113390) Helvetia
(6972) Helvetius
(801) Helwerthia
(26739) Hemaeberhart
(25022) Hemalibatra
(9671) Hemera
(9615) Hemerijckx
(3656) Hemingway
(12354) Hemmerechts
(21449) Hemmick
(9820) Hempel
(10124) Hemse
(2085) Henan
(2005) Hencke
(33529) Henden
(3077) Henderson
(6066) Hendricks
(20317) Hendrickson
(4506) Hendrie
(7840) Hendrika
(10021) Henja
(154378) Hennessy
(14164) Hennigar
(11012) Henning
(7005) Henninghaack
(20589) Hennyadmoni
(6122) Henrard
(225) Henrietta
(826) Henrika
(1516) Henry
(18979) Henryfong
(254422) Henrykent
(19454) Henrymarr
(9016) Henrymoore
(27710) Henseling
(1365) Henyey
(6642) Henze
(72059) Heojun
(2212) Hephaistos

(14080) Heppenheim
(103) Hera
(5143) Heracles
(5204) Herakleitos
(3696) Herald
(880) Herba
(4481) Herbelin
(23774) Herbelliott
(1363) Herberta
(7378) Herbertpalme
(9931) Herbhauptman
(11754) Herbig
(26300) Herbweiss
(20156) Herbwindolf
(532) Herculina
(458) Hercynia
(8158) Herder
(6843) Heremon
(1885) Herero
(10669) Herfordia
(1652) Herge
(3099) Hergenrother
(1751) Herget
(3234) Hergiani
(923) Herluga
(21544) Hermainkhan
(215089) Hermanfrid
(10239) Hermann
(8818) Hermannbondi
(23889)
Hermanngrassmann
(9762) Hermannhesse
(32267) Hermannweyl
(260824) Hermanus
(346) Hermentaria
(69230) Hermes
(685) Hermia
(27984) Herminefranz
(121) Hermione
(4758) Hermitage
(24998) Hermite
(2630) Hermod
(19079) Hernandez
(6686) Hernius
(546) Herodias
(3092) Herodotus
(3970) Herran
(12567) Herreweghe
(1579) Herrick
(4124) Herriot
(2000) Herschel
(6153) Hershey
(206) Hersilia
(31203) Hersman
(135) Hertha
(16761) Hertz
(1693) Hertzsprung
(3316) Herzberg
(3052) Herzen
(1952) Hesburgh
(8550) Hesiodos
(69) Hesperia
(2844) Hess
(5846) Hessen
(46) Hestia
(15971) Hestroffer
(6127) Hetherington
(82232) Heuberger
(4602) Heudier
(4133) Heureka
(21075) Heussinger
(5703) Hevelius
(24168) Hexlein
(2473) Heyerdahl

(28295) Heyizheng
(5446) Heyler
(7738) Heyman
(3069) Heyrovsky
(3746) Heyuan
(21118) Hezimmermann
(8762) Hiaticula
(20467) Hibbitts
(2441) Hibbs
(11494) Hibiki
(11719) Hicklen
(2220) Hicks
(944) Hidalgo
(12176) Hidayat
(23173) Hideaki
(9081) Hideakianno
(15248) Hidekazu
(46727)
Hidekimatsuyama
(6345) Hideo
(6902) Hideoasada
(12047) Hideomitani
(4948) Hideonishimura
(12003) Hideosugai
(6459) Hidesan
(49699) Hidetakasato
(9964) Hideyonoguchi
(39726) Hideyukitezuka
(6731) Hiei
(8579) Hieizan
(7119) Hiera
(24999) Hieronymus
(14606) Hifleischer
(14316)
Higashichichibu
(29157) Higashinihon
(6552) Higginson
(29470) Higgs
(3025) Higson
(97582) Hijikawa
(29404) Hikarusato
(58084) Hiketaon
(6329) Hikonejyo
(13315) Hilana
(242529) Hilaomar
(996) Hilaritas
(12022) Hilbert
(153) Hilda
(684) Hildburg
(5661) Hildebrand
(898) Hildegard
(7311) Hildehan
(928) Hildrun
(1642) Hill
(3130) Hillary
(19500) Hillaryfultz
(18803) Hillaryoas
(6395) Hilliard
(4924) Hiltner
(17657) Himawari
(29199) Himeji
(11933) Himuka
(25608) Hincapie
(1897) Hind
(5157) Hindemith
(3404) Hinderer
(48447) Hingley
(18948) Hinkle
(5072) Hioki
(21521) Hippalgaonkar
(4000) Hipparchus
(17492) Hippasos
(426) Hippo
(9054) Hippocastanum

(5085) Hippocrene
(692) Hippodamia
(30698) Hippokoon
(14367) Hippokrates
(129137) Hippolochos
(10295) Hippolyta
(134419) Hippothous
(24128) Hipsman
(6390) Hirabayashi
(8144) Hiragagennai
(10609) Hirai
(9333) Hiraimasa
(29249) Hiraizumi
(10029) Hiramperkins
(11072) Hiraoka
(4799) Hirasawa
(1999) Hirayama
(6975) Hiroaki
(8410) Hiroakiohno
(110743) Hirobumi
(55875) Hirohatagaoka
(9323) Hirohisasato
(8931) Hirokimatsuo
(6225) Hiroko
(29394) Hirokohamanowa
(9986) Hirokun
(4905) Hiromi
(6709) Hiromiyuki
(6978) Hironaka
(2356) Hirons
(189261) Hiroo
(1612) Hirose
(10064) Hirosetamotsu
(10009) Hirosetanso
(4677) Hiroshi
(15840) Hiroshiendou
(30879) Hiroshikanai
(2247) Hiroshima
(54237) Hiroshimanabe
(124844) Hirotamasao
(14214) Hirsch
(3172) Hirst
(706) Hirundo
(7493) Hirzo
(28173) Hisakichi
(6094) Hisako
(15238) Hisaohori
(10224) Hisashi
(5354) Hisayo
(804) Hispania
(2746) Hissao
(14491) Hitachiomiya
(7032) Hitchcock
(57901) Hitchens
(9386) Hitomi
(9411) Hitomiyamoto
(11317) Hitoshi
(7235) Hitsuzan
(10782) Hittmair
(6883) Hiuchigatake
(13978) Hiwasa
(10601) Hiwatashi
(8868) Hjorter
(6119) Hjorth
(73704) Hladiuk
(10763) Hlawka
(15960) Hluboka
(27595) Hnath
(3225) Hoag
(4225) Hobart
(7012) Hobbes
(97472) Hobby
(4774) Hobetsu
(18777) Hobson

```
(10104) Hoburgsgubben      (94400) Hongdaeyong        (3888) Hoyt
(16544) Hochlehnert         (51983) Honig             (4112) Hrabal
(14203) Hocking             (1699) Honkasalo         (13804) Hrazany
 (4669) Hoder                (236) Honoria         (225238) Hristobotev
(14466) Hodge              (29484) Honzavesely       (25688) Hritzo
 (5422) Hodgkin             (6072) Hooghoudt         (24862) Hromec
 (2888) Hodgson             (3514) Hooke              (5946) Hrozny
(21047) Hodierna             (932) Hooveria          (18841) Hruska
(22222) Hodios             (17020) Hopemeraengus     (17857) Hsieh
(17486) Hodler             (25142) Hopf              (21633) Hsingpenyuan
 (8111) Hoepli              (2938) Hopi              (37163) Huachucaclub
 (1662) Hoffmann           (17954) Hopkins           (23098) Huanghuang
 (1726) Hoffmeister         (1985) Hopmann           (48636) Huangkun
(180857) Hofigeza           (3499) Hoppe              (3502) Huangpu
 (8057) Hofmannsthal       (44530) Horakova         (120569) Huangrunqian
(25109) Hofving             (4294) Horatius          (79316) Huangshan
(12613) Hogarth            (17941) Horbatt           (3014) Huangsushu
(156542) Hogg               (2435) Horemheb          (21634) Huangweikang
(10243) Hohe Meissner      (23718) Horgos            (4331) Hubbard
  (788) Hohensteina         (8500) Hori              (2069) Hubble
(85215) Hohenzollern        (7844) Horikawa         (65657) Hube
(14872) Hoher List         (10885) Horimasato        (2547) Hubei
(72060) Hohhot             (11409) Horkheimer         (260) Huberta
 (9661) Hohmann             (3137) Horky            (49384) Hubertnaudot
(273836) Hoijyusek           (805) Hormuthia         (9631) Hubertreeves
(13473) Hokema              (3744) Horn-d'Arturo     (8847) Huch
 (3720) Hokkaido          (11132) Horne              (4656) Huchra
(64296) Hokoon              (6712) Hornstein        (21258) Huckins
(14566) Hokule'a          (11720) Horodyskyj        (15399) Hudec
(12614) Hokusai             (8374) Horohata          (5723) Hudson
 (9191) Hokuto              (6176) Horrigan          (7921) Huebner
 (5374) Hokutosei           (3078) Horrocks           (379) Huenna
 (6064) Holasovice        (10544) Horsnebara        (21636) Huertas
 (6956) Holbach             (2913) Horta            (10839) Hufeland
 (3033) Holbaek            (13116) Hortensia         (2635) Huggins
 (8122) Holbein            (84996) Hortobagy        (71000) Hughdowns
  (872) Holda             (21527) Horton             (1878) Hughes
 (2974) Holden             (8966) Hortulana        (20789) Hughgrant
 (9189) Holderlin          (4323) Hortulus         (154005) Hughharris
(14835) Holdridge           (1924) Horus            (14146) Hughmaclean
 (4431) Holeungholee      (14447) Hosakakanai        (2106) Hugo
 (9266) Holger             (6300) Hosamu           (12381) Hugoclaus
(60006) Holgermandel        (2909) Hoshi-no-ie       (5177) Hugowolf
(38238) Holic               (3814) Hoshi-no-mura    (34778) Huhunglick
 (1132) Hollandia         (14926) Hoshide            (9488) Huia
(46280) Hollar              (6088) Hoshigakubo       (5390) Huichiming
(18193) Hollilydrury        (7429) Hoshikawa        (23669) Huihuifan
 (6711) Holliman            (3828) Hoshino          (88297) Huikilolani
 (4084) Hollis              (4971) Hoshinohiroba    (17022) Huisjen
 (9144) Hollisjohnson       (6989) Hoshinosato     (169834) Hujie
(12113) Hollows            (16624) Hoshizawa        (30844) Hukeller
(19955) Holly             (12223) Hoskin           (37279) Hukvaldy
 (3666) Holman             (8218) Hosty            (34738) Hulbert
 (3573) Holmberg          (11138) Hotakadake         (4285) Hulkower
 (5477) Holmes             (3705) Hotellasilla      (2070) Humason
 (3764) Holmesacourt      (10612) Houffalize        (4877) Humboldt
(10105) Holmhallar        (48047) Houghten          (7009) Hume
  (378) Holmia            (17673) Houkidaisen       (12050) Humecronyn
(20360) Holsapple          (8407) Houlahan          (7705) Humeln
 (3590) Holst              (4950) House           (196476) Humfernandez
 (6402) Holstein          (16259) Housinger        (16398) Hummel
 (4435) Holt               (2550) Houssay           (9913) Humperdinck
 (4277) Holubov            (3031) Houston          (10172) Humphreys
(51261) Holusa             (9690) Houtgast         (17627) Humptydumpty
(13421) Holvorcem         (10650) Houtman          (28536) Hunaiwen
 (5700) Homerus            (2534) Houzeau           (2592) Hunan
(22952) Hommasachi         (9069) Hovland           (6231) Hundertwasser
(25074) Honami            (12561) Howard            (6834) Hunfeld
 (3904) Honda             (28210) Howardfeng         (434) Hungaria
(11055) Honduras          (15396) Howardmoore      (19788) Hunker
(27846) Honegger          (15091) Howell            (1452) Hunnia
 (5536) Honeycutt          (5045) Hoyin            (10254) Hunsruck
(15627) Hong               (8077) Hoyle           (171429) Hunstead
 (3297) Hong Kong         (96254) Hoyo             (23041) Hunt
```

117

(9122) Hunten	(4903) Ichikawa	(5432) Imakiire
(7225) Huntress	(13222) Ichikawakazuo	(1520) Imatra
(3730) Hurban	(23628) Ichimura	(25256) Imbrie-Moore
(3434) Hurless	(5532) Ichinohe	(34919) Imelda
(16929) Hurnik	(19853) Ichinomiya	(926) Imhilde
(3939) Huruhata	(6201) Ichiroshimizu	(1813) Imhotep
(3425) Hurukawa	(27447) Ichunlin	(22497) Immanuelfuchs
(29472) Hurvinek	(7508) Icke	(2373) Immo
(25237) Hurwitz	(286) Iclea	(210425) Imogene
(1840) Hus	(243) Ida	(1320) Impala
(7528) Huskvarna	(30705) Idaios	(1200) Imperatrix
(315012) Hutchings	(6326) Idamiyoshi	(1165) Imprinetta
(5308) Hutchison	(35269) Idefix	(12235) Imranakperov
(3203) Huth	(1403) Idelsonia	(5824) Inagaki
(117572) Hutsebaut	(2759) Idomeneus	(5851) Inagawa
(6130) Hutton	(963) Iduberga	(1325) Inanda
(38628) Huya	(176) Iduna	(1532) Inari
(2801) Huygens	(9698) Idzerda	(17645) Inarimori
(22530) Huynh-Le	(134402)	(3438) Inarradas
(4143) Huziak	Ieshimatoshiaki	(9516) Inasan
(12124) Hvar	(8300) Iga	(9665) Inastronoviny
(1678) Hveen	(6699) Igaueno	(17465) Inawashiroko
(3980) Hviezdoslav	(14342) Iglika	(8275) Inca
(8516) Hyakkai	(11963) Ignace	(3849) Incidentia
(15740) Hyakumangoku	(21730) Ignaciorod	(18781) Indaram
(7291) Hyakutake	(8787) Ignatenko	(1602) Indiana
(221628) Hyatt	(3562) Ignatius	(7299) Indiawadkins
(430) Hybris	(6148) Ignazgunther	(90703) Indulgentia
(22857) Hyde	(13482) Igorfedorov	(389) Industria
(14605) Hyeyeonchoi	(10004) Igormakarov	(4875) Ingalls
(10) Hygiea	(9941) Iguanodon	(2494) Inge
(12155) Hyginus	(1684) Iguassu	(391) Ingeborg
(27433) Hylak	(5561) Iguchi	(185164) Ingeburgherz
(10370) Hylonome	(8730) Iidesan	(5632) Ingelehmann
(1842) Hynek	(44013) Iidetenmomdai	(12311) Ingemyr
(6879) Hyogo	(2820) Iisalmi	(10378) Ingmarbergman
(8552) Hyoichi	(8272) Iitatemura	(173108) Ingola
(23733) Hyojiyun	(284984) Ikaunieks	(6285) Ingram
(238) Hypatia	(21022) Ike	(12611) Ingres
(1309) Hyperborea	(6730) Ikeda	(1026) Ingrid
(18228) Hyperenor	(17098) Ikedamai	(8993) Ingstad
(14827) Hypnos	(6910) Ikeguchi	(561) Ingwelde
(587) Hypsipyle	(6661) Ikemura	(1479) Inkeri
(6210) Hyunseop	(4945) Ikenozenni	(848) Inna
(5000) IAU	(7134) Ikeuchisatoru	(3497) Innanen
(3056) INAG	(4037) Ikeya	(1658) Innes
(14674) INAOE	(2828) Iku-Turso	(15318) Innsbruck
(3728) IRAS	(6245) Ikufumi	(173) Ino
(75569) IRSOL	(17509) Ikumadan	(5484) Inoda
(7158) IRTF	(29420) Ikuo	(7673) Inohara
(9998) ISO	(7178) Ikuookamoto	(32270) Inokuchihiroo
(1735) ITA	(51828) Ilanramon	(6637) Inoue
(58664) IYAMMIX	(9077) Ildo	(7442) Inouehideo
(7626) Iafe	(3668) Ilfpetrov	(10616) Inouetakeshi
(21602) Ialmenus	(6604) Ilias	(9255) Inoutadataka
(26468) Ianchan	(3622) Ilinsky	(42478) Inozemtseva
(91007) Ianfleming	(5130) Ilioneus	(10245) Inselsberg
(15727) Ianmorison	(2968) Iliya	(88260) Insubria
(4652) Iannini	(3750) Ilizarov	(8080) Intel
(26277) Ianrees	(37655) Illapa	(704) Interamnia
(28533) Iansohl	(191857) Illeserzsebet	(2365) Interkosmos
(98) Ianthe	(1160) Illyria	(3328) Interposita
(50768) Ianwessen	(2107) Ilmari	(9480) Inti
(181279) Iapyx	(385) Ilmatar	(5775) Inuyama
(21062) Iasky	(1182) Ilona	(43957) Invernizzi
(29561) Iatteri	(18282) Ilos	(85) Io
(3436) Ibadinov	(249) Ilse	(2450) Ioannisiani
(19713) Ibaraki	(919) Ilsebill	(16395) Ioannpravednyj
(2423) Ibarruri	(979) Ilsewa	(5222) Ioffe
(15452) Ibramohammed	(9658) Imabari	(509) Iolanda
(5696) Ibsen	(16079) Imada	(14360) Ipatov
(23931) Ibuki	(2989) Imago	(4791) Iphidamas
(11251) Icarion	(8271) Imai	(112) Iphigenia
(1566) Icarus	(8460) Imainamahoe	(43706) Iphiklos

118

(2115) Irakli
(18987) Irani
(18091) Iranmanesh
(22566) Irazaitseva
(25690) Iredale
(6749) Ireentje
(5029) Ireland
(794) Irenaea
(14) Irene
(46722) Ireneadler
(51430) Ireneclaire
(18180) Irenesun
(10178) Iriki
(5957) Irina
(5083) Irinara
(26151) Irinokaigan
(106869) Irinyi
(7) Iris
(83464) Irishmccalla
(22999) Irizarry
(3224) Irkutsk
(177) Irma
(20533) Irmabonham
(1178) Irmela
(591) Irmgard
(5794) Irmina
(773) Irmintraud
(8891) Irokawa
(2585) Irpedina
(216451) Irsha
(14612) Irtish
(8924) Iruma
(13387) Irus
(6825) Irvine
(114094) Irvpatterson
(3959) Irwin
(1485) Isa
(8000) Isaac Newton
(9778) Isabelallende
(13114) Isabelgodin
(27120) Isabelhawkins
(210) Isabella
(207341) Isabelmartin
(14834) Isaev
(5091) Isakovskij
(11085) Isala
(6878) Isamu
(6338) Isaosato
(364) Isara
(939) Isberga
(1271) Isergina
(23067) Ishajain
(7710) Ishibashi
(5829) Ishidagoro
(9091) Ishidatakaki
(10179) Ishigaki
(7354) Ishiguro
(9971) Ishihara
(8167) Ishii
(9218) Ishiikazuo
(26169)
Ishikawakiyoshi
(25693) Ishitani
(7842) Ishitsuka
(8163) Ishizaki
(4095) Ishizuchisan
(7216) Ishkov
(7088) Ishtar
(13235) Isiguroyuki
(42) Isis
(5615) Iskander
(1409) Isko
(190026) Iskorosten
(8970) Islandica

(190) Ismene
(6168) Isnello
(1947) Iso-Heikkila
(7187) Isobe
(4210) Isobelthompson
(6463) Isoda
(8251) Isogai
(211) Isolda
(6501) Isonzo
(1374) Isora
(15861) Ispahan
(7507) Israel
(23047) Isseroff
(30719) Isserstedt
(10162) Issunboushi
(183) Istria
(11614) Istropolitana
(14551) Itagaki
(9233) Itagijun
(477) Italia
(22370) Italocalvino
(918) Itha
(1151) Ithaka
(5737) Itoh
(25143) Itokawa
(7852) Itsukushima
(21540) Itthipanyanan
(133552) Itting-Enke
(1596) Itzigsohn
(497) Iva
(22901) Ivanbella
(29345) Ivandanilov
(8573) Ivanka
(33129) Ivankrasko
(25553) Ivanlafer
(95008) Ivanobertini
(32938) Ivanopaci
(4365) Ivanova
(18814) Ivanovsky
(8332) Ivantsvetaev
(1627) Ivar
(16135) Ivarsson
(12978) Ivashov
(5991) Ivavladis
(13633) Ivens
(202930) Ivezic
(9814) Ivobenko
(29738) Ivobudil
(12032) Ivory
(21035) Iwabu
(40774) Iwaigame
(4712) Iwaizumi
(10304) Iwaki
(11092) Iwakisan
(5623) Iwamori
(4951) Iwamoto
(67853) Iwamura
(58060) Iwamuroonsen
(3634) Iwan
(10805) Iwano
(198820) Iwanowska
(8406) Iwaokusano
(7122) Iwasaki
(19691) Iwate
(11109) Iwatesan
(52601) Iwayaji
(28978) Ixion
(6413) Iye
(7452) Izabelyuria
(10209) Izanaki
(10227) Izanami
(5584) Izenberg
(5765) Izett
(10563) Izhdubar

(1546) Izsak
(4157) Izu
(6089) Izumi
(3418) Izvekov
(196000) Izzard
(100267) JAXA
(78577) JPL
(7470) Jabberwock
(1942) Jablunka
(2079) Jacchia
(11743) Jachowski
(2625) Jack London
(30840) Jackalice
(22707) Jackgrundy
(4319) Jackierobinson
(144552) Jackiesue
(27582) Jackieterrel
(26938) Jackli
(7749) Jackschmitt
(2193) Jackson
(243320) Jackuipers
(235281) Jackwilliamson
(5111) Jacliff
(12909) Jaclifford
(22730) Jacobhurwitz
(12040) Jacobi
(11772) Jacoblemaire
(21926) Jacobperry
(19643) Jacobrucker
(23752) Jacobshapiro
(5636) Jacobson
(26424) Jacquelihung
(1017) Jacqueline
(24102) Jacquescassini
(6542)
Jacquescousteau
(18605) Jacqueslaskar
(37782) Jacquespiccard
(82926) Jacquey
(9696) Jaffe
(25927) Jagandelman
(5321) Jagras
(30830) Jahn
(9861) Jahreiss
(19478) Jaimeflores
(56561) Jaimenomen
(1893) Jakoba
(18359) Jakobstaude
(30418) Jakobsteiner
(22732) Jakpor
(20377) Jakubisin
(4397) Jalopez
(27449) Jamarkley
(2335) James
(9007) James Bond
(2634) James Bradley
(14575) Jamesblanc
(22139) Jamescox
(20863) Jamescronk
(142084) Jamesdaniel
(58424) Jamesdunlop
(81822) Jamesearly
(25925) Jamesfenska
(39791) Jameshesser
(12125) Jamesjones
(10676) Jamesmcdanell
(30558) Jamesoconnor
(26467) Jamespopper
(197196) Jamestaylor
(11332) Jameswatt
(17926) Jameswu
(16012) Jamierubin
(12197) Jan-Otto
(8556) Jana

(2073) Janacek
(20187) Janapittichova
(123852) Janboda
(5420) Jancis
(12629) Jandeboer
(37736) Jandl
(8496) Jandlsmith
(39415) Janeausten
(19630) Janebell
(28318) Janecox
(10043) Janegann
(6083) Janeirabloom
(6921) Janejacobs
(19758) Janelcoulson
(20673) Janelle
(27314) Janemcdonald
(22338) Janemojo
(2028) Janequeo
(4558) Janesick
(28465) Janesmyth
(15099) Janestrohm
(25988) Janesuh
(48628) Janetfender
(20484) Janetsong
(53910) Janfischer
(27048) Jangong
(68719) Jangyeongsil
(12534) Janhoet
(2324) Janice
(383) Janina
(22862) Janinedavis
(7849) Janjosefric
(20991) Jankollar
(6310) Jankonke
(6589) Jankovich
(25614) Jankral
(13441) Janmerlin
(23812) Jannuzi
(31109) Janpalous
(3301) Jansje
(1932) Jansky
(19140) Jansmit
(10586) Jansteen
(212606) Janulis
(9259) Janvanparadijs
(10436) Janwillempel
(20164) Janzajic
(10017) Jaotsungi
(17992) Japellegrino
(7796) Jaracimrman
(60008) Jarda
(24549) Jaredgoodman
(20587) Jargoldman
(1843) Jarmila
(1558) Jarnefelt
(4023) Jarnik
(7829) Jaroff
(4320) Jarosewich
(1110) Jaroslawa
(4422) Jarre
(17277) Jarrydlevine
(3353) Jarvis
(5250) Jas
(2964) Jaschek
(90918) Jasinski
(28494) Jasmine
(4336) Jasniewicz
(4114) Jasnorzewska
(6063) Jason
(21475) Jasonclain
(22775) Jasonelloyd
(23728) Jasonmorrow
(18155) Jasonschuler
(5620) Jasonwheeler

(26717) Jasonye
(48435) Jaspers
(6977) Jaucourt
(6262) Javid
(5516) Jawilliamson
(12065) Jaworski
(22575) Jayallen
(11173) Jayanderson
(25620) Jayaprakash
(25554) Jayaranjan
(51431) Jayardee
(221923) Jayeff
(5812) Jayewinkler
(13212) Jayleno
(22828) Jaynethomp
(15116) Jaytate
(17081) Jaytee
(84011) Jean-Claude
(1461) Jean-Jacques
(5235) Jean-Loup
(9531) Jean-Luc
(221026) Jeancoester
(13115) Jeangodin
(153333) Jeanhugues
(27302) Jeankobis
(16147) Jeanli
(18112) Jeanlucjosset
(20228) Jeanmarcmari
(38019) Jeanmariepelt
(20741) Jeanmichelreess
(1281) Jeanne
(114649) Jeanneacker
(189930) Jeanneherbert
(14365) Jeanpaul
(8116) Jeanperrin
(2763) Jeans
(18574) Jeansimon
(5899) Jedicke
(23038) Jeffbaughman
(3526) Jeffbell
(1934) Jeffers
(30928) Jefferson
(99905) Jeffgrossman
(46277) Jeffhall
(187283) Jeffhopkins
(120174) Jeffjenny
(84447) Jeffkanipe
(7657) Jefflarsen
(22991) Jeffreyklus
(22564) Jeffreyxing
(7376) Jefftaylor
(17884) Jeffthompson
(25405) Jeffwidder
(9564) Jeffwynn
(14576) Jefholley
(3188) Jekabsons
(1606) Jekhovsky
(125718) Jemasalomon
(526) Jena
(22626) Jengordinier
(17279) Jeniferevans
(20496) Jenik
(10581) Jenikhollan
(4504) Jenkinson
(5588) Jennabelle
(18163) Jennalewis
(71482) Jennamarie
(5168) Jenner
(20862) Jenngoedhart
(11190) Jennibell
(6249) Jennifer
(18175) Jenniferchoy
(13853) Jenniferfritz

(12485) Jenniferharris
(19448) Jenniferling
(18923) Jennifersass
(18970) Jenniharper
(20555) Jennings
(146268) Jennipolakis
(42981) Jenniskens
(13753) Jennivirta
(607) Jenny
(19437) Jennyblank
(10480) Jennyblue
(27208) Jennyliu
(21751) Jennytaylor
(75570) Jenowigner
(1719) Jens
(26921) Jensallit
(3245) Jensch
(5900) Jensen
(8861) Jenskandler
(5427) Jensmartin
(9871) Jeon
(12352) Jepejacobsen
(20316) Jerahalpern
(128586) Jeremias
(24120) Jeremyblum
(24019) Jeremygasper
(11774) Jerne
(33544) Jerold
(1414) Jerome
(116903) Jeromeapt
(221150) Jerryfoote
(18720) Jerryguo
(9837) Jerryhorow
(11548) Jerrylewis
(25381) Jerrynelson
(63163) Jerusalem
(29447) Jerzyneyman
(12091) Jesmalmquist
(16231) Jessberger
(19570) Jessedouglas
(25676) Jesseellison
(11830) Jessenius
(6758) Jesseowens
(21407) Jessicabaker
(13320) Jessicamiles
(19447) Jessicapearl
(18956) Jessicarnold
(16203) Jessicastahl
(10464) Jessie
(16123) Jessiecheng
(549) Jessonda
(21543) Jessop
(12067) Jeter
(544) Jetta
(6434) Jewitt
(27132) Jezek
(145534) Jhongda
(4760) Jia-xiang
(26939) Jiachengli
(25199) Jiahegu
(10877) Jiangnan
Tianchi
(2617) Jiangxi
(48619) Jianli
(10577) Jihcesmuzeum
(2080) Jihlava
(2398) Jilin
(13845) Jillburnett
(23002) Jillhirsch
(21480) Jilltucker
(27870) Jillwatson
(2874) Jim Young
(2143) Jimarnold
(8146) Jimbell

(26233) Jimbraun
(14148) Jimchamberlin
(12224) Jimcornell
(9809) Jimdarwin
(111660) Jimgray
(23030) Jimkennedy
(80807) Jimloudon
(5594) Jimmiller
(22988) Jimmyhom
(26508) Jimmylin
(44016) Jimmypage
(3407) Jimmysimms
(27326) Jimobrien
(17195) Jimrichardson
(4445) Jimstratton
(6173) Jimwestphal
(21406) Jimyang
(3515) Jindra
(14594) Jindrasilhan
(11141) Jindrawalter
(21873)
Jindrichuvhradec
(21559) Jingyuanluo
(23283) Jinjuyi
(24926) Jinpan
(3088) Jinxiuzhonghua
(100434) Jinyilian
(10930) Jinyong
(33528) Jinzeman
(17694) Jiranek
(13367) Jiri
(31324) Jirimrazek
(38461) Jiritrnka
(10395) Jirkahorn
(162035) Jirotakahashi
(190333) Jirous
(3395) Jitka
(4698) Jizera
(21257) Jizni Cechy
(2316) Jo-Ann
(26333) Joachim
(2677) Joan
(21860) Joannaguy
(17988) Joannehsieh
(28092) Joannekear
(17914) Joannelee
(27549) Joannemichet
(25472) Joanoro
(18782) Joanrho
(215044) Joaoalves
(88470) Joaquinescrig
(27121) Joardar
(215463) Jobse
(25415) Jocelyn
(25275) Jocelynbell
(26411) Jocorbferg
(17744) Jodiefoster
(7766) Jododaira
(4083) Jody
(8028) Joeengle
(9775) Joeferguson
(4989) Joegoldstein
(15438) Joegotobed
(5167) Joeharms
(5034) Joeharrington
(27301) Joeingalls
(726) Joella
(8491) Joelle-gilles
(15076) Joellewis
(12867) Joeloic
(13751) Joelparker
(7656) Joemontani
(31451) Joenickell
(1524) Joensuu

(27342) Joescanio
(81859) Joetaylor
(22555) Joevellone
(8203) Jogolehmann
(11238) Johanmaurits
(5494) Johanmohr
(127) Johanna
(18980) Johannatang
(9300) Johannes
(15955)
Johannesgmunden
(24337) Johannessen
(20060) Johannforster
(20333) Johannhuth
(12171) Johannink
(19970) Johannpeter
(120481) Johannwalter
(16266) Johconnell
(3726) Johnadams
(20530) Johnayres
(6830) Johnbackus
(20307) Johnbarnes
(4525) Johnbauer
(15461) Johnbird
(12140) Johnbolton
(16901) Johnbrooks
(11652) Johnbrownlee
(26891) Johnbutler
(14163) Johnchapman
(9618) Johncleese
(13179) Johncochrane
(3882) Johncox
(9064) Johndavies
(213771) Johndee
(8581) Johnen
(5517) Johnerogers
(6452) Johneuller
(90308) Johney
(263844) Johnfarrell
(6137) Johnfletcher
(16588) Johngee
(19638) Johngenereid
(91199) Johngray
(21617) Johnhagen
(8073) Johnharmon
(20314) Johnharrison
(26924) Johnharvey
(85200) Johnhault
(9695) Johnheise
(142369) Johnhodges
(21529) Johnjames
(126749) Johnjones
(25294) Johnlaberee
(5772) Johnlambert
(20324) Johnmahoney
(6092) Johnmason
(8026) Johnmckay
(6906) Johnmills
(21707) Johnmoore
(128523) Johnmuir
(3252) Johnny
(12413) Johnnyweir
(22911) Johnpardon
(9258) Johnpauljones
(7110) Johnpearse
(17220) Johnpenna
(32208) Johnpercy
(7542) Johnpond
(14119) Johnprince
(20224) Johnrae
(7290) Johnrather
(9405) Johnratje
(8455) Johnrayner
(14700) Johnreid

(90463) Johnrichard
(5722) Johnscherrer
(61190) Johnschutt
(21619) Johnshopkins
(5905) Johnson
(5255) Johnsophie
(7554) Johnspencer
(5065) Johnstone
(21752) Johnthurmon
(31982) Johnwallis
(21481) Johnwarren
(28045) Johnwilkins
(4736) Johnwood
(22573) Johnzhou
(90370) Jokaimor
(899) Jokaste
(182592) Jolana
(836) Jole
(17995) Jolinefan
(14010) Jomonaomori
(21254) Jonan
(27949) Jonasz
(2392) Jonathan
Murray
(27194) Jonathanli
(25116) Jonathanwang
(24131) Jonathuggins
(24297) Jonbach
(24214) Jonchristo
(4764) Joneberhart
(3152) Jones
(24215) Jongastel
(27106) Jongoldman
(26664) Jongwon
(18117) Jonhodge
(5406) Jonjoseph
(7093) Jonleake
(16166) Jonlii
(23757) Jonmunoz
(44001) Jonquet
(25549) Jonsauer
(22550) Jonsellon
(116939) Jonstewart
(5593) Jonsujatha
(26526) Jookayhyun
(5232) Jordaens
(26934) Jordancotler
(20730) Jorgecarvano
(17842) Jorgegarcia
(13057) Jorgensen
(4298) Jorgenunez
(16083) Jorvik
(84340) Jos
(1423) Jose
(649) Josefa
(14976) Josefcapek
(90937) Josefdufek
(21539) Josefhlavka
(26896) Josefhudec
(17625) Joseflada
(266983) Josepbosch
(19496) Josephbarone
(22666) Josephchurch
(25432) Josepherli
(21519) Josephhenry
(24434)
Josephhoscheidt
(303) Josephina
(23688) Josephjoachim
(27845) Josephmeyer
(168321) Josephschmidt
(11976) Josephthurn
(6304) Josephus
Flavius

(8023) Josephwalker	(11518) Jung	(12372) Kagesuke
(18379) Josevandam	(10103) Jungfrun	(12370) Kageyasu
(23329) Josevega	(210035) Jungli	(7562) Kagiroino-Oka
(8242) Joshemery	(40441) Jungmann	(4703) Kagoshima
(17991) Joshuaegan	(6052) Junichi	(10880) Kaguya
(23808) Joshuahammer	(13533) Junili	(7991) Kaguyahime
(21862) Joshuajones	(10182) Junkobiwaki	(4563) Kahnia
(12086) Joshualevine	(8724) Junkoehara	(4284) Kaho
(21646) Joshuaturner	(3) Juno	(1587) Kahrstedt
(25025) Joshuavo	(8941) Junsaito	(12079) Kaibab
(305953) Josiedubey	(5073) Junttura	(4467) Kaidanovskij
(6647) Josse	(42113) Jura	(35366) Kaifeng
(14122) Josties	(5778) Jurafrance	(6412) Kaifu
(10340) Jostjahn	(22429) Jurasek	(127517) Kaikepan
(21363) Jotwani	(89818) Jureskvarc	(14056) Kainar
(12759) Joule	(3537) Jurgen	(5433) Kairen
(77441) Jouve	(5394) Jurgens	(1694) Kaiser
(921) Jovita	(4388) Jurgenstock	(3880) Kaiserman
(7899) Joya	(14966) Jurijvega	(10947) Kaiserstuhl
(5418) Joyce	(9470) Jussieu	(22920) Kaitduncan
(24509) Joycechai	(27382) Justinbarber	(25122) Kaitlingus
(20211) Joycegates	(21394) Justinbecker	(21675) Kaitlinmaria
(20376) Joyhines	(11948) Justinehenin	(7475) Kaizuka
(26548) Joykutty	(17115) Justiniano	(1519) Kajaani
(17611) Jozkakubik	(19593) Justinkoh	(79149) Kajigamori
(39971) Jozsef	(21401) Justinkovac	(4610) Kajov
(6810) Juanclaria	(26666) Justinto	(5270) Kakabadze
(178256) Juanmi	(269) Justitia	(25119) Kakani
(4270) Juanvictoria	(21747) Justsolomon	(7252) Kakegawa
(652) Jubilatrix	(2799) Justus	(2894) Kakhovka
(9781) Jubjubbird	(6041) Juterkilian	(23165) Kakinchan
(9732) Juchnovski	(1183) Jutta	(3597) Kakkuri
(948) Jucunda	(44011) Juubichi	(8892) Kakogawa
(185641) Judd	(2818) Juvenalis	(1702) Kalahari
(24261) Judilegault	(605) Juvisia	(66934) Kalalova
(664) Judith	(48171) Juza	(120349) Kalas
(23155) Judithblack	(7905) Juzoitami	(5976) Kalatajean
(17844) Judson	(3878) Jyoumon	(39930) Kalauch
(20517) Judycrystal	(6022) Jyuro	(73885) Kalaymoodley
(20135) Juels	(1500) Jyvaskyla	(3086) Kalbaugh
(139) Juewa	(11011) KIAM	(4138) Kalchas
(6644) Jugaku	(42377) KLENOT	(24325) Kaleighanne
(8649) Juglans	(16711) Ka-Dar	(17851) Kaler
(2136) Jugta	(4227) Kaali	(1454) Kalevala
(1248) Jugurtha	(23748) Kaarethode	(12976) Kalinenkov
(2487) Juhani	(2257) Kaarina	(26214) Kalinga
(4747) Jujo	(16007) Kaasalainen	(33014) Kalinich
(33113) Julabeth	(4998) Kabashima	(2699) Kalinin
(9447) Julesbordet	(7670) Kabelac	(15548) Kalinowski
(11498) Julgeerts	(22079) Kabinoff	(2840) Kallavesi
(89) Julia	(20351) Kaborchardt	(2805) Kalle
(18026) Juliabaldwin	(180824) Kabos	(10908) Kallestroetzel
(12446) Juliabryant	(17905) Kabtamu	(22) Kalliope
(8324) Juliadeleon	(12758) Kabudari	(204) Kallisto
(20372) Juliafanning	(6270) Kabukuri	(10545) Kallunge
(2704) Julian Loewe	(6464) Kaburaki	(2332) Kalm
(816) Juliana	(7492) Kacenka	(4992) Kalman
(27323) Julianewman	(2760) Kacha	(29824) Kalmancok
(18176) Julianhong	(7461) Kachmokiam	(2287) Kalmykia
(26522) Juliapoje	(2015) Kachuevskaya	(82092) Kalocsa
(8308) Julie-Melissa	(1874) Kacivelia	(23663) Kalou
(23674) Juliebaker	(23717) Kaddoura	(51826) Kalpanachawla
(12880) Juliegrady	(25697) Kadiyala	(282897) Kaltenbrunner
(20776) Juliekrugler	(8709) Kadlu	(7734) Kaltenegger
(7460) Julienicoles	(9751) Kadota	(8150) Kaltja
(202736) Julietclare	(17103) Kadyrsizova	(21393) Kalygeringer
(1285) Julietta	(28322) Kaeberich	(53) Kalypso
(24410) Juliewalker	(5195) Kaendler	(1387) Kama
(22477) Julimacoraor	(3412) Kafka	(66667) Kambic
(5996) Julioangel	(4256) Kagamigawa	(14909) Kamchatka
(28125) Juliomiguez	(16131) Kaganovich	(7289) Kamegamori
(13370) Juliusbreza	(6665) Kagawa	(4254) Kamel
(21428) Junehokim	(11949) Kagayayutaka	(70936) Kamen
(3766) Junepatterson	(11623) Kagekatu	(5385) Kamenka

122

(12833) Kamenny Ujezd
(12796) Kamenrider
(2428) Kamenyar
(5435) Kameoka
(58279) Kamerlingh
(7757) Kameya
(12751) Kamihayashi
(21250) Kamikouchi
(108720) Kamikuroiwa
(14124) Kamil
(4496) Kamimachi
(27439) Kamimura
(5978) Kaminokuni
(17100) Kamiokanatsu
(18156) Kamisaibara
(22736) Kamitaki
(105675) Kamiukena
(8045) Kamiyama
(18891) Kamler
(112233) Kammerer
(4215) Kamo
(9293) Kamogata
(10143) Kamogawa
(14623) Kamoun
(1948) Kampala
(4410) Kamuimintara
(13239) Kana
(17683) Kanagawa
(26168) Kanaikiyotaka
(9866) Kanaimitsuo
(9212) Kanamaru
(7650) Kaname
(32453) Kanamishogo
(52500) Kanata
(6976) Kanatsu
(5333) Kanaya
(14888) Kanazawashi
(21262) Kanba
(15370) Kanchi
(2248) Kanda
(12769) Kandakurenai
(5750) Kandatai
(2662) Kandinsky
(126245) Kandokalman
(26394) Kandola
(12008) Kandrup
(4717) Kaneko
(10583) Kanetugu
(28299) Kanghaoyan
(4265) Kani
(20870) Kaningher
(22625) Kanipe
(120120) Kankelborg
(145732) Kanmon
(23468) Kannabe
(9409) Kanpuzan
(4963) Kanroku
(3124) Kansas
(6846) Kansazan
(7083) Kant
(215080) Kaohsiung
(3463) Kaokuen
(9044) Kaoru
(11842) Kap'bos
(24587) Kapaneus
(24352) Kapilrama
(3437) Kapitsa
(1987) Kaplan
(29528) Kaplinski
(23069) Kapps
(818) Kapteynia
(9141) Kapur
(6683) Karachentsov
(8019) Karachkina

(6973) Karajan
(4274) Karamanov
(3719) Karamzin
(29514) Karatsu
(3800) Karayusuf
(1959) Karbyshev
(39509) Kardashev
(1682) Karel
(22465) Karelandel
(11431) Karelbosscha
(12160) Karelwakker
(19291) Karelzeman
(2651) Karen
(108382) Karencilevitz
(21462) Karenedbal
(24734) Kareness
(25370) Karenfletch
(23884) Karenharvey
(20545) Karenhowell
(22102) Karenlamb
(19801) Karenlemmon
(28132) Karenzobel
(4685) Karetnikov
(4822) Karge
(1676) Kariba
(90525) Karijanberg
(832) Karin
(9945) Karinaxavier
(84919) Karinthy
(14542) Karitskaya
(11115) Kariya
(30786) Karkoschka
(2807) Karl Marx
(2125) Karl-Ontjes
(9854) Karlheinz
(25604) Karlin
(4264) Karljosephine
(15728) Karlmay
(21356) Karlplank
(23865) Karlsorensen
(9623) Karlsson
(10558) Karlstad
(11364) Karlstejn
(21110) Karlvalentin
(3811) Karma
(20818) Karmadiraju
(17273) Karnik
(6451) Karnten
(6323) Karoji
(2288) Karolinum
(90414) Karpov
(25727) Karsonmiller
(22868) Karst
(3758) Karttunen
(781) Kartvelia
(7133) Kasahara
(1316) Kasan
(65541) Kasbek
(7895) Kaseda
(6811) Kashcheev
(1828) Kashirina
(11664) Kashiwagi
(13220) Kashiwagura
(8994) Kashkashian
(21939) Kasmith
(114) Kassandra
(646) Kastalia
(3982) Kastel'
(12318) Kastner
(7674) Kasuga
(3608) Kataev
(1817) Katanga
(10301) Kataoka
(36800) Katarinawitt

(8527) Katayama
(24385) Katcagen
(2156) Kate
(22536) Katelowry
(24378) Katelyngibbs
(144692) Katemary
(25978) Katerudolph
(26273) Kateschafer
(6750) Katgert
(18697) Kathanson
(320) Katharina
(20281) Kathartman
(18992) Katharvard
(22153) Kathbarnhart
(25877) Katherinexue
(24119) Katherinrose
(18787) Kathermann
(25987) Katherynshi
(49350) Katheynix
(3754) Kathleen
(14250) Kathleenmartin
(28527) Kathleenrose
(6340) Kathmandu
(2612) Kathryn
(22923) Kathrynblair
(28096) Kathrynmarsh
(22596) Kathwallace
(4711) Kathy
(20217) Kathyclemmer
(22165) Kathydouglas
(23010) Kathyfinch
(27296) Kathyhurd
(5914) Kathywhaler
(43890) Katiaottani
(19766) Katiedavis
(24548) Katieeverett
(1113) Katja
(25685) Katlinhornig
(5743) Kato
(27003) Katoizumi
(61444) Katokimiko
(31240) Katrianne
(14258) Katrinaminck
(12585) Katschwarz
(7965) Katsuhiko
(15368) Katsuji
(9067) Katsuno
(2961) Katsurahama
(12469) Katsuura
(21126) Katsuyoshi
(7319) Katterfeld
(11628) Katuhikoikeda
(12400) Katumaru
(6182) Katygord
(1900) Katyusha
(22981) Katz
(216624) Kaufer
(6806) Kaufmann
(5485) Kaula
(5491) Kaulbach
(73059) Kaunas
(4251) Kavasch
(154660) Kavelaars
(1976) Kaverin
(2949) Kaverznev
(6832) Kawabata
(12682) Kawada
(7953) Kawaguchi
(8911) Kawaguchijun
(8413) Kawakami
(7504) Kawakita
(10352) Kawamura
(9033) Kawane
(37720) Kawanishi

123

(6269) Kawasaki
(4910) Kawasato
(7410) Kawazoe
(2564) Kayala
(6546) Kaye
(18912) Kayfurman
(21829) Kaylacornale
(5271) Kaylamaya
(202614) Kayleigh
(4421) Kayor
(23791) Kaysonconlin
(6110) Kazak
(2178) Kazakhstania
(5544) Kazakov
(48650)
Kazanuniversity
(3477) Kazbegi
(9551) Kazi
(184096) Kazlauskas
(11504) Kazo
(25087) Kaztaniguchi
(26170) Kazuhiko
(8582) Kazuhisa
(8302) Kazukin
(13540)
Kazukitakahashi
(6496) Kazuko
(9746) Kazukoichikawa
(29374) Kazumitsu
(7031) Kazumiyoshioka
(8087) Kazutaka
(7353) Kazuya
(7293) Kazuyuki
(14535) Kazuyukihanda
(2712) Keaton
(4110) Keats
(5007) Keay
(5811) Keck
(2261) Keeler
(21498) Keenanferar
(27238) Keenanmonks
(19452) Keeney
(5554) Keesey
(9686) Keesom
(10039) Keet Seel
(9477) Kefennell
(5005) Kegler
(14046) Keikai
(8725) Keiko
(7862) Keikonakamura
(5054) Keil
(125473) Keisaku
(159827) Keithmullen
(6386) Keithnoll
(46442) Keithtritton
(15790) Keizan
(69421) Keizosaji
(6324) Kejonuma
(5402) Kejosmith
(13254) Kekule
(2186) Keldysh
(112798) Kelindsey
(6773) Kellaway
(5938) Keller
(23270) Kellerman
(21417) Kelleyharris
(22312) Kelly
(23271) Kellychacon
(18805) Kellyday
(6260) Kelsey
(21853) Kelseykay
(8003) Kelvin
(78431) Kemble
(11712) Kemcook

(23729) Kemeisha
(132718) Kemeny
(2140) Kemerovo
(1508) Kemi
(2932) Kempchinsky
(26661) Kempelen
(11789) Kempowski
(3675) Kemstach
(5933) Kemurdzhian
(25704) Kendrick
(12537) Kendriddle
(8743) Keneke
(18237) Kenfreeman
(18404) Kenichi
(9099) Kenjitanabe
(24962) Kenjitoba
(22580) Kenkaplan
(55276) Kenlarner
(99862) Kenlevin
(21149) Kenmitchell
(8546) Kenmotsu
(21542) Kennajeannet
(7166) Kennedy
(17930) Kennethott
(17156) Kennethseitz
(5348) Kennoguchi
(10107) Kenny
(2449) Kenos
(13991) Kenphillips
(5242) Kenreimonin
(3714) Kenrussell
(22809) Kensiequade
(28346) Kent
(7036) Kentarohirata
(300909) Kenthompson
(17046) Kenway
(14075) Kenwill
(84951) Kenwilson
(1278) Kenya
(25180) Kenyonconlin
(6931) Kenzaburo
(35274) Kenziarino
(5526) Kenzo
(8375) Kenzokohno
(49440) Kenzotange
(1134) Kepler
(17781) Kepping
(2216) Kerch
(19587) Keremane
(11432) Kerkhoven
(23680) Kerryking
(842) Kerstin
(154141) Kertesz
(6384) Kervin
(25594) Kessler
(202787) Kestecher
(25570) Kesun
(318694) Keszthelyi
(124075) Ketelsen
(15023) Ketover
(10290) Kettering
(23739) Kevin
(27478) Kevinbloh
(18907) Kevinclaytor
(25674) Kevinellis
(16129) Kevingao
(24524) Kevinhawkins
(21964) Kevinhousen
(25490) Kevinkelly
(18090) Kevinkuo
(20393) Kevinlane
(7454) Kevinrighter
(20302) Kevinwang
(13721) Kevinwelsh

(25993) Kevinxu
(16221) Kevinyang
(25118) Kevlin
(2291) Kevo
(1540) Kevola
(7666) Keyaki
(9917) Keynes
(13302) Kezmoh
(18174) Khachatryan
(5936) Khadzhinov
(19438) Khaki
(1357) Khama
(279119) Khamatova
(12068) Khandrika
(3068) Khanina
(2147) Kharadze
(15898) Kharasterteam
(9263) Khariton
(9167) Kharkiv
(10685) Kharkivuniver
(10675) Kharlamov
(6766) Kharms
(4802) Khatchaturian
(12565) Khege
(26685) Khojandi
(70418) Kholopov
(3504) Kholshevnikov
(4428) Khotinok
(4515) Khrennikov
(5955) Khromchenko
(4707) Khryses
(10681) Khture
(3362) Khufu
(7995) Khvorostovsky
(26451) Khweis
(18794) Kianafrank
(3751) Kiang
(2077) Kiangsu
(4952) Kibeshigemaro
(3319) Kibi
(9916) Kibirev
(14500) Kibo
(5140) Kida
(3779) Kieffer
(17521) Kiek
(1759) Kienle
(7056) Kierkegaard
(1788) Kiess
(2171) Kiev
(6576) Kievtech
(16449) Kigoyama
(4795) Kihara
(191582) Kikadolfi
(4743) Kikuchi
(12388) Kikunokai
(8492) Kikuoka
(4737) Kiladze
(14764) Kilauea
(470) Kilia
(28059) Kiliaan
(12070) Kilkis
(3907) Kilmartin
(3142) Kilopi
(14111) Kimamos
(22547) Kimberscott
(11947) Kimclijsters
(15557) Kimcochran
(25103) Kimdongyoung
(23734) Kimgyehyun
(20544) Kimhansell
(27739) Kimihiro
(95016) Kimjeongho
(25105) Kimnayeon
(9339) Kimnovak

124

(19811) Kimperkins
(21729) Kimrichards
(12771) Kimshin
(6233) Kimura
(9407) Kimuranaoto
(7575) Kimuraseiji
(10821) Kimuratakeshi
(24025) Kimwallin
(161975) Kincsem
(42354) Kindleberger
(8986) Kineyayasuyo
(2305) King
(11778) Kingsford Smith
(18553) Kinkakuji
(14446) Kinkowan
(22852) Kinney
(7250) Kinoshita
(10569) Kinoshitamasao
(11155) Kinpu
(15921) Kintaikyo
(6636) Kintanar
(7826) Kinugasa
(8483) Kinwalaniihsia
(2947) Kippenhahn
(1780) Kippes
(1156) Kira
(26251) Kiranmanne
(28537) Kirapowell
(225232) Kircheva
(10358) Kirchhoff
(16441) Kirchner
(16128) Kirfrieda
(2566) Kirghizia
(22134) Kirian
(11146) Kirigamine
(3588) Kirik
(91890) Kiriko Matsuri
(2609) Kiril-Metodi
(6764) Kirillavrov
(19578) Kirkdouglas
(27527) Kirkkoehler
(19589) Kirkland
(9902) Kirkpatrick
(1578) Kirkwood
(4447) Kirov
(5570) Kirsan
(9834) Kirsanov
(27711) Kirschvink
(7559) Kirstinemeyer
(6273) Kiruna
(6275) Kiryu
(4994) Kisala
(4208) Kiselev
(39558) Kishine
(21010) Kishon
(28508) Kishore
(117714) Kiskartal
(2271) Kiso
(12278) Kisohinoki
(21450) Kissel
(113202) Kisslaszlo
(4409) Kissling
(12180) Kistemaker
(46595) Kita-Kyushu
(9217) Kitagawa
(12012) Kitahiroshima
(32858) Kitakamigawa
(3785) Kitami
(7954) Kitao
(4188) Kitezh
(2322) Kitt Peak
(24269) Kittappa
(2679) Kittisvaara

(9563) Kitty
(5481) Kiuchi
(4181) Kivi
(7525) Kiyohira
(4375) Kiyomori
(25075) Kiyomoto
(5488) Kiyosato
(7067) Kiyose
(8696) Kjeriksson
(16958) Klaasen
(24949) Klacka
(19914) Klagenfurt
(23190) Klages-Mundt
(140628) Klaipeda
(14699) Klarasmi
(1825) Klare
(7277) Klass
(6506) Klausheide
(13028) Klaustschira
(243096) Klauswerner
(4019) Klavetter
(2781) Kleczek
(10543) Klee
(5688) Kleewyck
(12045) Klein
(214378) Kleinmann
(11868) Kleinrichert
(8053) Kleist
(3921) Klement'ev
(3386) Klementinum
(1723) Klemola
(134348) Klemperer
(216) Kleopatra
(3978) Klepesta
(7130) Klepper
(21945) Kleshchonok
(2199) Klet
(22757) Klimcak
(3903) Kliment Ohridski
(19763) Klimesh
(3653) Klimishin
(30725) Klimov
(16445) Klimt
(22369) Klinger
(9511) Klingsor
(10427) Klinkenberg
(112328) Klinkerfues
(25640) Klintefelt
(84) Klio
(212723) Klitschko
(25111) Klokun
(3166) Klondike
(22199) Klonios
(3520) Klopsteg
(9344) Klopstock
(149728) Klostermann
(97) Klotho
(583) Klotilde
(10222) Klotz
(17993) Kluesing
(159743) Kluk
(1040) Klumpkea
(321046) Klushantsev
(9578) Klyazma
(104) Klymene
(179) Klytaemnestra
(55676) Klythios
(73) Klytia
(4560) Klyuchevskij
(4312) Knacke
(159826) Knapp
(18286) Kneipp
(3900) Knezevic

(1384) Kniertje
(32899) Knigge
(29391) Knight
(29329) Knobelsdorff
(16438) Knofel
(1311) Knopfia
(14339) Knorre
(3004) Knud
(4868) Knushevia
(21656) Knuth
(8534) Knutsson
(11269) Knyr
(1324) Knysna
(6498) Ko
(12031) Kobaton
(3500) Kobayashi
(8120) Kobe
(13176) Kobedaitenken
(1164) Kobolda
(7238) Kobori
(1233) Kobresia
(3432) Kobuchizawa
(11154) Kobushi
(2427) Kobzar
(3399) Kobzon
(48934) Kocanova
(10847) Koch
(2087) Kochera
(63528) Kocherhans
(115950) Kocherpeter
(2396) Kochi
(4411) Kochibunkyo
(6763) Kochiny
(4291) Kodaihasu
(6500) Kodaira
(10918) Kodaly
(13564) Kodomomiraikan
(5206) Kodomonomori
(15963) Koeberl
(26426) Koechl
(6330) Koen
(75063) Koestler
(17516) Kogayukihito
(5684) Kogo
(7430) Kogure
(22467) Koharumi
(11775) Kohler
(13801) Kohlhase
(4177) Kohman
(5113) Kohno
(1850) Kohoutek
(3370) Kohsai
(14515) Koichisato
(17629) Koichisuzuki
(20070) Koichiyuko
(49702) Koikeda
(21545) Koirala
(6097) Koishikawa
(5454) Kojiki
(4886) Kojima
(24911) Kojimashigemi
(10355) Kojiroharada
(3644) Kojitaku
(1522) Kokkola
(21076) Kokoschka
(3373) Koktebelia
(24158) Kokubo
(15526) Kokura
(11873) Kokuseibi
(9154) Kol'tsovo
(23648) Kolar
(7315) Kolbe
(11352) Koldewey
(14354) Kolesnikov

(191) Kolga
(1929) Kollaa
(2467) Kollontai
(8827) Kollwitz
(13723) Kolokolova
(175281) Kolonics
(6619) Kolya
(15267) Kolyma
(3219) Komaki
(1836) Komarov
(9103) Komatsubara
(6983) Komatsusakyo
(3958) Komendantov
(1861) Komensky
(10572) Kominejo
(21642) Kominers
(20363) Komitov
(6405) Komiyama
(39741) Komm
(6744) Komoda
(5377) Komori
(1406) Komppa
(1283) Komsomolia
(6246) Komurotoru
(3003) Koncek
(7106) Kondakov
(26331) Kondamuri
(6144) Kondojiro
(3084) Kondratyuk
(21546) Konermann
(14794) Konetskiy
(13686) Kongozan
(3815) Konig
(181824) Konigsleiten
(10949) Konigstuhl
(29252) Konjikido
(4526) Konko
(11254) Konkohekisui
(1445) Konkolya
(7901) Konnai
(12157) Konnen
(162011) Konnohmaru
(8322) Kononovich
(3965) Konopleva
(1890) Konoshenkova
(18121) Konovalenko
(9028) Konradbenes
(7146) Konradin
(21664) Konradzuse
(3347) Konstantin
(22250) Konstfrolov
(2008) Konstitutsiya
(18301) Konyukhov
(12242) Koon
(12625) Koopman
(2628) Kopal
(1631) Kopff
(7973) Koppeschaar
(3968) Koptelov
(9932) Kopylov
(10201) Korado
(5482) Korankei
(1505) Koranna
(8530) Korbokkur
(2163) Korczak
(940) Kordula
(4377) Koremori
(2988) Korhonen
(4357) Korinthos
(243262) Korkosz
(21643) Kornev
(3835) Korolenko
(1855) Korolev
(4883) Korolirina

(14181) Koromhazi
(158) Koronis
(185250) Korostyshiv
(231649) Korotkiy
(5116) Korsor
(16144) Korsten
(2966) Korsunia
(9685) Korteweg
(21686) Koschny
(188576) Kosenda
(12440) Koshigayaboshi
(18161) Koshiishi
(16869) Kosinar
(1697) Koskenniemi
(15609) Kosmaczewski
(2072)
Kosmodemyanskaya
(8339) Kosovichia
(90376) Kossuth
(3134) Kostinsky
(10672) Kostyukova
(2726) Kotelnikov
(10747) Kothen
(2737) Kotka
(3914) Kotogahama
(8246) Kotov
(21547) Kottapalli
(10416) Kottler
(8286) Kouji
(8957) Koujounotsuki
(10213) Koukolik
(9147) Kourakuen
(4964) Kourovka
(23070) Koussa
(1799) Koussevitzky
(17002) Kouzel
(867) Kovacia
(16419) Kovalev
(1859) Kovalevskaya
(33058) Kovarik
(117713) Kovesligethy
(17794) Kowalinski
(7392) Kowalski
(3383) Koyama
(13163) Koyamachuya
(5591) Koyo
(3040) Kozai
(8229) Kozelsky
(23406) Kozlov
(4944) Kozlovskij
(10368) Kozuki
(2536) Kozyrev
(3712) Kraft
(85047) Krakatau
(8682) Kraklingbo
(46977) Krakow
(159799) Kralice
(5715) Kramer
(13824) Kramlik
(7516) Kranjc
(7694) Krasetin
(14069) Krasheninnikov
(5714) Krasinsky
(11886) Kraske
(7370) Krasnogolovets
(38046) Krasnoyarsk
(3036) Krat
(25427) Kratchmarov
(14262) Kratzer
(27049) Kraus
(9761) Krautter
(8812) Kravtsov
(35233) Krcin
(158913) Kreider

(6597) Kreil
(7945) Kreisau
(29473) Krejci
(13922) Kremenia
(6457) Kremsmunster
(4249) Kremze
(13055) Kreppein
(1849) Kresak
(5981) Kresilas
(548) Kressida
(301638) Kressin
(800) Kressmannia
(5285) Krethon
(9938) Kretlow
(488) Kreusa
(3635) Kreutz
(7604) Kridsadaporn
(149244) Kriegh
(242) Kriemhild
(7469) Krikalev
(8323) Krimigis
(8391) Kring
(2887) Krinov
(3233) Krisbarons
(22533) Krishnan
(183560) Kristan
(178803) Kristenjohnson
(3455) Kristensen
(7931)
Kristianpedersen
(19008) Kristibutler
(4038) Kristina
(19430) Kristinaufer
(25669) Kristinrose
(26475) Krisztisugar
(24260) Krivan
(23583) Krivsky
(5719) Krizik
(24751) Kroemer
(3102) Krok
(17412) Kroll
(31238) Kromeriz
(167875) Kromminga
(2796) Kron
(25624) Kronecker
(48300) Kronk
(2447) Kronstadt
(6842) Krosigk
(239307) Kruchynenko
(17036) Krugly
(20894) Krumeich
(18412) Kruszelnicki
(269589) Kryachko
(7226) Kryl
(5021) Krylania
(5247) Krylov
(29081) Krymradio
(245890) Krynychenka
(27141) Krystleleung
(17702) Krystofharant
(18004) Krystosek
(21776) Kryszczynska
(32734) Kryukov
(114025) Krzesinski
(4997) Ksana
(11227) Ksenborisova
(15397) Ksoari
(21670) Kuan
(14968) Kubacek
(243204) Kubanchoria
(15530) Kuber
(11598) Kubik
(6700) Kubisova
(6140) Kubokawa

126

```
    (8930) Kubota              (7241) Kuroda            (13118) La Harpe
  (10221) Kubrick              (6276) Kurohone          (53093) La Orotava
    (6449) Kudara              (7436) Kuroiwa            (1008) La Paz
  (13561) Kudogou             (10365) Kurokawa          (13560) La Perouse
  (12342) Kudohmichiko        (23938) Kurosaki           (1029) La Plata
  (12568) Kuffner            (254749) Kurosawa         (164589) La Sagra
    (5875) Kuga                (3073) Kursk              (7082) La Serena
 (120375) Kugel               (16044) Kurtbachmann       (2187) La Silla
  (11313) Kugelgen            (73670) Kurthopf          (10211) La Spezia
    (2296) Kugultinov        (132798) Kurti             (37609) LaVelle
  (43813) Kuhner              (33011) Kurtiscarsch        (8539) Laban
    (1776) Kuiper              (5470) Kurtlindstrom       (8788) Labeyrie
  (36774) Kuittinen           (16874) Kurtwahl          (14244) Labnow
    (6866) Kukai               (6629) Kurtz             (19379) Labrecque
    (1954) Kukarkin          (140038) Kurushima          (5152) Labs
    (2159) Kukkamaki           (5112) Kusaji             (4943) Lac d'Orient
    (7118) Kuklov              (7421) Kusaka              (336) Lacadiera
  (23444) Kukucin             (39635) Kusatao            (9135) Lacaille
  (17815) Kulawik             (13792) Kuscynskyj        (95771) Lachat
  (31267) Kuldiga             (22782) Kushalnaik          (120) Lachesis
    (5809) Kulibin             (5605) Kushida             (208) Lacrimosa
    (2794) Kulik              (10613) Kushinadahime       (1851) Lacroute
    (1774) Kulikov             (4096) Kushiro            (19762) Lacrowder
    (2497) Kulikovskij        (32263) Kusnierkiewicz      (2832) Lada
    (3019) Kulin               (1559) Kustaanheimo       (29204) Ladegast
  (11013) Kullander           (20965) Kutafin            (11326)
    (6255) Kuma                (1289) Kutaissi        Ladislavschmied
    (5783) Kumagaya          (223877) Kutler             (2574) Ladoga
    (7472) Kumakiri            (5218) Kutsak            (235990) Laennec
    (8104) Kumamori            (2492) Kutuzov           (11252) Laertes
    (9993) Kumamoto            (7251) Kuwabara            (39) Laetitia
    (8922) Kumanodake          (5629) Kuwana            (23244) Lafayette
  (15246) Kumeta               (6867) Kuwano             (8114) Lafcadio
    (4454) Kumiko              (3049) Kuzbass           (19595) Lafer-Sousa
  (25628) Kummer               (2233) Kuznetsov         (16085) Laffan
    (3569) Kumon              (12752) Kvarnis          (184275) Laffra
  (11133) Kumotori             (4190) Kvasnica          (35703) Lafiascaia
  (18780) Kuncham             (49110) Kvetafialova       (5780) Lafontaine
    (7390) Kundera            (29476) Kvicala           (19397) Lagarini
     (553) Kundry              (3331) Kvistaberg         (2875) Lagerkvist
     (936) Kunigunde           (8137) Kviz              (11061) Lagerlof
    (4403) Kuniharu           (23324) Kwak               (7857) Lagerros
    (6964) Kunihiko            (5240) Kwasan            (46644) Lagia
    (7176) Kuniji              (4646) Kwee              (18602) Lagillespie
    (7189) Kuniko             (80675) Kwentus            (1006) Lagrangea
    (2280) Kunikov             (7789) Kwiatkowski        (1412) Lagrula
  (18976) Kunilraval           (9162) Kwiila            (26357) Laguerre
    (6908) Kunimoto          (103220) Kwongchuikuen      (1498) Lahti
    (9673) Kunishimakoto      (29125) Kyivphysfak        (6687) Lahulla
    (9257) Kunisuke           (28133) Kylebardwell      (11100) Lai
  (29905) Kunitaka            (20902) Kylebeighle       (21672) Laichunju
    (6100)                    (27390) Kyledavis         (16192) Laird
Kunitomoikkansai             (25696) Kylejones         (23280) Laitsaita
  (16625) Kunitsugu          (159013) Kyleturner        (10379) Lake Placid
  (11074) Kuniwake           (20528) Kyleyawn           (29186) Lake Tekapo
    (3613) Kunlun            (25198) Kylienicole        (25428) Lakhanpal
    (3650) Kunming            (4127) Kyogoku            (26973) Lala
    (6847) Kunz-Hallstein    (35441) Kyoko               (822) Lalage
  (11167) Kunzak             (58707) Kyoshi             (9136) Lalande
    (1503) Kuopio             (4352) Kyoto             (18857) Lalchandani
  (20843) Kuotzuhao            (669) Kypria            (18669) Lalitpatel
    (9487) Kupe              (12556) Kyrobinson         (8347) Lallaward
    (9692) Kuperus           (84224) Kyte               (5447) Lallement
    (5363) Kupka               (570) Kythera            (7296) Lamarck
    (3618) Kuprin             (6980) Kyusakamoto       (16089) Lamb
  (10326) Kuragano            (7499) L'Aquila            (187) Lamberta
    (4578) Kurashiki         (21000) L'Encyclopedie   (175629) Lambertini
    (7254) Kuratani          (10057) L'Obel           (15624) Lamberton
  (26205) Kuratowski        (118401) LINEAR           (132719) Lambey
    (2352) Kurchatov         (12574) LONEOS             (2861) Lambrecht
    (2349) Kurchenko         (52422) LPL              (64288) Lamchiuying
    (7201) Kuritariku        (13964) La Billardiere   (110074) Lamchunhei
  (24794) Kurland           (159164) La Canada          (248) Lameia
    (8933) Kurobe             (8221) La Condamine       (7095) Lamettrie
```

127

128

(10390) Lenka
(27522) Lenkenyon
(4147) Lennon
(100047) Leobaeck
(969) Leocadia
(6479) Leoconnolly
(3572) Leogoldberg
(319) Leona
(9082) Leonardmartin
(3000) Leonardo
(1378) Leonce
(19096) Leonfridman
(9903) Leonhardt
(18750) Leonidakimov
(7715) Leonidarosino
(2782) Leonidas
(728) Leonisis
(29464) Leonmis
(696) Leonora
(5154) Leonov
(159351) Leonpascal
(3793) Leonteus
(844) Leontina
(21397) Leontovich
(27932) Leonyao
(8081) Leopardi
(893) Leopoldina
(2795) Lepage
(7720) Lepaute
(55733) Lepsius
(10106) Lergrav
(2222) Lermontov
(93102) Leroy
(4922) Leshin
(29311) Lesire
(4741) Leskov
(13690) Lesleymartin
(26234) Leslibrinson
(20861) Lesliebeh
(5571) Lesliegreen
(25034) Lesliemarie
(17242) Leslieyoung
(22162) Leslijohnson
(3482) Lesnaya
(35350) Lespaul
(25531) Lessek
(7425) Lessing
(14583) Lester
(15093) Lestermackey
(6939) Lestone
(2616) Lesya
(1264) Letaba
(22571) Letianzhang
(68) Leto
(27899) Letterman
(5827) Letunov
(6266) Letzel
(8971) Leucocephala
(8436) Leucopsis
(8754) Leucorodia
(8976) Leucura
(5950) Leukippos
(35) Leukothea
(16142) Leung
(1361) Leuschneria
(2810) Lev Tolstoj
(21555) Levary
(6170) Levasseur
(1997) Leverrier
(12473) Levi-Civita
(9722) Levi-
Montalcini
(22647) Levi-Strauss
(8813) Leviathan

(2076) Levin
(6909) Levison
(3566) Levitan
(26075) Levitsvet
(204831) Levski
(3673) Levy
(4125) Lew Allen
(24189) Lewasserman
(250354) Lewicdeparis
(13609) Lewicki
(4796) Lewis
(6984) Lewiscarroll
(81790) Lewislove
(6916) Lewispearce
(22505) Lewit
(17579) Lewkopelew
(7087) Lewotsky
(18747) Lexcen
(2004) Lexell
(35977) Lexington
(3397) Leyla
(8466) Leyrat
(7859) Lhasa
(40206) Lhenice
(954) Li
(23745) Liadawley
(2503) Liaoning
(23249) Liaoyenting
(110288) Libai
(5672) Libby
(4823) Libenice
(771) Libera
(6417) Liberati
(17960) Liberatore
(125) Liberatrix
(1816) Liberia
(2546) Libitina
(25659) Liboynton
(264) Libussa
(1268) Libya
(17919) Licandro
(18151) Licchelli
(16165) Licht
(7970) Lichtenberg
(23063) Lichtman
(22905) Liciniotoso
(15088) Licitra
(1951) Lick
(1107) Lictoria
(3812) Lidaksum
(17670) Liddell
(3322) Lidiya
(4236) Lidov
(161207) Lidz
(26955) Lie
(7696) Liebe
(12329) Liebermann
(22534) Lieblich
(17889) Liechty
(5923) Liedeke
(3454) Lieske
(13557) Lievetruwant
(19155) Lifeson
(28201) Lifubin
(20321) Lightdonovan
(356) Liguria
(5411) Liia
(14656) Lijiang
(21496) Lijianyang
(2877) Likhachev
(239611) Likwohting
(213) Lilaea
(13610) Lilienthal
(2346) Lilio

(1181) Lilith
(1092) Lilium
(3222) Liller
(756) Lilliana
(23234) Lilliantsai
(2952) Lilliputia
(1003) Lilofee
(3609) Liloketai
(10867) Lima
(1383) Limburgia
(25562) Limdarren
(10713) Limorenko
(8765) Limosa
(1490) Limpopo
(5539) Limporyen
(468) Lina
(46702) Linapucci
(20828) Linchen
(26425) Linchichieh
(38821) Linchinghsia
(3153) Lincoln
(7169) Linda
(2686) Linda Susan
(27327) Lindaplante
(26271) Lindapuster
(117381) Lindaweiland
(14696) Lindawilliams
(26007) Lindazhou
(1448) Lindbladia
(3865) Lindbloom
(28072) Lindbowerman
(1407) Lindelof
(828) Lindemannia
(9322) Lindenau
(3204) Lindgren
(21678) Lindner
(19542) Lindperkins
(22794) Lindsayleona
(5281) Lindstrom
(20303) Lindwestrick
(36037) Linenschmidt
(24218) Linfrederick
(26210) Lingas
(20638) Lingchen
(21364) Lingpan
(89909) Linie
(3550) Link
(22144) Linmichaels
(8898) Linnaea
(7412) Linnaeus
(7416) Linnankoski
(3474) Linsley
(20822) Lintingnien
(4937) Lintott
(9885) Linux
(7491) Linzerag
(7145) Linzexu
(1469) Linzia
(974) Lioba
(18079) Lion-Stoppato
(9504) Lionel
(26960) Liouville
(11656) Lipno
(16861) Lipovetsky
(9640) Lippens
(31338) Lipperhey
(846) Lipperta
(2641) Lipschutz
(414) Liriope
(16666) Liroma
(24135) Lisann
(33929) Lisaprato
(12604) Lisatate
(22906) Lisauckis

129

(25514) Lisawu
(5320) Lisbeth
(3976) Lise
(9272) Liseleje
(4757) Liselotte
(26738) Lishizhen
(137039) Lisiguang
(8064) Lisitsa
(4004) List'ev
(3910) Liszt
(5015) Litke
(26328) Litomysl
(26993) Littlewood
(2577) Litva
(6743) Liu
(251018) Liubirena
(25964) Liudavid
(19874) Liudongyan
(20823) Liutingchun
(58605) Liutungsheng
(20817) Liuxiaofeng
(10070) Liuzongli
(3006) Livadia
(18637) Liverdun
(7170) Livesey
(5987) Liviogratton
(13772) Livius
(236784) Livorno
(3556) Lixiaohua
(28204) Liyakang
(6741) Liyuan
(20846) Liyulin
(90825) Lizhensheng
(25715) Lizmariemako
(25475) Lizrao
(1062) Ljuba
(13316) Llano
(13705) Llapasset
(24345) Llaverias
(9900) Llull
(1858) Lobachevskij
(1066) Lobelia
(1937) Locarno
(10874) Locatelli
(12616) Lochner
(7010) Locke
(13493) Lockwood
(117086) Loczy
(5937) Loden
(55772) Loder
(3377) Lodewijk
(11430) Lodewijkberg
(21331)
Lodovicoferrari
(85121) Loehde
(13011) Loeillet
(23298) Loewenstein
(7157) Lofgren
(58534) Logos
(17192) Loharu
(9505) Lohengrin
(2501) Lohja
(1820) Lohmann
(11434) Lohnert
(4680) Lohrmann
(2210) Lois
(4862) Loke
(9267) Lokrume
(463) Lola
(9397) Lombardi
(6446) Lomberg
(117) Lomia
(3168) Lomnicky Stit
(1379) Lomonosowa

(8837) London
(12310) Londontario
(26248) Longenecker
(35197) Longmire
(5948) Longo
(7131) Longtom
(34137) Lonnielinda
(2243) Lonnrot
(37608) Lons
(19129) Loos
(4657) Lopez
(18150) Lopez-Moreno
(5225) Loral
(1755) Lorbach
(1287) Lorcia
(157301) Loreena
(165) Loreley
(3861) Lorenz
(10938) Lorenzalevy
(1939) Loretta
(23122) Lorgat
(37692) Loribragg
(22109) Loriehutch
(35358) Lorifini
(15618) Lorifritz
(20214) Lorikenny
(28163) Lorikim
(5735) Loripaul
(22142) Loripryor
(22989) Loriskopp
(26004) Loriying
(1114) Lorraine
(5438) Lorre
(16103) Lorsolomon
(16418) Lortzing
(1326) Losaka
(12320) Loschmidt
(181136) Losonczrita
(2673) Lossignol
(7688) Lothar
(429) Lotis
(3489) Lottie
(8298) Loubna
(9584) Louchheim
(15149) Loufaix
(3897) Louhi
(25890) Louisburg
(188446) Louischevrolet
(2556) Louise
(19778) Louisgarcia
(38018) Louisneefs
(3211) Louispharailda
(7625) Louisspohr
(4513) Louvre
(9697) Louwman
(868) Lova
(73511) Lovas
(161215) Loveday
(61342) Lovejoy
(51663) Lovelock
(5943) Lovi
(2750) Loviisa
(4091) Lowe
(1886) Lowell
(12164) Lowellgreen
(4045) Lowengrub
(10739) Lowman
(12984) Lowry
(3589) Loyola
(16900) Lozere
(17358) Lozino-
Lozinskij
(1431) Luanda
(7506) Lub

(207585) Lubar
(2318) Lubarsky
(5108) Lubeck
(65885) Lubenow
(20285) Lubin
(3630) Lubomir
(2900) Lubos Perek
(27978) Lubosluka
(24969) Lucafini
(9349) Lucas
(21509) Lucascavin
(21628) Lucashof
(120141) Lucaslara
(22538) Lucasmoller
(35326) Lucastrabla
(15497) Lucca
(1292) Luce
(14509) Lucenec
(1935) Lucerna
(26530) Lucferreira
(23327) Luchernandez
(222) Lucia
(15817) Lucianotesi
(1176) Lucidor
(171256) Lucieconstant
(56041) Luciendumont
(1892) Lucienne
(1930) Lucifer
(146) Lucina
(281) Lucretia
(6240) Lucretius
Carus
(100924) Luctuymans
(3021) Lucubratio
(32605) Lucy
(1158) Luda
(6584) Ludekpesek
(8184) Luderic
(27865) Ludgerfroebel
(7081) Ludibunda
(4601) Ludkewycz
(675) Ludmilla
(6112) Ludolfschultz
(10438) Ludolph
(292) Ludovica
(23520)
Ludwigbechstein
(25029) Ludwighesse
(11854) Ludwigrichter
(21919) Luga
(1936) Lugano
(1133) Lugduna
(7723) Lugger
(217628) Lugh
(7393) Luginbuhl
(6080) Lugmair
(4583) Lugo
(125071) Lugosi
(58418) Luguhu
(246132) Lugyny
(5538) Luichewoo
(14947) Luigibussolino
(12384) Luigimartella
(599) Luisa
(12366) Luisapla
(56100) Luisapolli
(3844) Lujiaxi
(27114) Lukasiewicz
(16090) Lukaszewski
(25175) Lukeandraka
(6654) Lulea
(145523) Lulin
(8676) Lully
(141) Lumen

130

(177853) Lumezzane
(775) Lumiere
(5523) Luminet
(2600) Lumme
(10132) Lummelunda
(2446) Lunacharsky
(1067) Lunaria
(11934) Lundgren
(809) Lundia
(1334) Lundmarka
(7047) Lundstrom
(100604) Lundy
(10801) Luneburg
(3208) Lunn
(16757) Luoxiahong
(239200) Luoyang
(3210) Lupishko
(6087) Lupo
(222032) Lupton
(713) Luscinia
(8960) Luscinioides
(25565) Lusiyang
(4386) Lust
(91023) Lutan
(24250) Luteolson
(21) Lutetia
(251621) Luthen
(1303) Luthera
(3856) Lutskij
(19598) Luttrell
(7230) Lutz
(5430) Luu
(26728) Luwenqi
(2713) Luxembourg
(233547) Luxun
(20830) Luyajia
(4776) Luyi
(1964) Luyten
(5096) Luzin
(2321) Luznice
(2164) Lyalya
(5415) Lyanzuridi
(4728) Lyapidevskij
(5324) Lyapunov
(9694) Lycomedes
(110) Lydia
(1028) Lydina
(917) Lyka
(4792) Lykaon
(12773) Lyman
(7824) Lynch
(18235) Lynden-Bell
(157332) Lynette
(4358) Lynn
(37588) Lynnecox
(24024) Lynnejohnson
(25994) Lynnelleye
(24041) Lynnrice
(18663) Lynnta
(22597) Lynzielinski
(9381) Lyon
(2452) Lyot
(21408) Lyrahaas
(31323) Lysa hora
(5984) Lysippus
(897) Lysistrata
(18120) Lytvynenko
(6203) Lyubamoroz
(216439) Lyubertsy
(10761) Lyubimets
(3108) Lyubov
(9717) Lyudvasilia
(2204) Lyyli
(6010) Lyzenga

(29555) MACEK
(228029) MANIAC
(4523) MIT
(77870) MOTESS
(4999) MPC
(293934) MPIA
(1353) Maartje
(214180) Mabaglioni
(510) Mabella
(25611) Mabellin
(28043) Mabelwheeler
(20892) MacChnoic
(24643) MacCready
(7228) MacGillivray
(20874) MacGregor
(6204) MacKenzie
(14438) MacLean
(5309) MacPherson
(10373) MacRobert
(5228) Maca
(12088) Macalintal
(8423) Macao
(59087) Maccacaro
(3949) Mach
(2543) Machado
(3879) Machar
(175476) Macheret
(19730) Machiavelli
(10646) Machielalberts
(3109) Machin
(8277) Machu-Picchu
(36226) Mackerras
(43793) Mackey
(13213) Maclaurin
(49448) Macocha
(9380) Macon
(6894) Macreid
(24974) Macuch
(25652) Maddieball
(2569) Madeline
(19417) Madelynho
(55561) Madenberg
(6735) Madhatter
(12317) Madicampbell
(17042) Madiraju
(269323)
Madisonvillehigh
(65859) Madler
(74503) Madola
(9479)
Madresplazamayo
(4390) Madreteresa
(14967) Madrid
(26611) Madzlandon
(8036) Maehara
(9870) Maehata
(11771) Maestlin
(3916) Maeva
(18426) Maffei
(70744) Maffucci
(4308) Magarach
(318) Magdalena
(55735) Magdeburg
(15632) Magee-Sauer
(4055) Magellan
(21478) Maggiedelano
(2696) Magion
(8992) Magnanimity
(9670) Magni
(2094) Magnitka
(6573) Magnitskij
(1060) Magnolia
(3677) Magnusson
(1459) Magnya

(1355) Magoeba
(4980) Magomaev
(9541) Magri
(7933) Magritte
(203773) Magyarics
(17095) Mahadik
(27233) Mahajan
(10819) Mahakala
(65769) Mahalia
(18104) Mahalingam
(4406) Mahler
(28273) Maianhvu
(12089) Maichin
(22948) Maidanak
(52005) Maik
(3274) Maillen
(6259) Maillol
(5835) Mainfranken
(32207) Mairepercy
(252794) Maironis
(4686) Maisica
(6307) Maiztegui
(66) Maja
(304233) Majaess
(212981) Majalitovic
(142368) Majden
(7233) Majella
(47038) Majoni
(10809) Majsterrojr
(1321) Majuba
(9701) Mak
(3214) Makarenko
(6682) Makarij
(5545) Makarov
(12541) Makarska
(136472) Makemake
(3063) Makhaon
(2139) Makharadze
(9088) Maki
(5466) Makibi
(26937) Makimiyamoto
(6606) Makino
(4904) Makio
(3196) Maklaj
(6093) Makoto
(8574) Makotoirie
(11978) Makotomasako
(1771) Makover
(24647) Maksimachev
(2568) Maksutov
(754) Malabar
(9156) Malanin
(114027) Malanushenko
(3479) Malaparte
(27338) Malaraghavan
(3057) Malaren
(10712) Malashchuk
(1415) Malautra
(7387) Malbil
(16091) Malchiodi
(9897) Malerba
(6698) Malhotra
(10415) Mali Losinj
(4766) Malin
(42998) Malinafrank
(10381) Malinsmith
(6236) Mallard
(25720) Mallidi
(9453) Mallorca
(6824) Mallory
(158899) Malloryvale
(1179) Mally
(10550) Malmo
(1527) Malmquista

131

```
(266622) Malna              (194970) Marai              (602) Marianna
 (24046) Malovany            (18950) Marakessler      (25457) Mariannamao
  (6370) Malpais             (21306) Marani           (20634) Marichardson
 (11121) Malpighi            (20420) Marashwhitman     (24206) Mariealoia
  (7669) Malse                (4356) Marathon          (21346) Marieladislav
 (11309) Malus                 (565) Marbachia          (4853) Marielukac
  (1072) Malva              (256813) Marburg           (57471) Mariemarsina
  (8636) Malvina             (71445) Marc              (20576) Marieoertle
 (17139) Malyshev            (13249) Marcallen          (2144) Marietta
(263940) Malyshkina          (12275) Marcelgoffin      (15168) Marijnfranx
 (10007) Malytheatre         (10403) Marcelgrun        (28492) Marik
   (749) Malzovia             (1730) Marceline          (8438) Marila
  (8569) Mameli               (1300) Marcelle          (20580) Marilpeters
 (20444) Mamesser            (23946) Marcelleroux       (1486) Marilyn
 (10608) Mameta              (30307) Marcelriesz       (20836) Marilytedja
(111661) Mamiegeorge        (201497) Marcelroche        (4494) Marimo
 (46796) Mamigasakigawa      (11239) Marcgraf           (1202) Marina
 (12127) Mamiya              (29437) Marchais          (12363) Marinmarais
  (9879) Mammuthus            (6736) Marchare          (12931) Mario
  (7381) Mamontov            (22155) Marchetti          (5518) Mariobotta
  (4613) Mamoru              (55196) Marchini           (7684) Marioferrero
(149573) Mamorudoi            (6639) Marchis           (43993) Mariola
  (6193) Manabe               (9297) Marchuk          (210350) Mariolisa
 (17502) Manabeseiji          (3791) Marci              (506) Marion
  (5092) Manara             (269484) Marcia            (11328) Mariotozzi
  (3349) Manas               (26269) Marciaprill        (7972) Mariotti
  (6918) Manaslu            (144333) Marcinkiewicz     (15837) Mariovalori
 (15460) Manca               (10778) Marcks            (16750) Marisandoz
   (758) Mancunia            (49443) Marcobondi          (912) Maritima
 (27500) Mandelbrot           (9425) Marconcini         (2180) Marjaleena
  (3461) Mandelshtam          (1332) Marconia           (4064) Marjorie
   (739) Mandeville          (29457) Marcopolo          (4655) Marjoriika
 (12460) Mando               (16967) Marcosbosso        (2362) Mark Twain
(157747) Mandryka            (38245) Marcospontes      (25538) Markcarlson
 (22697) Manek                (7447) Marcusaurelius    (20782) Markcroce
 (11984) Manet               (43841) Marcustacitus      (4302) Markeev
 (27280) Manettedavies       (22579) Marcyeager         (4253) Marker
 (13225) Manfredi           (160259) Mareike           (17045) Markert
 (14057) Manfredstoll        (26422) Marekbuchman      (18821) Markhavel
 (20329) Manfro               (7780) Maren             (23992) Markhobbs
 (17460) Mang                (20497) Marenka           (20141) Markidger
(207657) Mangiantini          (2173) Maresjev          (90564) Markjarnyk
 (12464) Manhattan           (22933) Mareverett       (167748) Markkelly
(158222) Manicolas            (4300) Marg Edmondson   (243516) Marklarsen
 (10524) Maniewski           (13424) Margalida         (27514) Markov
 (12163) Manilius            (13449)                   (27330) Markporter
  (4841) Manjiro           Margaretgarland             (10598) Markrees
 (22403) Manjitludher        (70030) Margaretmiller     (7778) Markrobinson
  (8382) Mann               (143048)                    (16105) Marksaunders
(243536) Mannheim          Margaretpenston              (7004) Markthiemens
  (3698) Manning              (310) Margarita           (5359) Markzakharov
 (13156) Mannoucyo           (22038) Margarshain       (12859) Marlamoore
  (2219) Mannucci            (28511) Marggraff          (1010) Marlene
(123290) Manoa                 (735) Marghanna           (746) Marlu
  (9394) Manosque            (91898) Margnetti          (1174) Marmara
 (22756) Manpreetkaur         (1175) Margo               (711) Marmulla
  (8536) Mans                 (2561) Margolin           (5002) Marnix
 (20416) Mansour            (162466) Margon           (149955) Maron
  (6845) Mansurova            (1434) Margot            (10264) Marov
 (17488) Mantl                (1410) Margret            (7527) Marples
   (870) Manto               (20540) Marhalpern       (218400) Marquardt
(162166) Mantsch               (170) Maria              (7515) Marrucino
 (29353) Manu                (39336) Mariacapria        (4463)
 (17720) Manuboccuni         (17899) Mariacristina   Marschwarzschild
 (12777) Manuel              (12624) Mariacunitia       (1877) Marsden
  (3186) Manuilova           (29346) Mariadina        (16069) Marshafolger
 (13615) Manulis             (15120) Mariafelix         (2604) Marshak
 (20330) Manwell             (21516) Mariagodinez      (19815) Marshasega
  (7104) Manyousyu           (17961)                   (20535) Marshburrows
  (5929) Manzano           Mariagorodnitsky            (18012) Marsland
(218097) Maoxianxin          (10924) Mariagriffin      (98494) Marsupilami
 (18550) Maoyisheng          (14230) Mariahines        (15376) Martak
(216261) Mapihsia             (9815) Mariakirch         (5832) Martaprincipe
(155948) Maquet              (55112) Mariangela         (3250) Martebo
```

132

(4061) Martelli
(5026) Martes
(205) Martha
(10024) Marthahazen
(13438) Marthanalexander
(7100) Martin Luther
(981) Martina
(12343) Martinbeech
(6385) Martindavid
(6115) Martinduncan
(2075) Martinez
(19080) Martinfierro
(9521) Martinhoffmann
(61195) Martinoli
(12136) Martinryle
(7799) Martinsolc
(3081) Martinuboh
(1582) Martir
(43924) Martoni
(25619) Martonspohn
(10430) Martschmidt
(19962) Martynenko
(2376) Martynov
(22488) Martyschwartz
(6804) Maruseppu
(15301) Marutesser
(5147) Maruyama
(4309) Marvin
(2779) Mary
(85471) Maryam
(3919) Maryanning
(20007) Marybrown
(16059) Marybuda
(24296) Marychristie
(19436) Marycole
(6603) Marycragg
(12627) Maryedwards
(98825) Maryellen
(27546) Maryfran
(19473) Marygardner
(21861) Maryhedberg
(9824) Marylea
(21479) Marymartha
(20450) Marymohammed
(43752) Maryosipova
(24827) Maryphil
(24370) Marywang
(7640) Marzari
(26259) Marzigliano
(19618) Masa
(13553) Masaakikoyama
(12027) Masaakitanaka
(16853) Masafumi
(5850) Masaharu
(6450) Masahikohayashi
(15922) Masajisaito
(8503) Masakatsu
(10602) Masakazu
(5822) Masakichi
(9190) Masako
(10802) Masamifuruya
(52455) Masamika
(9414) Masamimurakami
(47293) Masamitsu
(8726) Masamotonasu
(4614) Masamura
(16760) Masanori
(14962) Masanoriabe
(27791) Masaru
(1841) Masaryk
(23772) Masateru
(7614) Masatomi

(31671) Masatoshi
(23109) Masayanagisawa
(5295) Masayo
(8206) Masayuki
(21219) Mascagni
(21697) Mascharak
(27922) Mascheroni
(25099) Mashinskiy
(1467) Mashona
(4126) Mashu
(21795) Masi
(8255) Masiero
(25965) Masihdas
(4935) Maslachkova
(15691) Maslov
(8449) Maslovets
(5245) Maslyakov
(3131) Mason-Dixon
(26699) Masoncole
(15884) Maspalomas
(4547) Massachusetts
(20) Massalia
(3298) Massandra
(18946) Massar
(18381) Massenet
(1904) Massevitch
(14420) Massey
(51406) Massimocalvani
(760) Massinga
(10813) Masterby
(21561) Masterman
(17196) Mastrodemos
(13654) Masuda
(6794) Masuisakura
(4293) Masumi
(8041) Masumoto
(8355) Masuo
(2685) Masursky
(9216) Masuzawa
(9111) Matarazzo
(25038) Matebezdek
(22644) Matejbel
(60972) Matenko
(2680) Mateo
(26442) Matfernandez
(28074) Matgallagher
(49700) Mather
(454) Mathesis
(6768) Mathiasbraun
(1592) Mathieu
(253) Mathilde
(10977) Mathlener
(8240) Matisse
(17197) Matjazbone
(17201) Matjazhumar
(6526) Matogawa
(22776) Matossian
(1513) Matra
(17354) Matrosov
(5934) Mats
(2586) Matson
(9229) Matsuda
(8113) Matsue
(8693) Matsuki
(15739) Matsukuma
(6660) Matsumoto
(9573) Matsumotomas
(9234) Matsumototaku
(9105) Matsumura
(9104) Matsuo
(10829) Matsuobasho
(6607) Matsushima
(18903) Matsuura
(4844) Matsuyama

(17281) Mattblythe
(22990) Mattbrenner
(13750) Mattdawson
(11695) Mattei
(883) Matterania
(6626) Mattgenge
(26337) Matthewagam
(24188) Matthewage
(24224) Matthewdavis
(21626) Matthewhall
(28402) Matthewkim
(15030) Matthewkroll
(27123) Matthewlam
(23818) Matthewlepow
(23837) Matthewnanni
(7687) Matthias
(230415) Matthiasjung
(2714) Matti
(765) Mattiaca
(7847) Mattiaorsi
(28521) Mattmcintyre
(23064) Mattmiller
(23831) Mattmooney
(20901) Mattmuehler
(27356) Mattstrom
(21791) Mattweegman
(167852) Maturana
(2295) Matusovskij
(6622) Matvienko
(35237) Matzner
(1748) Mauderli
(12782) Mauersberger
(188534) Mauna Kea
(34901) Mauna Loa
(23988) Maungakiekie
(3281) Maupertuis
(28039) Mauraoei
(9904) Mauratombelli
(21676) Maureenanne
(5644) Maureenbell
(25366) Maureenbobo
(28467) Maurentejamie
(216428) Mauricio
(33433) Maurilia
(745) Mauritia
(43882) Maurivicoli
(3780) Maury
(1607) Mavis
(4456) Mawson
(72827) Maxaub
(48434) Maxbeckmann
(14836) Maxfrisch
(3727) Maxhell
(1217) Maximiliana
(4145) Maximova
(3977) Maxine
(5431) Maxinehelin
(207385) Maxou
(25464) Maxrabinovich
(10510) Maxschreier
(12760) Maxwell
(26622) Maxwimberley
(348) May
(2931) Mayakovsky
(2131) Mayall
(28042) Mayapatel
(8083) Mayeda
(23994) Mayhan
(4900) Maymelou
(7276) Maymie
(5132) Maynard
(4960) Mayo
(3870) Mayre
(20024) Mayremartinez

133

(1690) Mayrhofer
(21518) Maysunhasan
(9418) Mayumi
(10322) Mayuminarita
(12094) Mazumder
(27975) Mazurkiewicz
(10671) Mazurova
(210182) Mazzini
(35461) Mazzucato
(17408) McAdams
(22777) McAliley
(5673) McAllister
(22780) McAlpine
(13622) McArthur
(3352) McAuliffe
(15834) McBride
(10404) McCall
(90820) McCann
(21698) McCarron
(14463) McCarter
(106537) McCarthy
(4148) McCartney
(3777) McCauley
(5641) McCleese
(20440) McClintock
(17104) McCloskey
(37678) McClure
(28156) McColl
(24493) McCommon
(9929) McConnell
(3527) McCord
(25725) McCormick
(4259) McCoy
(1880) McCrosky
(2007) McCuskey
(116446) McDermid
(991) McDonalda
(9159) McDonnell
(4589) McDowell
(1853) McElroy
(7750) McEwen
(3066) McFadden
(10036) McGaha
(6819) McGarvey
(8545) McGee
(2891) McGetchin
(6904) McGill
(21576) McGivney
(3300) McGlasson
(10638) McGlothlin
(9460) McGlynn
(4432) McGraw-Hill
(29146) McHone
(5061) McIntosh
(26264) McIntyre
(5382) McKay
(5663) McKeegan
(7150) McKellar
(42531) McKenna
(22587) McKennon
(2024) McLaughlin
(24386) McLindon
(1955) McMath
(2289) McMillan
(3354) McNair
(4326) McNally
(3173) McNaught
(20567) McQuarrie
(5223) McSween
(2417) McVittie
(13764) Mcalanis
(17185) Mcdavid
(16267) Mcdermott
(21455) Mcfarland

(7845) Mckim
(16268) Mcneeley
(47044) Mcpainter
(25491) Meador
(4600) Meadows
(27384) Meaganbethel
(12117) Meagmessina
(4050) Mebailey
(21785) Mechain
(13293) Mechelen
(873) Mechthild
(7971) Meckbach
(6124) Mecklenburg
(161349) Mecsek
(212) Medea
(18189) Medeobaldia
(33376) Medi
(41450) Medkeff
(19704) Medlock
(19775) Medmondson
(4836) Medon
(18755) Meduna
(149) Medusa
(17000) Medvedev
(4367) Meech
(10647) Meesters
(2213) Meeus
(464) Megaira
(18659) Megangross
(26545) Meganperkins
(4843) Megantic
(4833) Meges
(28407) Meghanarao
(26395) Megkurohara
(16075) Meglass
(24494) Megmoulding
(14032) Mego
(22487) Megphillips
(8353) Megryan
(3774) Megumi
(1968) Mehltretter
(7049) Meibom
(2881) Meiden
(12099) Meigooni
(18809) Meileawertz
(4065) Meinel
(187276) Meistas
(85179) Meistereckhart
(6999) Meitner
(3239) Meizhou
(24603) Mekistheus
(14115) Melaas
(21914) Melakabinoff
(5708) Melancholia
(7906) Melanchton
(688) Melanie
(12973) Melanthios
(3235) Melchior
(25085) Melena
(56) Melete
(137) Meliboea
(244932) Melies
(26334) Melimcdowell
(55815) Melindakim
(21744) Meliselinger
(301566) Melissajane
(676) Melitta
(869) Mellena
(2237) Melnikov
(8216) Melosh
(18) Melpomene
(373) Melusina
(12119) Memamis
(40092) Memel

(9562) Memling
(2895) Memnon
(1247) Memoria
(4355) Memphis
(27988) Menabrea
(54522) Menaechmus
(9481) Menchu
(3313) Mendel
(2769) Mendeleev
(3954) Mendelssohn
(12615) Mendesdeleon
(77136) Mendillo
(3868) Mendoza
(1647) Menelaus
(4068) Menestheus
(3740) Menge
(12106) Menghuan
(24818) Menichelli
(188) Menippe
(4568) Menkaure
(6205) Menottigalli
(3889) Menshikov
(7116) Mentall
(1078) Mentha
(3451) Mentor
(1967) Menzel
(3553) Mera
(536) Merapi
(10972) Merbold
(17089) Mercado
(54852) Mercatali
(4798) Mercator
(1136) Mercedes
(18656) Mergler
(48458) Merian
(11193) Merida
(15403) Merignac
(3596) Meriones
(22132) Merkley
(16269) Merkord
(2598) Merlin
(5456) Merman
(1051) Merope
(19355) Merpalehmann
(65672) Merrick
(11768) Merrill
(8191) Mersenne
(3303) Merta
(1299) Mertona
(808) Merxia
(7062) Meslier
(56000) Mesopotamia
(545) Messalina
(7861) Messenger
(16450) Messerschmidt
(11050) Messiaen
(6690) Messick
(24856) Messidoro
(7359) Messier
(1949) Messina
(6077) Messner
(11253) Mesyats
(1050) Meta
(792) Metcalfia
(7260) Metelli
(9) Metis
(90672)
Metrorheinneckar
(2486) Metsahovi
(1727) Mette
(9377) Metz
(18789) Metzger
(22583) Metzler
(15353) Meucci

134

(10079) Meunier
(3016) Meuse
(10806) Mexico
(1574) Meyer
(1739) Meyermann
(22537) Meyerowitz
(228165) Mezentsev
(2229) Mezzarco
(2911) Miahelena
(27519) Miames
(246643) Miaoli
(21635) Micahtoll
(8032) Michaeladams
(22628) Michaelallen
(16888) Michaelbarber
(8129) Michaelbusch
(18626) Michaelcarr
(23121) Michaelding
(20399) Michaelesser
(26417) Michaelgord
(224962)
Michaelgrunewald
(165659) Michaelhicks
(78391) Michaeljager
(31239) Michaeljames
(19591) Michaelklein
(20564) Michaellane
(15148) Michaelmaryott
(13319) Michaelmi
(21713) Michaelolson
(24438) Michaeloy
(9621) Michaelpalin
(92893) Michaelperson
(18190) Michaelpizer
(298877)
Michaelreynolds
(24303) Michaelrice
(23016) Michaelroche
(25495) Michaelroddy
(21743) Michaelsegal
(25486) Michaelwham
(26433) Michaelyurko
(12747) Michageffert
(7747) Michalowski
(11196) Michanikos
(5769) Michard
(22482) Michbertier
(1348) Michel
(1045) Michela
(3001) Michelangelo
(5338) Michelblanc
(7389) Michelcombes
(91429) Michelebianda
(21465) Michelepatt
(149865)
Michelhernandez
(1376) Michelle
(27107) Michelleabi
(28094) Michellewis
(20639) Michellouie
(67979) Michelory
(27758) Michelson
(53316) Michielford
(23169) Michikami
(6499) Michiko
(10560) Michinari
(10375) Michiokuga
(2348) Michkovitch
(25050) Michmadsen
(20286) Michta
(5889) Mickiewicz
(224617) Micromegas
(1981) Midas
(13396) Midavaine

(20556) Midgekimble
(15003) Midori
(9767) Midsomer
Norton
(11528) Mie
(1753) Mieke
(11103) Miekerouppe
(2715) Mielikki
(7706) Mien
(99949) Miepgies
(24666) Miesvanrohe
(11702) Mifischer
(11785) Migaic
(20568) Migaki
(5016) Migirenko
(44005) Migliardi
(5246) Migliorini
(12898) Mignard
(17779) Migomueller
(171396) Miguel
(28439) Miguelreyes
(23096) Mihika
(4806) Miho
(9382) Mihonoseki
(18957) Mijacobsen
(21358) Mijerbarany
(4557) Mika
(3165) Mikawa
(51824) Mikeanderson
(11714) Mikebrown
(17060) Mikecombi
(13745) Mikecosta
(23216) Mikehagler
(28272) Mikejanner
(28091) Mikekane
(22032) Mikekoop
(26246) Mikelake
(26507) Mikelin
(7936) Mikemagee
(26336) Mikemcdowell
(70995) Mikemorton
(68948) Mikeoates
(46441) Mikepenston
(27336) Mikequinn
(10789) Mikeread
(18434) Mikesandras
(20392) Mikeshepard
(16220) Mikewagner
(6214) Mikhailgrinev
(4729) Mikhailmil'
(1910) Mikhailov
(9540) Mikhalkov
(4067) Mikhel'son
(1526) Mikkeli
(6959) Mikkelkocha
(21704) Mikkilineni
(1549) Mikko
(3381) Mikkola
(20649) Miklenov
(163623) Miknaitis
(8244) Mikolaichuk
(2969) Mikula
(11124) Mikulasek
(3231) Mila
(4701) Milani
(1605) Milankovitch
(296525) Milanovskiy
(3571) Milanstefanik
(3699) Milbourn
(878) Mildred
(6441) Milenajesenska
(4119) Miles
(5892) Milesdavis
(11163) Milesovka

(1630) Milet
(216433) Milianleo
(10241) Milicevic
(6789) Milkey
(4168) Millan
(1826) Miller
(27236) Millermatt
(15947) Milligan
(2659) Millis
(2904) Millman
(69961) Millosevich
(54967) Millucci
(11767) Milne
(4725) Milone
(3337) Milos
(11776) Milstein
(2663) Miltiades
(4332) Milton
(8029) Miltthompson
(8728) Mimatsu
(4178) Mimeev
(1127) Mimi
(60000) Miminko
(3840) Mimistrobell
(29430) Mimiyen
(1079) Mimosa
(6160) Minakata
(5401) Minamioda
(6992) Minano-machi
(10769) Minas Gerais
(14818) Mindeli
(30991) Minenze
(8531) Mineosaito
(93) Minerva
(1458) Mineura
(28242) Mingantu
(8134) Minin
(4202) Minitti
(12493) Minkowski
(1670) Minnaert
(58163) Minnesang
(121019) Minodamato
(22589) Minor
(9972) Minoruoda
(8403) Minorushimizu
(6239) Minos
(7068) Minowa
(4639) Minox
(6995) Minoyama
(3012) Minsk
(16218) Mintakeyes
(8772) Minutus
(3633) Mira
(8169) Mirabeau
(21526) Mirano
(594) Mireille
(144303) Mirellabreschi
(8214) Mirellalilli
(9232) Miretti
(102) Miriam
(8555) Mirimao
(31147) Miriquidi
(34717) Mirkovilli
(11194) Mirna
(1610) Mirnaya
(17049) Miron
(3624) Mironov
(12214) Miroshnikov
(7496) Miroslavholub
(12118) Mirotsin
(11881) Mirstation
(11602) Miryang
(569) Misa
(7438) Misakatouge

135

(7128) Misawa
(7790) Miselli
(4828) Misenus
(109573) Mishasmirnov
(22686) Mishchenko
(5334) Mishima
(132820) Miskotte
(19475) Mispagel
(23176) Missacarvell
(21651) Mission Valley
(223950) Mississauga
(26858) Misterrogers
(6929) Misto
(5033) Mistral
(3111) Misuzu
(100309) Misuzukaneko
(1088) Mitaka
(2924) Mitake-mura
(20785) Mitalithakor
(11921) Mitamasahiro
(3289) Mitani
(24709) Mitau
(1455) Mitchella
(20787) Mitchfourman
(21798) Mitchweegman
(4486) Mithra
(2262) Mitidika
(2460) Mitlincoln
(17470) Mitsuhashi
(5581) Mitsuko
(6185) Mitsuma
(16731) Mitsumata
(11079) Mitsunori
(10886) Mitsuroohba
(6091) Mitsuru
(28394) Mittag-Leffler
(15434) Mittal
(5760) Mittlefehldt
(4027) Mitton
(12186) Mitukurigen
(3262) Miune
(7682) Miura
(22561) Miviscardi
(8855) Miwa
(6050) Miwablock
(23259) Miwadagakuen
(19534) Miyagi
(4539) Miyagino
(14902) Miyairi
(8303) Miyaji
(9362) Miyajima
(8296) Miyama
(6020) Miyamoto
(8098) Miyamotoatsushi
(4041) Miyamotoyohko
(3555) Miyasaka
(26319) Miyauchi
(6905) Miyazaki
(8883) Miyazakihayao
(5008) Miyazawakenji
(21016) Miyazawaseiroku
(134069) Miyo
(11546) Miyoshimachi
(18997) Mizrahi
(68144) Mizser
(11159) Mizugaki
(10147) Mizugatsuka
(2090) Mizuho
(4541) Mizuno
(8197) Mizunohiroshi
(7668) Mizunotakao
(6414) Mizunuma

(7530) Mizusawa
(6218) Mizushima
(8947) Mizutani
(85585) Mjolnir
(22558) Mladen
(82463) Mluigiaborsi
(56422) Mnajdra
(57) Mnemosyne
(9023) Mnesthus
(14880) Moa
(7239) Mobberley
(7360) Moberg
(28516) Mobius
(5650) Mochihito-o
(21089) Mochizuki
(733) Mocia
(8889) Mockturtle
(21922) Mocz
(3344) Modena
(370) Modestia
(11118) Modra
(6598) Modugno
(30439) Moe
(30917) Moehorgan
(2764) Moeller
(9334) Moesta
(5542) Moffatt
(8418) Mogamigawa
(766) Moguntia
(2528) Mohler
(8422) Mohorovicic
(2971) Mohr
(65675) Mohr-Gruber
(638) Moira
(3080) Moisseiev
(28729) Moivre
(5146) Moiwa
(53285) Mojmir
(5117) Mokotoyama
(25751) Mokshagundam
(101960) Molau
(20570) Molchan
(2419) Moldavia
(5767) Moldun
(124192) Moletai
(6835) Molfino
(3046) Moliere
(9680) Molina
(35270) Molinari
(54810) Molleigh
(8756) Mollissima
(20472) Mollypettit
(8245) Molnar
(11426) Molster
(1428) Mombasa
(52293) Mommsen
(10353) Momotaro
(9178) Momoyo
(428) Monachia
(10722) Monari
(15360) Moncalvo
(21553) Monchicourt
(35316) Monella
(6676) Monet
(28766) Monge
(3678) Mongmanwai
(833) Monica
(4731) Monicagrady
(7512) Monicalazzarin
(19603) Monier
(23490) Monikohl
(14517) Monitoma
(281820) Monnaves
(2780) Monnig

(59388) Monod
(92297) Monrad
(3768) Monroe
(20964) Mons Naklethi
(11595) Monsummano
(10958) Mont Blanc
(535) Montague
(8890) Montaigne
(797) Montana
(8421) Montanari
(14573) Montebugnoli
(13920) Montecorvino
(782) Montefiore
(9383) Montelimar
(19614) Montelongo
(7198) Montelupo
(947) Monterosa
(7064) Montesquieu
(5063) Monteverdi
(6252) Montevideo
(2272) Montezuma
(5864) Montgolfier
(16207) Montgomery
(36182) Montigiani
(13112) Montmorency
(6714) Montreal
(52589) Montviloff
(16158) Monty
(13681) Monty Python
(7782) Mony
(27450) Monzon
(58345) Moomintroll
(7805) Moons
(2602) Moore
(2110) Moore-Sitterly
(163624) Moorthy
(17446) Mopaku
(1257) Mora
(3106) Morabito
(63068) Moraes
(10372) Moran
(5702) Morando
(14643) Morata
(1901) Moravia
(5596) Morbidelli
(29435) Mordell
(14502) Morden
(2277) Moreau
(17892) Morecambewise
(11950) Morellet
(14914) Moreux
(3180) Morgan
(23821) Morganmonroe
(28400) Morgansinko
(9764) Morgenstern
(4650) Mori
(5048) Moriarty
(19190) Morihiroshi
(8739) Morihisa
(9204) Morike
(6643) Morikubo
(6650) Morimoto
(6935) Morisot
(7797) Morita
(10878) Moriyama
(22540) Mork
(84921) Morkolab
(133404) Morogues
(7724) Moroso
(1210) Morosovia
(16036) Moroz
(5521) Morpurgo
(152188) Morricone
(3783) Morris

(2410) Morrison	(25769) Munaoli	(1758) Naantali
(7904) Morrow	(7599) Munari	(4552) Nabelek
(8672) Morse	(5699) Munch	(7232) Nabokov
(19268) Morstadt	(14014) Munchhausen	(11370) Nabrown
(5106) Mortensen	(17090) Mundaca	(20288) Nachbaur
(20106) Morton	(15576) Munday	(34611) Nacogdoches
(88795) Morvan	(1466) Mundleria	(4106) Nada
(16693) Moseley	(39655) Muneharuasada	(2394) Nadeev
(69754) Mosesmendel	(23079) Munguia	(2071) Nadezhda
(22492) Mosig	(6595) Munizbarreto	(5089) Nadherna
(39405) Mosigkau	(7465) Munkanber	(12762) Nadiavittor
(8254) Moskovitz	(163625) Munn	(1906) Naef
(787) Moskva	(1608) Munoz	(21571) Naegeli
(2915) Moskvina	(12169) Munsterman	(845) Naema
(48472) Mossbauer	(20287) Munteanu	(2935) Naerum
(186832) Mosser	(17910) Munyan	(20337) Naeve
(4542) Mossotti	(1472) Muonio	(19433) Naftz
(14821) Motaeno	(3295) Murakami	(6655) Nagahama
(45500) Motegi	(21570) Muralidhar	(33553) Nagai
(20731) Mothediniz	(5606) Muramatsu	(13787) Nagaishi
(32969) Motohikosato	(5124) Muraoka	(16587) Nagamori
(52291) Mott	(6538) Muraviov	(23638) Nagano
(5388) Mottola	(3220) Murayama	(15350) Naganuma
(18240) Mould	(4642) Murchie	(16555) Nagaomasami
(19518) Moulding	(128562) Murdin	(5790) Nagasaki
(993) Moultona	(9138) Murdoch	(11086) Nagatayuji
(30963) Mount Banzan	(19453) Murdochorne	(8932) Nagatomo
(11927) Mount Kent	(26639) Murgas	(10715) Nagler
(4182) Mount Locke	(2982) Muriel	(5909) Nagoya
(17640) Mount Stromlo	(13989) Murikabushi	(115059) Nagykaroly
(2590) Mourao	(9829) Murillo	(256697) Nahapetov
(12130) Mousa	(2979) Murmansk	(28183) Naidu
(88906) Moutier	(10347) Murom	(4245) Nairc
(23833) Mowers	(19446) Muroski	(4493) Naitomitsu
(21388) Moyanodeburt	(4439) Muroto	(22719) Nakadori
(13620) Moynahan	(941) Murray	(190057) Nakagawa
(300082) Moyocoanno	(600) Musa	(9228) Nakahiroshi
(1034) Mozartia	(7892)	(10894) Nakai
(2850) Mozhaiskij	Musamurahigashi	(237276) Nakama
(24602) Mozzhorin	(3249) Musashino	(27930) Nakamatsu
(2309) Mr. Spock	(10776) Musashitomiyo	(4219) Nakamura
(12448) Mr. Tompkins	(10749) Musaus	(13605) Nakamuraminoru
(19081) Mravinskij	(966) Muschi	(21036) Nakamurayoshi
(2986) Mrinalini	(29053) Muskau	(8702) Nakanishi
(1832) Mrkos	(12491) Musschenbroek	(3431) Nakano
(24837) Msecke	(1059) Mussorgskia	(10546) Nakanomakoto
Zehrovice	(2385) Mustel	(10161) Nakanoshima
(5807) Mshatka	(6815) Mutchler	(8703) Nakanotadao
(2116) Mtskheta	(6098) Mutojunkyu	(21234) Nakashima
(3396) Muazzez	(12368) Mutsaers	(5667) Nakhimovskaya
(17044) Mubdirahman	(7837) Mutsumi	(8065) Nakhodkin
(5122) Mucha	(6505) Muzzio	(31271) Nallino
(2946) Muchachos	(4413) Mycerinos	(7664) Namahage
(12412) Muchisachie	(24148) Mychajliw	(1327) Namaqua
(7074) Muckea	(31037) Mydon	(22863) Namarkarian
(4031) Mueller	(21456) Myers	(13298) Namatjira
(16623) Muenzel	(22173) Myersdavis	(3320) Namba
(5568) Mufson	(25112) Mymeshkovych	(147971) Nametoko
(10746) Muhlhausen	(6462) Myougi	(1718) Namibia
(243491) Muhlviertel	(33799) Myra	(7304) Namiki
(4665) Muinonen	(27289) Myrahalpin	(61386) Namikoshi
(7818) Muirhead	(179764) Myriamsarah	(25899) Namratanand
(4750) Mukai	(10000) Myriostos	(3374) Namur
(10146) Mukaitadashi	(4752) Myron	(6321) Namuratakao
(24639) Mukhametdinov	(7835) Myroncope	(26733) Nanavisitor
(25629) Mukherjee	(381) Myrrha	(26441) Nanayakkara
(23834) Mukhopadhyay	(9203) Myrtus	(4222) Nancita
(196640) Mulhacen	(29490) Myslbek	(2056) Nancy
(21708) Mulhall	(53159) Myslivecek	(9378) Nancy-Lorraine
(10251) Mulisch	(8210) NANTEN	(20311) Nancycarter
(5164) Mullo	(100483) NAOJ	(6899) Nancychabot
(7172) Multatuli	(11365) NASA	(6911) Nancygreen
(8340) Mumma	(64070) NEAT	(4745) Nancymarie
(12362) Mumuryk	(2857) NOT	(55221) Nancynoblitt

137

(19809) Nancyowen	(58152) Natsoderblom	(1318) Nerina
(5052) Nancyruth	(71001) Natspasoc	(237845) Neris
(13739) Nancyworden	(29347) Natta	(24748) Nernst
(27915) Nancywright	(11788) Nauchnyj	(90936) Neronet
(187707) Nandaxianlin	(3020) Naudts	(601) Nerthus
(23228) Nandinisarma	(811) Nauheima	(1875) Neruda
(5852) Nanette	(9712) Nauplius	(12405) Nespoli
(3607) Naniwa	(192) Nausikaa	(7066) Nessus
(3901) Nanjingdaxue	(9769) Nautilus	(3071) Nesterov
(5288) Nankichi	(3688) Navajo	(659) Nestor
(2078) Nanking	(4472) Navashin	(7999) Nesvorny
(4243) Nankivell	(25763) Naveenmurali	(137166) Netabahcall
(1203) Nanna	(218998) Navi	(8750) Nettarufina
(559) Nanon	(23315) Navinbrian	(20289) Nettimi
(853) Nansenia	(26707) Navrazhnykh	(3175) Netto
(13765) Nansmith	(23217) Nayana	(8634) Neubauer
(44263) Nansouty	(16463) Nayoro	(2183) Neufang
(3051) Nantong	(1634) Ndola	(3484) Neugebauer
(160493) Nantou	(10061) Ndolaprata	(165192) Neugent
(7041) Nantucket	(68218) Nealgalt	(13980) Neuhauser
(24063) Nanwoodward	(26942) Nealkuhn	(1129) Neujmina
(9092) Nanyang	(903) Nealley	(6150) Neukum
(20107) Nanyotenmondai	(21421) Nealwadhwa	(6351) Neumann
(8220) Nanyou	(85299) Neander	(9351) Neumayer
(13221) Nao	(69264) Nebra	(4216) Neunkirchen
(14925) Naoko	(10195) Nebraska	(2898) Neuvo
(6139) Naomi	(2936) Nechvile	(17928) Neuwirth
(8463) Naomimurdoch	(1223) Neckar	(1603) Neva
(68109) Naomipasachoff	(3592) Nedbal	(22195) Nevadodelruiz
(26457) Naomishah	(7985) Nedelcu	(1679) Nevanlinna
(8212) Naoshigetani	(3343) Nedzel	(237277) Nevaruth
(6025) Naotosato	(2790) Needham	(5405) Neverland
(11615) Naoya	(224831) Neeffisis	(18497) Nevezice
(7379) Naoyaimae	(28161) Neelpatel	(5612) Nevskij
(43859) Naoyayano	(13860) Neely	(163640) Newberg
(5238) Naozane	(9211) Neese	(26513) Newberry
(7096) Napier	(7108) Nefedov	(2955) Newburn
(1876) Napolitania	(3199) Nefertiti	(855) Newcombia
(171588) Naprstek	(9087) Neff	(2086) Newell
(7253) Nara	(5857) Neglinka	(8161) Newman
(15716) Narahara	(14154) Negrelli	(662) Newtonia
(11907) Naranen	(21577) Negron	(3845) Neyachenko
(3448) Narbut	(2462) Nehalennia	(2390) Nezarka
(37117) Narcissus	(2355) Nei Monggol	(4361) Nezhdanova
(26268) Nardi	(7102) Neilbone	(8143) Nezval
(15476) Narendra	(23673) Neilmehta	(28416) Ngqin
(6167) Narmanskij	(28222) Neilpathak	(24052) Nguyen
(227326) Narodychi	(23469) Neilpeart	(21572) Nguyen-McCarty
(5896) Narrenschiff	(142014) Neirinck	(20887) Ngwaikin
(23289) Naruhirata	(1122) Neith	(8895) Nha
(8189) Naruke	(2907) Nekrasov	(18994) Nhannguyen
(9107) Narukospa	(25970) Nelakanti	(12382) Niagara Falls
(94356) Naruto	(1547) Nele	(5135) Nibutani
(3619) Nash	(136557) Neleus	(6952) Niccolo
(1534) Nasi	(18396) Nellysachs	(163641) Nichol
(9240) Nassau	(3538) Nelsonia	(28442) Nicholashuey
(534) Nassovia	(51) Nemausa	(19425) Nicholasrapp
(11323) Nasu	(55543) Nemeghaire	(68410) Nichols
(1086) Nata	(128) Nemesis	(1831) Nicholson
(22937) Nataliavella	(241090) Nemet	(164791) Nicinski
(448) Natalie	(4228) Nemiro	(21638) Nicjachowski
(198700)	(4861) Nemirovskij	(16193) Nickaiser
Nataliegrunewald	(1640) Nemo	(22639) Nickanthony
(11710) Nataliehale	(20936) Nemrut Dagi	(14511) Nickel
(1121) Natascha	(24778) Nemsu	(21463) Nickerson
(13234) Natashaowen	(151430) Nemunas	(8914) Nickjames
(24934) Natecovert	(289) Nenetta	(26267) Nickmorgan
(27421) Nathanhan	(142106) Nengshun	(25663) Nickmycroft
(25258) Nathaniel	(2260) Neoptolemus	(6365) Nickschneider
(24492) Nathanmonroe	(431) Nephele	(13699) Nickthomas
(10210) Nathues	(287) Nephthys	(4755) Nicky
(28452) Natkondamuri	(17652) Nepoti	(21415) Nicobrenner
(5520) Natori	(2869) Nepryadva	(11856) Nicolabonev
(26276) Natrees	(4660) Nereus	(843) Nicolaia

138

(12928) Nicolapozio
(170162) Nicolashayek
(1343) Nicole
(28038) Nicoleodzer
(6335)
Nicolerappaport
(13729) Nicolewen
(15386) Nicolini
(14826) Nicollier
(8128) Nicomachus
(14567) Nicovincenti
(3284) Niebuhr
(113394) Niebur
(23179) Niedermeyer
(9517) Niehaisheng
(12172) Niekdekort
(1720) Niels
(8525) Nielsabel
(9744) Nielsen
(5289) Niemela
(9246) Niemeyer
(3117) Niepce
(7014) Nietzsche
(7541) Nieuwenhuis
(26681) Niezgay
(3795) Nigel
(18158) Nigelreuel
(8766) Niger
(8751) Nigricollis
(20115) Niheihajime
(18160) Nihon Uchu
Forum
(2880) Nihondaira
(5082) Nihonsyoki
(19509) Niigata
(220736) Niihama
(5507) Niijima
(2972) Niilo
(25302) Niim
(4959) Niinoama
(21710) Nijhawan
(16730) Nijisseiki
(8572) Nijo
(28531) Nikbogdanov
(10261) Nikdollezhal'
(307) Nike
(24950) Nikhilas
(20646) Nikhilgupta
(27452) Nikhilpatel
(17909) Nikhilshukla
(14349)
Nikitamikhalkov
(4480) Nikitibotania
(4605) Nikitin
(1185) Nikko
(21655) Niklauswirth
(7978) Niknesterov
(4010) Nikol'skij
(8141) Nikolaev
(9329) Nikolaimedtner
(11782) Nikolajivanov
(6483)
Nikolajvasil'ev
(14819) Nikolaylaverov
(12386) Nikolova
(2386) Nikonov
(4434) Nikulin
(21929) Nileshraval
(57658) Nilrem
(7833) Nilstamm
(17936) Nilus
(779) Nina
(21637) Ninahuffman
(3543) Ningbo

(2539) Ningxia
(18843) Ningzhou
(4678) Ninian
(10619) Ninigi
(357) Ninina
(2421) Nininger
(4947) Ninkasi
(13530) Ninnemann
(73453) Ninomanfredi
(4141) Nintanlena
(71) Niobe
(727) Nipponia
(19007) Nirajnathan
(11796) Nirenberg
(173086) Nireus
(25021) Nischaykumar
(18918) Nishashah
(10500) Nishi-koen
(10399) Nishiharima
(11915) Nishiinoue
(4898) Nishiizumi
(23955) Nishikota
(10193) Nishimoto
(6306) Nishimura
(8934) Nishimurajun
(12262) Nishio
(6745) Nishiyama
(15250) Nishiyamahiro
(5328) Nisiyamakoiti
(21735) Nissaschmidt
(2124) Nissen
(23405) Nisyros
(6885) Nitardy
(27928) Nithintumma
(9543) Nitra
(127515) Nitta
(5992) Nittler
(12513) Niven
(6965) Niyodogawa
(23308) Niyomsatian
(3770) Nizami
(7736) Nizhnij
Novgorod
(4213) Njord
(10784) Noailles
(6032) Nobel
(8234) Nobeoka
(8100) Nobeyama
(77856) Noblitt
(4807) Noboru
(4351) Nobuhisa
(27716) Nobuyuki
(269762) Nocentini
(8962) Noctua
(1298) Nocturna
(1563) Noel
(18801) Noelleoas
(703) Noemi
(24931) Noeth
(7001) Noether
(1068) Nofretete
(5734) Noguchi
(6539) Nohavica
(3008) Nojiri
(9537) Nolan
(18910) Nolanreis
(5698) Nolde
(473) Nolli
(185448) Nomentum
(6559) Nomura
(136824) Nonamikeiko
(1367) Nongoma
(2382) Nonie
(25646) Noniearora

(4022) Nonna
(19612) Noordung
(783) Nora
(4049) Noragal'
(22912) Noraxu
(12501) Nord
(1463) Nordenmarkia
(2464) Nordenskiold
(5725) Nordlingen
(6184) Nordlund
(42073) Noreen
(11871) Norge
(29737) Norihiro
(14939) Norikura
(7828) Noriyositosi
(6558) Norizuki
(555) Norma
(1256) Normannia
(10189) Normanrockwell
(186835) Normanspinrad
(17826) Normanwisdom
(215592) Normarose
(13404) Norris
(114703) North Dakota
(3670) Northcott
(2025) Nortia
(3869) Norton
(23198) Norvell
(7480) Norwan
(25766) Nosarzewski
(3162) Nostalgia
(626) Notburga
(227641) Nothomb
(132904) Notkin
(20625) Noto
(16101) Notskas
(6458) Nouda
(18638) Nouet
(8052) Novalis
(22450) Nove Hrady
(194262) Nove Zamky
(3799) Novgorod
(8839) Novichkova
(11604) Novigrad
(3157) Novikov
(2495) Noviomagum
(5301) Novobranets
(2520) Novorossijsk
(4271) Novosibirsk
(5897) Novotna
(8445) Novotroitskoe
(262536) Nowikow
(4956) Noymer
(18288) Nozdrachev
(32776) Nriag
(31097) Nucciomula
(12504) Nuest
(6195) Nukariya
(2053) Nuki
(39679) Nukuhiyama
(11059) Nulliusinverba
(15854) Numa
(10155) Numaguti
(5121) Numazawa
(1206) Numerowia
(1368) Numidia
(2502) Nummela
(5313) Nunes
(16852) Nuredduna
(1696) Nurmela
(3825) Nurnberg
(4459) Nusamaibashi
(3424) Nusl
(25768) Nussbaum

(15811) Nusslein-Volhard
(306367) Nut
(150) Nuwa
(1356) Nyanza
(15492) Nyberg
(8753) Nycticorax
(2150) Nyctimene
(28126) Nydegger
(11377) Nye
(875) Nymphe
(6625) Nyquist
(22978) Nyrola
(44) Nysa
(6416) Nyukasayama
(3908) Nyx
(21774) O'Brien
(4927) O'Connell
(8357) O'Connor
(27239) O'Dorney
(2351) O'Higgins
(6585) O'Keefe
(3637) O'Meara
(2525) O'Steen
(3083) OAFA
(8952) ODAS
(3843) OISCA
(13411) OLRAP
(4733) ORO
(14217) Oaxaca
(16563) Ob
(21712) Obaid
(27740) Obatomoyuki
(29402) Obelix
(52334) Oberammergau
(5489) Oberkochen
(9236) Obermair
(3275) Oberndorfer
(96506) Oberosterreich
(6293) Oberpfalz
(9253) Oberth
(207763) Oberursel
(6669) Obi
(8471) Obrant
(4623) Obraztsova
(3128) Obruchev
(99193) Obsfabra
(11612) Obu
(9914) Obukhova
(15870) Oburka
(23238) Ocasio-Cortez
(6525) Ocastron
(20081) Occhialini
(5067) Occidental
(224) Oceana
(9713) Oceax
(61404) Ocenasek
(6024) Ochanomizu
(20574) Ochinero
(7343) Ockeghem
(9496) Ockels
(475) Ocllo
(598) Octavia
(1144) Oda
(156939) Odegard
(10948) Odenwald
(2606) Odessa
(3989) Odin
(2775) Odishaw
(4637) Odorico
(1143) Odysseus
(23995) Oechsle
(8602) Oedicnemus
(8959) Oenanthe

(164585) Oenomaos
(215) Oenone
(16167) Oertli
(9825) Oetken
(19676) Ofeliaguilar
(10820) Offenbach
(175259) Offenberger
(7639) Offutt
(17051) Oflynn
(5158) Ogarev
(10169) Ogasawara
(12221) Ogatakoan
(6389) Ogawa
(120735) Ogawakiyoshi
(14315) Ogawamachi
(23980) Ogden
(28127) Ogden-Stenerson
(14116) Ogea
(7476) Ogilsbie
(3973) Ogilvie
(4013) Ogiria
(7955) Ogiwara
(189011) Ogmios
(33056) Ogunimachi
(31105) Oguniyamagata
(1259) Ogyalla
(4675) Ohboke
(5970) Ohdohrikouen
(439) Ohio
(65716) Ohkinohama
(7898) Ohkuma
(24750) Ohm
(15469) Ohmura
(9062) Ohnishi
(8909) Ohnishitaka
(5180) Ohno
(4801) Ohre
(3626) Ohsaki
(12479) Ohshimaosamu
(8912) Ohshimatake
(8733) Ohsugi
(5868) Ohta
(2960) Ohtaki
(10138) Ohtanihiroshi
(13640) Ohtateruaki
(192220) Oicles
(2667) Oikawa
(9907) Oileus
(58096) Oineus
(31087) Oirase
(3379) Oishi
(42516) Oistrach
(16407) Oiunskij
(4458) Oizumi
(5080) Oja
(3565) Ojima
(16494) Oka
(6737) Okabayashi
(22951) Okabekazuko
(8416) Okada
(4156) Okadanoboru
(23742) Okadatatsuaki
(6244) Okamoto
(4505) Okamura
(9845) Okamuraosamu
(12439) Okasaki
(36782) Okauchitakashige
(1701) Okavango
(2084) Okayama
(8188) Okegaya
(46563) Oken
(4042) Okhotsk

(8062) Okhotsymskij
(8428) Okiko
(10916) Okina-Ouna
(13188) Okinawa
(30888) Okitsumisaki
(13688) Oklahoma
(6838) Okuda
(23775) Okudaira
(3149) Okudzhava
(5174) Okugi
(12810) Okumiomote
(10990) Okunev
(7769) Okuni
(11288) Okunohosomichi
(11959) Okunokeno
(5125) Okushiri
(5142) Okutama
(52872) Okyrhoe
(7242) Okyudo
(24637) Ol'gusha
(44479) Olaheszter
(11935) Olakarlsson
(18984) Olathe
(2454) Olaus Magnus
(8869) Olausgutho
(1002) Olbersia
(10515) Old Joe
(5656) Oldfield
(2897) Ole Romer
(9242) Olea
(7726) Olegbykov
(19127) Olegefremov
(3501) Olegiya
(15702) Olegkotov
(278200) Olegpopov
(305287) Olegyankov
(2438) Oleshko
(217420) Olevsk
(251449) Olexakorol'
(26505) Olextokarev
(9034) Oleyuria
(304) Olga
(21661) Olgagermani
(207695) Olgakopyl
(9684) Olieslagers
(14972) Olihainaut
(12138) Olinwilson
(2177) Oliver
(44216) Olivercabasa
(12166) Oliverherrmann
(10716) Olivermorton
(12167) Olivermuller
(84928) Oliversacks
(835) Olivia
(24129) Oliviahu
(27593) Oliviamarie
(25801) Oliviaschwob
(2201) Oljato
(5608) Olmos
(3287) Olmstead
(8697) Olofsson
(30564) Olomouc
(2310) Olshaniya
(5166) Olson
(582) Olympia
(1022) Olympiada
(3095) Omarkhayyam
(24517) Omattage
(9375) Omodaka
(6971) Omogokei
(3406) Omsk
(6569) Ondaatje
(16817) Onderlicka
(7204) Ondrejov

140

(16273) Oneill
(6987) Onioshidashi
(4353) Onizaki
(3355) Onizuka
(12868) Onken
(5294) Onnetoh
(1389) Onnie
(7678) Onoda
(8939) Onodajunjiro
(10163) Onomichi
(9599) Onotomoko
(2330) Ontake
(12800) Oobayashiarata
(11151) Oodaigahara
(8533) Oohira
(10627) Ookuninushi
(11152) Oomine
(2649) Oongaq
(1691) Oort
(1738) Oosterhoff
(23744) Ootsubo
(5214) Oozora
(5055) Opekushin
(52767) Ophelestes
(171) Ophelia
(2099) Opik
(221917) Opites
(255) Oppavia
(67085) Oppenheimer
(1492) Oppolzer
(39382) Opportunity
(2736) Ops
(1195) Orangia
(58095) Oranienstein
(12151) Oranje-Nassau
(127516) Oravetz
(11361) Orbinskij
(291849)
Orchestralondon
(1080) Orchis
(90482) Orcus
(2406) Orelskaya
(22932) Orenbrecher
(27709) Orenburg
(8982) Oreshek
(12576) Oresme
(13475) Orestes
(21125) Orff
(4540) Oriani
(7489) Oribe
(11926) Orinoco
(701) Oriola
(11585) Orlandelassus
(35324) Orlandi
(73199) Orlece
(2188) Orlenok
(11339) Orlik
(2724) Orlov
(2517) Orma
(350) Ornamenta
(17777) Ornicar
(6795) Ornskoldsvik
(19224) Orosei
(4201) Orosz
(3361) Orpheus
(5284) Orsilocus
(4533) Orth
(2329) Orthos
(10665) Ortigao
(8944) Ortigara
(4436) Ortizmoreno
(11681) Ortner
(551) Ortrud
(2043) Ortutay

(48482) Oruki
(11246) Orvillewright
(11020) Orwell
(5823) Oryo
(7434) Osaka
(7140) Osaki
(11930) Osamu
(19310) Osawa
(43889) Osawatakaomi
(12258) Oscarwilde
(11515) Oshijyo
(5592) Oshima
(13569) Oshu
(3593) Osip
(4986) Osipovia
(10259) Osipovyurij
(1923) Osiris
(1837) Osita
(750) Oskar
(28287) Osmanov
(7305) Ossakajusto
(7584) Ossietzky
(59828) Ossikar
(1369) Ostanina
(5935) Ostankino
(7113) Ostapbender
(343) Ostara
(9471) Ostend
(1207) Ostenia
(6107) Osterbrock
(10815) Ostergarn
(6797) Ostersund
(5859) Ostozhenka
(8442) Ostralegus
(11128) Ostravia
(12146) Ostriker
(3169) Ostro
(2681) Ostrovskij
(11844) Ostwald
(29427) Oswaldthomas
(26127) Otakasakajyo
(5975) Otakemayumi
(9844) Otani
(4491) Otaru
(21328) Otashi
(7752) Otauchunokai
(4405) Otava
(4979) Otawara
(4840) Otaynang
(1529) Oterma
(1126) Otero
(913) Otila
(21270) Otokar
(3911) Otomo
(7364) Otonkucera
(3738) Ots
(670) Ottegebe
(994) Otthild
(22449) Ottijeff
(401) Ottilia
(128627) Ottmarsheim
(2962) Otto
(2108) Otto Schmidt
(2227) Otto Struve
(10787) Ottoburkard
(10709) Ottofranz
(19126) Ottohahn
(6657) Otukyo
(5803) Otzi
(3089) Oujianquan
(7463) Oukawamine
(1512) Oulu
(4644) Oumu
(1473) Ounas

(12367) Ourinhos
(10771) Ouro Preto
(1396) Outeniqua
(21574) Ouzan
(19625) Ovaitt
(67308) Oveges
(5038) Overbeek
(2800) Ovidius
(221073) Ovruch
(2648) Owa
(13017) Owakenoomi
(164792) Owen
(15608) Owens
(3464) Owensby
(9602) Oya
(19392) Oyamada
(5912) Oyatoshiyuki
(10863) Oye
(7358) Oze
(6747) Ozegahara
(10760) Ozeki
(6839) Ozenuma
(1740) Paavo Nurmi
(25001) Pacheco
(4972) Pachelbel
(19754) Paclements
(11755) Paczynski
(15551) Paddock
(21575) Padmanabhan
(363) Padua
(9700) Paech
(1061) Paeonia
(1032) Pafuri
(16110) Paganetti
(2859) Paganini
(71556) Page
(3807) Pagels
(120040) Pagliarini
(10306) Pagnol
(27589) Paigegentry
(22829) Paigerin
(1535) Paijanne
(5188) Paine
(953) Painleva
(3636) Pajdusakova
(12482) Pajka
(1889) Pakhmutova
(4233) Pal'chikov
(1921) Pala
(1834) Palach
(40444) Palacky
(2066) Palala
(2456) Palamedes
(166229) Palanga
(21715) Palaniappan
(415) Palatia
(6793) Palazzolo
(17970) Palepu
(12128) Palermiti
(10001) Palermo
(49) Pales
(4850) Palestrina
(4832) Palinurus
(914) Palisana
(11970) Palitzsch
(2) Pallas
(372) Palma
(12575) Palmaria
(16168) Palmen
(58931) Palmys
(1548) Palomaa
(1598) Paloque
(26963) Palorapavy
(8977) Paludicola

(24194) Palus
(2885) Palva
(29148) Palzer
(5200) Pamal
(1243) Pamela
(14157) Pamelasobey
(21474) Pamelatsai
(539) Pamina
(4852) Pamjones
(17077) Pampaloni
(4450) Pan
(2878) Panacea
(21238) Panarea
(11120) Pancaldi
(21716) Panchamia
(52225) Panchenko
(25870) Panchovigil
(4028) Pancratz
(263251) Pandabear
(2674) Pandarus
(21284) Pandion
(55) Pandora
(185150) Panevezys
(21717) Pang
(7306) Panizon
(17075) Pankonin
(2378) Pannekoek
(1444) Pannonia
(70) Panopaea
(35268) Panoramix
(10413) Pansecchi
(4198) Panthera
(4754) Panthoos
(5990) Panticapaeon
(83956) Panuzzo
(25566) Panying
(2973) Paola
(177659) Paolacel
(272746) Paoladiomede
(12840) Paolaferrari
(12813) Paolapaolini
(3176) Paolicchi
(19523) Paolofrisi
(8524) Paoloruffini
(13150) Paolotesi
(13111) Papacosmas
(4938) Papadopoulos
(471) Papagena
(17063) Papaloizou
(2480) Papanov
(15041) Paperetti
(5310) Papike
(4241) Pappalardo
(29448) Pappos
(37044) Papymarcel
(15278) Paquet
(34854) Paquifrutos
(2239) Paracelsus
(2791) Paradise
(3963) Paradzhanov
(1779) Parana
(6836) Paranal
(5298) Paraskevopoulos
(1857) Parchomenko
(4914) Pardina
(2484) Parenago
(33035) Pareschi
(7913) Parfenov
(347) Pariana
(16174) Parihar
(5303) Parijskij
(3317) Paris
(12506) Pariser

(5392) Parker
(24397) Parkerowan
(10041) Parkinson
(5585) Parks
(23286) Parlakgul
(6550) Parler
(6039) Parmenides
(19287) Paronelli
(14277) Parsa
(30857) Parsec
(2095) Parsifal
(4087) Part
(27244) Parthasarathy
(11) Parthenope
(25384) Partizanske
(19810) Partridge
(19415) Parvamenon
(2847) Parvati
(2331) Parvulesco
(888) Parysatis
(2860) Pasacentennium
(5100) Pasachoff
(2200) Pasadena
(3855) Pasasymphonia
(4500) Pascal
(24015) Pascalepinner
(11669) Pascalscholl
(12766) Paschen
(24826) Pascoli
(11191) Paskvic
(21719) Pasricha
(12670) Passargea
(16498) Passau
(3508) Pasternak
(4804) Pasteur
(21482) Patashnick
(7511) Patcassen
(14060) Patersonewen
(12509) Pathak
(153686) Pathall
(451) Patientia
(12511) Patil
(23981) Patjohnson
(22582) Patmiller
(164518) Patoche
(2727) Paton
(1347) Patria
(1978) Patrice
(436) Patricia
(77696) Patriciann
(2748) Patrick Gene
(23214) Patrickchen
(24000) Patrickdufour
(18009) Patrickgeer
(24353) Patrickhsu
(15128) Patrickjones
(5919) Patrickmartin
(7561) Patrickmichel
(4984) Patrickmiller
(17108) Patricorbett
(617) Patroclus
(1601) Patry
(1791) Patsayev
(3310) Patsy
(5178) Pattazhy
(2511) Patterson
(58535) Pattillo
(27277) Pattybrown
(19826) Patwalker
(3525) Paul
(5307) Paul-Andre
(1314) Paula
(8139) Paulabell
(23120) Paulallen

(65697) Paulandrew
(6015) Paularego
(25518) Paulcitrin
(7519) Paulcook
(6870) Pauldavies
(10934) Pauldelvaux
(4443) Paulet
(85411) Paulflora
(14372) Paulgerhardt
(27288) Paulgilmore
(23699) Paulgordan
(5349) Paulharris
(278) Paulina
(24239) Paulinehiga
(4674) Pauling
(37592) Pauljackson
(3743) Pauljaniczek
(8326) Paulkling
(11848) Paullouka
(153298) Paulmyers
(197707) Paulnohr
(23059) Paulpaino
(11392) Paulpeeters
(7386) Paulpellas
(24217) Paulroeder
(165067) Pauls
(45305) Paulscherrer
(12229) Paulsson
(26493) Paulsucala
(12443) Paulsydney
(50687) Paultemple
(131186) Pauluckas
(6226) Paulwarren
(537) Pauly
(16479) Paulze
(5269) Paustovskij
(12761) Pauwels
(18123) Pavan
(5203) Pavarotti
(16810) Pavelaleksandrov
(21471) Pavelchvykov
(33040) Pavelmayer
(16274) Pavlica
(7008) Pavlov
(1007) Pawlowia
(1152) Pawona
(679) Pax
(14574) Payette
(2039) Payne-Gaposchkin
(85386) Payton
(23006) Pazden
(12123) Pazin
(18727) Peacock
(14595) Peaker
(3612) Peale
(9987) Peano
(3304) Pearce
(29458) Pearson
(268242) Pebble
(12306) Pebronstein
(331011) Peccioli
(43724) Pechstein
(1629) Pecker
(18460) Peckova
(7531) Pecorelli
(3312) Pedersen
(20454) Pedrajo
(24048) Pedroduque
(18242) Peebles
(21445) Pegconnolly
(9261) Peggythomson
(5273) Peilisheng

(12658) Peiraios
(19226) Peiresc
(26763) Peirithoos
(2893) Peiroos
(248183) Peisandros
(7107) Peiser
(118) Peitho
(2045) Peking
(1190) Pelagia
(27551) Pelayo
(6149) Pelcak
(2202) Pele
(11311) Peleus
(7532) Pelhrimov
(49036) Pelion
(7433) Pellegrini
(8535) Pellesvanslos
(1667) Pels
(8307) Peltan
(3850) Peltier
(16177) Pelzer
(1429) Pemba
(10219) Penco
(21059) Penderecki
(7165) Pendleton
(22542) Pendri
(13181) Peneleos
(201) Penelope
(48798) Penghuanwu
(179593)
Penglangxiaoxue
(14134) Penkala
(20455) Pennell
(12227) Penney
(48801) Penninger
(271) Penthesilea
(3189) Penza
(19022) Penzel
(171458) Pepaprats
(15501) Pepawlowski
(10634) Pepibican
(1102) Pepita
(257439)
Peppeprosperini
(18022) Pepper
(11043) Pepping
(1680) Per Brahe
(554) Peraga
(158623) Perali
(8758) Perdix
(2817) Perec
(6620) Peregrina
(50033) Perelman
(2951) Perepadin
(7622) Pergolesi
(21499) Perillat
(13650) Perimedes
(7556) Perinaldo
(15663) Periphas
(2482) Perkin
(17222) Perlmutter
(7989) Pernadavide
(4043) Perolof
(8230) Perona
(12222) Perotto
(2422) Perovskaya
(10027) Perozzi
(14278) Perrenot
(100596) Perrett
(6779) Perrine
(1515) Perrotin
(5529) Perry
(10969) Perryman
(9637) Perryrose

(11081) Persave
(399) Persephone
(975) Perseverantia
(69245) Persiceto
(9275) Persson
(3953) Perth
(12465) Perth Amboy
(33157) Pertile
(10866) Peru
(32570) Peruindiana
(4250) Perun
(3005) Pervictoralex
(9399) Pesch
(11444) Peshekhonov
(6817) Pest
(21682) Pestafrantisek
(2970) Pestalozzi
(23011) Petach
(3745) Petaev
(21640) Petekirkland
(25710) Petelandgren
(1716) Peter
(10331) Peterbluhm
(19551) Peterborden
(24200) Peterbrooks
(16217) Peterbroughton
(12397) Peterbrown
(30724)
Peterburgtrista
(20468) Petercook
(231307) Peterfalk
(24997) Petergabriel
(8280) Petergruber
(13923) Peterhof
(25931) Peterhu
(24333) Petermassey
(13154) Petermrva
(123120) Peternewman
(4115) Peternorton
(84075) Peterpatricia
(34420) Peterpau
(9207) Petersmith
(5833) Peterson
(8086) Peterthomas
(43804) Peterting
(10662) Peterwisse
(16952) Peteschultz
(21473) Petesullivan
(17799) Petewilliams
(223566) Petignat
(145768) Petiska
(7740) Petit
(4483) Petofi
(3492) Petra-Pepi
(12722) Petrarca
(9449) Petrbondy
(50413) Petrginz
(21476) Petrie
(482) Petrina
(16801)
Petrinpragensis
(10170) Petrjakes
(3244) Petronius
(830) Petropolitana
(4785) Petrov
(9545) Petrovedomosti
(3017) Petrovic
(5319) Petrovskaya
(8805) Petrpetrov
(4790) Petrpravec
(274981) Petrsu
(9707) Petruskoning
(36035) Petrvok
(21087) Petsimpallas

(7258) Pettarin
(3831) Pettengill
(968) Petunia
(3716) Petzval
(7314) Pevsner
(2944) Peyo
(11636) Pezinok
(29491) Pfaff
(9962) Pfau
(25972) Pfefferjosh
(12774) Pfund
(174) Phaedra
(181751) Phaenops
(322) Phaeo
(3200) Phaethon
(296) Phaetusa
(14588) Pharrams
(30704) Phegeus
(17351) Pheidippos
(13433) Phelps
(10664) Phemios
(51570) Phendricksen
(2357) Phereclos
(4753) Phidias
(274) Philagoria
(6580) Philbland
(4448) Phildavis
(20270) Phildeutsch
(89131) Phildevries
(181627) Philgeluck
(280) Philia
(11581) Philipdejager
(100417) Philipglass
(20208) Philiphe
(24144) Philipmocz
(20796) Philipmunoz
(977) Philippa
(631) Philippina
(10030) Philkeenan
(5133) Phillipadams
(78383) Philmassey
(7220) Philnicholson
(52309) Philnicolai
(1869) Philoctetes
(196) Philomela
(227) Philosophia
(165347) Philplait
(5260) Philveron
(46793) Phinney
(25) Phocaea
(15510) Phoeberounds
(4543) Phoinix
(5145) Pholus
(443) Photographica
(1291) Phryne
(189) Phthia
(39463) Phyleus
(556) Phyllis
(4185) Phystech
(614) Pia
(3772) Piaf
(10573) Piani
(26917) Pianoro
(100897) Piatra Neamt
(1000) Piazzia
(12102) Piazzolla
(20488) Pic-du-Midi
(12540) Picander
(178008) Picard
(4221) Picasso
(147693) Piccioni
(1366) Piccolo
(12051) Picha
(803) Picka

143

(5716) Pickard	(18623) Pises	(2021) Poincare
(784) Pickeringia	(9056) Piskunov	(12286) Poiseuille
(12398) Pickhardt	(11240) Piso	(12874) Poisson
(11912) Piedade	(8051) Pistoria	(10205) Pokorny
(1523) Pieksamaki	(37432) Piszkesteto	(17208) Pokrovska
(1536) Pielinen	(11359) Piteglio	(3348) Pokryshkin
(5162) Piemonte	(17832) Pitman	(4078) Polakis
(2816) Pien	(48785) Pitter	(142) Polana
(108953) Pieraerts	(5768) Pittich	(8066) Poldimeri
(15339) Pierazzo	(9306) Pittosporum	(4940) Polenov
(7061) Pieri	(484) Pittsburghia	(21584) Polepeddi
(7197) Pieroangela	(19182) Pitz	(24847) Polesny
(17556) Pierofrancesca	(157456) Pivatte	(4562) Poleungkuk
(46720) Pierostroppa	(16466) Piyashiriyama	(4780) Polina
(11401) Pierralba	(4609) Pizarro	(21432) Polingloh
(1392) Pierre	(7377) Pizzarello	(13151) Polino
(65696) Pierrehenry	(233559) Pizzetti	(8464) Polishook
(19353) Pierrethierry	(6121) Plachinda	(1708) Polit
(312) Pierretta	(10648) Plancius	(4867) Polites
(4573) Piestany	(1069) Planckia	(12168) Polko
(224206) Pietchisson	(322390) Planes de Son	(5226) Pollack
(3713) Pieters	(2639) Planman	(7448) Pollath
(17031) Piethut	(46719) Plantade	(5800) Pollock
(10655) Pietkeyser	(6808) Plantin	(5278) Polly
(6659) Pietsch	(2905) Plaskett	(21585) Polmear
(89664) Pignata	(9309) Platanus	(99824) Polnareff
(22263) Pignedoli	(9158) Plate	(1112) Polonia
(10220) Pigott	(11966) Plateau	(22469) Poloniny
(3759) Piironen	(5451) Plato	(2006) Polonskaya
(1975) Pikelner	(3620) Platonov	(2983) Poltava
(21355) Pikovskaya	(2179) Platzeck	(29646) Polya
(4174) Pikulia	(1986) Plaut	(4619) Polyakhova
(17025) Pilachowski	(6076) Plavec	(6174) Polybius
(1990) Pilcher	(2172) Plavsk	(189310) Polydamas
(21720) Pilishvili	(14479) Plekhanov	(4708) Polydoros
(15614) Pillinger	(5999) Plescia	(33) Polyhymnia
(4368) Pillmore	(16358) Plesetsk	(5982) Polykletus
(18293) Pilyugin	(4229) Plevitskaya	(20947) Polyneikes
(19456) Pimdouglas	(11524) Pleyel	(81203) Polynesia
(184501) Pimprenelle	(7932) Plimpton	(216462) Polyphontes
(6521) Pina	(3226) Plinius	(3709) Polypoites
(20352) Pinakibose	(4626) Plisetskaya	(14312) Polytech
(134346) Pinatubo	(12246) Pliska	(595) Polyxena
(5928) Pindarus	(9535) Plitchenko	(22227) Polyxenos
(19497) Pineda	(6616) Plotinos	(308) Polyxo
(12095) Pinel	(14619) Plotkin	(2771) Polzunov
(10198) Pinelli	(3860) Plovdiv	(32) Pomona
(18111) Pinet	(29643) Plucker	(203) Pompeja
(6790) Pingouin	(134160) Pluis	(29647) Poncelet
(12719) Pingre	(144752) Plunge	(13117) Pondicherry
(92209) Pingtang	(6615) Plutarchos	(1305) Pongola
(7976) Pinigin	(134340) Pluto	(2792) Ponomarev
(19367) Pink Floyd	(2613) Plzen	(9609) Ponomarevalya
(19419) Pinkham	(1908) Pobeda	(7332) Ponrepo
(14678) Pinney	(4487) Pocahontas	(7645) Pons
(2694) Pino Torinese	(14974) Pocatky	(10433) Ponsen
(12927) Pinocchio	(3441) Pochaina	(13197) Pontecorvo
(12470) Pinotti	(4086) Podalirius	(18928) Pontremoli
(8580) Pinsky	(13062) Podarkes	(4166) Pontryagin
(3445) Pinson	(42849) Podjavorinska	(26389) Poojarambhia
(33103) Pintar	(117712) Podmaniczky	(13227) Poor
(4869) Piotrovsky	(3311) Podobed	(10216) Popastro
(648) Pippa	(7455) Podosek	(11090) Popelin
(184620) Pippobattaglia	(17427) Poe	(177982) Popilnia
(12369) Pirandello	(10348) Poelchau	(267585) Popluhar
(11336) Piranesi	(10982) Poerink	(37471) Popocatepetl
(3228) Pire	(946) Poesia	(3074) Popov
(79864) Pirituba	(39864) Poggiali	(8444) Popovich
(22105) Pirko	(19919) Pogorelov	(39464) Poppelmann
(2506) Pirogov	(4468) Pogrebetskij	(8647) Populus
(1082) Pirola	(1830) Pogson	(7231) Porco
(7313) Pisano	(3606) Pohjola	(3896) Pordenone
(20963) Pisarenko	(12284) Pohl	(9429) Porec
(2672) Pisek	(27328) Pohlonski	(1499) Pori

144

(28418) Pornwasu
(2570) Porphyro
(84902) Porrentruy
(3276) Porta Coeli
(21580) Portalatin
(1636) Porter
(2333) Porthan
(229737) Porthos
(757) Portlandia
(3933) Portugal
(7900) Portule
(6311) Porubcan
(1757) Porvoo
(8759) Porzana
(1131) Porzia
(32821) Posch
(4341) Poseidon
(88875) Posky
(1572) Posnania
(89903) Post
(11184) Postma
(1484) Postrema
(178796) Posztoczky
(9915) Potanin
(13480) Potapov
(88705) Potato
(6954) Potemkin
(18729) Potentino
(18830) Pothier
(1345) Potomac
(13037) Potosi
(5816) Potsdam
(10431) Pottasch
(7320) Potter
(7758) Poulanderson
(4348) Poulydamas
(4281) Pounds
(21586) Pourkaviani
(3760) Poutanen
(14829) Povalyaeva
(12753) Povenmire
(37141) Povolny
(9739) Powell
(11063) Poynting
(7979) Pozharskij
(21928) Prabakaran
(23681) Prabhu
(15890) Prachatice
(7869) Pradun
(4889) Praetorius
(2367) Praha
(3164) Prast
(127005) Pratchett
(8973) Pratincola
(18116) Prato
(185020) Pratte
(6560) Pravdo
(547) Praxedis
(5983) Praxiteles
(1238) Predappia
(25814) Preesinghal
(2896) Preiss
(11855) Preller
(23924) Premt
(7695) Premysl
(20581) Prendergast
(19637) Presbrey
(59419) Presov
(24779) Presque Isle
(13682) Pressberger
(20433) Prestinenza
(3792) Preston
(126445) Prestonreeves
(790) Pretoria

(162937) Pretre
(5628) Preussen
(18624) Prevert
(6157) Prey
(25477) Preyashah
(15506) Preygel
(529) Preziosa
(8881) Prialnik
(884) Priamus
(10293) Pribina
(9884) Pribram
(1359) Prieska
(5577) Priestley
(46731) Prieurblanc
(11964) Prigogine
(40410) Prihoda
(6467) Prilepina
(7919) Prime
(4545) Primolevi
(970) Primula
(508) Princetonia
(2653) Principia
(4595) Prinz
(2137) Priscilla
(78252) Priscio
(13653) Priscus
(9539) Prishvin
(997) Priska
(1192) Prisma
(21702) Prisymendoza
(60622) Pritchet
(17519) Pritsak
(26455) Priyamshah
(902) Probitas
(14024) Procol Harum
(6162) Prokhorov
(194) Prokne
(3159) Prokof'ev
(6172) Prokofeana
(6681) Prokopovich
(173117) Promachus
(1809) Prometheus
(4315) Pronik
(26) Proserpina
(2372) Proskurin
(7292) Prosperin
(9313) Protea
(3540) Protesilaos
(22203) Prothoenor
(12444) Prothoon
(171433) Prothous
(22278) Protitch
(147) Protogeneia
(52228) Protos
(4474) Proust
(474) Prudentia
(5932) Prutkov
(7543) Prylis
(14624) Prymachenko
(261) Prymno
(3059) Pryor
(21389) Pshenichka
(15669) Pshenichner
(10711) Pskov
(16) Psyche
(5011) Ptah
(4001) Ptolemaeus
(7988) Pucacco
(4579) Puccini
(11105) Puchnarova
(155138) Pucinskas
(32096) Puckett
(39571) Puckler
(70446) Pugh

(8763) Pugnax
(4516) Pugovkin
(77138) Puiching
(252470) Puigmarti
(2841) Puijo
(110077) Pujiquanshan
(90944) Pujol
(24317) Pukarhamal
(22880) Pulaski
(762) Pulcova
(66843) Pulido
(12519) Pullen
(241192) Pulyny
(1209) Pumma
(115801) Punahou
(1659) Punkaharju
(7270) Punkin
(18617) Puntel
(25973) Puranik
(3359) Purcari
(4040) Purcell
(5341) Purgathofer
(13063) Purifoy
(3701) Purkyne
(3494) Purple
Mountain
(8585) Purpurea
(24026) Pusateri
(2208) Pushkin
(82656) Puskas
(11832) Pustylnik
(7665) Putignano
(3577) Putilin
(2557) Putnam
(23218) Puttachi
(55331) Putzi
(2192) Pyatigoriya
(2122) Pyatiletka
(6631) Pyatnitskij
(8590) Pygargus
(96189) Pygmalion
(2720) Pyotr Pervyj
(14871) Pyramus
(632) Pyrrha
(5283) Pyrrhus
(6143) Pythagoras
(432) Pythia
(189347) Qian
(25240) Qiansanqiang
(3763) Qianxuesen
(24191) Qiaochuyuan
(20278) Qileihang
(2255) Qinghai
(25042) Qiujun
(1297) Quadea
(10200) Quadri
(3876) Quaide
(5865) Qualytemocrina
(9911) Quantz
(3335) Quanzhou
(50000) Quaoar
(32807) Quarenghi
(35165) Quebec
(5457) Queen's
(177415) Queloz
(8643) Quercus
(78652) Quero
(8755) Querquedula
(9588) Quesnay
(1239) Queteleta
(1915) Quetzalcoatl
(128633) Queyras
(18699) Quigley
(4372) Quincy

145

(23890) Quindou
(13192) Quine
(9569) Quintenmatsijs
(26940) Quintero
(755) Quintilla
(18376) Quirk
(58098) Quirrenbach
(10793) Quito
(52301) Qumran
(28275) Quoc-Bao
(3513) Quqinyue
(6600) Qwerty
(2100) Ra-Shalom
(3184) Raab
(1786) Raahe
(1624) Rabe
(11189) Rabeaton
(5666) Rabelais
(5040) Rabinowitz
(137217) Racah
(21742) Rachaelscott
(18698) Racharles
(17698) Racheldavis
(674) Rachele
(19568) Rachelmarie
(25191) Rachelouise
(4345) Rachmaninoff
(23754) Rachnareddy
(11051) Racine
(20268) Racollier
(12426) Racquetball
(13748) Radaly
(1420) Radcliffe
(149884) Radebeul
(2581) Radegast
(2375) Radek
(11144)
Radiocommunicata
(2833) Radishchev
(17881) Radmall
(159011) Radomyshl
(4485) Radonezhskij
(3923) Radzievskij
(9797) Raes
(128036) Rafaelnadal
(18664) Rafaelta
(21589) Rafes
(9957) Raffaellosanti
(3648) Raffinetti
(1644) Rafita
(1839) Ragazza
(42523)
Ragazzileonardo
(24149) Raghavan
(28254) Raghrama
(23844) Raghvendra
(23747) Rahaelgupta
(12177) Raharto
(5056) Rahua
(145558) Raiatea
(4518) Raikin
(1450) Raimonda
(62666) Rainawessen
(185633) Rainbach
(221019) Raine
(16802) Rainer
(185639) Rainerkling
(234761) Rainerkracht
(6366) Rainerwieler
(10008) Raisanyo
(1137) Raissa
(25465) Rajagopalan
(18658) Rajdev
(25781) Rajendra

(14654) Rajivgupta
(12374) Rakhat
(4108) Rakos
(3332) Raksha
(111594) Raktanya
(5825) Rakuyou
(8338) Ralhan
(5051) Ralph
(4517) Ralpharvey
(20851) Ramachandran
(25468) Ramakrishna
(55753) Raman
(20837) Ramanlal
(4130) Ramanujan
(24152) Ramasesh
(23850) Ramaswami
(9683) Rambaldo
(21722) Rambhia
(9083) Ramboehm
(18028) Ramchandani
(4734) Rameau
(24376) Ramesh
(3926) Ramirez
(18170) Ramjeawan
(110393) Rammstein
(20693) Ramondiaz
(37583) Ramonkhanna
(117413) Ramonycajal
(89739) Rampazzi
(10321) Rampo
(8001) Ramsden
(4416) Ramses
(23612) Ramzel
(4248) Ranald
(3928) Randa
(25032) Randallray
(283990)
Randallrosenfeld
(3163) Randi
(31664) Randiiwessen
(17224) Randoross
(72633) Randygroth
(232553) Randypeterson
(14114) Randyray
(9308) Randyrose
(6821) Ranevskaya
(11605) Ranfagni
(27071) Rangwala
(22543) Ranjan
(20012) Ranke
(25469) Ransohoff
(6440) Ransome
(1530) Rantaseppa
(18874) Raoulbehrend
(140620)
Raoulwallenberg
(221465) Rapa Nui
(708) Raphaela
(16180) Rapoport
(12522) Rara
(1148) Rarahu
(11400) Rasa
(4113) Rascana
(90397) Rasch
(48588) Raschroder
(25062) Rasmussen
(24697) Rastrelli
(21724) Ratai
(18115) Rathbun
(927) Ratisbona
(5774) Ratliff
(25555) Ratnavarma
(159409) Ratte
(8661) Ratzinger

(5266) Rauch
(10025) Rauer
(1882) Rauma
(20291) Raumurthy
(9165) Raup
(113415) Rauracia
(29674) Rausal
(4237) Raushenbakh
(5603) Rausudake
(4977) Rauthgundis
(4727) Ravel
(22810) Rawat
(16561) Rawls
(2854) Rawson
(147736) Raxavinic
(8983) Rayakazakova
(3985) Raybatson
(5840) Raybrown
(18191) Rayhe
(22740) Rayleigh
(10050) Rayman
(15945) Raymondavid
(18836) Raymundto
(11039) Raynal
(27368) Raytesar
(90528) Raywhite
(3790) Raywilson
(20474) Reasoner
(7098) Reaumur
(3007) Reaves
(20354) Rebeccachan
(28504) Rebeccafaye
(25322) Rebeccajean
(23008) Rebeccajohns
(178226) Rebeccalouise
(153289) Rebeccawatson
(22987) Rebeckaufman
(26711) Rebekahbau
(572) Rebekka
(10932) Rebentrost
(25912) Recawkwell
(573) Recha
(3365) Recogne
(30718) Records
(2884) Reddish
(7886) Redman
(17518) Redqueen
(38070) Redwine
(4587) Rees
(6475) Refugium
(4347) Reger
(3778) Regge
(33994) Regidufour
(285) Regina
(84096)
Reginaldglenice
(22877) Reginamiller
(37607) Regineolsen
(574) Reginhild
(1117) Reginita
(9307) Regiomontanus
(145475) Rehoboth
(29185) Reich
(9863) Reichardt
(20582) Reichenbach
(8684) Reichwein
(3422) Reid
(12529) Reighard
(6565) Reiji
(5239) Reiki
(65775) Reikotosa
(10320) Reiland
(6163) Reimers
(12280) Reims

146

(7661) Reincken
(7689) Reinerstoss
(144496) Reingard
(16705) Reinhardt
(18092) Reinhold
(7148) Reinholdbien
(1111) Reinmuthia
(4593) Reipurth
(1577) Reiss
(30851) Reissfelder
(13327) Reitsema
(3871) Reiz
(6299) Reizoutoyoko
(40459) Rektorys
(3739) Rem
(27985) Remanzacco
(10119) Remarque
(8395) Rembaut
(4511) Rembrandt
(2552) Remek
(58672) Remigio
(5695) Remillieux
(9137) Remo
(29443) Remocorti
(15563) Remsberg
(14683) Remy
(21674) Renaldowebb
(575) Renate
(1416) Renauxa
(16781) Rencin
(120942) Rendafuzhong
(20518) Rendtel
(25798) Reneeschaaf
(10285) Renemichelsen
(45580) Reneracine
(25544) Renerogers
(15507) Rengarajan
(1792) Reni
(78534) Renmir
(6190) Rennes
(5509) Rennsteig
(6677) Renoir
(8877) Rentaro
(6291) Renzetti
(1204) Renzia
(4930) Rephiltim
(2468) Repin
(906) Repsolda
(11111) Repunit
(2254) Requiem
(1081) Reseda
(7046) Reshetnev
(1371) Resi
(3356) Resnik
(16930) Respighi
(54362) Restitutum
(233653) Rether
(17190) Retopezzoli
(2303) Retsina
(8474) Rettig
(1096) Reunerta
(8666) Reuter
(13358) Revelle
(13647) Rey
(14684) Reyes
(59830) Reynek
(12776) Reynolds
(21605) Reynoso
(528) Rezia
(21726) Rezvanian
(38083) Rhadamanthus
(15949) Rhaeticus
(9316) Rhamnus
(577) Rhea

(6070) Rheinland
(9142) Rhesus
(5366) Rhianjones
(16912) Rhiannon
(21727) Rhines
(188847) Rhipeus
(6529) Rhoads
(907) Rhoda
(1197) Rhodesia
(437) Rhodia
(166) Rhodope
(5689) Rhon
(8468) Rhondastroud
(11875) Rhone
(4934) Rhoneranger
(879) Ricarda
(158520)
Ricardoferreira
(12407) Riccardi
(14074) Riccati
(13642) Ricci
(18462) Ricco
(1230) Riceia
(3972) Richard
(7966) Richardbaum
(10217) Richardcook
(22837) Richardcruz
(15599) Richardlarson
(21552) Richardlee
(11002) Richardlis
(163800) Richardnorton
(22002) Richardregan
(20857) Richardromeo
(21680)
Richardschwartz
(12530) Richardson
(242830)
Richardwessling
(20306) Richarnold
(4129) Richelen
(1214) Richilde
(22839) Richlawrence
(16264) Richlee
(12395) Richnelson
(22156) Richoffman
(11187) Richoliver
(189948) Richswanson
(3338) Richter
(20583) Richthammer
(8717) Richviktorov
(8358) Rickblakley
(22812) Ricker
(9983) Rickfienberg
(22835) Rickgardner
(51823) Rickhusband
(13744) Rickline
(3692) Rickman
(23854) Rickschaffer
(22936) Ricmccutchen
(114828) Ricoromita
(1514) Ricouxa
(4763) Ride
(4025) Ridley
(16189) Riehl
(58627) Rieko
(1025) Riema
(4167) Riemann
(6145)
Riemenschneider
(4327) Ries
(179678) Rietmeijer
(20016) Rietschel
(85512) Rieugnie
(1796) Riga

(16766) Righi
(9427) Righini
(12811) Rigonistern
(6420) Riheijyaya
(25616) Riinuots
(11706) Rijeka
(15415) Rika
(118945) Rikhill
(16262) Rikurtz
(22745) Rikuzentakata
(18449) Rikwouters
(26399) Rileyennis
(9833) Rilke
(20495) Rimavska
Sobota
(4635) Rimbaud
(1883) Rimito
(4534) Rimskij-
Korsakov
(6705) Rinaketty
(152647) Rinako
(67070) Rinaldi
(118178) Rinckart
(12165) Ringleb
(5793) Ringuelet
(23999) Rinner
(11334) Rio de Janeiro
(209083) Rioja
(16669) Rionuevo
(21932) Rios
(7711) Rip
(8599) Riparia
(107223) Ripero
(228133) Ripoll
(4090) Risehvezd
(23133) Rishinbehl
(34696) Risoldi
(2654) Ristenpart
(2690) Ristiina
(1180) Rita
(84417) Ritabo
(15145) Ritageorge
(8640) Ritaschulz
(25717) Ritikmal
(3466) Ritina
(10781) Ritter
(4871) Riverside
(1426) Riviera
(13743) Rivkin
(5945) Roachapproach
(16421) Roadrunner
(22152) Robbennett
(236988) Robberto
(6057) Robbia
(4667) Robbiesh
(72545) Robbiiwessen
(9518) Robbynaish
(19457) Robcastillo
(57359) Robcrawford
(21607) Robel
(1145) Robelmonte
(21439) Robenzing
(1377) Roberbauxa
(7323) Robersomma
(335) Roberta
(4809) Robertball
(143622) Robertbloch
(337002) Robertbodzon
(15965) Robertcox
(18088) Roberteunice
(10116) Robertfranz
(5817) Robertfrazer
(12115) Robertgrimm

147

(13937)
Roberthargraves
(25539) Roberthelm
(10786) Robertmayer
(5109) Robertmiller
(84200) Robertmoore
(14964) Robertobacci
(19517) Robertocarlos
(14919) Robertohaver
(37022) Robertovittori
(7488) Robertpaul
(6188) Robertpepin
(26591) Robertreeves
(8027)
Robertrushworth
(3428) Roberts
(196005) Robertschiller
(8024) Robertwhite
(167113) Robertwick
(2328) Robeson
(27422) Robheckman
(6312) Robheinlein
(260906) Robichon
(18932) Robinhood
(3819) Robinson
(7182) Robinvaughan
(12820) Robinwilliams
(79129) Robkoldewey
(6334) Robleonard
(4881) Robmackintosh
(10389) Robmanning
(73491) Robmatson
(58365) Robmedrano
(21706) Robminehart
(26376) Roborosa
(15907) Robot
(168698) Robpickman
(21469) Robschum
(115449) Robson
(4153) Roburnham
(17879) Robutel
(20460) Robwhiteley
(41800) Robwilliams
(5183) Robyn
(5022) Roccapalumba
(38237) Roche
(4172) Rochefort
(18572) Rocher
(31000) Rockchic
(904) Rockefellia
(3579) Rockholt
(145709) Rocknowar
(17058) Rocknroll
(2529) Rockwell Kent
(2703) Rodari
(4659) Roddenberry
(3873) Roddy
(16194) Roderick
(6258) Rodin
(11257) Rodionta
(4465) Rodita
(15199) Rodnyanskaya
(18689) Rodrick
(13760) Rodriguez
(25509) Rodwong
(28803) Roe
(1557) Roehla
(1657) Roemera
(6401) Roentgen
(4426) Roerich
(8075) Roero
(69312) Rogerbacon
(8168) Rogerbourke
(3741) Rogerburns

(7362) Rogerbyrd
(230975) Rogerfederer
(920) Rogeria
(9452) Rogerpeeters
(7894) Rogers
(13196) Rogerssmith
(195900) Rogersudbury
(22958) Rohatgi
(24280) Rohenderson
(23816) Rohitkamat
(25321) Rohitsingh
(8860) Rohloff
(13435) Rohret
(17860) Roig
(25522) Roisen
(26736) Rojeski
(2058) Roka
(58185) Rokkosan
(3736) Rokoske
(15925) Rokycany
(25377) Rolaberee
(12870) Rolandmeier
(6508) Rolcik
(23472) Rolfriekher
(1269) Rollandia
(19383) Rolling Stones
(472) Roma
(13200) Romagnani
(2516) Roman
(227065) Romandia
(58572) Romanella
(11015) Romanenko
(18171) Romaneskue
(7986) Romania
(20361) Romanishin
(5302) Romanoserra
(10921) Romanozen
(3761) Romanskaya
(66458) Romaplanetario
(942) Romilda
(10386) Romulus
(305660) Romyhaag
(2285) Ron Helin
(11724) Ronaldhsu
(17853) Ronaldsayer
(4024) Ronan
(8680) Rone
(76309) Ronferdie
(15228) Ronmiller
(17097) Ronneuman
(10139) Ronsard
(14697) Ronsawyer
(13497) Ronstone
(3293) Rontaylor
(41107) Ropakov
(13701) Roquebrune
(5643) Roques
(223) Rosa
(15917) Rosahavel
(22581) Rosahemphill
(314) Rosalia
(900) Rosalinde
(540) Rosamunde
(14812) Rosario
(34366) Rosavestal
(7583) Rosegger
(6472) Rosema
(2057) Rosemary
(85389) Rosenauer
(16243) Rosenbauer
(9672)
Rosenbergerezek
(18114) Rosenbush
(21610) Rosengard

(5039) Rosenkavalier
(152146) Rosenlappin
(21467) Rosenstein
(100268) Rosenthal
(4911) Rosenzweig
(2856) Roser
(9241) Rosfranklin
(26400) Roshanpalli
(5795) Roshchina
(985) Rosina
(22870) Rosing
(117439) Rosner
(4211) Rosniblett
(223633) Rosnyaine
(21611) Rosoff
(19487) Rosscoleman
(1646) Rosseland
(1350) Rosselia
(8814) Rosseven
(3969) Rossi
(8181) Rossini
(14973) Rossirosina
(5670) Rosstaylor
(245417) Rostand
(1440) Rostia
(4071) Rostovdon
(4918) Rostropovich
(615) Roswitha
(20893) Rosymccloskey
(21391) Rotanner
(31414) Rotarysusa
(22645) Rotblat
(7700) Rote Kapelle
(5595) Roth
(20512) Rothenberg
(874) Rotraut
(23851) Rottman-Yang
(5197) Rottmann
(5412) Rou
(1413) Roucarie
(2978) Roudebush
(22082) Rountree
(2950) Rousseau
(1518) Rovaniemi
(8809) Roversimonaco
(12581) Rovinj
(4599) Rowan
(19535) Rowanatkinson
(18196) Rowberry
(10557) Rowland
(43844) Rowling
(317) Roxane
(14533) Roy
(6901) Roybishop
(4550) Royclarke
(5208) Royer
(13274) Roygross
(8817) Roytraver
(16199) Rozenblyum
(9813) Rozgaj
(5360)
Rozhdestvenskij
(6267) Rozhen
(3986) Rozhkovskij
(40230) Rozmberk
(4070) Rozov
(1638) Ruanda
(8398) Rubbia
(9482) Rubendario
(10151) Rubens
(8592) Rubetra
(10764) Rubezahl
(11302) Rubicon
(26906) Rubidia

148

(133250) Rubik
(5726) Rubin
(2457) Rublyov
(4286) Rubtsov
(2474) Ruby
(16191) Rubyroe
(10542) Ruckers
(3574) Rudaux
(7073) Rudbelia
(18294) Rudenko
(157491) Rudigerkollar
(128622) Rudis
(1907) Rudneva
(44613) Rudolf
(251595) Rudolfbottger
(4146) Rudolfinum
(74764) Rudolfpesek
(10356) Rudolfsteiner
(22184) Rudolfveltman
(11770) Rudominkowski
(2629) Rudra
(10010) Rudruna
(167960) Rudzikas
(280640) Ruetsch
(8149) Ruff
(8587) Ruficollis
(4107) Rufino
(33158) Rufus
(21074) Rugen
(12035) Ruggieri
(27591) Rugilmartin
(15762) Ruhmann
(15273) Ruhmkorff
(4073) Ruianzhongxue
(4101) Ruikou
(17086) Ruima
(28538) Ruisong
(22910) Ruiwang
(15395) Rukl
(21732) Rumery
(5139) Rumoi
(1773) Rumpelstilz
(4154) Rumsey
(5495) Rumyantsev
(4570) Runcorn
(5505) Rundetaarn
(11853) Runge
(4662) Runk
(2899) Runrun Shaw
(25933) Ruoyijiang
(353) Ruperto-Carola
(1953) Rupertwildt
(1443) Ruppina
(4455) Ruriko
(3756) Ruscannon
(3516) Rusheva
(26390) Rusin
(19633) Rusjan
(4810) Ruslanova
(69311) Russ
(1762) Russell
(23769) Russellbabb
(15582) Russellburrows
(100485) Russelldavies
(3952) Russellmark
(43763) Russert
(232) Russia
(11955) Russrobb
(1171) Rusthawelia
(38541) Rustichelli
(17033) Rusty
(9326) Ruta
(14815) Rutberg
(20478) Rutenberg

(5886) Rutger
(798) Ruth
(3285) Ruth Wolfe
(22890) Ruthaellis
(65363) Ruthanna
(1249) Rutherfordia
(2518) Rutllant
(133161) Ruttkai
(1427) Ruvuma
(1856) Ruzena
(5344) Ryabov
(21936) Ryan
(21427) Ryanharrison
(19597) Ryanlee
(20794) Ryanolson
(20595) Ryanwisnoski
(4258) Ryazanov
(2523) Ryba
(12674) Rybalka
(10506) Rydberg
(19663) Rykerwatts
(9566) Rykhlova
(8927) Ryojiro
(11135) Ryokami
(6031) Ryokan
(13162) Ryokkochigaku
(2835) Ryoma
(8304) Ryomichico
(25106) Ryoojunqmin
(23180) Ryosuke
(21460) Ryozo
(16175) Rypatterson
(48495) Ryugado
(20120) Ryugatake
(5969) Ryuichiro
(5343) Ryzhov
(4162) SAF
(4692) SIMBAD
(24173) SLAS
(14724) SNO
(5181) SURF
(5409) Saale
(4163) Saaremaa
(6099) Saarland
(13260) Sabadell
(1115) Sabauda
(15329) Sabena
(118194) Sabinagarroni
(665) Sabine
(6591) Sabinin
(2264) Sabrina
(4160) Sabrina-John
(117350) Saburo
(2822) Sacajawea
(26501) Sachiko
(18360) Sachs
(5866) Sachsen
(7690) Sackler
(8704) Sadakane
(7616) Sadako
(100266) Sadamisaki
(7205) Sadanori
(48624) Sadayuki
(157194) Saddlemyer
(12572) Sadegh
(1626) Sadeya
(118230) Sado
(7075) Sadovnichij
(18702) Sadowski
(6250) Saekohayashi
(52226) Saenredam
(115051) Safaeinili
(1364) Safara
(8336) Safarik

(68718) Safi
(209107) Safranek
(3615) Safronov
(1163) Saga
(7435) Sagamihara
(2709) Sagan
(21405) Sagarmehta
(28505) Sagarrambhia
(20242) Sagot
(2605) Sahade
(4606) Saheki
(2088) Sahlia
(107805) Saibi
(6970) Saigusa
(6408) Saijo
(8011) Saijokeiichi
(1533) Saimaa
(9395) Saint Michel
(5995) Saint-Aignan
(2578) Saint-Exupery
(6898) Saint-Marys
(5210) Saint-Saens
(48159) Saint-Veran
(17431) Sainte-Colombe
(5618) Saitama
(2615) Saito
(8738) Saji
(14543) Sajigawasuiseki
(114659) Sajnovics
(8115) Sakabe
(22885) Sakaemura
(8882) Sakaetamura
(10823) Sakaguchi
(26829) Sakaihoikuen
(3995) Sakaino
(9851) Sakamoto
(14006) Sakamotofumio
(5862) Sakanoue
(91395) Sakanouenokumo
(17101) Sakenova
(1979) Sakharov
(3983) Sakiko
(6071) Sakitama
(10142) Sakka
(6809) Sakuma
(1166) Sakuntala
(11280) Sakurai
(10516) Sakurajima
(35062) Sakuranosyou
(120347) Salacia
(12780) Salamony
(4193) Salanave
(5546) Salavat
(2918) Salazar
(1456) Saldanha
(20687) Saletore
(27094) Salgari
(78125) Salimbeni
(8648) Salix
(1715) Salli
(26243) Sallyfenska
(29700) Salmon
(278591) Salo
(562) Salome
(1436) Salonta
(7603) Salopia
(11757) Salpeter
(11315) Salpetriere
(15150) Salsa
(36614) Saltis
(3044) Saltykov
(12789) Salvadoraguirre

149

(23318) Salvadorsanchez
(1083) Salvia
(29672) Salvo
(6442) Salzburg
(22146) Samaan
(19550) Samabates
(12472) Samadhi
(23798) Samagonzalez
(26660) Samahalpern
(3147) Samantha
(27454) Samapaige
(26922) Samara
(12871) Samarasinha
(26656) Samarenae
(210271) Samarkand
(28433) Samarquez
(21736) Samaschneid
(4016) Sambre
(9126) Samcoulson
(20591) Sameergupta
(16211) Samirsur
(2624) Samitchell
(15384) Samkova
(8461) Sammiepung
(20969) Samo
(10262) Samoilov
(2091) Sampo
(12577) Samra
(9180) Samsagan
(13667) Samthurman
(11622) Samuele
(17971) Samuelhowell
(10718) Samus'
(4048) Samwestfall
(18335) San Cassiano
(3043) San Diego
(6216) San Jose
(2284) San Juan
(7481) San Marcello
(2745) San Martin
(18745) San Pedro
(25089) Sanabria-Rivera
(221230) Sanaloria
(24523) Sanaraoof
(14613) Sanchez
(25091) Sanchez-Claudio
(9963) Sandage
(15552) Sandashounkan
(3029) Sanders
(4006) Sandler
(1760) Sandra
(20537) Sandraderosa
(1711) Sandrine
(11337) Sandro
(83362) Sandukruit
(9403) Sanduleak
(8597) Sandvicensis
(32943) Sandyryan
(5685) Sanenobufukui
(5736) Sanford
(28426) Sangani
(9819) Sangerhausen
(5081) Sanguin
(24940) Sankichiyama
(216888) Sankovich
(30779) Sankt-Stephan
(6667) Sannaimura
(38203) Sanner
(8660) Sano
(16847) Sanpoloamosciano

(9013) Sansaturio
(3509) Sanshui
(4212) Sansyu-Asuke
(1288) Santa
(22161) Santagata
(2620) Santana
(6969) Santaro
(20832) Santhikodali
(11335) Santiago
(4158) Santini
(37699) Santini-Aichl
(58466) Santoka
(80984) Santomurakami
(19034) Santorini
(7794) Sanvito
(22177) Saotome
(28107) Sapar
(143641) Sapello
(275) Sapientia
(80) Sappho
(24125) Sapphozoe
(3473) Sapporo
(533) Sara
(2987) Sarabhai
(5459) Saraburger
(20355) Saraclark
(152226) Saracole
(6800) Saragamine
(18768) Sarahbates
(18954) Sarahbounds
(275106) Sarahdubeyjames
(19584) Sarahgerin
(18855) Sarahgutman
(3065) Sarahill
(22944) Sarahmarzen
(13403) Sarahmousa
(23045) Sarahocken
(21927) Sarahpierz
(22544) Sarahrapo
(23074) Sarakirsch
(65091) Saramagrin
(26851) Sarapul
(5497) Sararussell
(3026) Sarastro
(28450) Saravolz
(53252) Sardegna
(1012) Sarema
(11758) Sargent
(18939) Sariancel
(19652) Saris
(796) Sarita
(25630) Sarkar
(27456) Sarkisian
(12190) Sarkisov
(1920) Sarmiento
(5059) Saroma
(8557) Saroun
(9168) Sarov
(2223) Sarpedon
(8335) Sarton
(11384) Sartre
(23773) Sarugaku
(10768) Sarutahiko
(9198) Sasagamine
(10092) Sasaki
(16035) Sasandford
(3680) Sasha
(6169) Sashakrot
(461) Saskia
(7500) Sassi
(8194) Satake
(9179) Satchmo
(3292) Sather

(9438) Satie
(15946) Satinsky
(15672) Sato-Norio
(34088) Satokosuka
(8668) Satomimura
(8485) Satoru
(14927) Satoshi
(12738) Satoshimiki
(14499) Satotoshio
(212929) Satovski
(2402) Satpaev
(5300) Sats
(7219) Satterwhite
(99201) Sattler
(3598) Saucier
(9248) Sauer
(13086) Sauerbruch
(10659) Sauerland
(7336) Saunders
(20213) Saurabhsharan
(69977) Saurodonati
(3820) Sauval
(29837) Savage
(10907) Savalle
(25813) Savannahshaw
(13488) Savanov
(64974) Savaria
(21160) Saveriolombardi
(278447) Saviano
(216345) Savigliano
(10288) Saville
(23667) Savinakim
(6890) Savinykh
(4303) Savitskij
(1494) Savo
(1525) Savonlinna
(7677) Sawa
(8915) Sawaishujiro
(16552) Sawamura
(18944) Sawilliams
(2917) Sawyer Hogg
(3534) Sax
(4461) Sayama
(4189) Sayany
(3627) Sayers
(21468) Saylor
(10367) Sayo
(32990) Sayo-hime
(26201) Sayonisaha
(2081) Sazava
(1228) Scabiosa
(26393) Scaffa
(24728) Scagell
(25035) Scalesse
(2812) Scaltriti
(460) Scania
(8131) Scanlon
(5248) Scardia
(6532) Scarfe
(6480) Scarlatti
(3333) Schaber
(315186) Schade
(5265) Schadow
(15412) Schaefer
(178243) Schaerding
(1742) Schaifers
(95247) Schalansky
(1542) Schalen
(8541) Schalkenmehren
(6376) Schamp
(17764) Schatzman
(1797) Schaumasse
(10448) Schawlow

(23383) Schedios
(8887) Scheeres
(2485) Scheffler
(643) Scheherezade
(79087) Scheidt
(596) Scheila
(195600) Scheithauer
(10975) Schelderode
(12661) Schelling
(9639) Scherer
(4062) Schiaparelli
(22546) Schickler
(7881) Schieferdecker
(11338) Schiele
(61401) Schiff
(22945) Schikowski
(3079) Schiller
(1255) Schilowa
(2308) Schilt
(24060) Schimenti
(11572) Schindler
(5297) Schinkel
(8722) Schirra
(6352) Schlaun
(21613) Schlecht
(12659) Schlegel
(3536) Schleicher
(37584) Schleiden
(12694) Schleiermacher
(26642) Schlenoff
(1770) Schlesinger
(6396) Schleswig
(3302) Schliemann
(22983) Schlingheyde
(9273) Schloerb
(58896) Schlosser
(21733) Schlottmann
(6350) Schluter
(922) Schlutia
(2234) Schmadel
(22348) Schmeidler
(16013) Schmidgall
(1743) Schmidt
(18395) Schmiedmayer
(6295) Schmoll
(161546) Schneeweis
(23514) Schneider
(1782) Schneller
(29203) Schnitger
(30836) Schnittke
(2871) Schober
(24277) Schoch
(4527) Schoenberg
(5071) Schoenmaker
(8961) Schoenobaenus
(2959) Scholl
(12514) Schommer
(19992) Schonbein
(5926) Schonfeld
(68779) Schoninger
(17958) Schoof
(7015) Schopenhauer
(187123) Schorderet
(1235) Schorria
(5312) Schott
(11773) Schouten
(48422) Schrade
(113952) Schramm
(13092) Schrodinger
(19290) Schroeder
(4983) Schroeteria
(3707) Schroter
(2665) Schrutka
(1911) Schubart

(14728) Schuchardt
(2384) Schulhof
(17976) Schulman
(3524) Schulz
(5704) Schumacher
(4003) Schumann
(15761) Schumi
(5779) Schupmann
(2429) Schurer
(2018) Schuster
(4134) Schutz
(2923) Schuyler
(13006) Schwaar
(6209) Schwaben
(7580) Schwabhausen
(2119) Schwall
(2149) Schwambraniya
(104896) Schwanden
(21738) Schwank
(13820) Schwartz
(837) Schwarzschilda
(10663) Schwarzwald
(989) Schwassmannia
(13724) Schwehm
(1265) Schweikarda
(7698) Schweitzer
(24699) Schwekendiek
(32890) Schwob
(278513) Schwope
(14145) Sciam
(41206) Sciannameo
(12380) Sciascia
(7756) Scientia
(7334) Sciurus
(3350) Scobee
(17883) Scobuchanan
(6632) Scoon
(7735) Scorzelli
(114024) Scotkleinman
(876) Scott
(135980) Scottanderson
(9544) Scottbirney
(8022) Scottcrossfield
(3594) Scotti
(16094) Scottmccord
(115891) Scottmichael
(15779) Scottroberts
(21962) Scottsandford
(17898) Scottsheppard
(25815) Scottskirlo
(132792) Scottsmith
(17216) Scottstuart
(96344) Scottweaver
(14698) Scottyoung
(22833) Scottyu
(4939) Scovil
(155) Scylla
(1306) Scythia
(4856) Seaborg
(25476) Sealfon
(7051) Sean
(13070) Seanconnery
(47045) Seandaniel
(28095) Seanmahoney
(78905) Seanokeefe
(20290) Seanraj
(25137) Seansolomon
(22929) Seanwahl
(13157) Searfoss
(4473) Sears
(1482) Sebastiana
(4705) Secchi
(21192) Seccisergio

(5234) Sechenov
(43193) Secinaro
(17166) Secombe
(90377) Sedna
(2785) Sedov
(17955) Sedransk
(8130) Seeberg
(6553) Seehaus
(65241) Seeley
(892) Seeligeria
(8310) Seelos
(21683) Segal
(18567) Segenthau
(7285) Seggewiss
(28878) Segner
(64553) Segorbe
(25340) Segoves
(3822) Segovia
(29910) Segre
(14206) Sehnal
(136666) Seidel
(3217) Seidelmann
(4369) Seifert
(18461) Seiichikanno
(10351) Seiichisato
(32200) Seiicyoshida
(11442) Seijin-Sanso
(4607) Seilandfarm
(2292) Seili
(2364) Seillier
(5541) Seimei
(1521) Seinajoki
(10735) Seine
(21625) Seira
(10226) Seishika
(8575) Seishitakeuchi
(4893) Seitter
(4978) Seitz
(16700) Seiwa
(6868) Seiyauyeda
(21985) Sejna
(7365) Sejong
(1913) Sekanina
(5381) Sekhmet
(24226) Sekhsaria
(3426) Seki
(5357) Sekiguchi
(5631) Sekihokutouge
(9960) Sekine
(14443) Sekinenomatsu
(7483) Sekitakakazu
(13406) Sekora
(7725) Sel'vinskij
(27192) Selenali
(580) Selene
(3288) Seleucus
(18565) Selg
(500) Selinur
(17078) Sellers
(5789) Sellin
(136818) Selqet
(14693) Selwyn
(19364) Semafor
(4811) Semashko
(86) Semele
(12220) Semenchur
(18015) Semenkovich
(2475) Semenov
(20740) Semery
(10670) Seminozhenko
(584) Semiramis
(2182) Semirot
(4170) Semmelweis
(7174) Semois

151

(6353) Semper
(1014) Semphyra
(8603) Senator
(207687) Senckenberg
(3133) Sendai
(2608) Seneca
(4906) Seneferu
(59001) Senftenberg
(10197) Senigalliesi
(9785) Senjikan
(7980) Senkevich
(6543) Senna
(5330) Senrikyu
(550) Senta
(17091) Senthalir
(56957) Seohideaki
(28480) Seojinyoung
(7552) Sephton
(7173) Sepkoski
(483) Seppina
(1103) Sequoia
(97268) Serafinozani
(838) Seraphina
(14975) Serasin
(27309) Serenamccalla
(6568) Serendip
(24155) Serganov
(36235) Sergebaudo
(4470) Sergeev-Censkij
(4363) Sergej
(7730) Sergerasimov
(4829) Sergestus
(23755) Sergiolozano
(17186) Sergivanov
(11022) Serio
(2225) Serkowski
(3547) Serov
(9968) Serpe
(58573) Serpieri
(19629) Serra
(2691) Sersic
(9629) Servet
(21311) Servius
(5094) Seryozha
(4414) Sesostris
(10006) Sessai
(241509) Sessler
(6818) Sessyu
(29085) Sethanne
(21709) Sethmurray
(5009) Sethos
(58622) Setoguchi
(3392) Setouchi
(6251) Setsuko
(8885) Sette
(7846) Setvak
(6678) Seurat
(2121) Sevastopol
(30305) Severi
(9716) Severina
(1737) Severny
(117435) Severochoa
(24607) Sevnatu
(14189) Sevre
(89264) Sewanee
(22815) Sewell
(6586) Seydler
(26971) Sezimovo Usti
(66671) Sfasu
(59232) Sfiligoi
(10458) Sfranke
(13921) Sgarbini
(2263) Shaanxi

(15427) Shabas
(289586) Shackleton
(21745) Shadfan
(6566) Shafter
(11944) Shaftesbury
(25981) Shahmirian
(10014) Shaim
(5619) Shair
(1648) Shajna
(2985) Shakespeare
(4618) Shakhovskoj
(5959) Shaklan
(14322) Shakura
(3408) Shalamov
(22640) Shalilabaena
(25723) Shamascharak
(254299) Shambleau
(25372) Shanagarza
(21814) Shanawolff
(2510) Shandong
(29467) Shandongdaxue
(241442) Shandongkexie
(1994) Shane
(25058) Shanegould
(26250) Shaneludwig
(2197) Shanghai
(21402) Shanhuang
(22817) Shankar
(18838) Shannon
(20812) Shannonbabb
(25404) Shansample
(18670) Shantanugaur
(3139) Shantou
(1881) Shao
(3832) Shapiro
(1123) Shapleya
(1902) Shaposhnikov
(5543) Sharaf
(17092) Sharanya
(175109) Sharickaer
(5580) Sharidake
(4074) Sharkov
(3694) Sharon
(2416) Sharonov
(5426) Sharp
(20481) Sharples
(9469) Shashank
(12593) Shashlov
(25650) Shaubakshi
(24332) Shaunalinn
(3027) Shavarsh
(4510) Shawna
(20296) Shayestorm
(4625) Shchedrin
(2377) Shcheglov
(3886) Shcherbakovia
(4870) Shcherban'
(11450) Shearer
(1196) Sheba
(18013) Shedletsky
(16037) Sheehan
(4704) Sheena
(18665) Sheenahayes
(195777) Sheepman
(21618) Sheikh
(6234) Sheilawolfman
(3967) Shekhtelia
(246247) Sheldoncooper
(6715) Sheldonmarks
(17601) Sheldonschafer
(17280) Shelly
(22586) Shellyhynes
(5953) Shelton
(7925) Shelus

(30444) Shemp
(2027) Shen Guo
(202605) Shenchunshan
(26551) Shenliangbo
(2425) Shenzhen
(8256) Shenzhou
(23060) Shepherd
(2036) Sheragul
(20559) Sheridanlamp
(5049) Sherlock
(21621) Sherman
(7077) Shermanschultz
(20375) Sherrigerten
(117736) Sherrod
(26667) Sherwinwu
(9681) Sherwoodrowland
(5044) Shestaka
(5707) Shevchenko
(185636) Shiao Lin
(14338) Shibakoukan
(27879) Shibata
(10570) Shibayasuo
(4350) Shibecha
(4634) Shibuya
(28468) Shichangxu
(6881) Shifutsu
(6979) Shigefumi
(8736) Shigehisa
(8276) Shigei
(24981) Shigekimurakami
(6567) Shigemasa
(7597) Shigemi
(4376) Shigemori
(12788) Shigeno
(15916) Shigeoyamada
(6707) Shigeru
(24159) Shigetakahashi
(91907) Shiho
(64289) Shihwingching
(29431) Shijimi
(4890) Shikanosima
(7206) Shiki
(4223) Shikoku
(175613) Shikoku-karst
(5962) Shikokutenkyo
(7450) Shilling
(4164) Shilov
(13678) Shimada
(9231) Shimaken
(9235) Shimanamikaido
(3182) Shimanto
(2879) Shimizu
(10561) Shimizumasahiro
(18365) Shimomoto
(11492) Shimose
(2908) Shimoyama
(4002) Shinagawa
(13679) Shinanogawa
(13140) Shinchukai
(21390) Shindo
(28481) Shindongju
(294595) Shingareva
(24053) Shinichiro
(16796) Shinji
(7309) Shinkawakami
(9745) Shinkenwada
(4498) Shinkoyama
(10882) Shinonaga
(9076) Shinsaku
(47086) Shinseiko
(5815) Shinsengumi

152

(13094) Shinshuueda
(26459) Shinsubin
(23887) Shinsukeabe
(21368) Shiodayama
(160903) Shiokaze
(55873) Shiomidake
(6337) Shiota
(2530) Shipka
(21302)
Shirakamisanchi
(6198) Shirakawa
(22470) Shirakawa-go
(5692) Shirao
(12326) Shirasaki
(10148) Shirase
(13942) Shiratakihime
(20357) Shireendhir
(3867) Shiretoko
(5624) Shirley
(11136) Shirleymarinus
(6767) Shirvindt
(9466) Shishir
(3558) Shishkin
(24186) Shivanisud
(11682) Shiwaku
(27610) Shixuanli
(28530) Shiyimeng
(132825) Shizu-Mao
(4200) Shizukagozen
(7634) Shizutani-Kou
(2849) Shklovskij
(4364) Shkodrov
(12234) Shkuratov
(1833) Shmakova
(10286) Shnollia
(148604) Shobbrook
(2074) Shoemaker
(26919) Shoichimiyata
(75308) Shoin
(8578) Shojikato
(8306) Shoko
(48778) Shokoyukako
(2448) Sholokhov
(3946) Shor
(16599) Shorland
(6158) Shosanbetsu
(5395) Shosasaki
(22554) Shoshanatell
(2669) Shostakovich
(7594) Shotaro
(19818) Shotwell
(5922) Shouichi
(11852) Shoumen
(4973) Showa
(8874) Showashinzan
(14873) Shoyo
(10366) Shozosato
(6844) Shpak
(21703) Shravanimikk
(25178) Shreebose
(13710) Shridhar
(25478) Shrock
(115331) Shrylmiles
(7278) Shtokolov
(27254) Shubhrosaha
(27396) Shuji
(12596) Shukla
(2777) Shukshin
(4787) Shul'zhenko
(31363) Shulga
(4187) Shulnazaria
(16525) Shumarinaiko
(13906) Shunda
(9254) Shunkai

(29986) Shunsuke
(1977) Shura
(279274) Shurpakov
(27572) Shurtleff
(8822) Shuryanka
(9145) Shustov
(14310) Shuttleworth
(8609) Shuvalov
(22919) Shuwan
(4196) Shuya
(26537) Shyamalbuch
(157534) Siauliai
(12013) Sibatahosimi
(1405) Sibelius
(1094) Siberia
(168) Sibylla
(6280) Sicardy
(2215) Sichuan
(1258) Sicilia
(171112) Sickafoose
(7866) Sicoli
(25182) Siddhawan
(36672) Sidi
(2343) Siding Spring
(26665) Sidjena
(68448) Sidneywolff
(579) Sidonia
(9005) Sidorova
(11792) Sidorovsky
(7162) Sidwell
(1632) Siebohme
(5448) Siebold
(5375) Siedentopf
(10446) Siegbahn
(386) Siegena
(15147) Siegfried
(2560) Siegma
(15448) Siegwarth
(189396) Sielewicz
(208351) Sielmann
(17030) Sierks
(199950) Sierpc
(12598) Sierra
(202806) Sierrastars
(4484) Sif
(7203) Sigeki
(552) Sigelinde
(8544) Sigenori
(22802) Sigiriya
(6571) Sigmund
(17737) Sigmundjahn
(8239) Signac
(459) Signe
(1493) Sigrid
(502) Sigune
(11066) Sigurd
(3631) Sigyn
(25878) Sihengyou
(3201) Sijthoff
(10090) Sikorsky
(8561) Sikoruk
(308825) Siksika
(79360) Sila-Nunam
(3943) Silbermann
(10055) Silcher
(5710) Silentium
(257) Silesia
(7770) Siljan
(1733) Silke
(1446) Sillanpaa
(21627) Sillis
(129234) Silly
(22618) Silva Nortica
(15899) Silvain

(5003) Silvanominuto
(5325) Silver
(159865) Silvialonso
(29753) Silvo
(1317) Silvretta
(12620) Simaqian
(7924) Simbirsk
(17982) Simcmillan
(748) Simeisa
(14098) Simek
(2141) Simferopol
(22294) Simmons
(32720) Simoeisios
(5830) Simohiro
(91287) Simon-
Garfunkel
(1033) Simona
(6950) Simonek
(8071) Simonelli
(72543) Simonemarchi
(4280) Simonenko
(29706) Simonetta
(9831) Simongreen
(1675) Simonida
(2426) Simonov
(149528) Simonrodriguez
(24068) Simonsen
(19656) Simpkins
(4788) Simpson
(6860) Sims
(11914) Sinachopoulos
(7934) Sinatra
(20483) Sinay
(21412) Sinchanban
(15828) Sincheskul
(41488) Sindbad
(3847) Sindel
(10369) Sinden
(12599) Singhal
(16014) Sinha
(200052) Sinigaglia
(17004) Sinkevich
(3706) Sinnott
(3391) Sinon
(4333) Sinton
(4512) Sinuhe
(4981) Sinyavskaya
(8529) Sinzi
(3389) Sinzot
(21629) Siperstein
(31931) Sipiera
(15860) Siran
(12445) Sirataka
(29355) Siratakayama
(314988) Sireland
(1009) Sirene
(332) Siri
(20293) Sirichelson
(23310) Siriwon
(116) Sirona
(7737) Sirrah
(21416) Sisichen
(823) Sisigambis
(18771) Sisiliang
(6675) Sisley
(5170) Sissons
(1866) Sisyphus
(244) Sita
(20205) Sitanchen
(2042) Sitarski
(5998) Sitensky
(52231) Sitnik
(209540) Siurana
(1170) Siva

153

(22253) Sivers	(129092) Snowdonia	(6882) Sormano
(140) Siwa	(15512) Snyder	(55477) Soroban
(10234) Sixtygarden	(6581) Sobers	(2682) Soromundi
(23182) Siyaxuza	(14719) Sobey	(3652) Soros
(27125) Siyilee	(4449) Sobinov	(9878) Sostero
(22921) Siyuanliu	(2836) Sobolev	(17543) Sosva
(20888) Siyueguo	(26401) Sobotiste	(54963) Sotin
(8683) Sjolander	(2479) Sodankyla	(48424) Souchay
(26954) Skadiang	(2864) Soderblom	(13226) Soulie
(2619) Skalnate Pleso	(228135) Sodnik	(4039) Souseki
(48767) Skamander	(8274) Soejima	(15028) Soushiyou
(31020) Skarupa	(189398) Soemmerring	(8200) Souten
(6630) Skepticus	(1393) Sofala	(26715) South Dakota
(78115) Skiantonucci	(2259) Sofievka	(2647) Sova
(2554) Skiff	(11791) Sofiyavarzar	(2228) Soyuz-Apollo
(14179) Skinner	(7262) Sofue	(162755) Spacesora
(1884) Skip	(12199) Sohlman	(4255) Spacewatch
(195998) Skipwilson	(5414) Sokolov	(15381) Spadolini
(26659) Skirda	(3557) Sokolsky	(2975) Spahr
(10270) Skoglov	(5450) Sokrates	(10350) Spallanzani
(3283) Skorina	(3490) Solc	(51772) Sparker
(2431) Skovoroda	(14190) Soldan	(15129) Sparks
(36888) Skrabal	(9872) Solf	(16646) Sparrman
(5104) Skripnichenko	(8991) Solidarity	(2579) Spartacus
(6549) Skryabin	(11542) Solikamsk	(11268) Spassky
(1130) Skuld	(28543) Solis-Gozar	(8329) Speckman
(14694) Skurat	(5367) Sollenberger	(18132) Spector
(26314) Skvorecky	(10796) Sollerman	(86196) Specula
(1854) Skvortsov	(3229) Solnhofen	(19596) Spegorlarson
(3243) Skytel	(9741) Solokhin	(29471) Spejbl
(8074) Slade	(10054) Solomin	(2459) Spellmann
(4781) Sladkovic	(3279) Solon	(117329) Spencer
(14708) Slaven	(6755) Solov'yanenko	(3282) Spencer Jones
(2304) Slavia	(5417) Solovaya	(10951) Spessart
(31124) Slavicek	(5078) Solovjev-Sedoj	(263932) Speyer
(11325) Slavicky	(4622) Solovjova	(896) Sphinx
(2821) Slavka	(6974) Solti	(2065) Spicer
(31232) Slavonice	(7537) Solvay	(10954) Spiegel
(6575) Slavov	(1331) Solvejg	(25930) Spielberg
(9001) Slettebak	(4915) Solzhenitsyn	(11082) Spilliaert
(1766) Slipher	(2815) Soma	(11900) Spinoy
(17215) Slivan	(1430) Somalia	(7142) Spinoza
(78756) Sloan	(19318) Somanah	(3207) Spinrad
(246913) Slocum	(33746) Sombart	(1091) Spiraea
(19658) Sloop	(12801) Somekawa	(1330) Spiridonia
(12423) Slotin	(5771) Somerville	(37452) Spirit
(3423) Slouka	(32809) Sommerfeld	(2160) Spitzer
(1807) Slovakia	(3258) Somnium	(5493) Spitzweg
(9674) Slovenija	(3334) Somov	(5410) Spivakov
(7453) Slovtsov	(2455) Somville	(12512) Split
(251001) Sluch	(3821) Sonet	(129099) Spoelhof
(7545) Smaklosa	(23686) Songyuan	(22354) Sposetti
(10287) Smale	(6938) Soniaterk	(12112) Sprague
(36445) Smalley	(12664) Sonisenia	(4789) Sprattia
(2047) Smetana	(1293) Sonja	(5380) Sprigg
(2580) Smilevskia	(1039) Sonneberga	(23990) Springsteen
(1613) Smiley	(10962) Sonnenborgh	(65159) Sprowls
(5540) Smirnova	(11099) Sonodamasaki	(7560) Spudis
(3351) Smith	(2432) Soomana	(13774) Spurny
(2083) Smither	(18876) Sooner	(16260) Sputnik
(3773) Smithsonian	(4699) Sootan	(10044) Squyres
(4926) Smoktunovskij	(2433) Sootiyo	(1564) Srbija
(10983) Smolders	(251) Sophia	(15629) Sriner
(3213) Smolensk	(22922) Sophiecai	(21748) Srinivasan
(4530) Smoluchowski	(2921) Sophocles	(16202) Srivastava
(26689) Smorrison	(134) Sophrosyne	(70409) Srnin
(1731) Smuts	(157141) Sopron	(13389) Stacey
(5413) Smyslov	(4865) Sor	(28093) Staceylevoit
(133008) Snedden	(16594) Sorachi	(22112) Staceyraw
(25698) Snehakannan	(9093) Sorada	(165612) Stackpole
(16015) Snell	(3864) Soren	(3875) Staehle
(4379) Snelling	(731) Sorga	(13857) Stafford
(1262) Sniadeckia	(5989) Sorin	(90926) Stahalik
(158589) Snodgrass	(3993) Sorm	(8154) Stahl

154

(13714) Stainbrook	(15239) Stenhammar	(5173) Stjerneborg
(2250) Stalingrad	(10013) Stenholm	(1847) Stobbe
(12340) Stalle	(10553) Stenkumla	(10552) Stockholm
(9882) Stallman	(10125) Stenkyrka	(3981) Stodola
(7623) Stamitz	(11004) Stenmark	(4283) Stoffler
(3440) Stampfer	(2146) Stentor	(3715) Stohl
(35446) Stana	(3444) Stepanian	(30566) Stokes
(21434) Stanchiang	(6220) Stepanmakarov	(11508) Stolte
(19407) Standing Bear	(3493) Stepanov	(48794) Stolzova
(3420) Standish	(23750) Stepciechan	(61208) Stonarov
(10131) Stanga	(220) Stephania	(5841) Stone
(7632) Stanislav	(15574) Stephaniehass	(9325) Stonehenge
(13005) Stankonyukhov	(27502) Stephbecca	(10168) Stony Ridge
(9626) Stanley	(28068) Stephbillings	(172996) Stooke
(17233) Stanshapiro	(214476) Stephencolbert	(22594) Stoops
(23091) Stansill	(8373) Stephengould	(1386) Storeria
(10078) Stanthorpe	(21631) Stephenhonan	(12182) Storm
(32770) Starchik	(19123) Stephenlevine	(61912) Storrs
(8958) Stargazer	(9768) Stephenmaran	(6106) Stoss
(31442) Stark	(21737) Stephenshulz	(20430) Stout
(6864) Starkenburg	(9891) Stephensmith	(24010) Stovall
(23044) Starodub	(16596) Stephenstrauss	(19820) Stowers
(4150) Starr	(13285) Stephicks	(4876) Strabo
(19208) Starrfield	(25686) Stephoskins	(1019) Strackea
(22003) Startek	(11449) Stephwerner	(8379) Straczynski
(7373) Stashis	(6540) Stepling	(19189) Stradivari
(4131) Stasik	(566) Stereoskopia	(4824) Stradonice
(831) Stateira	(10968) Sterken	(15766) Strahlenberg
(3398) Stattmayer	(6373) Stern	(68730) Straizys
(24547) Stauber	(995) Sternberga	(18531) Strakonice
(30417) Staudt	(16209) Sterner	(3236) Strand
(8171) Stauffenberg	(2463) Sterpin	(4690) Strasbourg
(1147) Stavropolis	(2238) Steshenko	(19136) Strassmann
(18431) Stazzema	(16104) Stesullivan	(1560) Strattonia
(2035) Stearns	(255703) Stetson	(6147) Straub
(2300) Stebbins	(20531) Stevebabcock	(4559) Strauss
(16236) Stebrehmer	(14942) Stevebaker	(4382) Stravinsky
(13715) Steed	(47835) Stevecoe	(17257) Strazzulla
(4713) Steel	(3672) Stevedberg	(74400) Streaky
(154865) Stefanheutz	(13822) Stevedodson	(12912) Streator
(4624) Stefani	(15941) Stevegauthier	(16017) Street
(24147) Stefanmuller	(158329) Stevekent	(23116) Streich
(11476) Stefanosimoni	(16514) Stevelia	(6801) Strekov
(9121) Stefanovalentini	(25521) Stevemorgan	(2811) Stremchovi
(8943) Stefanozavka	(13415) Stevenbland	(1201) Strenua
(213800) Stefanwul	(14589) Stevenbyrnes	(12481) Streuvels
(17597) Stefanzweig	(21441) Stevencondie	(10587) Strindberg
(6814) Steffl	(6544) Stevendick	(99070) Strittmatter
(20631) Stefuller	(18877) Stevendodds	(6281) Strnad
(9880) Stegosaurus	(28382) Stevengillen	(1628) Strobel
(6482) Steiermark	(23046) Stevengordon	(6437) Stroganov
(15132) Steigmeyer	(46568) Stevenlee	(27706) Strogen
(707) Steina	(25767) Stevennoyce	(8408) Strom
(32810) Steinbach	(38540) Stevens	(26761) Stromboli
(13499) Steinberg	(10596) Stevensimpson	(1422) Stromgrenia
(250526) Steinerzsuzsanna	(5211) Stevenson	(4310) Stromholm
(30837) Steinheil	(22856) Stevenzeiher	(95851) Stromvil
(6563) Steinheim	(6403) Steverin	(5609) Stroncone
(1681) Steinmetz	(22605) Steverumsey	(22622) Strong
(2867) Steins	(6154) Stevesynnott	(1124) Stroobantia
(13253) Stejneger	(2831) Stevin	(12835) Stropek
(97069) Stek	(15371) Steward	(7391) Strouhal
(4604) Stekarstrom	(3788) Steyaert	(23875) Strube
(21433) Stekramer	(3794) Sthenelos	(9176) Struchkova
(187680) Stelck	(22185) Stiavnica	(3054) Strugatskia
(24208) Stelguerrero	(65210) Stichius	(768) Struveana
(3140) Stellafane	(30443) Stieltjes	(3874) Stuart
(22190) Stellakwee	(7127) Stifter	(11713) Stubbs
(8589) Stellaris	(27354) Stiklaitis	(58499) Stuber
(14016) Steller	(6116) Still	(13211) Stucky
(24916) Stelzhamer	(21472) Stimson	(5552) Studnicka
(70737) Stenflo	(225277) Stino	(31113) Stull
	(30445) Stirling	(13816) Stulpner
	(45299) Stivell	(15462) Stumegan

155

(3105) Stumpff
(19662) Stunzi
(3393) Stur
(31043) Sturm
(264020) Stuttgart
(14121) Stuwe
(22843) Stverak
(17638) Sualan
(6438) Suarez
(964) Subamara
(6531) Subashiri
(1692) Subbotina
(21705) Subinmin
(134124) Subirachs
(21942) Subramanian
(13689) Succi
(37788) Suchan
(12435) Sudachi
(7610) Sudbury
(4176) Sudek
(19366) Sudingqiang
(9632) Sudo
(145588) Sudongpo
(175548) Sudzius
(22858) Suesong
(12002) Suess
(417) Suevia
(5872) Sugano
(6520) Sugawa
(14727) Suggs
(3957) Sugie
(25893) Sugihara
(29624) Sugiyama
(16163) Suhanli
(126578) Suhhosoo
(145546) Suiqizhong
(12515) Suiseki
(23191) Sujaytyle
(9196) Sukagawa
(10725) Sukunabikona
(752) Sulamitis
(563) Suleika
(15133) Sullivan
(16505) Sulzer
(19440) Sumatijain
(10318) Sumaura
(2403) Sumava
(1970) Sumeria
(15220) Sumerkin
(2092) Sumiana
(1090) Sumida
(4100) Sumiko
(8207) Suminao
(10457) Suminov
(8548) Sumizihara
(1928) Summa
(11885) Summanus
(7344) Summerfield
(6962) Summerscience
(4649) Sumoto
(25986) Sunanda
(23294) Sunao
(23730) Suncar
(54862) Sundaigakuen
(25023) Sundaresh
(1424) Sundmania
(9374) Sundre
(6796) Sundsvall
(19019) Sunflower
(28535) Sungjanet
(88879) Sungjaoyiu
(28425) Sungkanit
(27103) Sungwoncho
(27241) Sunilpai

(148081) Sunjiadong
(21109) Sunkel
(3742) Sunshine
(11759) Sunyaev
(185640) Sunyisui
(1656) Suomi
(21925) Supasternak
(18596) Superbus
(23313) Supokaivanich
(25744) Surajmishra
(9567) Surgut
(2965) Surikov
(5455) Surkov
(4383) Suruga
(4224) Susa
(11620) Susanagordon
(24928) Susanbehel
(27492) Susanduncan
(19789) Susanjohnson
(21458) Susank
(19017) Susanlederer
(542) Susanna
(51655) Susannemond
(10593) Susannesandra
(10604) Susanoo
(24292) Susanragan
(14679) Susanreed
(7779) Susanring
(7194) Susanrose
(20340) Susanruder
(22992) Susansmith
(14734) Susanstoker
(3378) Susanvictoria
(26945) Sushko
(933) Susi
(21512) Susieclary
(12872) Susiestevens
(21229) Susil
(1844) Susilva
(6419) Susono
(9703) Sussenbach
(19450) Sussman
(6925) Susumu
(7415) Susumuimoto
(12819) Susumutakahasi
(6726) Suthers
(4767) Sutoku
(2532) Sutton
(1927) Suvanto
(2489) Suvorov
(21632) Suwanasri
(25046) Suyihan
(27849) Suyumbika
(15402) Suzaku
(4968) Suzamur
(154006) Suzannehawley
(2719) Suzhou
(5013) Suzhousanzhong
(2393) Suzuki
(12478) Suzukiseiji
(8741) Suzukisuzuko
(8712) Suzuko
(22140) Suzyamamoto
(8871) Svanberg
(3191) Svanetia
(11913) Svarna
(11014) Svatopluk
(329) Svea
(8443) Svecica
(5031) Svejcar
(7896) Svejk
(54820) Svenders
(11870) Sverige
(21104) Sveshnikov

(17805) Svestka
(4118) Sveta
(4135) Svetlanov
(3483) Svetlov
(24611) Svetochka
(154932) Sviderskiene
(5093) Svirelia
(4075) Sviridov
(2559) Svoboda
(16706) Svojsik
(21802) Svoren
(9014) Svyatorichter
(120405) Svyatylivka
(37556) Svyaztie
(4046) Swain
(4082) Swann
(15106) Swanson
(992) Swasey
(3947) Swedenborg
(7621) Sweelinck
(8378) Sweeney
(11727) Sweet
(4194) Sweitzer
(882) Swetlana
(5035) Swift
(23672) Swiggum
(8690) Swindle
(1637) Swings
(2138) Swissair
(2168) Swope
(1714) Sy
(100416) Syang
(4679) Sybil
(18783) Sychamberlin
(15550) Sydney
(28108) Sydneybarnes
(4438) Sykes
(519) Sylvania
(8972) Sylvatica
(13658) Sylvester
(87) Sylvia
(40436) Sylviecoyaud
(9669) Symmetria
(14795) Syoyou
(1104) Syringa
(3360) Syrinx
(4647) Syuji
(6346) Syukumeguri
(113203) Szabo
(121817) Szatmary
(91024) Szechenyi
(28196) Szeged
(114990) Szeidl
(3427) Szentmartoni
(38442) Szilard
(2268) Szmytowna
(9973) Szpilman
(128062) Szrogh
(12259) Szukalski
(3325) TARDIS
(14959) TRIUMF
(6897) Tabei
(7717) Tabeisshi
(84882) Table Mountain
(721) Tabora
(17607) Taborsko
(8006) Tacchini
(5141) Tachibana
(7028) Tachikawa
(3097) Tacitus
(14917) Taco
(4374) Tadamori
(2469) Tadjikistan
(164587) Taesch

(38976) Taeve	(9975) Takimotokoso	(15296) Tantetruus
(197856) Tafelmusik	(7592) Takinemachi	(10154) Tanuki
(3997) Taga	(6562) Takoyaki	(2127) Tanya
(10555) Tagaharue	(9574) Taku	(26450) Tanyapetach
(7019) Tagayuichan	(4672) Takuboku	(28512) Tanyuan
(7855) Tagore	(10449) Takuma	(69971) Tanzi
(2739) Taguacipa	(17508) Takumadan	(231346) Taofanlin
(4497) Taguchi	(10617) Takumi	(46692) Taormina
(25817) Tahilramani	(13643) Takushi	(210030) Taoyuan
(40227) Tahiti	(94884) Takuya	(12158) Tape
(40409) Taichikato	(163153) Takuyaonishi	(1705) Tapio
(300892) Taichung	(3151) Talbot	(129259) Tapolca
(4407) Taihaku	(33154) Talent	(293878) Tapping
(7775) Taiko	(25193) Taliagreene	(5863) Tara
(10364) Tainai	(172425) Taliajacobi	(6197) Taracho
(187514) Tainan	(11201) Talich	(5370) Taranis
(6356) Tairov	(5902) Talima	(2995) Taratuta
(2169) Taiwan	(25482) Tallapragada	(6739) Tarendo
(9215) Taiyonoto	(35347) Tallinn	(1360) Tarka
(2514) Taiyuan	(5786) Talos	(3345) Tarkovskij
(6274) Taizaburo	(3564) Talthybius	(13032) Tarn
(100033) Taize	(1089) Tama	(11119) Taro
(11376) Taizomuta	(6411) Tamaga	(10158) Taroubou
(17651) Tajimi	(13207) Tamagawa	(5058) Tarrega
(23741) Takaaki	(8432) Tamakasuga	(8472) Tarroni
(8204) Takabatake	(31061) Tamao	(6510) Tarry
(5403) Takachiho	(326) Tamara	(39564) Tarsia
(8942) Takagi	(11956) Tamarakate	(4123) Tarsila
(8199) Takagitakeo	(1084) Tamariwa	(13672) Tarski
(5213) Takahashi	(4186) Tamashima	(21750) Tartakahashi
(48807) Takahata	(3417) Tamblyn	(74824) Tarter
(17462) Takahisa	(4621) Tambov	(38250) Tartois
(9947) Takaishuji	(3121) Tamines	(35618) Tartu
(8907) Takaji	(18872) Tammann	(9580) Tarumi
(5578) Takakura	(3403) Tammy	(56329) Tarxien
(10831) Takamagahara	(5993) Tammydickinson	(6873) Tasaka
(13224) Takamatsuda	(12602) Tammytam	(130078) Taschner
(8720) Takamizawa	(9096) Tamotsu	(48799) Tashikuergan
(9041) Takane	(1497) Tampere	(13930) Tashko
(8133) Takanochoei	(2052) Tamriko	(6594) Tasman
(9208) Takanotoshi	(17938) Tamsendrew	(115058) Tassantal
(6104) Takao	(121313) Tamsin	(12295) Tasso
(35286) Takaoakihiro	(5709) Tamyeunleung	(1109) Tata
(10171) Takaotengu	(1641) Tana	(2668) Tataria
(10166) Takarajima	(6738) Tanabe	(17169) Tatarinov
(20102) Takasago	(12492) Tanais	(6663) Tatebayashi
(2838) Takase	(4387) Tanaka	(11149) Tateshina
(6527) Takashiito	(10300) Tanakadate	(14621) Tati
(6392) Takashimizuno	(9032) Tanakami	(3517) Tatianicheva
(9642) Takatahiro	(5193) Tanakawataru	(4786) Tatianina
(6554)	(10038) Tanaro	(4235) Tatishchev
Takatsuguyoshida	(5064) Tanchozuru	(769) Tatjana
(4508) Takatsuki	(12603) Tanchunghee	(172269) Tator
(9128) Takatumuzi	(5088) Tancredi	(1989) Tatry
(7263) Takayamada	(8866) Tanegashima	(23896) Tatsuaki
(9080) Takayanagi	(9489) Tanemahuta	(2957) Tatsuo
(8294) Takayuki	(772) Tanete	(21949) Tatulian
(8862) Takayukiota	(27257) Tang-Quan	(3748) Tatum
(4965) Takeda	(1595) Tanga	(12179) Taufiq
(8737) Takehiro	(2778) Tangshan	(581) Tauntonia
(7307) Takei	(64295) Tangtisheng	(10255) Taunus
(7776) Takeishi	(6932) Tanigawadake	(512) Taurinensis
(9388) Takeno	(8571) Taniguchi	(814) Tauris
(2767) Takenouchi	(88071) Taniguchijiro	(2424) Tautenburg
(35265) Takeosaitou	(10117) Tanikawa	(135561) Tautvaisiene
(39686) Takeshihara	(825) Tanina	(314040) Tavannes
(5179) Takeshima	(5869) Tanith	(2512) Tavastia
(6884) Takeshisato	(3542) Tanjiazhen	(12623) Tawaddud
(8526) Takeuchiyukou	(26549) Tankanran	(23922) Tawadros
(8706) Takeyama	(13668) Tanner	(2603) Taylor
(73936) Takeyamamoto	(12411) Tannokayo	(25184) Taylorgaines
(7802) Takiguchi	(28419) Tanpitcha	(21913) Taylorjones
(4887) Takihiroi	(2102) Tantalus	(25266) Taylorkinyon
(5973) Takimoto	(15295) Tante Riek	(28534) Taylorwilson

157

(8446) Tazieff
(2266) Tchaikovsky
(4440) Tchantches
(453) Tea
(27412) Teague
(8299) Tealeoni
(14741) Teamequinox
(11212) Tebbutt
(19005) Teckman
(18858) Tecleveland
(7326) Tedbunch
(11202) Teddunham
(2882) Tedesco
(21446) Tedflint
(24918) Tedkooser
(17061) Tegler
(88611) Teharonhiawako
(8305) Teika
(9731) Tejima
(40994) Tekaridake
(604) Tekmessa
(1749) Telamon
(5894) Telc
(7608) Telegramia
(163819) Teleki
(15913) Telemachus
(4246) Telemann
(5264) Telephus
(11278) Telesio
(16522) Tell
(5006) Teller
(2717) Tellervo
(9506) Telramund
(6432) Temirkanov
(3808) Tempel
(25920) Templeanne
(22928) Templehe
(155142) Tenagra
(5017) Tenchi
(1399) Teneriffa
(22783) Teng
(2195) Tengstrom
(6302) Tengukogen
(85293) Tengzhou
(5018) Tenmu
(6664) Tennyo
(2774) Tenojoki
(4855) Tenpyou
(9783) Tensho-kan
(4645) Tentaikojo
(6481) Tenzing
(13365) Tenzinyama
(65001) Teodorescu
(12852) Teply
(16528) Terakado
(28004) Terakawa
(5440) Terao
(16807) Terasako
(23246) Terazono
(12327) Terbruggen
(13265) Terbunkley
(345) Tercidina
(4813) Terebizh
(1189) Terentia
(11350) Teresa
(19477) Teresajentz
(133753) Teresamullen
(24084) Teresaswiger
(42295) Teresateng
(28129) Teresummers
(17608) Terezin
(478) Tergeste
(21477) Terikdaly
(31872) Terkan

(12135) Terlingen
(44027) Termain
(5654) Terni
(81) Terpsichore
(2399) Terradas
(79912) Terrell
(18800) Terresadodge
(26291) Terristaples
(21952) Terry
(6447) Terrycole
(26734) Terryfarrell
(9619) Terrygilliam
(9622) Terryjones
(34398) Terryschmidt
(100077) Tertzakian
(32288) Terui
(8419) Terumikazumi
(5924) Teruo
(24919) Teruyoshi
(199677) Terzani
(38674) Tesinsko
(2244) Tesla
(11667) Testa
(15374) Teta
(8598) Tetrix
(20854) Tetruashvily
(7439) Tetsufuse
(8231) Tetsujiyamada
(8393)
Tetsumasakamoto
(14501) Tetsuokojima
(17501) Tetsuro
(4343) Tetsuya
(110742) Tetuokudo
(2797) Teucer
(10661)
Teutoburgerwald
(1044) Teutonia
(16020) Tevelde
(12855) Tewksbury
(35352) Texas
(3765) Texereau
(4932) Texstapa
(30252) Textorisova
(1980) Tezcatlipoca
(3998) Tezuka
(95939) Thagnesland
(1236) Thais
(20301) Thakur
(6001) Thales
(23) Thalia
(22503) Thalpius
(21956) Thangada
(5408) The
(1625) The NORC
(13775) Thebault
(16212) Theberge
(586) Thekla
(10865) Thelmaruby
(11091) Thelonious
(24) Themis
(778) Theobalda
(440) Theodora
(22734) Theojones
(65583) Theoklymenos
(5041) Theotes
(16118) Therberens
(15918) Thereluzia
(22784) Theresaoei
(295) Theresia
(32532) Thereus
(1545) Thernoe
(9817) Thersander
(11509) Thersilochos

(1868) Thersites
(1161) Thessalia
(4902) Thessandrus
(17) Thetis
(45300) Thewrewk
(405) Thia
(23262) Thiagoolson
(4173) Thicksten
(1586) Thiele
(17882) Thielemann
(164006) Thierry
(9376) Thionville
(14937) Thirsk
(88) Thisbe
(4834) Thoas
(3255) Tholen
(5492) Thoma
(1023) Thomana
(2555) Thomas
(73687) Thomas Aquinas
(245158) Thomasandrews
(25176) Thomasaunins
(24328) Thomasburr
(25190) Thomasgoodin
(24074) Thomasjohnson
(23054) Thomaslynch
(8793) Thomasmuller
(25617) Thomasnesch
(10973) Thomasreiter
(26679) Thomassilver
(52604) Thomayer
(23019) Thomgregory
(11746) Thomjansen
(2064) Thomsen
(26430) Thomwilkason
(9491) Thooft
(299) Thora
(44597) Thoreau
(3717) Thorenia
(6257) Thorvaldsen
(5548) Thosharriot
(20686) Thottumkara
(13240) Thouvay
(4098) Thraen
(3801) Thrasymedes
(10137) Thucydides
(18568) Thuillot
(279) Thule
(12379) Thulin
(16626) Thumper
(13982) Thunberg
(10244) Thuringer Wald
(934) Thuringia
(42191) Thurmann
(219) Thusnelda
(14792) Thyestes
(23749) Thygesen
(55702) Thymoitos
(115) Thyra
(20571) Tiamorrison
(15083) Tianhuili
(2209) Tianjin
(9668) Tianyahaijiao
(4349) Tiburcio
(5757) Ticha
(47164) Ticino
(5971) Tickell
(8056) Tieck
(3643) Tienchanglin
(43775) Tiepolo
(74625) Tieproject
(2158) Tietjen
(21641) Tiffanyko
(12087) Tiffanylin

158

(12601) Tiffanyswann
(753) Tiflis
(17768) Tigerlily
(13096) Tigris
(9565) Tikhonov
(2251) Tikhov
(21650) Tilgner
(1229) Tilia
(3272) Tillandz
(27087) Tillmannmohr
(20002) Tillysmith
(316042) Tilofranz
(603) Timandra
(6621) Timchuk
(16124) Timdong
(75072) Timerskine
(4961) Timherder
(6398) Timhunter
(6082) Timiryazev
(7007) Timjull
(163119) Timmckay
(12626) Timmerman
(24372) Timobauman
(13174) Timossi
(24123) Timothychang
(3238) Timresovia
(28208) Timtrippel
(4056) Timwarner
(1222) Tina
(24240) Tinagal
(23071) Tinaliu
(10434) Tinbergen
(1933) Tinchen
(687) Tinette
(8679) Tingstade
(2886) Tinkaping
(22830) Tinker
(9906) Tintoretto
(25020) Tinyacheng
(20896) Tiphene
(7544)
Tipografiyanauka
(4081) Tippett
(1400) Tirela
(4648) Tirion
(6439) Tirol
(9009) Tirso
(267) Tirza
(48425) Tischendorf
(466) Tisiphone
(3663) Tisserand
(13121) Tisza
(593) Titania
(238817) Titeuf
(6998) Tithonus
(1801) Titicaca
(1998) Titius
(1550) Tito
(114987) Tittel
(12133) Titulaer
(9508) Titurel
(9905) Tiziano
(10435) Tjeerd
(137052) Tjelvar
(732) Tjilaki
(3090) Tjossem
(181249) Tkachenko
(15651) Tlepolemos
(10012) Tmutarakania
(23685) Toaldo
(16157) Toastmasters
(3935)
Toatenmongakkai
(46596) Tobata

(13335) Tobiaswolf
(13125) Tobolsk
(19731) Tochigi
(6049) Toda
(18880) Toddblumberg
(15107) Toepperwein
(11308) Tofta
(9277) Togashi
(23547) Tognelli
(23649) Tohoku
(9743) Tohru
(2478) Tokai
(10159) Tokara
(5069) Tokeidai
(14314) Tokigawa
(37786) Tokikonaruko
(498) Tokio
(4488) Tokitada
(4748) Tokiwagozen
(7038) Tokorozawa
(7160) Tokunaga
(19707) Tokunai
(6383) Tokushima
(26887) Tokyogiants
(4288) Tokyotech
(7947) Toland
(29650) Toldy
(24665) Tolerantia
(42479) Tolik
(2675) Tolkien
(2326) Tololo
(138) Tolosa
(3357) Tolstikov
(4739) Tomahrens
(11500) Tomaiyowit
(7767) Tomatic
(1604) Tombaugh
(1013) Tombecka
(16878) Tombickler
(7648) Tomboles
(10483) Tomburns
(96268) Tomcarr
(62503) Tomcave
(12139) Tomcowling
(2443) Tomeileen
(5966) Tomeko
(4897) Tomhamilton
(12818) Tomhanks
(30882) Tomhenning
(13582) Tominari
(7186) Tomioka
(2391) Tomita
(8400) Tomizo
(12919) Tomjohnson
(10828) Tomjones
(87954) Tomkaye
(20323) Tomlindstom
(10108) Tomlinson
(4653) Tommaso
(89735) Tommei
(14395) Tommorgan
(12309) Tommygrav
(163639) Tomnash
(4896) Tomoegozen
(6570) Tomohiro
(29450) Tomohiroohno
(9100) Tomohisa
(6101) Tomoki
(12387) Tomokofujiwara
(6919) Tomonaga
(24093) Tomoyamaguchi
(4931) Tomsk
(14941) Tomswift
(9702) Tomvandijk

(590) Tomyris
(1266) Tone
(6927) Tonegawa
(16736) Tongariyama
(23880) Tongil
(26448) Tongjili
(19002) Tongkexue
(12418) Tongling
(24977) Tongzhan
(924) Toni
(7229) Tonimoore
(18991) Tonivanov
(24070) Toniwest
(8192) Tonucci
(26668) Tonyho
(112900) Tonyhoffman
(69260) Tonyjudt
(43224) Tonypensa
(6487) Tonyspear
(8380) Tooting
(13079) Toots
(54439) Topeka
(6514) Torahiko
(18996) Torasan
(13995) Toravere
(29307) Torbernbergman
(97186) Tore
(9523) Torino
(1471) Tornio
(1685) Toro
(10538) Torode
(2104) Toronto
(8777) Torquata
(8773) Torquilla
(2614) Torrence
(20696) Torresduarte
(7437) Torricelli
(2687) Tortali
(12999) Torun
(9108) Toruyusa
(9793) Torvalds
(3150) Tosa
(6778) Tosamakoto
(8209) Toscanelli
(96086) Toscanos
(4441) Toshie
(8295) Toshifukushima
(23886) Toshihamane
(7027) Toshihanda
(10319) Toshiharu
(9098) Toshihiko
(23743) Toshikasuga
(14963) Toshikazu
(5877) Toshimaihara
(5939) Toshimayeda
(26500) Toshiohino
(7487) Toshitanaka
(8424) Toshitsumita
(24157)
Toshiyanagisawa
(11321) Tosimatumoto
(21275) Tosiyasu
(13334) Tost
(8770) Totanus
(10160) Totoro
(4720) Tottori
(19251) Totziens
(16725) Toudono
(11506) Toulouse-
Lautrec
(31266) Tournefort
(31190) Toussaint
(4179) Toutatis
(5740) Toutoumi

159

(2787) Tovarishch
(3934) Tove
(51415) Tovinder
(27457) Tovinkere
(4880) Tovstonogov
(6131) Towen
(7781) Townsend
(6990) Toya
(12357) Toyako
(6381) Toyama
(4691) Toyen
(7401) Toynbee
(4714) Toyohiro
(9060) Toyokawa
(10767) Toyomasu
(3533) Toyota
(21348) Toyoteru
(6011) Tozzi
(20536) Tracicarter
(3532) Tracie
(7445) Trajanus
(294664) Trakai
(318412) Tramelan
(35725) Tramuntana
(715) Transvaalia
(1537) Transylvania
(5968) Trauger
(5651) Traversa
(36187) Travisbarman
(26502) Traviscole
(48638) Trebic
(3735) Trebon
(142408) Trebur
(25375) Treenajoi
(7266) Trefftz
(13494) Treiso
(3830) Trelleborg
(3806) Tremaine
(11936) Tremolizzo
(17489) Trenker
(41279) Trentman
(3339) Treshnikov
(19994) Tresini
(3925) Tret'yakov
(24387) Trettel
(16715) Trettenero
(22831) Trevanvoorth
(13716) Trevino
(3465) Trevires
(13268) Trevorcorbin
(20784) Trevorpowers
(10346) Triathlon
(619) Triberga
(9937) Triceratops
(31189) Tricomi
(6891) Triconia
(2522) Triglav
(8325) Trigo-
Rodriguez
(20362) Trilling
(2990) Trimberger
(20342) Trinh
(24204) Trinkle
(25819) Tripathi
(2037) Tripaxeptalis
(21958) Tripuraneni
(4287) Trisov
(1966) Tristan
(28130) Troemper
(21001) Trogrlic
(205698) Troiani
(1208) Troilus
(3912) Troja
(4990) Trombka

(149968) Trondal
(18281) Tros
(17776) Troska
(3702) Trubetskaya
(19441) Trucpham
(21753) Trudel
(22900) Trudie
(15522) Trueblood
(90446) Truesdell
(12101) Trujillo
(17969) Truong
(1408) Trusanda
(25483) Trusheim
(6691) Trussoni
(14988) Tryggvason
(2240) Tsai
(3388) Tsanghinchi
(6113) Tsap
(24199) Tsarevsky
(175410) Tsayweanshun
(99861) Tscharnuter
(2111) Tselina
(5460) Tsenaat'a'i
(25607) Tsengiching
(18284) Tsereteli
(2498) Tsesevich
(4105) Tsia
(21775) Tsiganis
(16982) Tsinghua
(1590) Tsiolkovskaja
(2740) Tsoj
(175586) Tsou
(8560) Tsubaki
(6211) Tsubame
(4845) Tsubetsu
(10884) Tsuboimasaki
(7139) Tsubokawa
(8044) Tsuchiyama
(79254) Tsuda
(23258) Tsuihark
(25047) Tsuitehsin
(8314) Tsuji
(14504) Tsujimura
(11579) Tsujitsuka
(8156) Tsukada
(9256) Tsukamoto
(13918) Tsukinada
(6599) Tsuko
(7788) Tsukuba
(10412) Tsukuyomi
(7443) Tsumura
(22914) Tsunanmachi
(8543) Tsunemi
(4402) Tsunemori
(11514) Tsunenaga
(17563) Tsuneyoshi
(4097) Tsurugisan
(5215) Tsurui
(10744) Tsuruta
(23950) Tsusakamoto
(7713) Tsutomu
(6023) Tsuyashima
(23819) Tsuyoshi
(2770) Tsvet
(3511) Tsvetaeva
(10729) Tsvetkova
(24605) Tsykalyuk
(8867) Tubbiolo
(1481) Tubingia
(2013) Tucapel
(3803) Tuchkova
(12401) Tucholsky
(10914) Tucker
(1038) Tuckia

(2224) Tucson
(1323) Tugela
(8343) Tugendhat
(12711) Tukmit
(8985) Tula
(9146) Tulikov
(1095) Tulipa
(15869) Tullius
(18949) Tumaneng
(3614) Tumilty
(7871) Tunder
(5471) Tunguska
(1070) Tunica
(6362) Tunis
(13994) Tuominen
(1425) Tuorla
(12704) Tupolev
(530) Turandot
(23402) Turchina
(3323) Turgenev
(10089) Turgot
(10204) Turing
(2584) Turkmenia
(1496) Turku
(7863) Turnbull
(1186) Turnera
(12860) Turney
(4054) Turnov
(81971) Turonclavere
(6229) Tursachan
(12053) Turtlestar
(14486) Tuscia
(10269) Tusi
(4848) Tutenchamun
(10721) Tuterov
(4846) Tuthmosis
(14989) Tutte
(5036) Tuttle
(2716) Tuulikki
(2610) Tuva
(11829) Tuvikene
(3261) Tvardovskij
(7771) Tvaren
(21754) Tvaruzkova
(2491) Tvashtri
(22791) Twarog
(9387) Tweedledee
(17681) Tweedledum
(117586) Twilatho
(5500) Twilley
(23068) Tyagi
(258) Tyche
(1677) Tycho Brahe
(20952) Tydeus
(18786) Tyjorgenson
(21970) Tyle
(28451) Tylerhoward
(21677) Tylerlyon
(22451) Tymothycoons
(14537) Tyn nad
Vltavou
(22694) Tyndall
(8125) Tyndareus
(1055) Tynka
(42355) Typhon
(4092) Tyr
(9951) Tyrannosaurus
(13123) Tyson
(19130) Tytgat
(2120) Tyumenia
(9927) Tyutchev
(207901) Tzecmaun
(192208) Tzu Chi
(4128) UKSTU

(42614) Ubaldina	(905) Universitas	(10872) Vaculik
(4257) Ubasti	(13904) Univinnitsa	(10263) Vadimsimona
(7716) Ube	(6166) Univsima	(7529) Vagnozzi
(12156) Ubels	(12084) Unno	(68853) Vaimaca
(202373) Ubuntu	(7078) Unojonsson	(2096) Vaino
(25602) Ucaronia	(24045) Unruh	(22957) Vaintrob
(11406) Ucciocontin	(2842) Unsold	(2596) Vainu Bappu
(1276) Ucclia	(5792) Unstrut	(1573) Vaisala
(11593) Uchikawa	(22485) Unterman	(25636) Vaishnav
(11929) Uchino	(99906) Uofalberta	(28184) Vaishnavirao
(7342) Uchinoura	(3472) Upgren	(16892) Vaissiere
(9657) Ucka	(20254) Upice	(131) Vala
(4632) Udagawa	(14994) Uppenkamp	(6937) Valadon
(15407) Udakiyoo	(2191) Uppsala	(839) Valborg
(33100) Udine	(2868) Upupa	(23115) Valcourt
(29189) Udinsk	(22260) Ur	(262) Valda
(11860) Uedasatoshi	(13567) Urabe	(2793) Valdaj
(4676) Uedaseiji	(7017) Uradowan	(2741) Valdivia
(17748) Uedashoji	(23900) Urakawa	(217257) Valemangano
(34123) Uedayukika	(14519) Ural	(5941) Valencia
(2707) Ueferji	(30) Urania	(10015) Valenlebedev
(5404) Uemura	(3722) Urata	(8409) Valentaugustus
(4381) Uenohara	(24529) Urbach	(447) Valentine
(1619) Ueta	(167) Urda	(611) Valeria
(8498) Ufa	(4716) Urey	(27392) Valerieding
(1279) Uganda	(3468) Urgenta	(13325) Valerienataf
(10807) Uggarde	(501) Urhixidur	(145820) Valeromeo
(9052) Uhland	(11711) Urquiza	(610) Valeska
(9687) Uhlenbeck	(249160) Urriellu	(79375) Valetti
(5579) Uhlherr	(4761) Urrutia	(18969) Valfriedmann
(18418) Ujibe	(1838) Ursa	(4537) Valgrirasp
(27372) Ujifusa	(860) Ursina	(4328) Valina
(27827) Ukai	(375) Ursula	(24601) Valjean
(55701) Ukalegon	(2729) Urumqi	(225076) Vallemare
(13577) Ukawa	(13673) Urysohn	(10454) Vallenar
(10152) Ukichiro	(70679) Urzidil	(15004) Vallerani
(2020) Ukko	(3010) Ushakov	(27088) Valmez
(1709) Ukraina	(16515) Usman'grad	(37623) Valmiera
(5565) Ukyounodaibu	(17831) Ussery	(88961) Valpertile
(3271) Ul	(17283) Ustinov	(3725) Valsecchi
(4139) Ul'yanin	(12432) Usuda	(9733) Valtikhonov
(5421) Ulanova	(634) Ute	(8145) Valujki
(9720) Ulfbirgitta	(9486) Utemorrah	(43025) Valusha
(69594) Ulferika	(5944) Utesov	(3962) Valyaev
(19462) Ulissedini	(20155) Utewindolf	(9372) Vamlingbo
(909) Ulla	(31231) Uthmann	(3230) Vampilov
(4452) Ullacharles	(13477) Utkin	(1781) Van Biesbroeck
(13818) Ullery	(22847) Utley	(41049) Van Citters
(10432) Ullischwarz	(1282) Utopia	(29244) Van Damme
(210433) Ullithiele	(1447) Utra	(8205) Van Dijck
(12111) Ulm	(12695) Utrecht	(26200) Van Doren
(8345) Ulmerspatz	(8040) Utsumikazuhiko	(52266) Van Flandern
(885) Ulrike	(20151) Utsunomiya	(14616) Van Gaal
(2471) Ultrajectum	(4469) Utting	(9859) Van Lierde
(2439) Ulugbek	(6171) Uttorp	(26293) Van Muyden
(714) Ulula	(150145) Uvic	(14185) Van Ness
(9485) Uluru	(20878) Uwetreske	(12324) Van Rompaey
(2112) Ulyanov	(15025) Uwontario	(25832) Van Scoyoc
(5254) Ulysses	(8328) Uyttenhove	(12708) Van Straten
(7806) Umasslowell	(1351) Uzbekistania	(152233) Van Till
(13069) Umbertoeco	(13474) V'yus	(230691) Van Vogt
(1397) Umtata	(196481) VATT	(9749) Van den Eijnde
(160) Una	(10649) VOC	(240) Vanadis
(2154) Underhill	(1507) Vaasa	(6404) Vanavara
(15294) Underwood	(20343) Vaccariello	(129595) Vand
(92) Undina	(7600) Vacchi	(70942) Vandanashiva
(9919) Undset	(49698) Vachal	(2538) Vanderlinden
(23564) Ungaretti	(230151) Vachier	(14664) Vandervelden
(12360) Unilandes	(8740) Vaclav	(10313) Vanessa-Mae
(1585) Union	(18647) Vaclavhubner	(19484) Vanessaspini
(306) Unitas	(80179) Vaclavknoll	(10794) Vange
(6000) United Nations	(33061) Vaclavmorava	(6354) Vangelis
(16356) Univbalttech	(21804) Vaclavneumann	(40684) Vanhoeck
(6355) Univermoscow	(85516) Vaclik	(8604) Vanier

(8370) Vanlindt	(16215) Venkatraman	(202740) Vicsympho
(3401) Vanphilos	(10925) Ventoux	(2644) Victor Jara
(17980) Vanschaik	(4825) Ventura	(9550) Victorblanco
(17247) Vanverst	(16219) Venturelli	(24450) Victorchang
(8386) Vanvinckenroye	(499) Venusia	(12) Victoria
(12170) Vanvollenhoven	(7555) Venvolkov	(255073) Victoriabond
(6426) Vanysek	(245) Vera	(19234) Victoriahibbs
(21649) Vardhana	(10875) Veracini	(11725) Victoriahsu
(19023) Varela	(4214) Veralynn	(21453) Victorlevine
(29133) Vargas	(4683) Veratar	(7267) Victormeen
(11828) Vargha	(2265) Verbaandert	(3237) Victorplatt
(28479) Varlotta	(3883) Verbano	(21622) Victorshia
(100029) Varnhagen	(2545) Verbiest	(5165) Videnom
(53468) Varros	(7451) Verbitskaya	(22617) Vidphananu
(1263) Varsavia	(38671) Verdaguer	(214911) Viehboeck
(3776) Vartiovuori	(25625) Verdenet	(2814) Vieira
(27525) Vartovka	(3975) Verdi	(397) Vienna
(20000) Varuna	(12288) Verdun	(233967) Vierkant
(27597) Varuniyer	(3551) Verenia	(31823) Viete
(29122) Vasadze	(3410) Vereshchagin	(6966) Vietoris
(5801) Vasarely	(2798) Vergilius	(1053) Vigdis
(17163) Vasifedoseev	(12697) Verhaeren	(6151) Viget
(3930) Vasilev	(84225) Verish	(17278) Viggh
(2014) Vasilevskis	(490) Veritas	(127870) Vigo
(9184) Vasilij	(155116) Verkhivnya	(1478) Vihuri
(6547) Vasilkarazin	(9155) Verkhodanov	(2258) Viipuri
(21652) Vasishtha	(18287) Verkin	(23281) Vijayjain
(16513) Vasks	(28366) Verkuil	(5220) Vika
(3586) Vasnetsov	(6871) Verlaine	(19082) Vikchernov
(1312) Vassar	(20798) Verlinden	(5252) Vikrymov
(10554) Vasterhejde	(13045) Vermandere	(7856) Viktorbykov
(17034) Vasylshev	(4928) Vermeer	(11736) Viktorfischl
(12312) Vate	(7974) Vermeesch	(17176) Viktorov
(416) Vaticana	(11846) Verminnen	(23410) Vikuznetsov
(82896) Vaubaillon	(2809) Vernadskij	(18731) Vil'bakirov
(16447) Vauban	(20607) Vernazza	(26295) Vilardi
(10927) Vaucluse	(5231) Verne	(3507) Vilas
(4462) Vaughan	(6518) Vernon	(4514) Vilen
(72876) Vauriot	(5317) Verolacqua	(98127) Vilgusova
(2862) Vavilov	(4335) Verona	(2803) Vilho
(3732) Vavra	(24028) Veronicaduys	(2553) Viljev
(7595) Vaxjo	(612) Veronika	(7244) Villa-Lobos
(21500) Vazquez	(6105) Verrocchio	(22840) Villarreal
(31665) Veblen	(6268) Versailles	(85559) Villecroze
(33377) Vecernicek	(12630) Verstappen	(18636) Villedepompey
(4962) Vecherka	(3669) Vertinskij	(7651) Villeneuve
(25834) Vechinski	(4206) Verulamium	(1310) Villigera
(25708) Vedantkumar	(20465) Vervack	(10140) Villon
(7996) Vedernikov	(3974) Verveer	(3072) Vilnius
(3510) Veeder	(10992) Veryuslaviya	(2890) Vilyujsk
(3030) Vehrenberg	(2642) Vesale	(2347) Vinata
(16984) Veillet	(2599) Veseli	(21644) Vinay
(4996) Veisberg	(7457) Veselov	(366) Vincentina
(28614) Vejvoda	(27344) Vesevlada	(9299) Vinceteri
(20719) Velasco	(8719) Vesmir	(154991) Vinciguerra
(155438) Velasquez	(7224) Vesnina	(231) Vindobona
(38684) Velehrad	(6062) Vespa	(17935) Vinhoward
(21660) Velenia	(31319) Vespucci	(759) Vinifera
(4338) Velez	(4) Vesta	(24104) Vinissac
(17035) Velichko	(13897) Vesuvius	(18924) Vinjamoori
(3601) Velikhov	(13479) Vet	(113214) Vinko
(11480) Velikij Ustyug	(2011) Veteraniya	(1544) Vinterhansenia
(3112) Velimir	(2710) Veverka	(1076) Viola
(2827) Vellamo	(15382) Vian	(3559) Violaumayer
(126) Velleda	(2414) Vibeke	(557) Violetta
(9492) Veltman	(3269) Vibert-Douglas	(9421) Violilla
(13717) Vencill	(25290) Vibhuti	(13251) Viot
(487) Venetia	(144) Vibilia	(7464) Vipera
(9357) Venezuela	(13607) Vicars	(2738) Viracocha
(2458) Veniakaverin	(78071) Vicent	(13084) Virchow
(4740) Veniamina	(1097) Vicia	(26935) Vireday
(4366) Venikagan	(37601) Vicjen	(14186) Virgiliofos
(16214) Venkatachalam	(7237) Vickyhamilton	(6862) Virgiliomarcon
(28438) Venkateswaran	(183114) Vicques	(11569) Virgilsmith

162

(50) Virginia
(19173) Virginiaterese
(5369) Virgiugum
(8774) Viridis
(1449) Virtanen
(1887) Virton
(494) Virtus
(6102) Visby
(13500) Viscardy
(9610) Vischer
(6183) Viscome
(36033) Viseggi
(4919) Vishnevskaya
(4034) Vishnu
(8068) Vishnureddy
(9244) Visnjan
(16689) Vistula
(17932) Viswanathan
(5368) Vitagliano
(13492) Vitalijzakharov
(16112) Vitaris
(264061) Vitebsk
(30253) Vitek
(8132) Vitginzburg
(1030) Vitja
(2235) Vittore
(12814) Vittorio
(15732) Vitusbering
(17356) Vityazev
(2558) Viv
(4330) Vivaldi
(19420) Vivekbuch
(11363) Vives
(1623) Vivian
(27748) Vivianhoette
(24318) Vivianlee
(25824) Viviantsang
(22192) Vivienreuter
(3260) Vizbor
(19504) Vladalekseev
(10031) Vladarnolda
(22254) Vladbarmin
(6774) Vladheinrich
(10459) Vladichaika
(10023) Vladifedorov
(1724) Vladimir
(10728) Vladimirfock
(10324) Vladimirov
(3591) Vladimirskij
(10266) Vladishukhov
(2967) Vladisvyat
(18285) Vladplatonov
(4144) Vladvasil'ev
(2374) Vladvysotskij
(7153) Vladzakharov
(2123) Vltava
(216910) Vnukov
(4851) Vodop'yanova
(62071) Voegtli
(11762) Vogel
(10952) Vogelsberg
(9910) Vogelweide
(1439) Vogtia
(5616) Vogtland
(4378) Voigt
(4475) Voitkevich
(5397) Vojislava
(6161) Vojno-Yasenetsky
(5425) Vojtech
(7631) Vokrouhlicky
(14077) Volfango
(1149) Volga

(2360) Volgo-Don
(6189) Volk
(3703) Volkonskaya
(1790) Volkov
(11056) Volland
(1380) Volodia
(6684) Volodshevchenko
(7633) Volodymyr
(4921) Volonte
(13009) Voloshchuk
(2009) Voloshina
(8208) Volta
(5676) Voltaire
(14072) Volterra
(2992) Vondel
(17963) Vonderheydt
(17251) Vondracek
(35356) Vondrak
(180367) Vonfeldt
(25399) Vonnegut
(266725) Vonputtkamer
(17253) Vonsecker
(30850) Vonsiemens
(19822) Vonzielonka
(6332) Vorarlberg
(175208) Vorbourg
(118172) Vorgebirge
(4858) Vorobjov
(4519) Voronezh
(3971) Voronikhin
(12191) Vorontsova
(2916) Voronveliya
(10049) Vorovich
(10956) Vosges
(2418) Voskovec-Werich
(23473) Voss
(210174) Vossenkuhl
(25615) Votroubek
(61400) Voxandreae
(9006) Voytkevych
(3723) Voznesenskij
(6379) Vrba
(10256) Vredevoogd
(20604) Vrishikpatil
(2721) Vsekhsvyatskij
(27079) Vsetin
(8475) Vsevoivanov
(17170) Vsevustinov
(4464) Vulcano
(4611) Vulkaneifel
(162001) Vulpius
(635) Vundtia
(21290) Vydra
(2953) Vysheslavia
(6536) Vysochinska
(121089) Vyssi Brod
(1600) Vyssotsky
(321324) Vytautas
(4299) WIYN
(2453) Wabash
(10585) Wabi-Sabi
(8501) Wachholz
(1704) Wachmann
(12861) Wacker
(4710) Wade
(8356) Wadhwa
(21387) Wafakhalil
(22562) Wage
(3110) Wagman
(3992) Wagner
(5128) Wakabayashi
(8399) Wakamatsu

(6208) Wakata
(12415) Wakatatakayo
(17038) Wake
(7627) Wakenokiyomaro
(5847) Wakiya
(5960) Wakkanai
(3734) Waland
(1695) Walbeck
(31956) Wald
(18021) Waldman
(11005) Waldtrudering
(25019) Walentosky
(15045) Walesdymond
(4629) Walford
(1260) Walhalla
(1417) Walinskia
(6372) Walker
(877) Walkure
(21903) Wallace
(6670) Wallach
(1153) Wallenbergia
(2114) Wallenquist
(79410) Wallerius
(987) Wallia
(66661) Wallin
(22630) Wallmuth
(3198) Wallonia
(256) Walpurga
(1946) Walraven
(7398) Walsh
(7987) Walshkevin
(23014) Walstein
(4266) Waltari
(8021) Walter
(3145) Walter Adams
(9132) Walteranderson
(19178) Walterbothe
(25680) Walterhansen
(2749) Walterhorn
(9187) Walterkroll
(246153) Waltermaria
(8811) Waltherschmadel
(22998) Waltimyer
(890) Waltraut
(19162) Wambsganss
(10657) Wanach
(9484) Wanambi
(1057) Wanda
(10428) Wanders
(20778) Wangchaohao
(26680) Wangchristi
(17693) Wangdaheng
(26688) Wangenevieve
(14558) Wangganchang
(25573) Wanghaoyu
(28305) Wangjiayi
(16944) Wangler
(25577) Wangmanqiang
(3171) Wangshouguan
(4913) Wangxuan
(21770) Wangyiran
(46669) Wangyongzhi
(23759) Wangzhaoxin
(43259) Wangzhenyi
(18593) Wangzhongcheng
(5762) Wanke
(13044) Wannes
(28019) Warchal
(2276) Warck
(4908) Ward
(11797) Warell
(6701) Warhol
(8734) Warner

(18862) Warot
(5597) Warren
(21671) Warrener
(5478) Wartburg
(9350) Waseda
(9063) Washi
(886) Washingtonia
(7274) Washioyama
(5756) Wassenbergh
(4765) Wasserburg
(10242) Wasserkuppe
(2660) Wasserman
(4783) Wasson
(11827) Wasyuzan
(4155) Watanabe
(1645) Waterfield
(1822) Waterman
(27660) Waterwayuni
(729) Watsonia
(133009) Watters
(1798) Watts
(1352) Wawel
(13840) Wayneanderson
(13425) Waynebrown
(13880) Wayneclark
(176103) Waynejohnson
(8482) Wayneolm
(14597) Waynerichie
(19816) Wayneseyfert
(11425) Wearydunlop
(29198) Weathers
(3107) Weaver
(3041) Webb
(4152) Weber
(4529) Webern
(12431) Webster
(7587) Weckmann
(5151) Weerstra
(29227) Wegener
(27588) Wegley
(115326) Wehinger
(3639)
Weidenschilling
(14100) Weierstrass
(18905) Weigan
(9315) Weigel
(207931) Weihai
(8327) Weihenmayer
(11899) Weill
(3539) Weimar
(196540) Weinbaum
(6036) Weinberg
(7114) Weinek
(183182) Weinheim
(4085) Weir
(18680) Weirather
(2802) Weisell
(30955) Weiser
(17050) Weiskopf
(7571) Weisse Rose
(22168) Weissflog
(3197) Weissman
(13531) Weizsacker
(2405) Welch
(13718) Welcker
(5464) Weller
(4958) Wellnitz
(1721) Wells
(13437) Wellton-
Persson
(3682) Welther
(31268) Welty
(6468) Welzenbach
(15425) Welzl

(1950) Wempe
(216343) Wenchang
(161715) Wenchuan
(6485) Wendeesther
(1438) Wendeline
(15268)
Wendelinefroger
(2993) Wendy
(5662) Wendycalvin
(107638) Wendyfreedman
(14147)
Wenlingshuguang
(19470) Wenpingchen
(145545) Wensayling
(20585) Wentworth
(26694) Wenxili
(16122) Wenyicai
(27101) Wenyucao
(58607) Wenzel
(621) Werdandi
(12244) Werfel
(226) Weringia
(13357) Werkhoven
(3891) Werner
(21989) Werntz
(1302) Werra
(13559) Werth
(178294) Wertheimer
(25513) Weseley
(17785) Wesleyfuller
(1945) Wesselink
(2017) Wesson
(2022) West
(138445) Westenburger
(9498) Westerbork
(5105) Westerhout
(2902) Westerlund
(10253) Westerwald
(12437) Westlane
(930) Westphalia
(15622) Westrich
(2128) Wetherill
(90429) Wetmore
(90709) Wettin
(38270) Wettzell
(19294) Weymouth
(17258) Whalen
(31555) Wheeler
(1940) Whipple
(7948) Whitaker
(10730) White
(144907) Whitehorne
(4036) Whitehouse
(17612) Whiteknight
(18839) Whiteley
(17942) Whiterabbit
(12863) Whitfield
(2301) Whitford
(115312) Whither
(4779) Whitley
(4346) Whitney
(15057) Whitson
(931) Whittemora
(44217) Whittle
(27267) Wiberg
(7103) Wichmann
(3899) Wichterle
(25875) Wickramasekara
(19833) Wickwar
(20606) Widemann
(21564) Widmanstatten
(3721) Widorn
(10734) Wieck
(15068) Wiegert

(8108) Wieland
(4548) Wielen
(18182) Wiener
(178263) Wienphilo
(144096) Wiesendangen
(69275) Wiesenthal
(25885) Wiesinger
(11916) Wiesloch
(8440) Wigeon
(4099) Wiggins
(5161) Wightman
(15304) Wikberg
(16947) Wikrent
(2412) Wil
(15109) Wilber
(11247) Wilburwright
(1941) Wild
(117506) Wildberg
(17493) Wildcat
(9999) Wiles
(21711) Wilfredwong
(15169) Wilfriedboland
(392) Wilhelmina
(14366) Wilhelmraabe
(4826) Wilhelms
(48456) Wilhelmwien
(4117) Wilke
(75562) Wilkening
(1688) Wilkens
(16797) Wilkerson
(5314) Wilkickia
(14969) Willacather
(7620) Willaert
(11427) Willemkolff
(39184) Willgrundy
(16258) Willhayes
(23172) Williamartin
(21609) Williamcaleb
(6613) Williamcarl
(3894) Williamcooke
(8031) Williamdana
(25082) Williamhodge
(9340) Williamholden
(24464) Williamkalb
(8030) Williamknight
(40457) Williamkuhn
(26671) Williamlopes
(28037) Williammonts
(45298) Williamon
(27556) Williamprem
(1763) Williams
(3641) Williams Bay
(29432) Williamscott
(150035) Williamson
(10316) Williamturner
(22872) Williamweber
(27458) Williamwhite
(13113) Williamyeats
(12137) Williefowler
(51829) Williemccool
(22786) Willipete
(13730) Willis
(5445) Williwaw
(25481) Willjaysun
(22005) Willnelson
(23712) Willpatrick
(15151) Wilmacherup
(2465) Wilson
(4015) Wilson-
Harrington
(5555) Wimberly
(12132) Wimfroger
(12175) Wimhermans
(747) Winchester

(11847) Winckelmann
(15606) Winer
(18730) Wingip
(1556) Wingolfia
(1575) Winifred
(22584) Winigleason
(6473) Winkler
(18851) Winmesser
(215423) Winnecke
(99863) Winnewisser
(17262) Winokur
(8270) Winslow
(15111) Winters
(43669) Winterthur
(19384) Winton
(2044) Wirt
(227770) Wischnewski
(3402) Wisdom
(717) Wisibada
(4588) Wislicenus
(2256) Wisniewski
(25348) Wisniowiecki
(4295) Wisse
(16022) Wissnergross
(10653) Witsen
(2732) Witt
(90712) Wittelsbach
(11349) Witten
(11404) Wittig
(852) Wladilena
(229936) Wladimarinello
(13368) Wlodekofman
(2155) Wodan
(4608) Wodehouse
(53029) Wodetzky
(32724) Woerlitz
(21846) Wojakowski
(13908) Wolbern
(7686) Wolfernst
(5674) Wolff
(236111)
Wolfgangbuttner
(4723) Wolfgangmattig
(13093) Wolfgangpauli
(827) Wolfiana
(14412) Wolflojewski
(18520) Wolfratshausen
(20304) Wolfson
(30829) Wolfwacker
(8316) Wolkenstein
(90481) Wollstonecraft
(21699) Wolpert
(1795) Woltjer
(6827) Wombat
(75555) Wonaszek
(4651) Wongkwancheng
(88874) Wongshingsheuk
(1660) Wood
(13732) Woodall
(7549) Woodard
(17241) Wooden
(13001) Woodney
(13038) Woolston
(7550) Woolum
(11195) Woomera
(21630) Wootensmith
(22994) Workman
(7011) Worley
(9742) Worpswede
(14382) Woszczyk
(2218) Wotho
(690) Wratislavia
(19721) Wray
(3062) Wren

(1747) Wright
(33017) Wronski
(1765) Wrubel
(2705) Wu
(2752) Wu Chien-
Shiung
(10976) Wubbena
(76713) Wudia
(3206) Wuhan
(56088) Wuheng
(3987) Wujek
(26727) Wujunjun
(17606) Wumengchao
(23274) Wuminchun
(20347) Wunderlich
(11040) Wundt
(26323) Wuqijin
(1785) Wurm
(5904) Wurttemberg
(256892) Wutayou
(7683) Wuwenjun
(3570) Wuyeesun
(175718) Wuzhengyi
(5090) Wyeth
(15160) Wygoda
(29845) Wykrota
(126444) Wylie
(18128) Wysner
(15171) Xandertielens
(411) Xanthe
(156) Xanthippe
(7394) Xanthomalitia
(4544) Xanthus
(625) Xenia
(14526) Xenocrates
(6026) Xenophanes
(5986) Xenophon
(7211) Xerxes
(2387) Xi'an
(20779) Xiajunchao
(3481) Xianglupeak
(24198) Xiaomengzeng
(27099) Xiaoyucao
(15889) Xiaoyuhe
(24190) Xiaoyunyin
(142020) Xinghaishiyan
(4730) Xingmingzhou
(2336) Xinjiang
(22563) Xinwang
(28411) Xiuqicao
(21313) Xiuyanyu
(7494)
Xiwanggongcheng
(2344) Xizang
(85472) Xizezong
(55082) Xlendi
(1506) Xosa
(25580) Xuelai
(172989) Xuliyang
(4360) Xuyi
(90826) Xuzhihong
(54509) YORP
(43794) Yabetakemoto
(4631) Yabu
(5192) Yabuki
(2652) Yabuuti
(8493) Yachibozu
(23241) Yada
(117568) Yadame
(9869) Yadoumaru
(12908) Yagudina
(4941) Yahagi
(7956) Yaji
(9719) Yakage

(11140) Yakedake
(1653) Yakhontovia
(8865) Yakiimo
(5614) Yakovlev
(14149) Yakowitz
(5994) Yakubovich
(20193) Yakushima
(8940) Yakushimaru
(2607) Yakutia
(24986) Yalefan
(23220) Yalemichaels
(13915) Yalow
(1475) Yalta
(3786) Yamada
(15202) Yamada-Houkoku
(7039) Yamagata
(10864) Yamagatashi
(15841) Yamaguchi
(8923) Yamakawa
(13380) Yamamohammed
(2249) Yamamoto
(5687)
Yamamotoshinobu
(18087) Yamanaka
(5473) Yamanashi
(9396) Yamaneakisato
(23644) Yamaneko
(8097) Yamanishi
(7193) Yamaoka
(6497) Yamasaki
(11087) Yamasakimakoto
(4929) Yamatai
(10888) Yamatano-
orochi
(85401) Yamatenclub
(5282) Yamatotakeru
(32184) Yamaura
(16439)
Yamehoshinokawa
(83363) Yamwingwah
(2693) Yan'an
(73782) Yanagida
(4260) Yanai
(9206) Yanaikeizo
(22489) Yanaka
(12866) Yanamadala
(46643) Yanase
(19664) Yancey
(12225) Yanfernandez
(3421) Yangchenning
(3039) Yangel
(11637) Yangjiachi
(16164) Yangli
(23761) Yangliqing
(21064) Yangliwei
(26720) Yangxinyan
(3729) Yangzhou
(11730) Yanhua
(10611) Yanjici
(24439) Yanney
(8906) Yano
(4576) Yanotoyohiko
(19443) Yanzhong
(175633) Yaoan
(25612) Yaoskalucia
(11137) Yarigatake
(2273) Yarilo
(35334) Yarkovsky
(3470) Yaronika
(4437) Yaroshenko
(15212) Yaroslavl'
(3442) Yashin
(9230) Yasuda
(8101) Yasue

(11974) Yasuhidefujita
(18818) Yasuhiko
(27955) Yasumasa
(10822) Yasunori
(7890) Yasuofukui
(10188) Yasuoyoneda
(6922) Yasushi
(4863) Yasutani
(9106) Yatagarasu
(35076) Yataro
(12447) Yatescup
(2728) Yatskiv
(4033) Yatsugatake
(7097) Yatsuka
(64290) Yaushingtung
(5887) Yauza
(9238) Yavapai
(4072) Yayoi
(2270) Yazhi
(166886) Ybl
(3689) Yeates
(4661) Yebes
(27895) Yeduzheng
(9249) Yen
(15804) Yenisei
(20641) Yenuanchen
(2956) Yeomans
(12881) Yepeiyu
(990) Yerkes
(7707) Yes
(2576) Yesenin
(3241) Yeshuhua
(2843) Yeti
(19848) Yeungchuchiu
(17039) Yeuseyenka
(5114) Yezo
(1972) Yi Xing
(16043) Yichenzhang
(63156) Yicheon
(7602) Yidaeam
(25962) Yifanli
(23066) Yihedong
(26620) Yihuali
(18887) Yiliuchen
(27374) Yim
(23235) Yingfan
(21817) Yingling
(18770) Yingqiuqilei
(28415) Yingxiong
(3340) Yinhai
(21723) Yinyinwu
(10479) Yiqunchen
(22553) Yisun
(72021) Yisunji
(80801) Yiwu
(26618) Yixinli
(20880) Yiyideng
(2846) Ylppo
(24021) Yocum
(6243) Yoder
(20522) Yogeshwar
(27578) Yogisullivan
(5176) Yoichi
(8072) Yojikondo
(13529) Yokaboshi
(5236) Yoko
(7136) Yokohasuo
(7287) Yokokurayama
(6557) Yokonomura
(7261) Yokootakeo
(6155) Yokosugano
(6656) Yokota
(6649) Yokotatakao
(11987) Yonematsu
(5060) Yoneta
(6228) Yonezawa
(5730) Yonosuke
(3823) Yorii
(5744) Yorimasa
(3902) Yoritomo
(28220) York
(35976) Yorktown
(5784) Yoron
(10547) Yosakoi
(10405) Yoshiaki
(34077) Yoshiakifuse
(3950) Yoshida
(7351) Yoshidamichi
(5753) Yoshidatadahiko
(9220) Yoshidayama
(12056) Yoshigeru
(8904) Yoshihara
(7408) Yoshihide
(5915) Yoshihiro
(7188) Yoshii
(15906) Yoshikaneda
(5237) Yoshikawa
(8102) Yoshikazu
(9123) Yoshiko
(43931) Yoshimi
(8946) Yoshimitsu
(25088) Yoshimura
(4574) Yoshinaka
(5640) Yoshino
(4670) Yoshinogawa
(9073) Yoshinori
(18840) Yoshioba
(6199) Yoshiokayayoi
(30448) Yoshiomoriyama
(8735) Yoshiosakai
(7300) Yoshisada
(10568) Yoshitanaka
(12365) Yoshitoki
(3733) Yoshitomo
(3178) Yoshitsune
(10167) Yoshiwatiso
(7257) Yoshiya
(5172) Yoshiyuki
(2910) Yoshkar-Ola
(9074) Yosukeyoshida
(13565) Yotakanashi
(9784) Yotsubashi
(21826) Youjiazhong
(2165) Young
(7020) Yourcenar
(7105) Yousyozan
(7992) Yozan
(10120) Ypres
(2804) Yrjo
(351) Yrsa
(15363) Ysaye
(18751) Yualexandrov
(6541) Yuan
(8117) Yuanlongping
(22572) Yuanzhang
(106817) Yubangtaek
(10799) Yucatan
(83600) Yuchunshun
(7581) Yudovich
(10016) Yugan
(1554) Yugoslavia
(9848) Yugra
(47077) Yuji
(9415) Yujiokimura
(8089) Yukar
(6913) Yukawa
(152657) Yukifumi
(28340) Yukihiro
(10559) Yukihisa
(37392) Yukiniall
(5513) Yukio
(5821) Yukiomaeda
(20019) Yukiotanaka
(13627) Yukitamayo
(5855) Yukitsuna
(9109) Yukomotizuki
(14960) Yule
(31196) Yulong
(12746) Yumeginga
(7596) Yumi
(20073) Yumiko
(15729) Yumikoitahana
(21447) Yungchieh
(2230) Yunnan
(20853) Yunxiangchu
(173936) Yuribo
(6942) Yurigulyaev
(11826) Yurijgromov
(13146) Yuriko
(4917) Yurilvovia
(8635) Yuriosipov
(212924) Yurishevchuk
(8781) Yurka
(21818) Yurkanin
(7558) Yurlov
(79333) Yusaku
(185546) Yushan
(27261) Yushiwang
(158241) Yutonagatomo
(20204) Yuudurunosato
(5291) Yuuko
(16790) Yuuzou
(25903) Yuvalcalev
(10837) Yuyakekoyake
(20265) Yuyinchen
(6009) Yuzuruyoshii
(1340) Yvette
(25120) Yvetteleung
(1301) Yvonne
(28049) Yvonnealex
(15115) Yvonneroe
(9501) Ywain
(22521) ZZ Top
(10566) Zabadak
(23675) Zabinski
(175017) Zabori
(18671) Zacharyrice
(999) Zachia
(22481) Zachlynn
(19585) Zachopkins
(12468) Zachotin
(18823) Zachozer
(18806) Zachpenn
(19421) Zachulett
(5043) Zadornov
(4617) Zadunaisky
(18601) Zafar
(6746) Zagar
(187700) Zagreb
(26629) Zahller
(7860) Zahnle
(11408) Zahradnik
(25124) Zahramaarouf
(421) Zahringia
(10626) Zajic
(32294) Zajonc
(6075) Zajtsev
(4244) Zakharchenko
(5453) Zakharchenya
(210147) Zalgiris
(1242) Zambesia

166

(117993) Zambujal
(1462) Zamenhof
(5047) Zanda
(21991) Zane
(21301) Zanin
(8215) Zanonato
(14568) Zanotta
(2945) Zanstra
(80135) Zanzanini
(5751) Zao
(6578) Zapesotskij
(266646) Zaphod
(16745) Zappa
(3834) Zappafrank
(2813) Zappala
(18938) Zarabeth
(2189) Zaragoza
(17920) Zarnecki
(26466) Zarrin
(10223) Zashikiwarashi
(5910) Zatopek
(14877) Zauberflote
(7440) Zavist
(9150) Zavolokin
(203823) Zdanavicius
(25354) Zdasiuk
(3827) Zdenekhorsky
(34753) Zdenekmatyas
(20364) Zdenekmiler
(3364) Zdenka
(18676) Zdenkaplavcova
(29477) Zdiksima
(5275) Zdislava
(246164) Zdvyzhensk
(2623) Zech
(1336) Zeelandia
(29212) Zeeman
(20616) Zeeshansayed
(16039) Zeglin
(48681) Zeilinger
(851) Zeissia
(27931) Zeitlin-
Trinkle
(11438) Zeldovich
(9711) Zeletava
(9224) Zelezny
(169) Zelia
(633) Zelima
(654) Zelinda
(3042) Zelinsky
(17801) Zelkowitz
(2411) Zellner
(24754) Zellyfry
(15808) Zelter
(10834) Zembsch-
Schreve
(5219) Zemka
(25094) Zemtsov
(7538) Zenbei
(21398) Zengguoshou
(22567) Zenisek
(38268) Zenkert
(840) Zenobia
(58709) Zenocolo
(6186) Zenon
(12923) Zephyr
(693) Zerbinetta
(121232) Zerin
(531) Zerlina
(14990) Zermelo
(11779) Zernike
(4321) Zero
(5731) Zeus
(438) Zeuxo

(4311) Zguridi
(25100) Zhaiweichao
(1802) Zhang Heng
(8311) Zhangdaning
(3028) Zhangguoxi
(79418) Zhangjiajie
(25584) Zhangnelson
(20831) Zhangyi
(21825) Zhangyizhong
(7811) Zhaojiuzhang
(25102) Zhaoye
(2631) Zhejiang
(236743) Zhejiangdaxue
(12935) Zhengzhemin
(12421) Zhenya
(5930) Zhiganov
(14346) Zhilyaev
(241113) Zhongda
(3789) Zhongguo
(19298) Zhongkeda
(7800) Zhongkeyuan
(237187) Zhonglihe
(1734) Zhongolovich
(21725) Zhongyuechen
(3462) Zhouguangzhao
(4925) Zhoushan
(10388) Zhuguangya
(2903) Zhuhai
(2132) Zhukov
(26087) Zhuravleva
(21731) Zhuruochen
(20689) Zhuyuanchen
(21728) Zhuzhirui
(5931) Zhvanetskij
(117240) Zhytomyr
(13351) Zibeline
(7817) Zibiturtle
(3951) Zichichi
(58578) Zidek
(7909) Ziffer
(22490) Zigamiyama
(72596) Zilkha
(15724) Zille
(23003) Ziminski
(3064) Zimmer
(3100) Zimmerman
(1775) Zimmerwald
(26302) Zimolzak
(4615) Zinner
(11485) Zinzendorf
(7565) Zipfel
(8425)
Zirankexuejijin
(6949) Zissell
(689) Zita
(26946) Ziziyu
(48070) Zizza
(4408) Zlata Koruna
(11481) Znannya
(15390) Znojil
(7572) Znokai
(18661) Zoccoli
(6030) Zolensky
(32855) Zollitsch
(8142) Zolotov
(18292) Zoltowski
(1468) Zomba
(14267) Zook
(4907) Zoser
(5759) Zoshchenko
(1793) Zoya
(7003) Zoyamironova
(19835) Zreda
(7701) Zrzavy

(166614) Zsazsa
(84995) Zselic
(161092) Zsigmond
(1888) Zu Chong-Zhi
(23571) Zuaboni
(865) Zubaida
(6635) Zuber
(6232) Zubitskia
(10022) Zubov
(8058) Zuckmayer
(10452) Zuev
(1922) Zulu
(12321) Zurakowski
(145562) Zurbriggen
(13025) Zurich
(31134) Zurria
(2323) Zverev
(1700) Zvezdara
(6465) Zvezdotchet
(12406) Zvikov
(175636) Zvyagel
(9691) Zwaan
(20529) Zwerling
(785) Zwetana
(1803) Zwicky
(6213) Zwiers
(9663) Zwin
(7908) Zwingli
(4879) Zykina
(2098) Zyskin
(5956) d'Alembert
(11574) d'Alviella
(8488) d'Argens
(9133) d'Arrest
(14238) d'Artagnan
(14961) d'Auteroche
(11530) d'Indy
(6512) de Bergh
(30883) de Broglie
(12526) de Coninck
(69434) de Gerlache
(11243) de Graauw
(10444) de Hevesy
(3798) de Jager
(13641) de Lesseps
(13580) de Saussure
(154714) de Schepper
(161315) de Shalit
(12687) de Valory
(20103) de Vico
(15785) de Villegas
(10970) de Zeeuw
(17435) di Giovanni
(12059) du Chatelet
(2019) van Albada
(2370) van Altena
(10971) van Dishoeck
(9561) van Eyck
(6751) van Genderen
(1666) van Gent
(4457) van Gogh
(1752) van Herk
(1673) van Houten
(10965) van Leverink
(10651) van Linschoten
(10667) van Marxveldt
(9748) van Ostaijen
(2203) van Rhijn
(9239) van Riebeeck
(10441) van
Rijckevorsel
(18643) van
Rysselberghe
(10439) van Schooten

167

(19235) van Schurman
(3098) van Sprang
(10440) van Swinden
(22907) van Voorthuijsen
(10429) van Woerden
(4296) van Woerkom
(8320) van Zee
(2413) van de Hulst
(1965) van de Kamp
(10753) van de Velde
(4230) van den Bergh
(1663) van den Bos

(3091) van den Heuvel
(10963) van der Brugge
(10966) van der Hucht
(10437) van der Kruit
(2823) van der Laan
(9678) van der Meer
(10443) van der Pol
(32893) van der Waals
(9576) van der Weyden
(5916) van der Woude
(12174) van het Reve
(27764) von Flue
(85195) von Helfta

(58215) von Klitzing
(73700) von Kues
(10762) von Laue
(69286) von Liebig
(2350) von Lude
(9816) von Matt
(22824) von Neumann
(22788) von Steuben
(12799) von Suttner
(48529) von Wrangel
(23265) von Wurden
(8870) von Zeipel

ASTEROIDI PERICOLOSI :
TIPOLOGIE
NEAR EARTH ASTEROIDS(NEA)

NEA = asteroidi vicini alla Terra con q<1.3 UA
ATIRAS = asteroidi vicini alla Terra con l'orbita completamente
interna a quella terrestre
ATENS = asteroidi vicini alla Terra con semiasse minore di 1 UA
APOLLO = asteroidi vicini alla Terra con semiasse maggiore di 1
UA
AMOR = asteroidi vicini alla Terra con orbita esterna alla Terra
ma interna a Marte
PHA = asteroidi potenzialmente pericolosi per la Terra

NEAs	Near-Earth Asteroids	q<1.3 AU
Atiras	NEAs whose orbits are contained entirely with the orbit of the Earth (named after asteroid 163693 Atira).	a<1.0 AU, Q<0.983 AU
Atens	Earth-crossing NEAs with semi-major axes smaller than Earth's (named after asteroid 2062 Aten).	a<1.0 AU, Q>0.983 AU
Apollos	Earth-crossing NEAs with semi-major axes larger than Earth's (named after asteroid 1862 Apollo).	a>1.0 AU, q<1.017 AU
Amors	Earth-approaching NEAs with orbits exterior to Earth's but interior to Mars' (named after asteroid 1221 Amor).	a>1.0 AU, 1.017<q<1.3 AU
PHAs	Potentially Hazardous Asteriods: NEAs whose Minimum Orbit Intersection Distance (MOID) with the Earth is 0.05 AU or less and whose absolute magnitude (H) is 22.0 or brighter.	$MOID$<=0.05 AU, H<

AMORS

170

433 Eros	9950 ESA	65674 (1988 SM)
719 Albert	10150 (1994 PN)	65706 (1992 NA)
887 Alinda	10302 (1989 ML)	65996 (1998 MX5)
1036 Ganymed	10860 (1995 LE)	66251 (1999 GJ2)
1221 Amor	11054 (1991 FA)	66272 (1999 JW6)
1580 Betulia	11284 Belenus	66407 (1999 LQ28)
1627 Ivar	11398 (1998 YP11)	66959 (1999 XO35)
1915 Quetzalcoatl	13553 Masaakikoyama	67367 (2000 LY27)
1916 Boreas	14402 (1991 DB)	68031 (2000 YK29)
1917 Cuyo	15745 (1991 PM5)	68063 (2000 YJ66)
1943 Anteros	15817 Lucianotesi	68278 (2001 FC7)
1980 Tezcatlipoca	16064 Davidharvey	68350 (2001 MK3)
2059 Baboquivari	16636 (1993 QP)	68359 (2001 OZ13)
2061 Anza	16657 (1993 UB)	85184 (1991 JG1)
2202 Pele	16912 Rhiannon	85275 (1994 LY)
2368 Beltrovata	17274 (2000 LC16)	85490 (1997 SE5)
2608 Seneca	18106 Blume	85628 (1998 KV2)
3102 Krok	18109 (2000 NG11)	85709 (1998 SG36)
3122 Florence	18172 (2000 QL7)	85804 (1998 WQ5)
3199 Nefertiti	18736 (1998 NU)	85839 (1998 YO4)
3271 Ul	18882 (1999 YN4)	85867 (1999 BY9)
3288 Seleucus	19356 (1997 GH3)	86067 (1999 RM28)
3352 McAuliffe	19764 (2000 NF5)	86324 (1999 WA2)
3551 Verenia	20086 (1994 LW)	86326 (1999 WK13)
3552 Don Quixote	20255 (1998 FX2)	88188 (2000 XH44)
3553 Mera	20460 Robwhiteley	88263 (2001 KQ1)
3691 Bede	20790 (2000 SE45)	88264 (2001 KN20)
3757 (1982 XB)	21088 (1992 BL2)	89355 (2001 VS78)
3908 Nyx	21277 (1996 TO5)	89830 (2002 CE)
3988 (1986 LA)	21374 (1997 WS22)	90373 (2003 SZ219)
4055 Magellan	23183 (2000 OY21)	96189 Pygmalion
4401 Aditi	23548 (1994 EF2)	96631 (1999 FP59)
4487 Pocahontas	23606 (1996 AS1)	97725 (2000 GB147)
4503 Cleobulus	23714 (1998 EC3)	99799 (2002 LJ3)
4587 Rees	24475 (2000 VN2)	100756 (1998 FM5)
4596 (1981 QB)	25916 (2001 CP44)	100926 (1998 MQ)
4688 (1980 WF)	26166 (1995 QN3)	101873 (1999 NC5)
4947 Ninkasi	26310 (1998 TX6)	102873 (1999 WK11)
4954 Eric	26760 (2001 KP41)	105141 (2000 NF11)
4957 Brucemurray	26817 (1987 QB)	108519 (2001 LF)
5324 Lyapunov	27031 (1998 RO4)	112221 (2002 KH4)
5332 Davidaguilar	27346 (2000 DN8)	112985 (2002 RS28)
5370 Taranis	31210 (1998 BX7)	115052 (2003 RD6)
5587 (1990 SB)	31221 (1998 BP26)	136564 (1977 VA)
5620 Jasonwheeler	31345 (1998 PG)	136582 (1992 BA)
5626 (1991 FE)	31346 (1998 PB1)	136635 (1994 VA1)
5646 (1990 TR)	32906 (1994 RH)	136745 (1995 WL8)
5653 Camarillo	34613 (2000 UR13)	136773 (1996 TR6)
5751 Zao	35432 (1998 BG9)	136839 (1997 WT22)
5797 Bivoj	36017 (1999 ND43)	136897 (1998 HJ41)
5836 (1993 MF)	36183 (1999 TX16)	136923 (1998 JH2)
5863 Tara	37336 (2001 RM)	137044 (1998 UC50)
5869 Tanith	38071 (1999 GU3)	137064 (1998 WP5)
5879 Almeria	39565 (1992 SL)	137125 (1999 CT3)
6050 Miwablock	39572 (1993 DQ1)	137199 (1999 KX4)
6178 (1986 DA)	39796 (1997 TD)	137671 (1999 XP35)
6456 Golombek	40263 (1999 FQ5)	137799 (1999 YB)
6491 (1991 OA)	40329 (1999 ML)	137802 (1999 YT)
6569 Ondaatje	41440 (2000 HZ23)	137911 (2000 AB246)
7088 Ishtar	48603 (1995 BC2)	138095 (2000 DK79)
7236 (1987 PA)	52381 (1993 HA)	138155 (2000 ES70)
7336 Saunders	52387 (1993 OM7)	138524 (2000 OJ8)
7358 Oze	52689 (1998 FF2)	138815 (2000 TQ64)
7474 (1992 TC)	52761 (1998 MN14)	138847 (2000 VE62)
7480 Norwan	52768 (1998 OR2)	138911 (2001 AE2)
7839 (1994 ND)	53110 (1999 AR7)	138925 (2001 AU43)
7977 (1977 QQ5)	53430 (1999 TY16)	139047 (2001 EB16)
8013 Gordonmoore	53435 (1999 VM40)	139056 (2001 FY)
8034 Akka	54071 (2000 GQ146)	139211 (2001 GN2)
8037 (1993 HO1)	54401 (2000 LM)	140928 (2001 VG75)
8567 (1996 HW1)	54660 (2000 UJ1)	141018 (2001 WC47)
8709 Kadlu	54686 (2001 DU8)	141078 (2001 XQ30)
9172 Abhramu	54690 (2001 EB)	141354 (2002 AJ29)
9400 (1994 TW1)	54789 (2001 MZ7)	141447 (2002 CW59)

171

141670 (2002 JS100)	162873 (2001 FB7)	217796 (2000 TO64)
141761 (2002 MC)	162900 (2001 HG31)	217807 (2000 XK44)
141765 (2002 MP3)	162926 (2001 OB36)	219527 (2001 QK142)
141874 (2002 PO34)	163000 (2001 SW169)	221787 (2007 VZ30)
142040 (2002 QE15)	163001 (2001 SE170)	222008 (1998 QQ63)
142348 (2002 RX211)	163070 (2002 AO7)	222073 (1999 HY1)
142464 (2002 TC9)	163250 (2002 GH1)	222165 (2000 AX93)
142555 (2002 TB58)	163252 (2002 GD11)	223456 (2003 UB10)
142561 (2002 TX68)	163412 (2002 RV25)	225312 (1996 XB27)
142563 (2002 TR69)	163667 (2002 WC1)	226198 (2002 UN3)
142781 (2002 UM11)	163691 (2003 BB43)	226219 (2002 VT85)
143381 (2003 BC21)	163694 (2003 DP13)	228587 (2002 AP7)
143409 (2003 BQ46)	163760 (2003 OR14)	230118 (2001 DB3)
143527 (2003 EN16)	163902 (2003 SW222)	230979 (2005 AT42)
143643 (2003 NP7)	164214 (2004 LZ11)	231792 (2000 DH8)
143678 (2003 SA224)	164215 Doloreshill	232368 (2003 AZ2)
144922 (2005 CK38)	164217 (2004 PT42)	232382 (2003 BT47)
145656 (4788 P-L)	164221 (2004 QE20)	235086 (2003 HW11)
152558 (1990 SA)	164341 (2005 CO)	236716 (2007 FV42)
152575 (1994 GY)	168378 (1997 ET30)	237442 (1999 TA10)
152787 (1999 TB10)	168791 (2000 SQ43)	237805 (2002 CF26)
152895 (2000 CQ101)	169675 (2002 JM97)	240320 (2003 HS42)
152942 (2000 FN10)	170891 (2004 TY16)	241596 (1998 XM2)
152952 (2000 GC2)	171819 (2001 FZ6)	241662 (2000 KO44)
153219 (2000 YM29)	172034 (2001 WR1)	242187 (2003 KR18)
153306 (2001 JL1)	172718 (2004 BD85)	242211 (2003 QB90)
153591 (2001 SN263)	172974 (2005 YW55)	242216 (2003 RN10)
153842 (2001 XT30)	173232 (1998 XC9)	243025 (2006 UM216)
153951 (2002 AC3)	173664 (2001 JU2)	243147 (2007 TX18)
154007 (2002 BY)	173689 (2001 PK9)	243298 (2008 EN82)
154144 (2002 FA5)	174050 (2002 CC19)	246138 (2007 OG3)
154244 (2002 KL6)	174806 (2003 XL)	247156 (2000 YH29)
154589 (2003 MX2)	175189 (2005 EC224)	248083 (2004 QU24)
154991 Vinciguerra	177255 (2003 WC25)	248818 (2006 SZ217)
155334 (2006 DZ169)	178601 (2000 CG59)	248926 (2006 WZ2)
155340 (2006 SK198)	178871 (2001 MA8)	249595 (1997 GH28)
155341 (2006 SA218)	183548 (2003 HU42)	249615 (1999 TB5)
159368 (1979 QB)	185702 (1998 HK3)	249816 (2001 FD90)
159399 (1998 UL1)	185716 (1998 SF35)	249886 (2001 RY11)
159454 (2000 DJ8)	185853 (2000 ER70)	250162 (2002 TY57)
159467 (2000 QK25)	188452 (2004 HE62)	251732 (1998 HG49)
159495 (2000 UV16)	189011 Ogmios	252793 (2002 FW5)
159518 (2001 FF7)	189058 (2000 UT16)	253062 (2002 TC70)
159533 (2001 HH31)	189062 (2000 VA45)	253586 (2003 TX7)
159555 (2001 SJ276)	189263 (2005 CA)	254419 (2004 VT60)
159560 (2001 TO103)	189552 (2000 RL77)	256004 (2006 UP)
159608 (2002 AC2)	189700 (2001 TA45)	256412 (2007 BT2)
159609 (2002 AQ3)	189973 (2003 XE11)	256670 (2007 XT58)
159635 (2002 CZ46)	190161 (2005 TJ174)	257838 (2000 JQ66)
159856 (2004 JW6)	190166 (2005 UP156)	258325 (2001 VB2)
159923 (2004 YJ32)	190208 (2006 AQ)	259802 (2004 BJ86)
159929 (2005 UK)	190758 (2001 QH96)	261938 (2006 OB5)
161995 (1983 LB)	194126 (2001 SG276)	264308 (1999 NA5)
161998 (1988 PA)	196256 (2003 EH1)	265962 (2006 CG)
161999 (1989 RC)	198752 (2005 EA60)	267270 (2001 RP17)
162011 Konnohmaru	198856 (2005 LR3)	267759 (2003 MC7)
162038 (1996 DH)	200840 (2001 XN254)	274855 (2009 RB4)
162058 (1997 AE12)	203015 (1999 YF3)	275545 (1998 UN1)
162149 (1998 YQ11)	203217 (2001 FX9)	275558 (1999 RH33)
162161 (1999 DK3)	205378 (2001 BJ16)	275611 (1999 XX262)
162168 (1999 GT6)	205388 (2001 DV8)	275792 (2001 QH142)
162186 (1999 OP3)	206359 (2003 QM47)	276111 (2002 GM9)
162196 (1999 RL45)	207970 (1996 BZ3)	276274 (2002 SS41)
162273 (1999 VL12)	209924 (2005 WS55)	276392 (2002 XH4)
162452 (2000 HO14)	210012 (2006 KT1)	276397 (2002 XA40)
162472 (2000 LL)	211914 (2004 RM251)	276468 (2003 HQ32)
162566 (2000 RJ34)	212546 (2006 SV19)	276660 (2003 WB25)
162581 (2000 SA10)	213053 (1998 WT30)	276786 (2004 KD1)
162635 (2000 SS164)	215167 (2000 EL26)	277127 (2005 GW119)
162698 (2000 UN30)	215757 (2004 FU64)	277279 (2005 SA71)
162740 (2000 WF6)	216689 (2004 HM1)	277473 (2005 WD1)
162741 (2000 WG6)	216707 (2004 XP164)	280244 (2002 WP11)
162781 (2000 XL44)	217013 (2001 AA50)	283457 (2001 MQ3)
162854 (2001 DE47)	217683 (1999 RP36)	283460 (2001 PD1)

172

173

(1999 DY2)
(1999 DJ3)
(1999 EO3)
(1999 EF5)
(1999 HV1)
(1999 HW1)
(1999 HX1)
(1999 JU6)
(1999 KK1)
(1999 LJ1)
(1999 LT1)
(1999 LE6)
(1999 LV7)
(1999 LN28)
(1999 LP28)
(1999 LD30)
(1999 OQ3)
(1999 PS3)
(1999 RU2)
(1999 RV2)
(1999 RN28)
(1999 RP28)
(1999 RQ28)
(1999 RZ31)
(1999 RB32)
(1999 RJ33)
(1999 RO36)
(1999 SE10)
(1999 TZ4)
(1999 TA5)
(1999 TD5)
(1999 TE5)
(1999 TM13)
(1999 TU16)
(1999 UQ)
(1999 VT)
(1999 VN6)
(1999 VQ6)
(1999 VM11)
(1999 VN11)
(1999 VQ11)
(1999 VX15)
(1999 VG22)
(1999 VU25)
(2000 AG205)
(2000 BH19)
(2000 CL33)
(2000 CN33)
(2000 CR101)
(2000 DQ110)
(2000 DV110)
(2000 EC14)
(2000 EC104)
(2000 EV106)
(2000 EB107)
(2000 FP10)
(2000 FX13)
(2000 GT127)
(2000 GV127)
(2000 GC147)
(2000 HW23)
(2000 HP40)
(2000 HD74)
(2000 JF1)
(2000 JA3)
(2000 JX8)
(2000 JY8)
(2000 JZ8)
(2000 JN10)
(2000 JO78)
(2000 KC)
(2000 KL33)
(2000 KN44)
(2000 LF6)

(2000 LK10)
(2000 NQ11)
(2000 OG8)
(2000 OH8)
(2000 OB22)
(2000 PF5)
(2000 PG5)
(2000 PH8)
(2000 PP9)
(2000 PQ27)
(2000 PO30)
(2000 QT7)
(2000 QW7)
(2000 QJ130)
(2000 QL130)
(2000 QN130)
(2000 QO130)
(2000 RJ12)
(2000 RD52)
(2000 RF52)
(2000 RD53)
(2000 RJ60)
(2000 RK60)
(2000 SB8)
(2000 SF8)
(2000 SJ8)
(2000 SN10)
(2000 ST20)
(2000 SU20)
(2000 SV20)
(2000 SB25)
(2000 SR43)
(2000 SS43)
(2000 SZ44)
(2000 SY162)
(2000 SC241)
(2000 TH1)
(2000 TJ1)
(2000 TE2)
(2000 TG2)
(2000 TV28)
(2000 UW13)
(2000 UY33)
(2000 VH61)
(2000 WJ10)
(2000 WM10)
(2000 WX28)
(2000 WY28)
(2000 WH63)
(2000 WJ63)
(2000 WC67)
(2000 WK107)
(2000 WL107)
(2000 WN148)
(2000 WO148)
(2000 XF44)
(2000 XH47)
(2000 YG4)
(2000 YK4)
(2000 YT134)
(2001 AO2)
(2001 BY15)
(2001 BO60)
(2001 BM61)
(2001 CA32)
(2001 CC32)
(2001 CK42)
(2001 DS8)
(2001 DT8)
(2001 DC77)
(2001 FZ)
(2001 FE7)
(2001 FB58)
(2001 FC90)

(2001 GS2)
(2001 HW7)
(2001 HX7)
(2001 HW15)
(2001 HK31)
(2001 JW1)
(2001 KW18)
(2001 KO41)
(2001 KD55)
(2001 KD68)
(2001 LD6)
(2001 MD1)
(2001 MF1)
(2001 MY7)
(2001 NY1)
(2001 NZ1)
(2001 NJ6)
(2001 NE13)
(2001 OD3)
(2001 OE3)
(2001 OV13)
(2001 OX13)
(2001 OF25)
(2001 OG25)
(2001 OE84)
(2001 PJ)
(2001 PE1)
(2001 PH9)
(2001 PU9)
(2001 PF14)
(2001 QJ)
(2001 QB34)
(2001 QD34)
(2001 QE96)
(2001 QG142)
(2001 QP142)
(2001 QA143)
(2001 QL153)
(2001 QP181)
(2001 RP3)
(2001 RQ3)
(2001 RE8)
(2001 RX11)
(2001 RC12)
(2001 RQ17)
(2001 RX17)
(2001 RA18)
(2001 RB18)
(2001 RX47)
(2001 SJ9)
(2001 SK169)
(2001 SZ169)
(2001 SA170)
(2001 SC170)
(2001 SD170)
(2001 SJ262)
(2001 SO263)
(2001 SR263)
(2001 SL264)
(2001 SX269)
(2001 SD270)
(2001 SK276)
(2001 SE286)
(2001 SS287)
(2001 SD348)
(2001 TC)
(2001 TZ1)
(2001 TB2)
(2001 TY44)
(2001 TB45)
(2001 TP103)
(2001 UZ4)
(2001 UB5)
(2001 UC5)

174

(2001 UE5)
(2001 UP16)
(2001 UQ16)
(2001 UV16)
(2001 UW16)
(2001 UW17)
(2001 UE18)
(2001 UG18)
(2001 UO27)
(2001 UP27)
(2001 UU92)
(2001 UQ163)
(2001 VF2)
(2001 VH5)
(2001 VJ75)
(2001 WW1)
(2001 WH2)
(2001 WJ2)
(2001 WR5)
(2001 WP15)
(2001 XQ)
(2001 XE1)
(2001 XS1)
(2001 XQ31)
(2001 XK105)
(2001 XW266)
(2001 YA1)
(2001 YB1)
(2001 YO3)
(2001 YR3)
(2001 YT3)
(2001 YU3)
(2001 YM4)
(2001 YX11)
(2002 AA2)
(2002 AD2)
(2002 AQ2)
(2002 AY3)
(2002 AR4)
(2002 AT4)
(2002 AT5)
(2002 AN11)
(2002 AF29)
(2002 AH29)
(2002 AR129)
(2002 BG)
(2002 BA1)
(2002 BM5)
(2002 BM26)
(2002 BP26)
(2002 CP4)
(2002 CR11)
(2002 CS11)
(2002 CC26)
(2002 CT46)
(2002 CV46)
(2002 CZ58)
(2002 DQ3)
(2002 EC)
(2002 EV)
(2002 EH1)
(2002 ES11)
(2002 ET11)
(2002 EX11)
(2002 EY11)
(2002 EG116)
(2002 FD)
(2002 FQ4)
(2002 FP5)
(2002 GF1)
(2002 GN5)
(2002 GP5)
(2002 GF8)
(2002 GK8)

(2002 GZ8)
(2002 GD10)
(2002 HE8)
(2002 HF8)
(2002 HU11)
(2002 JA9)
(2002 JQ97)
(2002 KJ3)
(2002 KK3)
(2002 KK8)
(2002 LH3)
(2002 LE27)
(2002 LD31)
(2002 MY)
(2002 MT1)
(2002 NV)
(2002 NW16)
(2002 NX18)
(2002 NA31)
(2002 OS4)
(2002 PR1)
(2002 PN6)
(2002 PO6)
(2002 PQ6)
(2002 PC11)
(2002 PW39)
(2002 PY39)
(2002 PE43)
(2002 PF43)
(2002 PO75)
(2002 PG80)
(2002 PH80)
(2002 PC130)
(2002 PD130)
(2002 QZ6)
(2002 QH10)
(2002 QE47)
(2002 RB)
(2002 RT25)
(2002 RU25)
(2002 RD27)
(2002 RN38)
(2002 RA126)
(2002 RO137)
(2002 RP137)
(2002 RA182)
(2002 SF)
(2002 SL)
(2002 SN)
(2002 TN30)
(2002 TD58)
(2002 TX59)
(2002 TC60)
(2002 TD60)
(2002 TR67)
(2002 TS67)
(2002 TH68)
(2002 TY68)
(2002 TZ68)
(2002 TB69)
(2002 TP69)
(2002 TS69)
(2002 UN)
(2002 UL11)
(2002 VQ14)
(2002 VX17)
(2002 VO85)
(2002 VP85)
(2002 VR94)
(2002 VT94)
(2002 VY94)
(2002 VX99)
(2002 VD118)
(2002 WQ)

(2002 WY12)
(2002 WW17)
(2002 XA)
(2002 XO1)
(2002 XU4)
(2002 XW4)
(2002 XX4)
(2002 XM14)
(2002 XZ38)
(2002 XY39)
(2002 XN40)
(2002 XP40)
(2002 XU66)
(2002 XM90)
(2002 YO2)
(2002 YF4)
(2002 YQ5)
(2002 YR5)
(2002 YD12)
(2003 AC1)
(2003 AD1)
(2003 AM4)
(2003 AO4)
(2003 AJ73)
(2003 BO1)
(2003 BN4)
(2003 BC46)
(2003 CC11)
(2003 CH11)
(2003 CQ20)
(2003 DE6)
(2003 DC14)
(2003 ER)
(2003 EH16)
(2003 EP16)
(2003 EJ59)
(2003 FS2)
(2003 FT3)
(2003 FV3)
(2003 FR6)
(2003 GA)
(2003 GX)
(2003 GH21)
(2003 GJ21)
(2003 GS22)
(2003 JG4)
(2003 JD13)
(2003 JD17)
(2003 KW16)
(2003 KQ18)
(2003 LW1)
(2003 LS3)
(2003 LX5)
(2003 LO6)
(2003 MA)
(2003 MT)
(2003 MU)
(2003 ME7)
(2003 MV7)
(2003 NB)
(2003 ND)
(2003 NL7)
(2003 OA3)
(2003 OB4)
(2003 OQ13)
(2003 PN5)
(2003 PC11)
(2003 QC)
(2003 QK5)
(2003 QQ10)
(2003 QY29)
(2003 QA30)
(2003 QB31)
(2003 QF70)

175

(2003 QL96)
(2003 RM)
(2003 RS1)
(2003 RE2)
(2003 RD5)
(2003 RP8)
(2003 RL10)
(2003 RW10)
(2003 SK5)
(2003 SL5)
(2003 SC11)
(2003 SK36)
(2003 SH84)
(2003 SM84)
(2003 SA85)
(2003 SJ154)
(2003 SV159)
(2003 SD170)
(2003 SF170)
(2003 SJ170)
(2003 SD201)
(2003 SS214)
(2003 SU214)
(2003 SH215)
(2003 SJ215)
(2003 SK215)
(2003 SL215)
(2003 SN215)
(2003 TK)
(2003 TK1)
(2003 TL1)
(2003 TN1)
(2003 TX9)
(2003 UE)
(2003 UQ3)
(2003 UB5)
(2003 UD5)
(2003 UW5)
(2003 UE8)
(2003 UN12)
(2003 UR12)
(2003 UY19)
(2003 UC22)
(2003 UE22)
(2003 UF22)
(2003 UP24)
(2003 UP25)
(2003 VF1)
(2003 VG1)
(2003 WQ21)
(2003 WM25)
(2003 WX25)
(2003 WW87)
(2003 WX87)
(2003 WY87)
(2003 WU153)
(2003 XE)
(2003 XM)
(2003 YM1)
(2003 YQ1)
(2003 YW1)
(2003 YP17)
(2003 YR70)
(2003 YT70)
(2003 YT124)
(2003 YJ136)
(2004 AH)
(2004 AM)
(2004 BW1)
(2004 BE11)
(2004 BF11)
(2004 BJ11)
(2004 BK11)
(2004 BW18)

(2004 BZ18)
(2004 BY21)
(2004 BX58)
(2004 BB75)
(2004 BE85)
(2004 BE86)
(2004 BS102)
(2004 BG121)
(2004 CQ)
(2004 CS)
(2004 CR2)
(2004 CD39)
(2004 CP49)
(2004 CH52)
(2004 DK1)
(2004 EB)
(2004 EJ1)
(2004 EO20)
(2004 ET21)
(2004 FE)
(2004 FG1)
(2004 FK2)
(2004 FD4)
(2004 FE4)
(2004 FP4)
(2004 FZ5)
(2004 FB16)
(2004 FN17)
(2004 FB18)
(2004 GA)
(2004 GY)
(2004 GD2)
(2004 GD28)
(2004 HD)
(2004 HO1)
(2004 HH20)
(2004 HH33)
(2004 HT38)
(2004 HB39)
(2004 HS56)
(2004 JB)
(2004 JR1)
(2004 JB12)
(2004 JO12)
(2004 JU20)
(2004 KA)
(2004 KE1)
(2004 KF1)
(2004 KN10)
(2004 KZ14)
(2004 KF15)
(2004 KE17)
(2004 KG17)
(2004 LH)
(2004 LK)
(2004 LD2)
(2004 LU3)
(2004 LX5)
(2004 LZ5)
(2004 LA6)
(2004 LA10)
(2004 MO1)
(2004 MP3)
(2004 MO4)
(2004 NF3)
(2004 NU7)
(2004 NM8)
(2004 NC9)
(2004 OF6)
(2004 PJ)
(2004 PM2)
(2004 PE20)
(2004 PF20)
(2004 PG20)

(2004 PX27)
(2004 PY27)
(2004 PS42)
(2004 PS92)
(2004 PB97)
(2004 PD97)
(2004 QA2)
(2004 QN5)
(2004 QJ13)
(2004 QB17)
(2004 QC17)
(2004 QD17)
(2004 QG20)
(2004 RV2)
(2004 RJ9)
(2004 RK9)
(2004 RQ10)
(2004 RA11)
(2004 RB11)
(2004 RS25)
(2004 RC80)
(2004 RD84)
(2004 RQ109)
(2004 RS109)
(2004 RU164)
(2004 RY164)
(2004 RX165)
(2004 RL251)
(2004 RC252)
(2004 RN335)
(2004 SA)
(2004 SS)
(2004 ST9)
(2004 SZ19)
(2004 SV26)
(2004 SU55)
(2004 TU11)
(2004 TV11)
(2004 TT12)
(2004 TQ13)
(2004 TK14)
(2004 TE18)
(2004 TL19)
(2004 VA15)
(2004 VB17)
(2004 VS60)
(2004 VZ60)
(2004 VB61)
(2004 XJ3)
(2004 XK4)
(2004 XL4)
(2004 XE6)
(2004 XO14)
(2004 XJ35)
(2004 XM35)
(2004 XO35)
(2004 XN44)
(2004 XD50)
(2004 XJ50)
(2004 YE)
(2004 YJ1)
(2004 YK1)
(2004 YU5)
(2004 YY23)
(2004 YZ23)
(2005 AB)
(2005 AD3)
(2005 AJ3)
(2005 AO19)
(2005 AQ19)
(2005 BD)
(2005 BL1)
(2005 CM)
(2005 CS6)

(2005 CZ6)
(2005 CA7)
(2005 CV38)
(2005 EZ)
(2005 EZ29)
(2005 EB30)
(2005 EN30)
(2005 EO30)
(2005 EN70)
(2005 EO70)
(2005 EQ70)
(2005 EC71)
(2005 EJ94)
(2005 EK94)
(2005 ER95)
(2005 ET95)
(2005 EL169)
(2005 EW169)
(2005 EX169)
(2005 EZ169)
(2005 EY223)
(2005 ED318)
(2005 FE)
(2005 FJ)
(2005 GH)
(2005 GJ)
(2005 GL1)
(2005 GM22)
(2005 GN22)
(2005 GF81)
(2005 GG81)
(2005 GX110)
(2005 GP128)
(2005 GC141)
(2005 GM162)
(2005 HB)
(2005 HC3)
(2005 HM3)
(2005 HB4)
(2005 HD4)
(2005 JB)
(2005 JS1)
(2005 JV1)
(2005 JN3)
(2005 JA22)
(2005 JB46)
(2005 JF46)
(2005 JY80)
(2005 JP81)
(2005 JT81)
(2005 JJ91)
(2005 JU108)
(2005 KP9)
(2005 LC)
(2005 LM3)
(2005 LO3)
(2005 LS3)
(2005 LV3)
(2005 LV7)
(2005 LH8)
(2005 LW19)
(2005 LY19)
(2005 LA37)
(2005 LZ42)
(2005 MC)
(2005 MR1)
(2005 MW1)
(2005 ME5)
(2005 MG5)
(2005 MM13)
(2005 MN13)
(2005 MP13)
(2005 NQ1)
(2005 ND7)

(2005 NY39)
(2005 OW)
(2005 OV1)
(2005 OX1)
(2005 OT2)
(2005 OG3)
(2005 OH3)
(2005 OJ3)
(2005 OK3)
(2005 PP)
(2005 PA5)
(2005 PX16)
(2005 QL)
(2005 QA5)
(2005 QS10)
(2005 QN11)
(2005 QO11)
(2005 QQ11)
(2005 QG30)
(2005 QL76)
(2005 QR87)
(2005 QF88)
(2005 QX151)
(2005 QR173)
(2005 QS176)
(2005 RB)
(2005 RD1)
(2005 RJ3)
(2005 RQ6)
(2005 RO33)
(2005 SQ1)
(2005 SR1)
(2005 SR4)
(2005 ST4)
(2005 SW4)
(2005 SX4)
(2005 SG19)
(2005 SM25)
(2005 SJ26)
(2005 SY70)
(2005 SC71)
(2005 SD71)
(2005 TC)
(2005 TF)
(2005 TG)
(2005 TL)
(2005 TN)
(2005 TR)
(2005 TR15)
(2005 TE45)
(2005 TF45)
(2005 TO45)
(2005 TP45)
(2005 TR45)
(2005 TS45)
(2005 TY51)
(2005 UC)
(2005 UE)
(2005 UG)
(2005 UC1)
(2005 UF1)
(2005 UG1)
(2005 UJ1)
(2005 UL1)
(2005 UE3)
(2005 UF3)
(2005 UW3)
(2005 UF5)
(2005 UK5)
(2005 UN5)
(2005 UY5)
(2005 UZ5)
(2005 UU6)
(2005 UF7)

(2005 UP64)
(2005 UR64)
(2005 UW64)
(2005 UO157)
(2005 VA)
(2005 VH1)
(2005 VJ1)
(2005 VM1)
(2005 VC2)
(2005 VY3)
(2005 VZ3)
(2005 VS5)
(2005 VB7)
(2005 VO118)
(2005 WF)
(2005 WZ)
(2005 WC2)
(2005 WP3)
(2005 WF4)
(2005 WH4)
(2005 WR54)
(2005 WE55)
(2005 WZ55)
(2005 WF57)
(2005 WH57)
(2005 WP57)
(2005 XN)
(2005 XY)
(2005 XC1)
(2005 XD1)
(2005 XL4)
(2005 XM4)
(2005 XK8)
(2005 XP66)
(2005 XW77)
(2005 YC)
(2005 YN3)
(2005 YT8)
(2005 YY36)
(2005 YP55)
(2005 YT55)
(2005 YV55)
(2005 YW93)
(2005 YT128)
(2005 YS165)
(2006 AX)
(2006 AT2)
(2006 AV2)
(2006 AL3)
(2006 AP3)
(2006 AT3)
(2006 AF4)
(2006 AG4)
(2006 AJ4)
(2006 AL4)
(2006 AN4)
(2006 AO4)
(2006 AN8)
(2006 AW44)
(2006 AX44)
(2006 BH)
(2006 BO6)
(2006 BU7)
(2006 BY7)
(2006 BA8)
(2006 BX26)
(2006 BB27)
(2006 BF55)
(2006 BO55)
(2006 BX139)
(2006 CD)
(2006 CE)
(2006 CW)
(2006 CX)

178

(2007 DH8)
(2007 DJ8)
(2007 DB56)
(2007 DX60)
(2007 DB83)
(2007 DS84)
(2007 DU103)
(2007 EL)
(2007 EM)
(2007 EN)
(2007 EO)
(2007 EW)
(2007 EY)
(2007 EL26)
(2007 EM26)
(2007 EF88)
(2007 EK88)
(2007 FG1)
(2007 FH1)
(2007 FJ1)
(2007 FK1)
(2007 FL1)
(2007 FD3)
(2007 FK3)
(2007 FQ3)
(2007 FL18)
(2007 FE20)
(2007 FS35)
(2007 GC)
(2007 GW5)
(2007 GZ5)
(2007 GD49)
(2007 HB)
(2007 HY3)
(2007 HL4)
(2007 HF15)
(2007 HY15)
(2007 HF44)
(2007 HH44)
(2007 HD70)
(2007 HX82)
(2007 HD84)
(2007 JW9)
(2007 JG16)
(2007 JF22)
(2007 JJ35)
(2007 JE40)
(2007 KD)
(2007 KK)
(2007 KD2)
(2007 KW2)
(2007 KE4)
(2007 KN4)
(2007 KF7)
(2007 LV)
(2007 LV8)
(2007 LA15)
(2007 LT19)
(2007 MH)
(2007 ML6)
(2007 ML13)
(2007 MC24)
(2007 NQ)
(2007 NT4)
(2007 OV)
(2007 OY)
(2007 OH3)
(2007 OR9)
(2007 PQ)
(2007 PD8)
(2007 PE8)
(2007 PP9)
(2007 PQ9)
(2007 PR9)

(2007 QA2)
(2007 QK2)
(2007 QX14)
(2007 RD1)
(2007 RG1)
(2007 RH1)
(2007 RE2)
(2007 RG2)
(2007 RN7)
(2007 RZ8)
(2007 RA9)
(2007 RS9)
(2007 RY9)
(2007 RP12)
(2007 RS12)
(2007 RU12)
(2007 RV12)
(2007 RP17)
(2007 RR17)
(2007 RS17)
(2007 RW17)
(2007 RT19)
(2007 RU19)
(2007 RV19)
(2007 RZ19)
(2007 RD20)
(2007 RL133)
(2007 RM133)
(2007 RO133)
(2007 RP133)
(2007 RT147)
(2007 SS1)
(2007 SO6)
(2007 SP6)
(2007 SE11)
(2007 TD1)
(2007 TG1)
(2007 TK8)
(2007 TD14)
(2007 TF15)
(2007 TG15)
(2007 TH15)
(2007 TJ15)
(2007 TK15)
(2007 TY18)
(2007 TZ18)
(2007 TH19)
(2007 TJ19)
(2007 TA23)
(2007 TC23)
(2007 TT24)
(2007 TX24)
(2007 TY24)
(2007 TA25)
(2007 TB25)
(2007 TG25)
(2007 TF68)
(2007 TS68)
(2007 TV68)
(2007 TW68)
(2007 TO74)
(2007 UG)
(2007 UR)
(2007 UX1)
(2007 UA2)
(2007 UB2)
(2007 UC2)
(2007 UW3)
(2007 UG6)
(2007 US6)
(2007 UM12)
(2007 UQ51)
(2007 US65)
(2007 UT65)

(2007 VB3)
(2007 VF3)
(2007 VH3)
(2007 VV6)
(2007 VW6)
(2007 VW7)
(2007 VX7)
(2007 VE8)
(2007 VH8)
(2007 VJ8)
(2007 VM84)
(2007 VO84)
(2007 VA85)
(2007 VX137)
(2007 VA138)
(2007 VC138)
(2007 VR183)
(2007 VE184)
(2007 VH184)
(2007 VL184)
(2007 VH186)
(2007 VA188)
(2007 VG189)
(2007 VC191)
(2007 VF191)
(2007 VO243)
(2007 WC)
(2007 WE)
(2007 WQ3)
(2007 WW3)
(2007 WT4)
(2007 WU4)
(2007 WX4)
(2007 WF55)
(2007 XN3)
(2007 XO3)
(2007 XQ3)
(2007 XA10)
(2007 XC10)
(2007 XK11)
(2007 XT23)
(2007 XF25)
(2007 XA51)
(2007 YF1)
(2007 YJ1)
(2007 YM1)
(2007 YX1)
(2007 YU56)
(2007 YY59)
(2008 AE)
(2008 AE4)
(2008 AU26)
(2008 AT28)
(2008 AW28)
(2008 AX28)
(2008 AF32)
(2008 AJ33)
(2008 AL33)
(2008 AM33)
(2008 AZ110)
(2008 BE)
(2008 BT2)
(2008 BV2)
(2008 BQ16)
(2008 BC22)
(2008 CF)
(2008 CJ)
(2008 CO)
(2008 CP)
(2008 CJ1)
(2008 CQ1)
(2008 CY4)
(2008 CZ21)
(2008 CD22)

179

(2008 CJ22)
(2008 CP23)
(2008 CJ70)
(2008 CL72)
(2008 CG116)
(2008 CJ116)
(2008 CP116)
(2008 CR116)
(2008 CW118)
(2008 CX118)
(2008 CZ118)
(2008 CA119)
(2008 CC119)
(2008 CJ119)
(2008 CB175)
(2008 DC)
(2008 DD)
(2008 DW)
(2008 DX)
(2008 DY)
(2008 DW22)
(2008 DH23)
(2008 EH1)
(2008 EW5)
(2008 EZ5)
(2008 EO6)
(2008 EQ7)
(2008 ET7)
(2008 EB8)
(2008 EB9)
(2008 EJ9)
(2008 EB32)
(2008 EE68)
(2008 EV68)
(2008 EC69)
(2008 EX84)
(2008 ER90)
(2008 EZ97)
(2008 FB)
(2008 FE)
(2008 FJ)
(2008 FN6)
(2008 FS6)
(2008 FT6)
(2008 FY6)
(2008 FK7)
(2008 GJ)
(2008 GQ)
(2008 GV)
(2008 GX)
(2008 GE1)
(2008 GF2)
(2008 GQ3)
(2008 GR3)
(2008 GU3)
(2008 GY3)
(2008 GZ3)
(2008 GP20)
(2008 GU20)
(2008 GX21)
(2008 GA110)
(2008 GB110)
(2008 GE110)
(2008 HG)
(2008 HK)
(2008 HA2)
(2008 HB2)
(2008 HE2)
(2008 HS3)
(2008 HT4)
(2008 HV4)
(2008 HY37)
(2008 HA38)
(2008 HE66)

(2008 JJ)
(2008 JU2)
(2008 JA8)
(2008 JQ14)
(2008 JR14)
(2008 JT19)
(2008 JO24)
(2008 JR26)
(2008 JS26)
(2008 JZ30)
(2008 JT35)
(2008 KQ)
(2008 KX2)
(2008 KF6)
(2008 KB12)
(2008 KV28)
(2008 LE)
(2008 LN16)
(2008 MZ)
(2008 MH1)
(2008 MN1)
(2008 MQ1)
(2008 MR1)
(2008 MU1)
(2008 NB)
(2008 NU)
(2008 NX)
(2008 NQ3)
(2008 OM)
(2008 ON)
(2008 OA6)
(2008 OM8)
(2008 ON8)
(2008 OQ8)
(2008 OX8)
(2008 PE1)
(2008 PF2)
(2008 PG2)
(2008 PH3)
(2008 PL3)
(2008 PH9)
(2008 QC)
(2008 QF)
(2008 QZ)
(2008 QA1)
(2008 QC1)
(2008 QD1)
(2008 QM2)
(2008 QW11)
(2008 RT)
(2008 RE1)
(2008 RJ1)
(2008 RK1)
(2008 RQ24)
(2008 RT24)
(2008 RX24)
(2008 RY24)
(2008 RS26)
(2008 RT26)
(2008 RE80)
(2008 RP108)
(2008 SE)
(2008 SO)
(2008 SP)
(2008 SQ)
(2008 SR)
(2008 SN1)
(2008 SO1)
(2008 SQ1)
(2008 SW1)
(2008 SZ1)
(2008 SP7)
(2008 SR7)
(2008 SV7)

(2008 SW7)
(2008 SX7)
(2008 SF8)
(2008 SC85)
(2008 SG148)
(2008 SU150)
(2008 SV150)
(2008 SS251)
(2008 TC)
(2008 TG)
(2008 TJ)
(2008 TK)
(2008 TB1)
(2008 TD1)
(2008 TE1)
(2008 TB2)
(2008 TD2)
(2008 TQ2)
(2008 TR2)
(2008 TY3)
(2008 TF4)
(2008 TF9)
(2008 TY9)
(2008 TQ10)
(2008 TR10)
(2008 TL26)
(2008 TB27)
(2008 TE157)
(2008 TJ157)
(2008 TK157)
(2008 UB)
(2008 UC)
(2008 UF)
(2008 UU)
(2008 UV)
(2008 UE1)
(2008 US2)
(2008 UM3)
(2008 US5)
(2008 UU5)
(2008 UV5)
(2008 UW5)
(2008 UA7)
(2008 UG7)
(2008 UK90)
(2008 UM90)
(2008 UN90)
(2008 UO90)
(2008 UX91)
(2008 UZ91)
(2008 UA92)
(2008 UC95)
(2008 UT99)
(2008 UU99)
(2008 UZ201)
(2008 UB202)
(2008 UD202)
(2008 UE202)
(2008 VH)
(2008 VN)
(2008 VQ4)
(2008 VS4)
(2008 VT4)
(2008 VG14)
(2008 WB)
(2008 WE)
(2008 WK)
(2008 WP1)
(2008 WQ1)
(2008 WB14)
(2008 WC14)
(2008 WF14)
(2008 WH14)
(2008 WJ14)

180

(2008 WW32)
(2008 WH60)
(2008 WJ60)
(2008 WL60)
(2008 WL61)
(2008 WE96)
(2008 WF96)
(2008 XB)
(2008 XF)
(2008 XG)
(2008 XO)
(2008 XP)
(2008 XK1)
(2008 XL1)
(2008 XE2)
(2008 XO2)
(2008 XP2)
(2008 XV2)
(2008 XX2)
(2008 YK2)
(2008 YM2)
(2008 YP2)
(2008 YR2)
(2008 YD3)
(2008 YE3)
(2008 YF3)
(2008 YG3)
(2008 YG26)
(2008 YO27)
(2008 YA29)
(2008 YD29)
(2008 YE29)
(2008 YG29)
(2008 YU30)
(2008 YW32)
(2008 YV148)
(2009 AM)
(2009 AN)
(2009 AS)
(2009 AT)
(2009 AU)
(2009 AL15)
(2009 AD16)
(2009 AF16)
(2009 BF)
(2009 BD2)
(2009 BM2)
(2009 BT5)
(2009 BB11)
(2009 BD11)
(2009 BC58)
(2009 BM58)
(2009 BN58)
(2009 BA71)
(2009 BK71)
(2009 BH81)
(2009 CR)
(2009 CQ1)
(2009 CT1)
(2009 CU1)
(2009 CW1)
(2009 CX1)
(2009 CY1)
(2009 CC3)
(2009 CR4)
(2009 CO5)
(2009 DD)
(2009 DX)
(2009 DD1)
(2009 DF1)
(2009 DL1)
(2009 DM1)
(2009 DN1)
(2009 DO1)

(2009 DO4)
(2009 DG9)
(2009 DS36)
(2009 DZ42)
(2009 DA45)
(2009 DB45)
(2009 DN45)
(2009 DK46)
(2009 EC)
(2009 EZ)
(2009 EA1)
(2009 ED1)
(2009 EE1)
(2009 EM1)
(2009 EQ2)
(2009 FA)
(2009 FQ)
(2009 FT4)
(2009 FB5)
(2009 FS23)
(2009 FV23)
(2009 FN28)
(2009 FP29)
(2009 FY29)
(2009 FR30)
(2009 FN32)
(2009 FR32)
(2009 FF44)
(2009 HD)
(2009 HG)
(2009 HT2)
(2009 HU2)
(2009 HW2)
(2009 HH21)
(2009 HW44)
(2009 HY51)
(2009 HT58)
(2009 HX67)
(2009 HM73)
(2009 HU77)
(2009 HV77)
(2009 HB82)
(2009 HF88)
(2009 JG1)
(2009 JK1)
(2009 JQ2)
(2009 JR2)
(2009 KL2)
(2009 KV2)
(2009 KO4)
(2009 KQ4)
(2009 KT4)
(2009 KC7)
(2009 KM7)
(2009 KT21)
(2009 KJ22)
(2009 LX)
(2009 LQ1)
(2009 MA)
(2009 MD)
(2009 MX)
(2009 ML1)
(2009 MM1)
(2009 MZ6)
(2009 MM8)
(2009 MN8)
(2009 MC9)
(2009 NA)
(2009 NH)
(2009 ND1)
(2009 OC)
(2009 OB3)
(2009 OC3)
(2009 OS5)

(2009 OZ7)
(2009 OP9)
(2009 PD)
(2009 PH)
(2009 PN)
(2009 PR1)
(2009 QC)
(2009 QO)
(2009 QT)
(2009 QW1)
(2009 QH2)
(2009 QJ2)
(2009 QK2)
(2009 QL2)
(2009 QM5)
(2009 QO5)
(2009 QJ6)
(2009 QZ6)
(2009 QE8)
(2009 QO8)
(2009 QQ8)
(2009 QR8)
(2009 QJ9)
(2009 QF31)
(2009 QY33)
(2009 QD34)
(2009 QF34)
(2009 QA35)
(2009 QB35)
(2009 RM)
(2009 RN)
(2009 RD1)
(2009 RT1)
(2009 RH2)
(2009 RA4)
(2009 RD4)
(2009 RX4)
(2009 SA)
(2009 SF)
(2009 SG)
(2009 SH)
(2009 SK)
(2009 SM)
(2009 SP)
(2009 SU)
(2009 SV)
(2009 SW)
(2009 SJ1)
(2009 SK1)
(2009 SM1)
(2009 SN1)
(2009 SF2)
(2009 SJ2)
(2009 SC15)
(2009 SJ15)
(2009 SV17)
(2009 SX17)
(2009 SV19)
(2009 SN98)
(2009 SB100)
(2009 SC100)
(2009 SM103)
(2009 SQ103)
(2009 SK104)
(2009 SN104)
(2009 SO104)
(2009 SS104)
(2009 SQ171)
(2009 SS171)
(2009 SV171)
(2009 SW171)
(2009 SQ172)
(2009 SC229)
(2009 SD229)

(2009 TK)
(2009 TB3)
(2009 TL4)
(2009 TV4)
(2009 TG8)
(2009 TL8)
(2009 TN8)
(2009 TP8)
(2009 TF10)
(2009 TG10)
(2009 TM10)
(2009 UA)
(2009 UK)
(2009 UN)
(2009 UN1)
(2009 UF2)
(2009 UW2)
(2009 UO3)
(2009 UP5)
(2009 UQ5)
(2009 UJ14)
(2009 UX17)
(2009 UV18)
(2009 UA19)
(2009 UB19)
(2009 UE19)
(2009 UU19)
(2009 UL20)
(2009 UK28)
(2009 UM28)
(2009 US87)
(2009 UT87)
(2009 UV87)
(2009 VA1)
(2009 VB1)
(2009 VK24)
(2009 VY25)
(2009 VZ25)
(2009 WD)
(2009 WN)
(2009 WL1)
(2009 WL6)
(2009 WO6)
(2009 WR6)
(2009 WC11)
(2009 WN25)
(2009 WT25)
(2009 WW25)
(2009 WB52)
(2009 WD52)
(2009 WS52)
(2009 WG54)
(2009 WF104)
(2009 WG104)
(2009 WH104)
(2009 WA105)
(2009 WN105)
(2009 WK106)
(2009 WQ106)
(2009 WM139)
(2009 WE253)
(2009 XB2)
(2009 XC2)
(2009 XR2)
(2009 XP7)
(2009 XG8)
(2009 XH8)
(2009 XJ8)
(2009 XE11)
(2009 YA)
(2009 YV6)
(2010 AJ)
(2010 AL)
(2010 AB3)

(2010 AC3)
(2010 AD3)
(2010 AH30)
(2010 AE40)
(2010 AL60)
(2010 AM60)
(2010 AB78)
(2010 AG79)
(2010 AQ81)
(2010 AU118)
(2010 BQ)
(2010 BH2)
(2010 BB3)
(2010 BC3)
(2010 BT3)
(2010 BZ4)
(2010 CM)
(2010 CN)
(2010 CL1)
(2010 CG18)
(2010 CH18)
(2010 CL18)
(2010 CG19)
(2010 CO19)
(2010 CM44)
(2010 CH55)
(2010 CC180)
(2010 CV180)
(2010 CW180)
(2010 DE)
(2010 DF)
(2010 DG)
(2010 DJ)
(2010 DK)
(2010 DN)
(2010 DP)
(2010 DE1)
(2010 DN1)
(2010 DY1)
(2010 DZ1)
(2010 DB34)
(2010 EH20)
(2010 EB43)
(2010 ED43)
(2010 EE43)
(2010 EG43)
(2010 EH43)
(2010 EQ43)
(2010 EV45)
(2010 EZ45)
(2010 EC135)
(2010 FD)
(2010 FO)
(2010 FP)
(2010 FU)
(2010 FA6)
(2010 FB6)
(2010 FP9)
(2010 FQ9)
(2010 FS9)
(2010 FL48)
(2010 FX80)
(2010 FY80)
(2010 FB81)
(2010 FJ81)
(2010 FO92)
(2010 GU5)
(2010 GC6)
(2010 GZ6)
(2010 GG7)
(2010 GY23)
(2010 GE25)
(2010 GE30)
(2010 GF30)

(2010 GH30)
(2010 GJ30)
(2010 GZ33)
(2010 GA34)
(2010 GC35)
(2010 GH65)
(2010 HC)
(2010 HD33)
(2010 HY103)
(2010 JF)
(2010 JJ1)
(2010 JM1)
(2010 JN33)
(2010 JS34)
(2010 JU34)
(2010 JV39)
(2010 JK41)
(2010 JA43)
(2010 JL77)
(2010 JG80)
(2010 JV153)
(2010 KD)
(2010 KH)
(2010 KU7)
(2010 KJ37)
(2010 KY39)
(2010 KZ117)
(2010 KK127)
(2010 LF)
(2010 LF14)
(2010 LJ14)
(2010 LQ33)
(2010 LM34)
(2010 LB64)
(2010 LD64)
(2010 LF64)
(2010 LG64)
(2010 LR68)
(2010 LF86)
(2010 LO97)
(2010 MC)
(2010 MR)
(2010 MV)
(2010 MW)
(2010 MF1)
(2010 MW1)
(2010 MZ1)
(2010 MN51)
(2010 MR87)
(2010 NR1)
(2010 NT1)
(2010 NW1)
(2010 NG3)
(2010 NW117)
(2010 OB)
(2010 OC)
(2010 OP1)
(2010 OD101)
(2010 OL101)
(2010 OK126)
(2010 OC127)
(2010 PP2)
(2010 PQ2)
(2010 PH9)
(2010 PL9)
(2010 PM10)
(2010 PY22)
(2010 PD57)
(2010 PS65)
(2010 PS66)
(2010 QA5)
(2010 RA)
(2010 RC)
(2010 RD)

(2010 RF)	(2010 TN54)	(2010 WY8)
(2010 RS3)	(2010 TQ54)	(2010 WB9)
(2010 RT3)	(2010 TR54)	(2010 WE9)
(2010 RU3)	(2010 TS54)	(2010 XA)
(2010 RW3)	(2010 TU54)	(2010 XD)
(2010 RJ4)	(2010 TY54)	(2010 XE)
(2010 RT11)	(2010 TA55)	(2010 XF)
(2010 RV11)	(2010 TC55)	(2010 XM)
(2010 RA12)	(2010 TF55)	(2010 XP)
(2010 RC12)	(2010 TM55)	(2010 XV)
(2010 RE12)	(2010 TS55)	(2010 XY)
(2010 RS30)	(2010 TL117)	(2010 XA1)
(2010 RT30)	(2010 TX149)	(2010 XG3)
(2010 RU30)	(2010 TJ167)	(2010 XH3)
(2010 RV30)	(2010 TA178)	(2010 XR10)
(2010 RW30)	(2010 UM)	(2010 XS10)
(2010 RC31)	(2010 UY6)	(2010 XG11)
(2010 RD31)	(2010 UZ6)	(2010 XH11)
(2010 RH31)	(2010 UA7)	(2010 XC24)
(2010 RG42)	(2010 UB7)	(2010 XE25)
(2010 RH42)	(2010 UH7)	(2010 XF25)
(2010 RJ42)	(2010 UL7)	(2010 XG25)
(2010 RL42)	(2010 UO7)	(2010 XN25)
(2010 RH43)	(2010 UW7)	(2010 XR45)
(2010 RK43)	(2010 UX7)	(2010 XT45)
(2010 RX45)	(2010 UB8)	(2010 XP51)
(2010 RJ64)	(2010 UD8)	(2010 XJ52)
(2010 RQ64)	(2010 UE8)	(2010 XK52)
(2010 RN80)	(2010 UX95)	(2010 XN56)
(2010 RP80)	(2010 VG)	(2010 XP56)
(2010 RQ80)	(2010 VH)	(2010 XA59)
(2010 RR80)	(2010 VJ)	(2010 XZ67)
(2010 RT80)	(2010 VO)	(2010 XL69)
(2010 RN82)	(2010 VA1)	(2010 XB73)
(2010 RM122)	(2010 VE1)	(2010 XY82)
(2010 RB130)	(2010 VL1)	(2010 YD3)
(2010 RC130)	(2010 VM1)	(2011 AM1)
(2010 RK135)	(2010 VU11)	(2011 AH3)
(2010 RG137)	(2010 VQ21)	(2011 AO4)
(2010 RR179)	(2010 VS21)	(2011 AL5)
(2010 RS180)	(2010 VV21)	(2011 AN16)
(2010 SB)	(2010 VX39)	(2011 AL24)
(2010 SC)	(2010 VA40)	(2011 AS26)
(2010 SH)	(2010 VB40)	(2011 AZ36)
(2010 SR3)	(2010 VC40)	(2011 AA37)
(2010 SS3)	(2010 VM65)	(2011 AF37)
(2010 SX3)	(2010 VY71)	(2011 AJ37)
(2010 SY3)	(2010 VZ71)	(2011 AL52)
(2010 SZ3)	(2010 VA72)	(2011 AO52)
(2010 SA12)	(2010 VB72)	(2011 BX10)
(2010 SD12)	(2010 VW75)	(2011 BX11)
(2010 SE12)	(2010 VZ75)	(2011 BA12)
(2010 SD13)	(2010 VA76)	(2011 BV15)
(2010 SH13)	(2010 VN98)	(2011 BW18)
(2010 SL13)	(2010 VW98)	(2011 BB19)
(2010 SF15)	(2010 VE139)	(2011 BK24)
(2010 SG15)	(2010 VF139)	(2011 BL24)
(2010 SH15)	(2010 VL139)	(2011 BM24)
(2010 SK15)	(2010 VQ139)	(2011 BD40)
(2010 SL15)	(2010 VW139)	(2011 BG40)
(2010 SU15)	(2010 VY139)	(2011 BO40)
(2010 SS16)	(2010 VA140)	(2011 BB45)
(2010 ST16)	(2010 VB140)	(2011 BG59)
(2010 TM3)	(2010 VK188)	(2011 BH59)
(2010 TN3)	(2010 VY190)	(2011 BN59)
(2010 TM4)	(2010 VU198)	(2011 BX59)
(2010 TK6)	(2010 WH)	(2011 BY59)
(2010 TJ7)	(2010 WJ)	(2011 BZ59)
(2010 TJ19)	(2010 WL)	(2011 CO2)
(2010 TC47)	(2010 WT)	(2011 CR4)
(2010 TC54)	(2010 WF1)	(2011 CS4)
(2010 TF54)	(2010 WH3)	(2011 CU4)
(2010 TJ54)	(2010 WQ7)	(2011 CY6)
(2010 TM54)	(2010 WP8)	(2011 CN14)

183

(2011 CG22)
(2011 CJ33)
(2011 CG42)
(2011 CV46)
(2011 CB50)
(2011 CF50)
(2011 CH50)
(2011 CM50)
(2011 CE66)
(2011 CG71)
(2011 CY71)
(2011 DR)
(2011 ET4)
(2011 EV4)
(2011 EB7)
(2011 EM11)
(2011 EF15)
(2011 ET29)
(2011 EW29)
(2011 EU73)
(2011 ED78)
(2011 EZ78)
(2011 FG)
(2011 FR2)
(2011 FT2)
(2011 FY2)
(2011 FR6)
(2011 FS6)
(2011 FU9)
(2011 FR17)
(2011 FR21)
(2011 FY22)
(2011 FB29)
(2011 FQ29)
(2011 FF41)
(2011 FG41)
(2011 GB)
(2011 GC)
(2011 GF)
(2011 GA3)
(2011 GG3)
(2011 GV9)
(2011 GH44)
(2011 GZ54)
(2011 GA55)
(2011 GQ59)
(2011 GC60)
(2011 GL60)
(2011 GA62)
(2011 GE62)
(2011 GH62)
(2011 GO65)
(2011 GQ65)
(2011 GW65)
(2011 HH)
(2011 HO)
(2011 HQ)
(2011 HR)
(2011 HT)
(2011 HO4)
(2011 HQ4)
(2011 HL7)
(2011 HE24)
(2011 HO24)
(2011 HP24)
(2011 HO53)
(2011 JK)
(2011 JL)
(2011 JE1)
(2011 JU2)
(2011 JA8)
(2011 JB10)
(2011 JU10)
(2011 JW10)

(2011 JZ10)
(2011 JP29)
(2011 KE3)
(2011 KH4)
(2011 KF9)
(2011 KK9)
(2011 KN9)
(2011 KC15)
(2011 KT15)
(2011 KX15)
(2011 KP16)
(2011 KO17)
(2011 KQ19)
(2011 KW19)
(2011 LH)
(2011 LL2)
(2011 LY2)
(2011 LV10)
(2011 LX10)
(2011 LA19)
(2011 LB19)
(2011 LD19)
(2011 LK19)
(2011 LJ20)
(2011 LH21)
(2011 MD)
(2011 MF)
(2011 MK)
(2011 ML)
(2011 MV)
(2011 MV1)
(2011 MD2)
(2011 MW2)
(2011 MX2)
(2011 MY2)
(2011 MZ2)
(2011 MN4)
(2011 MO4)
(2011 ME5)
(2011 MD11)
(2011 ND)
(2011 NP)
(2011 NV)
(2011 NZ)
(2011 OA)
(2011 OE)
(2011 OV4)
(2011 OX4)
(2011 OY4)
(2011 OJ5)
(2011 OK5)
(2011 OL5)
(2011 OM5)
(2011 OQ5)
(2011 OJ10)
(2011 OS15)
(2011 OE16)
(2011 OV17)
(2011 OW17)
(2011 OY17)
(2011 OC18)
(2011 ON24)
(2011 OL51)
(2011 OC57)
(2011 PT)
(2011 PU)
(2011 PX)
(2011 PN1)
(2011 PT1)
(2011 PC2)
(2011 PF2)
(2011 PK10)
(2011 QE2)
(2011 QT2)

(2011 QX8)
(2011 QG9)
(2011 QY11)
(2011 QZ13)
(2011 QC14)
(2011 QE14)
(2011 QF14)
(2011 QF23)
(2011 QU37)
(2011 QV37)
(2011 QY37)
(2011 QE38)
(2011 QC46)
(2011 QE48)
(2011 QH50)
(2011 QP96)
(2011 RF)
(2011 RX)
(2011 RH1)
(2011 RJ1)
(2011 RR12)
(2011 SF3)
(2011 SN5)
(2011 SP5)
(2011 SP12)
(2011 SQ12)
(2011 SZ15)
(2011 SA16)
(2011 SC16)
(2011 SE16)
(2011 SF16)
(2011 SG16)
(2011 SH16)
(2011 SK16)
(2011 SZ21)
(2011 SA25)
(2011 SD25)
(2011 SF25)
(2011 SO25)
(2011 SQ25)
(2011 SR25)
(2011 SN26)
(2011 SQ26)
(2011 SR26)
(2011 SM32)
(2011 SS67)
(2011 SU67)
(2011 SJ68)
(2011 SP68)
(2011 SU68)
(2011 SR69)
(2011 SU71)
(2011 SV71)
(2011 SW71)
(2011 SL102)
(2011 SM102)
(2011 SE108)
(2011 SF108)
(2011 SM120)
(2011 SZ120)
(2011 SA121)
(2011 SF173)
(2011 SG173)
(2011 SH189)
(2011 SJ189)
(2011 SK189)
(2011 SL189)
(2011 SN189)
(2011 ST232)
(2011 SU232)
(2011 SE248)
(2011 TA4)
(2011 TH5)
(2011 TL5)

(2011 TO6)
(2011 TP6)
(2011 TN9)
(2011 UA)
(2011 UU)
(2011 UE10)
(2011 UG10)
(2011 UJ10)
(2011 UJ20)
(2011 UN20)
(2011 UP20)
(2011 UQ20)
(2011 UU20)
(2011 UH21)
(2011 UT63)
(2011 UV63)
(2011 UW63)
(2011 UX63)
(2011 UZ63)
(2011 UB64)
(2011 UP91)
(2011 UQ91)
(2011 UV114)
(2011 UW114)
(2011 UX114)
(2011 UY114)
(2011 UB115)
(2011 UC115)
(2011 UA131)
(2011 UL147)
(2011 UM147)
(2011 UU158)
(2011 UG169)
(2011 UH169)
(2011 UJ169)
(2011 UA193)
(2011 UR255)
(2011 UF256)
(2011 UG256)
(2011 UZ275)
(2011 UA276)
(2011 UC276)
(2011 VB)
(2011 VO5)
(2011 VP5)
(2011 VQ5)
(2011 VR5)
(2011 VW5)
(2011 VF9)
(2011 VP12)
(2011 WC)
(2011 WD)
(2011 WK2)
(2011 WM2)
(2011 WT2)
(2011 WU2)
(2011 WV2)
(2011 WW4)
(2011 WH5)
(2011 WK5)
(2011 WK14)
(2011 WK15)
(2011 WE32)
(2011 WF32)
(2011 WC39)
(2011 WQ41)
(2011 WE44)
(2011 WG44)
(2011 WL46)
(2011 WM46)
(2011 WP46)
(2011 WQ46)
(2011 WL69)
(2011 WP69)

(2011 WW95)
(2011 WA96)
(2011 WB96)
(2011 XC)
(2011 XF)
(2011 XE1)
(2011 XZ1)
(2011 XO3)
(2011 YC)
(2011 YW1)
(2011 YH6)
(2011 YL6)
(2011 YQ10)
(2011 YY10)
(2011 YV15)
(2011 YG28)
(2011 YK28)
(2011 YY28)
(2011 YZ28)
(2011 YB29)
(2011 YC29)
(2011 YB40)
(2011 YD40)
(2011 YS62)
(2011 YW62)
(2011 YZ62)
(2011 YA63)
(2011 YM63)
(2012 AA3)
(2012 AC3)
(2012 AE3)
(2012 AT10)
(2012 AU10)
(2012 AA11)
(2012 AB11)
(2012 AC11)
(2012 AC13)
(2012 AN23)
(2012 BO1)
(2012 BP1)
(2012 BB2)
(2012 BF11)
(2012 BJ11)
(2012 BK11)
(2012 BL11)
(2012 BM11)
(2012 BE14)
(2012 BH14)
(2012 BR23)
(2012 BD27)
(2012 BZ34)
(2012 BT61)
(2012 BY61)
(2012 BZ61)
(2012 BD77)
(2012 BK77)
(2012 BN77)
(2012 BE86)
(2012 BK86)
(2012 BB102)
(2012 BN123)
(2012 BO123)
(2012 BC124)
(2012 CA)
(2012 CD)
(2012 CR)
(2012 CT)
(2012 CK2)
(2012 CL2)
(2012 CN2)
(2012 CP2)
(2012 CC17)
(2012 CD18)
(2012 CL29)

(2012 CM29)
(2012 CP36)
(2012 CR45)
(2012 CN46)
(2012 CO46)
(2012 CP46)
(2012 CA53)
(2012 DO)
(2012 DP)
(2012 DG4)
(2012 DJ4)
(2012 DM4)
(2012 DP8)
(2012 DL14)
(2012 DM14)
(2012 DN14)
(2012 DC28)
(2012 DU30)
(2012 DW30)
(2012 DG31)
(2012 DQ32)
(2012 DV32)
(2012 DX32)
(2012 DZ32)
(2012 DV43)
(2012 DX43)
(2012 DT60)
(2012 DE61)
(2012 DH61)
(2012 DK61)
(2012 EB2)
(2012 EP5)
(2012 EM8)
(2012 EO10)
(2012 EZ11)
(2012 ER14)
(2012 EU14)
(2012 EV14)
(2012 EW14)
(2012 FF)
(2012 FJ)
(2012 FB1)
(2012 FC1)
(2012 FD1)
(2012 FY13)
(2012 FB14)
(2012 FW23)
(2012 FX23)
(2012 FR35)
(2012 FO52)
(2012 FQ52)
(2012 FR52)
(2012 FB57)
(2012 FE58)
(2012 FN62)
(2012 FP62)
(2012 FR62)
(2012 GC)
(2012 GG1)
(2012 GP1)
(2012 GD2)
(2012 GA5)
(2012 GC5)
(2012 GD5)
(2012 GE5)
(2012 GT5)
(2012 GX11)
(2012 HK)
(2012 HO)
(2012 HM1)
(2012 HO1)
(2012 HB2)
(2012 HN2)
(2012 HQ2)

(2012 HR2)
(2012 HK8)
(2012 HL8)
(2012 HM8)
(2012 HN8)
(2012 HO8)
(2012 HS15)
(2012 HG31)
(2012 HH31)
(2012 HC34)
(2012 HR69)
(2012 JQ)
(2012 JM4)
(2012 JN4)
(2012 JR4)
(2012 JU4)
(2012 JH11)
(2012 JU11)
(2012 JW11)
(2012 JX11)
(2012 JB16)
(2012 JR17)
(2012 KX)
(2012 KO1)
(2012 KZ3)
(2012 KB4)
(2012 KK11)
(2012 KL11)
(2012 KJ18)
(2012 KK18)
(2012 KL18)
(2012 KM18)
(2012 KY41)
(2012 KU42)
(2012 KL45)
(2012 LA)
(2012 LT)
(2012 LU)
(2012 LD1)
(2012 LZ1)
(2012 LQ7)
(2012 LU7)
(2012 LW7)
(2012 LE11)
(2012 LG11)
(2012 LJ11)
(2012 LC13)
(2012 MP)
(2012 MQ)
(2012 MN2)
(2012 MQ3)
(2012 MV4)
(2012 MK6)
(2012 MA7)
(2012 MC7)
(2012 ME7)
(2012 MG7)
(2012 MR7)
(2012 NP)
(2012 OO)
(2012 OZ)
(2012 OA1)
(2012 OB1)
(2012 OC1)
(2012 OE1)
(2012 OT5)
(2012 OU5)
(2012 PN)
(2012 PG5)
(2012 PH6)
(2012 PJ6)
(2012 PN6)
(2012 PO17)
(2012 PP17)

(2012 PS17)
(2012 PZ19)
(2012 PC20)
(2012 PD20)
(2012 PP24)
(2012 PO28)
(2012 QJ2)
(2012 QG8)
(2012 QP10)
(2012 QQ10)
(2012 QJ14)
(2012 QK14)
(2012 QY14)
(2012 QB17)
(2012 QP17)
(2012 QV17)
(2012 QX17)
(2012 QY17)
(2012 QZ17)
(2012 QA18)
(2012 QC18)
(2012 QF42)
(2012 QJ45)
(2012 QK45)
(2012 QF49)
(2012 QH49)
(2012 QR50)
(2012 RO1)
(2012 RL2)
(2012 RB3)
(2012 RH3)
(2012 RF15)
(2012 RH15)
(2012 RN15)
(2012 RO15)
(2012 RP15)
(2012 RQ16)
(2012 RS16)
(2012 RW16)
(2012 RX16)
(2012 SY2)
(2012 SK8)
(2012 SM8)
(2012 SV20)
(2012 SX20)
(2012 SY20)
(2012 SA22)
(2012 SB22)
(2012 SH32)
(2012 SW49)
(2012 SZ49)
(2012 SK50)
(2012 SM50)
(2012 SQ56)
(2012 SS56)
(2012 SH58)
(2012 SA59)
(2012 TU)
(2012 TQ5)
(2012 TS5)
(2012 TL20)
(2012 TM20)
(2012 TO20)
(2012 TR20)
(2012 TC43)
(2012 TX52)
(2012 TZ52)
(2012 TB53)
(2012 TD53)
(2012 TT78)
(2012 TW78)
(2012 TX78)
(2012 TA79)
(2012 TG79)

(2012 TJ79)
(2012 TK79)
(2012 TL79)
(2012 TY79)
(2012 TM139)
(2012 TN139)
(2012 TQ139)
(2012 TR139)
(2012 TT145)
(2012 TD146)
(2012 TE146)
(2012 TF146)
(2012 TG146)
(2012 TH146)
(2012 TR146)
(2012 TA219)
(2012 TO231)
(2012 TV231)
(2012 TQ256)
(2012 TP274)
(2012 TX284)
(2012 UD)
(2012 UG)
(2012 UH)
(2012 UJ)
(2012 UQ18)
(2012 UP27)
(2012 UV27)
(2012 UW27)
(2012 UX27)
(2012 UB34)
(2012 UD34)
(2012 UB69)
(2012 UR136)
(2012 UQ138)
(2012 UV158)
(2012 US169)
(2012 UT169)
(2012 UA174)
(2012 VY4)
(2012 VZ4)
(2012 VC5)
(2012 VF5)
(2012 VG5)
(2012 VJ5)
(2012 VC6)
(2012 VE6)
(2012 VF6)
(2012 VG6)
(2012 VH6)
(2012 VP6)
(2012 VN7)
(2012 VO7)
(2012 VZ25)
(2012 VD26)
(2012 VF26)
(2012 VG26)
(2012 VZ36)
(2012 VD37)
(2012 VG46)
(2012 VH46)
(2012 VJ46)
(2012 VM76)
(2012 VP76)
(2012 VQ76)
(2012 VK77)
(2012 VF80)
(2012 VF82)
(2012 VK82)
(2012 VM82)
(2012 VV93)
(2012 VL94)
(2012 WP3)
(2012 WL4)

(2012 WC25)
(2012 WE33)
(2012 XB)
(2012 XR2)
(2012 XY6)
(2012 XG16)
(2012 XH16)
(2012 XD17)
(2012 XE17)
(2012 XF17)
(2012 XC55)
(2012 XG55)
(2012 XJ55)
(2012 XK55)
(2012 XQ55)
(2012 XR93)
(2012 XP111)
(2012 XQ111)
(2012 XR111)
(2012 XC112)
(2012 XE112)
(2012 XF112)
(2012 XC133)
(2012 XD133)
(2012 XG133)
(2012 XS134)
(2012 YN1)
(2012 YP3)
(2012 YQ3)
(2012 YN6)
(2012 YH7)
(2012 YL7)

(2012 YJ8)
(2013 AA2)
(2013 AF4)
(2013 AH11)
(2013 AJ11)
(2013 AK11)
(2013 AL11)
(2013 AK20)
(2013 AL20)
(2013 AM20)
(2013 AN20)
(2013 AO20)
(2013 AP27)
(2013 AQ27)
(2013 AU27)
(2013 AC32)
(2013 AX52)
(2013 AB53)
(2013 AG53)
(2013 AM60)
(2013 AW60)
(2013 AE69)
(2013 AQ72)
(2013 AT76)
(2013 BQ15)
(2013 BE18)
(2013 BH18)
(2013 BO18)
(2013 BR18)
(2013 BF27)
(2013 BG27)
(2013 BJ27)

(2013 BP27)
(2013 BO45)
(2013 BQ45)
(2013 BY45)
(2013 BD70)
(2013 BN73)
(2013 BE74)
(2013 CZ)
(2013 CY10)
(2013 CN35)
(2013 CP35)
(2013 CW35)
(2013 CT83)
(2013 CU83)
(2013 CW87)
(2013 CA88)
(2013 CK89)
(2013 CL118)
(2013 CG129)
(2013 CH129)
(2013 CV129)
(2013 CX129)
(2013 CY129)
(2013 CZ133)
(2013 DX)
(2013 DY)
(2013 DZ)
(2013 DB1)
(2013 DM1)
(2013 DQ9)
(2013 DR9)
(2013 DA15)

APOLLO

1566 Icarus
1620 Geographos
1685 Toro
1862 Apollo
1863 Antinous
1864 Daedalus
1865 Cerberus
1866 Sisyphus
1981 Midas
2063 Bacchus
2101 Adonis
2102 Tantalus
2135 Aristaeus
2201 Oljato
2212 Hephaistos
2329 Orthos
3103 Eger
3200 Phaethon
3360 Syrinx
3361 Orpheus
3671 Dionysus
3752 Camillo
3838 Epona
4015 Wilson-Harrin
4034 Vishnu
4179 Toutatis
4183 Cuno
4197 (1982 TA)
4257 Ubasti
4341 Poseidon
4450 Pan

4486 Mithra
4544 Xanthus
4581 Asclepius
4660 Nereus
4769 Castalia
4953 (1990 MU)
5011 Ptah
5131 (1990 BG)
5143 Heracles
5189 (1990 UQ)
5496 (1973 NA)
5645 (1990 SP)
5660 (1974 MA)
5693 (1993 EA)
5731 Zeus
5786 Talos
5828 (1991 AM)
6037 (1988 EG)
6047 (1991 TB1)
6053 (1993 BW3)
6063 Jason
6239 Minos
6455 (1992 HE)
6489 Golevka
6611 (1993 VW)
7025 (1993 QA)
7092 Cadmus
7335 (1989 JA)
7341 (1991 VK)
7350 (1993 VA)
7482 (1994 PC1)

7753 (1988 XB)
7822 (1991 CS)
7888 (1993 UC)
7889 (1994 LX)
8014 (1990 MF)
8035 (1992 TB)
8176 (1991 WA)
8201 (1994 AH2)
8507 (1991 CB1)
8566 (1996 EN)
9058 (1992 JB)
9162 Kwiila
9202 (1993 PB)
9856 (1991 EE)
10115 (1992 SK)
10145 (1994 CK1)
10165 (1995 BL2)
10563 Izhdubar
10636 (1998 QK56)
11066 Sigurd
11311 Peleus
11405 (1999 CV3)
11500 Tomaiyowit
11885 Summanus
12538 (1998 OH)
12711 Tukmit
12923 Zephyr
13651 (1997 BR)
14827 Hypnos
16816 (1997 UF9)
16834 (1997 WU22)

16960 (1998 QS52)	85818 (1998 XM4)	138971 (2001 CB21)
17181 (1999 UM3)	85938 (1999 DJ4)	139289 (2001 KR1)
17182 (1999 VU)	85990 (1999 JV6)	139345 (2001 KA67)
17188 (1999 WC2)	86039 (1999 NC43)	139359 (2001 ME1)
17511 (1992 QN)	86666 (2000 FL10)	139622 (2001 QQ142)
20236 (1998 BZ7)	86819 (2000 GK137)	140039 (2001 SO73)
20425 (1998 VD35)	86829 (2000 GR146)	140158 (2001 SX169)
20429 (1998 YN1)	86878 (2000 HD24)	140288 (2001 SN289)
20826 (2000 UV13)	87024 (2000 JS66)	141052 (2001 XR1)
22099 (2000 EX106)	87025 (2000 JT66)	141053 (2001 XT1)
22753 (1998 WT)	87311 (2000 QJ1)	141056 (2001 XV4)
22771 (1999 CU3)	88254 (2001 FM129)	141079 (2001 XS30)
23187 (2000 PN9)	88710 (2001 SL9)	141495 (2002 EZ11)
24443 (2000 OG)	88959 (2001 TZ44)	141525 (2002 FV5)
24445 (2000 PM8)	89136 (2001 US16)	141526 (2002 FA6)
24761 Ahau	89958 (2002 LY45)	141527 (2002 FG7)
25143 Itokawa	89959 (2002 NT7)	141593 (2002 HK12)
25330 (1999 KV4)	90075 (2002 VU94)	141614 (2002 JV15)
26379 (1999 HZ1)	90147 (2002 YK14)	141851 (2002 PM6)
26663 (2000 XK47)	90367 (2003 LC5)	143404 (2003 BD44)
27002 (1998 DV9)	90403 (2003 YE45)	143487 (2003 CR20)
29075 (1950 DA)	90416 (2003 YK118)	143624 (2003 HM16)
30825 (1990 TG1)	96315 (1997 AP10)	143637 (2003 LP6)
30997 (1995 UO5)	96536 (1998 SO10)	143649 (2003 QQ47)
31662 (1999 HP11)	96744 (1999 OW3)	143651 (2003 QO104)
31669 (1999 JT6)	98943 (2001 CC21)	143947 (2003 YQ117)
35107 (1991 VH)	99248 (2001 KY66)	143992 (2004 AF)
35396 (1997 XF11)	99935 (2002 AV4)	144332 (2004 DV24)
35670 (1998 SU27)	100004 (1983 VA)	144411 (2004 EW9)
36236 (1999 VV)	100085 (1992 UY4)	144861 (2004 LA12)
36284 (2000 DM8)	101869 (1999 MM)	144898 (2004 VD17)
37638 (1993 VB)	101955 (1999 RQ36)	144901 (2004 WG1)
37655 Illapa	103067 (1999 XA143)	152560 (1991 BN)
38086 Beowolf	106538 (2000 WK63)	152561 (1991 RB)
38239 (1999 OR3)	106589 (2000 WN107)	152564 (1992 HF)
40267 (1999 GJ4)	108906 (2001 PL9)	152664 (1998 FW4)
41429 (2000 GE2)	111253 (2001 XU10)	152667 (1998 FR11)
42286 (2001 TN41)	136617 (1994 CC)	152671 (1998 HL3)
52340 (1992 SY)	136618 (1994 CN2)	152679 (1998 KU2)
52750 (1998 KK17)	136770 (1996 PC1)	152680 (1998 KJ9)
52760 (1998 ML14)	136793 (1997 AQ18)	152685 (1998 MZ)
52762 (1998 MT24)	136795 (1997 BQ)	152754 (1999 GS6)
53319 (1999 JM8)	136849 (1998 CS1)	152756 (1999 JV3)
53409 (1999 LU7)	136874 (1998 FH74)	152770 (1999 RR28)
53426 (1999 SL5)	136900 (1998 HL49)	152828 (1999 VT25)
53429 (1999 TF5)	136993 (1998 ST49)	152889 (2000 CF59)
53550 (2000 BF19)	137032 (1998 UO1)	152941 (2000 FM10)
53789 (2000 ED104)	137052 Tjelvar	152964 (2000 GP82)
54509 YORP	137062 (1998 WM)	152978 (2000 GJ147)
55408 (2001 TC2)	137078 (1998 XZ4)	153002 (2000 JG5)
55532 (2001 WG2)	137084 (1998 XS16)	153195 (2000 WB1)
65690 (1991 DG)	137099 (1998 YW3)	153220 (2000 YN29)
65717 (1993 BX3)	137108 (1999 AN10)	153243 (2001 AU47)
65733 (1993 PC)	137120 (1999 BJ8)	153249 (2001 BW15)
65803 Didymos	137126 (1999 CF9)	153267 (2001 CB32)
65909 (1998 FH12)	137158 (1999 FB)	153271 (2001 CL42)
66008 (1998 QH2)	137175 (1999 JA11)	153311 (2001 MG1)
66253 (1999 GT3)	137427 (1999 TF211)	153315 (2001 NH6)
67381 (2000 OL8)	137925 (2000 BJ19)	153349 (2001 PJ9)
67399 (2000 PJ6)	138013 (2000 CN101)	153460 (2001 RN)
68216 (2001 CV26)	138175 (2000 EE104)	153792 (2001 VH75)
68267 (2001 EA16)	138205 (2000 EZ148)	153814 (2001 WN5)
68346 (2001 KZ66)	138325 (2000 GO82)	153953 (2002 AD9)
68348 (2001 LO7)	138359 (2000 GX127)	153957 (2002 AB29)
68372 (2001 PM9)	138404 (2000 HA24)	153958 (2002 AM31)
68548 (2001 XR31)	138727 (2000 SU180)	154019 (2002 CZ9)
68950 (2002 QF15)	138846 (2000 VJ61)	154020 (2002 CA10)
69230 Hermes	138852 (2000 WN10)	154029 (2002 CY46)
85182 (1991 AQ)	138859 (2000 WN63)	154035 (2002 CV59)
85236 (1993 KH)	138877 (2000 XG47)	154229 (2002 JN97)
85585 Mjolnir	138883 (2000 YL29)	154268 (2002 RM129)
85640 (1998 OX4)	138893 (2000 YH6)	154269 (2002 SM)
85713 (1998 SS49)	138937 (2001 BK16)	154275 (2002 SR41)
85774 (1998 UT18)	138947 (2001 BA40)	154276 (2002 SY50)

154278 (2002 TB9)
154300 (2002 UO)
154302 (2002 UQ3)
154330 (2002 VX94)
154347 (2002 XK4)
154453 (2003 CJ11)
154555 (2003 HA)
154590 (2003 MA3)
154631 (2003 WO25)
154652 (2004 EP20)
154656 (2004 FE3)
154658 (2004 FA18)
154715 (2004 LB6)
154807 (2004 PP97)
154988 (2004 XN35)
154993 (2005 EA94)
155110 (2005 TB)
155140 (2005 UD)
155336 (2006 GA1)
155338 (2006 MZ1)
159402 (1999 AP10)
159459 (2000 KB)
159504 (2000 WO67)
159677 (2002 HQ11)
159686 (2002 LB6)
159699 (2002 PQ142)
159857 (2004 LJ1)
159928 (2005 CV69)
161989 Cacus
162000 (1990 OS)
162039 (1996 JG)
162063 (1997 EH29)
162082 (1998 HL1)
162116 (1998 SA15)
162120 (1998 SH36)
162157 (1999 CV8)
162162 (1999 DB7)
162173 (1999 JU3)
162181 (1999 LF6)
162183 (1999 NB5)
162195 (1999 RK45)
162210 (1999 SM5)
162214 (1999 TC10)
162215 (1999 TL12)
162269 (1999 VO6)
162416 (2000 EH26)
162422 (2000 EV70)
162433 (2000 FK10)
162463 (2000 JH5)
162470 (2000 KX43)
162474 (2000 LB16)
162510 (2000 QW69)
162567 (2000 RW37)
162679 (2000 TK1)
162687 (2000 UH1)
162695 (2000 UL11)
162723 (2000 VM2)
162783 (2000 YJ11)
162825 (2001 BO61)
162882 (2001 FD58)
162903 (2001 JV2)
162911 (2001 LL5)
162913 (2001 MT18)
162922 (2001 OY13)
162979 (2001 RA12)
162980 (2001 RR17)
162998 (2001 SK162)
163014 (2001 UA5)
163015 (2001 UX16)
163026 (2001 XR30)
163051 (2001 YJ4)
163067 (2002 AP3)
163081 (2002 AG29)
163132 (2002 CU11)

163191 (2002 EQ9)
163249 (2002 GT)
163295 (2002 HW)
163335 (2002 LJ)
163364 (2002 OD20)
163373 (2002 PZ39)
163454 (2002 RN129)
163679 (2002 XG84)
163683 (2002 YP2)
163692 (2003 CY18)
163696 (2003 EB50)
163697 (2003 EF54)
163732 (2003 KP2)
163758 (2003 OS13)
163818 (2003 RX7)
164120 (2003 YK)
164121 (2003 YT1)
164184 (2004 BF68)
164201 (2004 EC)
164206 (2004 FN18)
164207 (2004 GU9)
164211 (2004 JA27)
164216 (2004 OT11)
164222 (2004 RN9)
164342 (2005 CP)
164400 (2005 GN59)
168318 (1989 DA)
169352 (2001 UY16)
170013 (2002 UO3)
170086 (2002 XR14)
170502 (2003 WM7)
170903 (2004 WS2)
171486 (1996 MO)
171576 (1999 VP11)
171839 (2001 JM1)
172678 (2003 YM137)
172722 (2004 BV102)
173561 (2000 YV137)
174881 (2004 BU58)
175114 (2004 QQ)
175706 (1996 FG3)
175729 (1998 BB10)
175921 (2000 DM1)
177016 (2003 BM47)
177049 (2003 EE16)
177614 (2004 HK33)
177651 (2004 XM14)
179806 (2002 TD66)
180186 (2003 QZ30)
184266 (2004 VW14)
184990 (2006 KE89)
185851 (2000 DP107)
186822 (2004 FE31)
186823 (2004 FN32)
186844 (2004 GA1)
187040 (2005 JS108)
189008 (1996 FR3)
189040 (2000 MU1)
189173 (2002 XY4)
189630 (2001 LE6)
189865 (2003 NC)
190119 (2004 VA64)
190135 (2005 QE30)
190491 (2000 FJ10)
190788 (2001 RT17)
191094 (2002 EA3)
192559 (1998 VO)
192563 (1998 WZ6)
192642 (1999 RD32)
193178 (2000 PK5)
194006 (2001 SG10)
194268 (2001 UY4)
194386 (2001 VG5)
196068 (2002 TW55)

196625 (2003 RM10)
197588 (2004 HE12)
199145 (2005 YY128)
199801 (2007 AE12)
200754 (2001 WA25)
202411 (2005 RC)
202435 (2005 XH8)
204131 (2003 YL)
204232 (2004 DG2)
205744 (2002 BK25)
206378 (2003 RB)
206910 (2004 NL8)
207398 (2006 AS2)
207945 (1991 JW)
208115 (2000 CT101)
208565 (2002 CT11)
208617 (2002 EB3)
211871 (2004 HO)
212359 (2006 EV52)
213869 (2003 SG170)
214088 (2004 JN13)
214869 (2007 PA8)
215188 (2000 NM)
215588 (2003 HF2)
216115 (2006 SU19)
216258 (2006 WH1)
216985 (2000 QK130)
217390 (2005 CW25)
217430 (2005 SN25)
217628 Lugh
217837 (2001 LC)
218017 (2001 XV266)
218863 (2006 WO127)
219021 (1991 LH)
219071 (1997 US9)
220124 (2002 TE66)
220839 (2004 VA)
220909 (2005 EO1)
221455 (2006 BC10)
221980 (1996 EO)
222869 (2002 FB6)
224926 (2007 DA41)
225416 (1999 YC)
225586 (2000 WS67)
225900 (2002 AF3)
226514 (2003 UX34)
226554 (2003 WR21)
228368 (2000 WK10)
228502 (2001 TE2)
229007 (2003 XF11)
229672 (2006 WR1)
230089 (2000 WP148)
230420 (2002 PP6)
230549 (2003 BH)
230599 (2003 FJ1)
231134 (2005 TU45)
231937 (2001 FO32)
232691 (2004 AR1)
234061 (1999 HE1)
235700 (2004 TR13)
235756 (2004 VC)
237551 (2000 WQ19)
238063 (2003 EG)
238456 (2004 RK)
239849 (1999 VO11)
241370 (2008 LW8)
242147 (2003 BH84)
242450 (2004 QY2)
242643 (2005 NZ6)
242708 (2005 UK1)
243566 (1995 SA)
244670 (2003 KN18)
244977 (2004 BE68)
247360 (2001 XU)

248590 (2006 CS)
250458 (2004 BO41)
250577 (2005 AC)
250614 (2005 GG)
250620 (2005 GE59)
250697 (2005 QY151)
250706 (2005 RR6)
251346 (2007 SJ)
251722 (1997 US2)
252091 (2000 UP30)
252373 (2001 SA270)
252558 (2001 WT1)
253106 (2002 UR3)
253841 (2003 YG118)
254417 (2004 VV)
255071 (2005 UH6)
255501 (2006 BG)
257744 (2000 AD205)
259221 (2003 BA21)
260141 (2004 QT24)
263976 (2009 KD5)
264993 (2003 DX10)
265032 (2003 OU)
265187 (2003 YS117)
265196 (2004 BW58)
265482 (2005 EE)
265661 (2005 UB)
267131 (2000 EK26)
267136 (2000 EF104)
267221 (2001 AD2)
267223 (2001 DQ8)
267337 (2001 VK5)
267494 (2002 JB9)
267720 (2003 CA)
267729 (2003 FC5)
267940 (2004 EM20)
269690 (1996 RG3)
271480 (2004 FX31)
274138 (2008 FU6)
275677 (2000 RS11)
275714 (2000 YH4)
275974 (2001 XD)
275975 (2001 XF1)
275976 (2001 XV10)
276033 (2002 AJ129)
276049 (2002 CE26)
276409 (2002 YN2)
276703 (2004 BL11)
276732 (2004 EV9)
276891 (2004 RH340)
277039 (2005 CF41)
277142 (2005 LG8)
277475 (2005 WK4)
277570 (2005 YP180)
277616 (2006 BN6)
277617 (2006 BT7)
277810 (2006 FV35)
277958 (2006 SP134)
278327 (2007 HA59)
278381 (2007 MR)
279744 (1998 KM3)
279816 (2000 JE5)
280136 (2002 OM4)
280491 (2004 MO7)
281070 (2006 OY10)
281365 (2008 CM116)
284422 (2006 YD)
285179 (1996 TY11)
285331 (1999 FN53)
285339 (1999 JR6)
285540 (2000 GU127)
285567 (2000 OM)
285638 (2000 SO10)
285990 (2001 SK9)

286080 (2001 TX1)
288807 (2004 RW164)
289315 (2005 AN26)
290772 (2005 VC)
292165 (2006 SC6)
292220 (2006 SU49)
293054 (2006 WP127)
293726 (2007 RQ17)
294739 (2008 CM)
296318 (2009 EN2)
297274 (1996 SK)
297300 (1998 SC15)
299582 (2006 GQ2)
301011 (2008 JO)
301844 (1990 UA)
302010 (2000 SH8)
302156 (2001 SF286)
302311 (2002 AA)
302830 (2003 FB)
302831 (2003 FH)
303248 (2004 QV16)
303262 (2004 RJ84)
303449 (2005 BE2)
303450 (2005 BY2)
303933 (2005 VQ)
304293 (2006 SQ78)
304330 (2006 SX217)
304640 (2006 WW1)
306367 Nut
307005 (2001 XP1)
307070 (2002 AV31)
307493 (2002 XP90)
308041 (2004 TN)
308043 (2004 TH10)
308635 (2005 YU55)
310560 (2001 QL142)
311044 (2004 BB103)
311066 (2004 DC)
311555 (2006 BA148)
312942 (1995 EK1)
312956 (1997 CZ3)
313538 (2002 YB12)
313552 (2003 BX33)
313809 (2004 BH41)
314079 (2005 CV25)
314082 Dryope
314212 (2005 NJ1)
317255 (2002 DJ5)
317643 (2003 FH1)
318411 (2005 AH14)
319988 (2007 DK)
322705 (2000 DK8)
322763 (2001 FA7)
323179 (2003 HR32)
323300 (2003 UD22)
326302 (1998 VN)
326354 (2000 SJ344)
326386 (2001 OA14)
326388 (2001 QD96)
329275 (1999 VP6)
329338 (2001 JW2)
329395 (2002 AC)
329614 (2003 KU2)
329770 (2004 JA)
329774 (2004 LE)
330233 (2006 KV86)
330809 (2008 VK14)
331471 (1984 QY1)
331876 (2004 CL)
331990 (2005 FD)
332408 (2007 MM13)
332446 (2008 AF47)
332775 (2009 VO24)
333480 (2004 TC10)

333510 (2005 MD)
333521 (2005 PO)
333578 (2006 KM103)
333707 (2008 YT30)
333755 (2010 VC1)
334673 (2003 AL18)
337053 (1996 XW1)
337075 (1998 QC1)
337118 (1999 TX2)
337252 (2000 SD8)
337558 (2001 SG262)
338049 (2002 NY31)
339714 (2005 ST1)
339715 (2005 SS4)
340291 (2006 CV)
342866 (2008 YU32)
343158 (2009 HC82)
343166 (2009 SO103)
344076 (1998 HJ3)
345813 (2007 HX4)
347634 (2001 SW269)
348314 (2005 BC)
348461 (2005 SH19)
348776 (2006 KZ37)
349063 (2006 XA)
349068 (2006 YT13)
349074 (2007 BM8)
349219 (2007 SV11)
349507 (2008 QY)
349925 (2009 WC26)
349928 (2009 WD106)
350523 (2000 EA14)
350751 (2002 AW)
350988 (2003 GW)
351278 (2004 SB20)
351331 (2004 XH29)
351340 (2004 YC5)
351370 (2005 EY)
351545 (2005 TE15)
352102 (2007 AG12)
       (1979 XB)
       (1983 LC)
       (1988 TA)
       (1989 AZ)
       (1989 UP)
       (1989 VB)
       (1990 SM)
       (1990 UN)
       (1990 UO)
       (1991 BA)
       (1991 GO)
       (1991 TT)
       (1991 TU)
       (1991 TB2)
       (1991 TF3)
       (1991 VA)
       (1991 VG)
       (1991 XA)
       (1992 BC)
       (1992 DU)
       (1992 JD)
       (1992 YD3)
       (1993 FA1)
       (1993 GD)
       (1993 HC)
       (1993 HP1)
       (1993 KA)
       (1993 KA2)
       (1993 TZ)
       (1993 UA)
       (1994 CB)
       (1994 CJ1)
       (1994 EK)
       (1994 EU)

(1994 ES1)
(1994 FA)
(1994 GK)
(1994 GV)
(1994 NE)
(1994 RB)
(1994 RC)
(1994 UG)
(1994 VH8)
(1994 XD)
(1994 XG)
(1994 XM1)
(1995 CS)
(1995 DV1)
(1995 DW1)
(1995 FF)
(1995 FJ)
(1995 FO)
(1995 LA)
(1995 LG)
(1995 OO)
(1995 UB)
(1995 YR1)
(1996 AJ1)
(1996 AP1)
(1996 AW1)
(1996 AE2)
(1996 BT)
(1996 FS1)
(1996 FT1)
(1996 GQ)
(1996 GD1)
(1996 JA1)
(1996 MQ)
(1996 TC1)
(1996 TP6)
(1996 TD9)
(1996 VB3)
(1996 XX14)
(1997 CD17)
(1997 GK3)
(1997 GL3)
(1997 GC32)
(1997 GD32)
(1997 MS)
(1997 QK1)
(1997 TZ16)
(1997 TC25)
(1997 UR)
(1997 UA11)
(1997 VM4)
(1997 VG6)
(1997 WB21)
(1997 WQ23)
(1997 XR2)
(1997 XE10)
(1997 YM9)
(1998 BY7)
(1998 BT13)
(1998 BR26)
(1998 DX11)
(1998 DV20)
(1998 EE3)
(1998 EP4)
(1998 FL3)
(1998 FL5)
(1998 FG12)
(1998 FF14)
(1998 HM1)
(1998 HT31)
(1998 HH49)
(1998 HK49)
(1998 KH)
(1998 KD3)

(1998 KN3)
(1998 KO3)
(1998 KY26)
(1998 LE)
(1998 MV5)
(1998 MW5)
(1998 OK1)
(1998 QP)
(1998 QQ)
(1998 QA1)
(1998 QK28)
(1998 QR52)
(1998 QA62)
(1998 SH2)
(1998 SU4)
(1998 SY14)
(1998 SL36)
(1998 SJ70)
(1998 US18)
(1998 UY24)
(1998 VS)
(1998 VE31)
(1998 VD32)
(1998 WZ1)
(1998 WB2)
(1998 WL4)
(1998 WP7)
(1998 XN2)
(1998 XD12)
(1998 XR16)
(1998 YM4)
(1998 YW5)
(1999 AM10)
(1999 AJ39)
(1999 CQ2)
(1999 CT8)
(1999 CW8)
(1999 CG9)
(1999 ED5)
(1999 FA)
(1999 FR5)
(1999 FQ10)
(1999 FN19)
(1999 FP19)
(1999 FR19)
(1999 FJ21)
(1999 GL4)
(1999 GY5)
(1999 GR6)
(1999 HC1)
(1999 HD1)
(1999 HA2)
(1999 JE1)
(1999 JZ10)
(1999 KL1)
(1999 LW1)
(1999 LX1)
(1999 LD6)
(1999 LS7)
(1999 NW2)
(1999 RJ27)
(1999 RA32)
(1999 RK33)
(1999 RM45)
(1999 SO5)
(1999 SF10)
(1999 SG10)
(1999 SH10)
(1999 SJ10)
(1999 SK10)
(1999 TY2)
(1999 TC5)
(1999 TM12)
(1999 TN13)

(1999 TO13)
(1999 TT16)
(1999 TV16)
(1999 TW16)
(1999 UR)
(1999 UZ5)
(1999 VR6)
(1999 VS6)
(1999 VK12)
(1999 VF22)
(1999 VV25)
(1999 XS35)
(1999 XK136)
(1999 XL136)
(1999 XM141)
(1999 XN141)
(1999 YD)
(1999 YG3)
(1999 YR14)
(2000 AA6)
(2000 AB6)
(2000 AG6)
(2000 AE205)
(2000 AF205)
(2000 AH205)
(2000 BE19)
(2000 BK19)
(2000 BL19)
(2000 BO19)
(2000 BO28)
(2000 CM33)
(2000 CO33)
(2000 CE59)
(2000 CK59)
(2000 CO101)
(2000 CP101)
(2000 DN1)
(2000 DO1)
(2000 DL8)
(2000 DO8)
(2000 EJ26)
(2000 EU70)
(2000 EY106)
(2000 GB2)
(2000 GF2)
(2000 GW127)
(2000 GD147)
(2000 GV147)
(2000 JF5)
(2000 JJ5)
(2000 KA)
(2000 KE41)
(2000 KW43)
(2000 KP44)
(2000 LK)
(2000 LD3)
(2000 LF3)
(2000 OH)
(2000 PN)
(2000 PD3)
(2000 PE3)
(2000 PG3)
(2000 PY5)
(2000 PN8)
(2000 QS7)
(2000 QU7)
(2000 QV7)
(2000 QX69)
(2000 RK12)
(2000 RM12)
(2000 RN12)
(2000 RV37)
(2000 RE52)
(2000 SL)

191

```
(2000 SE8)            (2001 PT9)            (2001 XO88)
(2000 SG8)            (2001 PG14)           (2001 XX103)
(2000 SL10)           (2001 PJ29)           (2001 XG105)
(2000 SM10)           (2001 QC34)           (2001 YC1)
(2000 SB45)           (2001 QE34)           (2001 YD1)
(2000 TL1)            (2001 QE71)           (2001 YE1)
(2000 TU28)           (2001 QC96)           (2001 YF1)
(2000 UG11)           (2001 QF96)           (2001 YM2)
(2000 UO30)           (2001 QJ96)           (2001 YN2)
(2000 UQ30)           (2001 QJ142)          (2001 YO2)
(2000 VZ44)           (2001 QM142)          (2001 YP3)
(2000 WG10)           (2001 QN142)          (2001 YV3)
(2000 WH10)           (2001 QO142)          (2001 YK4)
(2000 WL10)           (2001 QK153)          (2001 YB5)
(2000 WS28)           (2001 QL163)          (2002 AV)
(2000 WT28)           (2001 QM163)          (2002 AZ1)
(2000 WG63)           (2001 RO3)            (2002 AS4)
(2000 WL63)           (2001 RB12)           (2002 AC5)
(2000 WM63)           (2001 RW17)           (2002 AU5)
(2000 WJ107)          (2001 SQ3)            (2002 AC9)
(2000 WM107)          (2001 SY169)          (2002 AE9)
(2000 WQ148)          (2001 SB170)          (2002 AW11)
(2000 XJ44)           (2001 SP263)          (2002 AK14)
(2000 YA)             (2001 SY269)          (2002 AL14)
(2000 YF29)           (2001 SZ269)          (2002 AT15)
(2000 YG29)           (2001 SE270)          (2002 AC29)
(2000 YJ29)           (2001 SH276)          (2002 AD29)
(2000 YO29)           (2001 SD286)          (2002 AE29)
(2001 AV43)           (2001 SG286)          (2002 AL31)
(2001 BF10)           (2001 TB)             (2002 AJ69)
(2001 BX15)           (2001 TY1)            (2002 AN129)
(2001 BC16)           (2001 TA2)            (2002 BM)
(2001 BD16)           (2001 TC45)           (2002 BJ2)
(2001 BE16)           (2001 TE45)           (2002 BF25)
(2001 BB40)           (2001 TO48)           (2002 BG25)
(2001 BN61)           (2001 UO)             (2002 CY9)
(2001 BP61)           (2001 UX4)            (2002 CV11)
(2001 CA21)           (2001 UD5)            (2002 CD14)
(2001 DR8)            (2001 UF5)            (2002 CN15)
(2001 DF47)           (2001 UN16)           (2002 CB19)
(2001 DG47)           (2001 UT16)           (2002 CA26)
(2001 DZ76)           (2001 UU16)           (2002 CB26)
(2001 EC)             (2001 UZ16)           (2002 CU46)
(2001 EC16)           (2001 UD18)           (2002 CX58)
(2001 EB18)           (2001 UF18)           (2002 CY58)
(2001 FP32)           (2001 VB)             (2002 CT118)
(2001 FA58)           (2001 VC2)            (2002 DH2)
(2001 FC58)           (2001 VD2)            (2002 DC3)
(2001 FB90)           (2001 VE2)            (2002 DO3)
(2001 FE90)           (2001 VJ5)            (2002 DU3)
(2001 FF90)           (2001 VM5)            (2002 EA)
(2001 FR128)          (2001 VG16)           (2002 EW)
(2001 GL2)            (2001 VF75)           (2002 EY)
(2001 GM2)            (2001 VB76)           (2002 EY2)
(2001 GO2)            (2001 VC76)           (2002 EC3)
(2001 GP2)            (2001 VE76)           (2002 EL6)
(2001 GQ2)            (2001 WH1)            (2002 EM6)
(2001 GR2)            (2001 WS1)            (2002 EN7)
(2001 GT2)            (2001 WV1)            (2002 EW8)
(2001 HB)             (2001 WJ4)            (2002 EX8)
(2001 HA4)            (2001 WJ15)           (2002 EU11)
(2001 HZ7)            (2001 WK15)           (2002 EV11)
(2001 HJ31)           (2001 WM15)           (2002 EW11)
(2001 HL31)           (2001 WN15)           (2002 FB)
(2001 JV1)            (2001 WO15)           (2002 FC)
(2001 KO2)            (2001 WH49)           (2002 FQ5)
(2001 KM20)           (2001 XP)             (2002 FU5)
(2001 KF54)           (2001 XG1)            (2002 FD6)
(2001 KU66)           (2001 XU4)            (2002 FS6)
(2001 LB)             (2001 XX4)            (2002 GA)
(2001 LD)             (2001 XW10)           (2002 GR)
(2001 MS3)            (2001 XH16)           (2002 GS)
(2001 ND13)           (2001 XU30)           (2002 GG1)
(2001 OC36)           (2001 XP31)           (2002 GJ1)
```

(2002 GK1)
(2002 GM2)
(2002 GM5)
(2002 GO5)
(2002 GQ5)
(2002 GG8)
(2002 GJ8)
(2002 GP186)
(2002 HP11)
(2002 JS2)
(2002 JY8)
(2002 JZ8)
(2002 JC9)
(2002 JD9)
(2002 JE9)
(2002 JQ9)
(2002 JR9)
(2002 JU15)
(2002 JQ100)
(2002 JD109)
(2002 KL3)
(2002 KM3)
(2002 KG4)
(2002 KJ4)
(2002 LK)
(2002 LV)
(2002 LW)
(2002 LX)
(2002 LG3)
(2002 LR24)
(2002 LS24)
(2002 LE31)
(2002 LS32)
(2002 LZ45)
(2002 MN)
(2002 MX)
(2002 MR3)
(2002 MS3)
(2002 MT3)
(2002 NW)
(2002 NX)
(2002 NV16)
(2002 NY40)
(2002 NE71)
(2002 OY21)
(2002 PB)
(2002 PN)
(2002 PD11)
(2002 PX39)
(2002 PD43)
(2002 PE130)
(2002 QC7)
(2002 QD7)
(2002 QQ40)
(2002 QG46)
(2002 QW47)
(2002 RT)
(2002 RQ25)
(2002 RO28)
(2002 RP28)
(2002 RH52)
(2002 RC117)
(2002 RZ125)
(2002 RB126)
(2002 RS129)
(2002 RT129)
(2002 RB182)
(2002 SQ)
(2002 SR)
(2002 SZ)
(2002 SQ41)
(2002 TV55)
(2002 TX55)
(2002 TZ57)

(2002 TA58)
(2002 TY59)
(2002 TZ59)
(2002 TA60)
(2002 TG66)
(2002 TA67)
(2002 TA69)
(2002 TB70)
(2002 TR190)
(2002 UK11)
(2002 UQ12)
(2002 UZ30)
(2002 UV36)
(2002 VR14)
(2002 VS14)
(2002 VU17)
(2002 VO69)
(2002 VP69)
(2002 VR85)
(2002 VS85)
(2002 VY91)
(2002 VZ91)
(2002 VU114)
(2002 WZ2)
(2002 WQ4)
(2002 WX12)
(2002 XT4)
(2002 XN14)
(2002 XO14)
(2002 XS14)
(2002 XM35)
(2002 XB40)
(2002 XF40)
(2002 XO40)
(2002 XQ40)
(2002 XS40)
(2002 XE84)
(2002 XQ90)
(2002 XT90)
(2002 XV90)
(2002 XC91)
(2002 YZ3)
(2002 YG4)
(2002 YC12)
(2003 AY2)
(2003 AA3)
(2003 AB23)
(2003 AC23)
(2003 AD23)
(2003 AS42)
(2003 AJ69)
(2003 AK73)
(2003 AL73)
(2003 AA83)
(2003 BN1)
(2003 BM4)
(2003 BB21)
(2003 BW33)
(2003 BS35)
(2003 BV35)
(2003 BC44)
(2003 BK47)
(2003 BR47)
(2003 BS47)
(2003 CC)
(2003 CR1)
(2003 CG11)
(2003 CN17)
(2003 CL18)
(2003 CO20)
(2003 DN4)
(2003 DF6)
(2003 DG6)
(2003 DH6)

(2003 DW10)
(2003 DY15)
(2003 DZ15)
(2003 DA16)
(2003 DF16)
(2003 EP4)
(2003 EG16)
(2003 EZ16)
(2003 EC50)
(2003 ED50)
(2003 EW59)
(2003 FG)
(2003 FB5)
(2003 FF5)
(2003 FJ8)
(2003 GD)
(2003 GR)
(2003 GY)
(2003 GF21)
(2003 GG21)
(2003 GR22)
(2003 GB34)
(2003 GU41)
(2003 GD42)
(2003 GP51)
(2003 HN)
(2003 HG2)
(2003 HW10)
(2003 HN16)
(2003 HP32)
(2003 JX2)
(2003 JY2)
(2003 JD11)
(2003 JC13)
(2003 JN14)
(2003 JO14)
(2003 JP14)
(2003 JV14)
(2003 JC17)
(2003 KF4)
(2003 KX16)
(2003 LG)
(2003 LW2)
(2003 MM)
(2003 MN)
(2003 MO)
(2003 ME1)
(2003 MS2)
(2003 MH4)
(2003 MJ4)
(2003 MK4)
(2003 MD7)
(2003 MW7)
(2003 MT9)
(2003 NW1)
(2003 OV)
(2003 OC3)
(2003 OT13)
(2003 QA)
(2003 QH5)
(2003 QU5)
(2003 QC10)
(2003 QZ29)
(2003 QB30)
(2003 QW30)
(2003 QA31)
(2003 QR79)
(2003 RC2)
(2003 RB5)
(2003 RW11)
(2003 SF)
(2003 SY4)
(2003 SQ15)
(2003 SR15)

(2003 SY17)
(2003 SL36)
(2003 SK84)
(2003 SR84)
(2003 SS84)
(2003 SU84)
(2003 SN214)
(2003 SM215)
(2003 SQ222)
(2003 TM1)
(2003 TH2)
(2003 TJ2)
(2003 TK2)
(2003 TO9)
(2003 TR9)
(2003 TT9)
(2003 UL3)
(2003 UM3)
(2003 UC5)
(2003 UX5)
(2003 UL9)
(2003 UC10)
(2003 UV11)
(2003 UL12)
(2003 UO12)
(2003 UP12)
(2003 UQ12)
(2003 UB22)
(2003 UG22)
(2003 UO25)
(2003 UQ25)
(2003 UR25)
(2003 UX26)
(2003 UW29)
(2003 VE1)
(2003 WE)
(2003 WG)
(2003 WP7)
(2003 WQ7)
(2003 WP21)
(2003 WL25)
(2003 WR25)
(2003 WY25)
(2003 WW26)
(2003 WH98)
(2003 WJ98)
(2003 WO151)
(2003 WX153)
(2003 WY153)
(2003 WE157)
(2003 WC158)
(2003 WD158)
(2003 WH166)
(2003 XK)
(2003 XV)
(2003 XJ7)
(2003 XH10)
(2003 XV10)
(2003 XZ12)
(2003 XB22)
(2003 YN1)
(2003 YO1)
(2003 YP1)
(2003 YS1)
(2003 YO3)
(2003 YP3)
(2003 YN7)
(2003 YD45)
(2003 YS70)
(2003 YP94)
(2003 YQ94)
(2003 YH111)
(2003 YR117)
(2003 YL118)

(2003 YH136)
(2004 AC)
(2004 AD)
(2004 AE)
(2004 AD1)
(2004 AS1)
(2004 AY1)
(2004 AE6)
(2004 BB)
(2004 BV1)
(2004 BX1)
(2004 BG11)
(2004 BH11)
(2004 BM11)
(2004 BV18)
(2004 BG41)
(2004 BN41)
(2004 BD68)
(2004 BZ74)
(2004 BA75)
(2004 BF85)
(2004 BG86)
(2004 BK86)
(2004 BL86)
(2004 CC)
(2004 CL1)
(2004 CZ1)
(2004 CA2)
(2004 CE39)
(2004 CK39)
(2004 CO49)
(2004 DD)
(2004 DL1)
(2004 DF2)
(2004 DM44)
(2004 EH1)
(2004 EK1)
(2004 EU22)
(2004 FA)
(2004 FD)
(2004 FW1)
(2004 FX1)
(2004 FY1)
(2004 FZ1)
(2004 FY3)
(2004 FM4)
(2004 FU4)
(2004 FA5)
(2004 FE5)
(2004 FK5)
(2004 FN8)
(2004 FG11)
(2004 FJ11)
(2004 FY15)
(2004 FC18)
(2004 FF29)
(2004 FH29)
(2004 FJ31)
(2004 FY31)
(2004 FM32)
(2004 GD)
(2004 GB2)
(2004 GE2)
(2004 GZ14)
(2004 GB19)
(2004 GC19)
(2004 HB)
(2004 HE)
(2004 HL)
(2004 HM)
(2004 HW)
(2004 HZ)
(2004 HA1)
(2004 HQ1)

(2004 HC2)
(2004 HD2)
(2004 HF12)
(2004 HG12)
(2004 HC33)
(2004 HA39)
(2004 HC39)
(2004 HW53)
(2004 HX53)
(2004 HR56)
(2004 JC)
(2004 JR)
(2004 JN1)
(2004 JO1)
(2004 JP1)
(2004 JQ1)
(2004 JN2)
(2004 JO2)
(2004 JP12)
(2004 JO20)
(2004 JV20)
(2004 KB)
(2004 KT)
(2004 KZ)
(2004 KF17)
(2004 KK17)
(2004 LB)
(2004 LC)
(2004 LG)
(2004 LJ)
(2004 LV)
(2004 LB1)
(2004 LB2)
(2004 LC2)
(2004 LV3)
(2004 LY5)
(2004 MC)
(2004 MD)
(2004 MN1)
(2004 MP1)
(2004 MQ1)
(2004 MR1)
(2004 MS1)
(2004 MV2)
(2004 MW2)
(2004 MX2)
(2004 MO3)
(2004 MB6)
(2004 ME6)
(2004 MQ6)
(2004 MP7)
(2004 NK8)
(2004 OB)
(2004 OD4)
(2004 OW10)
(2004 PJ2)
(2004 PZ19)
(2004 PU42)
(2004 PR92)
(2004 QB)
(2004 QF1)
(2004 QZ1)
(2004 QX2)
(2004 QD3)
(2004 QR4)
(2004 QO5)
(2004 QJ7)
(2004 QF14)
(2004 QD20)
(2004 QN22)
(2004 RW2)
(2004 RV10)
(2004 RW10)
(2004 RY10)

(2004 RC11)
(2004 RE84)
(2004 RF84)
(2004 RU109)
(2004 RX109)
(2004 RY109)
(2004 RN111)
(2004 RG164)
(2004 RV164)
(2004 RX164)
(2004 RZ164)
(2004 RN251)
(2004 RD252)
(2004 RQ252)
(2004 RU331)
(2004 SR)
(2004 SA1)
(2004 SB1)
(2004 SY4)
(2004 SA20)
(2004 SD26)
(2004 SE26)
(2004 SR26)
(2004 SS26)
(2004 ST26)
(2004 SU26)
(2004 SV55)
(2004 SW55)
(2004 TN1)
(2004 TP1)
(2004 TE8)
(2004 TB10)
(2004 TE10)
(2004 TF10)
(2004 TG10)
(2004 TJ10)
(2004 TK10)
(2004 TL10)
(2004 TW11)
(2004 TB18)
(2004 TC18)
(2004 TD18)
(2004 TO20)
(2004 TP20)
(2004 UB)
(2004 UE)
(2004 UL)
(2004 UR)
(2004 UR1)
(2004 US1)
(2004 UU1)
(2004 UV1)
(2004 VB)
(2004 VP)
(2004 VW)
(2004 VA1)
(2004 VH1)
(2004 VY14)
(2004 VZ14)
(2004 VC17)
(2004 VM24)
(2004 VQ65)
(2004 WH1)
(2004 WK1)
(2004 XK)
(2004 XO)
(2004 XH3)
(2004 XK3)
(2004 XD6)
(2004 XP14)
(2004 XG29)
(2004 XJ29)
(2004 XK29)
(2004 XL29)

(2004 XM29)
(2004 XN29)
(2004 XO29)
(2004 XL35)
(2004 XP35)
(2004 XA45)
(2004 XB45)
(2004 XK50)
(2004 XN50)
(2004 XC51)
(2004 XD51)
(2004 XO63)
(2004 YA)
(2004 YQ)
(2004 YR)
(2004 YG1)
(2004 YD5)
(2004 YR32)
(2005 AK3)
(2005 AU3)
(2005 AV3)
(2005 AD13)
(2005 AV27)
(2005 AX28)
(2005 AZ28)
(2005 BM1)
(2005 BN1)
(2005 BS1)
(2005 BT1)
(2005 BU1)
(2005 BW1)
(2005 BY1)
(2005 BG14)
(2005 BH14)
(2005 BS27)
(2005 BG28)
(2005 CJ)
(2005 CK)
(2005 CL)
(2005 CN)
(2005 CL7)
(2005 CM7)
(2005 CP7)
(2005 CQ7)
(2005 CC37)
(2005 CR37)
(2005 CP38)
(2005 CU38)
(2005 CE41)
(2005 CG41)
(2005 CU61)
(2005 CD69)
(2005 DD)
(2005 DO)
(2005 EA)
(2005 EF)
(2005 ES1)
(2005 ET2)
(2005 EU2)
(2005 EM30)
(2005 EO33)
(2005 EL70)
(2005 EM70)
(2005 ER70)
(2005 ET70)
(2005 EG94)
(2005 EH94)
(2005 EQ95)
(2005 ES95)
(2005 EU95)
(2005 EV95)
(2005 EY95)
(2005 EE169)
(2005 EG169)

(2005 EJ169)
(2005 EM169)
(2005 EY169)
(2005 EZ223)
(2005 ED224)
(2005 EJ225)
(2005 FA)
(2005 FG)
(2005 FH)
(2005 FK)
(2005 FV2)
(2005 FC3)
(2005 FE3)
(2005 FL4)
(2005 FN4)
(2005 GK)
(2005 GL)
(2005 GT)
(2005 GU)
(2005 GJ8)
(2005 GY8)
(2005 GL9)
(2005 GP21)
(2005 GO22)
(2005 GP33)
(2005 GQ33)
(2005 GB34)
(2005 GO59)
(2005 GD60)
(2005 GH81)
(2005 GY110)
(2005 GZ110)
(2005 GX119)
(2005 GA120)
(2005 GC120)
(2005 GK141)
(2005 HF)
(2005 HC4)
(2005 JT1)
(2005 JU1)
(2005 JO3)
(2005 JR5)
(2005 JB22)
(2005 JA45)
(2005 JD46)
(2005 JE46)
(2005 JQ81)
(2005 JU81)
(2005 JZ93)
(2005 JF108)
(2005 JT108)
(2005 KR)
(2005 KD7)
(2005 KJ10)
(2005 LD)
(2005 LW)
(2005 LU3)
(2005 LW3)
(2005 LV30)
(2005 LX36)
(2005 LW39)
(2005 LP40)
(2005 LQ40)
(2005 MA)
(2005 MX1)
(2005 MW9)
(2005 ML13)
(2005 NG)
(2005 NK1)
(2005 NL1)
(2005 NB7)
(2005 NE7)
(2005 NX39)
(2005 NX44)

(2005 NX55)
(2005 NB56)
(2005 NG56)
(2005 ND63)
(2005 OX)
(2005 OR2)
(2005 OU2)
(2005 OD3)
(2005 OE3)
(2005 OF3)
(2005 PH2)
(2005 PJ2)
(2005 PY16)
(2005 PA17)
(2005 QC)
(2005 QB5)
(2005 QQ30)
(2005 QK76)
(2005 QP87)
(2005 QG88)
(2005 QZ151)
(2005 RA)
(2005 RJ)
(2005 RZ2)
(2005 RA3)
(2005 RK3)
(2005 RW3)
(2005 RX3)
(2005 RP6)
(2005 RV24)
(2005 RC34)
(2005 RD34)
(2005 SC)
(2005 SF)
(2005 SL)
(2005 SQ)
(2005 SO1)
(2005 SP1)
(2005 SS1)
(2005 SV4)
(2005 SQ9)
(2005 SW9)
(2005 SJ19)
(2005 SG26)
(2005 SH26)
(2005 SK26)
(2005 SZ70)
(2005 SB71)
(2005 SE71)
(2005 TA)
(2005 TD)
(2005 TE)
(2005 TP)
(2005 TB15)
(2005 TF15)
(2005 TP15)
(2005 TS15)
(2005 TH45)
(2005 TD49)
(2005 TF49)
(2005 TF50)
(2005 TK50)
(2005 TR50)
(2005 TU50)
(2005 TC51)
(2005 TV51)
(2005 TM173)
(2005 UF)
(2005 UH)
(2005 UL)
(2005 UN)
(2005 UO)
(2005 UQ)
(2005 UR)

(2005 UA1)
(2005 UH1)
(2005 UC3)
(2005 UG3)
(2005 UH3)
(2005 UU3)
(2005 UG5)
(2005 UH5)
(2005 UM5)
(2005 UO5)
(2005 UW5)
(2005 UX5)
(2005 UA6)
(2005 UJ6)
(2005 UL6)
(2005 US6)
(2005 UV6)
(2005 UW6)
(2005 UY6)
(2005 UQ64)
(2005 US64)
(2005 UT64)
(2005 UN157)
(2005 UJ159)
(2005 VE)
(2005 VF)
(2005 VN)
(2005 VO)
(2005 VP)
(2005 VR)
(2005 VS)
(2005 VN1)
(2005 VY1)
(2005 VA2)
(2005 VT2)
(2005 VO5)
(2005 VD7)
(2005 VE7)
(2005 VG7)
(2005 VR7)
(2005 VT7)
(2005 VP118)
(2005 WA)
(2005 WC)
(2005 WD)
(2005 WE)
(2005 WX)
(2005 WY)
(2005 WA1)
(2005 WB1)
(2005 WC1)
(2005 WY1)
(2005 WR2)
(2005 WM3)
(2005 WN3)
(2005 WO3)
(2005 WQ3)
(2005 WR3)
(2005 WG4)
(2005 WF55)
(2005 WY55)
(2005 WK56)
(2005 WG57)
(2005 XA)
(2005 XC)
(2005 XX)
(2005 XB1)
(2005 XK4)
(2005 XN4)
(2005 XO4)
(2005 XW4)
(2005 XX4)
(2005 XY4)
(2005 XA8)

(2005 XJ8)
(2005 XN27)
(2005 XO66)
(2005 XX77)
(2005 XL80)
(2005 YD)
(2005 YK)
(2005 YY1)
(2005 YU3)
(2005 YS8)
(2005 YU8)
(2005 YA37)
(2005 YY93)
(2005 YL128)
(2005 YN128)
(2005 YX128)
(2005 YO180)
(2006 AD)
(2006 AN)
(2006 AW)
(2006 AR2)
(2006 AB3)
(2006 AC3)
(2006 AQ3)
(2006 AR3)
(2006 AS3)
(2006 AU3)
(2006 AH4)
(2006 AK4)
(2006 AK8)
(2006 AL8)
(2006 AM8)
(2006 BA)
(2006 BC)
(2006 BF)
(2006 BP6)
(2006 BQ6)
(2006 BO7)
(2006 BP7)
(2006 BQ7)
(2006 BW7)
(2006 BX7)
(2006 BZ7)
(2006 BB8)
(2006 BC8)
(2006 BL8)
(2006 BM8)
(2006 BY8)
(2006 BB9)
(2006 BN26)
(2006 BV39)
(2006 BW39)
(2006 BX39)
(2006 BD55)
(2006 BE55)
(2006 BG55)
(2006 BJ55)
(2006 BL55)
(2006 BM55)
(2006 BN55)
(2006 BF56)
(2006 BR98)
(2006 BF99)
(2006 BG99)
(2006 BH99)
(2006 BP147)
(2006 BZ147)
(2006 CF)
(2006 CK)
(2006 CL)
(2006 CT)
(2006 CU)
(2006 CT9)
(2006 CW9)

(2006 CF10)
(2006 CL10)
(2006 CM10)
(2006 CT10)
(2006 CU10)
(2006 CY10)
(2006 DL)
(2006 DN)
(2006 DU)
(2006 DV)
(2006 DX)
(2006 DY)
(2006 DA1)
(2006 DD1)
(2006 DP11)
(2006 DP14)
(2006 DQ14)
(2006 DR14)
(2006 DT14)
(2006 DO62)
(2006 DP62)
(2006 DQ62)
(2006 DS62)
(2006 DU62)
(2006 DO63)
(2006 DU63)
(2006 EB)
(2006 EC)
(2006 EW)
(2006 EC1)
(2006 EE1)
(2006 EF1)
(2006 EH1)
(2006 EK53)
(2006 FE)
(2006 FJ)
(2006 FU)
(2006 FW)
(2006 FX)
(2006 FW33)
(2006 GA)
(2006 GC)
(2006 GZ)
(2006 GB1)
(2006 GC1)
(2006 GU2)
(2006 GV2)
(2006 GX2)
(2006 GY2)
(2006 HC2)
(2006 HD2)
(2006 HE2)
(2006 HZ5)
(2006 HF6)
(2006 HJ18)
(2006 HS30)
(2006 HT30)
(2006 HU30)
(2006 HV30)
(2006 HU50)
(2006 HW50)
(2006 HY50)
(2006 HY51)
(2006 HH56)
(2006 HX57)
(2006 JE)
(2006 JF)
(2006 JO)
(2006 JY25)
(2006 JV26)
(2006 JY26)
(2006 KA)
(2006 KC)
(2006 KB1)

(2006 KD1)
(2006 KR1)
(2006 KS1)
(2006 KK21)
(2006 KP21)
(2006 KS38)
(2006 KC40)
(2006 KD40)
(2006 KY67)
(2006 KY86)
(2006 KZ86)
(2006 KK89)
(2006 KN89)
(2006 KV89)
(2006 KZ112)
(2006 LA)
(2006 LC)
(2006 LF)
(2006 LH)
(2006 LM)
(2006 LD1)
(2006 MV1)
(2006 MJ10)
(2006 MY13)
(2006 MB14)
(2006 OA1)
(2006 ON1)
(2006 OK3)
(2006 OZ4)
(2006 OA5)
(2006 OC5)
(2006 OE7)
(2006 OS9)
(2006 OT9)
(2006 OG15)
(2006 PW)
(2006 PA1)
(2006 PF1)
(2006 PY17)
(2006 QE)
(2006 QS23)
(2006 QA31)
(2006 QB31)
(2006 QK40)
(2006 QZ57)
(2006 QJ65)
(2006 QE89)
(2006 QT89)
(2006 QV89)
(2006 QY110)
(2006 QM111)
(2006 QN111)
(2006 RZ)
(2006 RK1)
(2006 RG2)
(2006 RH2)
(2006 RH7)
(2006 RJ7)
(2006 SB)
(2006 SC)
(2006 SY5)
(2006 SF7)
(2006 SG7)
(2006 SO19)
(2006 SK61)
(2006 SO77)
(2006 SO78)
(2006 SR78)
(2006 SP131)
(2006 SR131)
(2006 SS131)
(2006 ST131)
(2006 SK134)
(2006 SQ134)

(2006 SR134)
(2006 SS134)
(2006 SV134)
(2006 SN198)
(2006 SO198)
(2006 SV217)
(2006 SF281)
(2006 TC)
(2006 TD)
(2006 TF1)
(2006 TB7)
(2006 TH7)
(2006 TR7)
(2006 TA8)
(2006 TC8)
(2006 UA)
(2006 UK)
(2006 UO)
(2006 UA17)
(2006 UE17)
(2006 UF17)
(2006 UQ17)
(2006 UU17)
(2006 UB64)
(2006 UC64)
(2006 UD64)
(2006 UE64)
(2006 UC185)
(2006 UF185)
(2006 UJ185)
(2006 UY215)
(2006 UA216)
(2006 UQ216)
(2006 UR216)
(2006 UK217)
(2006 UL217)
(2006 UP217)
(2006 VB)
(2006 VC)
(2006 VB2)
(2006 VT2)
(2006 VV2)
(2006 VW2)
(2006 VZ2)
(2006 VA3)
(2006 VD13)
(2006 VE13)
(2006 VF13)
(2006 VP13)
(2006 VQ13)
(2006 VT13)
(2006 WV)
(2006 WW)
(2006 WX)
(2006 WP1)
(2006 WS1)
(2006 WT1)
(2006 WA3)
(2006 WJ3)
(2006 WM3)
(2006 WN3)
(2006 WP3)
(2006 WX3)
(2006 WY3)
(2006 WZ3)
(2006 WQ29)
(2006 WS29)
(2006 WV29)
(2006 WX29)
(2006 WZ29)
(2006 WA30)
(2006 WC30)
(2006 WQ127)
(2006 WD129)

```
(2006 WE129)          (2007 DM41)          (2007 KJ)
(2006 WG129)          (2007 DN41)          (2007 KV2)
(2006 WG130)          (2007 DD49)          (2007 KO4)
(2006 WJ130)          (2007 DT103)         (2007 KG7)
(2006 WK130)          (2007 EH)            (2007 LA)
(2006 WZ184)          (2007 EJ)            (2007 LD)
(2006 XB)             (2007 EK)            (2007 LE)
(2006 XY)             (2007 EQ)            (2007 LF)
(2006 XF1)            (2007 ES)            (2007 LS)
(2006 XG1)            (2007 EU)            (2007 LT)
(2006 XK1)            (2007 EV)            (2007 LU)
(2006 XD2)            (2007 EZ)            (2007 LC15)
(2006 XE2)            (2007 EY25)          (2007 LQ19)
(2006 XH2)            (2007 EZ25)          (2007 LU19)
(2006 XK2)            (2007 EA26)          (2007 LV19)
(2006 XZ2)            (2007 EE26)          (2007 LW19)
(2006 XA3)            (2007 EG26)          (2007 MG)
(2006 XN4)            (2007 EH26)          (2007 MQ)
(2006 XR4)            (2007 EK26)          (2007 MB4)
(2006 XV4)            (2007 EN26)          (2007 MK6)
(2006 XW4)            (2007 EG88)          (2007 MJ13)
(2006 YA)             (2007 EH88)          (2007 MK13)
(2006 YB)             (2007 EJ88)          (2007 MT20)
(2006 YE)             (2007 EL88)          (2007 MB24)
(2006 YF)             (2007 EN88)          (2007 NL1)
(2006 YP)             (2007 EO88)          (2007 NS4)
(2006 YV1)            (2007 ED125)         (2007 NC5)
(2006 YX2)            (2007 EE126)         (2007 OX)
(2006 YC13)           (2007 EF126)         (2007 PF2)
(2006 YP44)           (2007 FA)            (2007 PF6)
(2007 AA2)            (2007 FB)            (2007 PP6)
(2007 AB2)            (2007 FC)            (2007 PS9)
(2007 AC2)            (2007 FD)            (2007 PR10)
(2007 AF2)            (2007 FE)            (2007 PH25)
(2007 AS2)            (2007 FE1)           (2007 PR25)
(2007 AU2)            (2007 FF1)           (2007 PV27)
(2007 AV2)            (2007 FC3)           (2007 PF28)
(2007 AB12)           (2007 FO3)           (2007 QE3)
(2007 BJ)             (2007 FP3)           (2007 RE1)
(2007 BD7)            (2007 FR3)           (2007 RJ1)
(2007 BT7)            (2007 FS3)           (2007 RO1)
(2007 BD8)            (2007 FT3)           (2007 RS1)
(2007 BJ29)           (2007 FY20)          (2007 RT1)
(2007 BX48)           (2007 GF)            (2007 RF2)
(2007 BY48)           (2007 GU1)           (2007 RF5)
(2007 BZ48)           (2007 GY1)           (2007 RX8)
(2007 BE49)           (2007 GQ3)           (2007 RY8)
(2007 CR5)            (2007 GS3)           (2007 RP9)
(2007 CH15)           (2007 GT3)           (2007 RT9)
(2007 CJ15)           (2007 GS4)           (2007 RU9)
(2007 CU18)           (2007 GU4)           (2007 RV9)
(2007 CA19)           (2007 GW4)           (2007 RU10)
(2007 CC19)           (2007 GV5)           (2007 RQ12)
(2007 CK26)           (2007 GX5)           (2007 RR12)
(2007 CL26)           (2007 GY5)           (2007 RT12)
(2007 CN26)           (2007 HC)            (2007 RT17)
(2007 CS26)           (2007 HP)            (2007 RU17)
(2007 CC27)           (2007 HR)            (2007 RV17)
(2007 CX50)           (2007 HW3)           (2007 RW19)
(2007 DA)             (2007 HV4)           (2007 RX19)
(2007 DC)             (2007 HW4)           (2007 RY19)
(2007 DJ)             (2007 HB15)          (2007 RA20)
(2007 DW)             (2007 HD15)          (2007 RN133)
(2007 DY)             (2007 HE15)          (2007 RQ133)
(2007 DS7)            (2007 HG44)          (2007 RS146)
(2007 DF8)            (2007 HZ58)          (2007 RT146)
(2007 DG8)            (2007 JD)            (2007 SH)
(2007 DK8)            (2007 JX2)           (2007 SR1)
(2007 DL8)            (2007 JY2)           (2007 SU1)
(2007 DQ40)           (2007 JZ2)           (2007 SV2)
(2007 DX40)           (2007 JF16)          (2007 SN6)
(2007 DY40)           (2007 JZ20)          (2007 SQ6)
(2007 DZ40)           (2007 JH22)          (2007 SR11)
(2007 DL41)           (2007 KE)            (2007 TC1)
```

(2007 TH1)
(2007 TK5)
(2007 TG8)
(2007 TB14)
(2007 TC14)
(2007 TE15)
(2007 TL15)
(2007 TM15)
(2007 TL16)
(2007 TT18)
(2007 TU18)
(2007 TV18)
(2007 TS19)
(2007 TX22)
(2007 TB23)
(2007 TL23)
(2007 TR24)
(2007 TS24)
(2007 TU24)
(2007 TW24)
(2007 TR65)
(2007 TC66)
(2007 TE66)
(2007 TU68)
(2007 TX68)
(2007 TZ68)
(2007 TD71)
(2007 TE71)
(2007 TG71)
(2007 TH71)
(2007 TH72)
(2007 UH)
(2007 UJ)
(2007 UT)
(2007 US3)
(2007 UU3)
(2007 UC6)
(2007 UD6)
(2007 UE6)
(2007 UF6)
(2007 UO6)
(2007 UL12)
(2007 UN12)
(2007 UQ13)
(2007 UK40)
(2007 UR51)
(2007 US51)
(2007 UB66)
(2007 VG)
(2007 VA3)
(2007 VC3)
(2007 VE3)
(2007 VG3)
(2007 VJ3)
(2007 VK3)
(2007 VL3)
(2007 VN3)
(2007 VS6)
(2007 VT6)
(2007 VX6)
(2007 VV7)
(2007 VY7)
(2007 VD8)
(2007 VF8)
(2007 VK8)
(2007 VD12)
(2007 VR29)
(2007 VT83)
(2007 VU83)
(2007 VX83)
(2007 VW137)
(2007 VZ137)
(2007 VD138)
(2007 VE138)

(2007 VD184)
(2007 VF184)
(2007 VG184)
(2007 VJ184)
(2007 VK184)
(2007 VM184)
(2007 VF189)
(2007 VH189)
(2007 VJ189)
(2007 VB191)
(2007 VD191)
(2007 VE191)
(2007 VM243)
(2007 VN243)
(2007 VP243)
(2007 WA)
(2007 WB)
(2007 WJ3)
(2007 WK3)
(2007 WL3)
(2007 WN3)
(2007 WP3)
(2007 WT3)
(2007 WU3)
(2007 WV3)
(2007 WY3)
(2007 WV4)
(2007 WW4)
(2007 WZ4)
(2007 WB5)
(2007 WD5)
(2007 WE55)
(2007 XN)
(2007 XO)
(2007 XP3)
(2007 XT3)
(2007 XY9)
(2007 XZ9)
(2007 XB10)
(2007 XD10)
(2007 XH16)
(2007 XJ16)
(2007 XN16)
(2007 XF18)
(2007 XJ20)
(2007 XA23)
(2007 XB23)
(2007 XV23)
(2007 XW23)
(2007 YG)
(2007 YH)
(2007 YJ)
(2007 YM)
(2007 YZ)
(2007 YH1)
(2007 YN1)
(2007 YB2)
(2007 YV29)
(2007 YM56)
(2007 YN56)
(2007 YO56)
(2007 YP56)
(2007 YQ56)
(2007 YR56)
(2007 YT56)
(2007 YV56)
(2007 YZ58)
(2008 AD)
(2008 AG1)
(2008 AX1)
(2008 AF3)
(2008 AG4)
(2008 AH4)
(2008 AS28)

(2008 AU28)
(2008 AV28)
(2008 AZ30)
(2008 AG33)
(2008 AH33)
(2008 AK33)
(2008 AN33)
(2008 AP33)
(2008 AO112)
(2008 BC)
(2008 BS2)
(2008 BU2)
(2008 BW2)
(2008 BC15)
(2008 BD15)
(2008 BE15)
(2008 BH16)
(2008 BN16)
(2008 BO16)
(2008 BT18)
(2008 CG)
(2008 CH)
(2008 CK)
(2008 CQ)
(2008 CH1)
(2008 CR1)
(2008 CS1)
(2008 CZ4)
(2008 CA5)
(2008 CE5)
(2008 CA6)
(2008 CB6)
(2008 CC6)
(2008 CD6)
(2008 CE6)
(2008 CM20)
(2008 CX21)
(2008 CA22)
(2008 CB22)
(2008 CC22)
(2008 CE22)
(2008 CF22)
(2008 CD70)
(2008 CE70)
(2008 CK70)
(2008 CL70)
(2008 CC71)
(2008 CD71)
(2008 CM74)
(2008 CK116)
(2008 CL116)
(2008 CN116)
(2008 CO116)
(2008 CQ116)
(2008 CS116)
(2008 CR118)
(2008 CY118)
(2008 CD119)
(2008 CE119)
(2008 CG119)
(2008 CK119)
(2008 DB)
(2008 DE)
(2008 DJ)
(2008 DV)
(2008 DA4)
(2008 DG4)
(2008 DG5)
(2008 DH5)
(2008 DJ5)
(2008 DK5)
(2008 DL5)
(2008 DG17)
(2008 DT22)

(2008 DU22)
(2008 DV22)
(2008 DX22)
(2008 EF)
(2008 EH)
(2008 EJ)
(2008 EL)
(2008 EM)
(2008 EN)
(2008 EO)
(2008 EQ)
(2008 ER)
(2008 ES)
(2008 EJ1)
(2008 EK1)
(2008 ES5)
(2008 EX5)
(2008 EL6)
(2008 EM6)
(2008 EN6)
(2008 EP6)
(2008 EM7)
(2008 EP7)
(2008 ER7)
(2008 EZ7)
(2008 ED8)
(2008 EA9)
(2008 EE9)
(2008 EF9)
(2008 EG9)
(2008 EM9)
(2008 EC32)
(2008 EF32)
(2008 EG32)
(2008 EJ68)
(2008 EK68)
(2008 EL68)
(2008 EM68)
(2008 EU68)
(2008 ED69)
(2008 EV84)
(2008 EW84)
(2008 EY84)
(2008 EZ84)
(2008 EB85)
(2008 EC85)
(2008 ED85)
(2008 EE85)
(2008 EF85)
(2008 EG85)
(2008 EH85)
(2008 EJ85)
(2008 EK85)
(2008 EL85)
(2008 EM85)
(2008 FC)
(2008 FG)
(2008 FH)
(2008 FK)
(2008 FM)
(2008 FN)
(2008 FO)
(2008 FP)
(2008 FE5)
(2008 FF5)
(2008 FH5)
(2008 FW5)
(2008 FW6)
(2008 FJ7)
(2008 FL7)
(2008 GD)
(2008 GE)
(2008 GF)
(2008 GG)

(2008 GH)
(2008 GK)
(2008 GR)
(2008 GD1)
(2008 GF1)
(2008 GK2)
(2008 GL2)
(2008 GM2)
(2008 GP3)
(2008 GV3)
(2008 GX3)
(2008 GA4)
(2008 GB4)
(2008 GO20)
(2008 GV20)
(2008 GW20)
(2008 GB21)
(2008 GY21)
(2008 GC110)
(2008 GD110)
(2008 GF110)
(2008 GH110)
(2008 GJ110)
(2008 GE128)
(2008 HE)
(2008 HH)
(2008 HJ)
(2008 HW1)
(2008 HX1)
(2008 HY1)
(2008 HZ1)
(2008 HC2)
(2008 HD2)
(2008 HF2)
(2008 HD3)
(2008 HE3)
(2008 HJ3)
(2008 HO3)
(2008 HQ3)
(2008 HR3)
(2008 HU4)
(2008 HB38)
(2008 HC38)
(2008 JC)
(2008 JG)
(2008 JN)
(2008 JP)
(2008 JQ)
(2008 JV2)
(2008 JW2)
(2008 JL3)
(2008 JZ7)
(2008 JO14)
(2008 JP14)
(2008 JW19)
(2008 JM20)
(2008 JL24)
(2008 JP24)
(2008 JM26)
(2008 JY30)
(2008 JD33)
(2008 KO)
(2008 KP)
(2008 KT)
(2008 KW2)
(2008 KZ5)
(2008 KA6)
(2008 KB6)
(2008 KC6)
(2008 KD6)
(2008 KE6)
(2008 KN11)
(2008 LA)
(2008 LB)

(2008 LC)
(2008 LC2)
(2008 LQ16)
(2008 LV16)
(2008 LW16)
(2008 MP1)
(2008 MV1)
(2008 MB5)
(2008 NS1)
(2008 NO3)
(2008 NP3)
(2008 OO)
(2008 OO1)
(2008 OX1)
(2008 OV2)
(2008 OX2)
(2008 OY2)
(2008 OS7)
(2008 OT7)
(2008 OO8)
(2008 OP8)
(2008 OB9)
(2008 OC9)
(2008 OS9)
(2008 ON10)
(2008 ON13)
(2008 PF1)
(2008 PJ3)
(2008 PK3)
(2008 PW4)
(2008 PG7)
(2008 PJ9)
(2008 PK9)
(2008 PV16)
(2008 QB)
(2008 QT3)
(2008 QS11)
(2008 QT11)
(2008 QU11)
(2008 RU)
(2008 RV)
(2008 RW)
(2008 RG1)
(2008 RH1)
(2008 RR24)
(2008 RS24)
(2008 RW24)
(2008 RZ24)
(2008 RG98)
(2008 RM98)
(2008 SA)
(2008 SC)
(2008 SD)
(2008 SR1)
(2008 ST1)
(2008 SU1)
(2008 SQ7)
(2008 ST7)
(2008 SV11)
(2008 SW11)
(2008 SH82)
(2008 SJ82)
(2008 SE85)
(2008 SH148)
(2008 SJ148)
(2008 SX148)
(2008 SY148)
(2008 SW150)
(2008 SY150)
(2008 SZ150)
(2008 TA)
(2008 TB)
(2008 TE)
(2008 TH)

(2008 TL)
(2008 TA1)
(2008 TC1)
(2008 TC2)
(2008 TE2)
(2008 TC3)
(2008 TX3)
(2008 TZ3)
(2008 TA4)
(2008 TB4)
(2008 TD4)
(2008 TE4)
(2008 TN9)
(2008 TX9)
(2008 TM10)
(2008 TP10)
(2008 TS10)
(2008 TV25)
(2008 TM26)
(2008 TN26)
(2008 TP26)
(2008 TQ26)
(2008 TS26)
(2008 TT26)
(2008 TD27)
(2008 UQ)
(2008 UR)
(2008 US)
(2008 UD1)
(2008 UF1)
(2008 UM1)
(2008 UT1)
(2008 UU1)
(2008 UR2)
(2008 UT2)
(2008 UL3)
(2008 UN3)
(2008 US4)
(2008 UT5)
(2008 UB7)
(2008 UC7)
(2008 UE7)
(2008 UF7)
(2008 UV91)
(2008 UW91)
(2008 UY91)
(2008 UB92)
(2008 UZ94)
(2008 UD95)
(2008 UT95)
(2008 UU95)
(2008 UV99)
(2008 UW99)
(2008 UP100)
(2008 UA202)
(2008 UC202)
(2008 VC)
(2008 VD)
(2008 VE)
(2008 VJ)
(2008 VK)
(2008 VL)
(2008 VM)
(2008 VB1)
(2008 VU3)
(2008 VZ3)
(2008 VA4)
(2008 VB4)
(2008 VU4)
(2008 VH14)
(2008 VL14)
(2008 VA15)
(2008 WC)
(2008 WD)

(2008 WL)
(2008 WM)
(2008 WN2)
(2008 WO2)
(2008 WP2)
(2008 WY13)
(2008 WZ13)
(2008 WA14)
(2008 WD14)
(2008 WE14)
(2008 WG14)
(2008 WK32)
(2008 WM32)
(2008 WX32)
(2008 WY32)
(2008 WB59)
(2008 WK61)
(2008 WM61)
(2008 WS62)
(2008 WQ63)
(2008 WL64)
(2008 WM64)
(2008 WY94)
(2008 WZ94)
(2008 WG96)
(2008 WH96)
(2008 WJ96)
(2008 WK96)
(2008 XH)
(2008 XK)
(2008 XM)
(2008 XN)
(2008 XS)
(2008 XB1)
(2008 XC1)
(2008 XM1)
(2008 XA2)
(2008 XB2)
(2008 XC2)
(2008 XQ2)
(2008 XU2)
(2008 XW2)
(2008 YA)
(2008 YF)
(2008 YJ2)
(2008 YL2)
(2008 YN2)
(2008 YO2)
(2008 YQ2)
(2008 YC3)
(2008 YJ3)
(2008 YM27)
(2008 YN27)
(2008 YQ27)
(2008 YR27)
(2008 YS27)
(2008 YZ28)
(2008 YB29)
(2008 YF29)
(2008 YE30)
(2008 YF30)
(2008 YG30)
(2008 YH30)
(2008 YV32)
(2008 YX32)
(2008 YY32)
(2008 YZ32)
(2008 YC33)
(2009 AK)
(2009 AL)
(2009 AV)
(2009 AK15)
(2009 AC16)
(2009 AE16)

(2009 AG16)
(2009 AH16)
(2009 BB)
(2009 BC)
(2009 BD)
(2009 BE)
(2009 BG)
(2009 BE2)
(2009 BF2)
(2009 BG2)
(2009 BK2)
(2009 BL2)
(2009 BN2)
(2009 BW2)
(2009 BO5)
(2009 BP5)
(2009 BQ5)
(2009 BR5)
(2009 BS5)
(2009 BU5)
(2009 BA11)
(2009 BC11)
(2009 BG11)
(2009 BH11)
(2009 BD58)
(2009 BF58)
(2009 BG58)
(2009 BH58)
(2009 BJ58)
(2009 BK58)
(2009 BL58)
(2009 BP58)
(2009 BD77)
(2009 BE77)
(2009 BD81)
(2009 BE81)
(2009 BF81)
(2009 BG81)
(2009 BJ81)
(2009 CF)
(2009 CG)
(2009 CP)
(2009 CQ)
(2009 CS)
(2009 CT)
(2009 CV)
(2009 CZ)
(2009 CR1)
(2009 CS1)
(2009 CV1)
(2009 CZ1)
(2009 CA2)
(2009 CC2)
(2009 CD2)
(2009 CR2)
(2009 CX2)
(2009 CZ2)
(2009 CA3)
(2009 CB3)
(2009 CN5)
(2009 CP5)
(2009 CR5)
(2009 CS5)
(2009 CT5)
(2009 CV5)
(2009 DV)
(2009 DW)
(2009 DZ)
(2009 DA1)
(2009 DB1)
(2009 DE1)
(2009 DR3)
(2009 DN4)
(2009 DP4)

(2009 DQ4)
(2009 DS10)
(2009 DT10)
(2009 DU10)
(2009 DB12)
(2009 DC12)
(2009 DR36)
(2009 DH39)
(2009 DM40)
(2009 DA43)
(2009 DB43)
(2009 DC43)
(2009 DS43)
(2009 DT43)
(2009 DV43)
(2009 DC45)
(2009 DD45)
(2009 DM45)
(2009 DJ46)
(2009 DL46)
(2009 DE47)
(2009 DO111)
(2009 EA)
(2009 ED)
(2009 EP)
(2009 ER)
(2009 ES)
(2009 ET)
(2009 EU)
(2009 EV)
(2009 EW)
(2009 EX)
(2009 EY)
(2009 EB1)
(2009 EC1)
(2009 EF1)
(2009 EH1)
(2009 EJ1)
(2009 EK1)
(2009 EO2)
(2009 EF3)
(2009 EG3)
(2009 EH3)
(2009 FD)
(2009 FE)
(2009 FF)
(2009 FG)
(2009 FH)
(2009 FJ)
(2009 FK)
(2009 FP)
(2009 FR)
(2009 FS)
(2009 FT)
(2009 FG1)
(2009 FJ1)
(2009 FS4)
(2009 FU4)
(2009 FV4)
(2009 FW4)
(2009 FX4)
(2009 FY4)
(2009 FZ4)
(2009 FA5)
(2009 FX10)
(2009 FY10)
(2009 FZ10)
(2009 FE19)
(2009 FF19)
(2009 FG19)
(2009 FT23)
(2009 FL25)
(2009 FO28)
(2009 FP28)
(2009 FJ30)
(2009 FU30)
(2009 FO32)
(2009 FP32)
(2009 FQ32)
(2009 FS32)
(2009 FT32)
(2009 FH44)
(2009 HB)
(2009 HC)
(2009 HE)
(2009 HF)
(2009 HR2)
(2009 HS2)
(2009 HV2)
(2009 HA21)
(2009 HB21)
(2009 HC21)
(2009 HD21)
(2009 HE21)
(2009 HF21)
(2009 HJ21)
(2009 HL21)
(2009 HJ36)
(2009 HS44)
(2009 HV44)
(2009 HX51)
(2009 HU58)
(2009 HV58)
(2009 HG60)
(2009 HV67)
(2009 HW67)
(2009 HY67)
(2009 HZ67)
(2009 HK73)
(2009 HD82)
(2009 HF82)
(2009 HM82)
(2009 JA)
(2009 JR)
(2009 JS)
(2009 JE1)
(2009 JF1)
(2009 JL1)
(2009 JM1)
(2009 JG2)
(2009 JL2)
(2009 JM2)
(2009 JR5)
(2009 KJ)
(2009 KK)
(2009 KL)
(2009 KM)
(2009 KN)
(2009 KY1)
(2009 KW2)
(2009 KC3)
(2009 KD3)
(2009 KE3)
(2009 KN4)
(2009 KK8)
(2009 KL8)
(2009 KR21)
(2009 KV21)
(2009 LA)
(2009 LE)
(2009 LQ)
(2009 LS)
(2009 LU2)
(2009 LV2)
(2009 LW2)
(2009 MS)
(2009 MU)
(2009 MG1)
(2009 MX6)
(2009 NE)
(2009 NJ)
(2009 NL)
(2009 OF)
(2009 OG)
(2009 OZ4)
(2009 OX5)
(2009 OW6)
(2009 OY7)
(2009 OO9)
(2009 PQ1)
(2009 PU1)
(2009 PT2)
(2009 PA3)
(2009 QR)
(2009 QS)
(2009 QG2)
(2009 QN5)
(2009 QH6)
(2009 QL8)
(2009 QK9)
(2009 QC23)
(2009 QL32)
(2009 QE34)
(2009 QG34)
(2009 QH34)
(2009 QZ34)
(2009 QC35)
(2009 QB36)
(2009 QC36)
(2009 RH)
(2009 RR)
(2009 RU1)
(2009 RV1)
(2009 RG2)
(2009 RY3)
(2009 RZ3)
(2009 SB)
(2009 SD)
(2009 SJ)
(2009 SL)
(2009 SN)
(2009 SQ)
(2009 SY)
(2009 SC1)
(2009 SD1)
(2009 SH1)
(2009 SL1)
(2009 SW1)
(2009 SX1)
(2009 SG2)
(2009 SK2)
(2009 SL2)
(2009 SB15)
(2009 SD15)
(2009 SH15)
(2009 SK15)
(2009 SW17)
(2009 SG18)
(2009 ST19)
(2009 SU19)
(2009 SW19)
(2009 SM98)
(2009 SO98)
(2009 SA100)
(2009 SN103)
(2009 SR103)
(2009 SS103)
(2009 ST103)
(2009 SL104)
(2009 SP104)
(2009 SQ104)
(2009 SR104)

(2009 ST104)
(2009 SU104)
(2009 SB170)
(2009 SC170)
(2009 SP171)
(2009 SR171)
(2009 ST171)
(2009 SU171)
(2009 SS172)
(2009 TB)
(2009 TJ)
(2009 TP)
(2009 TQ)
(2009 TS)
(2009 TT)
(2009 TU)
(2009 TA1)
(2009 TJ4)
(2009 TS7)
(2009 TB8)
(2009 TC8)
(2009 TF8)
(2009 TH8)
(2009 TM8)
(2009 TO8)
(2009 TQ8)
(2009 TE10)
(2009 TK12)
(2009 TD17)
(2009 UB)
(2009 UD)
(2009 UE)
(2009 UF)
(2009 UJ)
(2009 UL)
(2009 UM)
(2009 UQ)
(2009 UK1)
(2009 UL1)
(2009 UO1)
(2009 UP1)
(2009 UU1)
(2009 UD2)
(2009 UE2)
(2009 UM3)
(2009 UN3)
(2009 UJ5)
(2009 UK14)
(2009 UZ17)
(2009 UW18)
(2009 UC19)
(2009 UD19)
(2009 US19)
(2009 UV19)
(2009 UW19)
(2009 UX19)
(2009 UY19)
(2009 UZ19)
(2009 UK20)
(2009 UL28)
(2009 UU87)
(2009 UW87)
(2009 UX87)
(2009 UY87)
(2009 VA)
(2009 VP)
(2009 VQ)
(2009 VR)
(2009 VS)
(2009 VT)
(2009 VW)
(2009 VX)
(2009 VZ)
(2009 VC1)

(2009 VN1)
(2009 VT1)
(2009 VJ24)
(2009 VL24)
(2009 VM24)
(2009 VQ25)
(2009 VR25)
(2009 VA26)
(2009 VZ39)
(2009 VP44)
(2009 VQ44)
(2009 VR44)
(2009 VS44)
(2009 WA)
(2009 WB)
(2009 WC)
(2009 WE)
(2009 WF)
(2009 WJ1)
(2009 WK1)
(2009 WM1)
(2009 WJ6)
(2009 WK6)
(2009 WM6)
(2009 WN6)
(2009 WP6)
(2009 WX6)
(2009 WD7)
(2009 WG7)
(2009 WV7)
(2009 WW7)
(2009 WX7)
(2009 WZ7)
(2009 WM8)
(2009 WO8)
(2009 WB11)
(2009 WD11)
(2009 WP25)
(2009 WQ25)
(2009 WS25)
(2009 WU25)
(2009 WV25)
(2009 WV51)
(2009 WY51)
(2009 WZ51)
(2009 WA52)
(2009 WQ52)
(2009 WR52)
(2009 WZ53)
(2009 WA54)
(2009 WB54)
(2009 WF54)
(2009 WW104)
(2009 WX104)
(2009 WC106)
(2009 WE106)
(2009 WF106)
(2009 WG106)
(2009 WH106)
(2009 WJ106)
(2009 WN106)
(2009 WO106)
(2009 WP106)
(2009 XD)
(2009 XO)
(2009 XV)
(2009 XQ1)
(2009 XR1)
(2009 XV1)
(2009 XA2)
(2009 XF2)
(2009 XO2)
(2009 XP2)
(2009 XQ2)

(2009 XT6)
(2009 XZ6)
(2009 XK8)
(2009 XL8)
(2009 YG)
(2009 YO)
(2009 YQ)
(2009 YS)
(2009 YT6)
(2009 YU6)
(2010 AE)
(2010 AK)
(2010 AR1)
(2010 AK2)
(2010 AL2)
(2010 AM2)
(2010 AN2)
(2010 AO2)
(2010 AE3)
(2010 AF3)
(2010 AG3)
(2010 AH3)
(2010 AJ3)
(2010 AE30)
(2010 AF30)
(2010 AG30)
(2010 AL30)
(2010 AF40)
(2010 AG40)
(2010 AN60)
(2010 AN61)
(2010 BC)
(2010 BG2)
(2010 BL2)
(2010 BU2)
(2010 BG5)
(2010 CA)
(2010 CL)
(2010 CJ1)
(2010 CK1)
(2010 CM1)
(2010 CN1)
(2010 CO1)
(2010 CR1)
(2010 CR5)
(2010 CJ18)
(2010 CB19)
(2010 CC19)
(2010 CD19)
(2010 CE19)
(2010 CF19)
(2010 CH19)
(2010 CL19)
(2010 CM19)
(2010 CN19)
(2010 CP19)
(2010 CQ19)
(2010 CR19)
(2010 CS19)
(2010 CN44)
(2010 CO44)
(2010 CP44)
(2010 CA55)
(2010 CB55)
(2010 CC55)
(2010 CD55)
(2010 CE55)
(2010 CF55)
(2010 CP140)
(2010 CN141)
(2010 CJ171)
(2010 DA)
(2010 DH)
(2010 DL)

(2010 DM)
(2010 DO)
(2010 DF1)
(2010 DG1)
(2010 DJ1)
(2010 DU1)
(2010 DW1)
(2010 DX1)
(2010 DE2)
(2010 DM21)
(2010 DK34)
(2010 DH56)
(2010 DJ56)
(2010 DM56)
(2010 DG77)
(2010 DH77)
(2010 ES12)
(2010 EF21)
(2010 EC43)
(2010 EF43)
(2010 EJ43)
(2010 EK43)
(2010 EF44)
(2010 EK44)
(2010 EN44)
(2010 EW45)
(2010 EA46)
(2010 EX119)
(2010 FB)
(2010 FC)
(2010 FL)
(2010 FQ)
(2010 FR)
(2010 FT)
(2010 FC6)
(2010 FD6)
(2010 FD7)
(2010 FE7)
(2010 FF7)
(2010 FR9)
(2010 FT9)
(2010 FU9)
(2010 FV9)
(2010 FW9)
(2010 FX9)
(2010 FA10)
(2010 FF10)
(2010 FZ80)
(2010 FA81)
(2010 FC81)
(2010 FG81)
(2010 FH81)
(2010 GZ5)
(2010 GA6)
(2010 GD6)
(2010 GT6)
(2010 GU6)
(2010 GY6)
(2010 GF7)
(2010 GH7)
(2010 GR7)
(2010 GS7)
(2010 GT7)
(2010 GU21)
(2010 GK23)
(2010 GL23)
(2010 GM23)
(2010 GW23)
(2010 GX23)
(2010 GA24)
(2010 GD25)
(2010 GF25)
(2010 GO33)
(2010 GP33)

(2010 GQ33)
(2010 GR33)
(2010 GE35)
(2010 GW62)
(2010 GX62)
(2010 GJ65)
(2010 GL65)
(2010 GM65)
(2010 GN67)
(2010 GO67)
(2010 GP67)
(2010 GQ75)
(2010 GR75)
(2010 HF)
(2010 HG20)
(2010 HP20)
(2010 HS20)
(2010 HV20)
(2010 HW20)
(2010 HQ80)
(2010 HR80)
(2010 HW81)
(2010 HZ104)
(2010 HZ108)
(2010 JA)
(2010 JE)
(2010 JG)
(2010 JK1)
(2010 JH3)
(2010 JJ3)
(2010 JK33)
(2010 JL33)
(2010 JM33)
(2010 JO33)
(2010 JT34)
(2010 JV34)
(2010 JA35)
(2010 JT39)
(2010 JW39)
(2010 JJ41)
(2010 JL41)
(2010 JM41)
(2010 JN71)
(2010 JO71)
(2010 JH80)
(2010 JD87)
(2010 JF87)
(2010 JG87)
(2010 JH87)
(2010 JE88)
(2010 JF88)
(2010 JG88)
(2010 JH88)
(2010 JL88)
(2010 JH110)
(2010 JM151)
(2010 KE)
(2010 KV7)
(2010 KA8)
(2010 KB8)
(2010 KO10)
(2010 KP10)
(2010 KQ10)
(2010 KR10)
(2010 KU10)
(2010 KK37)
(2010 KB61)
(2010 KY127)
(2010 LG14)
(2010 LH14)
(2010 LM14)
(2010 LN14)
(2010 LR33)
(2010 LK34)

(2010 LL34)
(2010 LJ61)
(2010 LK61)
(2010 LZ63)
(2010 LA64)
(2010 LC64)
(2010 LE68)
(2010 LJ68)
(2010 LK68)
(2010 LL68)
(2010 LM68)
(2010 LT108)
(2010 LU108)
(2010 LV108)
(2010 LU134)
(2010 MQ)
(2010 MG1)
(2010 MH1)
(2010 MQ1)
(2010 MY1)
(2010 MU111)
(2010 MU112)
(2010 MY112)
(2010 MZ112)
(2010 MA113)
(2010 NA)
(2010 NB)
(2010 NG)
(2010 NH)
(2010 NK)
(2010 NL)
(2010 NN)
(2010 NK1)
(2010 NU1)
(2010 NZ1)
(2010 NB2)
(2010 OA)
(2010 OA1)
(2010 OQ1)
(2010 OE22)
(2010 OS22)
(2010 OL100)
(2010 OB101)
(2010 OC101)
(2010 ON101)
(2010 OC103)
(2010 OH126)
(2010 PJ)
(2010 PO2)
(2010 PJ9)
(2010 PM9)
(2010 PR10)
(2010 PM58)
(2010 PP58)
(2010 PR66)
(2010 PU66)
(2010 PY75)
(2010 QN1)
(2010 QD2)
(2010 QE2)
(2010 QG2)
(2010 RB)
(2010 RE)
(2010 RV3)
(2010 RX3)
(2010 RY3)
(2010 RW11)
(2010 RY11)
(2010 RZ11)
(2010 RB12)
(2010 RF12)
(2010 RQ30)
(2010 RF31)
(2010 RG31)

(2010 RM42)
(2010 RL43)
(2010 RJ53)
(2010 RK53)
(2010 RK64)
(2010 RP64)
(2010 RM80)
(2010 RO80)
(2010 RS80)
(2010 RM82)
(2010 RO82)
(2010 RA91)
(2010 RD130)
(2010 RA147)
(2010 RF181)
(2010 SD)
(2010 SE)
(2010 SP3)
(2010 ST3)
(2010 SV3)
(2010 SW3)
(2010 SX11)
(2010 SG13)
(2010 SJ13)
(2010 SK13)
(2010 SJ15)
(2010 SV15)
(2010 SO16)
(2010 SR16)
(2010 SA17)
(2010 SC17)
(2010 SC41)
(2010 TD)
(2010 TF)
(2010 TK)
(2010 TN4)
(2010 TU5)
(2010 TK7)
(2010 TG19)
(2010 TH19)
(2010 TP19)
(2010 TQ19)
(2010 TS19)
(2010 TZ53)
(2010 TB54)
(2010 TD54)
(2010 TG54)
(2010 TH54)
(2010 TK54)
(2010 TP54)
(2010 TV54)
(2010 TW54)
(2010 TX54)
(2010 TD55)
(2010 TK55)
(2010 TN55)
(2010 TO55)
(2010 TP55)
(2010 TS149)
(2010 TU149)
(2010 TV149)
(2010 TW149)
(2010 TK167)
(2010 TM167)
(2010 TN167)
(2010 TX168)
(2010 UB)
(2010 UD)
(2010 UE)
(2010 UG)
(2010 UH)
(2010 UO)
(2010 UP)
(2010 UX6)

(2010 UC7)
(2010 UE7)
(2010 UF7)
(2010 UG7)
(2010 UM7)
(2010 UP7)
(2010 UQ7)
(2010 UR7)
(2010 US7)
(2010 UT7)
(2010 UV7)
(2010 UZ7)
(2010 UK8)
(2010 UL8)
(2010 UE51)
(2010 VE)
(2010 VF)
(2010 VK)
(2010 VL)
(2010 VM)
(2010 VP)
(2010 VR)
(2010 VU)
(2010 VX)
(2010 VY)
(2010 VZ)
(2010 VB1)
(2010 VD1)
(2010 VF1)
(2010 VG1)
(2010 VH1)
(2010 VJ1)
(2010 VN1)
(2010 VO1)
(2010 VT11)
(2010 VZ11)
(2010 VA12)
(2010 VO21)
(2010 VR21)
(2010 VT21)
(2010 VU21)
(2010 VL65)
(2010 VN65)
(2010 VS71)
(2010 VC72)
(2010 VO98)
(2010 VP98)
(2010 VQ98)
(2010 VU98)
(2010 VV98)
(2010 VA99)
(2010 VB99)
(2010 VD99)
(2010 VJ139)
(2010 VM139)
(2010 VN139)
(2010 VO139)
(2010 VP139)
(2010 VR139)
(2010 VZ139)
(2010 VC140)
(2010 VW194)
(2010 WA)
(2010 WB)
(2010 WC1)
(2010 WE1)
(2010 WG1)
(2010 WH1)
(2010 WJ1)
(2010 WB3)
(2010 WC3)
(2010 WF3)
(2010 WG3)
(2010 WR7)

(2010 WT8)
(2010 WV8)
(2010 WW8)
(2010 WZ8)
(2010 WA9)
(2010 WC9)
(2010 WD9)
(2010 XB)
(2010 XC)
(2010 XG)
(2010 XH)
(2010 XJ)
(2010 XK)
(2010 XL)
(2010 XN)
(2010 XO)
(2010 XQ)
(2010 XR)
(2010 XU)
(2010 XW)
(2010 XX)
(2010 XZ)
(2010 XJ3)
(2010 XO10)
(2010 XT10)
(2010 XC11)
(2010 XD11)
(2010 XE11)
(2010 XF11)
(2010 XJ11)
(2010 XA24)
(2010 XB24)
(2010 XA25)
(2010 XB25)
(2010 XC25)
(2010 XD25)
(2010 XS45)
(2010 XL56)
(2010 XM56)
(2010 XO56)
(2010 XV58)
(2010 XW58)
(2010 XX58)
(2010 XY58)
(2010 XZ58)
(2010 XF64)
(2010 XG64)
(2010 XA68)
(2010 XM69)
(2010 XN69)
(2010 XO69)
(2010 XP69)
(2010 XY72)
(2010 XZ72)
(2010 XA73)
(2010 YB)
(2010 YD)
(2010 YH)
(2010 YS)
(2010 YW)
(2010 YC1)
(2011 AL1)
(2011 AN1)
(2011 AD3)
(2011 AF3)
(2011 AG3)
(2011 AN4)
(2011 AU4)
(2011 AG5)
(2011 AH5)
(2011 AK5)
(2011 AM12)
(2011 AM16)
(2011 AY22)

(2011 AZ22)
(2011 AA23)
(2011 AM24)
(2011 AR26)
(2011 AT26)
(2011 AB37)
(2011 AH37)
(2011 AK37)
(2011 AL37)
(2011 AM37)
(2011 AN37)
(2011 AM52)
(2011 AN52)
(2011 AV55)
(2011 AW55)
(2011 BA)
(2011 BB)
(2011 BC)
(2011 BJ2)
(2011 BF10)
(2011 BG10)
(2011 BH10)
(2011 BJ10)
(2011 BU10)
(2011 BV10)
(2011 BW10)
(2011 BY10)
(2011 BV11)
(2011 BW11)
(2011 BY11)
(2011 BZ11)
(2011 BT15)
(2011 BX18)
(2011 BY18)
(2011 BZ18)
(2011 BA19)
(2011 BE24)
(2011 BF24)
(2011 BG24)
(2011 BJ24)
(2011 BN24)
(2011 BO24)
(2011 BP24)
(2011 BY24)
(2011 BE38)
(2011 BF39)
(2011 BH39)
(2011 BJ39)
(2011 BC40)
(2011 BF40)
(2011 BH40)
(2011 BP40)
(2011 BA45)
(2011 BL45)
(2011 BM45)
(2011 BF59)
(2011 BM59)
(2011 BO59)
(2011 BT59)
(2011 BU59)
(2011 BV59)
(2011 BW59)
(2011 BA60)
(2011 CR1)
(2011 CG2)
(2011 CN2)
(2011 CY3)
(2011 CZ3)
(2011 CA4)
(2011 CQ4)
(2011 CT4)
(2011 CV4)
(2011 CZ6)
(2011 CA7)

(2011 CX7)
(2011 CY7)
(2011 CO14)
(2011 CC22)
(2011 CD22)
(2011 CE22)
(2011 CF22)
(2011 CJ22)
(2011 CL22)
(2011 CG33)
(2011 CH33)
(2011 CK33)
(2011 CL33)
(2011 CU46)
(2011 CW46)
(2011 CX46)
(2011 CY46)
(2011 CD50)
(2011 CE50)
(2011 CG50)
(2011 CH71)
(2011 DO)
(2011 DQ)
(2011 DS)
(2011 DU)
(2011 DW4)
(2011 DX4)
(2011 DY4)
(2011 DD5)
(2011 DE5)
(2011 DS9)
(2011 DT9)
(2011 DU9)
(2011 DV10)
(2011 DL19)
(2011 EB)
(2011 EC)
(2011 EH)
(2011 EJ)
(2011 ES4)
(2011 EW4)
(2011 EC7)
(2011 EL11)
(2011 EN11)
(2011 EO11)
(2011 EY11)
(2011 EC12)
(2011 ED12)
(2011 EW16)
(2011 EE17)
(2011 EF17)
(2011 EG17)
(2011 EL17)
(2011 ET20)
(2011 EU20)
(2011 EU29)
(2011 EV29)
(2011 EX29)
(2011 EK40)
(2011 EL40)
(2011 EM40)
(2011 EN40)
(2011 EO40)
(2011 EP40)
(2011 EZ40)
(2011 EC41)
(2011 ED41)
(2011 EJ47)
(2011 EL47)
(2011 EE51)
(2011 EL51)
(2011 EM51)
(2011 EN51)
(2011 EO51)

(2011 EV73)
(2011 EW73)
(2011 ES74)
(2011 ET74)
(2011 EW74)
(2011 FQ2)
(2011 FS2)
(2011 FZ2)
(2011 FV6)
(2011 FS9)
(2011 FT9)
(2011 FV9)
(2011 FQ16)
(2011 FQ17)
(2011 FQ21)
(2011 FZ22)
(2011 FA23)
(2011 FC29)
(2011 FP29)
(2011 FR29)
(2011 FS29)
(2011 FT29)
(2011 FE41)
(2011 FT53)
(2011 GA)
(2011 GD)
(2011 GE)
(2011 GD2)
(2011 GE2)
(2011 GZ2)
(2011 GB3)
(2011 GC3)
(2011 GD3)
(2011 GH3)
(2011 GJ3)
(2011 GW9)
(2011 GO27)
(2011 GP28)
(2011 GR36)
(2011 GJ44)
(2011 GN44)
(2011 GB55)
(2011 GC55)
(2011 GR59)
(2011 GD60)
(2011 GG60)
(2011 GS60)
(2011 GQ61)
(2011 GD62)
(2011 GK62)
(2011 GL62)
(2011 GM62)
(2011 GP65)
(2011 GV65)
(2011 GX65)
(2011 GD68)
(2011 HF)
(2011 HG)
(2011 HJ)
(2011 HP)
(2011 HS)
(2011 HH1)
(2011 HP4)
(2011 HO5)
(2011 HJ7)
(2011 HC24)
(2011 HD24)
(2011 HN24)
(2011 HC36)
(2011 HB53)
(2011 HR60)
(2011 HS60)
(2011 HJ61)
(2011 HD63)

(2011 JA)
(2011 JD1)
(2011 JX1)
(2011 JY1)
(2011 JN5)
(2011 JV10)
(2011 JR13)
(2011 KE)
(2011 KF4)
(2011 KG4)
(2011 KD11)
(2011 KL12)
(2011 KQ12)
(2011 KR12)
(2011 KG13)
(2011 KE15)
(2011 KJ15)
(2011 KK15)
(2011 KU15)
(2011 KV15)
(2011 KW15)
(2011 KN17)
(2011 KP17)
(2011 KG20)
(2011 KJ20)
(2011 KF36)
(2011 LD1)
(2011 LJ1)
(2011 LZ2)
(2011 LS17)
(2011 LT17)
(2011 LC19)
(2011 LJ19)
(2011 MC)
(2011 ME)
(2011 MJ)
(2011 MU)
(2011 MX)
(2011 MW1)
(2011 MB2)
(2011 MQ3)
(2011 MD5)
(2011 NY)
(2011 OW4)
(2011 OR5)
(2011 OR15)
(2011 OX17)
(2011 OD18)
(2011 OV18)
(2011 OP24)
(2011 OB26)
(2011 OE26)
(2011 OF26)
(2011 OJ45)
(2011 OK45)
(2011 PS)
(2011 PO1)
(2011 PU1)
(2011 PE2)
(2011 PW6)
(2011 QS2)
(2011 QF3)
(2011 QA14)
(2011 QG21)
(2011 QH21)
(2011 QJ21)
(2011 QE23)
(2011 QD48)
(2011 QF48)
(2011 QS49)
(2011 QD50)
(2011 RZ)
(2011 RV14)
(2011 SG5)

(2011 SO5)
(2011 SQ5)
(2011 SR5)
(2011 SR12)
(2011 ST12)
(2011 SB16)
(2011 SJ16)
(2011 SB25)
(2011 SC25)
(2011 SE25)
(2011 SN25)
(2011 SS25)
(2011 SO26)
(2011 SP26)
(2011 SS26)
(2011 SO32)
(2011 SP32)
(2011 SQ32)
(2011 SE58)
(2011 SK68)
(2011 SM68)
(2011 SP70)
(2011 SE97)
(2011 SC108)
(2011 SY120)
(2011 SD173)
(2011 SL173)
(2011 SM173)
(2011 SG189)
(2011 SM189)
(2011 SO189)
(2011 SE191)
(2011 TB)
(2011 TH)
(2011 TJ)
(2011 TK)
(2011 TP)
(2011 TB4)
(2011 TC4)
(2011 TJ5)
(2011 TQ8)
(2011 UB)
(2011 UD)
(2011 UE)
(2011 UT)
(2011 UF10)
(2011 UH10)
(2011 UK10)
(2011 UL10)
(2011 UG20)
(2011 UH20)
(2011 UT20)
(2011 UE21)
(2011 UF21)
(2011 UK21)
(2011 UL21)
(2011 UP63)
(2011 UQ63)
(2011 UR63)
(2011 US63)
(2011 UU63)
(2011 UY63)
(2011 UA64)
(2011 UC64)
(2011 UD64)
(2011 UN91)
(2011 UO91)
(2011 UR91)
(2011 US91)
(2011 UT91)
(2011 UU106)
(2011 UZ114)
(2011 UA115)
(2011 UD115)

(2011 UB131)
(2011 UV158)
(2011 UW158)
(2011 UL169)
(2011 UM169)
(2011 UB190)
(2011 UC190)
(2011 UX192)
(2011 UY192)
(2011 UW255)
(2011 UX255)
(2011 UY255)
(2011 UZ255)
(2011 UD256)
(2011 UE256)
(2011 UX275)
(2011 UY275)
(2011 UB276)
(2011 UC292)
(2011 UE305)
(2011 VA)
(2011 VH5)
(2011 VS5)
(2011 VT5)
(2011 VU5)
(2011 VV5)
(2011 VG9)
(2011 WB)
(2011 WL2)
(2011 WN2)
(2011 WO2)
(2011 WQ2)
(2011 WR2)
(2011 WS2)
(2011 WO4)
(2011 WP4)
(2011 WQ4)
(2011 WU4)
(2011 WV4)
(2011 WH15)
(2011 WJ15)
(2011 WL15)
(2011 WN15)
(2011 WB39)
(2011 WD39)
(2011 WO41)
(2011 WP41)
(2011 WC44)
(2011 WF44)
(2011 WN46)
(2011 WO46)
(2011 WR46)
(2011 WS46)
(2011 WN69)
(2011 WR69)
(2011 WU74)
(2011 WV74)
(2011 WS95)
(2011 WU95)
(2011 WV95)
(2011 WV134)
(2011 XD)
(2011 XD1)
(2011 XM1)
(2011 XC2)
(2011 XS2)
(2011 XA3)
(2011 YA)
(2011 YQ1)
(2011 YE6)
(2011 YG6)
(2011 YJ6)
(2011 YK6)
(2011 YP10)

207

```
(2011 YW15)        (2012 BF77)        (2012 EF5)
(2011 YX15)        (2012 BM77)        (2012 EG5)
(2011 YH28)        (2012 BG86)        (2012 EJ5)
(2011 YJ28)        (2012 BH86)        (2012 EK5)
(2011 YL28)        (2012 BJ86)        (2012 EL5)
(2011 YA29)        (2012 BL86)        (2012 EM5)
(2011 YE29)        (2012 BM86)        (2012 EN5)
(2011 YC40)        (2012 BA102)       (2012 EO5)
(2011 YE40)        (2012 BC102)       (2012 EJ8)
(2011 YH40)        (2012 BP123)       (2012 EK8)
(2011 YT62)        (2012 BQ123)       (2012 EL8)
(2011 YU62)        (2012 BB124)       (2012 EO8)
(2011 YV62)        (2012 BD124)       (2012 EN10)
(2011 YX62)        (2012 BE124)       (2012 EP10)
(2011 YY62)        (2012 BJ134)       (2012 EQ10)
(2011 YB63)        (2012 CS)          (2012 ER10)
(2011 YC63)        (2012 CU)          (2012 ES10)
(2011 YL63)        (2012 CL17)        (2012 EY11)
(2011 YU74)        (2012 CL19)        (2012 EA12)
(2012 AQ)          (2012 CA21)        (2012 ES14)
(2012 AW)          (2012 CC29)        (2012 ET14)
(2012 AX)          (2012 CD29)        (2012 FE)
(2012 AY)          (2012 CO36)        (2012 FG)
(2012 AZ)          (2012 CQ36)        (2012 FM)
(2012 AE1)         (2012 CR36)        (2012 FN)
(2012 AB3)         (2012 CQ46)        (2012 FQ1)
(2012 AD3)         (2012 CR46)        (2012 FR1)
(2012 AF3)         (2012 CS46)        (2012 FX13)
(2012 AM10)        (2012 CA55)        (2012 FZ13)
(2012 AO10)        (2012 DN)          (2012 FA14)
(2012 AQ10)        (2012 DX)          (2012 FJ15)
(2012 AS10)        (2012 DY)          (2012 FD23)
(2012 AW10)        (2012 DZ)          (2012 FS23)
(2012 AW12)        (2012 DF4)         (2012 FT23)
(2012 AT22)        (2012 DH4)         (2012 FU23)
(2012 BR1)         (2012 DL4)         (2012 FV23)
(2012 BS1)         (2012 DX13)        (2012 FY23)
(2012 BU1)         (2012 DY13)        (2012 FZ23)
(2012 BV1)         (2012 DZ13)        (2012 FK35)
(2012 BX1)         (2012 DJ14)        (2012 FL35)
(2012 BY1)         (2012 DK14)        (2012 FM35)
(2012 BZ1)         (2012 DS30)        (2012 FN35)
(2012 BG11)        (2012 DE31)        (2012 FO35)
(2012 BN11)        (2012 DF31)        (2012 FP35)
(2012 BO11)        (2012 DJ31)        (2012 FQ35)
(2012 BW13)        (2012 DN31)        (2012 FS35)
(2012 BX13)        (2012 DM32)        (2012 FU35)
(2012 BZ13)        (2012 DP32)        (2012 FV35)
(2012 BA14)        (2012 DS32)        (2012 FW35)
(2012 BB14)        (2012 DT32)        (2012 FX35)
(2012 BC14)        (2012 DW32)        (2012 FH38)
(2012 BD14)        (2012 DY32)        (2012 FZ44)
(2012 BF14)        (2012 DA33)        (2012 FM52)
(2012 BG14)        (2012 DW43)        (2012 FN52)
(2012 BJ14)        (2012 DY43)        (2012 FP52)
(2012 BL14)        (2012 DG54)        (2012 FS52)
(2012 BC20)        (2012 DJ54)        (2012 FA57)
(2012 BS23)        (2012 DU60)        (2012 FD58)
(2012 BT23)        (2012 DW60)        (2012 FG58)
(2012 BV26)        (2012 DF61)        (2012 FH58)
(2012 BE27)        (2012 DG61)        (2012 FJ58)
(2012 BF27)        (2012 DX75)        (2012 FO62)
(2012 BA35)        (2012 EA)          (2012 FQ62)
(2012 BU61)        (2012 EB)          (2012 FS62)
(2012 BV61)        (2012 EC)          (2012 FT62)
(2012 BW61)        (2012 EJ1)         (2012 FU62)
(2012 BA62)        (2012 EK1)         (2012 FA71)
(2012 BB62)        (2012 EM1)         (2012 FB71)
(2012 BC62)        (2012 EZ1)         (2012 GD)
(2012 BY76)        (2012 EA2)         (2012 GE)
(2012 BZ76)        (2012 EN3)         (2012 GK)
(2012 BA77)        (2012 EQ3)         (2012 GC2)
(2012 BB77)        (2012 ER3)         (2012 GB5)
(2012 BC77)        (2012 ES3)         (2012 GS5)
```

208

(2012 GV11)
(2012 GW11)
(2012 GY11)
(2012 GA12)
(2012 GV17)
(2012 GB18)
(2012 HE)
(2012 HL)
(2012 HM)
(2012 HN)
(2012 HQ)
(2012 HJ1)
(2012 HN1)
(2012 HW1)
(2012 HY1)
(2012 HA2)
(2012 HE2)
(2012 HF2)
(2012 HG2)
(2012 HO2)
(2012 HG8)
(2012 HH8)
(2012 HJ8)
(2012 HM13)
(2012 HN13)
(2012 HO13)
(2012 HO15)
(2012 HP15)
(2012 HR15)
(2012 HC20)
(2012 HD20)
(2012 HH20)
(2012 HB25)
(2012 HC25)
(2012 HD25)
(2012 HE31)
(2012 HF31)
(2012 HJ31)
(2012 HK31)
(2012 HY33)
(2012 HZ33)
(2012 HA34)
(2012 HB34)
(2012 HN40)
(2012 JA)
(2012 JU)
(2012 JO4)
(2012 JP4)
(2012 JQ4)
(2012 JS11)
(2012 JV11)
(2012 JS17)
(2012 JT17)
(2012 KA)
(2012 KW)
(2012 KY3)
(2012 KA4)
(2012 KB6)
(2012 KC6)
(2012 KD6)
(2012 KJ11)
(2012 KM11)
(2012 KN11)
(2012 KO11)
(2012 KT12)
(2012 KU12)
(2012 KN18)
(2012 KO18)
(2012 KP24)
(2012 KE25)
(2012 KX41)
(2012 KZ41)
(2012 KA42)
(2012 KT42)

(2012 KC45)
(2012 KM45)
(2012 KF47)
(2012 LJ)
(2012 LC1)
(2012 LP1)
(2012 LR1)
(2012 LJ2)
(2012 LK2)
(2012 LF4)
(2012 LG4)
(2012 LT7)
(2012 LK9)
(2012 LL9)
(2012 LH11)
(2012 LK11)
(2012 LD13)
(2012 MW1)
(2012 MU2)
(2012 MY2)
(2012 MR4)
(2012 MS4)
(2012 MJ6)
(2012 ML6)
(2012 MZ6)
(2012 MB7)
(2012 MF7)
(2012 MM11)
(2012 NN)
(2012 NO)
(2012 NQ)
(2012 OQ)
(2012 OU1)
(2012 OP4)
(2012 PA)
(2012 PW)
(2012 PX)
(2012 PS4)
(2012 PA20)
(2012 PB20)
(2012 PK24)
(2012 PM28)
(2012 PN28)
(2012 PP28)
(2012 PQ28)
(2012 QV2)
(2012 QC8)
(2012 QD8)
(2012 QO10)
(2012 QH14)
(2012 QM14)
(2012 QZ16)
(2012 QW17)
(2012 QB18)
(2012 QD18)
(2012 QG42)
(2012 QG49)
(2012 QE50)
(2012 QQ50)
(2012 RM2)
(2012 RG3)
(2012 RN6)
(2012 RH10)
(2012 RJ10)
(2012 RG15)
(2012 RJ15)
(2012 RK15)
(2012 RM15)
(2012 RR16)
(2012 RU16)
(2012 RV16)
(2012 SW2)
(2012 SX2)
(2012 SZ2)

(2012 SA3)
(2012 SB3)
(2012 SL8)
(2012 ST9)
(2012 SV9)
(2012 SW20)
(2012 SC22)
(2012 SD22)
(2012 SN30)
(2012 SG32)
(2012 SJ32)
(2012 SY49)
(2012 SL50)
(2012 SF51)
(2012 SR56)
(2012 SF58)
(2012 SG58)
(2012 SJ58)
(2012 TT)
(2012 TV)
(2012 TC4)
(2012 TR5)
(2012 TT5)
(2012 TN20)
(2012 TP20)
(2012 TQ20)
(2012 TY52)
(2012 TE53)
(2012 TF53)
(2012 TG53)
(2012 TH53)
(2012 TJ53)
(2012 TQ78)
(2012 TS78)
(2012 TV78)
(2012 TD79)
(2012 TE79)
(2012 TF79)
(2012 TH79)
(2012 TM79)
(2012 TZ79)
(2012 TK123)
(2012 TO139)
(2012 TP139)
(2012 TJ146)
(2012 TQ146)
(2012 TP231)
(2012 TQ231)
(2012 TS231)
(2012 TT231)
(2012 TU231)
(2012 TT256)
(2012 TA259)
(2012 TB259)
(2012 UE)
(2012 UF)
(2012 UK)
(2012 UL)
(2012 US9)
(2012 UT9)
(2012 UU9)
(2012 UV9)
(2012 UW9)
(2012 UX9)
(2012 UY9)
(2012 UR18)
(2012 US18)
(2012 UT18)
(2012 UZ33)
(2012 UC34)
(2012 UE34)
(2012 UF34)
(2012 US68)
(2012 UW68)

(2012 UX68)
(2012 UY68)
(2012 UZ68)
(2012 UC69)
(2012 US136)
(2012 UT136)
(2012 UU136)
(2012 UV136)
(2012 UW136)
(2012 UX136)
(2012 UY136)
(2012 UO138)
(2012 UR138)
(2012 UR158)
(2012 UU158)
(2012 UW158)
(2012 UU169)
(2012 UL171)
(2012 UB174)
(2012 VA5)
(2012 VB5)
(2012 VD5)
(2012 VH5)
(2012 VL5)
(2012 VD6)
(2012 VJ6)
(2012 VK6)
(2012 VL6)
(2012 VM6)
(2012 VN6)
(2012 VO6)
(2012 VQ6)
(2012 VS6)
(2012 VT6)
(2012 VA20)
(2012 VB20)
(2012 VA26)
(2012 VB26)
(2012 VE26)
(2012 VB37)
(2012 VC37)
(2012 VE37)
(2012 VF37)
(2012 VJ38)
(2012 VF46)
(2012 VK76)
(2012 VN76)
(2012 VO76)
(2012 VR76)
(2012 VT76)
(2012 VU76)
(2012 VV76)
(2012 VD77)
(2012 VE77)
(2012 VF77)
(2012 VG77)
(2012 VH77)
(2012 VC82)
(2012 VE82)
(2012 VJ82)
(2012 VN82)
(2012 WE)
(2012 WF)
(2012 WG)
(2012 WQ3)
(2012 WR3)
(2012 WS3)
(2012 WK4)
(2012 WR10)
(2012 WS10)
(2012 WB25)
(2012 WM28)
(2012 WG32)
(2012 XA)

(2012 XC)
(2012 XG)
(2012 XH)
(2012 XN2)
(2012 XP2)
(2012 XQ2)
(2012 XZ6)
(2012 XJ16)
(2012 XK16)
(2012 XM16)
(2012 XE54)
(2012 XD55)
(2012 XF55)
(2012 XH55)
(2012 XL55)
(2012 XM55)
(2012 XO55)
(2012 XP55)
(2012 XQ93)
(2012 XS93)
(2012 XT93)
(2012 XO111)
(2012 XT111)
(2012 XB112)
(2012 XD112)
(2012 XH112)
(2012 XJ112)
(2012 XK112)
(2012 XZ132)
(2012 XA133)
(2012 XB133)
(2012 XF133)
(2012 XH133)
(2012 XJ134)
(2012 XK134)
(2012 XL134)
(2012 XM134)
(2012 XN134)
(2012 XP134)
(2012 XR134)
(2012 XT134)
(2012 YO1)
(2012 YQ1)
(2012 YR1)
(2012 YS1)
(2012 YO3)
(2012 YR3)
(2012 YP6)
(2012 YY6)
(2012 YJ7)
(2012 YK7)
(2012 YF8)
(2013 AC)
(2013 AB4)
(2013 AC4)
(2013 AD4)
(2013 AE4)
(2013 AP20)
(2013 AO27)
(2013 AR27)
(2013 AS27)
(2013 AT27)
(2013 AA32)
(2013 AB32)
(2013 AD32)
(2013 AW52)
(2013 AY52)
(2013 AZ52)
(2013 AA53)
(2013 AC53)
(2013 AD53)
(2013 AE53)
(2013 AH53)
(2013 AN60)

(2013 AO60)
(2013 AP60)
(2013 AQ60)
(2013 AR60)
(2013 AV60)
(2013 AX60)
(2013 AB65)
(2013 AG69)
(2013 AP72)
(2013 AR72)
(2013 AS72)
(2013 AG76)
(2013 AS76)
(2013 AU76)
(2013 AJ91)
(2013 BU2)
(2013 BV2)
(2013 BW2)
(2013 BX2)
(2013 BY2)
(2013 BP15)
(2013 BR15)
(2013 BS15)
(2013 BT15)
(2013 BU15)
(2013 BV15)
(2013 BW15)
(2013 BC18)
(2013 BD18)
(2013 BF18)
(2013 BG18)
(2013 BJ18)
(2013 BK18)
(2013 BL18)
(2013 BM18)
(2013 BN18)
(2013 BP18)
(2013 BQ18)
(2013 BS18)
(2013 BE27)
(2013 BH27)
(2013 BO27)
(2013 BQ27)
(2013 BR27)
(2013 BP45)
(2013 BR45)
(2013 BT45)
(2013 BZ45)
(2013 BB70)
(2013 BC70)
(2013 BO73)
(2013 BP73)
(2013 BA74)
(2013 BB74)
(2013 BC74)
(2013 BD74)
(2013 BM76)
(2013 BO76)
(2013 BW76)
(2013 CY)
(2013 CX10)
(2013 CL22)
(2013 CV32)
(2013 CX32)
(2013 CY32)
(2013 CM35)
(2013 CO35)
(2013 CQ35)
(2013 CR35)
(2013 CT36)
(2013 CE82)
(2013 CT82)
(2013 CU82)
(2013 CS83)

(2013 CV83)	(2013 CJ129)	(2013 DT)
(2013 CW83)	(2013 CK129)	(2013 DU)
(2013 CZ87)	(2013 CL129)	(2013 DA1)
(2013 CB88)	(2013 CM129)	(2013 DC1)
(2013 CJ89)	(2013 CU129)	(2013 DG1)
(2013 CL89)	(2013 CW129)	(2013 DP1)
(2013 CM118)	(2013 DA)	(2013 DS9)
(2013 CE129)	(2013 DB)	(6344 P-L)
(2013 CF129)	(2013 DG)	

ATENS

2062 Aten	162361 (2000 AF6)	325395 (2009 CQ5)
2100 Ra-Shalom	162385 (2000 BM19)	326290 (1998 HE3)
2340 Hathor	162421 (2000 ET70)	329437 (2002 OA22)
3362 Khufu	162483 (2000 PJ5)	329915 (2005 MB)
3554 Amun	162694 (2000 UH11)	333478 (2004 SD20)
3753 Cruithne	163023 (2001 XU1)	333889 (1998 SV4)
5381 Sekhmet	163243 (2002 FB3)	337248 (2000 RH60)
5590 (1990 VA)	163348 (2002 NN4)	338292 (2002 UA31)
5604 (1992 FE)	163899 (2003 SD220)	340666 (2006 RO36)
33342 (1998 WT24)	164202 (2004 EW)	341843 (2008 EV5)
65679 (1989 UQ)	168044 (2005 SG)	344074 (1997 UH9)
66063 (1998 RO1)	187026 (2005 EK70)	345705 (2006 VB14)
66146 (1998 TU3)	188174 (2002 JC)	345722 (2007 BG29)
66391 (1999 KW4)	199003 (2005 WJ56)	348306 (2005 AY28)
66400 (1999 LT7)	202683 (2006 US216)	(1993 DA)
68347 (2001 KB67)	203471 (2002 AU4)	(1994 GL)
85770 (1998 UP1)	208023 (1999 AQ10)	(1994 WR12)
85953 (1999 FK21)	209215 (2003 WP25)	(1994 XL1)
85989 (1999 JD6)	215442 (2002 MQ3)	(1995 CR)
86450 (2000 CK33)	216523 (2001 HY7)	(1996 BG1)
86667 (2000 FO10)	230111 (2001 BE10)	(1996 XZ12)
87309 (2000 QP)	234145 (2000 EW70)	(1997 AC11)
87684 (2000 SY2)	234341 (2001 FZ57)	(1998 HD14)
88213 (2001 AF2)	242191 (2003 NZ6)	(1998 SO)
96590 (1998 XB)	247517 (2002 QY6)	(1998 SD9)
99907 (1989 VA)	250680 (2005 QC5)	(1998 ST27)
99942 Apophis	252399 (2001 TX44)	(1998 SZ27)
105140 (2000 NL10)	260277 (2004 TR12)	(1998 VF32)
136818 Selqet	262623 (2006 WY2)	(1998 XX2)
137170 (1999 HF1)	264357 (2000 AZ93)	(1998 XN17)
137805 (1999 YK5)	276770 (2004 HC)	(1999 AO10)
137924 (2000 BD19)	277830 (2006 HR29)	(1999 LK1)
138127 (2000 EE14)	281375 (2008 JV19)	(1999 MN)
138258 (2000 GD2)	286079 (2001 TW1)	(1999 VW25)
140333 (2001 TD2)	288592 (2004 JW20)	(1999 VX25)
141424 (2002 CD)	289227 (2004 XY60)	(2000 AC6)
141432 (2002 CQ11)	297418 (2000 SP43)	(2000 EB14)
141484 (2002 DB4)	302169 (2001 TD45)	(2000 ED14)
141498 (2002 EZ16)	303250 (2004 RU10)	(2000 EM26)
141531 (2002 GB)	306383 (1993 VD)	(2000 EZ106)
144900 (2004 VG64)	307918 (2004 EU9)	(2000 HB24)
152563 (1992 BF)	308242 (2005 GO21)	(2000 HO40)
152637 (1997 NC1)	309214 (2007 LL)	(2000 LG6)
152742 (1998 XE12)	309662 (2008 EE)	(2000 OK8)
152931 (2000 EA107)	310442 (2000 CH59)	(2000 RN77)
153201 (2000 WO107)	310842 (2003 AK18)	(2000 SZ162)
153415 (2001 QP153)	311554 (2006 BQ147)	(2000 SG344)
162004 (1991 VE)	312070 (2007 TA19)	(2000 UK11)
162015 (1994 TF2)	313276 (2002 AX1)	(2000 UR16)
162080 (1998 DG16)	315098 (2007 EX)	(2000 WC1)
162117 (1998 SD15)	322756 (2001 CK32)	(2000 WP19)
162142 (1998 VR)	325102 (2008 EY5)	(2000 YS134)

(2001 BA16)
(2001 BB16)
(2001 CP36)
(2001 CQ36)
(2001 ED18)
(2001 FR85)
(2001 FO127)
(2001 HC)
(2001 OT)
(2001 RU17)
(2001 RV17)
(2001 RY47)
(2001 SQ263)
(2001 TD)
(2001 UP)
(2001 WF49)
(2001 XY10)
(2001 YE4)
(2002 AY1)
(2002 AB2)
(2002 AO11)
(2002 AA29)
(2002 BN)
(2002 CW11)
(2002 CC14)
(2002 EM7)
(2002 FW1)
(2002 FT5)
(2002 FT6)
(2002 GQ)
(2002 JX8)
(2002 JW15)
(2002 JR100)
(2002 LY1)
(2002 LT24)
(2002 LT38)
(2002 RR25)
(2002 RW25)
(2002 SP)
(2002 TZ66)
(2002 VV17)
(2002 VE68)
(2002 VX91)
(2002 XB)
(2002 XP37)
(2002 XY38)
(2002 XS90)
(2003 AF23)
(2003 CA4)
(2003 EM1)
(2003 EO16)
(2003 FK1)
(2003 FU3)
(2003 FY6)
(2003 GS)
(2003 GQ22)
(2003 HB)
(2003 HM)
(2003 HT42)
(2003 KO2)
(2003 KZ18)
(2003 LH)
(2003 LN6)
(2003 RU11)
(2003 SW130)
(2003 TG2)
(2003 TL4)
(2003 UY12)
(2003 UC20)
(2003 UT55)
(2003 WU21)
(2003 WT153)
(2003 YJ)
(2003 YR1)

(2003 YX1)
(2003 YS17)
(2003 YN107)
(2003 YG136)
(2004 BY1)
(2004 BT58)
(2004 DH2)
(2004 DA53)
(2004 EL20)
(2004 ER21)
(2004 FH)
(2004 FM17)
(2004 FG29)
(2004 FJ29)
(2004 FU162)
(2004 GP)
(2004 HT59)
(2004 JX20)
(2004 KG1)
(2004 KH15)
(2004 KH17)
(2004 LO2)
(2004 MD6)
(2004 QB3)
(2004 QG13)
(2004 QD14)
(2004 QA22)
(2004 RX10)
(2004 RO111)
(2004 ST2)
(2004 SW26)
(2004 SB56)
(2004 SC56)
(2004 TA1)
(2004 TD10)
(2004 TP13)
(2004 TN20)
(2004 UH1)
(2004 UT1)
(2004 VZ)
(2004 VJ1)
(2004 WC1)
(2004 XG)
(2004 XJ)
(2004 XK14)
(2004 XL14)
(2004 XN14)
(2004 YC)
(2004 YD)
(2004 YA5)
(2005 BE)
(2005 BU)
(2005 BO1)
(2005 CN61)
(2005 EP1)
(2005 ES70)
(2005 FC)
(2005 FN)
(2005 GR33)
(2005 GE60)
(2005 GB120)
(2005 GZ128)
(2005 HN3)
(2005 KA)
(2005 MF5)
(2005 MR5)
(2005 MO13)
(2005 NE21)
(2005 NW44)
(2005 NJ63)
(2005 OU1)
(2005 QP11)
(2005 QQ87)
(2005 RB3)

(2005 SP9)
(2005 TM)
(2005 TQ45)
(2005 TE49)
(2005 TG50)
(2005 TH50)
(2005 UE1)
(2005 UL5)
(2005 UV64)
(2005 VK1)
(2005 VL1)
(2005 VN5)
(2005 WS3)
(2005 XZ7)
(2005 XT77)
(2005 XV77)
(2005 YS)
(2005 YO3)
(2005 YR3)
(2005 YQ96)
(2005 YO128)
(2005 YU128)
(2005 YV128)
(2006 AM4)
(2006 BA9)
(2006 BX147)
(2006 CJ)
(2006 DS14)
(2006 DM63)
(2006 FK)
(2006 FH36)
(2006 GB)
(2006 HV5)
(2006 HV50)
(2006 JF42)
(2006 MD12)
(2006 NL)
(2006 QQ23)
(2006 QQ56)
(2006 RJ1)
(2006 RH120)
(2006 SE6)
(2006 SF6)
(2006 SP19)
(2006 SF77)
(2006 SU217)
(2006 TL)
(2006 TS7)
(2006 TU7)
(2006 UY64)
(2006 UL185)
(2006 UZ215)
(2006 VX2)
(2006 VY2)
(2006 VG13)
(2006 WB)
(2006 WV1)
(2006 WX1)
(2006 WO3)
(2006 WR127)
(2006 XX2)
(2006 XO4)
(2006 XP4)
(2006 YM)
(2006 YF13)
(2007 AG)
(2007 AM)
(2007 AA9)
(2007 BB)
(2007 BD)
(2007 BG)
(2007 BU7)
(2007 CS5)
(2007 CM26)

212

```
(2007 CT26)        (2008 GS3)         (2009 WR25)
(2007 CA27)        (2008 GL20)        (2009 WC54)
(2007 DD)          (2008 JE)          (2009 WD54)
(2007 DE8)         (2008 KS)          (2009 WY104)
(2007 DM8)         (2008 KV2)         (2009 WZ104)
(2007 DB61)        (2008 LD)          (2009 WB105)
(2007 EC)          (2008 LG2)         (2009 WM105)
(2007 EF)          (2008 LH2)         (2009 XZ1)
(2007 EG)          (2008 MG1)         (2009 YF)
(2007 EP88)        (2008 NA)          (2009 YP)
(2007 FN3)         (2008 OC6)         (2009 YR)
(2007 HA)          (2008 PR9)         (2010 AF)
(2007 JB21)        (2008 QU3)         (2010 AJ30)
(2007 LB15)        (2008 QV11)        (2010 AO60)
(2007 MF)          (2008 SS)          (2010 BB)
(2007 MC4)         (2008 ST)          (2010 BK2)
(2007 ML24)        (2008 SD85)        (2010 CT)
(2007 PB8)         (2008 TD)          (2010 CK19)
(2007 PS25)        (2008 TF)          (2010 DT1)
(2007 RF1)         (2008 TZ)          (2010 DJ77)
(2007 RP15)        (2008 TF2)         (2010 EX11)
(2007 RO17)        (2008 TC4)         (2010 EG21)
(2007 RC20)        (2008 UD)          (2010 FK)
(2007 SV1)         (2008 UX)          (2010 FM)
(2007 SW2)         (2008 UB95)        (2010 FN)
(2007 SG11)        (2008 VF)          (2010 FS)
(2007 TD)          (2008 VY3)         (2010 FY9)
(2007 TH3)         (2008 VR4)         (2010 FB10)
(2007 TL5)         (2008 WQ2)         (2010 GB6)
(2007 TQ24)        (2008 WK60)        (2010 GA7)
(2007 TD66)        (2008 WT62)        (2010 GV23)
(2007 TR68)        (2008 YC29)        (2010 GD35)
(2007 TN74)        (2009 AM15)        (2010 GK65)
(2007 US)          (2009 BH2)         (2010 GV147)
(2007 UW1)         (2009 BJ2)         (2010 HA)
(2007 UY1)         (2009 BE58)        (2010 HX107)
(2007 UT3)         (2009 BO58)        (2010 JL1)
(2007 UP6)         (2009 BL71)        (2010 JR34)
(2007 US12)        (2009 CD)          (2010 JW34)
(2007 VZ2)         (2009 CE)          (2010 JU39)
(2007 VD3)         (2009 DC1)         (2010 JE87)
(2007 VU6)         (2009 EP2)         (2010 KC)
(2007 VL8)         (2009 FL)          (2010 KX7)
(2007 VV83)        (2009 FU23)        (2010 KV39)
(2007 VW83)        (2009 FW25)        (2010 LE15)
(2007 VY137)       (2009 FG44)        (2010 MA)
(2007 VB138)       (2009 HG21)        (2010 MB)
(2007 VB188)       (2009 HU44)        (2010 MJ1)
(2007 VL243)       (2009 HE60)        (2010 MP1)
(2007 WM3)         (2009 JO2)         (2010 MS1)
(2007 WC5)         (2009 KR4)         (2010 NM)
(2007 XP)          (2009 LD)          (2010 NG1)
(2007 YF)          (2009 MW)          (2010 NJ1)
(2007 YS56)        (2009 ME9)         (2010 NY65)
(2008 BX2)         (2009 PC)          (2010 OF101)
(2008 BP16)        (2009 PY)          (2010 PK9)
(2008 CL1)         (2009 SS)          (2010 PQ10)
(2008 CN1)         (2009 SH2)         (2010 PW58)
(2008 CT1)         (2009 SJ18)        (2010 RX30)
(2008 CL20)        (2009 SZ99)        (2010 RE31)
(2008 CY21)        (2009 SM104)       (2010 RF42)
(2008 CH70)        (2009 TD8)         (2010 RJ43)
(2008 CN70)        (2009 TK8)         (2010 SF)
(2008 CH116)       (2009 UC)          (2010 SJ)
(2008 CC175)       (2009 UG)          (2010 TE)
(2008 DL4)         (2009 UM1)         (2010 TK19)
(2008 DF5)         (2009 UR5)         (2010 TE55)
(2008 DY22)        (2009 UY17)        (2010 TL167)
(2008 EG)          (2009 UT19)        (2010 UC)
(2008 EP)          (2009 UZ87)        (2010 UJ)
(2008 EE5)         (2009 VS25)        (2010 UK)
(2008 EA8)         (2009 WQ6)         (2010 UJ7)
(2008 EY68)        (2009 WY7)         (2010 UY7)
(2008 FX6)         (2009 WN8)         (2010 VB)
```

213

(2010 VQ)	(2011 GP44)	(2012 HL31)
(2010 VP21)	(2011 GP59)	(2012 JG11)
(2010 VD72)	(2011 GC62)	(2012 KF25)
(2010 VD139)	(2011 HR4)	(2012 LA11)
(2010 VK139)	(2011 HS4)	(2012 LF11)
(2010 VX139)	(2011 HN5)	(2012 MX2)
(2010 WC)	(2011 JM5)	(2012 MO3)
(2010 WS)	(2011 KB)	(2012 MD7)
(2010 WD1)	(2011 KY15)	(2012 OD1)
(2010 WU8)	(2011 OB)	(2012 PG6)
(2010 XF3)	(2011 OB57)	(2012 PZ17)
(2010 XU10)	(2011 SM5)	(2012 PY19)
(2010 XA11)	(2011 TO)	(2012 QH8)
(2010 XC15)	(2011 TG2)	(2012 QL14)
(2010 XQ69)	(2011 TK5)	(2012 RL15)
(2010 XR69)	(2011 TX8)	(2012 RT16)
(2010 XX72)	(2011 UD21)	(2012 SU9)
(2010 YO)	(2011 UG21)	(2012 SX49)
(2010 YR)	(2011 UJ21)	(2012 TS)
(2011 AB3)	(2011 WA)	(2012 TR231)
(2011 AC3)	(2011 WR41)	(2012 UC)
(2011 AE3)	(2011 WS74)	(2012 UA34)
(2011 AX22)	(2011 XE)	(2012 UU68)
(2011 BR15)	(2011 YW10)	(2012 UK171)
(2011 BQ50)	(2011 YX10)	(2012 VK5)
(2011 CQ1)	(2011 YD29)	(2012 VZ19)
(2011 CP4)	(2012 AN10)	(2012 VC26)
(2011 CH22)	(2012 AP10)	(2012 VS76)
(2011 CK22)	(2012 BN1)	(2012 VJ77)
(2011 CK50)	(2012 BT1)	(2012 WH)
(2011 CL50)	(2012 BV13)	(2012 WH1)
(2011 CD66)	(2012 BK14)	(2012 WQ10)
(2011 CF66)	(2012 BX34)	(2012 XL16)
(2011 CG66)	(2012 BL77)	(2012 XN55)
(2011 DP)	(2012 BO77)	(2012 XS111)
(2011 DV)	(2012 BF86)	(2012 XE133)
(2011 DW)	(2012 CM2)	(2012 XO134)
(2011 EK)	(2012 DK4)	(2012 XM145)
(2011 EX4)	(2012 DO8)	(2012 YK)
(2011 EB12)	(2012 DQ8)	(2012 YD7)
(2011 EH17)	(2012 DA14)	(2013 AF53)
(2011 EE41)	(2012 DK31)	(2013 AF69)
(2011 EK47)	(2012 DL31)	(2013 AT72)
(2011 EP51)	(2012 DR32)	(2013 AH76)
(2011 EB74)	(2012 DH54)	(2013 BT18)
(2011 ER74)	(2012 DJ61)	(2013 BE19)
(2011 FK1)	(2012 EO3)	(2013 BS45)
(2011 FQ6)	(2012 EP3)	(2013 CW32)
(2011 GE3)	(2012 EH5)	(2013 CN118)
(2011 GF3)	(2012 FK15)	(2013 CN129)
(2011 GK44)	(2012 FT35)	(2013 DF)
(2011 GL44)	(2012 FC71)	(2013 DL1)
(2011 GM44)	(2012 HP13)	

ATIRAS

163693 Atira	(2005 TG45)	(2008 EA32)
164294 (2004 XZ130)	(2006 KZ39)	(2008 UL90)
(1998 DK36)	(2006 WE4)	(2010 XB11)
(2004 JG6)	(2007 EB26)	(2012 VE46)

PHA

214

1566 Icarus	65803 Didymos	144898 (2004 VD17)
1620 Geographos	65909 (1998 FH12)	144900 (2004 VG64)
1862 Apollo	66391 (1999 KW4)	152560 (1991 BN)
1981 Midas	67367 (2000 LY27)	152561 (1991 RB)
2101 Adonis	67381 (2000 OL8)	152637 (1997 NC1)
2102 Tantalus	68216 (2001 CV26)	152664 (1998 FW4)
2135 Aristaeus	68346 (2001 KZ66)	152671 (1998 HL3)
2201 Oljato	68347 (2001 KB67)	152680 (1998 KJ9)
2340 Hathor	68372 (2001 PM9)	152685 (1998 MZ)
3122 Florence	68548 (2001 XR31)	152754 (1999 GS6)
3200 Phaethon	68950 (2002 QF15)	152770 (1999 RR28)
3361 Orpheus	69230 Hermes	152828 (1999 VT25)
3362 Khufu	85182 (1991 AQ)	152978 (2000 GJ147)
3671 Dionysus	85236 (1993 KH)	153002 (2000 JG5)
3757 (1982 XB)	85585 Mjolnir	153201 (2000 WO107)
4015 Wilson-Harrin	85640 (1998 OX4)	153220 (2000 YN29)
4034 Vishnu	85713 (1998 SS49)	153311 (2001 MG1)
4179 Toutatis	85774 (1998 UT18)	153591 (2001 SN263)
4183 Cuno	85938 (1999 DJ4)	153814 (2001 WN5)
4450 Pan	85989 (1999 JD6)	153958 (2002 AM31)
4486 Mithra	85990 (1999 JV6)	154019 (2002 CZ9)
4581 Asclepius	86039 (1999 NC43)	154269 (2002 SM)
4660 Nereus	86819 (2000 GK137)	154275 (2002 SR41)
4769 Castalia	87684 (2000 SY2)	154276 (2002 SY50)
4953 (1990 MU)	88254 (2001 FM129)	154302 (2002 UQ3)
5011 Ptah	89136 (2001 US16)	154330 (2002 VX94)
5189 (1990 UQ)	89830 (2002 CE)	154590 (2003 MA3)
5604 (1992 FE)	89958 (2002 LY45)	155338 (2006 MZ1)
5693 (1993 EA)	89959 (2002 NT7)	159504 (2000 WO67)
6037 (1988 EG)	90075 (2002 VU94)	159857 (2004 LJ1)
6239 Minos	90403 (2003 YE45)	161989 Cacus
6489 Golevka	90416 (2003 YK118)	162000 (1990 OS)
6491 (1991 OA)	99248 (2001 KY66)	162039 (1996 JG)
7335 (1989 JA)	99942 Apophis	162082 (1998 HL1)
7341 (1991 VK)	100085 (1992 UY4)	162116 (1998 SA15)
7482 (1994 PC1)	101869 (1999 MM)	162120 (1998 SH36)
7753 (1988 XB)	101955 (1999 RQ36)	162162 (1998 DB7)
7822 (1991 CS)	103067 (1999 XA143)	162173 (1999 JU3)
8014 (1990 MF)	111253 (2001 XU10)	162183 (1999 NB5)
8566 (1996 EN)	136617 (1994 CC)	162361 (2000 AF6)
9856 (1991 EE)	136618 (1994 CN2)	162416 (2000 EH26)
10115 (1992 SK)	136795 (1997 BQ)	162421 (2000 ET70)
11500 Tomaiyowit	136849 (1998 CS1)	162422 (2000 EV70)
12538 (1998 OH)	137108 (1999 AN10)	162474 (2000 LB16)
12923 Zephyr	137120 (1999 BJ8)	162510 (2000 QW69)
13651 (1997 BR)	137126 (1999 CF9)	162567 (2000 RW37)
14827 Hypnos	137427 (1999 TF211)	162687 (2000 UH1)
16960 (1998 QS52)	138095 (2000 DK79)	162695 (2000 UL11)
20425 (1998 VD35)	138127 (2000 EE14)	162783 (2000 YJ11)
22753 (1998 WT)	138175 (2000 EE104)	162825 (2001 BO61)
23187 (2000 PN9)	138404 (2000 HA24)	162882 (2001 FD58)
25143 Itokawa	138524 (2000 OJ8)	162922 (2001 OY13)
26663 (2000 XK47)	138727 (2000 SU180)	162979 (2001 RA12)
27002 (1998 DV9)	138971 (2001 CB21)	162998 (2001 SK162)
29075 (1950 DA)	139211 (2001 GN2)	163014 (2001 UA5)
31669 (1999 JT6)	139359 (2001 ME1)	163026 (2001 XR30)
33342 (1998 WT24)	139622 (2001 QQ142)	163051 (2001 YJ4)
35107 (1991 VH)	140039 (2001 SO73)	163067 (2002 AP3)
35596 (1997 XF11)	140158 (2001 SX169)	163132 (2002 CU11)
37638 (1993 VB)	140288 (2001 SN289)	163243 (2002 FB3)
37655 Illapa	141053 (2001 XT1)	163249 (2002 GT)
38071 (1999 GU3)	141432 (2002 CQ11)	163348 (2002 NN4)
39572 (1993 DQ1)	141495 (2002 EZ11)	163364 (2002 OD20)
41429 (2000 GE2)	141525 (2002 FV5)	163373 (2002 PZ39)
52760 (1998 ML14)	141527 (2002 FG7)	163683 (2002 YP2)
52768 (1998 OR2)	141593 (2002 HK12)	163697 (2003 EF54)
53319 (1999 JM8)	141614 (2002 JV15)	163818 (2003 RX7)
53426 (1999 SL5)	141851 (2002 PM6)	163899 (2003 SD220)
53429 (1999 TF5)	143404 (2003 BD44)	164121 (2003 YT1)
53550 (2000 BF19)	143487 (2003 CR20)	164202 (2004 EW)
53789 (2000 ED104)	143649 (2003 QQ47)	164207 (2004 GU9)
65679 (1989 UQ)	143651 (2003 QO104)	164211 (2004 JA27)
65690 (1991 DG)	143992 (2004 AF)	164216 (2004 OT11)
65717 (1993 BX3)	144332 (2004 DV24)	164400 (2005 GN59)

168318 (1989 DA)
170086 (2002 XR14)
170903 (2004 WS2)
171576 (1999 VP11)
171839 (2001 JM1)
172678 (2003 YM137)
173561 (2000 YV137)
175706 (1996 FG3)
175729 (1998 BB10)
177049 (2003 EE16)
177614 (2004 HK33)
179806 (2002 TD66)
180186 (2003 QZ30)
184266 (2004 VW14)
185851 (2000 DP107)
186844 (2004 GA1)
187040 (2005 JS108)
189040 (2000 MU1)
189865 (2003 NC)
192559 (1998 VO)
192563 (1998 WZ6)
192642 (1999 RD32)
194006 (2001 SG10)
194268 (2001 UY4)
196068 (2002 TW55)
196625 (2003 RM10)
197588 (2004 HE12)
199003 (2005 WJ56)
199145 (2005 YY128)
199801 (2007 AE12)
200840 (2001 XN254)
202683 (2006 US216)
205744 (2002 BK25)
206378 (2003 RB)
206910 (2004 NL8)
207398 (2006 AS2)
207945 (1991 JW)
208023 (1999 AQ10)
208115 (2000 CT101)
212546 (2006 SV19)
214869 (2007 PA8)
215588 (2003 HF2)
216115 (2006 SU19)
216258 (2006 WH1)
216523 (2001 HY7)
216985 (2000 QK130)
217430 (2005 SN25)
217628 Lugh
220839 (2004 VA)
221455 (2006 BC10)
221980 (1996 EO)
226514 (2003 UX34)
226554 (2003 WR21)
228368 (2000 WK10)
230111 (2001 BE10)
230549 (2003 BH)
231937 (2001 FO32)
232691 (2004 AR1)
234145 (2000 EW70)
235756 (2004 VC)
242216 (2003 RN10)
242450 (2004 QY2)
242643 (2005 NZ6)
242708 (2005 UK1)
243566 (1995 SA)
244977 (2004 BE68)
247360 (2001 XU)
250620 (2005 GE59)
250680 (2005 QC5)
250706 (2005 RR6)
251346 (2007 SJ)
251722 (1997 US2)
252399 (2001 TX44)
253841 (2003 YG118)

255071 (2005 UH6)
260141 (2004 QT24)
263976 (2009 KD5)
264357 (2000 AZ93)
264993 (2003 DX10)
265196 (2004 BW58)
265482 (2005 EE)
267131 (2000 EK26)
267221 (2001 AD2)
267337 (2001 VK5)
267494 (2002 JB9)
267720 (2003 CA)
267729 (2003 FC5)
269690 (1996 RG3)
275677 (2000 RS11)
276033 (2002 AJ129)
277475 (2005 WK4)
277570 (2005 YP180)
279744 (1998 KM3)
279816 (2000 JE5)
281375 (2008 JV19)
285263 (1998 QE2)
286080 (2001 TX1)
289315 (2005 AN26)
290772 (2005 VC)
292220 (2006 SU49)
294739 (2008 CM)
297274 (1996 SK)
297300 (1998 SC15)
297418 (2000 SP43)
301844 (1990 UA)
302169 (2001 TD45)
302831 (2003 FH)
303450 (2005 BY2)
304330 (2006 SX217)
306383 (1993 VD)
307005 (2001 XP1)
308242 (2005 GO21)
308635 (2005 YU55)
310442 (2000 CH59)
310560 (2001 QL142)
311044 (2004 BB103)
311066 (2004 DC)
312070 (2007 TA19)
314082 Dryope
314212 (2005 NJ1)
317255 (2002 DJ5)
325395 (2009 CQ5)
326290 (1998 HE3)
329437 (2002 OA22)
329614 (2003 KU2)
330233 (2006 KV86)
331876 (2004 CL)
332446 (2008 AF4)
333521 (2005 PO)
333578 (2006 KM103)
337075 (1998 QC1)
337558 (2001 SG262)
341843 (2008 EV5)
342866 (2008 YU32)
344076 (1998 HJ3)
348306 (2005 AY28)
348314 (2005 BC)
348400 (2005 JF21)
349068 (2006 YT13)
349507 (2008 QY)
350523 (2000 EA14)
350751 (2002 AW)
352102 (2007 AG12)
        (1979 XB)
        (1983 LC)
        (1988 TA)
        (1989 UP)
        (1989 VB)

(1990 SM)
(1991 GO)
(1994 AW1)
(1994 CJ1)
(1994 EK)
(1994 NE)
(1994 RC)
(1994 UG)
(1994 XD)
(1994 XL1)
(1995 CR)
(1995 YR1)
(1996 AJ1)
(1996 AW1)
(1996 FO3)
(1996 JA1)
(1997 GL3)
(1997 GD32)
(1997 QK1)
(1997 VG6)
(1997 WQ23)
(1997 XR2)
(1998 BY7)
(1998 FL3)
(1998 FF14)
(1998 HD14)
(1998 HT31)
(1998 HH49)
(1998 KN3)
(1998 OK1)
(1998 QP)
(1998 QA1)
(1998 QK28)
(1998 QA62)
(1998 SH2)
(1998 SU4)
(1998 SY14)
(1998 ST27)
(1998 SZ27)
(1998 SL36)
(1998 SJ70)
(1998 US18)
(1998 VF32)
(1998 WZ1)
(1998 WB2)
(1998 XN2)
(1998 XX2)
(1998 XD12)
(1998 YM4)
(1999 FA)
(1999 FR19)
(1999 GL4)
(1999 JE1)
(1999 JZ10)
(1999 LX1)
(1999 LS7)
(1999 MN)
(1999 RM45)
(1999 SO5)
(1999 SG10)
(1999 TO13)
(1999 TT16)
(1999 UR)
(1999 VR6)
(1999 VF22)
(1999 XS35)
(1999 XK136)
(1999 XL136)
(1999 XM141)
(1999 YD)
(1999 YG3)
(1999 YR14)
(2000 AA6)
(2000 AC6)

216

```
(2000 AF205)          (2001 YV3)           (2003 CC)
(2000 BO28)           (2001 YE4)           (2003 CR1)
(2000 CM33)           (2001 YB5)           (2003 CG11)
(2000 CO33)           (2002 AV)            (2003 EG16)
(2000 CE59)           (2002 AY1)           (2003 ED50)
(2000 CO101)          (2002 AZ1)           (2003 FG)
(2000 CP101)          (2002 AS4)           (2003 GY)
(2000 DN1)            (2002 AT4)           (2003 GG21)
(2000 DO1)            (2002 AC5)           (2003 GQ22)
(2000 ED14)           (2002 AC9)           (2003 GR22)
(2000 EJ26)           (2002 BM26)          (2003 GP51)
(2000 EM26)           (2002 CY9)           (2003 HB)
(2000 EU70)           (2002 CD14)          (2003 HM)
(2000 GF2)            (2002 CX58)          (2003 HG2)
(2000 GV147)          (2002 DO3)           (2003 KO2)
(2000 JF5)            (2002 DU3)           (2003 MU)
(2000 KA)             (2002 EY2)           (2003 MS2)
(2000 KW43)           (2002 EL6)           (2003 MH4)
(2000 LF3)            (2002 EU11)          (2003 MK4)
(2000 OH)             (2002 EV11)          (2003 NW1)
(2000 PD3)            (2002 FC)            (2003 OC3)
(2000 PY5)            (2002 FQ5)           (2003 QH5)
(2000 PP9)            (2002 GM2)           (2003 QC10)
(2000 QS7)            (2002 GM5)           (2003 RS1)
(2000 QV7)            (2002 GO5)           (2003 RB5)
(2000 QW7)            (2002 GZ8)           (2003 SK84)
(2000 RD53)           (2002 HP11)          (2003 SS84)
(2000 SL10)           (2002 JX8)           (2003 TK2)
(2000 TU28)           (2002 JZ8)           (2003 TL4)
(2000 UG11)           (2002 JE9)           (2003 TO9)
(2000 UQ30)           (2002 JQ9)           (2003 TR9)
(2000 WC1)            (2002 KG4)           (2003 UX5)
(2000 WH10)           (2002 KJ4)           (2003 UV11)
(2000 YF29)           (2002 KK8)           (2003 UC20)
(2000 YG29)           (2002 LV)            (2003 UW29)
(2001 CA21)           (2002 LX)            (2003 VE1)
(2001 DF47)           (2002 LY1)           (2003 WG)
(2001 EC)             (2002 LT24)          (2003 WP21)
(2001 EB18)           (2002 LT38)          (2003 WY25)
(2001 FA58)           (2002 MX)            (2003 WC158)
(2001 FC58)           (2002 MR3)           (2003 WD158)
(2001 FB90)           (2002 MT3)           (2003 WH166)
(2001 FE90)           (2002 NV16)          (2003 XM)
(2001 GQ2)            (2002 NY40)          (2003 XB22)
(2001 GR2)            (2002 NE71)          (2003 YP1)
(2001 GT2)            (2002 PR1)           (2003 YX1)
(2001 HB)             (2002 PD43)          (2003 YS17)
(2001 HA4)            (2002 PF43)          (2003 YD45)
(2001 HZ7)            (2002 PE130)         (2003 YL118)
(2001 HL31)           (2002 QC7)           (2003 YH136)
(2001 JV1)            (2002 QH10)          (2004 AE)
(2001 KO2)            (2002 QQ40)          (2004 AS1)
(2001 KF54)           (2002 QW47)          (2004 BV1)
(2001 LD)             (2002 RW25)          (2004 BZ74)
(2001 PT9)            (2002 SZ)            (2004 BL86)
(2001 QC34)           (2002 SQ41)          (2004 CO49)
(2001 QJ96)           (2002 TP69)          (2004 DM44)
(2001 SQ3)            (2002 TB70)          (2004 FW1)
(2001 SY269)          (2002 TR190)         (2004 FU4)
(2001 SZ269)          (2002 UK11)          (2004 FE5)
(2001 SG286)          (2002 VE68)          (2004 FG11)
(2001 TA2)            (2002 VP69)          (2004 FJ11)
(2001 TC45)           (2002 VR85)          (2004 FY31)
(2001 UZ16)           (2002 WQ4)           (2004 GB2)
(2001 VB)             (2002 XO14)          (2004 GE2)
(2001 VC2)            (2002 XQ90)          (2004 HW)
(2001 VJ5)            (2003 AY2)           (2004 HD2)
(2001 VB76)           (2003 AA3)           (2004 HF12)
(2001 WS1)            (2003 AC23)          (2004 HG12)
(2001 WF49)           (2003 AD23)          (2004 HC39)
(2001 XX4)            (2003 AF23)          (2004 JQ1)
(2001 XU30)           (2003 BB21)          (2004 JG6)
(2001 XP31)           (2003 BK47)          (2004 KB)
(2001 YP3)            (2003 BR47)          (2004 KE17)
```

217

(2004 KH17)
(2004 LB)
(2004 LJ)
(2004 LC2)
(2004 LV3)
(2004 LY5)
(2004 MD)
(2004 MX2)
(2004 MD6)
(2004 MP7)
(2004 OB)
(2004 PJ2)
(2004 PS42)
(2004 QB)
(2004 QX2)
(2004 QD14)
(2004 RQ10)
(2004 RW10)
(2004 RY10)
(2004 RF84)
(2004 RY109)
(2004 RZ164)
(2004 SS)
(2004 SW55)
(2004 TN1)
(2004 TP1)
(2004 TB10)
(2004 TG10)
(2004 TL10)
(2004 TB18)
(2004 UE)
(2004 UL)
(2004 UR1)
(2004 UU1)
(2004 UV1)
(2004 VB)
(2004 VC17)
(2004 WK1)
(2004 XO)
(2004 XL14)
(2004 XN14)
(2004 XP14)
(2004 XN29)
(2004 XL35)
(2004 XN44)
(2004 XK50)
(2004 XN50)
(2005 AD13)
(2005 AV27)
(2005 BG14)
(2005 CJ)
(2005 CL)
(2005 DD)
(2005 EA)
(2005 EO33)
(2005 EK94)
(2005 EY95)
(2005 EW169)
(2005 EJ225)
(2005 ED318)
(2005 FH)
(2005 FE3)
(2005 GL)
(2005 GU)
(2005 GJ8)
(2005 GY8)
(2005 GP21)
(2005 GO22)
(2005 GD60)
(2005 GH81)
(2005 GC120)
(2005 JU1)
(2005 JE46)
(2005 JU81)

(2005 KJ10)
(2005 LW3)
(2005 LX36)
(2005 LW39)
(2005 MO13)
(2005 NB7)
(2005 NE7)
(2005 OX)
(2005 OD3)
(2005 OE3)
(2005 PJ2)
(2005 PA5)
(2005 PY16)
(2005 QZ151)
(2005 RC34)
(2005 SQ)
(2005 SE71)
(2005 TP)
(2005 TS15)
(2005 TF49)
(2005 TR50)
(2005 TU50)
(2005 UR)
(2005 UL5)
(2005 UW6)
(2005 UT64)
(2005 UJ159)
(2005 VO5)
(2005 VR7)
(2005 WD)
(2005 WA1)
(2005 WB1)
(2005 WC1)
(2005 WY55)
(2005 XJ8)
(2005 XT77)
(2005 XL80)
(2005 YS)
(2005 YU3)
(2005 YS8)
(2005 YQ96)
(2005 YO180)
(2006 AR3)
(2006 AM4)
(2006 BQ6)
(2006 BZ7)
(2006 BX39)
(2006 BE55)
(2006 BX147)
(2006 CF)
(2006 CJ)
(2006 CU)
(2006 CM10)
(2006 CT10)
(2006 CY10)
(2006 DP14)
(2006 DU62)
(2006 FX)
(2006 GB)
(2006 GC1)
(2006 GY2)
(2006 HC2)
(2006 HD2)
(2006 HV5)
(2006 HQ30)
(2006 HT30)
(2006 HZ51)
(2006 HW57)
(2006 JF42)
(2006 KL21)
(2006 KD40)
(2006 KY86)
(2006 KN89)
(2006 KV89)

(2006 LK)
(2006 LD1)
(2006 ON1)
(2006 OC5)
(2006 PA1)
(2006 PY17)
(2006 QQ23)
(2006 QY110)
(2006 RZ)
(2006 RK1)
(2006 SF6)
(2006 SU131)
(2006 SS134)
(2006 TB)
(2006 TS7)
(2006 TU7)
(2006 TA8)
(2006 UK)
(2006 UO)
(2006 UF17)
(2006 UQ17)
(2006 UL217)
(2006 VC)
(2006 VV2)
(2006 VW2)
(2006 VD13)
(2006 VG13)
(2006 VQ13)
(2006 VT13)
(2006 WT1)
(2006 WX1)
(2006 WJ3)
(2006 WQ29)
(2006 XG1)
(2006 XD2)
(2007 AG)
(2007 AB2)
(2007 AC2)
(2007 AV2)
(2007 AB12)
(2007 BD7)
(2007 BJ29)
(2007 CA19)
(2007 CN26)
(2007 CS26)
(2007 DY40)
(2007 DL41)
(2007 DM41)
(2007 DS84)
(2007 DT103)
(2007 EF)
(2007 EL88)
(2007 ED125)
(2007 FA)
(2007 FE)
(2007 FF1)
(2007 FT3)
(2007 GQ3)
(2007 GS3)
(2007 HA)
(2007 HE15)
(2007 JX2)
(2007 JY2)
(2007 JH22)
(2007 KG7)
(2007 LD)
(2007 LE)
(2007 LF)
(2007 LB15)
(2007 LQ19)
(2007 LU19)
(2007 MK13)
(2007 MB24)
(2007 ML24)

(2007 NS4)
(2007 PF6)
(2007 PR25)
(2007 PV27)
(2007 PF28)
(2007 RF2)
(2007 RU9)
(2007 RV9)
(2007 RU17)
(2007 SQ6)
(2007 SR11)
(2007 TH1)
(2007 TS19)
(2007 TB23)
(2007 TL23)
(2007 TQ24)
(2007 TR24)
(2007 TU24)
(2007 TD71)
(2007 UL12)
(2007 US12)
(2007 UR51)
(2007 VG)
(2007 VN3)
(2007 VT6)
(2007 VD12)
(2007 VW137)
(2007 VZ137)
(2007 VM184)
(2007 VP243)
(2007 WV4)
(2007 XN)
(2007 XY9)
(2007 XD10)
(2007 XK11)
(2007 XH16)
(2007 XJ16)
(2007 YB2)
(2007 YV29)
(2007 YQ56)
(2007 YV56)
(2008 AX1)
(2008 AZ30)
(2008 AG33)
(2008 AH33)
(2008 AK33)
(2008 AO112)
(2008 BD15)
(2008 BT18)
(2008 CH)
(2008 CN1)
(2008 CS1)
(2008 CC6)
(2008 CB22)
(2008 CL116)
(2008 CR118)
(2008 DD)
(2008 DE)
(2008 DJ)
(2008 DG5)
(2008 DK5)
(2008 DL5)
(2008 EE5)
(2008 EL6)
(2008 EP6)
(2008 EM7)
(2008 ER7)
(2008 EU68)
(2008 EY68)
(2008 EC69)
(2008 FW5)
(2008 FW6)
(2008 HH)
(2008 HS3)

(2008 HB38)
(2008 JG)
(2008 JW2)
(2008 KV2)
(2008 KZ5)
(2008 KE6)
(2008 LV16)
(2008 LW16)
(2008 MP1)
(2008 NO3)
(2008 NQ3)
(2008 OO)
(2008 OX1)
(2008 OX2)
(2008 OC6)
(2008 OS7)
(2008 OB9)
(2008 ON13)
(2008 PF1)
(2008 PJ9)
(2008 QT3)
(2008 QS11)
(2008 RV)
(2008 RG1)
(2008 RM98)
(2008 SC)
(2008 SR1)
(2008 SV11)
(2008 SH82)
(2008 SJ82)
(2008 SE85)
(2008 SY148)
(2008 TD2)
(2008 TZ3)
(2008 TC4)
(2008 UD1)
(2008 UU1)
(2008 UE7)
(2008 UL90)
(2008 UW91)
(2008 UZ94)
(2008 UV99)
(2008 VB1)
(2008 VL14)
(2008 WN2)
(2008 WZ13)
(2008 WK61)
(2008 WQ63)
(2008 WM64)
(2008 WZ94)
(2008 XM)
(2008 XN)
(2008 XB1)
(2008 XM1)
(2008 XA2)
(2008 XQ2)
(2008 XW2)
(2008 YF)
(2008 YS27)
(2009 AL)
(2009 AV)
(2009 AC16)
(2009 AE16)
(2009 BE58)
(2009 BJ58)
(2009 BL71)
(2009 BD81)
(2009 BE81)
(2009 CS)
(2009 CB3)
(2009 CC3)
(2009 CN5)
(2009 DZ)
(2009 DR3)

(2009 DS10)
(2009 DH39)
(2009 DZ42)
(2009 DM45)
(2009 DL46)
(2009 ES)
(2009 EV)
(2009 EK1)
(2009 EO2)
(2009 EP2)
(2009 FE)
(2009 FF)
(2009 FU4)
(2009 FY4)
(2009 FF19)
(2009 FG19)
(2009 FU23)
(2009 HV2)
(2009 HA21)
(2009 HD21)
(2009 HV58)
(2009 JR)
(2009 JR5)
(2009 KK)
(2009 KC3)
(2009 KD3)
(2009 KE3)
(2009 KN4)
(2009 KK8)
(2009 LQ)
(2009 LW2)
(2009 MS)
(2009 OF)
(2009 OG)
(2009 QL8)
(2009 RV1)
(2009 RZ3)
(2009 SB)
(2009 SN)
(2009 SG2)
(2009 SW17)
(2009 SG18)
(2009 ST19)
(2009 SQ104)
(2009 TK12)
(2009 UQ)
(2009 UN3)
(2009 UY17)
(2009 VW)
(2009 VZ)
(2009 VA26)
(2009 VQ44)
(2009 WJ1)
(2009 WM1)
(2009 WZ104)
(2009 XO)
(2009 XV)
(2009 XZ1)
(2009 XT6)
(2009 YG)
(2010 AF30)
(2010 BB)
(2010 BK2)
(2010 CO1)
(2010 CF19)
(2010 CL19)
(2010 CN44)
(2010 DA)
(2010 DM)
(2010 DO)
(2010 DF1)
(2010 DW1)
(2010 DJ56)
(2010 DM56)

219

(2010 DG77)
(2010 DJ77)
(2010 EF44)
(2010 EK44)
(2010 EW45)
(2010 FQ)
(2010 FR)
(2010 FF10)
(2010 FC81)
(2010 FH81)
(2010 GS7)
(2010 GT7)
(2010 GU21)
(2010 GA24)
(2010 GX62)
(2010 HQ80)
(2010 JG)
(2010 JK33)
(2010 JL33)
(2010 JV34)
(2010 JU39)
(2010 JJ41)
(2010 JN71)
(2010 JE87)
(2010 JE88)
(2010 KX7)
(2010 KQ10)
(2010 KR10)
(2010 LN14)
(2010 LE15)
(2010 LR33)
(2010 LK34)
(2010 LZ63)
(2010 LG64)
(2010 MF1)
(2010 MU112)
(2010 NY65)
(2010 ON101)
(2010 PK9)
(2010 PW58)
(2010 PR66)
(2010 RA147)
(2010 RF181)
(2010 SH13)
(2010 SO16)
(2010 SC41)
(2010 TH19)
(2010 TK54)
(2010 TP54)
(2010 TP55)
(2010 TS149)
(2010 TU149)
(2010 TV149)
(2010 TX168)
(2010 UD)
(2010 UG7)
(2010 UQ7)
(2010 US7)
(2010 UT7)
(2010 UK8)
(2010 VZ)
(2010 VG1)
(2010 VT11)
(2010 VD72)
(2010 WV8)
(2010 WZ8)
(2010 XC11)
(2010 XC15)
(2010 XB24)
(2010 XC25)
(2010 XA68)
(2010 XP69)
(2010 XX72)
(2010 XY72)

(2010 YB)
(2011 AG5)
(2011 AK5)
(2011 AM12)
(2011 AM24)
(2011 AT26)
(2011 AH37)
(2011 BX10)
(2011 BT15)
(2011 BX18)
(2011 BY18)
(2011 BN24)
(2011 BO24)
(2011 BE38)
(2011 BM45)
(2011 BO59)
(2011 BT59)
(2011 CG2)
(2011 CP4)
(2011 CT4)
(2011 CC22)
(2011 CY46)
(2011 CB50)
(2011 DU)
(2011 DV)
(2011 DS9)
(2011 EC7)
(2011 EL11)
(2011 EF17)
(2011 EG17)
(2011 EU29)
(2011 EO40)
(2011 EL51)
(2011 EM51)
(2011 EO51)
(2011 GA)
(2011 GM44)
(2011 GN44)
(2011 GS60)
(2011 GQ61)
(2011 HF)
(2011 HS4)
(2011 JA)
(2011 JK)
(2011 JD1)
(2011 JR13)
(2011 KE)
(2011 KQ12)
(2011 KU15)
(2011 KW15)
(2011 KO17)
(2011 LL2)
(2011 LT17)
(2011 LC19)
(2011 LJ19)
(2011 MU)
(2011 OA)
(2011 OB)
(2011 OR15)
(2011 OV18)
(2011 PS)
(2011 PO1)
(2011 QD48)
(2011 RJ1)
(2011 SR5)
(2011 SO32)
(2011 SM68)
(2011 SV71)
(2011 SD173)
(2011 TK)
(2011 TC4)
(2011 TX8)
(2011 TN9)
(2011 UG20)

(2011 UH20)
(2011 UT20)
(2011 UL21)
(2011 UV63)
(2011 UW158)
(2011 UE305)
(2011 VU5)
(2011 WL2)
(2011 WO4)
(2011 WL15)
(2011 WN15)
(2011 WO41)
(2011 WN46)
(2011 WR46)
(2011 WU95)
(2011 WV134)
(2011 XM1)
(2011 XA3)
(2011 YE6)
(2011 YG6)
(2011 YH28)
(2011 YJ28)
(2011 YV62)
(2012 AD3)
(2012 BN11)
(2012 BS23)
(2012 BT23)
(2012 BU61)
(2012 BJ86)
(2012 BM86)
(2012 BB124)
(2012 CL19)
(2012 CA21)
(2012 CA55)
(2012 DE31)
(2012 DK31)
(2012 DJ61)
(2012 DX75)
(2012 EY11)
(2012 FQ1)
(2012 FR1)
(2012 FZ23)
(2012 FG58)
(2012 FO62)
(2012 GV17)
(2012 HJ1)
(2012 HG8)
(2012 HG31)
(2012 HZ33)
(2012 KY3)
(2012 KA4)
(2012 KC6)
(2012 KU12)
(2012 LR1)
(2012 LZ1)
(2012 LK9)
(2012 LK11)
(2012 MU2)
(2012 MS4)
(2012 MJ6)
(2012 MZ6)
(2012 MM11)
(2012 NN)
(2012 OO)
(2012 OQ)
(2012 OD1)
(2012 OP4)
(2012 PS4)
(2012 PP28)
(2012 QQ10)
(2012 QG42)
(2012 QE50)
(2012 RG15)
(2012 SW20)

```
(2012 SD22)        (2012 VE46)        (2013 AN60)
(2012 TY52)        (2012 VO76)        (2013 BC18)
(2012 TF53)        (2012 VC82)        (2013 BD18)
(2012 TS78)        (2012 VE82)        (2013 BJ18)
(2012 TV78)        (2012 XY6)         (2013 BK18)
(2012 TO139)       (2012 XO111)       (2013 BE19)
(2012 TP139)       (2012 XD112)       (2013 BZ45)
(2012 UZ33)        (2012 XA133)       (2013 BO73)
(2012 UR136)       (2012 XF133)       (2013 BP73)
(2012 UU136)       (2012 XJ134)       (2013 BO76)
(2012 UR138)       (2012 YO1)         (2013 BW76)
(2012 UR158)       (2012 YQ1)         (2013 CW32)
(2012 VA5)         (2012 YO3)         (2013 CT82)
(2012 VK6)         (2012 YY6)         (2013 CU83)
(2012 VL6)         (2013 AN20)        (6344 P-L)
(2012 VO6)         (2013 AS27)
(2012 VF37)        (2013 AX52)
```

CURIOSITA' SUGLI ASTEROIDI
CURIOSITY ABOUT THE ASTEROIDS

ASTERODI CON I PARAMETRI ORBITALI PIU' ESTREMI

ASTEROIDS WITH EXTREME ORBITAL PARAMETERS

```
Semiasse A maggiore - Semiaxys A major

   Peri.        Node       Incl.        e            a

--------------------------------------------------------------
  195.21436   341.42996    78.00343   0.9868994   1109.822560              2012 DR30
  351.44505   267.37120   114.82694   0.9965135   1034.578864              2012 OP
  196.41658   255.14188   112.51069   0.9956997    959.4918081             2005 VX3
  122.54299   197.40770    19.45303   0.9718072    857.7337856  (308933)   2006 SQ372
  212.42673   170.47726    58.10714   0.9964021    749.3286245             2002 RN109
  212.60941   142.34110    20.06662   0.9671958    633.8574480   (87269)   2000 OO67
  285.78869   112.95678    18.58429   0.9372945    567.3213225             2007 TG422
  310.95020   144.42484    11.92820   0.8600674    545.0750140   (90377)   Sedna
  349.67106   145.98047    76.71542   0.9948766    518.3954076             2007 DA61
  179.08464   175.96444   143.89113   0.9864802    451.5894242             2010 BK118


Semiasse A minore - Semiaxys A minor

   Peri.        Node       Incl.        e            a

--------------------------------------------------------------
  237.44145    62.25747     8.41272   0.7831760    0.5496867               2007 EB26
  354.06472    42.46431     9.37450   0.5252330    0.6156691               2006 KZ39
  181.83705   100.97516    28.26349   0.3049137    0.6159389               2008 EA32
    5.15573   211.42314     2.94953   0.4545110    0.6176327  (164294)     2004 XZ130
  202.47895    96.31176    29.86473   0.5335974    0.6180974               2010 XB11
  105.87323   246.25866     5.07856   0.6264130    0.6264835  (325102)     2008 EY5
  352.98394    37.04664    18.94712   0.5311862    0.6351856               2004 JG6
   56.29014   193.37071     3.43160   0.5625698    0.6369102  (202683)     2006 US216
  130.81675   122.64780    23.75953   0.7967631    0.6402772  (289227)     2004 XY60
  192.60986   244.92490    38.88849   0.6884579    0.6423171   (66391)     1999 KW4


Semiasse A pari a 1 - Semiaxys A = 1

   Peri.        Node       Incl.        e            a

--------------------------------------------------------------
  207.21658   126.56497    61.23272   0.2241020    0.9960882               2009 WY104
  258.66456   220.02938   229.15938   0.2650860    0.9963352               2009 HE60
  277.22644    43.80200   126.25224   0.5147811    0.9976684    (3753)     Cruithne
   87.98758   234.30424    18.37833   0.3450248    0.9983453   (85770)     1998 UP1
  125.56965    54.39458   155.06020   0.3025033    0.9993653               2005 QQ87
  251.40339    45.85271    96.52814   0.1907905    1.0002487               2010 TK7
   44.55273   200.17530    19.33971   0.6325140    1.0011519  (255071)     2005 UH6
   35.06952   170.86493   179.55758   0.3775141    1.0012122  (277810)     2006 FV35
   54.07094   280.55663    38.73009   0.1362711    1.0012315  (164207)     2004 GU9
  205.17026   108.53784    40.47540   0.0752264    1.0012553               2010 SO16


Eccentricità e maggiore - Eccentricity e major

   Peri.        Node       Incl.        e            a

--------------------------------------------------------------
  351.44505   267.37120   114.82694   0.9965135   1034.578864              2012 OP
  212.42673   170.47726    58.10714   0.9964021    749.3286245             2002 RN109
  196.41658   255.14188   112.51069   0.9956997    959.4918081             2005 VX3
  349.67106   145.98047    76.71542   0.9948766    518.3954076             2007 DA61
  181.88799   144.52832    29.79785   0.9908072    277.3352608             1996 PW
   14.07663   271.59609   110.33798   0.9899461    308.3670154             2011 OR17
  195.21436   341.42996    78.00343   0.9868994   1109.822560              2012 DR30
  179.08464   175.96444   143.89113   0.9864802    451.5894242             2010 BK118
   95.03726   344.95302    70.66163   0.9781207    224.3989641             2012 KA51
  262.58309   165.26135   165.50361   0.9769788    100.6772123             2004 NN8
```

223

Eccentricità e minore - Eccentricity e minor

```
    Peri.       Node        Incl.       e            a
-----------------------------------------------------------------
  203.47376    34.50026     0.93720   0.0000000    41.3468902        1995 GY7
   37.88286   318.47746    12.44707   0.0000000    41.3596691        1997 RY6
  324.41051    65.92961     2.52793   0.0000000    44.1737601        2002 TA301
  189.29129   201.00275     8.35506   0.0000000    45.2371782        2002 TE301
  174.51914   354.48864    43.81783   0.0000000    43.3862614        2004 DF77
  108.45635    31.43744     2.52614   0.0000000    44.1623120        1999 DF8
  201.11099   181.11558     3.39794   0.0000000    44.1613114        2003 UU291
  179.95707     8.91312    28.97548   0.0000000    41.2054594        2000 GW146
  178.81820   139.49575     3.17443   0.0000000    42.9643630        1999 RS214
```

Inclinazione i maggiore - Inclination i major

```
    Peri.       Node        Incl.       e            a
-----------------------------------------------------------------
  179.10615   173.21179   172.88268   0.2493076     6.6743912                 2005 VD
  201.94078   120.68507   172.13784   0.9001935    37.1836489                 2006 LM1
  354.54831   348.08007   170.36122   0.5637708     8.1313859  (330759)  2008 SO218
  262.58309   165.26135   165.50361   0.9769788   100.6772123                 2004 NN8
   82.24582   183.57033   165.29367   0.8010580     9.6024573                 2006 BZ8
  161.45201   191.50463   164.63956   0.7615183     9.7510678                 2006 RJ2
  102.39280   297.28938   160.40860   0.9005174    23.7811188   (20461)  Dioretsa
  274.05852   308.18551   160.03426   0.8807909    29.6038905                 2012 TL139
   82.12752   313.24947   158.47740   0.9008070    23.5940207                 2000 HE46
   26.95413   176.15266   156.41405   0.9364073    23.7007235                 2010 EB46
```

Inclinazione i minore - Inclination i minor

```
    Peri.       Node        Incl.       e            a
-----------------------------------------------------------------
  253.72721   270.62420     0.00433   0.1155638     3.0996135  (255447)  2005 YN24
  212.86276   141.53511     0.01052   0.1795496     3.0476914                 2009 QY29
    8.85885   141.84088     0.01133   0.1287093     2.3174548                 2009 XG16
   99.58834    10.31988     0.01411   0.1538214     2.3864061                 2008 YH100
  304.20573    94.48233     0.01470   0.1920093     3.1003465  (309154)  2007 AF4
  249.30625   211.87036     0.01619   0.4166108     1.4667216                 2009 EJ1
  225.80572   345.62190     0.01641   0.2246619     3.0372420                 2009 WF190
   34.91325   292.64456     0.02112   0.2891094     0.8180567                 2004 FH
  110.26745   321.02051     0.02255   0.1216417     2.4050099   (53910)  Janfischer
   67.96321    88.75424     0.02692   0.1540782     2.4805499  (165525)  2001 CK23
```

Afelio Q maggiore - Aphelium Q major

```
    Peri.       Node        Incl.       e              Nome           Q
  195.21436   341.42996    78.00343   0.9868994              2012 DR30     2205.105
  351.44505   267.37120   114.82694   0.9965135              2012 OP       2065.550
  196.41658   255.14188   112.51069   0.9956997              2005 VX3      1914.857
  122.54299   197.40770    19.45303   0.9718072   (308933)  2006 SQ372    1691.285
  212.42673   170.47726    58.10714   0.9964021              2002 RN109    1495.961
  212.60941   142.34110    20.06662   0.9671958    (87269)  2000 OO67     1246.921
  285.78869   112.95678    18.58429   0.9372945              2007 TG422    1099.068
  349.67106   145.98047    76.71542   0.9948766              2007 DA61     1034.134
  310.95020   144.42484    11.92820   0.8600674    (90377)  Sedna         1013.876
  179.08464   175.96444   143.89113   0.9864802              2010 BK118     897.0734
```

Afelio Q minore - Aphelium Q minor

Peri.	Node	Incl.	e		Nome	Q
181.83705	100.97516	28.26349	0.3049137		2008 EA32	0.803
5.15573	211.42314	2.94953	0.4545110	(164294)	2004 XZ130	0.898
318.59832	311.04173	24.76686	0.1829733		2006 WE4	0.928
230.40930	273.46717	23.32972	0.3722727		2005 TG45	0.935
354.06472	42.46431	9.37450	0.5252330		2006 KZ39	0.939
202.47895	96.31176	29.86473	0.5335974		2010 XB11	0.947
183.58268	81.17474	24.30900	0.3801694		2008 UL90	0.959
190.35685	8.95646	6.66294	0.3614589		2012 VE46	0.970
352.98394	37.04664	18.94712	0.5311862		2004 JG6	0.972
252.93199	103.92571	25.61708	0.3221590	(163693)	Atira	0.979

Perielio q maggiore - Perihelium q major

Peri.	Node	Incl.	e		Nome	q
310.95020	144.42484	11.92820	0.8600674	(90377)	Sedna	76.273
280.93805	252.35218	46.52177	0.1066864		2004 XR190	51.602
327.13704	66.07117	25.50825	0.8636380		2004 VN112	47.328
282.61927	93.41832	1.73151	0.0000000		2004 XX186	46.905
241.32675	176.75756	2.46047	0.0000000		2002 VC95	46.857
17.93144	138.71969	3.32162	0.0000000		2005 EP296	46.831
359.50400	320.07366	27.49228	0.0000000		2001 OU108	46.753
39.95840	125.14101	23.26630	0.0075888		1999 CL119	46.641
169.83138	140.06306	0.35725	0.0000000		2002 PD153	46.581
202.04419	212.52194	10.55433	0.0000000		2003 UX291	46.500

Perielio q minore - Perihelium q minor

Peri.	Node	Incl.	e		Nome	q
46.98780	328.63538	20.77818	0.8858640		2007 EP88	9.55e-002
149.53819	39.61348	23.76503	0.9267014		2004 UL	9.28e-002
324.26970	333.77846	25.69116	0.8949975	(137924)	2000 BD19	9.20e-002
340.55668	42.37387	30.57920	0.9690216		2006 HY51	8.05e-002
19.95092	15.28388	2.61705	0.9653814		2008 FF5	7.88e-002
309.29202	63.52240	8.42344	0.9609419		2005 HC4	7.11e-002
188.48483	205.06282	5.88063	0.9547120		2011 KE	0.100
249.15373	128.96806	10.59653	0.9608177		2008 HW1	0.101
190.67570	40.47050	26.06921	0.9585108		2012 US68	0.104
323.92489	273.52537	28.29441	0.9284768		2011 XA3	0.106

a = semiasse maggiore
e = eccentricità
i = inclinazione
node = longitudine del nodo ascendente
peri = argomento del perielio
q = perielio
Q = afelio
H = magnitudine assoluta

a = major semiaxys
e = eccentricity
i = inclination
node = longitude of ascendent node
peri = argoment of perihelio
q = perihelio
Q = aphelio
H = magnitude

225

ASTEROIDI TROIANI
TROJAN ASTEROIDS

Gli asteroidi troiani sono un gruppo di pianetini la cui
distanza media dal Sole e da Giove è uguale, e che distano
angolarmente circa 60° da Giove nei cosiddetti punti Lagrangiani
L4 ed L5 .

The trojan asteroids are a group of minor planets with mean
distance from the Sun that is the same from Jupiter and whose
angular distance from Jupiter, as seen from the Sun. is about
60° in the so-called lagrangian points L4 and L5.

617 Patroclus	6998 Tithonus
884 Priamus	(7352) 1994 CO
1172 Äneas	7815 Dolon
1173 Anchises	9023 Mnesthus
1208 Troilus	(9030) 1989 UX5
1867 Deiphobus	9142 Rhesus
1870 Glaukos	9430 Erichthonios
1871 Astyanax	(11089) 1994 CS8
1872 Helenos	(11273) 1988 RN11
1873 Agenor	(11275) 1988 SL3
2207 Antenor	(11487) 1988 RG10
2223 Sarpedon	(11488) 1988 RM11
2241 Alcathous	11509 Thersilochos
2357 Phereclos	11552 Boucolion
2363 Cebriones	11554 Asios
2594 Acamas	(11663) 1997 GO24
2674 Pandarus	(11869) 1989 TS2
2893 Peiroos	11887 Echemmon
2895 Memnon	12052 Aretaon
3240 Laocoon	(12126) 1999 RM11
3317 Paris	12242 Koon
3451 Mentor	12444 Prothoon
(3708) 1974 FV1	12649 Ascanios
4348 Poulydamas	(12929) 1999 TZ1
4707 Khryses	(13402) 1999 RV165
4708 Polydoros	(15502) 1999 NV27
4709 Ennomos	(15977) 1998 MA11
(4715) 1989 TS1	(16070) 1999 RB101
4722 Agelaos	(16428) 1988 RD12
4754 Panthoos	(16560) 1991 VZ5
4791 Iphidamas	(16667) 1993 XM1
4792 Lykaon	(16956) 1998 MQ11
4805 Asteropaios	(17171) 1999 NB38
4827 Dares	(17172) 1999 NZ41
4828 Misenus	17314 Aisakos
4829 Sergestus	(17365) 1978 VF11
4832 Palinurus	(17414) 1988 RN10
4867 Polites	(17415) 1988 RO10
(5119) 1988 RA1	(17416) 1988 RR10
5120 Bitias	(17417) 1988 RY10
5130 Ilioneus	(17418) 1988 RT12
5144 Achates	(17419) 1988 RH13
(5233) 1988 RL10	(17420) 1988 RL13
(5257) 1988 RS10	(17421) 1988 SW1
(5476) 1989 TO11	(17423) 1988 SK2
5511 Cloanthus	(17424) 1988 SP2
5637 Gyas	(17442) 1989 UO5
5638 Deikoon	17492 Hippasos
(5648) 1990 VU1	(18037) 1999 NA38
(5907) 1989 TU5	(18046) 1999 RN116
(6002) 1988 RO	(18054) 1999 SW7
(6443) 1988 RH12	(18137) 2000 OU30
6997 Laomedon	18228 Hyperenor

18268 Dardanos
18278 Drymas
18281 Tros
18282 Ilos
(18493) 1996 HV9
(18940) 2000 QV49
(18971) 2000 QY177
(19018) 2000 RL100
(19020) 2000 SC6
(19844) 2000 ST317
(22180) 2000 YZ
(22808) 1999 RU12
(23463) 1989 TX11
(23549) 1994 ES6
(23694) 1997 KZ3
(23987) 1999 NB63
(24018) 1999 RU134
(24022) 1999 RA144
(24444) 2000 OP32
(24446) 2000 PR25
(24448) 2000 QE42
(24449) 2000 QL63
(24451) 2000 QS104
(24452) 2000 QU167
(24453) 2000 QG173
(24454) 2000 QF198
(24456) 2000 RO25
(24458) 2000 RP100
(24459) 2000 RF103
(24467) 2000 SS165
(24470) 2000 SJ310
(24471) 2000 SH313
(24472) 2000 SY317
(25344) 1999 RN72
(25347) 1999 RQ116
(25883) 2000 RD88
(29196) 1990 YY
29314 Eurydamas
(29603) 1998 MO44
(29976) 1999 NE9
(29977) 1999 NH11
 (30498) 2000 QK100
(30499) 2000 QE169
(30504) 2000 RS80
(30505) 2000 RW82
(30506) 2000 RO85
(30508) 2000 SZ130
30698 Hippokoon
30704 Phegeus
30705 Idaios
30708 Echepolos
(30791) 1988 RY11
(30792) 1988 RP12
(30793) 1988 SJ3
(30806) 1989 UP5

(30807) 1989 UQ5
30942 Helicaon
31037 Mydon
(31342) 1998 MU31
(31344) 1998 OM12
(31806) 1999 NE11
(31814) 1999 RW70
(31819) 1999 RS150
(31820) 1999 RT186
(31821) 1999 RK225
(32339) 2000 QA88
(32356) 2000 QM124
(32370) 2000 QY151
(32396) 2000 QY213
(32397) 2000 QL214
(32420) 2000 RS40
(32430) 2000 RQ83
(32434) 2000 RW96
(32435) 2000 RZ96
(32437) 2000 RR97
(32440) 2000 RC100
(32451) 2000 SP25
(32461) 2000 SP93
(32464) 2000 SB132
(32467) 2000 SL174
(32471) 2000 SK205
(32475) 2000 SD234
(32478) 2000 SV289
(32480) 2000 SG348
(32482) 2000 ST354
(32496) 2000 WX182
(32499) 2000 YS11
(32501) 2000 YV135
(32513) 2001 OL31
(32615) 2001 QU277
32720 Simoeisios
32726 Chromios
(32794) 1989 UE5
32811 Apisaon
(34298) 2000 QH159
(34521) 2000 SA191
(34553) 2000 SV246
(34642) 2000 WN2
(34746) 2001 QE91
(34785) 2001 RG87
(34835) 2001 SZ249
(36425) 2000 PM5
(36624) 2000 QA157
(36922) 2000 SN209
37519 Amphios
(37572) 1989 UC5
(38257) 1999 RC13
(39474) 1978 VC7
(42277) 2001 SQ51
(45822) 2000 QQ116

228

(47955) 2000 QZ73
(47956) 2000 QS103
(47957) 2000 QN116
(47959) 2000 QP168
 (47962) 2000 RU69
(47963) 2000 SO56
(47964) 2000 SG131
(47967) 2000 SL298
(47969) 2000 TG64
(48249) 2001 SY345
(48252) 2001 TL212
(48254) 2001 UE83
48373 Gorgythion
(48438) 1989 WJ2
(48604) 1995 CV
(48764) 1997 JJ10
48767 Skamander
(51339) 2000 OA61
(51340) 2000 QJ12
(51344) 2000 QA127
(51345) 2000 QH137
(51346) 2000 QX158
(51347) 2000 QZ165
(51348) 2000 QR169
(51350) 2000 QU176
(51351) 2000 QO218
(51354) 2000 RX25
(51357) 2000 RM88
(51359) 2000 SC17
(51360) 2000 SZ25
(51362) 2000 SY247
(51364) 2000 SU333
(51365) 2000 TA42
(51910) 2001 QQ60
(51935) 2001 QK134
(51958) 2001 QJ256
(51962) 2001 QH267
(51969) 2001 QZ292
(51984) 2001 SS115
(51994) 2001 TJ58
(52273) 1988 RQ10
(52275) 1988 RS12
(52278) 1988 SG3
(52511) 1996 GH12
(52567) 1997 HN2
52767 Ophelestes
(53418) 1999 PY3
(53419) 1999 PJ4
(54581) 2000 QW170
(54582) 2000 QU179
(54596) 2000 QD225
(54614) 2000 RL84
(54625) 2000 SC49
(54626) 2000 SJ49
(54632) 2000 SD130

(54634) 2000 SA132
(54638) 2000 SC144
(54643) 2000 SP283
(54645) 2000 SR284
(54646) 2000 SS291
(54649) 2000 SE310
(54652) 2000 SZ344
(54653) 2000 SB350
(54655) 2000 SQ362
(54656) 2000 SX362
(54672) 2000 WO180
(55060) 2001 QM73
(55267) 2001 RP132
(55419) 2001 TF19
(55441) 2001 TS87
(55457) 2001 TH133
(55460) 2001 TW148
(55474) 2001 TY229
(55496) 2001 UC73
55676 Klythios
55678 Lampos
55701 Ukalegon
 55702 Thymoitos
(56951) 2000 SK2
(56962) 2000 SW65
(56968) 2000 SA92
(56976) 2000 SS161
(57013) 2000 TD39
(57626) 2001 TE165
(57644) 2001 TV201
(57714) 2001 UY124
(58008) 2002 TW240
58084 Hiketaon
(58153) 1988 RH11
58931 Palmys
(61610) 2000 QK95
(61896) 2000 QG227
(62114) 2000 RV99
(62201) 2000 SW54
(62426) 2000 SX186
(62692) 2000 TE24
(62714) 2000 TB43
(63923) 2001 SV41
(63955) 2001 SP65
(64030) 2001 SQ168
(64270) 2001 TA197
(64326) 2001 UX46
65590 Archeptolemos
(67548) 2000 SL47
(68444) 2001 RH142
(68519) 2001 VW15
(69437) 1996 KW2
(73641) 1977 UK3
(73677) 1988 SA3
(73795) 1995 FH8

(76804) 2000 QE	(77860) 2001 RQ133
(76809) 2000 QQ46	(77891) 2001 SM232
(76812) 2000 QQ84	(77894) 2001 SY263
(76819) 2000 RQ91	(77897) 2001 TE64
(76820) 2000 RW105	(77902) 2001 TY141
(76824) 2000 SA89	(77906) 2001 TU162
(76826) 2000 SW131	(77914) 2001 UE188
(76830) 2000 SA182	(77916) 2001 WL87
(76834) 2000 SA244	(80119) 1999 RY138
(76835) 2000 SH255	(82055) 2000 TY40
(76836) 2000 SB310	(84709) 2002 VW120
(76837) 2000 SL316	129137 Hippolochos
(76838) 2000 ST347	134419 Hippothous
(76840) 2000 TU3	181751 Phaenops
(76857) 2000 WE132	134329 Cycnos
(76867) 2000 YM5	189004 Capys

TROIANI DI GIOVE : CAMPO GRECO - JUPITER'S TROIANS

588 Achilles	(4035) 1986 WD
624 Hektor	4057 Demophon
659 Nestor	4060 Deipylos
911 Agamemnon	4063 Euforbo
1143 Odysseus	4068 Menestheus
1404 Ajax	4086 Podalirius
1437 Diomedes	4138 Kalchas
1583 Antilochus	(4489) 1988 AK
1647 Menelaus	4501 Eurypylos
1749 Telamon	4543 Phoinix
1868 Thersites	4833 Meges
1869 Philoctetes	4834 Thoas
2146 Stentor	(4835) 1989 BQ
2148 Epeios	4836 Medon
2260 Neoptolemus	4902 Thessandrus
2456 Palamedes	4946 Askalaphus
2759 Idomeneus	5012 Eurymedon
2797 Teucer	5023 Agapenor
2920 Automedon	(5025) 1986 TS6
3063 Makhaon	5027 Androgeos
3391 Sinon	5028 Halaesus
3540 Protesilaos	5041 Theotes
3548 Eurybates	(5123) 1989 BL
3564 Talthybius	5126 Achaemenides
3596 Meriones	(5209) 1989 CW1
3709 Polypoites	5244 Amphilochos
3793 Leonteus	5254 Ulysses
3794 Sthenelos	(5258) 1989 AU1
3801 Thrasymedes	5259 Epeigeus
4007 Euryalos	5264 Telephus

5283 Pyrrhus
5284 Orsilocus
5285 Krethon
5436 Eumelos
5652 Amphimachus
(6090) 1989 DJ
(6545) 1986 TR6
7119 Hiera
7152 Euneus
7214 Anticlus
7543 Prylis
(7641) 1986 TT6
8060 Anius
8125 Tyndareus
8241 Agrius
8317 Eurysaces
(9431) 1996 PS1
(9590) 1991 DK1
9694 Lycomedes
9712 Nauplius
9713 Oceax
(9790) 1995 OK8
(9799) 1996 RJ
(9807) 1997 SJ4
9817 Thersander
9818 Eurymachos
9828 Antimachos
(9857) 1991 EN
9907 Oileus
10247 Amphiaraos
10664 Phemios
10989 Dolios
11251 Icarion
11252 Laertes
(11351) 1997 TS25
(11395) 1998 XN77
(11396) 1998 XZ77
(11397) 1998 XX93
11428 Alcinoos
11429 Demodokus
11668 Balios
(12054) 1997 TT9
12238 Actor
12658 Peiraios
12714 Alkimos
12916 Eumaios
(12917) 1998 TG16
(12921) 1998 WZ5
12972 Eumaios
12973 Melanthios
 12974 Halitherses
(13060) 1991 EJ
13062 Podarkes
13181 Peneleos
(13182) 1996 SO8

(13183) 1996 TW
13184 Augeias
13185 Agasthenes
13229 Echion
(13230) 1997 VG1
(13323) 1998 SQ
(13331) 1998 SU52
(13353) 1998 TU12
(13362) 1998 UQ16
(13366) 1998 US24
(13372) 1998 VU6
(13379) 1998 WX9
(13383) 1998 XS31
(13385) 1998 XO79
13387 Irus
13463 Antiphos
13475 Orestes
13650 Perimedes
(13694) 1997 WW7
(13780) 1998 UZ8
(13782) 1998 UM18
(13790) 1998 UF31
(13862) 1999 XT160
(14235) 1999 XA187
(14268) 2000 AK156
(14518) 1996 RZ30
(14690) 2000 AR25
(14707) 2000 CC20
14791 Atreus
14792 Thyestes
(15033) 1998 VY29
(15094) 1999 WB2
(15398) 1997 UZ23
(15436) 1998 VU30
(15440) 1998 WX4
(15442) 1998 WN11
(15521) 1999 XH133
(15527) 1999 YY2
(15529) 2000 AA80
(15535) 2000 AT177
(15536) 2000 AG191
(15539) 2000 CN3
15651 Tlepolemos
15663 Periphas
15913 Telemachus
(16099) 1999 VQ24
(16152) 1999 YN12
16560 Daitor
(16974) 1998 WR21
17351 Pheidippos
(17874) 1998 YM3
(18058) 1999 XY129
(18060) 1999 XJ156
(18062) 1999 XY187
(18063) 1999 XW211

(18071) 2000 BA27
18263 Anchialos
18493 Demoleon
(19725) 1999 WT4
19913 Aigyptios
(20144) 1996 RA33
(20424) 1998 VF30
(20428) 1998 WG20
(20716) 1999 XG91
(20720) 1999 XP101
(20729) 1999 XS143
(20738) 1999 XG191
(20739) 1999 XM193
20947 Polyneikes
20952 Tydeus
20961 Arkesilaos
(20995) 1985 VY
(21271) 1996 RF33
21284 Pandion
(21370) 1997 TB28
(21371) 1997 TD28
(21372) 1997 TM28
(21593) 1998 VL27
(21595) 1998 WJ5
(21599) 1998 WA15
(21601) 1998 XO89
21602 Ialmenus
(21900) 1999 VQ10
(22008) 1999 XM71
(22009) 1999 XK77
(22010) 1999 XM78
(22012) 1999 XO82
(22014) 1999 XQ96
(22035) 1999 XR170
(22041) 1999 XK192
(22042) 1999 XP194
(22049) 1999 XW257
(22052) 2000 AQ14
(22054) 2000 AP21
(22055) 2000 AS25
(22056) 2000 AU31
(22059) 2000 AD75
(22149) 2000 WD49
22199 Klonios
22203 Prothoenor
22222 Hodios
22227 Polyxenos
(22404) 1995 ME4
22503 Thalpius
(23075) 1999 XV83
(23114) 2000 AL16
 (23118) 2000 AU27
(23119) 2000 AP33
(23123) 2000 AU57
(23126) 2000 AK95

(23135) 2000 AN146
(23144) 2000 AY182
(23152) 2000 CS8
(23269) 2000 YH62
(23285) 2000 YH119
23355 Elephenor
23382 Epistrophos
23383 Schedios
(23480) 1991 EL
23549 Epicles
(23622) 1996 RW29
(23624) 1996 UX3
(23706) 1997 SY32
(23709) 1997 TA28
(23710) 1997 UJ
(23939) 1998 TV33
(23947) 1998 UH16
(23958) 1998 VD30
(23963) 1998 WY8
(23968) 1998 XA13
(23970) 1998 YP6
(24212) 1999 XW59
(24225) 1999 XV80
(24233) 1999 XD94
(24244) 1999 XY101
(24275) 1999 XW167
(24279) 1999 XR171
(24312) 1999 YO22
(24313) 1999 YR27
(24340) 2000 AP84
(24341) 2000 AJ87
(24357) 2000 AC115
(24380) 2000 AA160
(24390) 2000 AD177
(24403) 2000 AX193
(24420) 2000 BU22
(24426) 2000 CR12
(24479) 2000 WU157
(24485) 2000 YL102
(24486) 2000 YR102
(24498) 2001 AC25
(24501) 2001 AN37
(24505) 2001 BZ
(24506) 2001 BS15
(24508) 2001 BL26
(24519) 2001 CH
(24528) 2001 CP11
(24530) 2001 CP18
(24531) 2001 CE21
(24534) 2001 CX27
(24536) 2001 CN33
(24537) 2001 CB35
(24539) 2001 DP5
24587 Kapaneus
24603 Mekistheus

(24882) 1996 RK30
(25895) 2000 XN9
(25910) 2001 BM50
(25911) 2001 BC76
(25937) 2001 DY92
(25938) 2001 DC102
26057 Ankaios
(26486) 2000 AQ231
(26510) 2000 CZ34
(26601) 2000 FD1
(26705) 2001 FL145
26763 Peirithoos
(28958) 2001 CQ42
(28960) 2001 DZ81
(30020) 2000 DZ5
(30102) 2000 FC1
(30510) 2001 DM44
(31835) 2000 BK16
(32498) 2000 XX37
(33822) 2000 AA231
(34684) 2001 CJ28
34993 Euaimon
(35272) 1996 RH10
(35276) 1996 RS25
(35277) 1996 RV27
(35363) 1997 TV28
(35672) 1998 UZ14
(35673) 1998 VQ15
(36259) 1999 XM74
(36265) 1999 XV156
(36267) 1999 XB211
(36268) 1999 XT213
(36269) 1999 XB214
(36270) 1999 XS248
(36271) 2000 AV19
(36279) 2000 BQ5
(37281) 2000 YA61
(37297) 2001 BQ77
(37298) 2001 BU80
(37299) 2001 CN21
(37300) 2001 CW32
(37301) 2001 CA39
(37685) 1995 OU2
(37710) 1996 RD12
(37714) 1996 RK29
(37715) 1996 RN31
(37716) 1996 RP32
(37732) 1996 TY68
(37789) 1997 UL16
(37790) 1997 UX26
(38050) 1998 VR38
 (38051) 1998 XJ5
(38052) 1998 XA7
(38574) 1999 WS4
(38585) 1999 XD67
(38592) 1999 XH162
(38594) 1999 XF193
(38596) 1999 XP199
(38597) 1999 XU200
(38598) 1999 XQ208
(38599) 1999 XC210
(38600) 1999 XR213
(38606) 1999 YC13
(38607) 2000 AN6
(38609) 2000 AB26
(38610) 2000 AU45
(38611) 2000 AS74
(38614) 2000 AA113
(38615) 2000 AV121
(38617) 2000 AY161
(38619) 2000 AW183
(38621) 2000 AG201
(39229) 2000 YJ30
(39264) 2000 YQ139
(39270) 2001 AH11
(39275) 2001 AV37
(39278) 2001 BK9
(39280) 2001 BE24
(39284) 2001 BB62
(39285) 2001 BP75
(39286) 2001 CX6
(39287) 2001 CD14
(39288) 2001 CD21
(39289) 2001 CT28
(39292) 2001 DS4
(39293) 2001 DQ10
(39362) 2002 BU1
(39369) 2002 CE13
39463 Phyleus
(39691) 1996 RR31
(39692) 1996 RB32
(39693) 1996 ST1
(39793) 1997 SZ23
(39794) 1997 SU24
(39795) 1997 SF28
(39797) 1997 TK18
(39798) 1997 TW28
(39803) 1997 UY15
(40237) 1998 VM6
(40262) 1999 CF156
(41268) 1999 XO64
(41340) 1999 YO14
(41342) 1999 YC23
(41350) 2000 AJ25
(41353) 2000 AB33
(41355) 2000 AF36
(41359) 2000 AG55
(41379) 2000 AS105
(41417) 2000 AL233
(41426) 2000 CJ140

(41427) 2000 DY4
(42036) 2000 YP96
(42114) 2001 BH4
(42146) 2001 BN42
(42168) 2001 CT13
(42176) 2001 CK22
(42179) 2001 CP25
(42182) 2001 CP29
(42187) 2001 CS32
(42200) 2001 DJ26
(42201) 2001 DH29
(42230) 2001 DE108
(42367) 2002 CQ134
42403 Andraimon
(42554) 1996 RJ28
(42555) 1996 RU31
(43212) 2000 AL113
(43436) 2000 YD42
(43627) 2002 CL224
43706 Iphiklos
(46676) 1996 RF29
(48269) 2002 AX166
(51378) 2001 AT33
(51405) 2001 DL106
(52645) 1997 XR13
(53436) 1999 VB154
(53449) 1999 XG132
(53469) 2000 AX8
(53477) 2000 AA54
(54678) 2000 YW47
(54680) 2001 AS9
(54689) 2001 DH101
(55563) 2002 AW34
(55568) 2002 CU15
(55571) 2002 CP82
(55574) 2002 CF245
(55578) 2002 GK105
(56355) 2000 AX130
(57041) 2001 EN12
(57904) 2002 ER25
(57910) 2002 ED61
(57915) 2002 EB110
(57920) 2002 EL153
58096 Oineus
(58366) 1995 OD8
(58473) 1996 RN7
(58475) 1996 RE11
(58478) 1996 RC29
(58479) 1996 RJ29
 (58480) 1996 RJ33
(59049) 1998 TC31
(59355) 1999 CL153
(60257) 1999 WB25
(60313) 1999 XW218
(60322) 1999 XB257

(60328) 2000 AH7
(60383) 2000 AR184
(60388) 2000 AY217
(60399) 2000 AY253
(60401) 2000 BQ21
(60421) 2000 CZ31
(63175) 2000 YS55
(63176) 2000 YN59
(63193) 2000 YY118
(63195) 2000 YN120
(63202) 2000 YR131
(63205) 2000 YG139
(63210) 2001 AH13
(63231) 2001 BA15
(63234) 2001 BB20
(63239) 2001 BD25
(63241) 2001 BJ26
(63257) 2001 BJ79
(63259) 2001 BS81
(63265) 2001 CP12
(63269) 2001 CE24
(63272) 2001 CC49
(63273) 2001 DH4
(63278) 2001 DJ29
(63279) 2001 DW34
(63284) 2001 DM46
(63286) 2001 DZ68
(63287) 2001 DT79
(63290) 2001 DS87
(63291) 2001 DU87
(63292) 2001 DQ89
(63294) 2001 DQ90
(65000) 2002 AV63
(65097) 2002 CC4
(65109) 2002 CV36
(65111) 2002 CG40
(65134) 2002 CH96
(65150) 2002 CA126
(65174) 2002 CW207
(65179) 2002 CN224
(65194) 2002 CV264
(65205) 2002 DW12
(65206) 2002 DB13
(65209) 2002 DB17
65210 Stichius
(65211) 2002 EK1
(65216) 2002 EZ13
(65217) 2002 EY16
(65223) 2002 EU34
(65224) 2002 EJ44
(65225) 2002 EK44
(65227) 2002 ES46
(65228) 2002 EH58
(65229) 2002 EE61
(65232) 2002 EO87

(65240) 2002 EU106
(65243) 2002 EP118
(65245) 2002 EH130
(65250) 2002 FT14
(65257) 2002 FU36
(65281) 2002 GM121
65583 Theoklymenos
(65811) 1996 RW30
(67065) 1999 XW261
(68112) 2000 YC143
(68725) 2002 ED3
(68766) 2002 EN102
(68788) 2002 FU13
73637 Guneus
(79444) 1997 UM26

(80251) 1999 WW11
(80302) 1999 XC64
(80638) 2000 AM217
(83975) 2002 AD184
(83977) 2002 CE89
(83978) 2002 CC202
(83979) 2002 EW5
(83980) 2002 EP9
(83981) 2002 EJ22
(83983) 2002 GE39
(83984) 2002 GL77
85030 Admetos
99950 Euchenor
136557 Neleus
173117 Promachus

TROIANI DI MARTE - MARS'S TROIANS

1999 UJ7
5261 Eureka
1998 VF31
2007 NS2

TROIANI DI NETTUNO - NEPTUNE'S TROIANS

2001 QR322
2004 UP10
2005 TN53
2005 TO74
2006 RJ103
2007 VL305
2008 LC18
2004 KV18
2011 HM102

CENTAURI
CENTAURS

I centauri sono una classe di planetoidi ghiacciati del sistema solare che descrivono un'orbita intorno al Sole compresa fra quelle di Giove e Nettuno; il loro nome deriva da quello della mitologica razza dei Centauri.

Centaurs are small Solar System bodies with a semi-major axis between those of the giant planets. They therefore have unstable orbits that cross or have crossed the orbits of one or more of the giant planets, and have dynamic lifetimes of a few million years. Centaurs typically behave with characteristics of both asteroids and comets. They are named after the mythological race of beings, centaurs, which were a mixture of horse and human. It has been estimated that there are around 44,000 centaurs in the Solar System with diameters larger than 1 km.

Nome o designazione	Designaz. Provv.	Nome o designazione	Designaz. Provv.
Designation (and name)	Prov. Des.	Designation (and name)	Prov. Des.
	2013 CA134		2010 FH92
	2013 CY133		2010 FE49
	2013 CJ118		2010 FD49
	2013 CV82		2010 FB49
	2013 BK78		2010 EK139
	2013 BL76		2010 EU65
	2013 BN45		2010 ET65
	2013 AS105		2010 ES65
	2013 AZ60		2010 ER65
	2012 VU85		2010 EQ65
	2012 UY174		2010 EO65
	2012 UT68		2010 BK118
	2012 PD26		2010 BL4
	2012 KU50		2009 YG19
	2012 GX17		2009 MF10
	2012 GN12		2009 ME10
	2012 GM12		2009 MS9
	2012 GU11		2009 KA37
	2012 GV1		2009 KZ36
	2012 FZ78		2009 KY36
	2012 DD86		2009 KX36
	2012 DS85		2009 KN30
	2012 DR30		2009 KK30
	2012 CE17		2009 JC19
	2012 CG		2009 JZ18
	2012 BR61		2009 JY18
	2011 WR74		2009 JX18
	2011 UD63		2009 JU18
	2011 UQ62		2009 DM143
	2011 SR250		2009 DJ143
	2011 RS		2008 UZ331
	2011 ON45		2008 ST291
	2011 OF45		2008 OG19
	2011 OD16		2008 LC18
	2011 MM4		2008 LP17
	2011 KT19		2008 KV42
	2011 HP83		2008 HY21
	2011 HO60		2008 CT190
	2011 GY61		2007 VK305
	2011 GN27		2007 VJ305
	2011 GM27		2007 VH305
	2011 FX62		2007 UM126
	2011 FS53		2007 TR436
	2011 FY9		2007 TB434
	2011 AC72		2007 TU431
	2010 XZ78		2007 TK422
	2010 WG9		2007 TJ422
	2010 VZ98		2007 TG422
	2010 VE21		2007 TB418
	2010 VX11		2007 TA418
	2010 VW11		2007 RH283
	2010 TY53		2007 NC7
	2010 TR19		2007 JK43
	2010 TJ		2007 BP102
	2010 TH		2006 WG206
	2010 RM64		2006 UL321
	2010 RE64		2006 UX184
	2010 RM45		2006 SF369
	2010 RG43		2006 QS181
	2010 PU75		2006 QJ181
	2010 PT66		2006 QH181
	2010 PL66		2006 QG181
	2010 LN68		2006 QP180
	2010 LO33		2006 HH123
	2010 JJ124		2006 HX122
	2010 JC80		2006 HV122
	2010 JB80		2006 HR122
	2010 HM23		2006 HQ122
	2010 GW147		2006 HO122
	2010 GF65		2006 BS284
	2010 GX34		2006 AO101

Designation (and name)	Prov. Des.
2006 AA99	
2005 VB123	
2005 VJ119	
2005 VD	
2005 UN524	
2005 TH173	
2005 SD278	
2005 RH52	
2005 RP43	
2005 RO43	
2005 PU21	
2005 PT21	
2005 LC54	
2005 EF304	
2005 EB299	
2005 EO297	
2005 CH81	
2005 CG81	
2004 XR190	
2004 XQ190	
2004 VM131	
2004 VH131	
2004 VG131	
2004 VU130	
2004 VT130	
2004 VP112	
2004 VN112	
2004 TT357	
2004 TF282	
2004 QH29	
2004 QQ26	
2004 PD112	
2004 PA108	
2004 OS15	
2004 OR15	
2004 OJ14	
2004 MW8	
2004 LR31	
2004 KZ18	
2004 HQ79	
2004 HO79	
2004 EG96	
2004 CJ39	
2003 YQ179	
2003 UC414	
2003 UY292	
2003 SS422	
2003 QW113	
2003 QP112	
2003 QO112	
2003 QN112	
2003 QM112	
2003 QD112	(353222)
2003 QC112	(349933)
2003 QY91	(346889)
2003 QK91	(342842)
2003 OS33	(341275)
2003 LH7	(336756)
2003 LA7	(332685)
2003 KQ20	(330836) Orius
2003 HB57	(328884)
2003 FZ129	(316179)
2003 FH129	(315898)
2002 VG131	(310071)
2002 TK301	(309741)
2002 QX47	(309737)
2002 PQ152	(309239)
2002 JR146	(309139)
2002 GP32	(308933)
2002 GB32	(307982)
2002 GA32	(305543)

Designation (and name)	Prov. Des.
2002 FY36	
2002 DH5	
2002 CB249	
2002 CA249	
2002 CZ248	
2001 XZ255	
2001 XQ254	
2001 QX322	
2001 OM109	
2001 OT108	
2001 KG77	
2001 KZ76	
2001 KG76	
2001 FN194	
2001 FM194	
2001 FK194	
2001 FJ194	
2000 YY1	
2000 WW12	
2000 SU331	
2000 SS331	
2000 SR331	
2000 SQ331	
2000 SM331	
2000 QK226	
2000 PS30	
2000 PH30	
2000 PF30	
2000 PE30	
2000 GQ148	
2000 GK147	
2000 GM137	
2000 FZ53	
2000 CQ105	
2000 CP105	
2000 CO104	
1999 RJ215	
1999 RZ214	
1999 RU214	
1999 JV127	
1999 HD12	
1999 DP8	
1999 DG8	
1999 CF119	
1999 CZ118	
1999 CY118	
1998 XY95	
1996 RX33	
1996 AS20	
1996 AR20	
1995 SN55	
1994 TA	
2009 YD7	
2009 YF7	
2009 QV38	
2008 YB3	
2007 RG283	
2010 NV1	
2009 HH36	
2009 HW77	
2010 LJ109	
2010 EN65	
2008 QD4	
2010 KR59	
2008 UZ6	
2008 SJ236	
2007 RW10	
2006 XQ51	
2006 SQ372	
2004 PG115	
2008 QY40	

Nome o designazione Designation (and name)	Designaz. Provv. Prov. Des.	Nome o designazione Designation (and name)	Designaz. Provv. Prov. Des.
(303775)	2005 QU182	(91554)	1999 RZ215
(281371)	2008 FC76	(90377) Sedna	2003 VB12
(250112)	2002 KY14	(88269)	2001 KF77
(248835)	2006 SX368	(87555)	2000 QB243
(241097)	2007 DU112	(87269)	2000 OO67
(229762)	2007 UK126	(84522)	2002 TC302
(225088)	2007 OR10	(83982) Crantor	2002 GO9
(187661)	2007 JG43	(82158)	2001 FP185
(184212)	2004 PB112	(82155)	2001 FZ173
(183964)	2004 DJ71	(82075)	2000 YW134
(182933)	2002 GZ31	(79978)	1999 CC158
(182397)	2001 QW297	(73480)	2002 PN34
(182223)	2000 YC2	(69988)	1998 WA31
(181902)	1999 RD215	(65489) Ceto	2003 FX128
(181874)	1999 HW11	(63252)	2001 BL41
(181867)	1999 CV118	(60621)	2000 FE8
(160427)	2005 RL43	(60608)	2000 EE173
(160148)	2001 KV76	(60558) Echeclus	2000 EC98
(149560)	2003 QZ91	(60458)	2000 CM114
(148975)	2001 XA255	(55576) Amycus	2002 GB10
(148209)	2000 CR105	(54598) Bienor	2000 QC243
(145486)	2005 UJ438	(54520)	2000 PJ30
(145480)	2005 TB190	(52975) Cyllarus	1998 TF35
(145474)	2005 SA278	(52872) Okyrhoe	1998 SG35
(145451)	2005 RM43	(49036) Pelion	1998 QM107
(143707)	2003 UY117	(48639)	1995 TL8
(136204)	2003 WL7	(44594)	1999 OX3
(136199) Eris	2003 UB313	(42355) Typhon	2002 CR46
(136120)	2003 LG7	(42301)	2001 UR163
(135571)	2002 GG32	(38084)	1999 HB12
(134210)	2005 PQ21	(33128)	1998 BU48
(131696)	2001 XT254	(32532) Thereus	2001 PT13
(127546)	2002 XU93	(31824) Elatus	1999 UG5
(126619)	2002 CX154	(29981)	1999 TD10
(121725)	1999 XX143	(26375)	1999 DE9
(120061)	2003 CO1	(26181)	1996 GQ21
(119976)	2002 VR130	(15874)	1996 TL66
(119878)	2002 CY224	(10370) Hylonome	1995 DW2
(119315)	2001 SQ73	(10199) Chariklo	1997 CU26
(119068)	2001 KC77	(8405) Asbolus	1995 GO
(118702)	2000 OM67	(7066) Nessus	1993 HA2
(95626)	2002 GZ32	(5145) Pholus	1992 AD
(95625)	2002 GX32	(2060) Chiron	1977 UB

ASTEROIDI TRANSNETTUNIANI
TRANSNEPTUNIAN ASTEROIDS

I centauri sono una classe di planetoidi ghiacciati del sistema solare che descrivono un'orbita intorno al Sole compresa fra quelle di Giove e Nettuno; il loro nome deriva da quello della mitologica razza dei Centauri.

Centaurs are small Solar System bodies with a semi-major axis between those of the giant planets. They therefore have unstable orbits that cross or have crossed the orbits of one or more of the giant planets, and have dynamic lifetimes of a few million years. Centaurs typically behave with characteristics of both asteroids and comets. They are named after the mythological race of beings, centaurs, which were a mixture of horse and human. It has been estimated that there are around 44,000 centaurs in the Solar System with diameters larger than 1 km.

Nome o designazione Designaz. Provv.
Designation (and name)   Prov. Des.

Nome o designazione Designaz. Provv.
Designation (and name)   Prov. Des.

2012	HG84
2012	HH2
2012	BX85
2011	JY31
2011	JX31
2011	JW31
2011	JF31
2011	HZ102
2011	FW62
2010	VL201
2010	VK201
2010	VR11
2010	VQ11
2010	TP182
2010	SB41
2010	RO64
2010	RN64
2010	RF64
2010	RN45
2010	RF43
2010	PK66
2010	LK109
2010	LQ68
2010	LP68
2010	KZ39
2010	JK124
2010	HD112
2010	HG109
2010	HE79
2010	FX86
2010	FC49
2010	EL139
2010	AH2
2009	YE7
2009	UF156
2009	MG10
2009	MA10
2009	KW36
2009	KV36
2009	KU36
2009	KT36
2009	KO30
2009	KM30
2009	KL30
2009	KJ30
2009	JF19
2009	JE19
2009	JD19
2009	JB19
2009	JA19
2009	JW18
2009	JV18
2009	JT18
2009	DT143
2009	DS143
2009	DR143
2009	DQ143
2009	DP143
2009	DO143
2009	DN143
2009	DL143
2009	DK143
2008	UB332
2008	UA332
2008	SP266
2008	SO266
2008	QB43
2008	NW4
2008	LD18
2008	CS190
2008	AQ118

2008	AP118
2007	XV50
2007	VK302
2007	VJ302
2007	TQ436
2007	TC434
2007	TX431
2007	TW431
2007	TV431
2007	TH422
2007	TD418
2007	TC418
2007	TZ417
2007	RP314
2007	RO314
2007	RN314
2007	RM314
2007	RL314
2007	RT15
2007	PS45
2007	OC10
2007	JF45
2007	JH43
2007	JF43
2007	HV90
2007	DS101
2007	CX79
2007	CW79
2007	CV79
2007	CU79
2007	CT79
2007	CS79
2007	CR79
2007	CQ79
2007	CK66
2007	CJ66
2007	BO81
2006	WF206
2006	WS195
2006	UT321
2006	US321
2006	UR321
2006	UQ321
2006	UP321
2006	UO321
2006	UN321
2006	UM321
2006	UK321
2006	UZ184
2006	UY184
2006	TP130
2006	TO130
2006	TM130
2006	TK121
2006	SL371
2006	SG369
2006	RC103
2006	QR181
2006	QQ181
2006	QP181
2006	QO181
2006	QN181
2006	QM181
2006	QL181
2006	QK181
2006	QF181
2006	QE181
2006	QD181
2006	QC181
2006	QB181
2006	QA181

241

Nome o designazione Designaz. Provv.
Designation (and name)   Prov. Des.

Nome o designazione Designaz. Provv.
Designation (and name)   Prov. Des.

2006 QZ180	2005 JR179
2006 QY180	2005 JQ179
2006 QX180	2005 JP179
2006 QW180	2005 JO179
2006 QV180	2005 JH177
2006 QU180	2005 JA175
2006 QT180	2005 JZ174
2006 QS180	2005 GH228
2006 QR180	2005 GW210
2006 QQ180	2005 GV210
2006 OC22	2005 GZ206
2006 JZ81	2005 GY206
2006 JW81	2005 GX206
2006 JV58	2005 GF187
2006 JU58	2005 GE187
2006 HJ123	2005 GD187
2006 HG123	2005 GC187
2006 HF123	2005 GB187
2006 HE123	2005 GA187
2006 HD123	2005 GZ186
2006 HC123	2005 GY186
2006 HB123	2005 GX186
2006 HA123	2005 GW186
2006 HZ122	2005 EX318
2006 HY122	2005 EW318
2006 HW122	2005 ER318
2006 HU122	2005 EC318
2006 HT122	2005 EB318
2006 HS122	2005 EH305
2006 HP122	2005 EO304
2006 HN122	2005 EM303
2006 CJ69	2005 EN302
2006 CH69	2005 EZ300
2006 BR284	2005 EJ300
2006 AO98	2005 ED300
2006 AN98	2005 EK298
2006 AM98	2005 EF298
2006 AL98	2005 EX297
2006 AK98	2005 EZ296
2005 YM292	2005 EP296
2005 YL292	2005 EO296
2005 XN113	2005 EE296
2005 VA123	2005 CF81
2005 VZ122	2005 CE81
2005 TV189	2005 CD81
2005 TN74	2005 CA79
2005 SF278	2005 BW49
2005 SE278	2005 BV49
2005 RQ43	2004 XX190
2005 PH23	2004 XZ186
2005 PG23	2004 XY186
2005 PF23	2004 XX186
2005 PE23	2004 XW186
2005 PD23	2004 VF131
2005 PS21	2004 VE131
2005 PP21	2004 VD131
2005 PO21	2004 VC131
2005 PN21	2004 VB131
2005 PM21	2004 VA131
2005 PL21	2004 VZ130
2005 PK21	2004 VY130
2005 NV125	2004 VX130
2005 NU125	2004 VV130
2005 LB54	2004 VN78
2005 LA54	2004 VM78
2005 JK186	2004 VL78
2005 JJ186	2004 VK78
2005 JB186	2004 VA76
2005 JA186	2004 VZ75
2005 JZ185	2004 VY75
2005 JY185	2004 VX75

242

Nome o designazione Designaz. Provv.
Designation (and name)   Prov. Des.

Nome o designazione Designaz. Provv.
Designation (and name)   Prov. Des.

2004 VW75	2004 HK79
2004 VV75	2004 HJ79
2004 VU75	2004 HH79
2004 VT75	2004 HG79
2004 VS75	2004 HF79
2004 UW10	2004 HE79
2004 UU10	2004 HD79
2004 UT10	2004 HC79
2004 US10	2004 HB79
2004 UF10	2004 HA79
2004 UE10	2004 HZ78
2004 UD10	2004 HY78
2004 TB358	2004 HX78
2004 TX357	2004 FW164
2004 TW357	2004 FU148
2004 TV357	2004 EJ96
2004 TU357	2004 EH96
2004 TE282	2004 EV95
2004 SC60	2004 EU95
2004 QG29	2004 ET95
2004 QE29	2004 ES95
2004 QD29	2004 ER95
2004 PY117	2004 EQ95
2004 PX117	2004 EP95
2004 PW117	2004 EO95
2004 PV117	2004 DG77
2004 PU117	2004 DF77
2004 PT117	2004 DM71
2004 PF112	2004 DL71
2004 PE112	2004 DK71
2004 PC112	2004 DN64
2004 PA112	2004 DM64
2004 PZ111	2004 DL64
2004 PY111	2004 DK64
2004 PB108	2004 DH64
2004 PZ107	2004 DG64
2004 PY107	2003 YZ179
2004 PX107	2003 YY179
2004 PW107	2003 YX179
2004 PV107	2003 YW179
2004 PU107	2003 YV179
2004 PT107	2003 YU179
2004 PS107	2003 YT179
2004 PR107	2003 YS179
2004 OQ15	2003 YR179
2004 OP15	2003 YP179
2004 OL14	2003 YN179
2004 OK14	2003 YM179
2004 OL12	2003 YL179
2004 NT33	2003 YK179
2004 MV8	2003 YJ179
2004 MU8	2003 WO193
2004 MT8	2003 WN193
2004 MS8	2003 WA191
2004 LW31	2003 WW188
2004 LV31	2003 WV188
2004 KM19	2003 WU188
2004 KL19	2003 WS188
2004 KK19	2003 WQ188
2004 KJ19	2003 WS184
2004 KH19	2003 WU172
2004 KG19	2003 UA414
2004 KF19	2003 UZ413
2004 KE19	2003 UY413
2004 KD19	2003 UK293
2004 KC19	2003 UZ292
2004 KB19	2003 UX292
2004 HP79	2003 UV292
2004 HN79	2003 UU292
2004 HM79	2003 UT292
2004 HL79	2003 UQ292

243

Nome o designazione Designaz. Provv.	Nome o designazione Designaz. Provv.
Designation (and name) Prov. Des.	Designation (and name) Prov. Des.
2003 UP292	2003 QX90
2003 UO292	2003 QV90
2003 UN292	2003 QU90
2003 UM292	2003 QT90
2003 UL292	2003 LD9
2003 UK292	2003 LF7
2003 UJ292	2003 LE7
2003 UH292	2003 LD7
2003 UG292	2003 LC7
2003 UF292	2003 LB7
2003 UE292	2003 LZ6
2003 UD292	2003 KP20
2003 UC292	2003 KO20
2003 UB292	2003 HP57
2003 UA292	2003 HO57
2003 UZ291	2003 HN57
2003 UY291	2003 HM57
2003 UX291	2003 HL57
2003 UW291	2003 HK57
2003 UV291	2003 HJ57
2003 UU291	2003 HH57
2003 UT291	2003 HG57
2003 US291	2003 HF57
2003 UN284	2003 HE57
2003 UZ117	2003 HD57
2003 TL58	2003 HC57
2003 TK58	2003 HA57
2003 TJ58	2003 HZ56
2003 TH58	2003 HY56
2003 SR422	2003 HX56
2003 SR317	2003 GH55
2003 SQ317	2003 GF55
2003 SP317	2003 GM53
2003 SO317	2003 FB130
2003 SN317	2003 FA130
2003 QY113	2003 FM129
2003 QX113	2003 FF128
2003 QF113	2003 FE128
2003 QE112	2003 FD128
2003 QB112	2003 FM127
2003 QA112	2003 FL127
2003 QZ111	2003 FK127
2003 QY111	2003 FJ127
2003 QX111	2003 FH127
2003 QW111	2003 BH91
2003 QB92	2003 BG91
2003 QA92	2003 BF91
2003 QX91	2002 XP114
2003 QW91	2002 XV93
2003 QV91	2002 XJ91
2003 QU91	2002 XH91
2003 QT91	2002 XG91
2003 QS91	2002 XF91
2003 QR91	2002 XE91
2003 QQ91	2002 XD91
2003 QP91	2002 WL21
2003 QO91	2002 VD138
2003 QN91	2002 VF131
2003 QM91	2002 VE131
2003 QL91	2002 VD131
2003 QJ91	2002 VC131
2003 QH91	2002 VB131
2003 QG91	2002 VZ130
2003 QF91	2002 VY130
2003 QE91	2002 VX130
2003 QD91	2002 VW130
2003 QC91	2002 VV130
2003 QB91	2002 VT130
2003 QA91	2002 VF130
2003 QZ90	2002 VE130
2003 QY90	2002 VD130

244

Nome o designazione Designaz. Provv.
Designation (and name)   Prov. Des.

Nome o designazione Designaz. Provv.
Designation (and name)   Prov. Des.

Designation	Prov. Des.
	2002 VD95
	2002 VC95
	2002 VB95
	2002 VA95
	2002 VZ94
	2002 TM301
	2002 TL301
	2002 TJ301
	2002 TH301
	2002 TG301
	2002 TF301
	2002 TE301
	2002 TD301
	2002 TC301
	2002 TB301
	2002 TA301
	2002 TZ300
	2002 PC171
	2002 PA171
	2002 PZ170
	2002 PY170
	2002 PX170
	2002 PW170
	2002 PV170
	2002 PU170
	2002 PT170
	2002 PS170
	2002 PR170
	2002 PE155
	2002 PD155
	2002 PP153
	2002 PO153
	2002 PN153
	2002 PM153
	2002 PL153
	2002 PK153
	2002 PJ153
	2002 PG153
	2002 PF153
	2002 PE153
	2002 PD153
	2002 PC153
	2002 PB153
	2002 PA153
	2002 PZ152
	2002 PY152
	2002 PX152
	2002 PW152
	2002 PV152
	2002 PU152
	2002 PT152
	2002 PS152
	2002 PR152
	2002 PG150
	2002 PQ149
	2002 PP149
	2002 PO149
	2002 PN149
	2002 PK149
	2002 PJ149
	2002 PH149
	2002 PF149
	2002 PE149
	2002 PN147
	2002 PQ145
	2002 GJ166
	2002 GH166
	2002 GG166
	2002 GB33
	2002 GA33
	2002 GY32
	2002 GW32
	2002 GV32
	2002 GU32
	2002 GT32
	2002 GS32
	2002 GR32
	2002 GQ32
	2002 GO32
	2002 GN32
	2002 GM32
	2002 GL32
	2002 GK32
	2002 GH32
	2002 GF32
	2002 GE32
	2002 GD32
	2002 GC32
	2002 GY31
	2002 GX31
	2002 GW31
	2002 GV31
	2002 FX36
	2002 FW36
	2002 FP7
	2002 FX6
	2002 FW6
	2002 FV6
	2002 CE251
	2002 CD251
	2002 CC251
	2002 CY248
	2002 CB225
	2002 CA225
	2002 CZ224
	2002 CX224
	2002 CW224
	2002 CZ154
	2002 CY154
	2002 CW154
	2002 CV154
	2002 CU154
	2002 CT154
	2002 CS154
	2002 CR154
	2002 CQ154
	2002 CP154
	2002 CO154
	2001 XJ255
	2001 XG255
	2001 XF255
	2001 XE255
	2001 XD255
	2001 XC255
	2001 XB255
	2001 XX254
	2001 XW254
	2001 XV254
	2001 XU254
	2001 XR254
	2001 XP254
	2001 VN71
	2001 UP18
	2001 UN18
	2001 UC17
	2001 UB17
	2001 UA17
	2001 SE291
	2001 SD291
	2001 RL155
	2001 RZ143
	2001 RY143

245

Nome o designazione Designaz. Provv.
Designation (and name)   Prov. Des.

Nome o designazione Designaz. Provv.
Designation (and name)   Prov. Des.

Designation	Designation
2001 RX143	2001 FN185
2001 RW143	2001 FL185
2001 RV143	2001 FK185
2001 RU143	2001 FC185
2001 QF331	2001 FB185
2001 QW322	2001 FU172
2001 QS322	2001 ES24
2001 QQ322	2001 DV108
2001 QJ298	2001 DU108
2001 QH298	2001 DT108
2001 QF298	2001 DS108
2001 QE298	2001 DQ108
2001 QD298	2001 DP108
2001 QC298	2001 DO108
2001 QB298	2001 DN108
2001 QA298	2001 DM108
2001 QZ297	2001 DS106
2001 QX297	2001 DR106
2001 QV297	2001 DD106
2001 QU297	2001 DC106
2001 QS297	2001 DB106
2001 QR297	2000 YY142
2001 QQ297	2000 YQ142
2001 QP297	2000 YB29
2001 QO297	2000 YH2
2001 PK47	2000 YG2
2001 OG109	2000 YF2
2001 OZ108	2000 YE2
2001 OY108	2000 YD2
2001 OU108	2000 YB2
2001 OS108	2000 YA2
2001 OR108	2000 YZ1
2001 OQ108	2000 YX1
2001 OO108	2000 YW1
2001 ON108	2000 YV1
2001 OM108	2000 WO183
2001 OL108	2000 WN183
2001 OK108	2000 WM183
2001 OJ108	2000 WL183
2001 KO77	2000 WT169
2001 KE77	2000 WX12
2001 KD77	2000 WV12
2001 KB77	2000 SY370
2001 KA77	2000 SX370
2001 KY76	2000 SW370
2001 KW76	2000 ST331
2001 KT76	2000 SP331
2001 KS76	2000 SO331
2001 KQ76	2000 SL331
2001 KM76	2000 SK331
2001 KL76	2000 SJ331
2001 KH76	2000 SH331
2001 KF76	2000 SG331
2001 HY65	2000 SF331
2001 HA59	2000 SE331
2001 HZ58	2000 SD331
2001 FL193	2000 SC331
2001 FK193	2000 SB331
2001 FJ193	2000 QO252
2001 FH193	2000 QN252
2001 FG193	2000 QL252
2001 FF193	2000 QK252
2001 FE193	2000 QJ252
2001 FD193	2000 QN251
2001 FC193	2000 QL251
2001 FV185	2000 QA243
2001 FU185	2000 QL226
2001 FT185	2000 QJ226
2001 FS185	2000 QH226
2001 FQ185	2000 QG226
2001 FO185	2000 QF226

Nome o designazione Designaz. Provv.
Designation (and name)   Prov. Des.

Nome o designazione Designaz. Provv.
Designation (and name)   Prov. Des.

2000 QE226	2000 AD255
2000 QD226	2000 AC255
2000 QC226	2000 AB255
2000 QB226	1999 XY143
2000 PR30	1999 TR11
2000 PQ30	1999 SA28
2000 PN30	1999 RK257
2000 PM30	1999 RC216
2000 PL30	1999 RX215
2000 PG30	1999 RW215
2000 PD30	1999 RV215
2000 PC30	1999 RU215
2000 PB30	1999 RT215
2000 PA30	1999 RR215
2000 PZ29	1999 RN215
2000 PY29	1999 RK215
2000 PX29	1999 RG215
2000 PW29	1999 RF215
2000 PU29	1999 RC215
2000 OU69	1999 RB215
2000 OP67	1999 RY214
2000 ON67	1999 RX214
2000 OH67	1999 RW214
2000 OB51	1999 RV214
2000 KL4	1999 RT214
2000 KK4	1999 RS214
2000 JH81	1999 ON4
2000 JF81	1999 OM4
2000 GM147	1999 OK4
2000 GL147	1999 OJ4
2000 GF147	1999 OH4
2000 GZ146	1999 OG4
2000 GY146	1999 OE4
2000 GX146	1999 OD4
2000 GW146	1999 OC4
2000 GV146	1999 OA4
2000 FY53	1999 OZ3
2000 FX53	1999 LB37
2000 FW53	1999 KR18
2000 FV53	1999 KL17
2000 FU53	1999 KK17
2000 FT53	1999 KT16
2000 FS53	1999 JK132
2000 FR53	1999 JJ132
2000 FH8	1999 JH132
2000 FG8	1999 JF132
2000 FF8	1999 JE132
2000 FC8	1999 JD132
2000 FB8	1999 JC132
2000 FA8	1999 JB132
2000 CQ114	1999 JA132
2000 CP114	1999 HJ12
2000 CO114	1999 HH12
2000 CN114	1999 HG12
2000 CY105	1999 HA12
2000 CS105	1999 HZ11
2000 CO105	1999 HY11
2000 CN105	1999 HV11
2000 CL105	1999 HS11
2000 CK105	1999 GS46
2000 CJ105	1999 DR8
2000 CG105	1999 DQ8
2000 CF105	1999 DO8
2000 CE105	1999 DN8
2000 CQ104	1999 DM8
2000 CP104	1999 DL8
2000 CN104	1999 DH8
2000 CM104	1999 DF8
2000 CL104	1999 DE8
2000 AF255	1999 DD8
2000 AE255	1999 DC8

247

Prov. Des.	
1999 DB8	
1999 DA8	
1999 DZ7	
1999 DA	
1999 CM158	
1999 CK158	
1999 CD158	
1999 CH154	
1999 CG154	
1999 CU153	
1999 CT153	
1999 CS153	
1999 CR153	
1999 CQ153	
1999 CP153	
1999 CN153	
1999 CM153	
1999 CR133	
1999 CQ133	
1999 CA132	
1999 CZ131	
1999 CY131	
1999 CX131	
1999 CW131	
1999 CN119	
1999 CM119	
1999 CL119	
1999 CK119	
1999 CJ119	
1999 CH119	
1999 CD119	
1999 CC119	(341520)
1999 CB119	(315530)
1999 CA119	(312645)
1999 CX118	(308634)
1999 CW118	(308460)
1998 WZ31	(308379)
1998 WY31	(308193)
1998 WX31	(307616)
1998 WW31	(307463)
1998 WV31	(307261)
1998 WS31	(307251)
1998 WZ24	(306792)
1998 WY24	(303712)
1998 WX24	(278361)
1998 WV24	(275809)
1998 WG24	(230965)
1998 UU43	(208996)
1998 UR43	(202421)
1998 KG66	(184314)
1998 KF66	(183963)
1998 KE66	(183595)
1998 KD66	(182934)
1998 KS65	(182926)
1998 KG62	(182294)
1998 KY61	(182222)
1998 HR151	(181871)
1998 HQ151	(181868)
1998 HO151	(181855)
1998 HN151	(181708)
1998 HL151	(175113)
1998 HH151	(174567)
1998 FS144	(169071)
1997 UG25	(168703)
1997 UF25	(168700)
1997 TX8	(160256)
1997 SZ10	(160147)
1997 RL13	(160091)
1997 RX9	(150642)
1997 RY6	(149349)
1997 RT5	(149348)

Prov. Des.
1997 QH4
1997 GA45
1997 CW29
1997 CV29
1997 CT29
1996 TC68
1996 TS66
1996 TK66
1996 RR20
1996 RQ20
1996 KY1
1996 KX1
1996 KV1
1995 YY3
1995 WY2
1995 KK1
1995 KJ1
1995 HM5
1995 GY7
1995 GA7
1995 GJ
1995 FB21
1995 DC2
1995 DB2
1994 TG2
1994 TH
1994 TG
1994 EV3
1994 ES2
1993 RP
1993 RO
2007 TY430
2008 AP129
2010 EP65
2005 XU100
2005 SC278
2005 RS43
2005 CB79
2003 QW90
2002 VU130
2002 MS4
2002 KW14
2001 KQ77
2005 PR21
2007 JJ43
2001 QY297
2004 XA192
2003 AZ84
2005 UQ513
2005 EO302
2004 DJ64
2003 TG58
2002 GJ32
2002 FU6
2001 KU76
2000 YU1
1999 CO153
1999 CG119
1998 WT31
1993 FW
2004 PF115
2003 MW12
2001 FR185
2000 GP183
2000 GE147
2002 PD149
2001 KN76
2000 OL67
2001 CZ31
2002 VA131
2002 VS130

Nome o designazione Designaz. Provv. Designation (and name) Prov. Des.		Nome o designazione Designaz. Provv. Designation (and name) Prov. Des.	
(148780) Altjira	2001 UQ18	(85627)	1998 HP151
(148112)	1999 RA216	(84922)	2003 VS2
(145453)	2005 RR43	(84719)	2002 VR128
(145452)	2005 RN43	(82157)	2001 FM185
(144897)	2004 UX10	(80806)	2000 CM105
(143991)	2003 YO179	(79983)	1999 DF9
(143751)	2003 US292	(79969)	1999 CP133
(143685)	2003 SS317	(79360) Sila-Nunam	1997 CS29
(139775)	2001 QG298	(78799)	2002 XW93
(138628)	2000 QM251	(76803)	2000 PK30
(138537)	2000 OK67	(69990)	1998 WU31
(137295)	1999 RB216	(69987)	1998 WA25
(137294)	1999 RE215	(69986)	1998 WW24
(136472) Makemake	2005 FY9	(66652) Borasisi	1999 RZ253
(136108) Haumea	2003 EL61	(66452)	1999 OF4
(135742)	2002 PB171	(60620)	2000 FD8
(135182)	2001 QT322	(60454)	2000 CH105
(135024)	2001 KO76	(59358)	1999 CL158
(134860)	2000 OJ67	(58534) Logos	1997 CQ29
(134568)	1999 RH215	(55638)	2002 VE95
(134340) Pluto		(55637)	2002 UX25
(133067)	2003 FB128	(55636)	2002 TX300
(131697)	2001 XH255	(55565)	2002 AW197
(131695)	2001 XS254	(53311) Deucalion	1999 HU11
(131318)	2001 FL194	(52747)	1998 HM151
(130391)	2000 JG81	(50000) Quaoar	2002 LM60
(129772)	1999 HR11	(49673)	1999 RA215
(129746)	1999 CE119	(47932)	2000 GN171
(127871)	2003 FC128	(47171)	1999 TC36
(126719)	2002 CC249	(45802)	2000 PV29
(126155)	2001 YJ140	(40314)	1999 KR16
(126154)	2001 YH140	(38628) Huya	2000 EB173
(123509)	2000 WK183	(38083) Rhadamanthus	1999 HX11
(120348)	2004 TY364	(35671)	1998 SN165
(120347) Salacia	2004 SB60	(33340)	1998 VG44
(120216)	2004 EW95	(33001)	1997 CU29
(120181)	2003 UR292	(32929)	1995 QY9
(120178)	2003 OP32	(28978) Ixion	2001 KX76
(120132)	2003 FY128	(26308)	1998 SM165
(119979)	2002 WC19	(24978)	1998 HJ151
(119956)	2002 PA149	(24952)	1997 QJ4
(119951)	2002 KX14	(24835)	1995 SM55
(119473)	2001 UO18	(20161)	1996 TR66
(119070)	2001 KP77	(20108)	1995 QZ9
(119069)	2001 KN77	(20000) Varuna	2000 WR106
(119067)	2001 KP76	(19521) Chaos	1998 WH24
(119066)	2001 KJ76	(19308)	1996 TO66
(118698)	2000 OY51	(19299)	1996 SZ4
(118379)	1999 HC12	(19255)	1994 VK8
(118378)	1999 HT11	(16684)	1994 JQ1
(118228)	1996 TQ66	(15883)	1997 CR29
(91205)	1998 US43	(15875)	1996 TP66
(91133)	1998 HK151	(15836)	1995 DA2
(90568)	2004 GV9	(15820)	1994 TB
(90482) Orcus	2004 DW	(15810)	1994 JR1
(88611) Teharonhiawako	2001 QT297	(15809)	1994 JS
(88268)	2001 KK76	(15807)	1994 GV9
(88267)	2001 KE76	(15789)	1993 SC
(86177)	1999 RY215	(15788)	1993 SB
(86047)	1999 OY3	(15760)	1992 QB1
(85633)	1998 KR65		

INCREMENTO DEGLI
ASTEROIDI
NUMBER OF ASTEROIDS

Data	Totali	Numerati	M opp	1 oppos	Denominati
Date of MPCs	Total	Numbered	M-Opp	1-Opp	Named minor planets
2013 FEB. 25	606575	356969	132036	117570	17766
2013 JAN. 27	604344	353926	133090	117328	17698
2012 DEC. 28	600853	350441	134875	115537	17620
2012 NOV. 28	598461	347481	135145	115835	17573
2012 OCT. 29	595530	344055	133077	118398	17573
2012 AUG. 31	588814	337008	136628	115178	17355
2012 AUG. 2	587172	333841	139030	114301	17300
2012 JULY 3	587088	333273	138441	115374	17301
2012 JUNE 4	586534	331470	138354	116710	17224
2012 MAY 6	584686	329243	138053	117390	17224
2012 APR. 6	583767	326266	137564	119937	17055
2012 MAR. 8	582389	322611	139819	119959	16933
2012 FEB. 7	579619	316649	144068	118902	16933
2012 JAN. 9	574701	312935	146224	115542	16864
2011 DEC. 10	573294	310376	146724	116194	16863
2011 NOV. 10	570041	306374	146641	117026	16714
2011 OCT. 12	565877	301841	148331	115705	16714
2011 SEPT.12	562469	297233	150608	114628	16660
2011 AUG. 13	560021	285078	161291	113652	16660
2011 JULY 15	555349	283317	159278	112754	16660
2011 JUNE 15	553969	282027	159645	112297	16608
2011 MAY 17	551851	279722	159752	112377	16528
2011 MAY 17	551851	279722	159752	112377	16528
2011 APR. 18	550124	275490	159902	114732	16453
2011 MAR. 19	547187	269644	162894	114649	16453
2011 FEB. 18	545281	267002	163357	114922	16271
2011 JAN. 19	542868	264258	164556	114054	16216
2010 NOV. 28	540573	257455	167954	115164	16216
2010 SEPT.23	535789	251651	169241	114897	16154
2010 AUG. 24	535100	249567	166659	118874	16065
2010 JULY 26	528865	246869	166437	115559	16065
2010 JUNE 26	523459	243553	168187	111719	15974
2010 APR. 28	509758	239797	167047	102914	15885
2010 MAR. 30	505606	237360	167821	100425	15771
2010 FEB. 28	502591	233968	169786	98837	15680
2010 JAN. 30	482419	231665	167253	83501	15615
2009 DEC. 31	477010	229914	162042	85054	15524
2009 DEC. 2	473217	228203	160836	84178	15524
2009 NOV. 2	466538	225276	159473	81789	15441
2009 OCT. 4	463152	221945	160225	80982	15441
2009 SEPT. 4	460271	219018	161322	79931	15361
2009 AUG. 6	459235	217627	160635	80973	15361
2009 JULY 7	457541	216916	160118	80507	15272
2009 JUNE 7	456647	216463	159533	80651	15272
2009 MAY 9	453491	215098	158561	79832	15190
2009 APR. 9	450935	212999	158262	79674	15190
2009 MAR. 11	444080	210454	155183	78443	15118
2009 FEB. 9	440422	207942	154144	78336	15056
2009 JAN. 11	439115	204962	155927	78226	14971
2008 DEC. 12	436598	202885	153021	80692	14920

Data	Totali	Numerati	M opp	1 oppos	Denominati
Date of MPCs	Total	Numbered	Minor Planet Orbits M-Opp	1-Opp	Named minor planets
2008 NOV. 13	434524	200083	152848	81593	14869
2008 SEPT.17	423292	192280	154152	76860	14807
2008 AUG. 19	421373	190281	154242	76850	14698
2008 JULY 18	414507	189407	150763	74337	14621
2008 JUNE 18	410737	189005	149517	72215	14574
2008 MAY 20	407295	187745	148217	71333	14525
2008 APR. 20	406193	185655	148923	71615	14438
2008 MAR. 21	403356	181699	149648	72009	14438
2008 FEB. 21	400146	178283	149201	72662	14366
2008 JAN. 22	397410	175658	149698	72054	14299
2007 DEC. 24	395305	173116	149040	73149	14226
2007 NOV. 24	393298	171475	147681	74142	14226
2007 OCT. 26	387205	168313	146764	72128	14148
2007 SEPT.26	385083	164612	146913	73558	14077
2007 AUG. 28	381057	161988	147332	71737	13997
2007 JULY 30	378546	160508	147263	70775	13889
2007 JUNE 30	377328	160015	146263	71050	13805
2007 JUNE 1	376537	159366	146110	71061	13805
2007 MAY 2	374256	157788	145158	71310	13722
2007 APR. 2	371670	155368	145060	71242	13722
2007 MAR. 3	368650	152554	145534	70562	13627
2007 FEB. 2	366291	150106	146007	70178	13554
2007 JAN. 6	364833	147951	143939	72943	13554
2006 DEC. 5	362447	145705	142897	73845	13479
2006 NOV. 9	341328	136563	137338	67427	13479
2006 OCT. 9	341328	136563	137338	67427	13422
2006 SEPT. 7	341329	136563	137339	67427	13350
2006 AUG. 9	338097	134339	134872	68886	13349
2006 JULY 11	338097	134339	134872	68886	13242
2006 JUNE 13	329777	129436	129453	70888	13141
2006 MAY 15	329777	129436	129453	70888	13040
2006 APR. 13	329777	129436	129453	70888	13040
2006 MAR. 14	329777	129436	129453	70888	12953
2006 FEB. 19	305224	120437	117645	67142	12890
2005 DEC. 15	305224	120437	117645	67142	12779
2005 NOV. 16	305224	120437	117645	67142	12712
2005 OCT. 19	299733	118161	114349	67223	12712
2005 SEPT.18	286317	99947	121433	64937	12639
2005 AUG. 22	286317	99947	121433	64937	12558
2005 JULY 21	286317	99947	121433	64937	12449
2005 JUNE 22	286318	99947	121434	64937	12345
2005 MAY 23	277090	99906	108708	68476	12345
2005 APR. 7	277090	99906	108708	68476	12268
2005 FEB. 24	277090	99906	108708	68476	12198
2005 JAN. 25	264447	96154	103053	65240	12065
2004 DEC. 26	264447	96154	103053	65240	12065
2004 NOV. 26	264447	96154	103053	65240	11963
2004 OCT. 28	264447	96154	103053	65240	11887
2004 SEPT. 2	256160	90671	100614	64875	11815
2004 AUG. 30	256160	90671	100614	64875	11734

Data	Totali	Numerati	M opp	1 oppos	Denominati
Date of		Minor Planet Orbits			Named minor
MPCs	Total	Numbered	M-Opp	1-Opp	planets
2004 JULY 13	251002	85117	100756	65129	11559
2004 JUNE 14	251002	85117	100756	65129	11477
2004 MAY 4	251002	85117	100756	65129	11302
2004 APR. 15	243682	79084	99950	64648	11242
2004 MAR. 6	243682	79084	99950	64648	11177
2004 FEB. 6	243682	79084	99950	64648	11084
2004 JAN. 7	232470	73636	96225	62609	11084
2003 DEC. 8	232470	73636	96225	62609	11008
2003 NOV. 9	232470	73636	96225	62609	11008
2003 OCT. 10	225042	69229	95406	60407	10889
2003 SEPT.10	225042	69229	95406	60407	10820
2003 AUG. 6	220823	65634	95354	59835	10766
2003 JUNE 14	220824	65634	95355	59835	10672
2003 MAY 1	215930	58092	97550	60288	10573
2003 MAR. 18	215930	58092	97550	60288	10395
2003 FEB. 16	214704	55719	98515	60470	10255
2003 JAN. 6	208572	52224	95471	60877	10190
2002 NOV. 20	208572	52224	95471	60877	10038
2002 OCT. 21	198986	48380	93668	56938	9911
2002 SEPT.21	198986	48380	93668	56938	9837
2002 AUG. 22	194698	46511	92129	56058	9753
2002 JULY 24	187941	43721	91414	52806	9753
2002 JUNE 24	187941	43721	91414	52806	9576
2002 MAY 26	184692	42463	89323	52906	9456
2002 APR. 27	175753	39462	85831	50460	9213
2002 MAR. 28	175753	39462	85831	50460	9213
2002 FEB. 27	173816	37526	84340	51950	9098
2002 JAN. 28	169679	34992	83520	51167	9020
2001 DEC. 30	158311	32729	74642	50940	8982
2001 NOV. 30	158311	32729	74642	50940	8956
2001 NOV. 2	146677	30716	66424	49537	8914
2001 OCT. 2	146677	30716	66424	49537	8914
2001 SEPT. 2	130942	29074	58906	42962	8830
2001 AUG. 4	127338	27654	58052	41632	8778
2001 JULY 5	125544	26791	57582	41171	8655
2001 JUNE 6	124748	26073	57296	41379	8540
2001 MAY 9	121595	24599	55308	41688	8334
2001 APR. 8	121595	24599	55308	41688	8334
2001 MAR. 9	116650	23399	53438	39813	8334
2001 FEB. 8	114120	22248	52679	39193	8104
2001 JAN. 9	111107	20957	50701	39449	8104
2000 DEC. 11	108066	19910	49326	38830	7956
2000 NOV. 11	104480	19078	45440	39962	7956
2000 OCT. 13	100957	18283	41747	40927	7838
2000 SEPT.13	93696	17349	38849	37498	7705
2000 JULY 26	87923	16349	35508	36066	7705
2000 JUNE 21	83809	15668	32748	35393	7568
2000 MAY 23	78427	15197	29156	34074	7568
2000 APR. 18	72201	14788	26378	31035	7369
2000 MAR. 20	68840	14308	24598	29934	7369

253

Data	Totali	Numerati	M opp 1 oppos		Denominati
Date of		Minor Planet Orbits			Named minor
MPCs	Total	Numbered	M-Opp	1-Opp	planets
2000 FEB. 22	65324	13902	22752	28670	7212
2000 JAN. 24	62428	13472	20822	28134	7212
1999 DEC. 22	58282	12971	18285	27026	7085
1999 NOV. 23	56657	12656	17560	26441	7085
1999 OCT. 26	55957	12180	17352	26425	6967
1999 SEPT.28	55062	11779	16698	26585	6967
1999 AUG. 31	53428	11433	16112	25883	6898
1999 JULY 28	53237	11248	15978	26011	6898
1999 JUNE 22	52346	10986	15577	25783	6729
1999 MAY 4	50201	10666	14490	25045	6729
1999 APR. 2	49757	10448	14150	25159	6533
1999 MAR. 2	48995	10257	13594	25144	6310
1999 FEB. 2	47954	9999	13246	24709	6310
1999 JAN. 6	47089	9913	12665	24511	6145
1998 DEC. 8	46445	9826	12217	24402	6145
1998 NOV. 10	45399	9709	11506	24184	6085
1998 OCT. 5	43325	9511	10697	23117	6085
1998 SEPT.10	42198	9259	10384	22555	6020
1998 AUG. 8	41506	9142	10055	22309	6020
1998 JUNE 10	40773	8980	9633	22160	5938
1998 MAY 11	39670	8777	9175	21718	5898
1998 APR. 11	38629	8603	8862	21164	5898
1998 MAR. 13	37957	8443	8682	20832	5850
1998 FEB. 11	37556	8319	8524	20713	5850
1998 JAN. 12	37054	8240	8280	20534	5802
1997 DEC. 14	36426	8125	8094	20207	5802
1997 NOV. 14	36035	8058	7932	20045	5747
1997 OCT. 16	35648	7974	7848	19826	5747
1997 SEPT.16	35263	7908	7511	19844	5675
1997 AUG. 18	35028	7855	7342	19831	5675
1997 JULY 20	34901	7805	7262	19834	5622
1997 JUNE 20	34718	7722	7263	19733	5622
1997 MAY 22	34554	7691	7217	19646	5544
1997 APR. 22	34264	7625	7120	19519	5544
1997 MAR. 24	33600	7541	6951	19108	5498
1997 FEB. 22	33397	7508	6886	19003	5498
1997 JAN. 23	33046	7447	6724	18875	5406
1996 DEC. 24	32526	7367	6553	18606	5406
1996 NOV. 25	31951	7316	6441	18194	5381
1996 OCT. 26	31568	7266	6365	17937	5381
1996 SEPT.27	31318	7212	6344	17762	5359
1996 AUG. 28	31113	7149	6296	17668	5359
1996 JULY 30	30961	7100	6253	17608	5313
1996 JULY 1	30849	7072	6198	17579	5313
1996 JUNE 1	30730	7041	6175	17514	5249
1996 MAY 3	30579	6999	6075	17505	5208
1996 APR. 4	30331	6938	6038	17355	5127
1996 MAR. 5	29964	6885	5529	17550	5073
1996 FEB. 4	29755	6842	5458	17455	4999
1996 JAN. 5	29508	6807	5365	17336	4999

254

Data	Totali	Numerati	M opp	1 oppos	Denominati
Date of		Minor Planet Orbits			Named minor
MPCs	Total	Numbered	M-Opp	1-Opp	planets
1995 DEC. 7	29039	6752	5262	17025	4974
1995 NOV. 7	28696	6678	5183	16835	4974
1995 OCT. 8	28286	6617	5127	16542	4921
1995 SEPT. 9	28206	6571	5134	16501	4921
1995 AUG. 10	28112	6535	5100	16477	4884
1995 JULY 12	28037	6504	5082	16451	4884
1995 JUNE 13	28029	6465	5035	16529	4846
1995 MAY 14	27924	6429	4988	16507	4846
1995 APR. 15	27766	6353	4977	16436	4820

INCREMENTO DEGLI
ASTEROIDI NEO
NUMBER OF NEOS

```
------------------------------------------------------------------------------
  Date     NEC  Atira Aten Apollo Amor  PHA-KM  PHA  NEA-KM  NEA   NEO
----------  ----  ----- ---- ------ ----  ------ ----  ------ ----  ----
2013-02-21   93   12   755   5245 3633    155  1379    863  9645  9738
2013-02-01   93   12   750   5205 3608    155  1375    861  9575  9668
2013-01-01   93   12   743   5124 3570    155  1361    860  9449  9542
2012-12-01   93   12   735   5071 3539    155  1351    860  9357  9450
2012-11-01   92   11   727   5017 3502    155  1342    857  9257  9349
2012-10-01   92   11   721   4942 3446    155  1331    855  9120  9212
2012-09-01   92   11   717   4909 3416    155  1328    854  9053  9145
2012-08-01   92   11   712   4884 3382    155  1323    853  8989  9081
2012-07-01   91   11   711   4878 3373    155  1318    852  8973  9064
2012-06-01   91   11   706   4853 3350    155  1309    849  8920  9011
2012-05-01   91   11   704   4820 3326    155  1304    846  8861  8952
2012-04-01   91   11   702   4770 3298    155  1298    845  8781  8872
2012-03-01   91   11   696   4690 3271    155  1292    843  8668  8759
2012-02-01   91   11   686   4643 3230    155  1285    843  8570  8661
2012-01-01   91   11   676   4573 3195    155  1277    842  8455  8546
2011-12-01   91   11   672   4541 3170    155  1270    838  8394  8485
2011-11-01   91   11   669   4500 3135    153  1260    835  8315  8406
2011-10-01   91   11   662   4438 3090    152  1249    834  8201  8292
2011-09-01   90   11   661   4403 3035    152  1243    832  8110  8200
2011-08-01   90   11   661   4387 3009    152  1240    831  8068  8158
2011-07-01   89   11   659   4374 2985    152  1236    831  8029  8118
2011-06-01   89   11   659   4357 2960    152  1231    830  7987  8076
2011-05-01   89   11   656   4331 2938    152  1222    829  7936  8025
2011-04-01   89   11   645   4281 2908    152  1215    827  7845  7934
2011-03-01   89   11   634   4218 2884    152  1205    825  7747  7836
2011-02-01   89   11   624   4171 2865    152  1194    825  7671  7760
2011-01-01   89   11   618   4095 2833    152  1178    823  7557  7646
2010-12-01   89   10   609   4040 2801    152  1169    822  7460  7549
2010-11-01   89   10   598   3971 2755    152  1163    822  7334  7423
2010-10-01   89   10   588   3915 2715    152  1149    822  7228  7317
2010-09-01   89   10   582   3869 2650    152  1144    821  7111  7200
2010-08-01   89   10   579   3855 2640    152  1141    819  7084  7173
2010-07-01   89   10   574   3833 2628    152  1139    817  7045  7134
2010-06-01   88   10   568   3802 2606    152  1131    815  6986  7074
2010-05-01   87   10   560   3758 2587    151  1119    813  6915  7002
2010-04-01   87   10   552   3712 2570    151  1113    813  6844  6931
2010-03-01   87   10   544   3675 2545    150  1104    812  6774  6861
2010-02-01   87   10   540   3621 2520    149  1092    810  6691  6778
2010-01-01   87   10   535   3595 2501    149  1089    808  6641  6728
2009-12-01   87   10   531   3574 2491    149  1084    806  6606  6693
2009-11-01   86   10   520   3497 2464    149  1077    803  6491  6577
2009-10-01   86   10   511   3442 2431    149  1073    801  6394  6480
2009-09-01   86   10   506   3389 2384    149  1064    799  6289  6375
2009-08-01   86   10   504   3369 2357    149  1062    798  6240  6326
2009-07-01   86   10   504   3359 2348    148  1060    794  6221  6307
2009-06-01   85   10   501   3347 2338    147  1057    793  6196  6281
2009-05-01   85   10   499   3320 2325    147  1048    792  6154  6239
2009-04-01   85   10   496   3288 2311    147  1044    789  6105  6190
2009-03-01   85   10   491   3226 2292    147  1032    789  6019  6104
2009-02-01   85   10   487   3168 2266    146  1020    786  5931  6016
2009-01-01   85   10   481   3123 2246    146  1011    784  5860  5945
2008-12-01   84   10   480   3081 2216    146  1001    783  5787  5871
2008-11-01   84   10   474   3033 2194    146   993    781  5711  5795
2008-10-01   84    9   467   2972 2144    145   983    780  5592  5676
2008-09-01   83    9   464   2941 2110    145   973    779  5524  5607
2008-08-01   83    9   461   2927 2096    145   968    778  5493  5576
2008-07-01   83    9   459   2909 2085    144   959    775  5462  5545
2008-06-01   83    9   455   2898 2077    144   956    774  5439  5522
2008-05-01   83    9   451   2868 2060    144   950    774  5388  5471
2008-04-01   83    9   449   2821 2031    144   947    773  5310  5393
```

257

Date	NEC	Atira	Aten	Apollo	Amor	PHA-KM	PHA	NEA-KM	NEA	NEO
2008-03-01	83	8	440	2753	2006	143	937	766	5207	5290
2008-02-01	83	8	428	2694	1975	142	923	764	5105	5188
2008-01-01	83	8	426	2666	1958	142	914	764	5058	5141
2007-12-01	83	8	423	2631	1941	142	903	761	5003	5086
2007-11-01	83	8	411	2573	1905	142	893	757	4897	4980
2007-10-01	82	8	397	2524	1863	142	883	756	4792	4874
2007-09-01	82	8	390	2486	1831	141	876	755	4715	4797
2007-08-01	82	8	388	2475	1821	140	871	751	4692	4774
2007-07-01	82	8	388	2471	1814	140	870	751	4681	4763
2007-06-01	82	8	383	2449	1805	139	861	749	4645	4727
2007-05-01	82	8	382	2436	1794	139	857	747	4620	4702
2007-04-01	82	8	381	2411	1777	139	853	743	4577	4659
2007-03-01	82	7	375	2372	1753	139	846	741	4507	4589
2007-02-01	82	7	367	2339	1737	138	838	737	4450	4532
2007-01-01	82	7	359	2319	1724	138	829	736	4409	4491
2006-12-01	81	7	354	2293	1706	138	826	734	4360	4441
2006-11-01	81	6	344	2244	1683	137	814	728	4277	4358
2006-10-01	79	6	337	2214	1651	137	804	726	4208	4287
2006-09-01	79	6	330	2177	1623	136	795	722	4136	4215
2006-08-01	79	6	328	2160	1610	136	790	722	4104	4183
2006-07-01	79	6	327	2149	1593	136	788	721	4075	4154
2006-06-01	79	6	326	2138	1580	136	785	721	4050	4129
2006-05-01	79	5	325	2110	1553	136	775	717	3993	4072
2006-04-01	78	5	321	2083	1538	136	765	715	3947	4025
2006-03-01	78	5	319	2067	1519	136	764	714	3910	3988
2006-02-01	78	5	316	2032	1502	136	756	711	3855	3933
2006-01-01	78	5	312	1976	1476	135	747	706	3769	3847
2005-12-01	78	5	302	1944	1455	134	736	703	3706	3784
2005-11-01	77	5	297	1902	1429	133	726	698	3633	3710
2005-10-01	76	4	289	1846	1389	132	714	687	3528	3604
2005-09-01	76	4	286	1812	1370	132	709	684	3472	3548
2005-08-01	76	4	283	1798	1354	132	703	682	3439	3515
2005-07-01	76	4	279	1779	1342	131	696	679	3404	3480
2005-06-01	76	4	275	1764	1322	131	692	674	3365	3441
2005-05-01	75	4	274	1747	1307	129	686	671	3332	3407
2005-04-01	75	4	268	1722	1288	127	673	667	3282	3357
2005-03-01	75	4	263	1681	1264	126	663	663	3212	3287
2005-02-01	75	4	262	1657	1256	125	659	660	3179	3254
2005-01-01	75	4	258	1633	1246	125	652	656	3141	3216
2004-12-01	74	3	249	1601	1225	125	643	647	3078	3152
2004-11-01	74	3	245	1581	1219	124	634	642	3048	3122
2004-10-01	73	3	238	1553	1211	123	623	640	3005	3078
2004-09-01	72	3	230	1515	1186	123	615	639	2934	3006
2004-08-01	72	3	226	1496	1163	122	608	635	2888	2960
2004-07-01	72	3	226	1490	1158	120	605	632	2877	2949
2004-06-01	72	3	223	1460	1145	119	594	629	2831	2903
2004-05-01	72	2	218	1441	1130	119	588	625	2791	2863
2004-04-01	72	2	215	1411	1118	115	578	618	2746	2818
2004-03-01	72	2	206	1375	1100	115	571	609	2659	2755
2004-02-01	71	2	204	1360	1093	114	566	608	2659	2730
2004-01-01	71	2	202	1326	1075	112	556	604	2605	2676
2003-12-01	71	2	196	1294	1063	109	543	596	2555	2626
2003-11-01	71	2	193	1272	1050	109	535	590	2517	2588
2003-10-01	71	2	188	1245	1028	109	526	588	2463	2534
2003-09-01	71	2	185	1225	994	107	517	581	2406	2477
2003-08-01	71	2	185	1213	981	104	512	577	2381	2452
2003-07-01	70	2	184	1206	972	104	509	574	2364	2434
2003-06-01	70	2	182	1190	960	104	504	568	2334	2404
2003-05-01	68	2	180	1176	954	103	502	566	2312	2380
2003-04-01	68	2	175	1156	943	103	495	561	2276	2344

258

Date	NEC	Atira	Aten	Apollo	Amor	PHA-KM	PHA	NEA-KM	NEA	NEO
2003-03-01	68	2	170	1137	932	103	488	557	2241	2309
2003-02-01	68	1	169	1117	926	103	482	553	2213	2281
2003-01-01	68	1	167	1090	909	102	472	547	2167	2235
2002-12-01	68	1	163	1063	889	102	470	545	2116	2184
2002-11-01	68	1	160	1048	872	101	464	541	2081	2149
2002-10-01	67	1	158	1024	849	100	457	532	2032	2099
2002-09-01	65	1	155	1004	830	99	451	523	1990	2055
2002-08-01	65	1	154	988	807	97	440	518	1950	2015
2002-07-01	64	1	152	978	801	96	433	513	1932	1996
2002-06-01	64	1	148	960	793	94	424	507	1902	1966
2002-05-01	64	1	144	942	782	93	415	496	1869	1933
2002-04-01	64	1	142	924	769	93	408	494	1836	1900
2002-03-01	63	1	136	897	755	92	398	490	1789	1852
2002-02-01	63	1	131	874	739	91	389	480	1745	1808
2002-01-01	63	1	124	840	716	91	376	471	1681	1744
2001-12-01	63	1	121	804	697	87	362	462	1623	1686
2001-11-01	61	1	120	776	682	85	355	457	1579	1640
2001-10-01	61	1	114	750	659	84	346	453	1524	1585
2001-09-01	61	1	110	721	624	82	334	440	1456	1517
2001-08-01	60	1	109	699	604	82	328	437	1413	1473
2001-07-01	59	1	108	694	591	82	327	436	1394	1453
2001-06-01	58	1	108	684	580	80	324	429	1373	1431
2001-05-01	57	1	107	672	569	78	317	421	1349	1406
2001-04-01	57	1	105	660	560	77	308	417	1326	1383
2001-03-01	57	1	101	645	546	75	299	409	1293	1350
2001-02-01	57	1	98	634	535	74	296	404	1268	1325
2001-01-01	57	1	94	619	526	74	293	400	1240	1297
2000-12-01	57	1	93	605	514	73	287	393	1213	1270
2000-11-01	57	1	90	581	497	72	284	384	1169	1226
2000-10-01	57	1	87	571	483	72	280	376	1142	1199
2000-09-01	57	1	81	553	457	71	273	367	1092	1149
2000-08-01	57	1	79	535	441	69	264	358	1056	1113
2000-07-01	57	1	77	530	431	67	261	347	1039	1096
2000-06-01	57	1	76	525	425	66	257	344	1027	1084
2000-05-01	57	1	76	512	411	66	252	338	1000	1057
2000-04-01	56	1	73	497	398	65	246	331	969	1025
2000-03-01	56	1	64	481	387	63	234	319	933	989
2000-02-01	56	1	62	464	376	62	223	312	903	959
2000-01-01	56	1	57	450	369	62	217	307	877	933
1999-12-01	55	1	56	440	360	60	209	300	857	912
1999-11-01	55	1	54	427	346	60	205	290	828	883
1999-10-01	55	1	54	411	332	59	200	285	798	853
1999-09-01	53	1	54	395	316	57	193	281	766	819
1999-08-01	53	1	54	395	314	57	193	281	764	817
1999-07-01	53	1	54	390	309	56	191	277	754	807
1999-06-01	53	1	51	383	299	56	186	274	734	787
1999-05-01	52	1	49	371	294	52	178	265	715	767
1999-04-01	52	1	48	358	287	51	174	258	694	746
1999-03-01	52	1	47	348	282	51	172	257	678	730
1999-02-01	52	1	47	338	277	51	169	254	663	715
1999-01-01	52	1	45	333	271	51	166	252	650	702
1998-12-01	52	1	41	323	262	51	162	243	627	679
1998-11-01	52	1	38	309	253	49	154	238	601	653
1998-10-01	52	1	36	305	246	49	152	234	588	640
1998-09-01	52	1	29	292	233	48	140	228	555	607
1998-08-01	52	1	29	282	222	46	133	222	534	586
1998-07-01	52	1	29	279	219	44	129	219	528	580
1998-06-01	52	1	29	273	212	43	127	216	515	567
1998-05-01	52	1	29	264	206	43	124	212	500	552
1998-04-01	52	1	27	256	197	43	117	211	481	533

259

```
-----------------------------------------------------------------------------
  Date      NEC  Atira Aten Apollo Amor  PHA-KM  PHA  NEA-KM  NEA   NEO
----------  ----  ----- ---- ------ ----  ------  ---- ------  ----  ----
1998-03-01   52    1    27    244   189     43    112    207   461   513
1998-02-01   52    0    26    240   189     42    110    206   455   507
1998-01-01   52    0    26    235   186     42    108    203   447   499
1997-01-01   52    0    22    206   166     40     97    191   394   446
1996-01-01   52    0    20    178   151     38     86    185   349   401
1995-01-01   52    0    19    163   135     37     83    175   317   369
1994-01-01   50    0    15    140   115     33     70    157   270   320
1993-01-01   50    0    13    117    99     31     64    143   229   279
1992-01-01   50    0    11    103    85     29     61    125   199   249
1991-01-01   48    0     9     76    74     24     49    106   159   207
1990-01-01   48    0     8     63    63     20     42     90   134   182
1980-01-01   44    0     3     27    23     12     17     45    53    97
1970-01-01   42    0     0     13    14      8     10     24    27    69
1960-01-01   41    0     0     10    10      7      8     18    20    61
1950-01-01   41    0     0      7     6      4      5     12    13    54
1940-01-01   36    0     0      3     6      2      3      8     9    45
1930-01-01   34    0     0      0     5      0      0      5     5    39
1920-01-01   32    0     0      0     3      0      0      3     3    35
1910-01-01   30    0     0      0     1      0      0      1     1    31
1900-01-01   28    0     0      0     1      0      0      1     1    29
```

Nota : "NEC" sono comete vicine alla Terra. "PHA-KM" sono PHA e NEA con
diametro di un km o più.

Note: "NEC" are Near-Earth comets. "PHA-KM" and "NEA-KM" are PHAs and NEAs
with diameters roughly one kilometer and larger.

VELOCITA' DEGLI ASTEROIDI
SPEED OF THE ASTEROIDS

La tabella elenca gli asteroidi più lenti e più veloci al perielio ed all'afelio

The list shows the spped of the asteroid

I 100 asteroidi più lenti al perielio: km/h
The most slow at perihelium: kms/h

2004 XX186	15664
2002 VC95	15672
2005 EP296	15676
2001 OU108	15690
2004 XR190	15712
2002 PD153	15719
2003 UX291	15732
2001 FC193	15733
2000 QF226	15733
2000 SC331	15736
2001 OS108	15740
1999 KT16	15746
2002 PJ153	15747
1999 CL119	15750
2000 SB331	15753
2003 WQ188	15760
2002 VC131	15762
2000 JH81	15778
2004 UU10	15826
2003 WV188	15831
2004 PE112	15834
1999 DC8	15838
2001 DS108	15840
2003 QT90	15851
2002 TC301	15856
2005 PN21	15863
2002 PT152	15876
2001 XV254	15877
2000 QB226	15879
1999 DE8	15886
2002 TG301	15893
2002 GB33	15896
1999 KK17	15897
2001 DN108	15911
2001 DM108	15915
2001 DQ108	15918
2002 PW152	15921
1999 DQ8	15936
2002 TE301	15950
1998 KG66	15957
2002 PP153	15964
1999 CA119	15965
2000 SX370	15985
2003 US291	16006
2000 PZ29	16010
1997 UF25	16012
2002 PN153	16012
2001 FD193	16030
2000 SH331	16036
2001 FF193	16040
2002 TF301	16043

2003 UW291	16061
1999 JA132	16075
1997 RL13	16079
2005 JY185	16080
2002 PR170	16081
2001 DR106	16088
1999 JF132	16089
2002 PN147	16092
2000 PD30	16093
2001 OQ108	16095
2004 VM78	16108
1999 DN8	16111
1999 CQ153	16113
2003 UV291	16126
2004 DL71	16128
2006 QZ180	16136
2002 TA301	16141
1999 DF8	16143
2000 SG331	16144
2003 UU291	16144
2002 PO153	16155
2000 SF331	16169
2001 XF255	16176
2005 YM292	16178
2001 QV297	16178
1999 RF215	16180
2004 VA76	16183
2007 RM314	16193
2002 PB153	16195
2000 GZ146	16196
2003 YN179	16198
2000 WT169	16200
2001 QS297	16210
2005 JQ179	16213
2006 UM321	16219
2001 QU297	16227
2001 ON108	16228
2006 QV180	16228
2002 TZ300	16231
2000 SD331	16231
2006 JW81	16233
2006 CH69	16238
2004 OL12	16241
1999 KL17	16248
2002 PL153	16251
2003 QZ90	16251
2000 SE331	16261
2001 XE255	16266
2008 UA332	16266

I 100 asteroidi più veloci al perielio: km/h
The most fast at perihelium: kms/h

(247517) 2002 QY6	282030
2005 UR	282256
2006 PF1	282327
2008 EY5	282831
(190119) 2004 VA64	284484
(40267) 1999 GJ4	284740
2008 EG	285182
2008 GG	286161
2002 AS4	286604
2006 OS9	287440
2000 PN	288685
2010 RV3	289017
2006 SO198	289217
2006 LA	289888
2006 BX147	291009
1999 MN	291547
(136874) 1998 FH74	292557
(242643) 2005 NZ6	293550
2007 XP3	293655
2010 PK9	294866
2006 BC	295159
2010 FF7	295163
(152742) 1998 XE12	295514
(137052) 1998 VO33	295847
(225416) 1999 YC	295967
2010 KB8	296440
2003 YH136	296799
2010 EF44	296981
2001 VB	297825
1998 SO	297827
2008 KP	298429
2000 SG8	298674
(85953) 1999 FK21	298982
2003 MO	299237
1984 QY1	299723
2007 KG7	301369
1995 LG	304205
(141495) 2002 EZ11	306804
2002 EV11	308892
(66391) 1999 KW4	311587
2003 UC5	311737
(66253) 1999 GT3	312649
(184990) 2006 KE89	313069
2008 JN	313100
2004 TH10	313763
2005 EP1	313859
2005 GL9	313869
2009 UX19	316415
2005 MB	317830
2006 FW33	320074
(153201) 2000 WO107	320120
2004 LG	320726

2009 SU19	323307
1996 BT	324059
(141079) 2001 XS30	324208
(139289) 2001 KR1	325680
(143637) 2003 LP6	326601
2005 NX44	326783
2007 MK6	326805
2010 VA12	327040
2006 YO44	327762
1998 KN3	332376
2003 MT9	332551
2003 UW29	334562
(5786) Talos	335117
(1566) Icarus	335610
2008 EY68	336561
2003 BA21	338991
2001 TD45	339616
(89958) 2002 LY45	341155
2009 HU58	343380
(141851) 2002 PM6	344385
2001 DQ8	347516
2006 CJ	349117
2005 RV24	349132
(105140) 2000 NL10	353586
2005 EL70	361739
(155140) 2005 UD	363769
2008 MG1	385790
2010 JG87	392515
(3200) Phaethon	394327
2004 XY60	398587
2006 TC	402448
2007 PR10	405933
2007 EB26	414905
2004 QX2	418472
1995 CR	425396
2007 GT3	430445
2002 AJ129	434706
2000 LK	436312
2008 XM	444558
2008 HE	445978
2002 PD43	451534
2008 HW1	472284
2007 EP88	476611
(137924) 2000 BD19	486784
2004 UL	489497
2006 HY51	531323
2008 FF5	535979
2005 HC4	563713

I 100 asteroidi più lenti all'afelio: km/h
The most slow at aphelium: kms/h

2005 VX3	184
2002 RN109	184
2007 DA61	239
2006 SQ372	370
1996 PW	437
2010 BK118	461
(87269) 2000 OO67	518
2009 MS9	623
2010 NV1	812
2007 TG422	819
2010 GW147	903
2004 NN8	1144
(90377) Sedna	1302
2006 UL321	1443
2010 JH124	1448
2010 KW7	1511
2004 VN112	1551
2000 KP65	1566
2005 OE	2106
(82158) 2001 FP185	2181
2010 KZ39	2182
2000 AB229	2224
(65407) 2002 RP120	2234
2009 YD7	2243
2002 GB32	2322
2010 GW64	2336
2007 VJ305	2342
2005 PU21	2367
(148209) 2000 CR105	2391
2009 DD47	2403
2003 SS422	2554
(29981) 1999 TD10	2771
2010 DG56	2829
2007 TU431	2898
2006 EX52	2934
2010 EB46	2962
2003 HB57	3170
(65489) Ceto	3362
2003 QM112	3440
(54520) 2000 PJ30	3495
2008 BN18	3540
1997 MD10	3575
(181902) 1999 RD215	4030
2006 LM1	4032
2010 OR1	4074
1999 XS35	4170
1999 DP8	4190
2010 CG55	4202
2010 OM101	4280
2006 RG1	4292
2003 UY283	4362
2005 SB223	4382

1999 CZ118	4384
(91554) 1999 RZ215	4414
2005 QU182	4428
(184212) 2004 PB112	4469
2010 JJ124	4484
2009 AU16	4580
2009 YS6	4850
(20461) Dioretsa	5016
2000 HE46	5040
(145474) 2005 SA278	5141
2008 LP17	5224
2010 ER65	5249
2010 EJ104	5277
2004 CM111	5283
(118702) 2000 OM67	5307
2000 SQ331	5323
(145451) 2005 RM43	5429
2005 RP43	5508
2008 ST291	5528
1999 CY118	5550
2004 PG115	5586
(82155) 2001 FZ173	5684
(127546) 2002 XU93	5692
(26181) 1996 GQ21	5695
2006 HQ122	5789
2003 QY91	5789
2001 FK194	5821
2003 YQ179	5906
1999 DG8	5930
(15874) 1996 TL66	5965
(241097) 2007 DU112	6001
2000 CP105	6016
1999 RZ214	6038
1999 CF119	6038
1998 WU24	6082
2010 EQ65	6139
2005 EF304	6228
2003 FH129	6253
2006 HV122	6563
2004 TF282	6700
2003 UY413	6723
2007 TR436	6808
2003 LA7	6813
2001 KZ76	6818
2009 KN30	6853
2005 PT21	6893
2000 PH30	6962
2000 PF30	6992

I 100 asteroidi più veloci all'afelio: km/h
The most fast at aphelium: kms/h

2008 WM64	96122
2008 EA9	96234
2005 FJ	96240
2008 ST	96289
2001 BA16	96314
2007 BB	96326
2008 PG2	96363
2006 XW4	96365
1999 SO5	96436
2007 TH3	96538
2009 WM105	96602
1999 RA32	96729
2008 CX118	96769
2007 JB21	96849
2010 TE55	96890
2001 FO127	96907
2006 WB	96922
2010 TK19	97187
2008 LD	97204
2010 TK55	97206
2004 QA22	97307
(162421) 2000 ET70	97368
2010 UY7	97385
2007 YF	97407
2009 FG44	97457
2004 WC1	97506
2001 BB16	97514
2005 UV64	97556
2005 TG50	97562
1999 CG9	97700
2007 TF15	97780
2008 CO	97786
2001 GP2	97797
2010 FY9	97802
2009 SH2	97925
2008 KT	98142
2009 AV	98167
2009 YF	98201
2009 FS32	98203
2010 XF3	98233
1999 VX25	98275
2006 JY26	98288
2010 UE51	98298
2010 EX11	98314
2008 FX6	98334
2008 DL4	98355
2007 UN12	98367
2006 XW	98460
2008 JE	98505
2002 TZ66	98541
2008 UA202	98553
2009 SJ18	98664

269

2002	NW16	98800
2007	VV83	98931
2009	YR	98944
2007	VU6	99149
2003	CA4	99181
2007	UP6	99206
2004	LB	99234
2010	GD6	99350
2002	PN	99407
1999	VW25	99465
2010	SO16	99476
2007	XB23	99574
2007	UW1	99717
2008	EA32	99772
2008	UC202	99794
2006	YM	100006
2000	LG6	100208
2010	UJ	100318
2006	DQ14	100358
2010	FK	100391
1999	AO10	100527
2006	WE4	100648
2005	CN61	100773
1991	VG	100781
2008	EV5	100781
1999	UQ	100929
1993	DA	100989
2010	VM65	101295
2009	CQ5	101343
2000	SG344	101480
2010	HW20	101556
2008	YC3	101716
2001	ED18	101861
2009	BD	102283
2010	JW34	102448
2005	TF49	102459
2008	EE5	102746
2009	UY19	102842
2007	MF	102871
2006	RH120	102988
2010	VQ98	103259
2006	QQ56	103275
2010	UC	103351
2010	XU10	103918
2003	EM1	104084
2001	FR85	105238
2002	AA29	106260
2003	YN107	106391

MASSIMI AVVICINAMENTI DI ASTEROIDI ALLA TERRA
CLOSEST APPROACHES OF ASTEROIDS TO THE EARTH

Object : asteroide
Close approach : data ed errore relativo
Distance nominal : distanza minima raggiunta in unità Terra-Luna
ed unità Astronomiche

Object	Close-Approach (CA) Date (TDB) YYYY-mmm-DD HH:MM ± D_HH:MM	CA Distance Nominal (LD/AU)
(2012 TC4)	1996-Oct-12 04:53 ± 1_02:47	>0.02/0.00004
(2011 CQ1)	2011-Feb-04 19:38 ± < 00:01	0.03/0.00008
(2008 TS26)	2008-Oct-09 03:29 ± < 00:01	0.03/0.00008
(2004 FU162)	2004-Mar-31 15:34 ± 00:34	0.03/0.00009
(2011 MD)	2011-Jun-27 17:00 ± < 00:01	0.05/0.00012
(2009 VA)	2009-Nov-06 21:31 ± 00:22	0.05/0.00014
(2012 KT42)	2012-May-29 07:06 ± < 00:01	0.05/0.00014
(2008 US)	2008-Oct-20 23:20 ± 00:05	0.08/0.00021
(2004 YD5)	2004-Dec-19 20:37 ± < 00:01	0.09/0.00023
(2012 DA14)	2013-Feb-15 19:25 ± < 00:01	0.09/0.00023
(2010 WA)	2010-Nov-17 03:44 ± < 00:01	0.1/0.0003
(2011 CF22)	2011-Feb-06 11:39 ± 00:31	0.1/0.0003
(2008 VM)	2008-Nov-03 22:29 ± 00:01	0.1/0.0003
(2004 FH)	2004-Mar-18 22:08 ± < 00:01	0.1/0.0003
(2010 TD54)	2010-Oct-12 10:49 ± < 00:01	0.1/0.0003
(2010 XB)	2010-Nov-30 18:07 ± < 00:01	0.1/0.0004
(2012 KP24)	2012-May-28 15:20 ± < 00:01	0.1/0.0004
(2010 XW58)	1957-Dec-10 07:04 ± 00:02	0.2/0.0004
(2009 EJ1)	2009-Feb-27 19:45 ± 01:56	0.2/0.0004
(2012 FS35)	2012-Mar-26 17:09 ± < 00:01	0.2/0.0004
(2012 BX34)	2012-Jan-27 15:25 ± < 00:01	0.2/0.0004
(2008 EF32)	2008-Mar-10 05:20 ± 01:01	0.2/0.0004
(2009 TB)	2009-Oct-01 04:13 ± 02:06	0.2/0.0005
(2007 UN12)	2007-Oct-17 15:25 ± < 00:01	0.2/0.0005
(2008 UM1)	2008-Oct-22 03:58 ± 00:02	0.2/0.0005
(2010 RK53)	2010-Sep-08 23:58 ± 00:01	0.2/0.0005
(2009 DD45)	2009-Mar-02 13:45 ± < 00:01	0.2/0.0005
(2007 RS1)	2007-Sep-05 01:18 ± < 00:01	0.2/0.0005
(2010 RF12)	2010-Sep-08 21:12 ± < 00:01	0.2/0.0005
(2010 VP139)	2010-Nov-12 02:37 ± 17:23	0.2/0.0005
(2005 WN3)	2005-Nov-26 00:31 ± < 00:01	0.2/0.0006
(2003 SQ222)	2003-Sep-27 22:56 ± < 00:01	0.2/0.0006
(2009 FH)	2009-Mar-18 12:07 ± < 00:01	0.2/0.0006
(2012 TM79)	2012-Oct-09 17:04 ± < 00:01	0.2/0.0006
(2012 TC4)	2012-Oct-12 05:30 ± < 00:01	0.2/0.0006
(2011 GP28)	2011-Apr-06 19:39 ± 00:05	0.2/0.0006
(2007 XB23)	2007-Dec-13 04:03 ± 00:07	0.3/0.0007

Object	Close-Approach (CA) Date (TDB) YYYY-mmm-DD HH:MM ± D_HH:MM	CA Distance Nominal (LD/AU)
(2011 CA7)	2011-Feb-09 19:27 ± 00:02	0.3/0.0007
(2013 CY32)	2013-Feb-05 15:53 ± < 00:01	0.3/0.0007
(1994 XM1)	1994-Dec-09 18:54 ± < 00:01	0.3/0.0007
(2011 YC40)	2011-Dec-28 02:29 ± 00:03	0.3/0.0007
(2012 DY13)	2012-Feb-20 22:43 ± < 00:01	0.3/0.0007
(2010 UE)	2010-Oct-16 10:19 ± 00:14	0.3/0.0008
(2006 DD1)	2006-Feb-23 06:56 ± < 00:01	0.3/0.0008
(2002 XV90)	2002-Dec-11 08:23 ± < 00:01	0.3/0.0008
(2002 MN)	2002-Jun-14 02:03 ± < 00:01	0.3/0.0008
(2011 TO)	2011-Sep-28 15:25 ± < 00:01	0.3/0.0009
(2011 AM37)	2011-Jan-11 11:46 ± 00:04	0.3/0.0009
(2011 BW11)	2011-Jan-25 06:33 ± < 00:01	0.3/0.0009
(2010 AL30)	2010-Jan-13 12:46 ± < 00:01	0.3/0.0009
(2010 VN1)	2010-Nov-02 18:05 ± < 00:01	0.3/0.0009
(2011 EY11)	2011-Mar-07 03:26 ± < 00:01	0.3/0.0009
(2005 TK50)	2005-Oct-10 04:05 ± 00:12	0.3/0.0009
(2008 CT1)	2008-Feb-05 07:04 ± 00:14	0.3/0.0009
(2011 UX255)	2011-Oct-28 17:42 ± 00:01	0.4/0.0009
(2005 FN)	2005-Mar-18 21:43 ± < 00:01	0.4/0.0010
(2007 TX22)	2007-Oct-12 10:30 ± 00:07	0.4/0.0010
(2003 XJ7)	2003-Dec-06 19:04 ± < 00:01	0.4/0.0010
(1993 KA2)	1993-May-20 20:38 ± < 00:01	0.4/0.0010
(2009 WV51)	2009-Nov-24 19:53 ± < 00:01	0.4/0.0010
(2004 UH1)	1960-Oct-24 15:18 ± 01:13	0.4/0.0011
(2006 QM111)	2006-Aug-31 21:29 ± < 00:01	0.4/0.0011
(2012 FP35)	2012-Mar-26 05:51 ± < 00:01	0.4/0.0011
(2008 EZ7)	2008-Mar-09 01:21 ± < 00:01	0.4/0.0011
(2010 TW54)	2010-Oct-09 00:40 ± < 00:01	0.4/0.0011
(2003 SW130)	2003-Sep-19 05:39 ± < 00:01	0.4/0.0011
(2004 OD4)	2004-Jul-16 05:09 ± < 00:01	0.4/0.0011
(1991 BA)	1991-Jan-18 17:18 ± < 00:01	0.4/0.0011
(1994 ES1)	1994-Mar-15 17:16 ± < 00:01	0.4/0.0011
(2006 UE64)	2006-Oct-21 02:40 ± < 00:01	0.4/0.0011
(2008 FP)	2008-Mar-29 11:38 ± < 00:01	0.4/0.0011
(2008 JL24)	2008-May-10 01:20 ± < 00:01	0.4/0.0012
(2011 OD18)	2011-Jul-28 08:38 ± < 00:01	0.4/0.0012
(2010 KO10)	2010-May-23 03:55 ± < 00:01	0.5/0.0012

Object	Close-Approach (CA) Date (TDB) YYYY-mmm-DD HH:MM ± D_HH:MM	CA Distance Nominal (LD/AU)
(2008 OT7)	2008-Jul-29 07:04 ± < 00:01	0.5/0.0012
(2007 EH)	2007-Mar-11 01:37 ± < 00:01	0.5/0.0012
(2009 WJ6)	2009-Nov-20 11:09 ± < 00:01	0.5/0.0012
(2003 SW130)	1990-Sep-19 00:49 ± 00:24	0.5/0.0012
(2005 UW5)	2005-Oct-30 00:16 ± < 00:01	0.5/0.0013
(2009 CC2)	2009-Feb-02 16:46 ± 00:39	0.5/0.0013
(2007 UD6)	2007-Oct-18 19:23 ± < 00:01	0.5/0.0013
(2010 XR)	2010-Nov-29 21:53 ± 00:37	0.5/0.0013
(2010 VB1)	1936-Jan-06 12:33 ± 01:17	0.5/0.0013
(2011 GW9)	2011-Apr-06 04:53 ± < 00:01	0.5/0.0013
(2012 VH77)	2012-Nov-12 20:58 ± < 00:01	0.5/0.0013
(2012 JU)	2012-May-13 13:20 ± < 00:01	0.5/0.0014
(2006 BF56)	2006-Jan-29 10:32 ± < 00:01	0.5/0.0014
(2007 YP56)	2007-Dec-27 16:49 ± 00:03	0.5/0.0014
(2008 GM2)	2008-Apr-03 21:46 ± < 00:01	0.5/0.0014
(2012 BX34)	1959-Jan-27 10:37 ± 00:04	0.6/0.0014
(2005 XA8)	2005-Dec-05 11:12 ± < 00:01	0.6/0.0015
(2013 BR27)	2013-Jan-15 23:26 ± 00:09	0.6/0.0015
(2007 HB15)	2007-Apr-24 20:32 ± < 00:01	0.6/0.0015
(2007 US51)	2007-Oct-30 06:05 ± < 00:01	0.6/0.0015
(2012 KA)	2012-May-17 18:23 ± < 00:01	0.6/0.0015
(2012 XE54)	2012-Dec-11 10:04 ± < 00:01	0.6/0.0015
(2012 VJ38)	2012-Nov-14 01:51 ± < 00:01	0.6/0.0015
(2011 UT)	2011-Oct-12 19:14 ± 00:01	0.6/0.0015
(2006 DM63)	2006-Feb-24 03:50 ± 00:14	0.6/0.0015
(2012 EG5)	2012-Apr-01 09:32 ± < 00:01	0.6/0.0015
(2012 TC4)	1996-Oct-12 04:53 ± 1_02:47	>0.02/0.00004
(2011 CQ1)	2011-Feb-04 19:38 ± < 00:01	0.03/0.00008
(2008 TS26)	2008-Oct-09 03:29 ± < 00:01	0.03/0.00008
(2004 FU162)	2004-Mar-31 15:34 ± 00:34	0.03/0.00009
(2011 MD)	2011-Jun-27 17:00 ± < 00:01	0.05/0.00012
(2009 VA)	2009-Nov-06 21:31 ± 00:22	0.05/0.00014
(2012 KT42)	2012-May-29 07:06 ± < 00:01	0.05/0.00014
(2008 US)	2008-Oct-20 23:20 ± 00:05	0.08/0.00021
(2004 YD5)	2004-Dec-19 20:37 ± < 00:01	0.09/0.00023
(2012 DA14)	2013-Feb-15 19:25 ± < 00:01	0.09/0.00023
(2010 WA)	2010-Nov-17 03:44 ± < 00:01	0.1/0.0003

Object	Close-Approach (CA) Date (TDB) YYYY-mmm-DD HH:MM ± D_HH:MM	CA Distance Nominal (LD/AU)
(2011 CF22)	2011-Feb-06 11:39 ± 00:31	0.1/0.0003
(2008 VM)	2008-Nov-03 22:29 ± 00:01	0.1/0.0003
(2004 FH)	2004-Mar-18 22:08 ± < 00:01	0.1/0.0003
(2010 TD54)	2010-Oct-12 10:49 ± < 00:01	0.1/0.0003
(2010 XB)	2010-Nov-30 18:07 ± < 00:01	0.1/0.0004
(2012 KP24)	2012-May-28 15:20 ± < 00:01	0.1/0.0004
(2010 XW58)	1957-Dec-10 07:04 ± 00:02	0.2/0.0004
(2009 EJ1)	2009-Feb-27 19:45 ± 01:56	0.2/0.0004
(2012 FS35)	2012-Mar-26 17:09 ± < 00:01	0.2/0.0004
(2012 BX34)	2012-Jan-27 15:25 ± < 00:01	0.2/0.0004
(2008 EF32)	2008-Mar-10 05:20 ± 01:01	0.2/0.0004
(2009 TB)	2009-Oct-01 04:13 ± 02:06	0.2/0.0005
(2007 UN12)	2007-Oct-17 15:25 ± < 00:01	0.2/0.0005
(2008 UM1)	2008-Oct-22 03:58 ± 00:02	0.2/0.0005
(2010 RK53)	2010-Sep-08 23:58 ± 00:01	0.2/0.0005
(2009 DD45)	2009-Mar-02 13:45 ± < 00:01	0.2/0.0005
(2007 RS1)	2007-Sep-05 01:18 ± < 00:01	0.2/0.0005
(2010 RF12)	2010-Sep-08 21:12 ± < 00:01	0.2/0.0005
(2010 VP139)	2010-Nov-12 02:37 ± 17:23	0.2/0.0005
(2005 WN3)	2005-Nov-26 00:31 ± < 00:01	0.2/0.0006
(2003 SQ222)	2003-Sep-27 22:56 ± < 00:01	0.2/0.0006
(2009 FH)	2009-Mar-18 12:07 ± < 00:01	0.2/0.0006
(2012 TM79)	2012-Oct-09 17:04 ± < 00:01	0.2/0.0006
(2012 TC4)	2012-Oct-12 05:30 ± < 00:01	0.2/0.0006
(2011 GP28)	2011-Apr-06 19:39 ± 00:05	0.2/0.0006
(2007 XB23)	2007-Dec-13 04:03 ± 00:07	0.3/0.0007
(2011 CA7)	2011-Feb-09 19:27 ± 00:02	0.3/0.0007
(2013 CY32)	2013-Feb-05 15:53 ± < 00:01	0.3/0.0007
(1994 XM1)	1994-Dec-09 18:54 ± < 00:01	0.3/0.0007
(2011 YC40)	2011-Dec-28 02:29 ± 00:03	0.3/0.0007
(2012 DY13)	2012-Feb-20 22:43 ± < 00:01	0.3/0.0007
(2010 UE)	2010-Oct-16 10:19 ± 00:14	0.3/0.0008
(2006 DD1)	2006-Feb-23 06:56 ± < 00:01	0.3/0.0008
(2002 XV90)	2002-Dec-11 08:23 ± < 00:01	0.3/0.0008
(2002 MN)	2002-Jun-14 02:03 ± < 00:01	0.3/0.0008
(2011 TO)	2011-Sep-28 15:25 ± < 00:01	0.3/0.0009
(2011 AM37)	2011-Jan-11 11:46 ± 00:04	0.3/0.0009

Object	Close-Approach (CA) Date (TDB) YYYY-mmm-DD HH:MM ± D_HH:MM	CA Distance Nominal (LD/AU)
(2011 BW11)	2011-Jan-25 06:33 ± < 00:01	0.3/0.0009
(2010 AL30)	2010-Jan-13 12:46 ± < 00:01	0.3/0.0009
(2010 VN1)	2010-Nov-02 18:05 ± < 00:01	0.3/0.0009
(2011 EY11)	2011-Mar-07 03:26 ± < 00:01	0.3/0.0009
(2005 TK50)	2005-Oct-10 04:05 ± 00:12	0.3/0.0009
(2008 CT1)	2008-Feb-05 07:04 ± 00:14	0.3/0.0009
(2011 UX255)	2011-Oct-28 17:42 ± 00:01	0.4/0.0009
(2005 FN)	2005-Mar-18 21:43 ± < 00:01	0.4/0.0010
(2007 TX22)	2007-Oct-12 10:30 ± 00:07	0.4/0.0010
(2003 XJ7)	2003-Dec-06 19:04 ± < 00:01	0.4/0.0010
(1993 KA2)	1993-May-20 20:38 ± < 00:01	0.4/0.0010
(2009 WV51)	2009-Nov-24 19:53 ± < 00:01	0.4/0.0010
(2004 UH1)	1960-Oct-24 15:18 ± 01:13	0.4/0.0011
(2006 QM111)	2006-Aug-31 21:29 ± < 00:01	0.4/0.0011
(2012 FP35)	2012-Mar-26 05:51 ± < 00:01	0.4/0.0011
(2008 EZ7)	2008-Mar-09 01:21 ± < 00:01	0.4/0.0011
(2010 TW54)	2010-Oct-09 00:40 ± < 00:01	0.4/0.0011
(2003 SW130)	2003-Sep-19 05:39 ± < 00:01	0.4/0.0011
(2004 OD4)	2004-Jul-16 05:09 ± < 00:01	0.4/0.0011
(1991 BA)	1991-Jan-18 17:18 ± < 00:01	0.4/0.0011
(1994 ES1)	1994-Mar-15 17:16 ± < 00:01	0.4/0.0011
(2006 UE64)	2006-Oct-21 02:40 ± < 00:01	0.4/0.0011
(2008 FP)	2008-Mar-29 11:38 ± < 00:01	0.4/0.0011
(2008 JL24)	2008-May-10 01:20 ± < 00:01	0.4/0.0012
(2011 OD18)	2011-Jul-28 08:38 ± < 00:01	0.4/0.0012
(2010 KO10)	2010-May-23 03:55 ± < 00:01	0.5/0.0012
(2008 OT7)	2008-Jul-29 07:04 ± < 00:01	0.5/0.0012
(2007 EH)	2007-Mar-11 01:37 ± < 00:01	0.5/0.0012
(2009 WJ6)	2009-Nov-20 11:09 ± < 00:01	0.5/0.0012
(2003 SW130)	1990-Sep-19 00:49 ± 00:24	0.5/0.0012
(2005 UW5)	2005-Oct-30 00:16 ± < 00:01	0.5/0.0013
(2009 CC2)	2009-Feb-02 16:46 ± 00:39	0.5/0.0013
(2007 UD6)	2007-Oct-18 19:23 ± < 00:01	0.5/0.0013
(2010 XR)	2010-Nov-29 21:53 ± 00:37	0.5/0.0013
(2010 VB1)	1936-Jan-06 12:33 ± 01:17	0.5/0.0013
(2011 GW9)	2011-Apr-06 04:53 ± < 00:01	0.5/0.0013
(2012 VH77)	2012-Nov-12 20:58 ± < 00:01	0.5/0.0013

Object	Close-Approach (CA) Date (TDB) YYYY-mmm-DD HH:MM ± D_HH:MM	CA Distance Nominal (LD/AU)
(2012 JU)	2012-May-13 13:20 ± < 00:01	0.5/0.0014
(2006 BF56)	2006-Jan-29 10:32 ± < 00:01	0.5/0.0014
(2007 YP56)	2007-Dec-27 16:49 ± 00:03	0.5/0.0014
(2008 GM2)	2008-Apr-03 21:46 ± < 00:01	0.5/0.0014
(2012 BX34)	1959-Jan-27 10:37 ± 00:04	0.6/0.0014
(2005 XA8)	2005-Dec-05 11:12 ± < 00:01	0.6/0.0015
(2013 BR27)	2013-Jan-15 23:26 ± 00:09	0.6/0.0015
(2007 HB15)	2007-Apr-24 20:32 ± < 00:01	0.6/0.0015
(2007 US51)	2007-Oct-30 06:05 ± < 00:01	0.6/0.0015
(2012 KA)	2012-May-17 18:23 ± < 00:01	0.6/0.0015
(2012 XE54)	2012-Dec-11 10:04 ± < 00:01	0.6/0.0015
(2012 VJ38)	2012-Nov-14 01:51 ± < 00:01	0.6/0.0015
(2011 UT)	2011-Oct-12 19:14 ± 00:01	0.6/0.0015
(2006 DM63)	2006-Feb-24 03:50 ± 00:14	0.6/0.0015
(2012 EG5)	2012-Apr-01 09:32 ± < 00:01	0.6/0.0015

INDICE - INDEX